실무 모터수리

Electronic Motor Repair

R. Rosenberg 지음 | 월간 전기기술편집부 번역

 성안당

www.cyber.co.kr

서문

　오늘의 문명 세계는 인류가 여지껏 발명한 기계 중에서 가장 효율적이고 중요한 것 중의 하나인 전동기에 그 어느 때보다도 더욱 더 크게 의존하고 있다. 전동기가 없다면 공장의 운전(輪轉)장치들은 모두 동작을 멈출 것이며, 수많은 시간과 노동을 절약해주는 기계들은 아무 쓸모가 없게 될 것이다. 이 기동력을 이용하는 기계에 대한 새로운 사용법과 제어에 대한 연구는 하루가 다르게 발전되고 개선되고 있는 것이다.

　이와 마찬가지로 전동기를 구동하는 장치인 발전기에 대한 중요성도 날로 더해가고 있다. 최소형의 단말기계 장치에서부터 대형 수력발전소에 이르기까지 오늘날의 세계가 필요로 하는 빛과 힘에 대한 수요를 보면 이에 대한 대답은 자명해지는 것이다.

　이 분야에 대한 중요성과 의의가 점증하는 것에 비례하여 전동기에 대한 지식을 가진 기술자의 수요도 더욱 더 증가하고 있는 것이다.

　이 책의 목적은 이러한 전동기에 대한 지식을 실지 현장에서 적용할 수 있도록 가능한 한 분명하고도 요약된 지식, 비수학적(非數學的)인 방법으로 전동기와 발전기에 대한 수리(修理)와 재구성을 할 수 있는 길을 제시하는 데 있는 것이다.

　이 책의 구성은 기술자들이 일을 하면서 바로 곁에 두고 참고할 수 있도록 알기 쉽게 구성 편집했다. 저자는 실지 작업현장에서 책을 사용해야 한다는 점을 고려하여 그 체제를 선택한 것이다.

　이 책에 대한 지난 수 년간의 호응, 선생들과 학생 그리고 각 부문에서 실지로 종사하는 기술자들이 보내준 격려의 말에 감사하며, 서신으로나 개인적인 대면에서 수많은 찬사를 보내준 사람들에게 이 기회를 빌어 감사를 표하는 바이다.

로버트 로젠버그

motor repair

목차

motor repair

motor repair

제1장　분상 전동기

MOTOR REPAIR
MOTOR REPAIR
MOTOR REPAIR

1 전동기의 주요 부품(Main Parts of Motor) Section

분상 전동기는 분수마력형 교류 전동기로서 전기세탁기, 오일 버너(oil-burner), 소형 펌프 등의 구동용으로 많이 사용된다. 이 전동기는 회전자(rotor)라고 불리는 회전부, 고정자 (stator)라 불리는 고정부, 스크루 또는 볼트에 의해서 고정자에 고착되어 있는 엔드 플레이트 또는 브래킷 등(end plates or brackets) 전동기의 내부에 내장되어 있는 원심력 스위치 (centrifugal switch)의 4가지 주요 부품으로 구성되어 있다.

[그림 1-1]은 이 전동기의 일반적인 외관이며, 이 전동기는 단상전동회로(single-phase lighting circuit) 또는 단상동력회로(single-phase power circuit)에 연결하여 사용하고 적절한 기동 회전력을 유지시켜 주어야 한다.

The National Electrical Manufacturers Association(NEMA)은 분상 전동기를 서로 자기적인 위치를 달리하면서 병렬로 연결된 주권선과 보조권선이 내장된 단상 유도 전동기 (single-phase induction motor)라고 정의하고 있다.

[그림 1-1] 분상 전동기(Westing house Electric CO.)

1. 회전자(rotor)

[그림 1-2]는 회전자를 나타내는 것으로 이것은 세 가지 주요 부품으로 이루어져 있다. 그 중 하나인 철심(core)은 래미네이션(lamination)이라고 불리는 질이 좋고 얇으며 많은 전기강판을 성층하여 만들고, 다른 하나는 축(shaft)으로서 여기에 성층철심을 취부한다. 세 번째 부품인 농형권선(籠型捲線;squirrel-cage winding)은 철심슬롯(slot)에 굵은 동봉(銅棒)을 넣은 후 철심의 양 끝에 동환(銅環)으로 동봉과 함께 납땜 또는 용접한 것이다.

대부분의 분산 전동기의 회전자는 알루미늄 주물로 농형권선한 것이다.

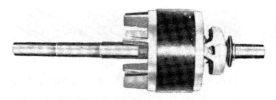

[그림 1-2] 분상 전동기의 회전자(Wagner Electric CO.)

2. 고정자(stator)

분상 전동기의 고정자는 철심, 프레임, 권선 등으로 구성되어 있다. 고정자 철심은 얇은 규소강판상에 반개구 슬롯(semiclosed slot)을 만든 후에 성층한다. 이 철심은 주철 또는 강판으로 만든 프레임 속에 고정하며, 슬롯 속에는 절연동선으로 운전권선(또는 주권선)과 기동권선(또는 보조권선)을 감는다. [그림 1-3]은 고정자를, [그림 1-4]는 내부결선도를 나타낸 것이다. 전동기가 기동할 때는 운전권선과 기동권선이 동시에 전원에 연결되나, 기동하고 나서 일정한 속도까지 가속한 후에는 전동기의 내부에 취부한 원심력 스위치가 작동하여 기동권선은 자동적으로 전원으로부터 개방된다.

[그림 1-3] 분상 전동기의 고정자(Delco Products)

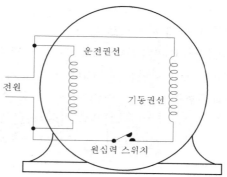

[그림 1-4] 전속도 운전상태에서의 권선과 원심력 스위치의 접속도

3. 엔드 플레이트(엔드 쉴드 또는 브래킷 등, end plates, end shields or brackets)

[그림 1-5]에 도시된 엔드 플레이트는 스크루 또는 볼트를 사용하여 고정시키는 역할을 한다. 회전자 축이 닿는 엔드 플레이트의 내경(內徑)에는 볼 베어링 또는 슬리브 베어링이 들어 있다. 엔드 플레이트는 회전자의 무게를 견딜 수 있어야 하며, 또한 회전자를 고정자 내의 중심 위치에 정확히 위치시켜야 함은 물론, 회전 중에 진동이 있거나 회전자가 고정부에 닿아서는 안 된다.

[그림 1-5] 단상 전동기의 한 쪽 엔드 플레이트(Wagner Electric CO.)

4. 원심력 스위치(centrifugal switch)

원심력(遠心力) 스위치는 전동기의 내부에 위치하고 있으며, 그 기능은 전동기가 일정한 속도에 도달했을 때 기동권선을 전원으로부터 분리시킨다. 일반적인 형(型)의 원심력 스위치는 고정부([그림 1-5, 그림 1-6])와 회전부의 두 부분으로 구성되어 있다. 고정부는 두 개의 접촉자를 가지고 있으며, 보통 [그림 1-5]에서처럼 전동기의 전방 엔드 플레이트 위에 위치하고 있다. 신형 전동기에 있어서는 이 스위치 구조는 고정부 외피에 불쑥 튀어나온 것도 있다. 두 개의 접촉자는 단극·단투 개폐기(single-pole, single-throw-switch)의 동작과 비슷한 작용을 한다. 회전부는 [그림 1-7]과 [그림 1-10]에서처럼 회전자상에 부착한다.

원심력 스위치의 동작원리는 다음과 같다. 전동기가 정지하고 있을 때([그림 1-8]), 고정부상의 두 개의 접촉자는 회전부가 밀어주고 있는 압력 때문에 폐로상태에 놓인다. 즉, 전속도의 약 75%에 이르면 회전부는 원심력으로 인하여 접촉자에 대한 압력을 상실하므로 접촉자가 열린다. 따라서 기동권선은 자동적으로 전원에서 개방된다.

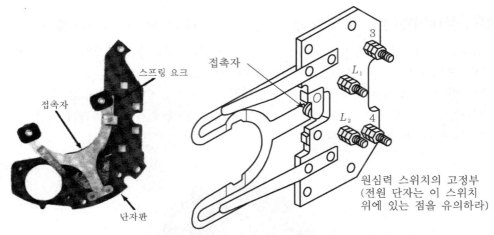

스프링 요크

접촉자

접촉자

단자판

3

L_1

L_2

4

원심력 스위치의 고정부
(전원 단자는 이 스위치
위에 있는 점을 유의하라)

[그림 1-6] 단자판상에 고정한 U형 계철로 구성된 원심력 스위치의 고정부의 두 형태

[그림 1-7] 원심력 스위치의 회전부 구조(Wagner Electric CO.)

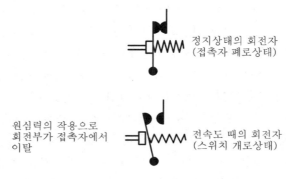

정지상태의 회전자
(접촉자 폐로상태)

원심력의 작용으로
회전부가 접촉자에서
이탈

전속도 때의 회전자
(스위치 개로상태)

[그림 1-8] 원심력 스위치의 작동 순서

[그림 1-9]는 현재 가장 널리 쓰이는 원심력 스위치의 구조를 보여주고 있다. 회전부는 [그림 1-10]에 도시되어 있으며, 이것은 회전자에 취부되어 있다. 이의 작동과정은 [그림

1-8]과 비슷하지만 속도가 증가함에 따라 조속추(調速錐)가 바깥쪽으로 움직여, 접촉자를 열리게 하며, 결과적으로 가동권선은 전원에서 개방된다. [그림 1-11]은 또 다른 원심력 스위치의 고정부와 회전부를 보여주고 있다.

좀 낡은 구식의 원심력 스위치는 고정부가 절연된 두 개의 반원형의 동편으로 구성되어 있으며, 부하가 걸리는 축단과 반대쪽에 있는 엔드 플레이트상에 부착되어 있다. 회전부는 세 개의 가동 동편으로 구성되어 있으며 전동기가 완전히 기동을 완료할 때까지 고정부와 접촉된 상태에 놓인다 ([그림 1-12]). 기동 시에는 고정부는 회전부의 동편(銅片)을 통하여 단락상태에 놓이므로, 기동권선은 회로를 구상하게 된다. 전속도의 약 75%에 이르면 원심력 때문에 접촉자는 고정부로부터 분리된다.

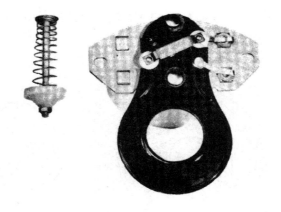

[그림 1-9] 조속추와 고정부 스위치(Delco Products)

[그림 1-10] 회전자에 부착된 원심력 스위치의 회전 구조(Delco Products)

[그림 1-11] 분수 마력 전동기의 원심력 스위치 구조(General Electric CO.)

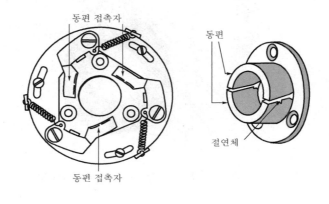

(a) 회전부   (b) 고정부

[그림 1-12] 분상 전동기의 두 권선(각 권선의 네 부분, 즉 네 자극에 유의할 것)

2 분상 전동기의 작동(Operation of the Split-phase Motor) Section

일반적으로 분상 전동기에는 세 개의 다른 권선이 있다. 이 권선들은 모두 전동기를 작동하는 데 필요한 것이다. 이 권선 중의 하나는 회전자상에 권선되어 있는데, 이것을 농형권선이라고 부른다. 다른 권선 두 개는 고정자상에 있으며, 그 권선양식은 [그림 1-13]과 같다. 전동기의 각 권선은 네 부분으로 나뉘어져 네 개의 극을 형성하고 있다.

1. 농형권선(squirrel-cage winding)

농형권선은 몇 개의 굵은 동봉으로 구성되어 있으며, 성층철심상의 슬롯 속에 들어 있다. 각 동봉의 양쪽 끝은 두꺼운 동환에 용접되어 전기회로를 구성하게 된다. 대부분의 분상 전동기의 농형권선은 [그림 1-2]처럼 동봉과 동환에 해당하는 부분을 알루미늄 주물로 뽑아 하나로 만든 것이 많다.

2. 고정자권선(stator windings)

고정자권선은 절연된 굵은 동선을 사용하여 고정부 슬롯의 밑바닥에 권선한 운전권선 또는 주권선과 가는 절연동선을 사용하여 운전권선 상부에 권선한 기동권선 또는 보조권선의 두 가지가 있다.

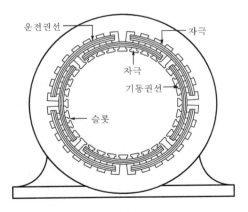

[그림 1-13] 분상 전동기의 두 권선(각 권선은 네 부분, 즉 네 자극에 유의할 것)

이러한 두 권선은 병렬로 연결되어 있다. 전동기가 기동할 때의 두 권선은 [그림 1-14]의 (a)와 같이 전원에 연결되며, 기동이 완료된 후 전속도의 약 75%에 도달하면 원심력 스위치는 [그림 1-14]의 (b)처럼 개로된다. 따라서 기동권선은 회로로부터 분리되고 전동기는 운전권선만으로도 동작하게 된다.

　기동 시에 운전권선과 기동권선을 흐르는 전류는 전동기의 내부에서 자계를 발생한다. 이때 운전권선과 기동권선에서 발생한 자계는 하나의 회전자계를 형성하여 회전자권선에 유도전류를 흐르게 한다. 그 결과 또 하나의 자계가 회전자상에 형성된다. 즉, 고정자 권선 상에서 발생한 회전자계와 회전자에 흐르는 유도전류와의 사이에 힘이 생기게 되며, 이 힘이 회전자를 회전시킨다. 이처럼 기동할 때에 회전자계를 발생하게 하기 위하여 기동권선이 필요한 것이다.

　전동기가 회전하기 시작한 후에는 기동권선은 필요없게 되므로 원심력 스위치에 의하여 회로부터 개방된다.

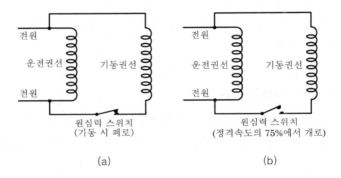

[그림 1-14] 원심력 스위치를 폐로 및 개로시켰을 때의 전동기 회로

3 전동기 고장의 원인 분석과정 Section

전동기가 정상적으로 작동하지 않을 때 이것을 다시 원상태로 회전하게 하려면 먼저 수리하여야 할 곳을 알아 낼 필요가 있다. 즉, 정확한 고장을 알아내기 위해서는 일련의 검사를 실시해야 한다. 이러한 검사를 실시해야만 베어링, 스위치, 리드선의 교환과 같은 간단한 수리만 해도 되는지, 또는 권선의 일부 혹은 전부를 다시 권선하여야 할 것인지를 결정할 수 있는 것이다.

1. 분석과정(ana1sis procedure)

전동기를 손질한 후 정상대로 다시 작동하게 하려면 우선 어느 부분을 어떻게 수리하여야 하는가를 결정할 필요가 있으며, 아래의 각 단계는 모터의 고장을 분석하는 과정을 이론적인 순서에 쫓아 나열한 것이다.

(1) 엔드 플레이트의 파손, 축의 휨, 리드선의 단선 또는 소손 등과 같은 외관상으로 식별할 수 있는 기계적인 고장 유무를 점검한다.

(2) 베어링에 대한 고장 유무를 점검한다. 이를 위해서는 [그림 1-88]처럼 베어링 속에 축이 들어 있는 상태에서 축을 상하로 움직여 본다. 이때 축이 조금이라도 놀면 베어링이 마모된 상태에 있음을 의미한다. 그 다음은 손으로 회전자를 돌려본다. 회전이 원활하지 못하면 베어링의 이상, 축의 휨, [그림 1-92], [그림 1-93]과 같은 조립불량 등이 그 원인이다. 위의 어느 한 가지 경우라도 전동기를 전원에 연결하면 퓨즈의 용단현상이 일어날 가능성이 있다.

(3) 전동기의 내부선이 상처를 입은 곳이 있으면, 이 부분과 회전자나 고정자의 철심이 서로 닿지 않는지를 점검한다. 이러한 시험을 접지검출시험(ground test)이라고 하며, [그림 1-78]의 (a)와 (b)에서처럼 테스트 램프를 사용하여 간단히 점검할 수 있다.

(4) 회전자가 자유롭게 회전하는지를 확인한 후에는 모터를 잠시 작동시켜 본다. 전동기에 전원을 연결하여 몇 초 동안 작동시켰을 때, 내부에 이상이 있으면 퓨즈의 용단, 권선에서의 발연, 저속도 회전, 소음의 발생, 기동불능 등의 현상이 일어날 것이다. 이러한 증상은 대개 내부의 고장을 의미하며, 그 원인은 대개 권선의 소손인 경우가 많다. 따라서 엔드 플레이트와 회전자를 제거하고 권선을 좀 더 정밀히 조사할 필요가 있다. 권선이 심히 소손된 경우에는 육안 또는 냄새로 이를 알 수 있다.

4 분상 전동기의 재권선

원인 분석과정을 통해서 권선의 소손 또는 단락임이 판명되면 다시 권선을 해 주어야 한다. 이 경우 나중에 조립할 때를 생각하여 센터 펀치로 엔드 플레이트와 프레임 위의 적당한 곳을 골라 미리 표시를 하여 놓고 전동기를 해체한다. 표시방법은 [그림 1-15]에서처럼 한쪽 엔드 플레이트와 프레임상에는 (.)을, 또 다른 한 쪽 엔드 플레이트와 프레임상에는 (..)을 표시하면 된다. 그것이 끝나면 해체하고 수리를 시작한다. 권선상에 고장이 있는 분상 전동기를 수리하려면 여러 단계의 작업이 필요한데, 그 중 중요한 것을 들어보면 데이터 기록, 권선 제거, 슬롯 절연, 권선, 권선에 대한 접속, 검사, 바니시 함침 및 건조이다.

센터 표시

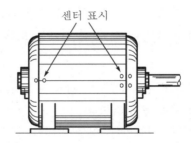

[그림 1-15] 해체 이전에 엔드 플레이트와 프레임에 표시하기

1. 데이터 기록(taking data)

데이터를 기록하는 것은 위에 기재한 여러 요소 작업 중에서 가장 중요한 것 중의 하나이다. 데이터 기록이란 재권선 도중에 직면하게 될지 모르는 곤란을 피하기 위해서 낡은 권선에 관계되는 상세한 정보를 기록하여 두는 것을 말한다. 권선에 관한 기록 중 어떤 것은 고정자 철심으로부터 권선을 제거하기 전에 기록하여야 하는 것이 있고, 어떤 것은 제거하는 도중에 기록하여야 하는 것이 있다. 될 수 있으면 제거 작업을 시작하기 전에 많이 기록하여 두는 것이 좋다. 운전권선과 기동권선에 관한 정보로는 다음과 같은 것을 기록하여야 한다.

(1) 명판상의 데이터, (2) 극수, (3) 코일 피치(각 코일이 차지하는 슬롯 수), (4) 각 코일의 권선 횟수, (5) 각 권선의 크기, (6) 접속 방식(즉, 직렬 혹은 병렬), (7) 다른 권선에 대한 권선의 상대적 위치, (8) 권선법의 종류(손감기, 틀감기, 타래감기), (9) 슬롯 절연에 대한 절연 종류 및 절연지의 크기, (10) 슬롯 수 등이다.

이상 열거한 여러 기록은 권선에 대한 데이터가 불확실하기 때문에 소비되는 시간의 낭비를 줄이고, 또한 원래의 권선과 동일하게 권선하기 위하여 반드시 기재해 두어야 한다.

필요한 정보를 옳게 기록하는 과정을 알아보기 위하여 슬롯 수 32, 극수 4인 전동기를 수리한다고 가정하고 그 기재 과정을 따라가 보자. 수리에 익숙한 사람이라면 필요한 데이터를 기재하는데 있어 다음과 같은 과정을 따를 것이다.

15페이지에 기재된 것과 동일한 양식인 데이터 기록표에 평면의 기재내용을 기록한다. 명판상에 기재된 내용은 매우 중요하며, 명판을 보기만 하면 전동기의 종별, 마력, 전압, 최대부하 시의 속도는 물론, 교류용 또는 직류용, 전부하전류, 형식, 제조번호 등을 곧 알 수 있게 되어 있다. 특히 제조번호는 새 부품을 주문할 필요가 있을 때에 대단히 중요하다.

단상 전동기에 기재되어야할 최소한의 것으로는 전동기형(type), 프레임(frame), 시간정격(time rating), 온도, 회전수(rpm), 주파수(Hz), 상수(phase), 전압(volts), 전류(amps), 코드(code), 출력(HP), 과열방지장치 여부, 서비스 팩터(service factor) 등이다.

[그림 1-13]은 슬롯 수 32, 극수가 4인 분상 전동기의 단면을 도시한 것으로 각 권선은 네 부분으로 구성되어 있다. 이러한 부분을 극(pole) 또는 군(group)이라 한다. 전동기의 극수는 운전권선에 대한 군수를 계산하면 된다. 즉, [그림 1-13]에서 운전권선이 네 개로 분할되어 있으므로 극수는 4이다. 만약 운전권선이 6개로 분할되어 있으면 그것은 극수가 6인 전동기를 뜻하는 것이다. 유도 전동기의 회전수는 극수가 좌우하므로 극수를 정확히 기록해야 한다. 2극 전동기이면 3,600rpm 보다 약간 낮은 속도로 회전한다. 4극이면 약 1,800rpm, 6극이면 1,200rpm 그리고 8극이면 900rpm 보다 약간 낮은 속도로 회전한다. 이러한 회전수는 모두 60c/s 교류에 연결될 때 이야기이며, 주파수가 달라지면 속도도 달라진다.

권선의 어느 한 곳을 잘라서 평면상에 펼쳐 놓으면 [그림 1-16]과 같다. 기동권선과 운전권선과의 상대적인 위치를 자세히 관찰해 보라. 기동권선은 운전권선상에서 두 개의 극에 걸쳐 있을 것이다. 이와 같은 구조는 분상 전동기에서는 극수나 슬롯 수에 관계없이 항상 동일하다. 기동권선과 운전권선 간의 상호 위치 관계는 권선과정에서 매우 중요한 것이므로 권선과정에서 착오를 일으키지 않도록 주의를 하고 반드시 기록을 해 두어야 한다. 만약 재권선과정에서 착오로 위치를 다르게 하면 전동기는 작동 불능상태에 빠진다. 운전권선과 기동권선은 항상 90°의 전기각도로 권선하며, 이것은 극수가 몇인가 하는 것과는 관계가 없다. 그러나 권선간의 기하학적 각도는 극수에 따라 달라진다. 예를 들면 극수가 4인 모터는 45°, 극수가 6인 모터는 30°의 기하학적 각도로 떨어져 있다.

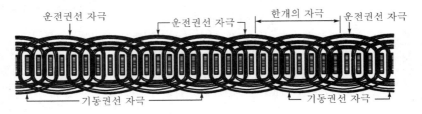

[그림 1-16] 그림 1-13의 고정자를 잘라서 평면상에 놓았다고 가정할 때의 슬롯과 권선과의 관계도. 기동권선의 자극은 두 개의 운전권선 자극의 사이에 위치한다.

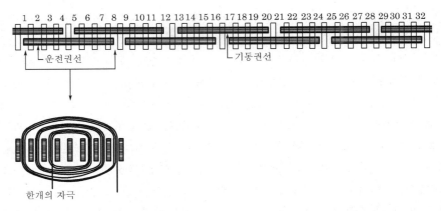

[그림 1-17] 각 자극은 코일 세 개로 구성되어 있으며, 각 코일은 여러 개의 슬롯을 사이에 끼고 두 개의 슬롯에 걸쳐 권선된다.

운전권선이나 기동권선의 자극 하나를 골라서 자세히 검사해보면, [그림 1-17]에서처럼 권선마다 코일 세 개로 구성되어 있고 또한 각 권선은 한 번에 감은 것임을 알 수 있다.

또 각 코일은 슬롯 한 개 이상을 사이에 끼고 슬롯 두 개에 걸쳐 권선되어 있다.

한 코일을 예로 들어, 코일 양변이 들어가는 슬롯까지 포함해서 코일 양변이 차지하고 있는 슬롯수를 코일 피치(coil pitch) 또는 코일 스팬(coil span)이라 한다. [그림 1-18]의 경우 코일 피치는 '1과 4', '1과 6', '1과 8'이 된다. 이러한 코일을 슬롯에 넣고 권선하면 슬롯 양쪽으로 끝이 조금 나오게 된다. 이것을 엔드 룸(room)이라 한다. 이 엔드 룸의 거리는 반드시 측정하여 기입하여야 한다. 왜냐하면 재권선을 할 때 슬롯 양쪽 끝으로 나온 길이가 본래의 길이 이상으로 되지 않도록 각별히 주의할 필요가 있기 때문이다. 본래의 엔드 룸 길이보다 길어지면 조립하였을 때 엔드 플레이트가 코일을 누르게 되어 접지사고를 일으킬 염려가 있다.

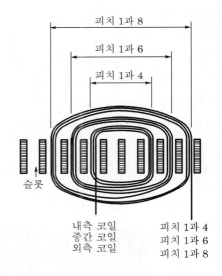

[그림 1-18] 세 개의 코일이 하나의 자극을 형성하고 있는 경우의 각 코일 피치

다음 단계는 권선의 위치와 코일 피치에 관하여 더욱 상세하게 정보를 기입하는 일이다. [그림 1-19]는 슬롯과 권선과의 관계를 표시한 데이터 기록표의 보기를 나타내며, 대다수의 작업현장에서 사용하면 모든 코일의 스팬은 해당 슬롯 속에 곡선으로 간단히 기록된다. 각 곡선은 한 극에 대한 코일 중 하나의 코일을 나타낸다.

기동권선은 운전권선보다 위에 위치하고 있으므로 쉽게 눈에 들어온다. 운전권선의 피치는 기동권선의 끝을 들면 더욱 쉽게 찾을 수 있다.

다음 표는 전동기의 수리과정에서 필요로 하는 정보를 기록하는 데이터의 양식을 예로 든 것이다.

제조회사

출력(HP)		회전수(rpm)		전압(V)		전류(A)	
주파수(Hz)		형식		프레임		스타일	
온도		모델		제조번호		상수	
극수		코드		슬롯수		시간정격	
권선	선크기		회로수		피치	횟수	
운동권선							
기동권선							
슬롯번호	1 2 3 4 5 6 7 8 9 10 11 12 13 14 15 16 17 18 19 20 21 22 23 24 25 26 27 28 29 30 31 32 33 34 35 36 1						
운전							
기동							
	회전	시계방향		반시계방향			

[표 1-1] 분상 전동기의 데이터 기록표

[그림 1-19] 슬롯 수 32, 극수 4인 전동기의 코일 피치 기록방법.
각 코일 횟수는 도면상의 각 코일 옆에 기록해도 좋다.

모든 전동기의 슬롯 수가 32인 것은 아니다. 대부분의 분상 전동기는 슬롯 수가 36이다. 어떤 것은 24인 것이다. [그림 1-20]에는 슬롯 수 36인 4극 전동기, [그림 1-21]에는 슬롯 수 24인 4극 전동기의 피치 데이터의 기록을 예로 들고 있다. [그림 1-21]에서는 각 극의 바깥 코일이 서로 겹쳐져 있으며, 동일한 슬롯에 위치하고 있다. [그림 1-20]에서는 기동권선의 극을 형성하는 코일이 서로 이웃하여 세 가닥, 네 가닥으로 감겨져 있다.

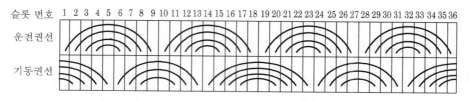

[그림 1-20] 슬롯 수 36, 극수 4인 전동기의 피치 데이터
(기동권선의 자극 코일 수는 3인 것과 4인 것이 있음을 유의할 것)

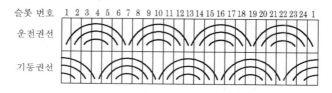

[그림 1-21] 슬롯 수 24, 극수 4인 전동기의 피치 자극의 코일 수가 전부 데이터
(인접 동일한 점에 주의할 것)

데이터 기록에 있어 또 하나 기입하여야 할 항목은 운전권선이 형성하는 자극이 프레임에 대해서 놓여질 위치이다. 대다수의 전동기는 슬롯 크기의 변화로 주자극의 중심 위치를 판별할 수 있다. 이와 같이 슬롯의 크기가 다른 전동기에서는 극의 중심 위치를 찾기가 쉽지만, 슬롯의 크기가 동일한 구형의 낡은 전동기이면 자극 중심이 오는 슬롯상에 센터 펀치로 표시하여 놓아야 한다.

다음에 기록하여야 할 사항은 극 상호간의 접속법이다. 이는 권선법과 극의 연결법을 숙달하고 있는 상태에서 실시해야 한다. 여러 가지 연결방식과 기록방법에 관해서는 페이지 27과 페이지 32에서 기술한다.

또한 각 코일의 도선 수를 기재하여야 한다. 이는 권선을 하기 전에 헤아려 보거나, 코일의 한 쪽 끝을 잘라서 헤아린다. 선의 크기는 와이어 게이지 또는 마이크로미터를 써서 측정한다. 이러한 데이터는 고정자 슬롯으로부터 권선을 제거하는 과정에 기록하여야 한다.

슬롯 상층에 있는 기동권선만이 소손 또는 단락 사고를 일으키면 고장난 해당 권선만을 대상으로 데이터를 기록할 필요가 있다.

2. 고정자상의 권선 제거(stripping the stator)

기동권선만을 교체할 때는 고정자의 한 편에서 권선을 절단한 후에 반대쪽에서 잡아 뽑으면 쉽게 제거된다. 또 다른 방법은 코일 위에 놓인 쐐기를 뽑은 후 슬롯으로부터 코일을 들어올리면 된다. 쐐기는 쇠톱날을 이용해서 [그림 1-22]에 도시된 것처럼 뽑는다. 날 1을 쐐기에 대고 쇠톱날이 세워진 방향으로 해머 2를 쳐서 쐐기를 제거한다.

고정권선의 전체를 제거하려면 소각하든가, 또는 고정자권선에 대전류를 흐르게 하여 바니스를 연화시킨 후에 슬롯으로부터 뽑아낸다. 보통 절연효과를 높이기 위해서 니스 함침법(含浸法)을 사용함으로서 소각하지 않으면 제거하는 데 많은 힘과 시간이 든다. 또 권선을 하나하나 뽑는 식으로 제거하여도 되나 이는 너무 많은 시간이 걸린다.

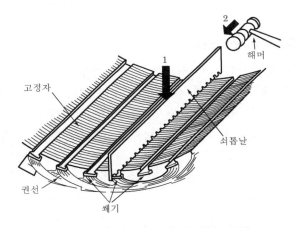

[그림 1-22] 쇠톱날로 쐐기를 뽑는 요령

작업 현장에서의 소각과정은 고정자를 소각로 속에 수 기간 넣어 섭씨 약 200도로 가열한 후 냉각시킨다. 소각로의 열원은 가스나 전기가 좋다. 불꽃이 프레임이나 래미네이션 플레이트를 손상하지 않도록 그 세기를 적절히 조절하여야 한다. 고정자 뒤쪽 의 코일은 공기끌이나 전기끌로 제거한 후에 소각로 속에 넣는다([그림 1-23]). 소각할 때 온도를 너무 급격히 올리지 않도록 주의한다.

또한 고정자를 냉각시킬 때도 서서히 하여야 한다. 권선을 제거하는 과정에서 기동권선과 운전권선 각각에 대해서 임의의 자극 한 두 개의 코일 횟수를 정확히 세어서 데이터 기록표 횟수 기입란에 기재한다. 또한 피치 데이터도 아울러 기입한다. 코일 피치를 표시하는 곡선 옆에 횟수를 기입하여 두면 매우 편리하다.

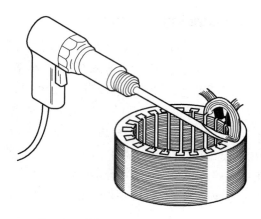

[그림 1-23] 권선을 제거하는 공기끌

3. 마그네트 와이어(magnet wire)

동으로 된 마그네트 와이어는 절연 피복 구조가 다양하다. 이 구조는 공간을 적게 차지하여야 하며, 오랫동안 꽤 높은 열에 견딜 수 있어야 한다. 선(線)이나 슬롯 또는 전동기의 다른 부분에 사용하는 절연물질은 열을 견디는 정도에 따라 여러 종류로 분류된다. 전동기나 발전기에 사용되는 절연 시스템은 4등급이다. 그 등급은 A급(105℃), B급(130℃), F급(155℃), H급(180℃)이다. 적절한 등급의 절연재료를 사용하지 않고, 비정상적으로 높은 온도로 장시간 작동하면 전동기나 발전기의 수명을 단축시킨다. 그러므로 A급 절연물(105℃)은 총온도가 105℃를 초과하지 않는 전동기에 사용되어야 한다. 총온도란 주위온도와 전동기 내부의 상승온도의 합계이다. B, F, H급 전동기는 고온에 견딜 수 있는 절연물을 사용하여야 한다. 많은 회사나 제조업체가 제각기 각급 절연물을 사용하여 마그네트 와이어를 제조하고 있다. 이것들은 제 나름대로의 상표를 붙여 판매하고 있으며, 그 예를 들어 보면 다음과 같다.

Formvar 선은 폴리비닐 필름으로 피복되어 있으며, 가장 널리 쓰이는 마그네트 와이어 중의 하나이다. 이것은 마모가 잘 되지 않으며, 온도 변화에 잘 적응하는 유연성이 있다. 이것은 모든 A급(105℃) 부품, 예를 들면 고정자, 접촉자, 변압기, 일렉트로 마그네트 등에 필수적으로 사용된다. Formvar 마그네트 와이어의 제품 중 어떤 것은 니스에 사용되는 용제의 용해성에 견딜 수 있도록 나일론으로 표면처리를 한 것도 있다. 다른 상표로는 Formex, Nyform Nyclad 등이 있다. 각 제품의 특성은 해당 제품의 설명서를 참조하여야 한다. B급(130℃) 마그네트 와이어는 폴리우레탄으로 피복되어 있으며, 나일론으로 표면처리가 되어 있다. 그러한 제품으로는 Nylac, Beldsol, Heavy, Alkanex, Formvar 등이 있다. F급과 H급은 초고온 전동기에 사용된다. 이 제품에는 실리콘(silicone)이 첨가된 유리섬유가 사용되고 있다. 면사, 실크, 유리섬유 등으로 감은 에나멜선은 S.C.E., S.S.E., S.G.E 등으로 표기된다. 만약 면사 절연으로 피복한 에나멜 절연 처리를 한 18번선 이라면 No. 18 S.C.E.로 표기된다. 표면처리는 얇게 한 것과 두껍게 한 것의 두 종류가 있는데, 사용할 때에 어느 것을 사용하는 것이 좋은지 의심스러울 때는 두껍게 처리한 것을 써야 한다. 두껍게 표면처리한 것은 얇게 처리한 것보다 다이어미터로 측정하였을 때, 약 0.001인치가 두껍다.

권선을 제거하고 난 후에는, 슬롯에 남아있는 이물질을 깨끗이 제거해야 한다. 소각한 경우에는 이물질의 제거가 손쉬운데, 이는 권선을 제거할 때 이물질이 함께 빠지기 때문이다. 이물질의 일부가 슬롯 내부에 고착되어 있으면 나이프나 기타 예리한 날이 있는 공구로 하나하나 긁어내야 한다. 권선 및 이물질의 제거가 끝나면 공기 압축기를 사용하여 고정자상에 묻은 찌꺼기, 잡물, 먼지 등을 털어낸다. 공기 압축기는 구경이 아주 작은 노즐(nozzle)을 사용하여야 고정자를 깨끗이 할 수가 있다.

고정자에 그리스가 묻어있으면 세제(洗劑)를 사용하여 씻어 낸다. 세제는 비가연성인 것을 사용하는 것이 바람직하다.

4. 슬롯 절연(slot insulation)

이제까지 설명한 여러 작업이 끝나면 전동기는 완전히 해체된 상태가 되므로, 다음 단계는 권선에 필요한 준비작업 단계이다. 권선하기 전에 슬롯에 적당한 절연을 한다. 이것은 코일과 철심이 접촉하여 일어나는 접지사고를 미연에 방지하기 위해서이다. 슬롯의 절연에 사용하는 재료는 여러 종류가 있으며, 이 중 잘 쓰이는 것은 (1) 질기고 화학적인 처리가 잘 된 래그스톡지(rag stock paper, A급 절연재), (2) 마일러 콤비네이션(Mylar combination, A급 절연재), (3) 대크론-마일러(dacron-mylor) 콤비네이션(B·F급), (4) 나일론지(Nylon paper, B. H급) 등이 있다. 철심을 다시 절연할 때는 원래의 권선에 사용한 것과 동일한 두께의 절연지를 동일한 크기로 절단하여 사용하는 것이 가장 좋다.

절연지는 [그림 1-24] (a)에서 처럼 슬롯의 길이보다 약 1/4인치 정도 더 길게 절단하여 슬롯의 내벽에 꼭 알맞게 끼이도록 접는다. 절연지를 접을 때는 [그림 1-24] (a)처럼 양쪽 끝에 날개가 생기도록 접어서 권선할 때는 슬롯 내에서 움직이지 않도록 하여야 한다. 분수 마력 전동기에 있어서는 슬롯의 절연용으로 약 0.007인치에서 0.015인치의 두께를 가진 절연지가 사용되며, 운전권선과 기동권선 사이의 층간(層間) 절연용으로는 약 0.007인치 두께의 니스 함침 켐브릭(varnished cambric)지를 사용한다.

권선을 할 때에 코일선이 슬롯 모서리에 긁혀서, 그 긁힌 곳이 나중에 접지 사고를 일으키는 원인이 되지 않도록 하려면, [그림 1-24] (b)처럼 슬롯 모서리를 덮어주는 일종의 턱받이(feeder)를 만들어 주면된다. 이 턱받이는 권선작업이 끝난 후 잘라내거나 슬롯 속에 그대로 잘 접어서 넣어둔다.

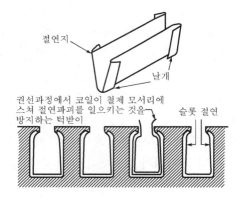

(a) 절연지 및 권선에 앞서 슬롯 속에 절연지를 넣는 방법

(b) 슬롯 속에 절연지를 넣는 모양(Courtesy E.I. Dupont de Memours Co. Inc)

[그림 1-24] 슬롯 절연

5. 재권선(rewinding)

분상 전동기의 권선방법에는 세 가지가 있다. 이것은 손감기(hand winding), 틀감기 (form winding), 타래 감기(skein winding)이다. 이러한 방법들은 실지 모두 사용되고 있는 방법이며, 제가끔 일장일단이 있다. 세 방식 모두 운전권선을 먼저 슬롯에 넣은 다음 적절한 층간 절연조치를 취한 후에 기동권선을 그 위에 감는다. 기동권선까지 다 감은 후에는 미리 성형된 쐐기(목재, 파이버 또는 다른 재료로 된 것)를 박는다. [그림 1-25]에 있는 이러한 쐐기들은 보통 길이가 36인치이며 폭에 맞게 깎아 넣을 수 있도록 다양하다.

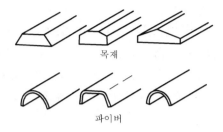

목재

파이버

[그림 1-25] 성형된 쐐기(목재 또는 파이버)

(1) 손감기(hand winding)

이 방법은 운전권선이나 기동권선을 권선할 때 사용할 수 있는 방법이다. 이 손감기는 다음과 같은 두 가지 이점이 있다. 첫째, 꽉 조이게 권선할 수 있다. 특히 엔드 룸의 길이가 한정되어 있을 때 유리하다. 둘째, 일정한 권선양식이 필요 없다. 하나의 극을 구성하는 코일을 감을 때는 코일의 중심에 해당하는 코일부터 감기 시작하여 순차적으로 외측 코일을 향해 감아 나간다. 슬롯 수가 32인 고정자를 권선한다고 가정하고 이를 실시해보자.

① [그림 1-26]처럼 고정자와 권선 실패를 배치하고 선의 한 끝을 슬롯에 넣는다. 고정자 받침대가 없을 때는 [그림 1-27]처럼 고정자 지지대를 사용하면 좋다. 피치 1과 4에 해당하는 내측 코일을 소요 횟수만큼 감는다.

[그림 1-26] 권선작업 시의 고정자와 권선타래의 위치

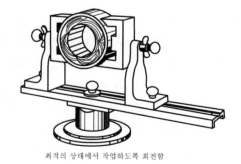

최적의 상태에서 작업하도록 회전함

[그림 1-27] 고정자 지지대

② 내측 코일을 소요 횟수 만큼 감고 난 다음 피치 1과 b에 해당하는 다음 코일을 [그림 1-28]과 같이 동일한 방향으로 감는다. 한 자극에 대한 권선이 완전히 끝날 때까지 이 같은 과정을 반복하고 도중에서 선이 끊기지 않도록 유의한다. 권선하기 전에 [그림 1-29]와 같이 자극의 중심에 해당하는 빈 슬롯 속에 받침나무를 끼우고 이 밑으로 권선하면 작업하기가 더욱 쉬우며, 코일이 슬롯 밖으로 밀려 나오는 것을 방지할 수 있다.

내측 코일부터 권선 시작   다음 단계의 더큰 코일로   자극 전체에 대한 권선 작업이
　　　　　　　　　　　 계속함　　　　　　　　 끝날 때까지 계속함

[그림 1-28] 고정자상의 자극을 손감기로 권선하는 요령

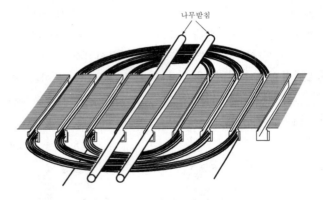

[그림 1-29] 코일이 슬롯으로부터 빠지지 않도록 받침나무를 빈 슬롯에 꽂아 권선작업을 한다.

③ 하나의 자극에 대한 권선작업이 끝나면 선이 빠져 나오는 것을 방지하기 위해 나무 또는 파이버로 만든 쐐기를 권선이 끝난 슬롯에 넣은 후 받침나무를 제거한다.
④ 다음 자극에 대해서도 마찬가지의 요령으로 작업을 진행하여 나간다.
⑤ 운전권선에 대한 권선작업을 끝내었으면 운전권선의 두 극 사이의 중앙점에 기동권선의 극이 오도록 하여 기동권선에 대한 권선작업을 시행한다.
　운전권선과 기동권선의 사이에는 알맞은 절연물을 사용하여 권선작업을 진행하여야 한다. 또 비록 운전권선 손감기에 의하여 권선을 하였더라도 기동권선을 권선작업할 때는 틀감기나 타래감기로 권선작업을 시행하여도 상관없다. 기동권선의 권선작업이 끝나면 마찬가지로 쐐기를 박아준다. [그림 1-30]은 권선작업이 끝난 여러 극을 보여주고 있다.

[그림 1-30] 완성된 권선의 여러 극

(2) **틀감기**(form winding)

틀감기는 나무 또는 금속제의 권선틀에 코일을 감은 후에 틀을 뽑고 코일만을 슬롯에 넣는다. 이 방법은 분상 전동기의 권선과정에서 가장 많이 사용하는 방법이다.

① 먼저 고정자 철심에서 틀의 칫수를 결정한다. [그림 1-31]에서처럼 슬롯 양끝에서 최소 1/4인치의 여유를 두고 피치 1과 4의 안쪽 코일이 감겨지게, 그리고 다음 코일과 처음 코일과의 사이에 약 3/16인치의 여유가 되도록 같은 방법으로 본을 뜬다. 본을 뜬 후에 슬롯 깊이의 약 3/4에 해당하는 두께인 나무판으로 [그림 1-32] (a)와 같은 형태의 틀을 만들고 볼트로 고정한다.

② 소요 횟수대로 코일을 감되 가장 작은 코일부터 시작한다. 다 감으면 코일이 흐트러지지 않도록 끈으로 묶은 후 틀에서 뽑는다. [그림 1-32] (b)처럼 일정한 공장에서 제조 판매하는 권선틀을 사용하여 코일을 감으면 코일은 더욱 빠르고 정확하게 감길 것이다. [그림 1-33]은 다 감은 코일을 고정자에 넣는 것을 도시하고 있다.

③ 코일을 슬롯에 넣을 때는 코일을 눌러 슬롯 밑바닥에 밀착시키도록 한다.

④ 코일선을 A급, B급, F급, H급 재료로 된 쐐기를 사용하여(슬롯 속에 꽉 밀어 넣어) 밀착시킨다. 이때 각 급 재료는 전동기에 사용된 절연재와 같은 급의 것을 사용한다.

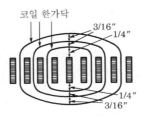

[그림 1-31] 그림 1-32 (a)처럼 나무로 된 권선틀을 만들기 위해 코일선 하나로 칫수를 측정하는 방법

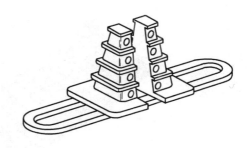

(a) 나무로 만든 권선틀(단면도)　　　　(b) 나무로 만든 권선틀

[그림 1-32] 권선틀

틀판을 볼트로 조임

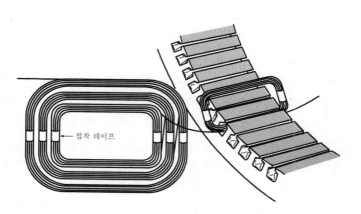

접착 테이프

[그림 1-33] 권선틀에 감은 코일을 고정자에 넣는 요령

(3) 타래감기(skein winding)

타래감기는 주로 기동권선에서 사용된다. 이런 형식의 권선은 하나의 극 전체를 길다란 한 개의 코일선을 사용하여 권선한다. 즉, 이 타래감기에서는 코일의 길이가 자극 하나를 전부 감을 수 있도록 충분히 길어야 한다. 이 방법의 이점은 많은 도선을 한꺼번에 고정자에 넣을 수 있다는 점이다.

① 타래감기에 사용되는 코일의 크기는 전동기를 해체하는 과정에서 빼낸 낡은 코일로부터 알 수 있다. 타래감기를 한 권선은 슬롯으로부터 권선을 제거할 때, 자극전체가 하나의 코일처럼 슬롯으로부터 몽땅 뽑히므로 그 크기를 곧 알 수 있다. 그러나 코일의 제거과정에서 알 수 없을 때는 [그림 1-34] (a)와 같이 코일 하나를 슬롯에 감아 보면 그 길이를 알 수 있다. 슬롯에 선을 넣어 칫수를 정하는 과정에서는 충분한 여유를 두어야 한다. 이것은 재권선을 할 때의 혼잡을 피하기 위해서이다. 슬롯으로부터 선을 뽑을 때는 그 양끝을 함께 잡아매어야 한다.

② 슬롯에서 뽑아 낸 선은 [그림 1-34] (b)와 같이 직사각형으로 정형한다. 사각형으로 정형한 것은 선의 길이가 동일한 이상 아무런 문제가 되지 않는다. [그림 1-35] (a)는 이 타래감기의 과정을 도시한 것이다.

③ [그림 1-35] (a)처럼 선의 양쪽 끝(출발점, 끝점)을 남기고 실패 둘레에 타래감기에 필요한 횟수만큼 코일을 감는다. 다 감으면 얽히지 않도록 서 너 곳을 접착테이프 등으로 묶는다. 더 간단한 방법은 평평한 나무판 위에 크기를 맞추어 실패 두 개를 못으로 박아서 이에 코일을 필요한 횟수만큼 감는다([그림 1-35] (b)).

④ [그림 1-36] (a)처럼 코일을 틀에서 뽑아 최소 피치에 해당하는 슬롯부터 코일을 넣어 간다. 이 작업을 마친 후 다시 다음 크기의 피치에 대해서 동일한 방법으로 슬롯에 코일을 넣는다. 즉, [그림 1-36] (b)에 있는 것처럼 한 극 전체를 다 마칠 때까지 감아나간다. 전동기에 따라서는 코일의 권선 횟수에 따라 동일 슬롯에 2~3회 감아 넣은 것도 있다. [그림 1-37]은 동일한 슬롯에 코일을 2회 감은 것을 나타내고 있다.

(a) 타래의 크기를 결정하는 방법

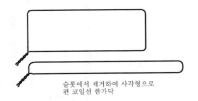

(b) 한 선으로 성형한 타래의 크기

[그림 1-34] 타래의 크기

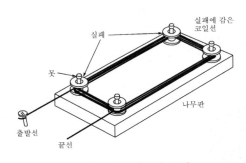

(a) 타래감기의 요령

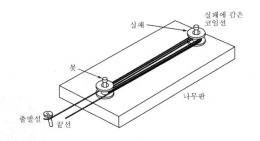

(b) 실패 두 개로 타래감기하는 요령

[그림 1-35] 타래감기의 요령

(a) 완성된 권선타래를 최소 피치에 해당하는 슬롯부터 넣기 시작한다.

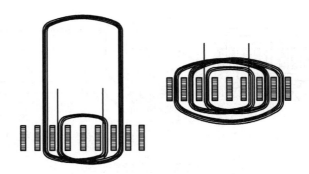

(b) 최소 피치의 슬롯에 대한 권선을 마치면 다음 슬롯에 권선을 넣는다.
    같은 방법으로 다음 슬롯에 코일을 집어넣어 자극을 완성한다.

[그림 1-36] 코일 넣기

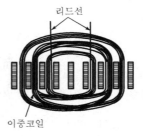

[그림 1-37] 가운데 오는 코일을 이중으로 넣은 타래감기

(4) 손감기 권선을 타래감기 권선으로 전환

원래 손감기로 권선된 고정자를 다시 권선할 때에는 타래감기로 권선하는 것이 더욱 바람직스러울 때가 있다. 특히 코일선이 A.W.G 21번 선보다 가늘면 타래감기로 전환하는 경우가 많다. 21번 선보다 더 굵은 선일 경우에는 접어 넣기가 힘이 들므로 타래감기는 피하는 것이 좋다. 자극당의 권선 횟수 85회로 전환한다고 가정하고 이를 실시해 보자.

자극당의 권선 횟수 85 중 피치 1과 4에는 20회, 피치 1과 6에는 38회, 피치 1과 8에는 27회씩 권선되어 있을 때 타래감기를 하려면 횟수 21인 권선 타래를 만들고, [그림 1-37]에서처럼 피치 1과 4에는 1회, 피치 1과 6에는 2회, 피치 1과 8에는 1회씩 넣는다. 따라서 피치 1과 4에는 21회의 권선, 피치 1과 6에는 42회의 권선, 피치 1과 8에는 21회의 권선이 들어가게 되며 자극은 84회의 권선이 된다. 이 수치는 원래의 횟수인 85회에 가까운 값이므로 전동기의 동작에는 전혀 지장을 주지 않는다. 권선타래의 크기를 결정할 때는 [그림 1-34] (a)에 도시된 것처럼 하고, 다만 중간 피치를 2회로 감아 넣는 것을 잊지 말아야 한다.

6. 권선의 접속(connecting the windings-single voltage)

각각의 자극에 대한 권선이 끝나면 그 다음 단계는 권선 상호간의 접속작업을 시행하는 일이다. 권선의 접속에 있어 가장 중요한 점은 극수에 관계없이 인접한 두 자극이 서로 반대극이 되도록 접속시켜야 한다는 점이다. 반대극성이 되게 하려면 [그림 1-38]에서처럼 제1극의 전류방향을 시계방향, 그 다음 극의 전류방향을 반시계방향으로 한다. 나머지 자극에 대해서도 전류의 방향이 서로 반대가 되도록 접속시킨다.

직렬로 접속한 4극 전동기가 현재 가장 많이 사용되고 있는 전동기이므로 이에 대한 예를 설명하기로 한다. 나머지 자극에 대해서도 전류의 방향이 서로 반대가 되도록 접속시킨다.

직렬로 접속한 4극 전동기가 현재 가장 많이 사용되고 있는 전동기이므로 이에 대한 예를 설명하기로 한다. 잊지 않아야 할 점은 운전권선이 직렬접속이면 기동권선도 직렬접속이어야 한다는 점이다. 여기에 대한 예외도 물론 있으나, 이런 예외적인 결선을 하는 경우는 매우 드물다.

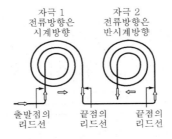

[그림 1-38] 인접한 자극이 서로 반대 극성을 갖도록 결선하는 법

(1) 4극 운전권선의 직렬접속

[그림 1-38]과 같이 제1극과 제2극의 리드선의 끝점을 연결한 후에 다시 제2극의 리드선의 시작점과 제3극의 리드선의 시작점을 연결한다([그림 1-39]). 나아가 마지막으로 전원에는 [그림 1-40]에서처럼 제1극의 리드선의 시작점과 제4극의 리드선의 시작점을 각각 연결한 다. 그림으로 나타낼 경우 이를 더욱 간단히 하여 표시한 것으로는 [그림 1-41], [그림 1-42], [그림 1-43]처럼 도시하는 방법이 있다. 이는 자극을 하나의 직사각형으로 일괄적으로 도시한다.

[그림 1-44]는 상세한 권선도와 간이 권선도를 쉽게 비교해 볼 수 있도록 슬롯 수 36, 극수 4인 전동기의 운전권선을 도시한 것이다. 여기서 주의할 점은 모든 자극은 동일한 방법으로 권선하여야 하며, 특히 인접 자극은 서로 반대극성이 되도록 연결하여야 한다는 점이다. 운전권선에 대한 권선법을 익숙하게 터득했으면 하나의 자극에 대한 권선을 마치고 난 후 선을 자르지 않고도 계속해서 나머지 자극 전부를 권선할 수 있을 것이다. 선을 자르지 않고 계속 감는 과정에서 유의할 점은 제1극을 시계방향으로 감았다면 제2극은 반시계방향으로 권선해야 한다는 점이다.

접속이 올바르게 되고 극성이 옳게 나타나는지를 검사하려면 직류저전압을 권선에 연결하여, 여기에 연결된 나침반을 고정자 내의 자극을 따라 순차적으로 이동하여 검사한다. 결선이 완벽하게 되었으면 자침이 극에서 극으로 움직일 때마다 반전한다.

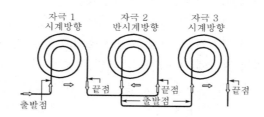

[그림 1-39] 3자극의 접속법

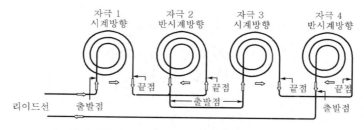

[그림 1-40] 4개의 자극을 접속시켜 전원에 연결하는 법

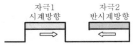

[그림 1-41] 회로의 구성도

[그림 1-42] 그림 1-41의 계속도, 자극 2의 시작점은 자극 3의 시작점에 연결된다.

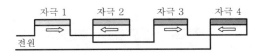

[그림 1-43] 자극 3의 끝점을 자극 4의 끝점에 접속한다.

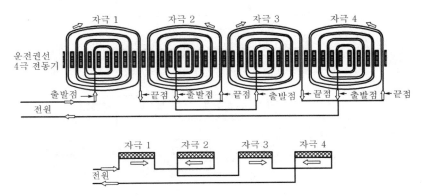

[그림 1-44] 운전권선의 4자극 중 자극 1과 자극 3은 시계방향, 자극 2와 자극 4는 반시계방향으로 접속한다.

(2) 기동권선의 직렬접속

기동권선의 접속법은 위에서 설명한 운전권선의 접속법과 동일하다. 자극 또한 서로 반대가 되도록 접속하여야 한다. 그러나 원심력 스위치를 제4극에서의 리드선에 직렬접속하든가 또는 제2자극과 제3자극의 사이에 직렬접속하여야 하는 점이 유일한 차이점이다. [그림 1-45]와 [그림 1-46]은 운전권선과 기동권선을 적절하게 접속하는 방법을 나타낸 것이다. [그림 1-45]는 원심력 스위치가 기동권선의 끝쪽에 있으며, [그림 1-46]에서는 원심력 스위치가 권선의 중앙에 위치하고 있다.

[그림 1-47]은 기동권선과 운전권선이 고정자의 내부에 위치하고 있는 상태를 원형도로 나타낸 것이다. 결선도는 [그림 1-48] (a)와 같이 간단한 약도로 표시할 수 있다. 이 도면에서는 극수의 표시가 안되나 권선에서 나온 리드선을 전원에 연결하는 방법은 잘 나타난다. 도면을 보면 기동권선과 운전권선에서 각각 리드선이 두 개씩 나오고 있다. 전동기의 회전방향의 전환을 기동권선이나 운전권선 중 어느 한 권선의 리드선을 바꿔 결선하

면 반대로 회전한다.

[그림 1-48] (b)는 시계방향과 반시계방향으로 전동기의 회전방향을 바꿀 때의 리드선의 접속양식을 나타내고 있다. T_2와 T_3는 기동권선을 나타내고 T_1과 T_4는 운전권선을 표시한다. 6극 전동기는 두 개의 극수가 추가되어 있다는 점만 다를 뿐이므로 4극 전동기와 마찬가지로 결선한다. [그림 1-49]는 6극 분상 전동기의 결선도를 나타내고 있다.

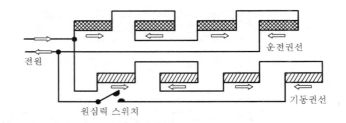

[그림 1-45] 4극 분상 전동기의 결선법

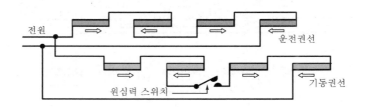

[그림 1-46] 기동권선의 중앙에 원심력 스위치를 접속한 4극 분상 전동기

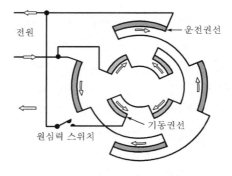

[그림 1-47] 4극 분상 전동기의 접속을 표시한 원형도

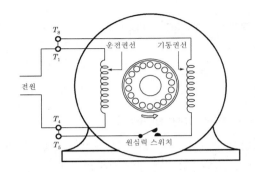

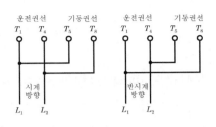

(a) 프레임 밖으로 리드선 4개를 끌어내어
역회전 결선이 가능하도록 만든 분상 전동기

(b) 시계방향과 반시계방향의 회전방향
전환 시의 결선도

[그림 1-48]

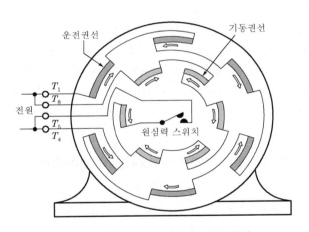

[그림 1-49] 6극 분상 전동기의 결선법

(3) 병렬접속

대다수의 전동기가 직렬접속이 되어 있으나 제조자에 따라서는 병렬로 접속된 것도 있다. 이러한 것들은 2병렬(또는 2회로) 접속법이라고 알려져 있다. 2병렬접속은 [그림 1-50] 과 [그림 1-51]에 도시되듯이 각 권선이 두 개의 회로로 되어 있다. 그러나 운전권선에서 의 회로수에 관계없이 결선할 때는 인접자극은 서로 반대극성이 되도록 접속한다.

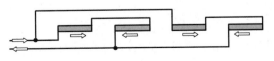

[그림 1-50] 4극 운전권선의 2회로 접속

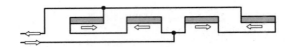

[그림 1-51] 4극 운전권선의 2회로 접속의 다른 방법

7. 결선법의 파악 요령(how to recognize the connection)

분상 전동기나 다른 교류 전동기의 결선방법을 기록하기 전에 전동기의 명판에 붙은 여러 정보를 잘 파악하여야 한다. 만약 회전수가 60사이클이면 4극 전동기는 약 1,725로 작동하고 6극 전동기는 1,150, 2극 전동기는 3,450으로 작동한다. 단자판이나 원심력 스위치에 연결된 리드선은 건드리지 말고 그냥 두어야 한다. 리드선이 연결된 곳이 아래쪽 굵은 선쪽이면 운전권선이며, 위쪽 가는 선쪽이면 그것은 기동권선이다. 대부분의 분상 전동기는 회전방향을 교대로 바꾸기 위하여 권선의 극이 직렬로 결선되어 있다.

많은 수선소나 정비소에서의 작업과정은 권선을 단자판에서 먼저 떼어내고, 그 다음에 고정자를 소각로에 넣는다. 소각과정은 권선을 제거하기가 쉬울 뿐 아니라 결선하는 사람에게 결선방법을 파악하는데에도 도움을 주며, 권선 횟수를 헤아리는데도 많은 도움을 준다. 분상 전동기나 또 다른 전동기는 그 결선방식이 매우 복잡한 편이다. 그러나 이 일에 많은 경험과 지식이 있는 사람은 별 어려움이 없이 이 일을 해 낼 것이다.

8. 리드선 접속법 및 테이프 감기(methods of splicing and taping leads)

자극과 자극을 접속할 때는 접속하고자 하는 두 선의 끝을 약 2인치(5cm) 정도 피복을 제거한 후 두 선을 꼬아 잇는 식의 접속법(twist joint)을 실시하고 납땜을 한다. 납땜을 한 다음 그 부분에는 테이프를 감는다.

이 방법은 [그림 1-52]에 도시되어 있으며, 여기에는 자극 1의 끝점이 자극 2의 끝점에 이어져 있다.

또 다른 접속 방법은 테이프 대신에 유리섬유나 바니스 함침이 되어 있는 슬리브(varnished sleeve)를 사용하는 방법이다. [그림 1-53]은 이러한 과정의 접속방법을 자세히 나타내고 있다. 슬리브 접속으로 연결할 때는 그 과정이 [그림 1-53]에 도시된 것처럼 다섯 단계로 실시한다.

(1) 자극 1과 자극 2의 끝점에 해당하는 리드선의 끝을 약 1인치 정도 피복을 제거한다.

(2) 길이 약 1인치 정도(필요하면 약간 더 길게)의 슬리브를 각 리드선마다 끼운다.

(3) 먼저 끼운 슬리브보다 약간 굵은 슬리브를 약 2인치 정도의 길이로 하여 어느 한 쪽 리드선에 이중으로 끼운다.

(4) 두 리드선을 직선접속법의 방법으로 접속하여 납땜한다.

(5) 가는 슬리브를 밀어 접속부분을 덮은 다음 굵은 슬리브가 접속부분 전체를 완전히 덮도록 한다. 슬리브 절연을 사용하면 테이프를 사용하는 것보다 간단히 작업을 끝낼 수 있고, 시간을 절약할 수 있으며, 작업을 끝낸 접속부분의 외관이 보기가 좋다.

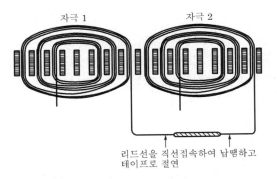

[그림 1-52] 극 사이의 권선의 접속방법

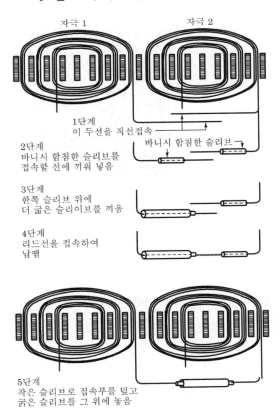

[그림 1-53] 슬리브를 사용한 리드선의 접속 요령

또 다른 접속방법은 리드선의 양끝을 [그림 1-54]에서처럼 몇 번 꼰 후 납땜하고 어느한 선쪽으로 밀어 붙이고 난 후 그 위에 슬리브를 씌우는 방법이 있다.

운전권선이나 기동권선에 대한 접속에서 코일 상호간을 접속할 때는 이상 설명한 어느한 방법을 사용하며, 코일 전체에 대한 접속이 끝난 후 운전권선과 기동권선의 리드선 중전원과 연결하여야 할 부분은 굵은 가요(可撓) 리드선(flexible leads)으로 접속한다. 이때접속부에는 유리섬유 슬리브를 사용하는 것이 바람직하다. 또 리드선이 다른 물건에 걸려선이 빠져 나오거나 끊어지는 것을 방지하기 위해 [그림 1-55]에서처럼 리드선과 코일을알맞은 선(나일론이나 린넨, 또는 면으로 된 것)으로 묶어 놓아야 한다. 이것은 권선이 엉키거나 안으로 굽혀 들어가거나, 선이 삐져나오는 것을 방지한다.

용접한 위에 슬리브를 덮는다.

[그림 1-54] 용접한 연결부분을 절연 슬리브로 덮는 법

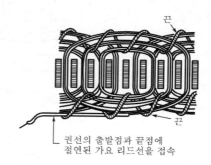

끈

끈

권선의 출발점과 끝점에
절연된 가요 리드선을 접속

[그림 1-55] 리드선이 끊어지지 않도록 권선과 리드선을 끈으로 함께 묶는다. 권선도 서로 엉키지 않도록 서
로 묶어 준다.

9. 새 권선에 대한 검사(testing the new winding)

권선 및 결선작업이 끝나면 단락, 접지, 단선, 또는 결선의 착오 등 이상 유무를 철저히검사하여야 한다.

이러한 검사는 바니시 함침작업이나 건조작업을 실시하기 전에 실시하여야 하며, 불량개소가 있으면 사전에 제거하여야 한다. 검사하는 상세한 방법은 고장진단과 수리 항(項)에서설명한다.

10. 바니시 함침과 건조작업(baking and varnishing)

권선의 각 자극에 대한 결선작업이 끝나고 검사를 한 후, 전원에 연결하는 가요 리드선을 결선하여, 각 권선을 끈으로 묶은 다음에는 고정자를 건조대에 넣는다. 건조대의 온도는 섭씨 약 120°를 유지하여 약 한 시간 동안 예열을 가한다.

이 예열과정은 권선작업 도중에 스며든 습기를 제거하고 또한 바니시 함침작업을 할 때 그것이 잘 스며들게 하기 위한 것이다. 그 다음 고정자를 꺼내어 마그네트 와이어와 동일한 급의 절연 바니시가 담긴 통에 넣는다. 바니시는 권선 사이를 스며들 수 있도록 충분히 묽어야 하면서도 또한 건조시킬 때 적절한 양이 도포(塗布) 될 수 있을 정도로 진해야 한다.

이러한 농도를 알맞게 하는 점은 매우 중요하며, 바니시용제가 증발하여 너무 진해졌을 때는 그 바니시 용액을 제조한 회사의 지시대로 알맞은 용매를 써서 묽게 하여 사용한다.

고정자를 바니시액에 약 1시간 30분 정도 담근 다음 다시 꺼내어 말린다. 이것을 다시 건조대에 넣어 수 시간 동안 건조시킨다. 어떤 형의 바니시를 사용하든 간에 제조자의 설명서에 지시한 대로 따라야 한다. 고정자를 건조대에서 다시 꺼내어 슬롯의 표면에 묻은 바니시 찌꺼기를 깨끗이 제거한다. 이것은 회전자의 회전을 원활히 하기 위해서 반드시 제거해야 한다.

바니시 함침과 건조작업은 권선을 한 덩어리로 뭉치게 하여 권선이 따로따로 움직이지 않게 한다. 이것은 또한 습기, 이물질 등의 침입을 막으며, 마그네트 와이어의 기계적 강도와 절연효과를 높여 준다.

건조가 필요 없는 다른 종류의 바니시가 있는데 이것은 자연건조 바니시(air drying varnish)라고 불리고 있다. 많은 정비소에서는 A급 절연물을 사용한 분수마력 전동기에 바니시를 사용하고 있다. 정비소에 따라서는 솔벤트 성분이 제거된 에폭시 수지(樹脂)나 폴리에스터 바니시를 사용하고 있는데, 이것은 약 20분 정도의 시간 내에 사용해야 한다. 이것은 솔벤트기가 전혀 없으며, 일반적인 바니시와 그 보호작용이 동일하다. 이러한 바니시를 사용하는 과정을 살펴보자. 먼저 권선에 약 절반 정도의 전압을 걸어 예열을 시킨다. 그 다음 고정자를 수평되게 위치시키고 데워진 권선에 수지(樹脂)를 부어 넣는다. 수지액은 슬롯의 틈새로 채워져 들어가도 된다. 수지액을 다 부은 다음에는 권선에 전류를 통하게 해서 약 5분간 권선을 덥게 한다. 이 전과정을 약 30분 내의 시간 안에 마쳐야 한다. [그림 1-56]은 3상 전동기에 바니시를 함침하는 것을 보여주고 있다. 단상 전동기에서도 마찬가지로 실시하면 된다.

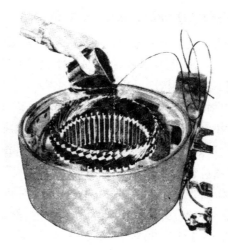

[그림 1-56] 솔벤트를 제거한 수지를 손으로 함침하는 모양

5 분상 전동기의 역전(Reversing a Split-phase Motor) Section

  분상 전동기의 회전방향은 운전권선이나 기동권선 가운데 어느 하나의 결선을 바꿔 주면 반대로 된다. 이 과정은 매우 간단하며, [그림 1-57]은 [그림 1-48] (a)처럼 결선한 전동기의 회전 방향을 반대로 했을 때의 결선법을 도시한 것이다.

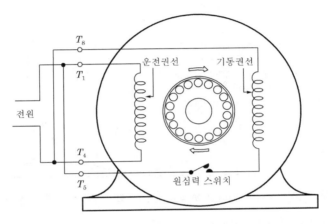

[그림 1-57] 그림 48 (a)처럼 결선된 분상 전동기를 역회전되게 결선한 모양

  대부분의 분상 전동기는 단자판(또는 블록)이 엔드 브래킷에 부착되어 있다. 그러므로 리드선은 전동기 밖으로 뽑지 않고 [그림 1-58]처럼 단자에 그대로 결선한다. 이러한 유형의 분상 전동기에서는 원심력 스위치의 고정부를 단자판에 부착하는 것이 보통이다. 이 같이 단자판이 부착된 단일전압 전동기를 역전시키려면 기동권선이나 운전권선의 리드를 서로 바꾸어 준다. 또 기동권선의 리드선을 바꾸는 것보다 단자판에서 운전권선의 리드선을 바꾸는 것이 더 편리하다. 회전이 일어나는 것은 동일한 극성(極性)을 가진 기동권선의 자극에서부터 운전권선의 자극으로의 방향이므로 이 점을 이해하면 선을 바꾸는 이유를 알 것이다. 기동권선의 자극에서 운전권선의 자극으로 회전이 일어나는 이유는 기동권선의 자계가 운전권선의 자계보다 먼저 형성되기 때문이다. 이 현상이 동일한 자계 내에서 기동권선의 자극이 운전권선의 자극으로 자계가 회전하도록 하여, 결과적으로 회전자를 동일한 방향으로 회전하게 하는 것이다.

  그러므로 일정한 방향으로 회전을 하도록 주권선과 보조권선을 접속하는 것은 간단한 일이다. [그림 1-47]은 시계방향으로 회전하도록 결선된 4극 전동기의 그림이며, [그림 1-49]는 반시계방향으로 회전하도록 결선된 6극 전동기의 그림이다. 주권선과 보조권선의 전류의 흐름을 잘 검토하라. 또한 소손된 전동기를 수리하기 위하여 권선을 제거할 때는 회전방향을 미리 잘 검사하여 기억해 두어야 한다. 특히 기억해야 할 사항은 첫째, 기동권선의 한 선에는 보통 원심력 스위치가 연결된다. 둘째, 운전권선은 보통 기동권선보다 좀 더 굵은 선으로 되어 있다. 셋째, 기동권선은 보통 운전권선보다 위에 놓여 있다는 점이다.

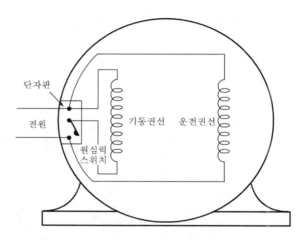

[그림 1-58] 엔드 플레이트상에 터미널 블록을 설치한 모양 원심력 스위치는 터미널 블록 위에 있다.

1. 이중전압 분상 전동기의 결선(connection dual-voltage, split-phase motor)

대부분의 분상 전동기는 단일전압으로 작동하도록 만들어져 있다. 그러나 어떤 특별한 용도에 사용되는 전동기는 115볼트나 230 볼트의 이중전압으로 결선될 수 있게 되어 있다. 그러한 전동기는 일반적으로 기동권선 1회선, 운전권선 2회선으로 설치되어 있다. 볼트 수를 변경할 수 있도록 여러 개의 권선이 밖으로 인출되어 있다.

115볼트 전동기를 작동시키려면 운전권선 2회선은 [그림 1-59]처럼 병렬로 연결하며, 230볼트로 하려면 운전권선 2회선을 직렬로 연결한다([그림 1-59]의 단자기호 참조).

이중전압 분상 전동기에서는 운전권선의 권선작업은 먼저 운전권선 한 회선을 단일전압 전동기와 마찬가지로 권선하고, 그 위에 곧장 같은 굵기의 선을, 감은 횟수를 동일하게 하여 동일한 슬롯에 감는다. 먼저 감은 운전권선의 리드선은 T_1과 T_2로 표기되며, 나중에 감은 운전권선은 T_3와 T_4로 표기된다. 기동권선은 가장 나중에 권선되며, 그 리드선은 T_5와 T_8로 표기된다([그림 1-60] 참조). 때로는 기동권선이 2회선으로 권선되기도 하는데 이 경우 어느 한 쪽 기동권선의 리드선은 T_5와 T_6으로, 다른 한 쪽 기동권선의 리드선은 T_7과 T_8로 표기된다.

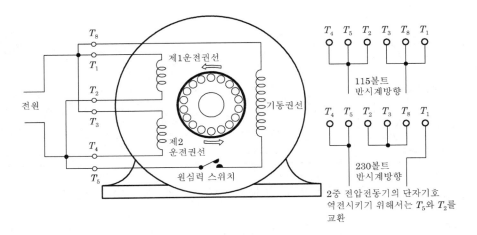

[그림 1-59] 이중전압 분상 전동기, 저전압, 반시계방향 회전

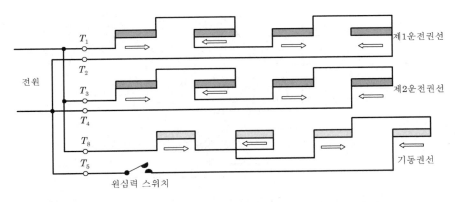

[그림 1-60] 4극, 이중전압 분상 전동기, 저전압, 반시계방향 회전

또 다른 예는 [그림 1-61]처럼 전체 극수의 반만 회전하게 한 것이 있다. 예를 들어 4극 전동기에서 두 극만 하나의 독립된 권선뭉치처럼 직렬로 권선이 된다. 그리고 그 리드는 T_1과 T_2로 표기되고, 또 다른 두 자극은 같이 감고, T_3와 T_4로 리드를 표기한다. 낮은 전압에서는 각 권선뭉치는 병렬로 연결되고, 높은 전압에서는 직렬로 연결된다. 또한 어느 경우에 있어서나 기동권선은 운전권선과 병렬로 연결된다. 각 권선뭉치는 서로 극성이 교대되게 연결되어야 하는 것은 매우 중요하다. 그 이유는 만약 그렇게 연결되지 않으면 전동기는 작동하지 않기 때문이다.

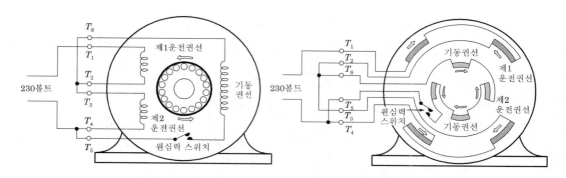

[그림 1-61] 4극, 이중전압 분상 전동기, 230볼트에서 반시계방향 회전

[그림 1-62]는 4극, 이중전압 전동기로 역전시킬 수 있는 것을 도시한 것이다.

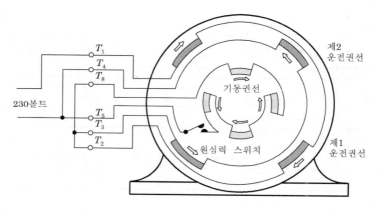

[그림 1-62] 4극, 이중전압 분상 전동기, 230볼트에서 반시계방향 회전

6 과부하 보호장치(Motor Overload Protective Devices) Section

    단상 전동기에 사용되는 과부하보호 장치들은 대부분이 온도변화에 의하여 반응이 되게 한 것이다. 이러한 장치들은 과부하로 인한 과열, 기동중지, 소손 등을 방지하기 위하여 사용된다. 이 보호기는 주로 전동기 내부, 원심력 스위치 단자판에 설치된다. 이것은 바이메탈편(bimetal elements)을 선에 직렬로 연결되도록 한 것이다. 이 바이메탈편은 열을 받았을 때 서로 다르게 팽창하는 두 개의 금속판을 함께 붙여 놓은 것이다. 이것이 열을 받으면 어느 한쪽으로 휘어져 전동기의 회로를 차단한다([그림 1-63]의 (a)와 (b)).

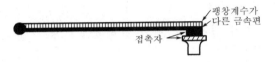

    (a) 과부하 보호기 바이메탈편 정상위치   (b) 과부하 보호기 바이메탈편 과부하위치

[그림 1-63]

    가장 많이 쓰이는 과부하 보호기는 두 개의 접촉자가 양쪽 끝([그림 1-64]에서 1과 2로 표시)에 달린 반원형 바이메탈편이 설치된 것이다([그림 1-64]).

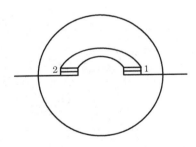

[그림 1-64] 두 개의 접촉자를 가진 바이메탈 디스크

    또 다른 형태의 것으로는 이미 설명한 것과 같은 형태이긴 하나 바이메탈편에 아주 가깝게 보조히터를 설치한 것이 있다. [그림 1-65]의 (a)와 (b)는 바이메탈 디스크가 닫힌 상태와 열린 상태를 나타내고 있다. 이 장치는 그림에서 1, 2, 3으로 표시한 것처럼 세 개의 단자로 연결된다. 단자 1과 2는 고정자로 연결되고 단자 2와 3은 히터로 연결된다. 과부하가 발생하면 전류가 히터로 흐르게 되며, 이 히터는 바이메탈 디스크에 열을 방사하게 되어 디스크가 어느 한쪽으로 휘어져 접촉자를 열게 하며, 결과적으로 회로가 열리고 전동기를 멈추게 한다.

바이메탈

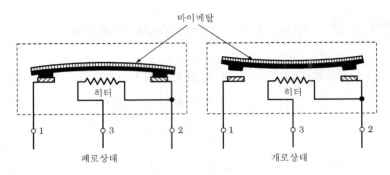

| 1 | 3 | 2 |
폐로상태

| 1 | 3 | 2 |
개로상태

[그림 1-65] 히터가 장치된 과부하 보호기

　종류에 따라서는 바이메탈편이 냉각되면 자동적으로 접촉자가 닫히는 것이 있다. 그 반면 어떤 것은 손으로 접촉자를 폐로해 주어서 전동기를 다시 작동시켜야 한다.
이상 설명한 과부하 보호기는 단일 또는 이중전압 전동기에 모두 사용할 수 있다. 단일전압 전동기에서 단자 2는 사용되지 않는다. 히터와 바이메탈 디스크는 전동기의 전체 회로와 직렬로 접속된다. 이것은 [그림 1-66]에 도시되어 있다. 이중전압 전동기일 경우, 저전압으로 사용할 경우에는 히터는 주권선의 반과 직렬로 접속되며, 고전압으로 사용할 경우에는 전체 권선과 직렬로 접속된다. 이것은 고전압 때의 전류가 저전압 때의 전류의 반밖에 흐르지 않기 때문이다. 이에 대한 결선은 [그림 1-67]에 도시되어 있다.

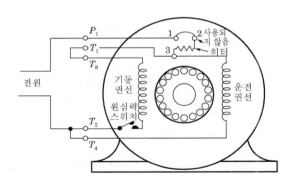

[그림 1-66] 세 개의 단자를 가진 과부하 보호기를 연결한 분상 전동기.
반시계방향으로 회전한다. 시계방향으로 회전시키려면 T_5와 T_8을 바꾸어
연결하여 준다.

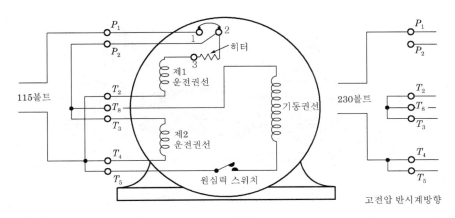

[그림 1-67] 이중전압, 과부하 보호기 부착 전동기, 저전압, 반시계방향으로 회전한다.

　오늘날 사용되고 있는 과열방지장치는 이 밖에도 여러 가지가 있다. 한 가지 예를 들면 바이메탈을 흐르는 전류에 의하여 데워지게 된 것이 있다. 이러한 형의 것은 접촉자를 개로시키기 위하여 토글 링크(toggle link)를 사용한다. 이 장치는 권선의 리드선의 접속에 사용되는 단자판상에 부착되어 있다. 그 작동과정은 다음과 같다. 과열되거나 과도한 전류가 흐르는 상황이 발생하면 바이메탈 암(bimetal arm)이 열을 받아 접촉자를 개로시키는 방향으로 휘게 된다. 그러나 접촉자는 바이메탈 암의 휘어지는 힘이 토글 링크의 힘보다 강해질 때까지는 그대로 접속된 상태를 유지하고 있다가 충분히 강해진 후에야 접촉자를 개로하게 된다. 이러한 형의 장치는 [그림 1-68]에 도시되어 있다.

　전동기의 권선에 과도한 열이 발생하는 것을 방지하기 위하여 특이한 구조를 가진 열형 보호장치를 고정자 권선에 부착한 것도 있다. 이 보호기는 평상시 폐로된 접촉자를 가진 스냅-액팅 디스크(snap-acting disc)를 설치하고 있다. 이 디스크는 그것 자체를 흐르는 전류나 권선이 받는 열에 의하여 작동하게 된다. 디스크가 받는 열이 미리 예정된 권선의 안전수치에 도달하게 되면 디스크는 개로하여 회로를 차단하게 된다. 권선의 열이 정상적인 안전수치까지 되돌아오게 되면 방지기는 자동적으로 리셋하게 된다. 열형 보호기는 밀폐된 전동기와 함께 사용되는 경우가 많으며, 그러한 경우 전동기의 권선에 영향을 주기 전에 열을 차단할 수 있도록 권선의 끝에 설치하는 수가 많다. 보호기를 설치할 경우에 권선의 절연에 손상을 주거나 절연상태를 약화시키지 않도록 조심해서 다루어야 한다.

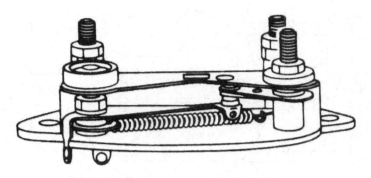

[그림 1-68] 과부하 보호기(Delco Products)

7 단상 전동기용 단자기호(Terminal Markings for Singlephase Motors)

Section

아래 표시한 기본적인 단자기호들은 The National Electrical Manufacturers Association Standards Publication M.G.I. 1968에 의하여 수록한 것이다. 단일전압, 가열, 분상 전동기의 결선도는 제1장, [그림 1-69]에 도시되어 있다.

과부하 보호기가 없을 때		과부하 보호기가 있을 때	
전원 리드선	단사관 리드선	전원 리드선	단자판 리드선

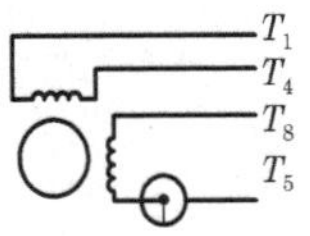

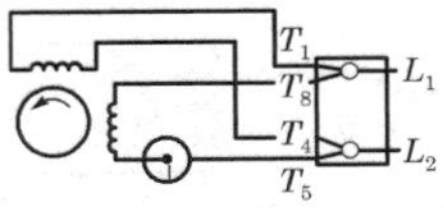

시계방향 회전을 시키려면 T_5와 T_8을 바꾸어 준다.

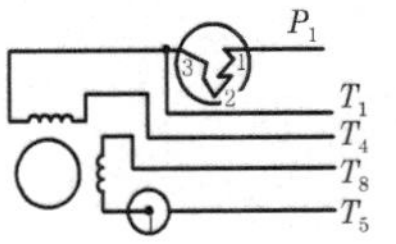

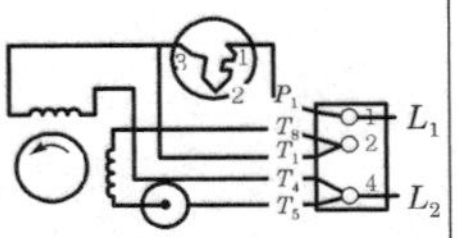

	L_1	L_2
반시계 방향 회전	T_1, T_8	T_4, T_5
시계방향 회전	T_1, T_5	T_4, T_8

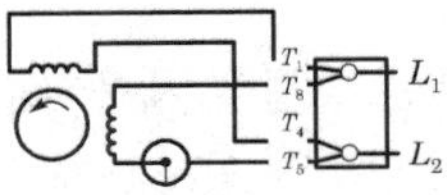

	L_1	L_2 접속
반시계 방향 회전	P_1 T_4, T_5	T_1, T_8
시계 방향 회전	P_1 T_4, T_8	T_1, T_5

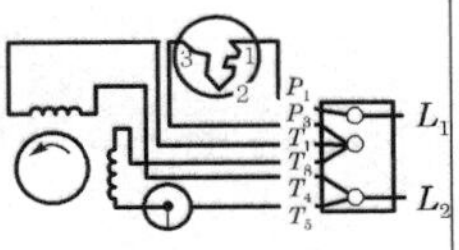

시계방향회전을 시키려면 T_5와 T_8을 바꾸어 준다.

시계방향 회전을 시키려면 T_1과 T_4를 바꾸어 준다.

시계방향 회전을 시키려면 T_1과 T_4를 바꾸어 준다.

NOTE-When terminal boards are shown, they are viewed from the front. Dotted lines indicate permanent connection.

NOTE-When terminal boards are shown, they are viewed from the front, Dotted lines indicte perrmanent connection.

[그림 1-69] 단일전압 분상 전동기의 계통도

1. MG1-2.40 일반적 사항(general)

(1) 이중전압(dual voltage)

단상 전동기를 직렬 또, 이중전압으로 재결선 할 경우 그 단자기호는 그 형에 관계없이 다음과 같이 결정된다. 기호로 표시하기 위하여 주권선을 양분한다고 가정할 때 한 쪽

반은 T_1, T_2로 다른 쪽 반은 T_3, T_4로 표시하기로 한다. 마찬가지로 보조권선 또한 T_5, T_6와 T_7, T_8로 표기하기로 한다.

주권선 단자 T_4와 보조권선 단자 T_5를 접속하면 회전방향이 정상적으로 되도록 극성이 확립되게 된다.

단자기호 배열을 도시하면 다음과 같다.

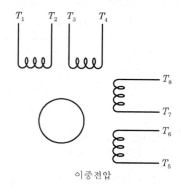

이중전압

① 주의 1 : 일부 한정된 용도에 사용되는 전동기에 이러한 단자기호를 사용하는 것은 적절치 못할 경우가 있다.

② 주의 2 : 다단속도를 획득하도록 다양한 방법을 채용하고 있는 다단속도 전동기의 경우 이에 대한 단자기호 표시방법은 일정하게 정해진 것이 없다.

(2) 단일전압(single voltage)

단상 전동기가 단일전압이거나, 권선이 단일전압에만 사용되도록 접속되어 있다면 그 단자기호 표시는 다음과 같이 결정된다.

주권선에 대한 단자기호는 T_1과 T_4, 보조권선에 대한 표시는 T_5와 T_8로 하게 된다. 정상적인 회전방향으로 회전하도록 올바른 극성이 나타나려면 T_4와 T_5를 한쪽 선에, T_1과 T_8을 다른 한쪽 선에 연결한다.

단자기호 배치에 대한 도형은 다음에 제시하게 된다.

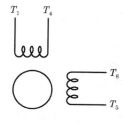

단일전압

2. MG1-2.41 색깔에 의한 단자기호 표시

단상 전동기에서 리드선을 구별하기 위해서 기호나 숫자 대신에 색깔을 사용하게 되면 색깔표시는 다음과 같이 한다.

T_1 - 푸른색

T_2 - 백색

T_3 - 오렌지색

T_4 - 노란색

T_5 - 흑색

T_8 - 붉은색

P_1 - 무색

P_2 - 갈색

3. MG1-2.42 전동기 내의 보조장치

전동기 단자와 권선 사이에 직렬로 영구히 접속하게 되는 보조장치들, 예를 들어 커패시터, 기동 스위치, 열동형 보호장치 등은 단자 접속부에 별다를 표시가 없는 한 기호표시에 별 영향을 주지 않는다.

단자가 접속부에 연결될 때는 이 접속부의 단자기호는 권선이 연결되는 부분에 의하여 결정된다. 이 보조장치들에 접속되는 단자들은 그 단자가 접속되는 전동기 내부의 보조장치를 나타내는 문자기호에 의하여 식별된다.

4. MG1-2.43 전동기 외부의 보조장치

커패시터, 저항기, 인덕터, 변압기나 다른 보조장치들이 전동기 외부에 별도로 설치될 때는 단자기호는 그 보조장치를 표시하는 것을 그대로 사용한다.

5. MG1-2.44 고정단자들에 대한 표시

단자판에서의 경우, 고정된 단자들을 식별하는 표시는 단자판상의 기호나 기계 자체의 도면에 의하여 나타낸다. 모든 권선이 고정된 단자에 접속되어 있을 때는 이 단자들은 이 책에 명시된 단자기호에 준하여 식별하면 된다. 권선이 단자판 위의 고정단자들에 영구히 연결되는 것이 아닐 때는 고정된 단자들은 다만 숫자에 의하여 식별하는 수밖에 없으며, 또 그 식별은 고정된 단자와 리드단자의 리드선과 일치하는 것도 아니다.

6. MG1-2.45 고정단자와 영구히 결합된 내부 보조장치

열동형 보호장치의 기동 스위치나 다른 보조장치들이 고정된 단자들에 영구히 접속되어 있는 전동기의 경우는 MG1-2.47부터 MG1-53에 도시된 결선배치와는 조금 다르게 된다. 그러나 대개 MG1-2.46에 근거를 두고 조금씩 차이가 있게 된다.

7. MG1-2.46 단상 전동기에 사용하는 단자기호의 일반적인 표시원칙

MG1-2.40부터 MG1-2.45, 그리고 MG1-2.47부터 MG1-2.53의 계통도 등에 사용된 단자 기호와 결선과정은 다음과 같은 원칙에 입각하고 있다.

(1) 제1원칙

단상 전동기의 주권선은 한 개의 상에는 홀수를 쓰고 다른 한 개의 상에는 짝수를 사용하여 1/4상 전동기와 구별하기 위하여 T_1, T_2, T_3 및 T_4로 표시하고 보조권선은 T_5, T_6, T_7 및 T_8로 표시한다.

(2) 제2원칙

제1원칙에 쫓아 저전압 결선을 할 때는 각 권선의 홀수 대 홀수의 단자를 접속하고, 고전압(직렬) 결선을 위해서는 홀수 대 짝수의 단자를 접속한다.

(3) 제3원칙

단상 전동기의 회전자는 외부로 결선되는 경우가 없더라도 원으로 표시된다. 이것은 또한 회전자가 표시되지 않는 1/4상 전동기의 계통도와 단상 전동기를 분간하는데도 사용된다.
※ 이중전압 전동기의 경우, 보조권선은 대개 저전압으로 설계되며, T_5와 T_8로 표시되는 두 개의 리드선을 가지게 된다.

8 2단 속도 분상 전동기(Two-speed, Split-phase Motors)   Section

유도 전동기의 속도는 극의 수에 의해서 좌우되므로 주파수가 일정한 상태에서 속도를 변경하려면 극의 수를 바꾸어 줄 필요가 있다. 극수를 바꾸는 방법은 다음과 같이 여러 가지가 있다.

첫째 : 운전권선을 추가로 하나 더 설치하는 방법

둘째 : 운전권선과 기동권선을 각각 두 개씩 설치하는 방법

셋째 : 별도의 운전권선과 기동권선을 설치함이 없이 동극선 결선법(consequent-pole connection) 이라고 불리는 특수한 결선법을 사용하는 방법 등이 있다.

1. 운전권선 두 개, 기동권선 한 개인 분상 전동기

가변속 전동기에 속하는 이러한 전동기는 세 개의 권선이 필요하다. 즉, 두 개의 운전권선과 한 개의 기동권선이 사용된다. 이러한 전동기는 6개의 운전권선과 한 개의 기동권선이 사용된다. 이러한 전동기는 6개의 자극과 8개의 자극으로 권선하여 각각 1150rpm, 875rpm 정도의 속도로 작동한다. 이러한 전동기가 가장 많이 사용되는 곳은 전기 선풍기이다.

이 전동기를 다시 권선할 때는 코일은 원래 권선이 들어 있었던 슬롯에 권선하여야 한다. 그러므로 처음 권선을 제거할 때 코일의 정확한 위치를 데이터 기록표에 정확히 기입할 것을 잊지 말아야 한다. [그림 1-70]에는 권선 상호간의 위치, 즉 코일과 슬롯의 위치관계를 표시하고 있다.

[그림 1-71]은 2단 속도 분상 전동기의 결선도를 나타낸 것이며, 내부 결선을 표시하는 간이 결선도는 [그림 1-72]에 도시되어 있다. 쌍투형(雙投型) 수동 개폐기와 동작원리가 비슷한 이중 접촉자로 된 원심력 스위치는 저속운전을 하기 위하여 8극 운전권을 전원에 연결할 때 필요하다. [그림 1-72]의 회로를 보면 이 전동기는 속도 스위치를 고속과 저속 중 어느 위치에 놓고 기동하더라도 언제나 고속에서 기동하는 것을 알 수 있다. 속도 선택 스위치를 저속으로 위치시키고 운전하면 전동기가 일정한 속도에 도달하였을 때 원심력 스위치가 작동하여 고속 운전권선(6극 운전권선)을 개방하고 저속 운전권선(8극 운전권선)으로 연결한다.

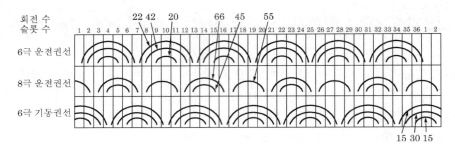

[그림 1-70] 2단 속도 3권선 분상 전동기의 권선 분포도

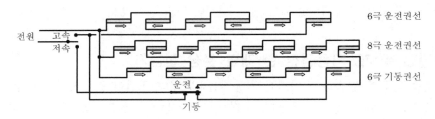

[그림 1-71] 2단 속도 분상 전동기의 결선도

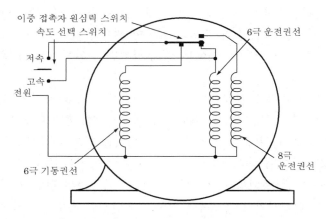

[그림 1-72] 2단 속도 분상 전동기의 결선

2. 운전권선 두 개, 기동권선 두 개인 분상 전동기

4개의 권선을 가진 전동기를 권선할 때는 각 권선이 들어가는 슬롯 위치가 정확히 제자리에 다시 놓여져야 한다. [그림 1-73]은 6극과 8극에서 작동하는 전동기의 권선 분포도를 나타내고 있다. 6극 부분만을 다루어 그 운전권선 및 기동권선의 결선도를 도시하면 [그림

1-74]와 같다. 여기에서 기동권선의 수는 3이 되지만 모두 동일극성을 띠도록 연결한다. 전류가 코일에 흘러 여자(勵磁)되면 반대 극성을 갖는 자극이 각 쌍의 자극 사이에 있는 고정자 프레임에 발생한다. 그 결과 감긴 자극 수보다 두 배의 자극이 형성되며, 기동권선은 6개의 극을 가진 것과 같은 작용을 한다. 이렇게 연결하는 것을 동극성 연결(同極性連結;consequent poles)이라고 한다.

8극 부분에서도 기동권선은 4극을 권선하고 동일 극성을 갖도록 결선하면 위에서 설명한 원리로 기동권선은 8극의 자극을 갖게 된다.

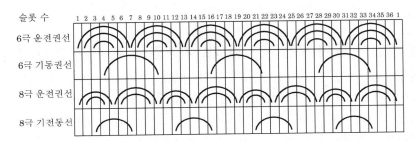

[그림 1-73] 권선을 4개 사용한 2단 속도 분상 전동기의 권선 분포도.
기동권선은 동극성 연결로 연결되어 있다.

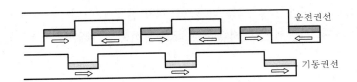

[그림 1-74] 2단 속도 전동기에서 6극 부분에 대한 기동권선과 운전권선.
기동권선의 권선은 세 개만을 사용하여 동극성을 발생한다. 이 경우 고정자
프레임에는 이부호(異符號)의 자극이 발생한다.

[그림 1-75]는 2단 속도 전동기에 대한 전원 연결법과 원심력 스위치의 결선을 간이도로 나타낸 것이다. 이 결선도에서 보는 바와 같이 원심력 스위치는 일정한 속도에서 기동권선을 전원으로부터 개방하여 주는 역할만을 담당한다. 전동기는 고속으로 기동하였더라도 이에 관계없이 저속으로 기동하여 저속으로 동작한다.

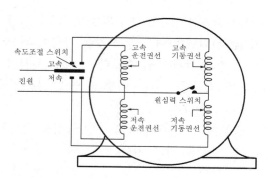

[그림 1-75] 2단 속도, 4권선 분상 전동기의 결선

3. 동극성 결선 전동기-운전권선 한 개, 기동권선 한 개인 분상 전동기

앞에서 설명한 것처럼 인접한 자극이 동일 극성을 가지도록 결선할 때 자성(磁性)의 효과는 배가(倍加)된다. [그림 1-76]은 실제로 감은 극수의 두 배에 해당하는 자극을 발생하도록 결선한 것을 나타내고 있다. 동극성(同極性) 결선 전동기는 속도선택 스위치를 사용하여 동극성 결선으로 하거나 또는 이극성(異極性) 결선으로 하면 2단 속도 전동기가 된다. 즉, [그림 1-77]의 (a)와 (b)처럼 4극 전동기를 이극성 결선으로 하면 4극 전동기가 되고, 동극성 결선으로 하면 8극 전동기가 된다. 고속운전 시에는 B와 D, A와 C를 각각 하나로 연결한 후 전원에 연결한다. 이때 운전권선은 2병렬 결선이 된다. 저속운전에서는 A를 한 쪽 전원에 연결하고 C와 D를 연결한 후 이를 다른 한 쪽의 전원에 연결한다. 이때 운전권선은 직렬동극성 결선이 되며, 기동권선은 저속운전, 고속운전에 상관없이 직렬동극성 결선으로 한다.

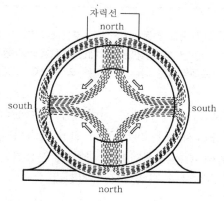

[그림 1-76] 만약 2극 전동기에서 두 개의 자극이 동극성을 발생하도록 결선되면 프레임에 들어간 자력선으로 인해 자극 두 개가 추가된다.

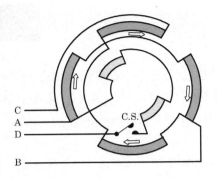

(a) 2단 속도 2권선 분상 전동기의 원형도

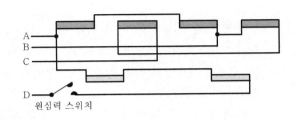

(b) 그림 1-77 (a)의 직선도

[그림 1-77] 분상 전동기

9 재권선 및 재결선을 위한 수치계산 Section

　재권선 및 재결선을 하기 위해서는 먼저 선의 굵기 및 그 측정방법에 대한 지식을 가져야한다. 선의 굵기는 그 직경으로 표시되며, 게이지 번호를 나타낸다. 선의 굵기는 다이어미터로 수천분의 1인치까지 측정되며, 게이지 번호는 미국전선번호(American Wire Gauge ; A.W.G.)로 표시된다.

　부록의 표 1을 보면, 첫째 칸은 다양한 여러 동선의 번호가 나열되어 있다. 둘째 칸은 각 동선의 직경이 인치로 표시되어 있다. 첫째 칸이 18번선 이면 그 직경은 0.0403인치이다. 숫자를 읽을 때는 소숫점을 오른쪽으로 3자리 옮겨 40.3밀(mil)이라고 읽는다. 그러므로 1밀은 1천분의 1인치를 의미하는 단위이다.

　전선에 있어서 문제가 되는 점은 그 선이 전류를 흘릴 수 있는 용량이므로 동선에 관계되는 모든 계산은 서큘러 밀(circular mil)이라고 불리는 용어를 기초로 하여 수행되고 있다. 서큘러 밀은 직경에 밀 그 자체를 곱하여 얻어진다. 즉, 다른 말로하면 직경을 제곱한 것이 밀이 된다. 18번 선을 따라 셋 째 칸을 보면 서큘러 밀이 1,624임을 알 수 있다. 이것은 밀로 표시한 직경을 제곱한 것, 즉 40.3 × 40.3을 함으로써 얻어진다.

　표 1에서 다음과 같은 사항들이 추론된다.

(1) 게이지 숫자가 클수록 선은 가는 것이 된다. 예를 들어 20번 선은 17번 선보다 더 가늘다. 이것은 표에 나타나 있다. 20번 선은 약 1,000c.m.(서큘러 밀)이나 17번 선은 약 2,000c.m. 이다.

(2) 표를 잘 검토해보면 서큘러 밀의 면적은 선번호가 세 개 달라질 때마다 배가 되거나 1/2로 된다. 즉, 게이지 번호를 세 개 더하면 서큘러 밀은 반으로 줄어든다. 그러므로 17번 선은 20번 선보다 서큘러 밀이 두 배가 된다. 또 18번 선은 15번 선보다 서큘러 밀이 반이 된다.

(3) 10번 선은 약 100밀의 직경을 가지며 10,000서큘러 밀의 면적을 가지게 된다.

(4) 각 사이즈가 열 배가 될 때마다 서큘러 밀은 10으로 곱해진다. 예를 들어 10번 선은 20번 선보다 서큘러 밀이 10배가 된다. 이러한 여러 사항에 비추어 볼 때 각 선의 서큘러 밀은 대개 추정할 수 있다.

(5) 선의 번호가 세 개 더해지면 저항은 두 배가 되는 것을 알 수 있다. 마찬가지로 세 개를 빼면 저항은 1/2이 된다.

(6) 선의 번호를 세 개 더하면 선의 무게는 반으로 줄어든다. 또한 세 개를 빼면 무게는 두 배가 된다.

1. 전압변경을 위한 재권선(rewinding for a change of voltage)

전동기에서 일반적으로 변경되는 사항 중의 하나가 전압변경이다. 이는 선의 굵기와 매 코일당 감은 횟수를 변경하면 전압이 변경된다. 코일스팬과 결선은 변경되지 않는다.

규칙 1. 새로 감는 횟수 $= \dfrac{\text{새 전압}}{\text{원래 전압}} \times$ 매 코일당 원래 감은 횟수

규칙 2. 새로운 서큘러 밀 $= \dfrac{\text{원래 전압}}{\text{새 전압}} \times$ 원래의 서큘러밀

위의 공식에 따라 예를 들어 계산하면 115볼트, 1/4hp., 1,725rpm, 60Hz인 분상 전동기(슬롯 수 32)는 동일한 속도로 230볼트로 재권선할 수 있다.

매 코일당 감은 횟수와 양권선의 선경을 알아보자.

데이터 : 운전권선, 스팬 1-8 2-7 3-6 #17

횟수 35 18 14

기동권선, 스팬 1-8 2-7 #22

횟수 75 42

새로운 횟수를 알기 위해 규칙 1을 적용한다. 새로운 전압은 원래 전압의 두 배가 되므로 매 코일당 감는 횟수도 두 배가 된다.

데이터 : 운전권선, 새로운 횟수 70 36 28

기동권선, 새로운 횟수 150 84

새로운 서큘러 밀은 규칙 2를 적용한다.

$$\text{새로운 c.m.} = \frac{\text{원래 전압}}{\text{새 전압}} \times \text{원래의 c.m.} = \frac{115}{230} = \frac{1}{2}\text{c.m.}$$

R.W. #17의 c.m. = 2,048c.m.

2,048의 1/2 = 1,024c.m.

1,024c.m. = #20

S.W. #22의 c.m. = 642c.m.

642의 1/2 = 321c.m.

321c.m. = #25

기동권선 또한 운전권선의 반쪽에 병렬로 결선할 때는 원래의 선과 같은 굵기의 것을 같은 횟수로 하여 대치할 수 있다. 이러한 경우 운전권선은 단권 변압기로 작동하게 된다. 4극 운전권선의 2극을 흐르는 전압은 전원전압의 1/2이고, 또 2극에 기동권선이 병렬로 결선되어 있으므로 기동권선은 전원전압의 반만 받게 된다.

위의 전동기를 115볼트 또는 230볼트의 이중전압으로 운전한다고 가정할 때 그 과정은

다음과 같다.

(1) 운전권선을 230볼트 때처럼 권선한다. 그러나 [그림 1-62]처럼 외부에서 가역시킬 수 있도록 6개의 리드선을 밖으로 뽑아낸다.

(2) 앞 예에서 계산한대로 운전권선을 동일한 횟수로 감는다.

(3) 기동권선은 운전권선의 일부에 연결되어 있으므로 달리 변경시킬 필요가 없다.

(4) 운전권선의 두 리드선은 230볼트로 운전할 때는 직렬 115볼트로 운전할 때는 병렬로 접속한다.

10 전압변경을 위한 재결선(Reconnecting for a Change in Voltage)

전압변경을 위한 재결선에서 가장 큰 원칙은 전원전압이 변경되더라도 원래의 극전압은 그대로 유지된다는 점이다. 그러므로 4극, 230볼트, 직렬결선 분상 전동기는 제4장 [그림 4-65]와 [그림 4-66]에서처럼 2병렬 또는 2회로 결선을 함으로써 115볼트로 작동시킬 수 있다. 여기서 어느 결선으로 하든지 각 극에 대한 전압은 동일한 상태를 유지해야 한다.

재결선함으로써 전압을 변경하는 것이 언제나 가능한 것은 아니다. 예를 들어 4극 직렬결선 전동기는 더 높은 전압으로 재결선할 수 없다. 왜냐하면 고전압이 직렬결선에 가해지면 각 극에 가해지는 전압은 원래 설계된 것보다 크게 되므로 소손사고를 일으키게 된다. 마찬가지로 2극, 2병렬 전동기는 저전압으로 결선할 수 없는데, 그 이유는 2극 전동기에는 2병렬 이상 있을 수 없기 때문이다.

스팬	실제횟수	코드팩터	유효 횟수
1-9	30	0.98	$=29$
1-7	30	0.87	$=26$
1-5	18	0.64	$=12$
1-3	20	0.34	$=\dfrac{7}{74}$

1. 속도변경을 위한 분상 전동기의 재권선(rewinding split-phase motors for a change in speed)

분상 전동기의 속도변경을 위해 재권선하는 새로운 규칙을 공부하기 전에 먼저 두 가지 용어에 대한 정의를 명확히 할 필요가 있다. 이 용어는 유효 횟수(effective turns)와 코드팩터(cord factor)이다. 코일의 유효 횟수는 실제 코일을 감은 횟수와 동일하지 않다. 그 이유는 유효 횟수는 코일의 스팬에 의해 좌우되기 때문이다. 스팬이 전용량을 발휘하게 되면 코일은 100% 유효하게 된다. 스팬이 적게 되면 유효역량이 마찬가지로 적게 된다. 예를 들어 실제 감은 횟수가 20회이면 유효 횟수도 20회가 된다. 그러나 20회이더라도 스팬이 적으면 유효 횟수는 10 정도 밖에 되지 않는다. [그림 1-20]을 검토해보면 이 전동기의 각 극은 4개의 코일을 가지고 있으며, 스팬이 서로 다르다. 효율은 스팬이 차지하는 전기적 각도의 수에 달려 있다. 각 극은 180도의 전기적 각도를 점하고 있음을 알 수 있을 것이다.

각 극의 효율을 알기 위해서 [그림 1-20]의 슬롯 수 36인 4극 전동기를 검토해보라. 각 극은 9개의 슬롯을 가지고 있으며, 이 전체는 180도에 해당하므로 인접한 두 슬롯은 20도로 떨어져 있다. 각 극의 외부 코일의 피치는 1과 9 또는 8슬롯이다. 이것은 8×20 또는 160도의 전기적 각도를 가지게 된다. 이 코일의 유효치를 알기 위해서는 부록의 표 8을 참조하면 된다. 이 값이 코드팩터라고 불리는 것이다.

위의 전동기의 경우, 외측 코일의 코드팩터는 0.98이며, 그 다음 코일은 6×20 또는 120 전기적 각도이다. 그 코드팩터는 0.87이 되며, 유효 횟수는 실제 횟수에 0.87을 곱한 것과 같게 된다.

그러므로 이상 언급한 사실에서 아래 공식을 산출할 수 있다.

$$유효\ 횟수 = 실제\ 횟수 × 코드팩터$$

극의 유효 횟수를 산출하기 위해서는 [그림 1-20]처럼 4극, 슬롯 수 36인 전동기를 가정한다. 이 전동기는 매 극당 슬롯 수가 9개이며, 운전권선의 각 극에는 4개의 코일이 있다. 부록의 표 8을 사용하여 계산하면 다음과 같다. 기동권선의 유효 횟수도 마찬가지로 계산할 수 있다.

속도를 전환시키기 위해서는 유효 횟수를 산출할 필요가 있다고 앞에서 설명한 바 있다. 예를 들어, [그림 1-20]의 슬롯 수 36인 4극 전동기의 회전수가 1,750rpm일 때 6극 1,150rpm으로 재권선한다고 가정한다.

(1) 1단계 : 운전권선 전체에 대한 유효 횟수의 숫자를 계산한다. 4극 전동기의 경우는 74×4=296의 유효 횟수를 가지게 된다.

(2) 2단계 : 6극으로 재권선하기 위해서는 다음 공식을 이용한다.

$$새\ 유효\ 횟수 = \frac{원래의\ 회전\ 수}{새\ 회전\ 수} × 원래\ 유효\ 횟수$$

$$= \frac{1,800}{1,200} × 296 = 444(운전권선\ 전체의\ 횟수)$$

(3) 3단계

$$각\ 극당\ 유효\ 횟수 = \frac{전체\ 횟수}{극수} = \frac{444}{6} = 74$$

이것이 6극 전동기이므로 매 극은 6개의 슬롯을 차지한다. 이것은 [그림 1-73]의 6극기에서처럼 피치 1과 7, 1과 5, 1과 3을 가진 매 극당 3개의 코일이 사용된다.

(4) 4단계 : 실제적으로 측정해본 바에 의하면 실제 횟수는 유효 횟수의 1.25이다. 유효 횟수에서 실제 횟수를 산출하기 위해서는 1.25를 곱해주면 된다. 즉, 74 × 1.25는 92가 된다.

(5) 5단계 : 인접 자극의 외측 코일은 서로 겹치게 되므로 코일 1과 7을 피치 1과 5처럼 횟수의 반만 사용한다. 피치 1과 3은 동일한 횟수를 사용한다.

합계 74.5는 6극 전동기의 각 극에 대하여 산출되었던 유효 횟수 74에 근사하다.

기동권선에 대해서도 마찬가지로 산출하게 된다. 이렇게 전환하는 데 필요한 선의 굵기는 다음과 같이 결정한다.

$$새로운\ c.m. = \frac{새\ 속도}{원래\ 속도} \times 원권선\ c.m.$$

$$= \frac{1,200}{1,800} \times c.m. = \frac{2}{3}\ 원래\ 권선의\ c.m.$$

만약 원래 권선이 17번 선이면 2,048c.m.이 된다. 그러므로

$$\frac{2}{3} \times 2,048 = 1,365 c.m.$$

$$1,365 = 19번\ 선$$

원심력 스위치가 속도변경에 영향을 미친다는 사실은 고려해 두어야 한다. 원심력 스위치는 일정 수준의 속도에 도달하면 열리게 된다(정격속도의 약 75%). 그러므로 예를 들어 4극에서 6극으로 변경할 경우, 원심력 스위치가 약 900rpm에서 작동하게 되는지 미리 확인해 두어야 한다.

11 고장검출과 수리(Trouble Shooting and Repair)   Section

1. 검사(testing)

분상 전동기의 불량개소를 검출하려면 운전권선과 기동권선에 대하여 접지시험, 단선조사, 단락 유무조사, 극성의 반전 여부조사 등을 실시해야 한다.

(1) 접지

접지(ground)란 권선이 전동기의 실제 부품과 전기적인 접촉상태에 놓일 때 접지되었다고 한다. 접지의 원인으로서는 여러 가지 상황이 있을 수 있으나 가장 보편적인 것으로는 다음과 같은 것을 들 수 있다.

① 볼트로 엔드 플레이트와 프레임을 조일 때 슬롯의 양쪽 끝으로 코일이 지나치게 돌출하면 볼트가 코일에 닿아 접지사고를 일으킨다.

② 권선과정에서 슬롯 절연물이 움직이면 코일이 철심 모서리에 닿아 절연 피막이 손상되므로 접지사고의 원인이 된다.

③ 원심력 스위치가 엔드 플레이트와 맞닿을 때 접지사고를 일으킨다.

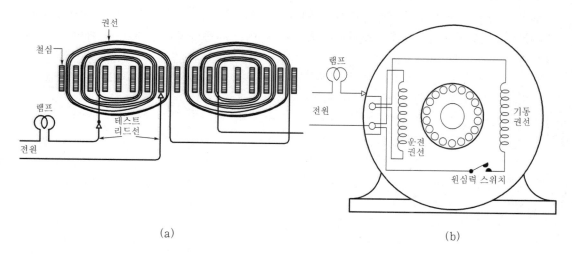

(a)   (b)

[그림 1-78] 권선에 대한 접지 검출(램프 점등은 접지를 뜻한다.)

권선이 접지되었는지를 검출하는 간단한 방법은 테스트 램프를 사용하는 방법이다. 이 램프를 사용하여 권선의 접지 유무를 검사하려면 [그림 1-78]의 (a)와 (b)처럼 램프의 리드선 하나의 권선에, 또 하나의 리드선을 고정자 철심상에 각각 연결한다. 이때 램프에 불이 들어오면 접지가 되고 있음을 의미한다. 권선이 접지상태에 놓여 있음이 확인되면 면밀히 조사하여 접지된 부분을 발견하도록 시도한다. 접지검출과정에서 램프가 점멸현상을 일으키는 수가 있다. 이 경우는 불완전 접지상태이며, 대부분의 경우 불완전 접지상태에서는 접지된 부분에 파란 불꽃이 발생한다.

만약 이 램프 테스터로 접지 개소를 발견하기가 곤란하면 자극간의 접속을 풀어서 자극 하나하나에 대한 순차적인 검사를 실시해야 한다. 각각의 자극에 대한 검사에서 접지 개소를 찾아 내면 그 접지부분을 다시 절연하고, 권선을 새로하여 접지원인을 제거한다. 때에 따라서는 전체 권선을 모두 풀어 다시 권선하든가 하는 것이 바람직하다.

(2) **회로의 단선**(open circuits)

분상 전동기에서 흔히 단선사고를 일으키는 원인은 결선의 풀림, 오손(汚損), 단선(斷線) 등이 많으며, 이러한 사고는 주로 운전권선, 기동권선, 원심력 스위치 등에서 발생한다. 운전권선에 대한 단선 여부를 검출하려면 테스트 램프의 리드선을 [그림 1-79]처럼 운전권선의 양쪽 끝에 접속하여 본다. 램프에 불이 들어오면 회로의 상태는 완전한 것이며, 불이 들어오지 않으면 회로에 단선이 생긴 것이다. [그림 1-80]은 단선된 회로를 나타낸 것이다. 회로 내의 단선 개소를 정확히 검출하려면 테스트 램프의 리드선 중 하나를 권선의 한 끝에, 다른 한 리드선은 차례차례로 [그림 1-81]의 1, 2, 3, 4의 순서로 접속시켜 찾아낸다. 만약 램프가 1에 리드선을 연결했을 때 점등되지 않으면 제1극의 코일이 단선된 것이다. 1에 연결했을 때 점등되었으나 2에 연결했을 때 점등이 되지 않는다면 두 번째 극에 단선이 일어난 것이다. 이 같은 요령으로 순차적으로 검출작업을 계속하여 단선 개소를 찾는다.

기동권선의 단선사고는 운전권선의 그것보다 찾아내기가 어려운데 그 이유는 원심력 스위치가 연결되어 있기 때문이다. 원심력 스위치는 부품의 불량, 마모, 오손 등이 단선의 원인이 된다. 또한 스위치의 고정부에 대한 회전부의 압력부족현상이 있으면 접촉자의 폐로를 방해하게 되므로 여기서도 단선현상이 일어난다.

원심력 스위치를 기동권선에 연결한 상태에서 전동기를 해체하여 단선검출작업을 할 때는 다음과 같은 과정으로 시행한다. 테스트 램프의 두 리드선을 권선의 양쪽 끝에 접속한다. 원심력 스위치의 접촉자를 눌러준 다음에 램프를 점등한다. 이때 권선이 완전하면 램프는 점등하고, 점등하지 않으면 권선 또는 원심력 스위치에서 단선된 것이므로 각 부분에 대해서 단선 검사를 실시한다. 권선은 아무 이상이 없고 원심력 스위치가 불량하면 접촉부분을 깨끗이 닦고 회전부의 압력을 조정해준다.

전동기를 해체하지 않고 조립된 상태에서 기동권선의 단선 여부를 조사하려면 [그림

1-82]처럼 테스트 램프의 리드선을 기동권선에 연결한다. 회로가 완전하면 램프는 점등
한다. 그러나 점등하지 않으면 그것은 원심력 스위치가 폐로되지 않았기 때문이다. 원심
력 스위치의 접촉자를 접촉하게 하여 개로시키려면, 회전자가 원심력 스위치 쪽으로 밀리
도록 회전자 축이 베어링과 닿은 부분에 파이버 와셔(fiber washer)를 서너 장 넣는다.
이때 반드시 기억하여야 할 사항은 회전자 철심은 언제나 고정자 철심의 중심선상에 일
직선이 되도록 하여야 한다는 사실이다.
시험결과 원심력 스위치에 아무 이상이 없을 때는 기동권선이 단선된 것이므로, 운전권선
을 검사할 때와 마찬가지의 방법과 순서로 권선의 단선 여부를 검사한다.

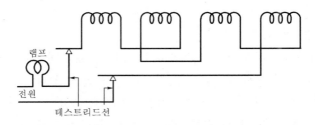

[그림 1-79] 권선에 대한 단선 여부를 검출하는 회로

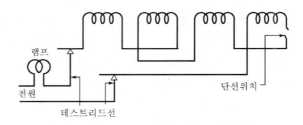

[그림 1-80] 회로에 단선이 생기면 램프는 점등하지 않는다.

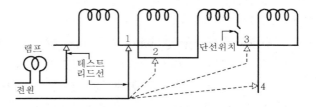

[그림 1-81] 어느 자극이 단선인가를 검출하는 요령

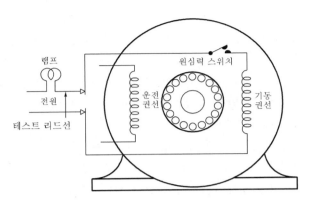

[그림 1-82] 기동권선회로에 대한 단선 검출

(3) 단락(short)

서로 절연되어 있어야 할 회로의 일부가 어떤 원인으로 인해서 전기적인 접촉을 일으키는 것을 단락(短絡)이라고 한다. 이것은 두 개 이상의 회선이 서로 전기적으로 접촉하여 짧은 회로를 형성하는 경우가 많다. 코일이 단락을 일으키는 것은 슬롯에 코일을 넣는 과정에서 코일을 단단히 감기 위해서 너무 잡아당기면서 권선하거나, 해머로 심하게 두들기면서 코일을 밀어 넣으며 권선할 때 자주 이런 현상이 일어난다. 또 장기간 과부하 상태로 작동하여 생긴 열을 받아 절연물이 열화(劣化)되기 때문에 단락을 일으키는 수가 있다. 또한 일반적으로 전동기를 운전하는 도중에 권선에서 연기가 날 때의 무부하에서 과도전류가 흘렀을 때 자주 단락사고를 일으킨다.

분상 전동기에서 단락 코일을 검출하는 방법은 여러 가지가 있다. 다음에 일반적인 방법에 관해 다루어 본다.

① 전동기를 짧은 시간 동안 작동시키고 나서 자극부분을 손으로 만져본다. 이때 매우 뜨거운 부분이 있으면 그 부분에 권선된 코일이 단락되었을 가능성이 있다.

② 고정자용 그라울러(internal growler)를 사용하여 검출한다. 그라울러는 성층철심상에 코일을 감은 것으로서 115볼트 교류전원에 그라울러를 꽂고 그라울러 스위치를 넣는다. 그라울러의 코일이 여자하면 자속이 발생되므로 고정자권선에 기전력을 유지시키기 위하여 고정자 코일과 그라울러를 쇄교(鎖交)시킨다. 그 결과 권선이 단락되었을 때는 고정자 권선에는 유도전류가 흐른다.

자화(磁化)가 잘 되는 금속편 또는 쇠톱날을 고정자권선상에 올려놓으면 고정자권선상에 흐르는 유도전류에 의하여 금속편이 진동하므로 단락 여부를 쉽게 검출할 수 있다. 단락사고가 발생한 슬롯의 위치를 정확히 검출하려면 그라울러를 슬롯에 따라 조금씩 움직여 가며, 금속편을 이동시킨다. [그림 1-83]의 (a)와 (b)는 이상 설명한 그라울러와 이를 사용한 단락검출방법을 나타내고 있다. 금속편과 그라울러를 이동시킬 때, 금속편이 심하게 진동하는 곳이 있으면 이 슬롯 속에 들어 있는 코일이 단락되었음을 뜻한다.

③ 전압강하법(voltage drop test)을 이용한다. 저전압 직류전원을 권선에 연결하고 자극 하나하나에 걸리는 전압을 정확하게 측정한다. 이때 전압이 가장 적게 걸리는 자극이 있으면 이 자극에 단락되었음을 의미한다.

④ 자계의 세기시험법(strength of field test)을 사용한다. 권선에 미소한 직류전류를 흐르게 하고 자극에 철편을 가까이 가져가 본다. 이때 철심으로부터 가장 인력이 적게 작용하는 자극이 있으면 이 자극이 단락상태에 있음을 의미한다.

⑤ 전류계(ammeter)를 사용한다. 이 전류계법은 전동기를 무부하로 운전할 때에만 사용할 수 있다. 전류계를 연결하려면 리드선을 끊고 연결하여야 하나, 클립-온 타입의 전류계를 사용하면 리드선을 끊지 않고서도 단락을 검출할 수 있다. 클립-온 전류계(clip-on type of ammeter)를 흐르는 전류가 명판(name plate)상의 정격전류값 보다 많이 흐르면 단락상태로 추정할 수 있다.

단락사고를 수리하기 위해서는 권선을 제거하고 다시 올바르게 권선하는 것이 좋다. 다만 눈으로 보아 찾아낼 수 있는 정도의 단락사고나 권선을 제거하지 않아도 되는 것은 그냥 절연조치만 취한다.

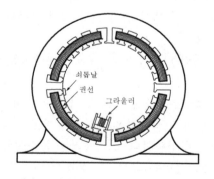

(a) 그라울러를 사용한 단락검출법

(b) 그라울러(Croun industrial products)

[그림 1-83] 그라울러

(4) 극성반전(極性反轉;reverses)

극성반전은 자극과 자극의 권선을 결선할 때의 착오로 인해 잘못 결선되어 발생한다. 이의 검출은 극성검사로 쉽게 달성할 수 있다.

극성검사는 두 가지 방법이 있는데, 하나는 나침반법(compass method)이며 하나는 못에 의한 검사법(nail method)이다.

① 나침반법(compass method)은 고정자를 수평으로 놓고 권선에 직류저전압을 가한다. 고정자 내에서 나침반을 천천히 자극 둘레를 따라 이동시킬 때, 자극마다 자침의 지시방향이 반대로 되면 올바르게 결선된 것이며 극성 발생은 정상적인 상태이다. 그러나 두 인접 자극에서 자침의 지시방향이 바뀌지 않으면 극성이 반대로 되어 있음을 표시한다. [그림 1-84]는 나침반으로 극성을 검출하는 것을 도시하고 있다.

② 못을 사용하는 방법(nail method)에서는 고정자를 세워놓고 권선에 직류 또는 반대쪽의 자극을 향하여 고정자 내에서 못을 세워 본다. 이때 인접자극의 극성이 올바르게 발생하였으면 못은 양자극으로부터 인력을 받게 되고, 구성이 올바르게 발생하지 않았으면 못은 양자극으로부터 반발력을 받는다.

극성이 반전된 자극을 발견했을 때는 반전된 자극의 리드선을 바꾸어 결선한다. 여러 개의 자극이 반전현상을 일으키고 있을 때는 [그림 1-44]를 참고하여 거기에 도시된 것처럼 다시 결선한다.

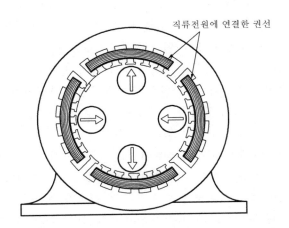

[그림 1-84] 나침반에 의한 극성반전의 검출법

2. 수리(repairs)

이제 분상 전동기의 여러 고장과 수리에 대하여 설명할 차례이다. 분상 전동기의 고장현상은 기동불능, 저속회전, 전동기의 과열(過熱), 소음(騷音)의 발생으로 나누어 볼 수 있다.

(1) 기동불능

전동기에 정격전압을 가할 때 기동이 안되는 것은 운전권선의 단선, 기동권선의 단선, 권선의 접지, 권선의 소손 또는 단락 과부하 보호장치, 지나친 과부하, 베어링의 마모 또는 베어링과 축과의 조임 과다, 엔드 플레이트의 취부불량, 회전자 축의 휨 등의 원인 때문이다. 이와 같은 고장에 대하여 그 수리방법은 다음과 같다.

① 운전권선의 단선(open running winding)

운전권선에서의 단선 여부는 테스트 램프로 검사할 수 있다. 램프가 점등하지 않으면 회로상의 단선을 의미한다. 단선 개소를 정확히 검출하는 요령에 관해서는 이미 분상 전동기의 검사법에서 설명하였으며, 단선된 정도에 따라 재권선을 해주면 된다.

② 기동권선회로의 단선(open starting winding)

기동권선회로의 단선 여부를 조사하는 방법은 다음과 같은 세 가지 방법이 있다.

㉠ 전동기를 전원에 연결하였을 때 전동기에서 험(hum)이 나면 기동권선회로의 단선일 수가 있다.

㉡ 회전자를 손으로 돌려본다. [그림 1-85]처럼 회전자의 축에 끈을 감아, 회전자가 회전하도록 그 끈을 세게 잡아당긴다. 회전자가 돌고 있는 상태를 유지하면서 전원 개폐기를 닫아도 계속 전동기가 회전하면 고장원인은 기동권선회로의 단선이다.

㉢ 테스트 램프로 검사한다. 회로가 단선되어 있음이 확인되었으면 고장원인은 기동권선 자체 내에나 또는 원심력 스위치에 있다.

먼저 조사하여야 할 개소는 가장 고장을 많이 일으키는 원심력 스위치이다. 테스트 램프를 사용하여 회전자 축을 원심력 스위치가 부착되어 있는 엔드 플레이트쪽을 밀면서 원심력 스위치의 접촉자가 폐로되는지를 조사한다. 이때 테스트 램프가 점등하면 스위치의 접촉자에 고장이 있는 것이다.

또한 회전자의 축이 좌우로 심하게 노는 것도 고장의 한 요인이다. 축이 좌우방향으로 움직이는 것을 요축현상의 허용거리는 최대 1/64인치이다. 축이 노는 거리가 1/64인치 이상이면 축에 파이버 와셔를 끼우고, 회전자 철심이 고정자 철심과 일직선상에 있도록 조정해주어야 한다. 요축현상이 지나치면 원심력 스위치의 접촉자는 여전히 개로 된 상태에 있게 된다.

요축현상에 대한 가능한 조치를 취하였음에도 불구하고 여전히 접촉자가 열린 상태가 계속되면 전동기를 분해하여 테스트 램프로써 스위치 자체의 작동상태를 점검해 본다. 조사 결과 스위치 접촉자의 불량이면 원심력 스위치를 깨끗이 닦아 접촉이 잘 되도록 각 부분을 다시 점검하여 조정을 다시 해준다. 원심력 스위치가 정상적이면 그 다음에는 기동권선을 점검한다.

코일과 전원을 연결해 주는 코드선을 검사하여 불량한 코드선이면 새로운 코드선으로 바꿔 준다. 기동권선 자체가 불량하면 지금까지 설명한 방법으로 단선 개소를 찾는다. 코일이 소손되거나 심히 파손을 입는 경우는 다시 권선하여 주어야 하며, 전동기를 해체하지 않고도 처리할 수 있는 손쉬운 곳이면 다시 접속하여 준다.

기동권선을 다시 권선하여 줄 필요가 있으면 새로운 기동권선을 슬롯에 감아 넣기 전에 운전권선에 대해서도 다시 한 번 철저히 검사를 실시하는 것이 바람직하다.

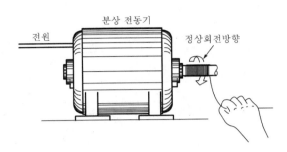

[그림 1-85] 기계적 방법에 의한 전동기의 기동

③ 권선의 접지(grounded winding)

전동기에서 어느 한 점에서 접지가 있다 하여, 단순히 운전상의 관점에서 볼 때는 별 문제가 없을 것 같이 생각될 것이다. 그러나 권선상에서 2개소 이상이 접지될 때는 단락(short circuit)과 마찬가지의 상태가 된다. 이렇게 되면 접지의 정도에 따라 퓨즈의 용단, 권선의 발연(發煙)현상이 일어난다. 접지의 검출은 앞에서 설명한 방법으로 실시하며, 접지된 정도에 따라 접지 개소를 다시 절연하거나 권선을 다시 한다. 접지된 권선은 감전사고를 유발하기 쉬우며, 일반적으로 사고가 발생하기 전에 퓨즈가 용단하는 경우가 많다.

④ 권선의 소손 또는 단락(burned or shorted winding)

권선이 소손되었거나 또는 단락되었을 때는 전원이 연결되면 퓨즈가 용단되는 것이 일반적이며, 퓨즈가 용단되지 않으면 권선에서 연기가 발생한다. 권선이 소손되었거나 단락되었으면 전동기를 해체하고 수리하여야 한다. 소손된 권선은 눈으로 보아 알 수 있거나 냄새가 난다. 대개의 경우 기동권선만이 소손되는 경우가 많으며, 이때는 기동권선만을 다시 권선하여야 한다. 새로 권선한 코일을 슬롯에 넣기 전에 운전권선에 대해 사고 여부를 조사하여야 한다. 권선이 소손되지 않고 단락사고만 일으키고 있으면 앞에서 설명한 방법으로 단락 개소를 검출한 후에 수리한다.

⑤ 과부하 보호기 회로상의 단선(open-circuited overload device)

과부하 보호기를 설치한 전동기는 이 과부하 보호기가 열에 의하여 동작하는 바이메탈(bimetal)을 이용하여 과부하가 지속되었을 때 접촉자를 열어주는 기능을 한다. 이

보호장치는 [그림 1-86]처럼 회로에 직렬로 연결하여, 전동기가 과부하상태이거나 또 다른 이유로 인해 전류가 지나치게 흐를 때 접점을 열어 준다. 과부하의 원인을 제거한 후에 전동기가 냉각되기를 기다려 접점을 반드시 폐로해 주어야 한다. 또한 접점의 오손, 마모, 용단의 유무를 검사하여 상태가 불량하면 새로운 것으로 대체해 주어야 한다.

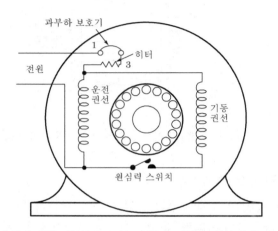

[그림 1-86] 과부하 보호기, 전원에 직렬로 연결되어 있다.

⑥ 심한 과부하(excessive overload)

과부하 보호기를 달지 않은 전동기는 과부하의 정도가 너무 심하게 되면 험(hum)이 나며, 지나치게 되면 전동기가 동작을 중지한다. 과부하 유무에 대한 조사는 [그림 1-87]처럼 회로에 전류계를 연결한 다음 전동기를 작동시켜 정격전류 이상으로 전류가 흐르면 과부하로 단정한다. 권선의 단락 또한 과부하의 한 원인이 된다.

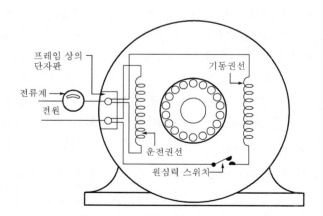

[그림 1-87] 전류를 측정하기 위한 전류계

⑦ 베어링의 마멸 또는 축과 베어링의 조임과다(worn or tight bearing)

장기간 사용한 전동기는 베어링(bearing)의 마멸로 인한 고장이 많다. 슬리브 베어링을 사용한 전동기는 [그림 1-88]과 같이 손으로 축을 잡고 상하로 움직여보면 마모 정도를 알아볼 수 있다. [그림 1-89]처럼 축이 놀면 베어링의 마멸 또는 축의 마모를 의미하며, 어느 경우에서나 새로운 제품과 바꾸어 주는 것이 바람직하다. 베어링 내에서 미약하게 축이 움직이면 [그림 1-90]에서 표시된 것처럼 회전자가 고정자와 접촉하므로 전동기의 기동에 지장을 준다.

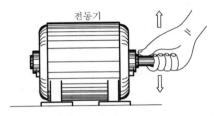

[그림 1-88] 베어링을 검사하기 위하여 축을 상하로 움직인다.

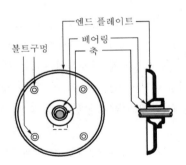

[그림 1-89] 축이 상하로 움직이면 베어링이나 축의 불량을 의미한다.

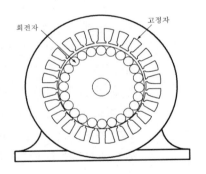

[그림 1-90] 베어링의 마멸로 회전자가 고정자 철심과 닿는 수가 있다.

베어링이 마멸된 곳에서는 슬러지(sludge)가 끼는 것이 보통이며, 이것이 축의 상하 운동을 방해한다. 이때에는 전동기를 해체하여 회전자를 엔드 플레이트에만 끼운 후 축을 상하로 움직여 본다. 엔드 플레이트가 상하로 흔들리면 베어링 또는 축이 마멸되었음을 의미한다.

슬리브 베어링을 엔드 플레이트로부터 뽑아내리려면 베어링에 둥근 나무굴대를 대고 충격을 가해 뽑는다. 이러한 작업을 하는데 편리한 공구로는 [그림 1-91]에 보는 것과 같은 절삭(切削)한 둥근 철봉이 있으며, 이것은 각기 사이즈가 다른 여러 베어링에 사용할 수 있다. 베어링을 뽑아낼 때는 먼저 나사 또는 주유장치를 제거한 후에 프레임이 오는 쪽을 향해 베어링을 밀어내도록 한다.

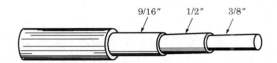

[그림 1-91] 엔드 플레이트로부터 축받이를 뽑아 내는 데 사용하는 공구

새로운 슬리브 베어링은 뽑을 때 사용한 둥근 철봉을 사용하여 베어링을 엔드 플레이트에 밀어 넣는다. 베어링은 엔드 플레이트의 넓게 벌어진 쪽으로부터 적당한 거리까지 밀어 넣도록 한다. 이 과정에서 유의해야 할 점은 베어링의 통유공(通油孔)과 엔드 플레이트의 통유공이 일직선이 되어야 한다는 점이며, 또한 베어링을 끼우는 도중에 베어링 등이 손상을 받지 않도록 유의해야 한다.

새 슬리브 베어링은 그 크기가 보통 수천분의 1인치 정도로 작은 것이 일반적이기 때문에 알맞은 크기로 끼우려면 리밍(reaming)을 할 필요가 있다. 리밍작업은 먼저 베어링을 새로 끼운 후 엔드 플레이트를 고정자에 고정시킨다. 고정이 끝나면 회전자를 넣기 전에 구멍에 리밍을 한다. 작업과정을 먼저 한쪽 엔드 플레이트로부터 베어링과 고정자를 거쳐서 다른 엔드 플레이트로 리머가 나오도록 한다. 이러한 과정을 거치면 베어링은 알맞은 크기로 다음어지며, 또한 일직선상에 위치하게 된다. 회전자 축의 양쪽 끝의 크기(지름)가 다른 경우에는 축의 크기에 맞는 리머 두 개를 사용하여야 한다. 별도 치수의 리머 두 개를 사용할 경우는 베어링의 중심이 동일한 일직선상에 오도록 특히 조심하여야 한다.

축이 마모되었을 때는 선박작업에 의하여 처음과 같은 상태로 둥글게 절삭한 후에 크기가 작은 새 베어링을 갈아 끼워준다. 또는 다른 방법으로서 마모된 축 부분을 용융(熔融) 금속으로 복원(復元)한다. 이것을 메탈라이징(metallizing)이라고 한다. 메탈라이징으로 복원하였을 때는 선반작업을 통해 적절한 크기로 절삭하여, 낡은 베어링은 표준 치수의 베어링으로 교환하여 바꿔 끼운다.

베어링에 대한 주유상태의 불량으로 윤활유가 건조하게 되면 축에서 열이 발생하여, 이 열을 받아 베어링이 녹아 붙는 경우가 있다. 그러한 상태를 고착축수(固着軸受;frozen bearing)라고 한다. 고착축수된 상태에서는 엔드 플레이트의 베어링을 축에서 풀어 빼어내고, 블로토치(blow torch)로 가열한다. 뽑고 난 후에 축의 표면을 다듬질하고 새 베어링을 끼운다.

⑧ 엔드 플레이트의 취부불량(end plates improperly mounted)

엔드 플레이트가 [그림 1-92]와 같이 프레임에 확고히 고착되어 있지 않으면 양쪽 베어링은 동일한 직선상에 놓이지 않게 된다. 그렇게 되면 회전자를 돌리기 힘들게 되며, 경우에 따라서는 전혀 돌릴 수 없게 된다.

엔드 플레이트를 고정하려면 나무 또는 고무로 된 망치로 고르게 돌아가며 가볍게 쳐서 고정자 둘레와 같게 맞춘다. 잘 맞지 않으면 모든 스크루를 풀고 한번에 조금씩 조여 준다. 이때 엔드 플레이트는 균일하게 고정자 프레임에 조여 간다. 절대로 한 개의 스크루를 완전히 꽉 조이고 난 다음, 그 다음 것을 또 꽉 조이는 식으로는 하지 않아야 한다. 전체를 다 조이고 나면 회전자가 잘 회전하는지 다시 한번 검사한다.

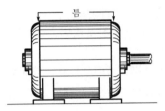

[그림 1-92] 엔드플레이트의 고정상태가 불량한 상태, 이 상태에서는 회전자가 회전하지 못한다. 고정시키려면 나무 또는 고무막대로 가볍게 쳐서 넣는다.

⑨ 축의 휨(bent rotor shaft)

엔드 플레이트가 잘 취부되었음에도 회전자를 손으로 돌리기가 힘들면 그것은 [그림 1-93]처럼 축이 휘었기 때문이다. 축이 휘었는지를 조사하려면 전동기에서 회전자를 떼어 내고 선반에 고정한 후 천천히 돌려 본다. 축이 휜 상태에서는 회전자가 상하로 요동하는 것을 볼 수 있다. 축이 휜 부분을 정확하게 검출하려면 이러한 용도에 사용하는 특수한 게이지를 사용하여야 한다. 이러한 게이지가 없으면 회전자를 선반에 물리고 백묵 끝이 축의 휜 부분에 백묵으로 표시가 나타나기 때문에 검출할 수 있다. 휘어진 축을 바로 잡으려면 회전자를 선반의 센터 사이에 물리고 긴 철봉을 휜 부분에 대어 지렛대의 원리로 조금씩 잡아 나간다. 이런 방법은 소형 전동기에서만 가능하며, 용량이 큰 전동기에는 이러한 방법으로 축의 휨을 교정하기는 불가능하다. 그렇지 않으면 선반의 센터를 손상시키기가 쉽다.

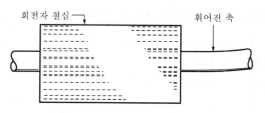

회전자 철심 ─┐   휘어진 축

[그림 1-93] 회전자 축의 휨

(2) **저속회전**(motor runs slower than normal speed)

전동기가 정상적인 정격속도에 이르지 못하고 저속회전할 때의 원인은 운전권선의 단락, 기동권선의 개방불능, 운전권선의 극성 반전, 고정자권선에 대한 결선의 착오, 베어링의 마멸, 회전자 동봉의 진동 때문이다.

이러한 여러 원인에 대한 고장수리법은 다음과 같다.

① 운전권선의 단락(short circuit in running winding)

운전권선에서의 단락은 전동기가 정격속도보다 낮은 속도로 회전하고, 험(hum)이나 진동음이 발생한다. [그림 1-94]와 같이 자극 일부에서 단락이 발생하면 이 부분이 과열하는 것이 보통이며, 만약 이 상태로 수십 분간 계속하여 전동기를 운전하면 연기를 내는 발연현상이 일어난다.

단락된 곳을 찾는 데는 고정자용 그라울러를 사용하거나 손을 대어 보아 뜨겁게 느껴지는 것을 찾는 촉감법(feeling method)을 사용한다. 단락 개소를 검출한 후에는 그 부분에 대한 절연을 다시 한다. 절연을 하기가 곤란하면 해당 자극의 권선 또는 전체 권선에 대한 권선작업을 다시 한다.

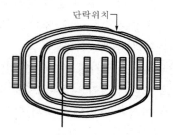

단락위치 ─┐

[그림 1-94] 전기적인 접촉을 일으킨 두 코일

② 기동권선에 대한 개방불능(starting winding remaining in the circuit)

이러한 종류의 고장은 운전권선에서의 단락현상과 비슷한 증세를 보인다. 기동이 완료된 후, 정격속도의 약 75%에서 기동권선이 개방되지 않는 것에 대한 검출은 다음과 같이 시행한다. [그림 1-85]에서처럼 기동권선의 리드선 중 하나를 끊고 손으로 전동기를 돌린다. 회전자가 돌아가는 도중에 전동기의 코드를 전원에 연결한다. 이러한 상태에서도 전동기가 회전을 계속한다면 원심력 스위치가 기동권선을 알맞은 시간에 개방시켜 주지 않는데 그 원인이 있다.

기동권선이 적기에 개방되지 않는 것은 원심력 스위치의 접촉자가 녹아 달라붙거나 다른 원인으로 인해서 개방되지 않는데 그 원인이 있다. 그 외에 다른 원인으로는 파이버 와셔가 회전자 축에 알맞게 끼이지 않았기 때문으로 원심력 스위치의 회전부와 고정부의 접촉자를 새로운 것으로 교환하여 주어야 하며, 또한 파이버 와셔의 수를 알맞게 조정하여 회전자 축에 끼워 주어야 한다.

③ 운전권선상의 극성 반전(reversed running winding poles)

권선의 접속이 불량하면 극성이 반전되는 수가 있으며, 그 결과 저속회전을 하거나 진동음 등을 낸다. 극성 반전 여부에 대한 조사는 전동기를 해체하고, 나침반법(compass method) 또는 못을 사용하는 법(nail method) 등을 사용하여 검출한다. 극성 반전이 일어나는 개소를 발견했을 때는 앞에서 설명한 것처럼 자극의 리드선을 끊고, 자극을 정상적으로 환원시킨 다음, 다시 연결하여 준다.

④ 고정자권선에 대한 결선의 착오(other incorrect stator connections)

기동권선이나 운전권선의 결선에서 자극을 형성하는 코일간의 결선이 부적당하면 코일에 유도전류가 흐르게 되며, 그 결과 과열, 발연(發煙), 소손 등의 위험을 초래한다. 이러한 증상이 생기면 전동기를 해체한 후에 「분상 전동기의 결선법」 항에서 설명한 대로 결선을 다시 한다.

분상 전동기의 수리과정에서 초보자가 흔히 틀리기 쉬운 결선방법으로는 [그림 1-95]에서처럼 두 개의 자극은 직렬로 연결하고, 나머지 두 개의 자극은 폐로가 되도록 연결하는 경우이다. 그러므로 자극을 연결할 때는 데이터 기록표에 의하여 정확하게 연결하도록 최대한 주의를 기울여야 한다.

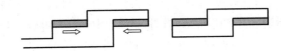

[그림 1-95] 초보자가 일으키기 쉬운 결선 착오의 보기

⑤ 베어링의 마멸(worn bearnings)

베어링 또는 축이 마멸하였을 경우에는 작동 시에 소음이 나고 회전이 고르지 못하다. 그 이유는 [그림 1-90]에서처럼 회전하는 동안에 회전자가 고정자에 닿기 때문이다. 베어링과 축의 마멸 여부에 대한 검사는 전동기를 조립한 상태에서 축을 상하로 움직여 보면 어느 정도 알 수 있다. 마멸된 것이 확실하면 앞에서 설명한 방법에 따라 수리한다.

⑥ 회전자 동봉의 진동(loose rotor bars)

전동기가 작동하고 있을 때 전동기가 힘이 없거나, 소비전력이 적고, 진동음 등이 발생한다면 그것은 농형권선을 구성하는 동봉이 끊어진 상태이므로 전동기에서 회전자를 분리해 내어 조사하여야 한다. 양쪽의 엔드 링에서 동봉을 움직여 보는 방법으로 육안으로도 동봉에 대한 단선을 검출할 수 있다. 육안으로 검출하기가 어려울 때는 전기자용 그라울러(armature growler)를 사용하여 검출한다.

전기자용 그라울러는 U형 철심에 코일을 감은 것으로 [그림 1-96]처럼 회전자를 올려 놓고 회전자를 천천히 돌린다. 그라울러에 직렬로 연결이 된 램프가 점멸하면 동봉이 단선되었음을 의미한다. 단선되었음을 확인하였을 때는 동봉과 엔드 링(end ring)을 납땜하여 준다. 다이캐스트(die cast)한 알루미늄 농형권선은 이러한 단선의 염려가 없다.

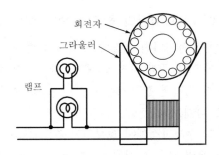

회전자

그라울러

램프

[그림 1-96] 회전자를 검사하기 위하여 그라울러 위에 회전자를 올려 놓는다.

(3) **전동기의 과열**(motor runs hot)

전동기를 단시간밖에 작동시키지 않았음에도 심한 열을 내는 것은 권선의 단락, 권선의 접지, 운전권선과 기동권선 간의 단락, 베어링의 마멸, 과부하와 같은 이유 때문이다. 이상 설명한 고장에 대하여 그 수리방법은 다음과 같다.

① 권선의 단락(shorted winding)

운전권선이나 기동권선 중에서 어느 하나가 단락사고를 일으키면 단락된 코일은 운전 중 심한 열을 발생하고 또한 굉음(轟音)을 낸다. 이러한 상태에서 작동을 계속한다면 전동기 전체가 못쓰게 되어 버린다. 그러므로, 단락 개소는 이미 설명한 요령에 의하여 검출하고, 다시 절연을 하든가 또는 다시 권선하여야 한다.

② 권선의 접지(grounded winding)

권선상에서 2개소 이상이 접지되어 있으면 권선단락에 해당한다. 이때는 심한 열을 발생하며, 나아가서는 전동기를 소손하게 된다. 접지 개소는 앞에서 설명한 요령에 따라 검출하며, 가능한 한 다시 절연하여 준다. 절연을 다시 하는 것이 불가능할 때에는 접지된 코일만을 다시 감아 준다. 권선상의 어느 한 점이 접지사고를 일으키고 있을 때는 감전사고의 위험이 있으므로 즉시 수리하여야 한다.

③ 운전권선과 기동권선 간의 단락 (short circuit between running and starting windings)

운전권선과 기동권선이 단락을 일으키면 운전 중 기동권선의 일부에 전류가 흐르게 되므로 권선의 소실을 가져오기 쉽다. 권선간의 단락 개소를 검출하려면 기동권선과 운전권선의 리드선을 단자판으로부터 떼고 테스트 램프를 연결하되, 테스트 램프의 리드선을 기동권선과 운전권선의 리드선에 연결한다. 단락사고를 일으키고 있으면 단락점을 통해서 기동권선과 운전권선 사이에 전류가 흐르게 되므로 램프에 불이 켜진다. 단락상태를 확인한 후에는 기동권선에서 각 코일간의 연결을 풀고, 자극의 코일 하나하나마다 테스트 램프를 사용하여 검사한다. 단락 개소를 확인하였다면 그 부분을 떼어 놓을 때 램프는 꺼질 것이다.

단락 개소는 보통 권선사이의 슬롯에 니스 함침을 한 케임브릭지(紙) 또는 아모지(armo紙)를 끼워 넣어 수리를 한다.

④ 베어링의 마멸(worn bearings)

베어링이 심하게 마멸하여 회전자가 고정자에 닿을 정도가 되면 전동기는 짧은 시간밖에 가동치 않더라도 극심한 과열상태에 도달하기 쉽다. 베어링의 마멸 여부는 조립한 상태 그대로 전동기를 두고 회전자 축을 상하로 움직여 보면 알 수 있다. 이때는 회전자를 전동기에서 분리시켜 보면 베어링의 접촉으로 마멸된 곳을 찾을 수 있다. 이러한 상태의 수리는 새로운 베어링으로 바꾸어 주면 된다.

⑤ 과부하(overload)

전동기에 과부하가 걸리면 정격전류 이상으로 전류를 끌어 당겨 결과적으로 전동기를 과열시킨다. 과부하 여부는 회로에 전류계를 연결하여 검출한다. 정격전류 이상의 전

류가 전동기에 흐르면 과부하 상태이며, 이때는 부하를 줄이든가 전동기를 좀 더 용량이 큰 것으로 바꾸어야 한다. 이러한 검사는 외부로부터 많은 부하가 걸린 것으로 여겨질 때에 실시한다.

(4) **소음발생**(motor nuns noisily)

분상 전동기가 작동 중에 비정상적인 소음을 발생하는 원인은 권선의 단락, 자극에 대한 결선착오, 회전자 동봉의 진동, 베어링 마모, 원심력 스위치의 불량, 요축(搖軸)현상의 과다, 전동기 내의 이물질(異物質) 혼입이다.

위에서 예를 든 처음 세 가지의 경우는 운전과정에서 자기적인 험(magnetic hum)이 난다. 이러한 험(hum)이 나면 그 원인은 권선의 단락, 자극에 대한 결선착오, 회전자 동봉의 진 중 어느 하나에 해당한다. 이에 대한 검출 및 수리방법은 이미 앞에서 설명한 바가 있다.

베어링이 심하게 마멸되었을 때에는 운전 중 회전자가 고정자에 스치므로 소음이 발생한다. 이의 검출 및 수리는 앞에서 설명한 바와 같다.

원심력 스위치가 마모되면 전동기의 작동 중에 상당한 소음을 야기한다. 원심력 스위치의 일부분이 회전자상에 취부되어 있으므로 고속으로 회전할 때는 회전부와 스위치가 접촉하면 심한 소리가 난다. 이러한 상태는 전동기를 해체하고 원심력 스위치의 불량한 개소를 정비하든가 또는 새로운 스위치로 바꾸어 준다.

회전자가 1/64인치 이상의 요축현상을 일으키면 전동기가 동작할 때 소음을 일으킨다. 이것을 수리하려면 회전자 축상의 파이버 와셔의 수를 가감하여 수리한다.

이물질, 예를 들어 절연물이나 전선의 부스러기 등이 권선이나 슬롯에 끼어 돌출하게 되면 회전자와 스치게 되므로 이 또한 소음을 일으키게 한다. 이런 것들은 전동기를 해체하고 여타 잡물을 말끔히 제거하면 된다. 이런 이물질을 제거할 때는 권선의 절연상태를 다시 한번 자세히 점검하는 것이 중요하다.

(5) **기타 도표들**

[그림 1-97]은 단일 및 이중전압 분상 전동기와 2단 속도 분상 전동기의 결선도이다. 이러한 전동기와 실제 배선도 등 특정한 전동기에 대한 것은 제조자에게 요청하면 된다.

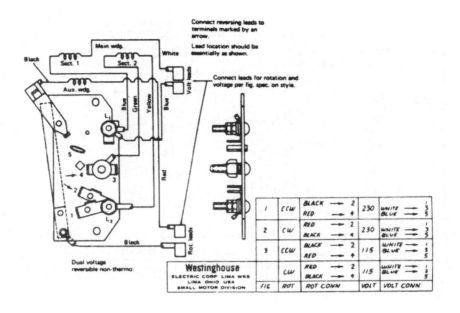

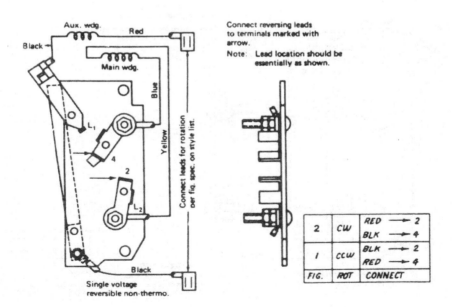

[그림 1-97] (a) 분상 전동기의 실제 배선도(미국의 예)

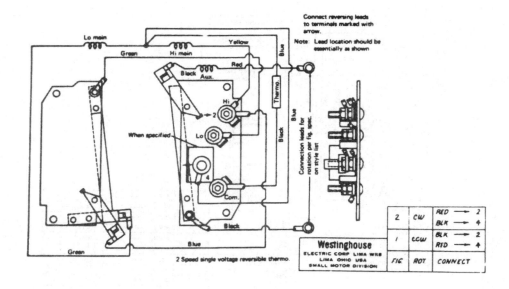

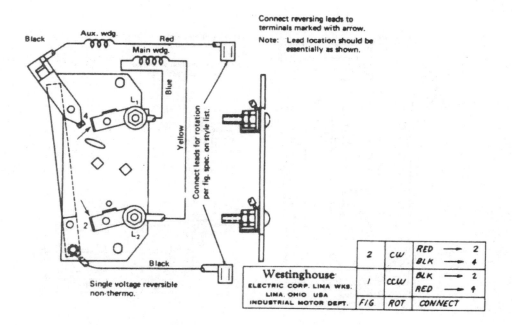

[그림 1-97] (b) 분상 전동기의 실제 배선도 (미국의 예)

제2장 커패시터 전동기

MOTOR REPAIR
MOTOR REPAIR
MOTOR REPAIR

1 서론(Introduction)

커패시터 전동기는 교류 전동기로, 그 종류가 1/20HP에서 10HP까지 다양하다. 이 전동 기는 냉장고, 공기 압축기, 오일 버너, 전기세탁기, 펌프, 에어컨 등 여러 곳에서 사용된다.

이 전동기는 구조면에서는 분상 전동기와 비슷하나 또 다른 부속품인 커패시터가 기동권 선과 직렬로 연결된 점이 다르다. 커패시터는 [그림 2-1]처럼 대개 전동기 상부에 부착되어 있다. 전동기에 따라서는 이것이 전동기의 내부 또는 외부 다른 곳에 부착되어 있다. [그림 2-2]는 커패시터와 그 부품을 보여주고 있다.

전미국 전기공업협회에 의한 커패시터 전동기의 정의는 다음과 같다. 커패시터 전동기는 단상 유동 전동기로 주권선은 전원에 연결되어 있고, 보존권선에는 커패시터가 직렬로 연 결되어 있는 전동기이다.

커패시터 전동기는 다음과 같이 세 종류가 있다.

(1) 커패시터 기동형 전동기(capacitor start motor) : 이 전동기는 전동기가 기동을 시작할 때 만 커패시터를 작동시킨다.

(2) 영구 커패시터 전동기(permanent-split capacitor motor) : 이 전동기는 기동 시에는 물론 운전 시에도 커패시터를 사용한다.

(3) 이중 커패시터 전동기(two-value capacitor motor) : 이 전동기는 기동할 때와 운전할 때 에 서로 다른 정전용량을 가진 커패시터를 사용하는 전동기이다.

[그림 2-1] 커패시터 기동 전동기(Wagnec Electric Co.)

.[그림 2-2] 커패시티와 그 부품(P.R Maloy Co.)

2 커패시터(Capacitor, Condencer)

커패시터는 알루미늄 또는 다른 금속판에 사이를 두어 떼어 놓고 그 사이에 종이, 거즈 (gauze) 등의 절연물을 삽입하여 둔 것이다. 이 금속판과 절연물을 함께 말아서 다른 금속 또는 플라스틱 용기에 봉함하여 만들며, 외형은 원통형 또는 육면체로서 전동기의 내부 또는 외부의 기타 편리한 곳에 설치한다. 커패시터란 이름은 이 장치의 기능을 따라 붙인 것이다. 그 기능은 전기를 저장하여 기동권선에 전류를 공급하는 것이다. 모든 커패시터는 이런 전기적인 역할을 하며, 다만 기계적인 구조만 다를 뿐이다.

1. 오일 커패시터(oil-filled capacitor)

이 커패시터는 주로 영구커패시터 전동기와 이중 커패시터 전동기에 사용된다. 이것은 유전체로서 기름이 함침된 종이를 주로 사용하며, 전해 커패시터보다 근본적으로 정전용량 (靜電容量)이 크다. 이 커패시터의 정전용량의 범위는 $2\mu f \sim 50 \mu f$이다. [그림 2-3]은 함침 제로서 아스카렐(askarel) 합성액을 사용한 오일 커패시터를 보여 주고 있다.

[그림 2-3] 오일 커패시터 (Aprague Electric)

2. 전해 커패시터(electrolytic capacitor)

전해 커패시터는 주로 커패시터 기동 전동기와 이중 커패시터 전동기에 사용한다. 이것은 몇 개의 절연한 알루미늄 박(箔)으로 구성되어 있다. 거즈는 전해액(electrolyte)이라 불리는 용액에 함침한 것이다. 전해액은 전해 커패시터의 절연물로서 얇은 막을 형성한다. 이 알루미늄박과 거즈를 함께 말아서 알루미늄이나 플라스틱 용기 속에 넣는다. 전해 커패시터의 예는 [그림 2-4]에 나타나 있다. 전동기 기동용 전해 커패시터는 순간 기동을 위해 사용되는 것이므로 회로에 연결하는 시간은 단 몇 초에 그쳐야 한다.

[그림 2-4] 전해 커패시터

3. 정전용량(capacity)

커패시터는 마이크로 패럿(microfarad)으로 단위를 계산한다. 전동기의 기동에 사용되는 커패시터는 그 용도, 크기, 형(型) 등에 따라 $2 \sim 800 \mu f$의 용량이 필요하다. 커패시터가 과도한 사용, 과열, 기타 다른 조건 등으로 그 기능이 저하될 때는 다른 것으로 바꾸어 주어야 하는데, 이때 주의할 점은 원래의 것과 비슷한 용량과 전압을 가진 것이어야만 한다는 점이다. 그렇지 않으면 전동기는 기동하는 데 필요한 회전력을 얻지 못하게 된다. 커패시터를 교체할 때는 전압이 높은 커패시터로 교체하는 것이 더욱 안전한 방법이다.

커패시터 전동기는 3종류이다. 권선과 연결되는 양식에 따라 커패시터 기동 전동기, 영구 커패시터 전동기, 2중 커패시터 전동기 등으로 나누어진다. 커패시터 기동 전동기는 기동 회전력이 매우 높으며, 전해 커패시터를 사용한다. 커패시터는 장시간 사용하지 말아야 하며 전동기가 정격속도에 도달하면 즉시 회로에서 단절시켜야 한다. 영구 커패시터 전동기는 상대적으로 기동 회전력이 낮으며, 유전체로서 오일 함침지를 사용하고 있다. 이중 커패시터 전동기는 기동 회전력이 매우 높으며, 기동 시에는 전해 커패시터와 오일 커패시터를 함께 사용한다. 전동기가 일정한 정격속도에 도달하면 전해 커패시터는 회로에 단절되고 전동기는 영구 커패시터 전동기처럼 작동한다.

3 커패시터 기동형 전동기(Capacitor-start Motor)

1. 구조(construction)

커패시터가 설치된 점 이외에는 이 전동기는 분상 전동기와 그 구조가 매우 비슷하다. 커패시터 기동형 전동기의 주요 부품은 다음과 같이 되어 있다.

(1) 운전권선과 기동권선을 권선할 수 있는 슬롯을 갖춘 고정자(a slotted stator)

(2) 농형권선이 되어 있는 고정자(squirrel-cage rotor)

(3) 엔드 플레이트 두 개(two end plates)

(4) 원심력 스위치, 고정부는 엔드 플레이트에 회전부는 회전자에 취부되어 있음(centrifugal switch)

(5) 전해 커패시터 등

커패시터 기동 전동기는 기동전류가 매우 낮은 상태에서도 일반적인 분상 전동기보다 그 기동 회전력이 매우 높으며, 단상전원에서 작동한다.

2. 작동(operation)

커패시터 기동 전동기의 회로는 [그림 2-5]와 같다. 이 전동기가 기동하는 동안에는 원심력 스위치가 폐로되어 있으므로 운전권선과 기동권선은 함께 전원에 연결된다. 나아가 기동권선은 커패시터와 원심력 스위치에 직렬로 접속되어 있다. 전동기가 전속도의 약 75%에 도달하면 원심력 스위치가 개로되어 기동권선과 커패시터는 전원으로부터 개방된다. 결과적으로 운전권선만을 전원에 연결한 상태로 된다.

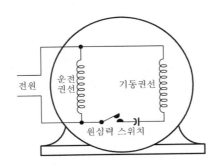

[그림 2-5] 커패시터 기동형 전동기의 결선

커패시터 전동기가 기동 회전력을 발생하려면 전동기 내에 회전자계가 발생하여야 한다.

회전자계를 발생시키기 위해서는 기동권선을 운전권선보다 전기각도로 90° 띄워 배치하면
된다. 이때 커패시터는 운전권선에 흐르는 전류가 최대치에 도달하기 전에 기동권선에 흐
르는 전류를 최대치로 올리는 데 사용된다. 이를 달리 말하면 커패시터는 기동권선에 흐르
는 전류가 운전권선에 흐르는 전류보다 앞서게 하는 역할을 한다. 따라서 고정자에 회전자
계가 발생하고 회전자 권선에는 유도전류가 흐르게 되어 회전자는 회전자계의 회전방향으
로 회전한다.

4 고장검출 절차(Procedure for Analyzing Motor Troubles) Section

커패시터 전동기는 분상 전동기와 그 구조가 유사하므로 제1장에서 설명한 분상 전동기의 고장 검출과정을 그대로 반복하면 된다. 이를 간단히 기술하면 다음과 같다.

(1) 전동기의 기계적인 결점을 조사한다.

(2) 베어링의 이상 유무를 검사한다.

(3) 접지, 단락 등에 대한 조사를 한다.

(4) 소음의 발생 여부, 속도 등에 관한 검사를 한다.

(5) 커패시터에 대한 성능을 검사한다.

1. 재권선(rewinding)

가장 일반적 형태의 커패시터 분상 전동기는 고정자에 두 개의 권선, 즉 기동권선과 운전권선이 감겨져 있다. 운전권선은 슬롯의 가장 밑바닥에 감겨져 있으며, 기동권선은 운전권선 위에 권선되어 있으나, 전기 각도로 90° 띄워서 권선되어 있다. 즉, 달리 말하면 기동권선의 자극은 운전권선의 자극의 중간되는 곳에 위치한다. 기동권선은 운전권선보다 지름이 약간 가는 것으로 권선하며, 권선하는 방법은 분상 전동기의 경우와 동일하다. 개개의 전동기에 따라 다르나 권선방법은 대개 손감기, 틀감기, 타래감기 중의 하나를 사용한다.

권선에 고장을 일으킨 커패시터 전동기를 재권선하는 작업은 분상 전동기의 그것과 유사하며, 다음과 같은 과정을 거친다.

① 데이터를 작성한다.

② 권선을 제거한다.

③ 슬롯을 절연조치한다.

④ 재권선을 실시한다.

⑤ 권선을 결선한다.

⑥ 수리결과를 테스트한다.

⑦ 건조 및 니스 함침작업을 한다.

이러한 모든 작업과정은 분상 전동기 항에서 설명한 것과 동일하며, 커패시터를 연결하는 과정만 다를 뿐이다.

2. 커패시터 기동 전동기의 결선

커패시터 전동기는 수없이 많으며, 그 중 많이 사용되는 것 몇 가지를 골라 아래에 열거하고자 한다. 이 중에서 어떤 것은 단일전압에서 작동하는 것도 있고, 어떤 것은 이중전압에서 동작하는 것도 있다. 회전방향 열거도 외부에서 할 수 있는 것이 있는가 하면 내부에서 할 수 있는 것도 있다. 이제 다음에 열거한 각 전동기에 대하여 그 결선도 및 동작원리 등을 설명해 보기로 한다.

① 외부 가역(可逆) 단일전압형(single-voltage externally reversible)

② 비가역 단일전압형(single-voltage nonreversible)

③ 과부하 보호기 부착 가역 단일전압형(single-voltage reversible with overload protector)

④ 단자판 부착형(termina-block)

⑤ 전류 계전기 부착 단일전압형(single-voltage with current)

⑥ 전압 계전기 부착 단일전압형(single-voltage with potential relay)

⑦ 이중전압형(two-voltage)

⑧ 이중전압 가역형(two-voltage reversible)

⑨ 과부하 보호기 부착 이중전압형(two-voltage with overload protector)

⑩ 리드선 3개 단일전압 가역형(single voltage three lead reversible)

⑪ 순시가역 단일전압형(single voltage instantly reversible)

⑫ 2단 속도형(two-speed)

⑬ 커패시터 두 개 부착 2단 속도형(two-speed with two capacitors)

이러한 전동기의 결선도를 보면 전동기로부터 나온 리드선의 수를 알 수 있다. 그러나 실제로 전동기의 외관에서 볼 때 밖으로 뽑아 놓은 리드선의 수는 일정하지 않다. 그 이유는 리드선은 보통 엔드 브래킷 상에 고정한 단자판에서 결선하기 때문이다. 많은 전동기들은 원심력 스위치의 고정부에 단자판을 부착하고 있다.

다음에 열거한 모든 전동기들은 전해 커패시터를 사용하고 있다. 전 단일전압 커패시터 전동기에서 운전권선의 단자는 T_1과 T_2로 표시되고, 기동권선의 단자는 T_5와 T_8로 표기된다.

(1) 외부 가역 단일전압 커패시터 기동형 전동기(single voltage externally reversible capacitor start motor)

이 전동기는 운전권선 및 기동권선으로부터 각각 두 개씩 전부 네 개의 리드선이 프레임 밖으로 나와 있다. 네 개의 선은 외부에서 결선을 바꾸어 주어 역전을 시킬 때 필요한 것이다. 원심력 스위치와 커패시터는 기동권선과 직렬로 전동기 내부에서 접속한다. [그림 2-6]은 시계방향으로 결선했을 때, [그림 2-7]은 반시계방향으로 회전하도록 결선했을 때를 도시한 것이다. 그림에서처럼 이러한 종류의 커패시터 전동기는 기동권선의 결선을 바꾸어 주든가, 또는 운전권선의 결선을 바꾸어 주면 회전방향을 반대로 할 수 있다. 다른 전동기에서와 마찬가지로 이 전동기도 극의 수에 따라 속도가 달라진다. 극의 수가 많으면 많을수록 저속으로, 적으면 적을수록 고속으로 회전한다. 또 분상 전동기에서처럼 자극권선에 대한 결선도 직렬결선이나 병렬결선을 사용한다. 그리고 인접한 자극을 결선할 때 극성이 반대가 되도록 특히 유의해야 한다. 4극 전동기가 가장 많이 사용되고 있으므로 4극 직렬연결 전동기와 4극 병렬연결 전동기의 그림을 먼저 도시한다.

[그림 2-8]과 [그림 2-9]는 4극 직렬연결 커패시터 기동형 전동기이며, [그림 2-10]과 [그림 2-11]은 4극 2회로 커패시터 기동형 전동기이다. [그림 2-9]에서 단자 T_1과 T_8은 리드선 L_1에 함께 연결되어 있다. [그림 2-11]에서 단자 T_1과 T_5는 리드선 L_1에 함께 연결되어 시계방향으로 회전하도록 하고 있다.

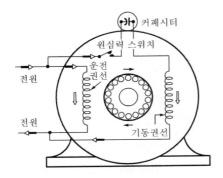

[그림 2-6] 시계방향으로 회전되게 결선한 단일전압 커패시터 기동형 전동기, 권선을 흐르는 전류의 방향에 유의하라.

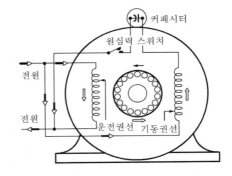

[그림 2-7] 반시계방향으로 회전되게 결선한 단일전압 커패시터 기동형 전동기, 기동권선을 흐르는 전류의 방향은 그림 2-6의 것과는 반대로 되어 있다.

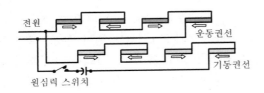

[그림 2-8] 4극 커패시터 기동형 전동기의 기선도

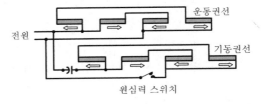

[그림 2-9] 4극 커패시터 기동형 전동기의 결선도

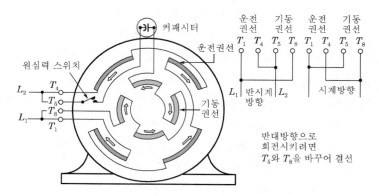

[그림 2-10] 4극 2회로 커패시터 기동형 전동기의 직선도

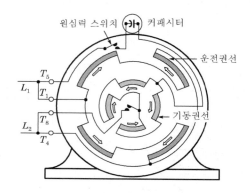

[그림 2-11] 4극 2회로 커패시터 기동형 전동기

(2) 비가역 단일전압 커패시터 기동형 전동기 (single voltage externally reversible capacitor start motor)

전동기 내부에서 기동권선의 리드선과 운전권선의 리드선을 연결하여 놓은 전동기의 경우, 전동기를 해체하여 리드선에 대한 결선을 바꾸어 주지 않는 한 회전방향을 바꾸어줄 수 없다. 전동기에 따라서는 단일방향으로만 회전하는 것을 필요로 하는 것이 있으므로 회전방향이 역전되지 않게 결선한 것도 있다. [그림 2-12]는 이러한 전동기를 나타내고 있으며, 여기서는 리드선 두 개만이 전동기 밖으로 나와 있다. 그러나 대부분의 최신형 전동기는 기동권선과 운전권선의 리드선을 쉽게 전환하여 역회전시킬 수 있게 만들어져 있다.

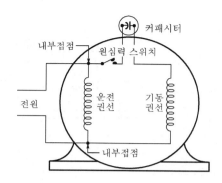

[그림 2-12] 비가역 커패시터 기동형 전동기

(3) 과부하 보호기 부착가역 단일전압 커패시터 기동형 전동기 (single-voltage reversible capacitor start motor with overload protector)

커패시터 기동형 전동기는 가끔 과부하 보호기를 설치하는 경우가 있는데, 이는 과부하, 과열, 회로의 단락 등의 사고에서 전동기를 보호하기 위한 것이다. 이 장치는 바이메탈편으로 구성되어 있으며, 일반적으로 권선에 직렬로 연결되고 전동기 내부에 설치되어 있다. 그러나 일부 한정된 용도에 사용하는 전동기는 이 과부하 보호기를 전동기 외부에 설치한 것도 있다. 바이메탈편은 열 팽창률이 서로 다른 두 개의 금속편을 서로 맞붙여 용접한 것으로 열을 받으면 어느 한 쪽으로 휘어지게 되어 있다. 이 바이메탈편의 한 쪽은 고정되어 있고 다른 한쪽은 접촉자의 역할을 한다. [그림 2-13]의 (a)와 (b)는 바이메탈을 이용한 과부하 보호기를 설치한 전동기의 회로도이다. 일정 시간 동안 전동기 내에 과도한 양의 전류가 흐르면 열을 발생하게 되고, 이 열이 바이메탈에 작용하여 그것을 휘어지게 한다. 휘어진 바이메탈은 접촉자를 열어주게 되며, 그 결과 회로를 차단하게 된다. 어떤 과부하 보호기는 바이메탈이 냉각되면 자동적으로 접촉자를 닫아주는 것이 있다. 또 다른 종류의 것은 전동기를 다시 작동시키기 위하여 손으로 재작동 조치를 취해주어야 하는 것도 있다. 히터가 바이메탈 구조에 함께 설치된 것도 있는데 이 히터장치는 코일과 직렬로 결선되어 있다. 과부하로 인하여 전류가 지나치게 흐르면 바이메탈편이 회로를 차단시킨다. 과부하 보호기를 설치할 때는 코일에 직렬로 연결하여야 하는 점을 유의해야 한다. [그림 2-14]는 과부하 보호장치가 설치된 2극 커패시터 전동기를 나타내고 있다.

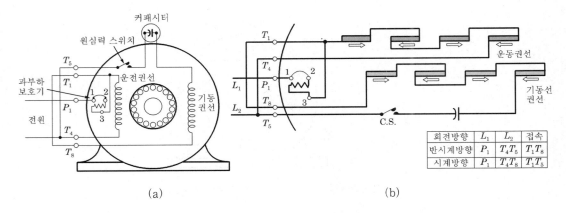

[그림 2-13] 과부하 보호기를 설치한 4극 커패시터 전동기

회전방향	L_1	L_2	접속
반시계방향	P_1	$T_4 T_5$	$T_1 T_8$
시계방향	P_1	$T_4 T_8$	$T_1 T_5$

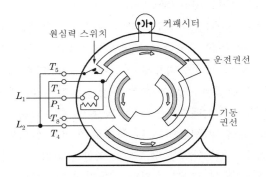

[그림 2-14] 과부하 보호기를 설치한 2극 커패시터 전동기의 결선도

(4) 단자판이 부착된 커패시터(terminal-block capacitor)

구식 냉장고에 설치된 전동기에는 커패시터에 단자판이 부착되어 있는 것이 있다. 세 개의 단자판은 [그림 2-15]에 도시되어 있듯이 T, TL, L로 표시된다. 전원선 L_1과 L_2는 단자 L과 TL에 연결한다. 냉장고 내부에 취부한 온도 자동 조절기는 단자 TL과 T에 연결하고 아무런 기호표시가 없는 단자에는 커패시터 단자 중 하나를 연결한다. 커패시터의 나머지 하나의 단자는 단자 L에 연결한다. [그림 2-16]은 커패시터 기동형 전동기에 연결된 커패시터를 나타내고 있다.

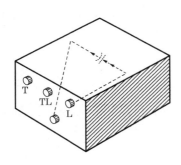

[그림 2-15] 단자판이 설치된 커패시터

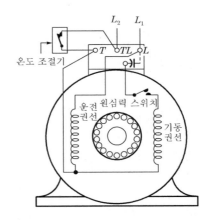

[그림 2-16] 단자판이 부착 커패시터가 설치된
커패시터 기동형 전동기

(5) 전류 계전기 부착 비가역 단일전압 커패시터 기동형 전동기 (single-voltage nonreversible capacitor-start motor)

일부 분상 전동기나 커패시터 전동기는 원심력 스위치 대신에 전자식 계전기를 사용하는 것이 있다. 그런데 이러한 계전기(繼電器)는 냉장고, 에어컨, 펌프, 또는 다른 특정한 용도에 사용하기 위하여 고안된 기계류 등, 밀봉된 상태로 사용되어야만 하는 전동기에 이용된다. 밀봉된 상태, 예를 들면 액체냉매(冷媒) 속에서 원심력 스위치를 작동한다는 것은 불가능하므로 전자식 계전기(relay)를 사용하는 것이다. 계전기는 전동기의 위에나 근처에 설치하며, 전류 계전기(currentrelay)와 전압 계전기(potential relay)의 두 종류가 있다. 어느 것이나 전동기가 정격속도의 약 75%에 도달했을 때 기동권선을 회로에서 단절시킨다. 전류 계전기의 원리는 전동기가 기동할 때는 전속도의 2~3배에 해당하는 기동전류가 운전권선에 흐르는 것을 응용하여 전류 계전기를 동작하게 하는 것이다. 계전기의 구조는 전자코일과 두 개의 접촉자로 이루어져 있다. 전자코일은 운전권선과 직렬로 연결되어 있으며, 접촉자는 기동권선과 직렬로 연결되어 있다. [그림 2-17]의 (a)와 (b)는 계전기가 연결되는 것을 보여 주고 있다. 권선에 전류가 흐르게 하면 전자코일은 전자력을 발생하게 되며, 이 전자력이 접촉자를 폐로시켜 준다. 접촉자가 폐로 됨에 따라 기동권선과 운전권선은 여자되고 결과적으로 전동기는 작동을 하기 시작한다. 그러나 전동기가 기동해서 가속이 완료되면 기동전류는 정상적인 수준으로 하강하므로 전자코일을 흐르는 전류는 접촉자를 폐로시켜 줄 만큼 충분하지 못하게 된다. 접촉자가 열리게 되면 보조권선이 개로 되며, 전동기는 주권선 만으로 작동하게 된다.

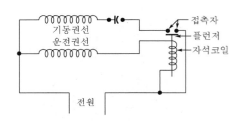

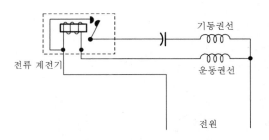

(a) 원심력 스위치 대신에 전류 계전기를 사용한 커패시터 기동형 전동기

(b) 전류 계전기를 설치한 커패시터 기동형 전동기

[그림 2-17]

전류 계전기가 설치된 커패시터 기동형 전동기 권선은 [그림 2-18]의 (a)와 (b), [그림 2-19]의 (a)와 (b)에 도시되어 있다. 이러한 전동기는 언제나 역회전을 할 수 있도록 결선되어 있지는 않다. 회전방향을 바꾸어 주기 위해서는 전동기에서 네 개의 권선을 이끌어 내어야 한다. 이러한 형의 계전기는 과부하상태가 계속되면 전자코일을 작동하게 하여 기동권선을 다시 전원에 연결시켜 버틸 가능성이 있다. 이렇게 되면 단지 몇 초간 작동하여야 하는 기동권선이 계속 작동하게 되므로 소손될 염려가 있다. 이러한 점이 이 계전기의 결점이긴 하나 이것은 과부하 보호기를 설치해서 방지할 수가 있다.

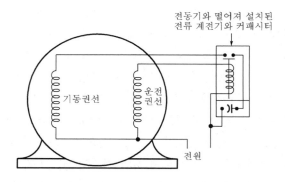

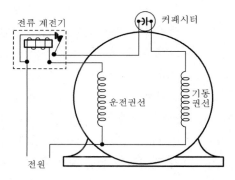

(a) 전류 계전기를 사용한 커패시터 기동형 전동기

(b) 전류 계전기를 사용한 커패시터 기동형 전동기

[그림 2-18]

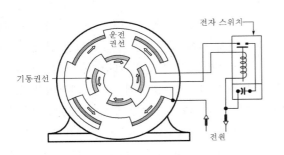

(a) 전류 계전기를 사용한 4극 커패시터
    기동형 전동기의 결선도

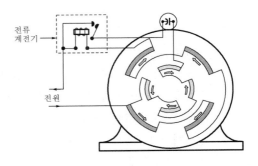

(b) 전류 계전기를 사용한 4극 커패시터
    기동형 전동기의 내부 및 외부 결선

[그림 2-19]

[그림 2-20]은 과부하 보호기와 전류 계전기가 설치된 커패시터 기동형 전동기를 도시한 것이다.

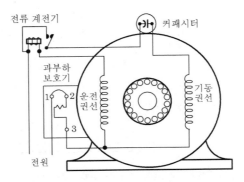

[그림 2-20] 전류 계전기와 단자 두 개의 과부하 보호기를 설치한 커패시터 기동형 전동기

(6) 전압 계전기 부착 단일전압 커패시터 기동형 전동기 (single-voltage capaciter start motor with potential relay)

전압 계전기(potential relay)의 기능은 전류 계전기와 마찬가지로 전동기가 정격속도로 작동할 때 기동권선을 전원에서 단절시키는 것이다.

이 계전기는 기동권선에 계속적으로 연결되어 있는 전자코일과 기동권선과 직렬로 연결된 두 개의 접촉자로 구성되어 있으며, 이 두 개의 접촉자는 일반적으로 폐로 된 상태를 유지하고 있다. 전류가 전동기를 흐르면 두 권선은 전류를 받아들이기 시작하며 전동기는 작동하기 시작한다. 전동기가 속도를 내게 됨에 따라 기동권선의 전압은 증가하게 되고, 지정된 속도(정상속도의 약 75%)에 도달함에 따라 기동권선의 전압은 계전기 코일의 전자력(電磁力)을 활성화 한다. 이 코일의 전자력이 이번에는 차례를 바꾸어 계전기의 접촉자를 개방하고 기동권선을 단절한다. 정상적인 운전이 진행되는 동안에는 유도된 전압 때문에 접촉자는 개로 된 상태를 그대로 유지한다. [그림 2-21]은 전압 계전기를 사용한 과부하 보호기 부착 커패시터 기동형 전동기의 결선을 도시하고 있다. 여기서는 과부하 보호기가 두 개의 단자를 가지고 있음에 유의한다. [그림 2-22]와 [그림 2-23]은 [그림 2-21]과 유사하나 다만 세 개의 단자가 있는 과부하 보호기를 사용하고 있다는 점만이 다를 뿐이다. 이 전동기에서는 전류가 단자 1로 들어가서 바이메탈 박판을 통과하여 단자 2에서 분류된다. 운전권선의 전류는 직접 전동기로 들어가며, 기동권선의 전류는 계전기의 접촉자가 폐로되어 있을 때는 히터를 통과한다. 그러므로 과부하상태에서는 히터에서 발생한 열이 바이메탈 박판 하나만 사용할 때보다 더욱 신속하게 과부하 접촉자를 개로시킨다.

전압 계전기 사용 시에 전해 커패시터의 양단에는 소규모의 저항기가 연결되는 수도 있다. 저항기는 계전기가 진동하는 것을 방지하고 계전기 접촉자가 용융하는 것을 예방한다.

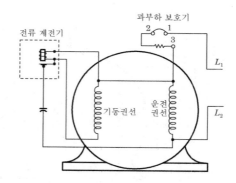

[그림 2-21] 전압 계전기와 과부하 보호기가 부착된 커패시터 기동형 전동기

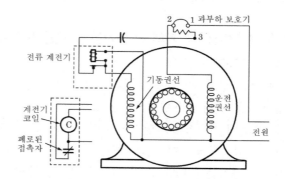

[그림 2-22] 3단자 과부하 보호기와 전압계전기를 연결한 커패시터 기동형 전동기

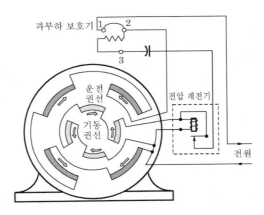

[그림 2-23] 3단자 과부하 보호기와 전압 계전기를 연결한 커패시터 기동형 전동기가
반시계방향으로 회전할 때의 원형도

(7) 이중전압 커패시터 기동형 전동기(two-voltage capacitor-start motor)

이중전압 커패시터 기동형 전동기는 115 또는 230볼트에서 작동한다. 이러한 종류의 전동기는 일반적으로 두 개의 운전권선과 한 개의 기동권선으로 구성되어 있다. 전압을 바꾸기 위해서 각 운전권선에서 두 개씩 합계 4개의 리드선이 있다. 이것은 T_1, T_2, T_3, T_4로 표기되어 있다.

전동기를 115볼트로 작동시킬 때는 두 개의 운전권선은 병렬로 연결한다. [그림 2-24]와 [그림 2-25]는 이를 도시한 것이며, 여기서 운전권선은 제1운전권선과 제2운전권선으로 표시되어 있다. 대부분의 이중전압 커패시터 기동형 전동기의 기동권선 리드선은 회전방향 전환을 쉽게 할 수 있도록 단자판상에 설치되어 있으며 T_5와 T_8로 표시된다.

230볼트로 작동을 하고 싶으면 두 개의 운전권선은 직렬로 연결한다. 기동권선은 어느 한 운전권선에 115볼트로 연결된다. [그림 2-26]과 [그림 2-27]은 이를 도시하고 있다. 비록 전원에서의 전압이 230볼트 일지라도 기동권선의 전압은 115볼트이다. 그러므로 이중전압 전동기에서는 기동권선의 전압은 언제나 저전압이며, 운전권선의 어느 한 권선의 양단에 연결된다.

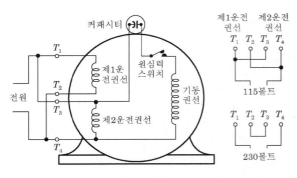

[그림 2-24] 이중전압 비가역 커패시터 기동
전동기

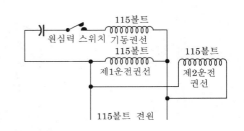

[그림 2-25] 115볼트에 연결된 이중전압 커패시터
기동형 전동기의 계통도

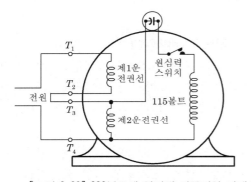

[그림 2-26] 230볼트에 연결된 이중전압 커패시
터 기동형 전동기의 연결도, 운전
권선이 직렬로 연결된다.

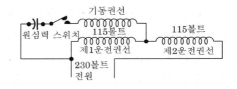

[그림 2-27] 230볼트에 연결된 이중전압 커패시터
기동형 전동기의 계통도

3. 이중전압 커패시터 기동형 전동기의 재권선

이중전압 커패시터 기동형 전동기의 기동권선은 단일전압 전동기와 동일하다. 그러나 두 개의
권선으로 구성된 운전권선은 세 가지 방법으로 권선한다.

첫째 방법은 하나하나의 권선을 독립된 하나의 운전권선처럼 감는다. 먼저 한 권선을 단일전
압 전동기처럼 모든 극을 따라 감는다. 그 다음에 또 한 권선을 먼저 감은 권선과 동일한 크기
의 선을 동일한 슬롯에 동일한 횟수로 감아 넣는다. 그 다음에 기동권선은 운전권선과 90°의
전기각도로 띄어서 권선한다. 결과적으로 세 개의 권선은 서로서로 절연된 별개의 권선으로
감아지게 된다. [그림 2-28]과 [그림 2-29]는 4극 이중전압 커패시터 기동형 전동기의 권선과
고정자의 결선도이다. 가장 보편적인 형태인 슬롯 수 36, 3/4HP, 3층권, 4극, 커패시터 기동형
전동기를 보면 운전권선은 동일 슬롯 속에 서로 절연된 2층권으로 되어 있고, 기동권선은 운

전권선으로부터 전기각도로 90° 떨어져 있다. 각 운전권선은 병렬로 결선되어 있고 기동권선은 직렬로 되어 있다.

115볼트와 230볼트에서 작동하도록 다섯 개의 리드선이 전동기에서 도출되어 있으며, 회전방향을 반대로 전환시키려면 기동권선의 리드선을 원심력 스위치의 단자판에서 반대로 연결시켜 주면 된다.

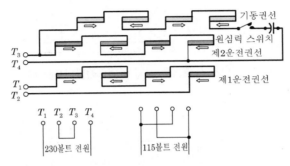

[그림 2-28] 4극 이중전압 커패시터 기동형 전동기의 직선도

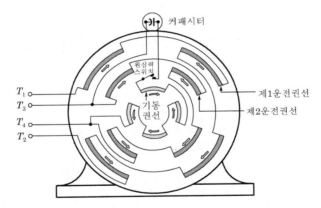

[그림 2-29] 4극 이중전압 비가역 커패시터 기동형 전동기의 권선도, 기동권선은 운전권선의 어느 하나에 결선되어 있다.

[그림 2-30]은 115볼트에서의 권선과정을 도시하고 있다. 이 전동기 자극의 내부 결선은 [그림 2-31]에 도시되어 있다. [그림 2-32]는 역동형 보호장치가 설치된 가역, 이중전압 전동기의 리드선을 도시하고 있다. 이러한 종류의 전동기의 다른 결선방식은 [그림 2-48]에 도시되어 있다. [그림 2-33]은 코일의 피치, 회전수, 선의 굵기 등을 나타내고 있는데 이러한 데이터는 권선을 제거하기 전에 기록하여 두어야 한다.

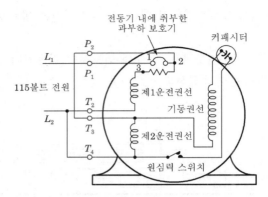

[그림 2-30] 과부하 보호기를 설치한 이중전압 커패시터 기동형 전동기

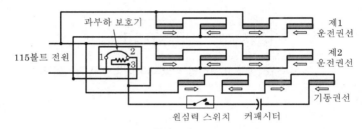

[그림 2-31] 이중전압 커패시터 기동형 전동기의 결선도, 115볼트에 작동하도록 운전권선이 병렬로 되어 있다.

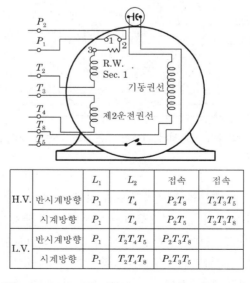

		L_1	L_2	접속	접속
H.V.	반시계방향	P_1	T_4	P_2T_8	$T_2T_3T_5$
	시계방향	P_1	T_4	P_2T_5	$T_2T_3T_8$
L.V.	반시계방향	P_1	$T_2T_4T_5$	$P_2T_3T_8$	
	시계방향	P_1	$T_2T_4T_8$	$P_2T_3T_5$	

[그림 2-32] 외부 가역, 이중전압 열동형 보호장치가 부착된 전동기

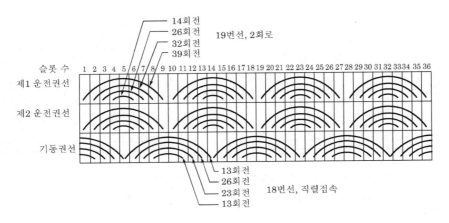

[그림 2-33] 그림 2-31의 이중전압 전동기에 대한 코일 배치도(두 개의 운전권선이 서로 비슷하다.)

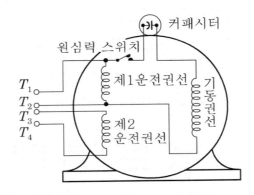

[그림 2-34] 하나의 운전권선이 두 부분으로 나누어진 이중전압 전동기

둘째 방법은 운전권선 두 개를 한꺼번에 슬롯 속에 함께 감아 넣는 방법이다. 이 방법은 감는 시간이 많이 절약된다. 이 경우 잊지 말아야 할 사실은 권선을 확실히 절연시켜 주기 위해서 절연피복이 우수한 선을 사용하여 권선하여야 한다는 점이다.

셋째 방법은 자극을 단일전압 전동기처럼 권선하되, 자극의 반을 나누어 각각 독립되게 결선한다.

어떤 방법에 의하여 권선을 하든 간에 쇼트 점퍼(short-jumper)식의 결선보다는 롱 점퍼(long-jumper)식의 결선이 더욱 바람직하다. [그림 2-35]와 [그림 2-37]은 쇼트 점퍼식으로 결선한 것을 나타내고, [그림 2-36]과 [그림 2-38]은 롱 점퍼식으로 결선한 것을 도시하고 있다.

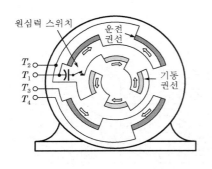

[그림 2-35] 운전권선을 쇼트 점퍼식으로
결선한 4극 이중전압 전동기

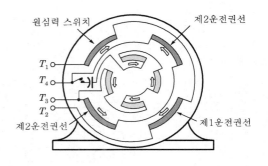

[그림 2-36] 롱 점퍼식으로 결선한 4극 이중전압
전동기

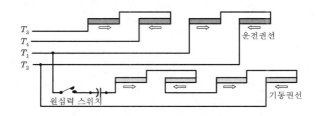

[그림 2-37] 그림 2-35의 전동기의 직선도

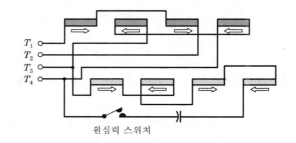

[그림 2-38] 롱 점퍼식으로 결선한 4극 이중전압 전동기

(1) 이중전압 가역 커패시터 기동형 전동기(two-voltage, reversible capacitor-start motor)

이 전동기는 기동권선의 회로로부터 전동기 밖으로 두 개의 리드선을 뽑아 놓았으므로 외부에서 간단히 회전방향을 변경할 수 있다. [그림 2-39]와 [그림 2-40]은 115볼트로 작동할 때의 시계방향과 반시계방향으로 회전상태를 도시한 것이며, [그림 2-41]과 [그림 2-42]는 230볼트에서 작동하는 것을 각각 도시한 것이다.

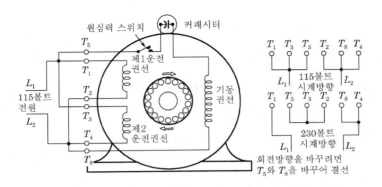

[그림 2-39] 115볼트에서 시계방향으로 회전하도록 결선한 이중전압 커패시터 기동형 전동기

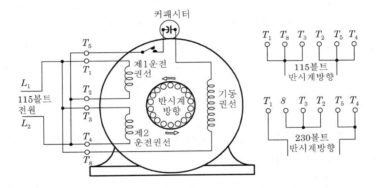

[그림 2-40] 115볼트에서 반시계방향으로 회전하도록 결선한 이중전압 커패시터 기동형 전동기

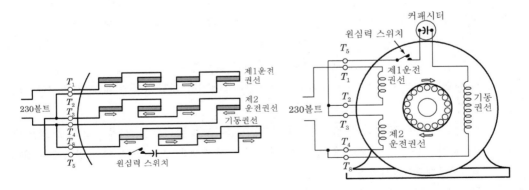

[그림 2-41] 230볼트에서 시계방향으로 회전하도록 결선한 이중전압 커패시터 기동형 전동기

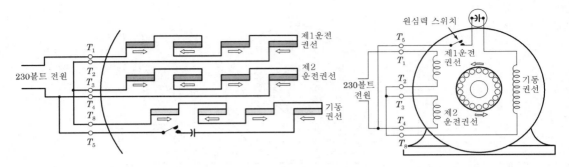

[그림 2-42] 230볼트에서 반시계방향으로 회전하도록 결선한 이중전압 커패시터 기동형 전동기

(2) 과부하 보호기 부착 이중전압 커패시터 기동형 전동기(two-voltage capacitor-start motor with overload protection)

앞 5항에서 다룬 이중전압 커패시터 기동형 전동기는 과부하를 방지하기 위하여 열동형 보호장치를 설치하고 있다. 이 장치는 세 개의 단자와 보조히터가 부착된 바이메탈 계전기(relay) 등으로 구성되어 있으며, [그림 2-30]에 그 결선된 것이 도시되어 있다.

(3) 리드선 3개, 단일전압, 가역 커패시터 기동형 전동기(single-voltage, three-lead, reversible capacitor-start motor)

일반적인 커패시터 기동형 전동기는 리드선 세 개만을 가지고는 외부에서 회전방향을 반대로 할 수 없다. 그러나 두 개의 운전권선으로 되어 있는 전동기에는 이것이 손쉽게 달성된다. 회전방향을 바꾸려면 이중전압 전동기를 230볼트로 결선할 때처럼 두 개의 운전권선을 내부에서 직렬로 결선하고, 나머지 두 개의 리드선은 전원에 연결하기 위해 [그림 2-43]에서처럼 전동기 밖으로 뽑아낸다. 기동권선의 리드선 하나는 내부에서 운전권선의 직렬접속점에 연결하고, 다른 하나는 전동기 밖으로 뽑는다. 이렇게 하여 놓으면 어느 한 방향으로만 회전시키고자 할 때 [그림 2-43]에서처럼 기동권선을 제1운전권선에 연결하면 된다.

반대방향으로 회전하게 하려면 기동권선에 외부로 뽑은 리드선을 [그림 2-44]에서처럼 제2운전권선으로 바꾸어 접속한다. 이것이 기동권선을 흐르는 전류의 방향을 변화시키므로 전동기의 회전방향은 반대로 된다.

[그림 2-45]는 회전방향을 변경할 수 있도록 리드선 세 개를 밖으로 뽑아 놓은 전동기의 권선도이다.

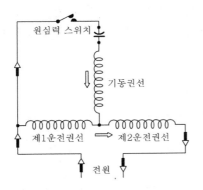

[그림 2-43] 리드선 세 개, 가역 커패시터 기동형 전동기의 계통도, 운전권선의 양단에 연결된 기동 권선의 회로의 방향을 나타내고 있다.

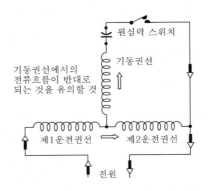

[그림 2-44] 리드선 세 개, 가역 커패시터 기동형 전동기의 계통도, 기동권선이 제 2운전권선의 양단에 연결되어 있다. 기동권선의 전류의 흐름을 유의하라.

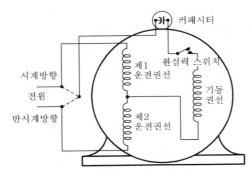

[그림 2-45] 리드선 세 개, 가역 커패시터 기동형 전동기의 권선도

(4) 순시가역 단일전압 커패시터 기동형 전동기(single-voltage instantly reversible capacitor-start motor)

일정방향으로 회전하는 커패시터 기동형 전동기를 반대방향으로 회전시키려면, 전동기를 일단 완전 정지상태에 이르게 한 다음 다시 작동시켜야 한다. 그 이유는 전동기가 거의 정지할 때까지 원심력 스위치는 개로된 상태에 있기 때문이다. 원심력 스위치가 개로되어 있으면 기동권선은 회로로부터 개방된 상태이므로 회전 중인 상태에서 리드선을 다르게 접속해도 전동기의 동작에는 아무런 영향을 미치지 못한다.

커패시터 기동형 전동기 중에는 회전방향을 역전시키는 역전용 스위치를 가진 것이 있다. [그림 2-46]에 도시되어 있는 이 스위치는 3극 쌍투 역전 스위치(triple-pole, double-throw switch)로서 스위치를 투입하는 위치에 따라 시계방향 또는 반시계방향으로의 회전 전환이 가능하다. 이러한 종류의 전동기에서 회전방향을 변경하려면 원심력 스위치가 폐로하여 기동권선이 전원회로에 다시 연결될 때까지 속도가 저하되기를 기다려야 한다.

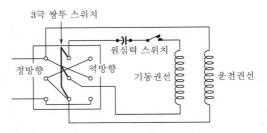

[그림 2-46] 3극 쌍투역전 스위치를 설치한 커패시터 기동형 전동기

순시가역(瞬時可逆 ; instant reversal)은 회전방향을 바꾸기 위하여 회전자의 속도가 저하되기를 기다리는 데는 상당한 시간이 소요된다. 그러므로 전동기가 전속도로 회전하고 있는 상태에서 순간적으로 회전방향을 바꾸기 위해서는 원심력 스위치를 단락하여 기동권선이 반대 극성을 띠도록 하는 계전기(relay)를 사용하여야 한다. [그림 2-47]은 역전 스위치(reversing switch)를 부착한 순시가역(瞬時可逆) 커패시터 기동형 전동기의 결선도이다.

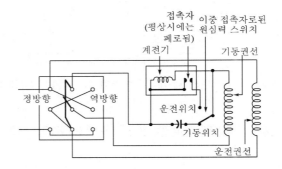

[그림 2-47] 3극 쌍투역전 스위치를 설치한 순시가역 커패시터 기동형 전동기

전동기가 정지하고 있으면 이중접촉자(double-contact)로 된 원심력 스위치는 기동위치에 머물고 있다. 이때 기동권선과 커패시터는 전원에 직렬연결되어 있으며, 또한 계전기(relay)의 동작코일은 폐로상태를 유지하면서 커패시터의 양단에 연결되어 있다. 수동조작 역전 스위치를 정방향(forward position)로 놓으면 운전권선은 전원과 연결되면서 커패시터와 기동권선은 직렬로 전원에 연결된다. 이와 동시에 계전기 코일은 커패시터의 양쪽 끝에 접속된다.

커패시터의 양쪽 단자에 걸리는 전압은 계전기 코일에도 걸리게 되므로 평상시에 닫힌 상태인 계전기 접촉자는 열리게 된다. 전동기가 기동하여 가속됨에 따라서 원심력 스위치는 기동위치에서 운전위치로 전환되고 기동권선은 회로로부터 분리된다. 이와 동시에 기동권선과 계전기 코일은 직렬로 접속되어 회로를 구성하지만, 계전기 코일의 저항이 크므로 기동권선에는 계전기 접촉자를 열린 상태로 유지하는 데 필요한 미약한 전류만이 흐르게 된다.

역전 스위치를 정방향 위치로부터 역방향 위치로 전환하는 극히 짧은 순간에는 계전기 코일에 전류가 전혀 흐르지 않는다. 그러므로 이 순간에는 계전기 접촉자는 닫히게 된다. 역전 스위치가 완전히 역방향으로 전환되고 나면 닫힌 계전기의 접촉자를 통하여 기동권선에는 전류가 반대방향으로 흘러 역방향의 회전력이 발생한다. 따라서 회전자는 즉시 작동을 중지하고 이와 동시에 원심력 스위치가 기동위치로 복귀하여 기동권선과 커패시터는 직렬회로를 구성한다. 그 결과 회전자는 반대방향으로 회전하게 된다. 이런 종류의 전동기에 있어서 권선 및 회전자는 순시 역전 때문에 받게 되는 기계적인 충격을 견딜 수 있도록 설계되어야만 한다.

5 커패시터 기동형 전동기의 계통도(Schematic Diagrams of Capacitor–start Motor)

[그림 2-48]은 단일 및 이중전압 커패시터 기동형 전동기의 단자를 도시하고 있다. 여기에는 열동형 보호장치를 설치한 것도 있고, 설치하지 않은 것도 있다.

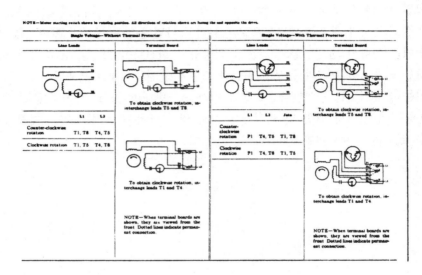

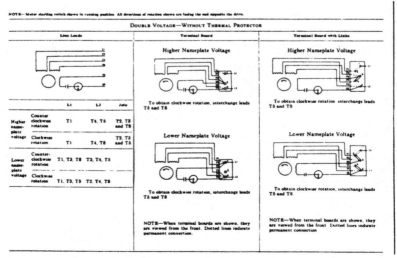

[그림 2-48] (a) 커패시터 기동형 선동기의 계통도(미국의 예)

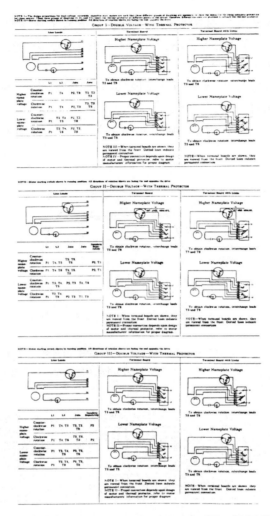

[그림 2-48] (b) 커패시터 기동형 선동기의 계통도(영국의 예)

(1) 2단 속도 커패시터 기동형 전동기(two-speed capacior-start motor)

커패시터 기동형 전동기의 속도를 변경하는 방법에는 극의 수를 바꾸는 방법이 있다. 이 방법은 동일 슬롯 속에 운전권선 두 개를 권선한다. 일반적으로 운전권선은 6극과 8극 권선으로 하는 경우가 많다. 기동권선은 한 개만을 설치하고 두 개의 원심력 스위치의 구조는 이중동작형(double-action type) 또는 전환형(transfer-type)의 두 가지가 있다.

또한 스위치의 접촉자는 기동위치에서는 두 개, 운전위치에서는 한 개로 만든다. [그림 2-49]는 2단 속도 커패시터 기동형 전동기의 계통도이다.

이 전동기는 속도조절 스위치를 고속이나 저속의 어느 위치에 두더라도 언제나 고속에서 기동한다. 이 스위치를 저속에 두고 기동한 경우 속도가 상승하면 원심력 스위치의 작동으로 기동권선과 고속운전권선은 회로에서 분리되는 동시에 원심력 스위치는 저속권선을 회로에 연결한다.

이 전동기에 사용된 세 개의 권선은 [그림 2-50]에서처럼 서로 일정한 관계를 유지하며 슬롯 속에 넣어져 있다.

이 그림은 슬롯 수 36인 전동기에 있어서 코일피치의 가장 전형적인 형태를 나타내고 있다.

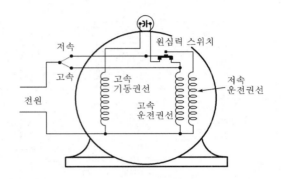

[그림 2-49] 2단 속도 커패시터 기동형 전동형.
전동기 이 전동기는 언제나 고속에서 기동한다.

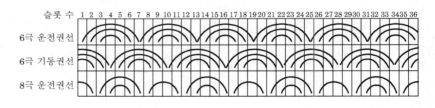

[그림 2-50] 2단 속도 커패시터 기동형 전동기의 권선도

(2) 커패시터를 두 개 부착한 2단 속도 커패시터 기동형 전동기(two-speed capacitor-start motor with two capacitors)

이 전동기는 기동권선, 운전권선, 커패시터를 각각 두 개씩 가지고 있다. 커패시터 중 하나는 저속용, 다른 하나는 고속용이다. 이중 원심력 스위치는 기동이 끝나면 회로로부터 기동권선을 개방한다. [그림 2-51]은 이러한 전동기의 결선도이다.

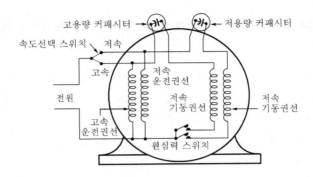

[그림 2-51] 커패시터 두 개를 사용한 2단 속도 커패시터 기동형 전동기

6 영구 커패시터 전동기(Permanent-Capacitor Motor)

영구 커패시터 전동기는 기동 시나 운전 시에 동일한 정전용량을 사용하는 전동기이다.
이 전동기는 다음과 같은 점을 제외하고는 커패시터 기동형 전동기와 매우 유사하다.

① 커패시터의 기동권선은 언제나 회로에 접속되어 있다.

② 커패시터는 일반적으로 오일 함침형(oil-impregnated type)이다.

③ 원심력 스위치나 다른 개폐 장치가 필요 없다.

이 전동기는 비교적 낮은 기동 회전력에도 소음없이 부드럽게 작동한다. 이 전동기는 때로
는 단일 커패시터 운전 전동기(single-value capacitor-run motor)라고도 한다.

이 전동기의 종류는 단일 전압형(single-voltage), 이중전압형(two-voltage), 단일전압
가역형(single-voltage reversible), 2단 속도, 단일전압형(two-speed, single voltage), 3단
속도, 단일전압형(three-speed, single voltage)이 있다.

1. 영구 커패시터 전동기의 원리와 결선

(1) 단일전압 영구 커패시터 전동기(single-voltage permanent-split capacitor motor)

이 전동기는 원심력 스위치가 없는 점을 제외하면 모든 면에서 커패시터의 기동형 전동기
와 비슷하다. 이것은 두 개의 운전권선과 한 개의 기동권선을 가지고 있으며, 서로 90°의
전기각도로 떨어져 권선되어 있다. 커패시터는 전동기와 분리되어 있거나 전동기의 위에
부착되어 있다. 커패시터의 용량은 매우 낮으며, 일반적으로 $3\mu f \sim 25\mu f$ 정도이다. 커패시
터는 보통 오일 함침지(紙)를 사용한 것이다. 이 전동기는 정전용량이 낮으므로 기동회전
력이 낮다. 그러므로 이 전동기의 용도 또한 이러한 낮은 회전력이 필요한 곳에 사용한다.
예를 들면 오일 버너, 전압 조정기(voltage regulator), 선풍기 등에 사용한다. 영구 커패시
터 전동기는 작동 시에 원활하게 움직이고 회전음이 조용한 것이 그 특색이다.

이 전동기의 권선의 결선은 커패시터 기동형 전동기와 동일하며, 원심력 스위치가 없는
점이 다르다. [그림 2-52]는 단일 커패시터 전동기의 권선도이다.

[그림 2-52]에 도식된 전동기의 회전방향을 바꾸려면 엔드 브래킷을 떼어내고 기동권선
에서의 리드선 결선을 바꾸어 준다. 회전방향을 바꿀 때마다 엔드 브래킷을 떼어내는 수
고를 하지 않으려면 [그림 2-53]과 같이 전동기 밖으로 리드선 네 개를 뽑아내거나, 단자
판을 설치하여 결선을 바꾸게 하면 된다.

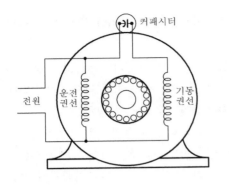

[그림 2-52] 커패시터를 전동기 위에 설치한
영구 커패시터 전동기

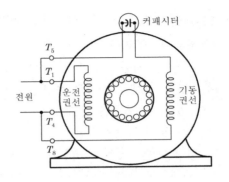

[그림 2-53] 외부가역 영구 커패시터 전동기 역전
시키려면 T_5와 T_8를 교환 연결한다.

(2) 이중전압 영구 커패시터 전동기(dual voltage permanent-split capacitor motor)

[그림 2-54]에 도시된 이 전동기는 원심력 스위치가 없다는 점만 제외하고는 이중전압 커패시터 기동형 전동기와 다른 점이 거의 없다. 두 개의 운전권선과 한 개의 기동권선을 가지고 있으며, 고전압에 대해서는 직렬로 접속되고, 저전압에 대해서는 병렬로 연결된다. 이때 어느 경우에나 기동권선은 어느 한운전권선의 양단에 결선된다. 이중전압 커패시터 기동형 전동기에서처럼 두 개의 운전권선은 동일하며, 권선방법은 한 개의 운전권선을 먼저 감은 후에 나머지 다른 한 개의 권선을 감는 방법을 사용하거나, 두 개의 선을 가지고 손감기의 방법으로 한꺼번에 모두 권선하거나, 또는 한 개의 운전권선을 자극의 반에만 감고 나머지 한 개의 권선을 남은 자극의 반에 권선하는 방법이 있다.

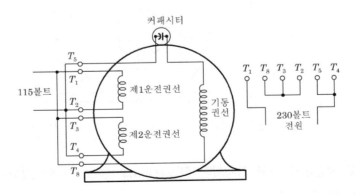

[그림 2-54] 115볼트로 작동하는 이중전압 커패시터 전동기

(3) 단일전압 가역 영구 커패시터 전동기(single-voltage reversible permanent-split capacitor motor)

이 전동기는 기동 회전력이 낮으며, 밸브(valve) 또는 저항기(rheostats) 등을 조정하는 데 쓰인다. 이것은 두 개의 운전권선을 가지고 있으며, 서로 전기 각도로 90° 떨어져 권선되어 있다. 두 권선은 굵기가 같은 것을 사용하며, 일정한 한 방향으로만 회전시키고자 할 때는 한 개의 운전권선은 운전권선으로 다른 하나의 운전권선은 기동권선으로 사용한다. 회전 방향을 반대로 하고자 할 때는 운전권선으로 동작한 권선이 기동권선으로 되고 기동권선으로 동작한 권선이 운전권선으로 된다. 권선하는 방법은 커패시터 기동형 전동기와 동일하다.

이 전동기는 동작원리는 회전자의 회전방향은 기동권선의 자극에서부터 동일한 극성을 가진 인접한 운전권선의 자극 쪽으로 회전한다는 사실이다. [그림 2-55]에 도시된 회로의 방향을 추적해 본다면 선택 스위치를 정방향(forward position) 위치로 투입하면 전류는 권선 b를 흐르며, 동시에 커패시터를 지나 권선 a쪽으로도 흐른다. 그 결과 권선 a는 기동권선의 역할을 하고 권선 b는 운전권선의 역할을 하여 회전자를 한쪽 방향으로 회전하게 한다.

선택 스위치를 역방향으로 투입하면 권선 a는 운전권선이 되고 권선 b는 기동권선이 된다. 따라서 전동기는 반대방향으로 회전한다.

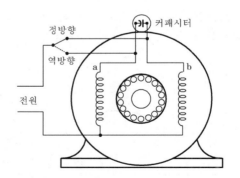

[그림 2-55] 리드선 세 개 가역 단일 커패시터 전동기

(4) 2단 속도 단일전압 영구 커패시터 전동기 (two-speed single-voltage permanent-split capacitor motor)

2단 속도 커패시터 기동형 전동기와는 달리 단일전압 전동기는 속도를 줄이기 위하여 극의 수를 변경할 필요가 없다. 회전자의 회전속도는 고정자 내에 형성된 회전자계의 속도

보다 빠르지 않다. 이 회전자의 속도와 회전자계의 속도의 차이를 슬립(slip)이라고 한다. 회전자계의 세기가 감소되면 슬립이 증가하게 되므로 회전자의 속도는 늦어진다.

운전권선의 전압을 낮게 하기 위해서는 운전권선과 보조 운전권선을 직렬로 연결한다. 또한 보조권선은 주운전권선과 동일한 슬롯에 권선한다. 기동권선은 운전권선으로부터 전기각도로 90° 띄어서 권선한다.

[그림 2-56]에서 속도 선택 스위치를 저속으로 투입할 때 운전권선과 보조권선은 전원에 직렬로 연결된다. 따라서 전원의 전압은 두 권선에 나뉘어 걸리고 그 중 일부전압이 운전권선에 걸리게 된다. 그 결과 이 낮아진 전압은 운전권선의 슬롯에서 발생하는 회전자계의 세기를 약화시켜 속도가 저하된다. 저속으로 결선하려 할 때는 기동권선을 커패시터와 직렬로 접속시킨다.

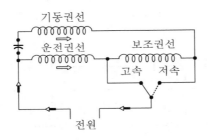

[그림 2-56] 속도 선택 스위치를 고속으로 투입했을 때의 2단 속도 영구 커패시터 전동기의 계통도

속도 선택 스위치를 고속 스위치로 투입하면 주운전권선은 전원에 연결된다. 그 반면 보조권선은 기동권선과 커패시터에 직렬 연결된다. 그 결과 주권선에는 이제 전전압(full voltage)이 걸리게 되고, 따라서 회전자의 세기가 강화된다. 이 강화된 회전자의 세기는 슬립을 감소하게 되며, 회전자는 빠른 속도로 회전하게 된다. [그림 2-57]은 이 전동기의 권선도이다.

보조권선은 주권선보다 다른 굵기의 선으로 권선을 하여도 되나, 주권선을 감아 넣은 동일한 슬롯에 넣지 않으면 안된다. 권선의 순서는 주권선을 가장 먼저 슬롯에 넣고 그 다음 보조권선, 기동권선의 순서로 넣되, 기동권선은 다른 권선과 전기각도로 90° 띄어서 권선하고 알맞은 절연조치를 취한다.

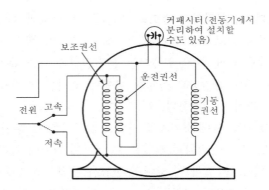

[그림 2-57] 2단 속도 단일 커패시터 전동기

이 전동기의 회전방향을 바꾸려면 기동권선의 리드선에 대한 접속을 바꾸어 준다. [그림 2-58]은 2단 속도, 단일 커패시터 전동기를 고속회전 시킬 때의 권선도이다.

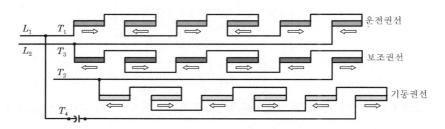

[그림 2-58] 고속 작동으로 접속한 2단 속도 6극 단일 커패시터 전동기.
고속회전 때는 전원 L_1에는 T_1과 T_4를, 전원 L_2에는 T_3를 연결한다. 저속 회전 때는 전원 L_1에 T_1과 T_4를, 전원 L_2에 T_2를 연결한다.

(5) 3단 속도 단일전압 영구 커패시터 전동기(three-speed single-voltage permanent-split capacitor motor)

이 전동기는 앞 (4)항에서 설명한 전동기와 비슷하나, [그림 2-59]에 도시한 것처럼 보조권선의 중앙에 탭(tap)을 하나 설치한 점이 다르다. 이 전동기는 한 개의 주운전권선, 제1 보조운전권선, 제2보조운전권선 및 한 개의 기동권선으로 구성되어 있다.

[그림 2-59]에서 3단 속도로 작동할 때의 결선도를 보여주고 있다. 고속으로 회전할 때는 주운전권선은 전원에 연결되고, 제1 및 제2 보조운전권선과 기동권선은 직렬로 전원에 접속된다. 중간속도로 회전하고자 할 때는 운전권선과 제1보조운전권선은 직렬로 접속되고, 제2보조운전권선은 기동권선과 직렬로 접속된다. 저속회전을 할 때는 운전권선은 제1보조

운전권선과 제2보조운전권선에 직렬로 해서 전원에 접속되고, 기동권선은 바로 전원에 연결된다. 위의 세 가지 회전방법에서 커패시터는 언제나 기동권선과 직렬로 접속된다. [그림 2-60]은 이 전동기의 권선도이며, [그림 2-61]은 전형적인 자극 배치도이다.

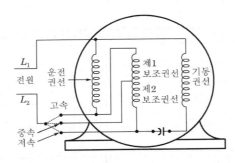

[그림 2-59] 3단 속도, 단일전압 커패시터 전동기의 개통도

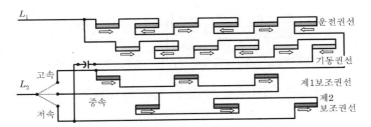

[그림 2-60] 3단 속도, 커패시터 전동기의 권선도. 여기서 보조권선은 동극성 결선이다.

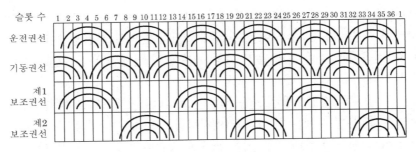

[그림 2-61] 단속도, 커패시터 전동기의 코일 배치도

2. 다단 속도 단일전압 영구 커패시터 전동기의 단자기호(terminal marking for multispeed single voltage permanent-split capacitor motors)

[그림 2-62]는 에어컨이나 증발 건조기에 사용하는 분수마력 콘덴서(condenser)용(用) 다단속도 영구 커패시터 전동기의 단자기호를 나타내고 있다.

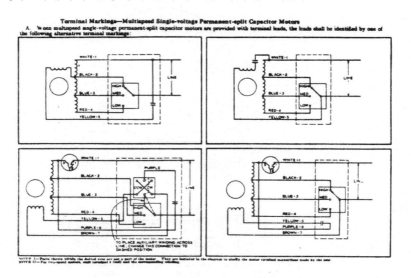

[그림 2-62] 다단 속도, 단일전압, 영구 커패시터 전동기의 단자기호

3. 이중 커패시터 전동기(two-value capacitor motor)

이중 커패시터 전동기는 기동 시에 강력한 접전용량을 가진 커패시터와 기동권선이 직렬로 연결된다. 그러므로 컴프레서, 용광로의 급탄기(stoker) 등 강력한 기동 회전력을 필요로 하는 장비에 사용된다. 운전 시에는 원심력 스위치에 의해 정전용량이 적은 커패시터로 대치된다. 이 전동기는 기동 시와 운전 시의 구분 없이 언제나 운전권선과 기동권선이 회로에 접속되어 있다.

이러한 두 종류의 정전용량은 기동 시에는 두 개의 커패시터를 병렬연결하여 큰 기동 회전력을 얻은 후 운전 시에는 한 개의 커페시터를 개방하는 방법과 한 개의 커패시터와 변압기(transformer)를 사용하여 기동 시에 필요한 강력한 기동 회전력을 얻는 방법 등 두 가지 방법이 있다.

두 개의 커패시터를 사용하는 대신에 낡은 구식의 전동기들은 기동하는 데 필요한 큰 용량을 얻기 위하여 변압기와 커페시패를 함께 사용하는 것이 있다. 이것은 단권 변압기(autotransformer)를 사용하여 기동할 때만 커패시터에 걸리는 전압을 올려주고 운전하는 동안에는 낮은 전압이 걸리도록 원심력 스위치로 접속을 바꾼다. 커패시터에 높은 전압이 걸리는 시간은 기동할 때의 수 초에 불과하다. 이 시간이 길면 커패시터는 절연파괴를 일으키게 되고, 그 결과 단락 사고를 일으킬 위험이 있다.

단권 변압기는 [그림 2-63]과 같이 성층철심(成層鐵心)에 동선코일을 감고 중도에 수 개의 탭을 낸 것이다. 커패시터는 [그림 2-64]에서처럼 변압기 권선상의 양쪽 끝점 a와 d에 접속하는 것이 보통이며, 이때 전원이 a와 권선 ad의 중앙점인 b에 접속되면 커패시터에는 전원전압의 두 배의 전압이 걸린다.

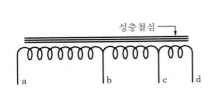

[그림 2-63] 성층철심에 동선을 감은 단권 변압기 코일은 서로 다른 전압을 얻기 위하여 여러 개의 탭이 설치되어 있다.

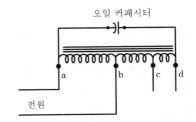

[그림 2-64] 이러한 결선에서는 커패시터에 전원 전압의 약 2배에 해당하는 전압이 걸린다.

커패시터의 정격전압의 약 두 배에 해당하는 전압이 걸리면 커패시터의 유효용량은 변압비 2 : 1의 2승에 비례하여 증가한다. 그러므로 유효용량은 2×2 또는 4배로 증가한다. 커패시터의 용량이 $4\mu f$일 때 변압비 2 : 1인 변압기와 조합하면 유효용량은 $4×4=16\mu f$이 되어 $16\mu f$의 커패시터를 연결한 것과 동일한 결과를 얻을 수 있다.

만약 탭 b를 ad 사이의 전권수의 1/4이 되는 점으로 가정한다면 커패시터 전압의 전원전압에 대한 비율은 4 : 1이 된다. 그러므로 유효용량은 정격용량 $4\mu f$의 16배, 즉 $16 × 4=64\mu f$가 된다. 변압기에서 콘덴서 전압의 전원전압에 대한 비율이 4 : 1이라면 $6\mu f$ 커패시터의 경우 유효용량은 $96\mu f$이 된다. 이 정도의 용량은 높은 기동 회전력을 충분히 발생할 수 있는 것이다. 전동기가 전속도의 약 75%에 도달했을 때 원심력 스위치에 의해 다른 탭으로 그 위치를 변경하면 변압비를 바꿀 수 있다. 따라서 전동기는 정상적인 커패시터 용량을 가지고 작동한다. [그림 2-65]는 스위치 회로를 나타내고 있다.

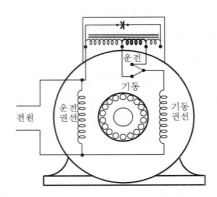

[그림 2-65] 커패시터의 유효용량을 변경하기 위하여 커패시터, 변압기를 사용하고 있는 이중 커패시터-런 전동기

이런 종류의 전동기는 보통 4~16μf의 오일 커패시터(oil impregnated capacitor)를 사용한다. 변압기와 커패시터는 사각형 철제 상자에 봉해져 전동기 상부에 취부되어져 있다. [그림 2-66]은 이 전동기의 고정자 결선도이다. 이 전동기는 1940년대에 많이 사용되었으며, 지역에 따라서는 아직도 많이 사용되고 있다.

커패시터를 두 개 사용한 형(two capacitor type)과 커패시터와 변압기를 함께 사용한 형(capacitor transformer type)의 전동기를 이중 커패시터-런 전동기의 범주 내에서 분류해 보면 다음과 같다.

① 단일전압형(single voltage)
② 단일전압 가역형(single voltage reversible)
③ 이중전압형(two-voltage)
④ 커패시터 변압기 부착 이중전압 가역형(two-voltage reversible with capacitor transformer)
⑤ 과부하 보호기 부착 이중전압형(two-voltage with overload protector)

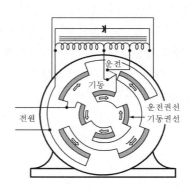

[그림 2-66] 이중 커패시터, 변압기형 전동기의 고정자 결선

(1) 단일전압 이중 전동기(single voltage two value moter)

이 전동기는 두 개의 운전권선과 한 개의 기동권선이 있으며, 서로 90°의 전기각도로 띄어져 있다.

전동기의 프레임 위에 커패시터가 취부되어 있으며, 한 개의 커패시터는 정전용량이 큰 전해 커패시터이고, 다른 하나는 정전용량이 적은 오일 커패시터이다.

기동할 때는 [그림 2-67]처럼 두 개의 커패시터는 병렬로 연결되고 기동권선과는 직렬로 연결된다. 전동기가 전속도의 약 75%에 도달한 다음에는 전해 커패시터는 원심력 스위치에 의해서 회로로부터 개방되며, 오일 커패시터만 회로에 연결되어 있게 된다. 운전권선은 전원에 연결된다.

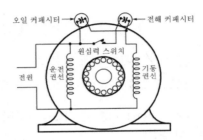

[그림 2-67] 커패시터를 두 개 사용하는 이중 커패시터-런 전동기

(2) 단일전압 가역 이중 전동기(single-voltage reversible two-value motor)

이 전동기는 커패시터와 변압기를 사용한 점 이외에는 위 (1)항에서 설명한 전동기와 그 원리가 동일하다.

외부에서 회전방향을 전환시킬 수 있도록 운전권선에는 두 개, 기동권선에서 두 개, 합계 4개의 리드선이 전동기에서 뽑아내어 져 있다. 전동기의 회전방향을 변경하기 위해서는 [그림 2-68]에서처럼 T_5와 T_8을 상호교환하여 결선하여 주면된다.

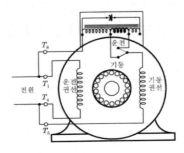

[그림 2-68] 외부 가역 이중 커패시터-런 전동기

(3) **이중전압 이중 전동기**(two-voltage two-value motor)

이 전동기는 기동 시에 두 개의 커패시패가 사용되는 점을 제외하고는 이중전압 커패시터 기동 전동기와 유사하다.

이 전동기에는 두 개의 운전권선과 한 개의 기동권선이 사용되며, 기동권선은 언제나 운전권선 하나에 병렬로 연결되어 있다. [그림 2-69]는 115볼트로, [그림 2-70]은 230볼트로 운전할 때의 이 전동기의 권선도이다.

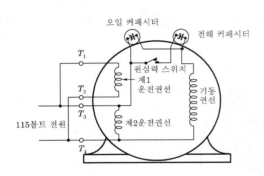

[그림 2-69] 115볼트로 운전할 때의 이중전압, 이중 커패시터-런 전동기의 결선도

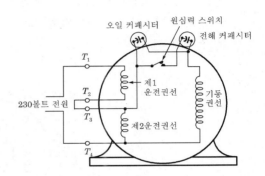

[그림 2-70] 230볼트로 운전할 때의 이중전압, 이중 커패시터-런 전동기의 결선도

기동할 때, 두 개의 커패시터는 병렬로 연결되고, 기동권선과는 직렬로 연결된다. 또한 전해 커패시터는 원심력 스위치와 직렬로 연결된다. 전동기가 전속도의 약 75%에 도달하면 원심력 스위치는 개로되어 이 커패시터를 회로에서 단절시킨다. 이때 오일 커패시터는 기동권선처럼 회로에 그대로 연결되어 있다. 외부에서 회전방향을 전환시키려면 [그림 2-71]처럼 두 개의 기동권선 리드선을 전동기 밖으로 뽑아내어 준다.

이러한 전동기 중의 어떤 것은 한 커패시터 속에 또 하나의 커패시터가 들어 있는 형태의 것이 있다. 전해 커패시터는 공동원통형(hollow-cylinder)으로 생겼으며, 이 안에 마찬가지로 원통형인 운전 커패시터가 [그림 2-72]의 (a)처럼 넣어져, 이 두 개의 커패시터가 용기 속에 봉해져 있다. [그림 2-72]의 (b)는 이 같은 종류의 커패시터를 전동기의 프레임과 부착한 결선도이다.

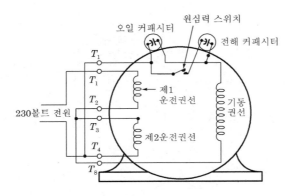

[그림 2-71] 이중전압, 이중, 가역 커패시터-런 전동기

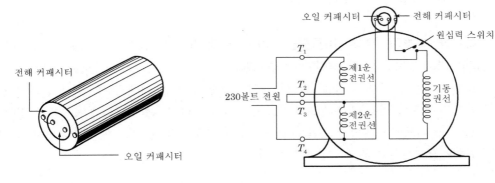

(a)

(b) 전동기 상단에 이중 커패시터를 부착한 이중전압, 이중 커패시터-런 전동기 230볼트로 운전할 때는 운전권선을 직렬로 결선한다.

[그림 2-72] 이중 커패시터

(4) 커패시터 변압기 부착 이중전압 이중 커패시터 전동기(two-voltage, two-value capacitor motor with capacitor transformer)

이 전동기는 앞의 (3)항에서 설명한 전동기와 비슷한 권선을 가지고 있으며, 다만 커패시터 장치가 사용되는 형식이 다를 뿐이다. 기동 시에 이중 접촉자를 가진 원심력 스위치는 커패시터에 걸리는 전압을 높여서 커패시터의 유효용량을 증가시킨다. 전동기가 일정한 속도에 도달하면 원심력 스위치는 접촉자를 운전위치로 투입하며, 커패시터에는 정격전압이 걸리게 된다. 또한 커패시터 변압기 장치는 회로에 남아 있게 된다. [그림 2-73]은 이 전동기의 결선도이다. 이 전동기는 기동권선의 리드선을 서로 바꾸어 주어 회전방향을 반대로 전환한다.

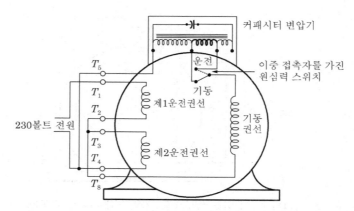

[그림 2-73] 전동기 프임상에 커패시터 변압기를 설치한 이중전압, 이중 커패시터 전동기 230볼트로 운전할 때는 운전권선을 외부에서 직렬로 연결한다.

(5) **과부하 보호기 부착, 이중전압, 이중 커패시터 전동기**(two-voltage two-value capacitor motor with overload protector)

이 전동기는 두 개의 운전권선과 한 개의 기동권선, 오일 커패시터와 전해 커패시터 및 세 개의 단자를 가진 과부하 보호기로 구성되어 있다. [그림 2-74]에 도시되어 있는 이 전동기는 외부에서 방향을 전환시킬 수 있으며, 전동기가 정격속도에 도달하면 전해 커패시터를 단절시키는 원심력 스위치를 가지고 있다.

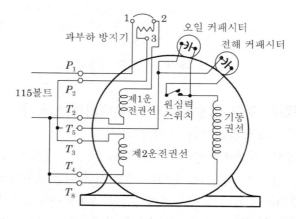

[그림 2-74] 과부하 보호기 부착, 이중전압, 이중 커패시터 전동기의 저전압 결선도

전류는 단자 1과 바이메탈편(片)을 거쳐, 단자 2쪽으로 흐른다. 단자 2에서 전류는 두 방향을 나누어지게 되는데, 그 중 일부는 제1운전선 쪽으로 흐르고, 또 다른 일부는 히터를

거쳐서 단자 3 및 제2운전권선 쪽으로 흐르게 된다.

기동권선은 다른 이중전압 전동기에서처럼 어느 한 운전권선에 병렬로 접속된다. 유의할 점은 기동권선은 언제나 회로에 연결되어 있다는 점이다. 원심력 스위치는 전해 커패시터를 단절하는 역할을 한다.

이 전동기의 권선은 이중전압 커패시터 기동 전동기의 권선에 대하여 설명한 것과 동일하다.

(6) **전압 계전기와 과부하 보호기를 부착한 단일전압 이중 커패시터 전동기**(single-voltage two-value capacitor motor using a voltage relay and overload protector)

[그림 2-75]는 전압 계전기와 단자 두 개의 과부하 보호기를 결선한 단일전압, 비가역, 이중 커패시터 전동기를 도시하고 있다. 이 전동기에 대한 설명은 다음과 같다.

① 계전기 코일은 기동권선에 직접 연결되어 있다.

② 오일 커패시터와 전해 커패시터의 두 커패시터를 사용한다.

③ 오일 커패시터는 기동권선과 직렬로 연결되어 있다.

④ 전해 커패시터는 계전기의 접촉자를 거쳐, 오일 커패시터와 병렬로 연결되어 있다.

⑤ 자동 온도 조절장치는 운전권선과 기동권선이 함께 연결되는 단자에 직렬로 연결된다.

전동기가 정격속도에 도달함에 따라 계전기 코일은 더욱 활성화되어 폐로되어 있던 계전기 접촉자를 개로시키며, 전해 커패시터를 단절시키고, 전동기가 기동권선 회로에서 오일 커패시터와 함께 작동하도록 한다.

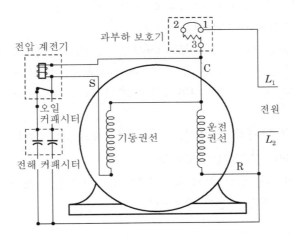

[그림 2-75] 두 개의 단자를 가진 과부하 보호기와 전압 계전기를 부착한 단일 전압, 이중 커패시터 전동기

[그림 2-76]에 도시된 전동기는 앞에서 설명한 전동기와 동일하나 세 개의 단자를 가진

과부하 방지기를 사용한다는 점이 다를 뿐이다. 전원 L_1은 과부하 보호기의 단자 1에 연결되며, 단자 2를 거쳐 전류는 운전권선, 전원 L_2로 이어지며, 또한 기동권선, 오일 커패시터, 전원 L_2로 연결된다. 단자 3에서는 전류가 전해 커패시터, 계전기 접촉자, 기동권선 회로로 연결된다.

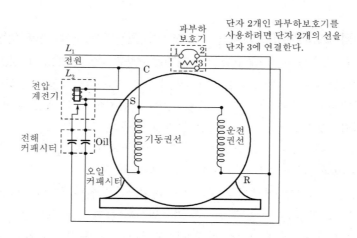

[그림 2-76] 세 개의 단자를 가진 과부하 보호기와 전압 계전기를 부착한 단일 전압, 이중 커패시터 전동기

전동기가 정격속도에 도달하면 계전기 접촉자가 개로되어서 전해 커패시터의 회로를 단절시키며, 결과적으로 단자 3으로부터의 전류의 흐름을 단절시킨다. 유의할 점은 계전기 코일이 기동권선에 연결된다는 점이다.

단자를 두 개 가진 과부하 보호기로 사용하고자 할 때는 단자 2의 선을 떼어내어 단자 3에 연결한다. 계전기와 과부하 보호기를 전동기에 연결하는 방법에는 여러 가지가 있다. 이러한 것들을 재배치하는 데는 그 전동기의 형에 따라 지시서의 내용에 충실히 따라 실시하여야 한다.

（7） 이중 영구 커패시터 전동기의 계통도(schematic diagrams of two-value and permanent-split capacitor motor)

[그림 2-77]의 계통도는 NEMA의 양해하에서 재수록 한 것이다. 여기에 기재된 리드선의 기호는 NEMA가 추천한 것들이다.

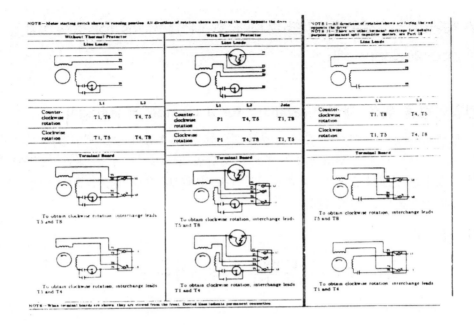

[그림 2-77] 단일전압, 가역, 이중 커패시터 전동기의 계통

7 재권선 및 재결선을 위한 수치계산(Calculations for Rewinding and Reconnecting)

Section

1. 전압변경을 위한 재권선(rewining for a change in voltage)

본 항의 내용을 공부하기 전에 앞에서 설명한 분상 전동기 항을 복습하는 것이 많은 도움을 줄 것이다. 전처럼 전압변경은 비교적 간단한 일이다. 이 같은 일은 선경과 매 코일당 감은 횟수를 변경하면 되며, 경우에 따라서는 커패시터 용량변경이 필요할 때도 있다. 코일 스팬과 결선은 변경되지 않는다.

(1) 규칙 1

$$새로운 \ 횟수 = \frac{새 \ 전압}{원래 \ 전압} \times 원래의 \ 횟수$$

(2) 규칙 2

$$새로운 \ c.m. = \frac{원래 \ 전압}{새 \ 전압} \times 원래 \ c.m.$$

(3) 규칙 3

$$\mu f로 \ 표시한 \ 커패시턴스 = \frac{(원래 \ 전압)^2}{(새 \ 전압)^2} \times 원래의 \ \mu f$$

규칙 1, 2, 3은 다음과 같이 적용할 수 있다. 115볼트 커패시터 기동 전동기는 동일한 주파수와 속도를 가진 상태에서 230볼트로 재권선할 수 있다. 새로 감는 횟수와 선경 커패시터의 크기를 산출해 보자. 선경과 횟수는 분상 전동기의 예와 마찬가지로 산출하면 된다.

커패시터의 크기를 결정하기 위해서는 규칙 3을 이용한다.

$$\mu f로 \ 표시한 \ 새로운 \ 커패시턴스 = \frac{(원래의 \ 전압)^2}{(새 \ 전압)^2} \times 원래의 \ \mu f$$

$$새로운 \ \mu f = \frac{115^2}{230^2} \times 원래의 \ \mu f = \frac{13.235}{52.900} \times 원래의 \ \mu f = \frac{1}{4} 원래의 \ \mu f$$

그러므로 새로운 커패시터는 원래의 커패시터의 25%가 된다. 만약 115볼트 전동기가 120 μf의 커패시터를 가졌다면 230볼트로 재권선했을 때의 새 커패시터는 30μf의 용량이 알맞을 것이다. 새로운 커패시터를 주문할 때는 새로운 전압이 반드시 명기된 것이어야 한다.

기동권선이 운전권선의 어느 한 속되어 있을 때는 기동권선의 115볼트에서 230볼트로 전환할 필요가 없다고 분상 전동기를 설명할 때 이미 말한바 있다. 이 점은 커패시터 기동형 전동기의 경우도 마찬가지이다. 커패시터는 기동권선 회로의 일부분이므로 그 값은 변하지 않는다. 운전권선을 재권선할 때는 운전권선의 중앙에서 탭을 뽑아내어 놓는다. 기동권선은 원하는 회전방향에 따라 이 탭이나 전원선에 접속시킨다.

앞의 전동기를 115볼트와 230볼트의 이중전압으로 작동한다면 제1장 분상 전동기 항에서 거친 작업과정을 그대로 거치면 된다. 여기서도 기동권선이나 커패시터에 대해서는 아무런 변경을 가할 필요가 없다.

2. 전압변경을 위한 재결선(reconnecting for a change in voltage)

전압변경을 위한 재결선에서는 원래의 극전압은 전원전압과는 관계없이 그대로 남아 있게 된다. 4극, 230볼트, 직렬결선 커패시터 전동기는 그것을 2회로로 재결선함으로써 115볼트로 전환할 수가 있다. 극전압은 동일한 상태로 남아 있게 된다. 그러나 커패시터의 값은 기동권선이 원래 극의 반에 병렬로 결선되어 있지 않는 이상, 위에서 설명한 규칙 3에 의해서 변경되어야만 한다.

3. 속도변경을 위한 재권선(rewinding for a change in speed)

커패시터 전동기에 있어서 이것을 변경시키려면 분상 전동기 항에서 설명한 과정을 그대로 따르면 된다. 잊지 말아야 할 점은 원심력 스위치는 새로운 속도에 맞추기 위하여 변경되거나 적절한 조치를 취해주어야 한다는 점이다.

8 커패시터가 작동불능상태에 빠지는 일반적인 이유 · Section

1. 스위치나 계전기상의 접촉자의 고착 또는 용단

이것은 커패시터에 계속적으로 전압을 걸 경우에 발생한다. 이것이 문제가 되면 15,000옴, 2와트의 저항기를 커패시터 단자에 걸어 비축된 에너지를 방출하게 한다. 이때에는 계전기 스위치는 커패시터를 회로에서 제거하게 된다. 이것은 또한 계전기가 커패시터를 회로에 다시 주입할 때도 접촉자가 용단하는 것을 방지해준다.

2. 전동기의 베어링의 마모 또는 고착

3. 전동기에 대한 과부하

이것은 전동기를 기동불능상태에 빠지게 하거나 전속도에 도달하지 못하게 한다.

4. 커패시턴스 용량의 부적절

커패시터 기동 전동기는 특정한 값의 커패시턴스가 알맞은 값의 전류를 끌어당겨 최대의 기동 회전력을 공급할 수 있는 구조로 되어 있다. 최대 회전력을 얻을 수 있는 커패시턴스의 값은 위험한 정도의 것은 아니나 그것이 너무 과대 또는 과소 상태이면 기동 회전력이 감소하게 된다. 그러므로 각 전동기에 따라 그 제조자가 기재한 적정치로 작동시켜야 한다. 전압과 커패시턴스의 용량은 그 전동기에 알맞은 커패시터에 각인되어 있다.

5. 커패시터의 전압률 부적당

커패시터가 결점이 있을 때는 언제나 전동기 제조자가 명기한 알맞은 커패시터 전압을 가진 제품으로 바꾸어 주어야 한다(용량만 허용한다면 고전압의 것을 사용해도 된다). 커패시터의 전압이 전동기의 전압보다 높은 경우가 자주 있다. 이 높은 전압률은 안전한 점이 되지 못한다. 그러나 이것이 실제 커패시터의 운전전압이기도 하다. 커패시터는 단권 변압기의 전권선과 유사하게 주권선과 기동권선 양쪽에 병렬로 결선되어 있다. 그러므로 설계에 따라서는 110볼트가 될 때도 있다. 앞에서 언급한 것처럼 고전압 커패시터를 저전압 커패시터와 대치하여 사용할 수도 있다. 예를 들어 고전압 커패시터를 장치할 공간만 확보된다면 110볼트 커패시터를 330볼트의 것과 대치하여도 아무런 효율상의 이상은 없게 된다.

6. 전원전압의 낮음

전동기에 가해진 전원전압이 낮으면 전동기를 기동권선에서만 작동하게 하거나, 기동용 스위치나 계전기의 주파수가 자주 변경되는 현상이 발생한다. 이것은 커패시터를 허용된 것보다 더욱 오래 회로에 남아있게 한다. 저전압은 가끔 전동기에 전원선이 작거나, 전원선에 과부하가 투입될 때 발생하게 된다.

7. 커패시터 케이스의 단락

커패시터가 금속상자에 들어 있을 때는 그 상자는 접지로부터 철저하게 절연되어 있어야 한다. 그렇기 때문에 금속상자는 언제나 외피가 카드보드 튜브로 싸여져 있는 것이다. 이상 언급한 일곱 가지 사항은 Sprague Electric Company의 허락을 얻어 기재한 것이다.

9 고장검출과 수리(Trouble Shooting and Repair)

1. 검사(testing)

커패시터 전동기의 고장은 그 대부분이 커패시터의 불량에서 유래하는 수가 많다. 그러한 고장은 단락(short-circuit), 단선(open-circuit), 용량 저하 등이 있다. 커패시터가 단락되면 전동기의 권선이 소손되는 원인이 된다. 단로 또는 용량이 저하된 커패시터를 작동하면 작동불량 또는 운전상태가 원활하지 못한 경우가 있다.

커패시터는 전해 커패시터와 오일 커패시터가 있으며, 그 중 가장 많이 사용되는 것은 전해 커패시터이다. 이 두 커패시터는 그 검사방법이 동일하며 그것은 다음과 같다.

검사를 실시하기 전에 먼저 리드선을 커패시터 단자에서 제거한다. 그 다음 커패시터를 [그림 2-78]처럼 10A의 퓨즈를 통하여 115볼트, 60c/s의 전원에 직렬로 연결한다. 이때 퓨즈가 용융되면 커패시터는 단락된 것이며, 새로운 것으로 교환해주어야 한다. 만약 퓨즈가 용융되지 않으면 전원을 개방해도 커패시터는 몇 초 동안 충전된 상태에 있게 된다.

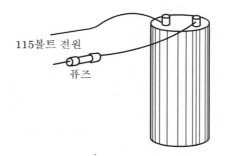

115볼트 전원

퓨즈

[그림 2-78] 커패시터 검사과정 1. 커패시터를 전원에 짧은 순간 연결한다.

이러한 충전과정이 있는 다음에는 충격이나 상처를 입을 가능성이 있으므로 단자에 손을 대어서는 안된다. 그러므로 전원을 제거한 후에는 반드시 커패시터 단자를 스크루 드라이버로 단락(短絡)시켜 주어야 한다. 이때 조심해야 할 것은 [그림 2-79]처럼 드라이버의 손잡이 이외의 부분에는 손이 닿지 않아야 한다는 점이다. 정상적인 커패시터에서는 이 단락시험 시에 불꽃을 볼 수 있으나, 불꽃이 없는 경우에는 커패시터의 용량이 감소하였거나 단로(斷路)되었을 때이다.

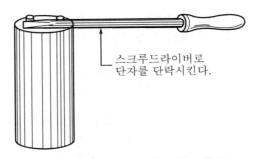
스크루드라이버로
단자를 단락시킨다.

[그림 2-79] 커패시터 검사과정 2. 전원을 제거하고 단자에 단락시험을 한다. 불꽃이 보이는 지를 유의한다.

이러한 단락시험은 커패시터가 완전히 충전된 상태에서 실시하여야 그 불량 여부를 판단할 수 있으므로 교류전원에 연결하여 여러 번 실시하는 것이 좋다.

커패시터의 용량이 저하한 경우에도 단자를 단락하는 순간에 약한 불꽃이 발생하기 때문에 불꽃시험만으로는 커패시터의 불량 여부를 확인하기가 곤란하다. 특히 전해 커패시터는 그 화학적 내용물인 전해액이 열화(劣化)하여 용량이 감소되는 수가 있으므로 불꽃시험만으로는 판단하기가 더욱 어렵다. 이러한 간단한 시험의 결과, 커패시터가 불량한 것으로 판단되면 새로운 것으로 교체하여 본다. 새로운 커패시터로 교체하였을 때 전동기가 정상적으로 작동한다면 완전히 커패시터의 고장으로 단정해도 좋다.

이 같은 방법으로 커패시터의 불량 여부를 판단하는 간이시험법을 정비소에서 자주 사용하는 방법이다.

커패시터의 성능을 검사하는 방법은 약 네 가지가 있으며, 그것은 용량시험, 단락시험, 단선시험, 접지시험 등이다.

(1) 용량검사(capacity test)

커패시터의 용량을 검사하기 위해서 교류전압계(AC voltmeter)와 교류전류계(AC ammeter)를 사용한다. 커패시터가 전동기상에 부착되어 있으면 단자판에 연결된 리드선은 단자판에서 제거하고, 퓨즈를 연결한 60c/s, 115볼트의 전원에 연결한다. 계기의 연결은 [그림 2-80]처럼 전류계는 커패시터에 직렬로, 전압계는 커패시터에 병렬로 접속한다.

이 시험에 있어서 전해 커패시터는 극히 짧은 시간동안 회로에 연결이 되어야 한다. 계기의 지시값으로부터 다음 공식에 대입하여 얻어진다.

$$정전용량\, \mu f = 2,650 \times \frac{전류값(amperes)}{전압값(volts)}$$

이 공식은 60c/s의 전류를 사용하여 시험할 때만 적용된다. 공식에서 산출한 용량은 명판상에 기재된 커패시터의 정격용량과 거의 일치하여야 한다. 만약 20% 이상 부족할 때는 새로운 것으로 바꾸어 주어야 한다.

주파수와 전압이 다른 커패시터의 정전용량은 다음과 같은 공식에 대입하여 결정한다.

$$\text{정전용량}\,\mu\mathrm{f} = \frac{159,300}{\text{주파수}} \times \frac{\text{전류값}(\mathrm{amperes})}{\text{전압값}(\mathrm{volts})}$$

110볼트, 60c/s의 커패시터는 24.1×1이 되며, 220볼트, 60c/s의 경우는 12.5×1이 될 것이다. 일정한 전압하에서는 커패시터의 정전용량은 마력수가 증가함에 따라 증가한다. 예를 들면 16hp인 커패시터 기동 전동기는 커패시터의 정전용량이 $88{\sim}108\mu\mathrm{f}$이다.

그 반면 1/3hp인 전동기는 110볼트에서 $160{\sim}180\mu\mathrm{f}$이어야 한다.

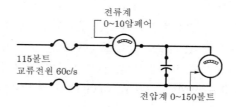

[그림 2-80] 용량 시험을 위한 회로

(2) 단선시험(test for opens)

이 시험은 위 (1)항과 동일한 방법으로 실시한다. 전류계에 어떤 지시가 없으며 커패시터에 단로현상이 존재하는 것이므로 새로운 커패시터로 교체해 주어야 한다.

(3) 단락시험(test for shorts)

(1)항의 시험에서 퓨즈가 용융된다면 그것은 단락된 커패시터를 의미한다. 또한 단락시험을 위해서 테스트 램프를 115볼트 직류전원에 직렬로 연결하여 실시할 수도 있다.

커패시터는 [그림 2-81]처럼 테스트 리드선에 연결한다.

만약 램프가 점등한다면 단락을 의미한다. 이 시험은 교류전원에 연결하여 실시할 수 없는데, 그것은 커패시터가 비록 양호한 상태에 있을지라도 램프가 점등하기 때문이다.

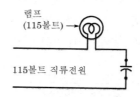

[그림 2-81] 커패시터에 대한 단락 시험.
램프가 점등하면 커패시터는 단락상태에 있다.
직류전원을 사용함에 유의한다.

(4) 접지시험(test for grounds)

금속용기에 봉입한 커패시터는 테스트 램프로 접지사고를 시험한다. 이때 전원은 교류와 직류를 모두 사용할 수 있다. 테스트 램프의 두 리드선 중 하나는 커패시터의 한 단자에 연결하고, 나머지 하나는 커패시터의 알루미늄 케이스에 [그림 2-82] 같이 연결할 때, 램프가 점등하면 접지되었음을 의미한다. 그러나 램프가 점등하지 않으면 커패시터의 다른 한 단자에 대해서 같은 시험을 반복한다. 이런 모든 시험에서 가장 경미한 결점이라도 발견된다면 커패시터를 바꾸어야 한다. 그렇지 않으면 전동기 작동이 그릇되게 되기 때문이다.

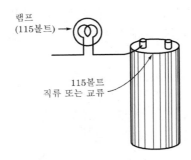

램프
(115볼트) →

115볼트
직류 또는 교류

[그림 2-82] 커패시티에 대한 접지시험

(5) 권선에 대한 시험(test for the windings)

커패시터를 교환하였는데도 작동기가 작동하지 않거나 작동상태가 불량할 때는 전동기의 권선에 대한 검사를 하여야 한다. 커패시터 전동기의 권선의 거의 모든 면에서 분상 전동기의 권선과 동일하므로 분상 전동기의 권선검사과정을 그대로 답습한다. 이에 대한 시험은 접지, 단락, 단선, 극성 반전 등에 대해서이며, 대개 작업장에서 그대로 실시하기보다는 정비소에서 실시하는 것이 좋다.

2. 수리(repairs)

커패시터 기동형 전동기와 커패시터를 두 개 부착한 이중 커패시터 전동기를 검사하는 간편하고도 실용적인 방법은 커패시터를 서로 바꾸어 작동을 시켜 보는 일이다. 여러 가지 시험을 실시하여도 아무런 결점을 찾을 수 없을 때는 언제나 이러한 시험을 하는 것이 좋다. 만약 커패시터 기동 전동기가 기동에 실패하면 그 이유는 커패시터에 결점이 있거나 퓨즈가 소손되었기 때문이다. 그 외에 권선 또는 원심력 스위치의 단선, 권선의 단락, 베어링의 불량, 과부하 등을 원인으로 들 수 있다.

이러한 여러 고장에 대하여 그 증상과 수리법에 대하여서는 제1장에서 상세히 다루고 있다.

전원 스위치를 넣은 후 전동기에서 험(hum)소리가 나면서 퓨즈가 용단하면 먼저 커패시터에 대하여 그 불량 여부를 의심해 볼 수 있다. 그럴 때는 [그림 2-83]에서처럼 동일한 용량값을 가진 다른 커패시터로 교환하여 본다. 그런 연후에 전동기가 정상적으로 작동할 때는 다른 부분에 대한 고장 유무를 검사할 필요는 없다.

　대치할 예비 커패시터가 없으면 손으로 회전자를 돌려주고 원심력 스위치를 작동위치에 투입한다. 그러한 상태에서도 전동기가 계속하여 회전하며 커패시터를 포함한 기동권선 회로에 이상이 있는 것이므로 일단 커패시터가 불량한 것으로 추측할 수 있다.

분상 전동기처럼 커패시터 전동기의 고장도 기동권선 또는 원심력 스위치의 불량으로 인하여 일어나는 수가 있다. 이러한 모든 것은 고장의 명확한 원인을 규명하기 위하여 반드시 검사하여야 한다. 이러한 고장에 대한 상세한 처리방법은 제1장을 참조한다.

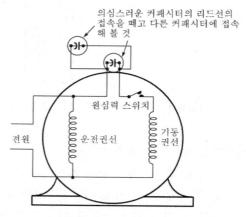

[그림 2-83] 커패시티 전동기에서 커패시터와 불량 여부를 다른 커패시터로 대치하여 검사하는 방법

(1) 영구 커패시터 전동기(permanent-split capacitor motor)

　이 전동기에 대한 검사방법은 이제까지 설명한 것을 모두 적용할 수 있다. 그러나 이것에는 원심력 스위치가 없으므로 원심력 스위치의 고장에 대하여는 생각할 필요가 없다.

(2) 이중 커패시터 전동기(two-value capacitor motor)

　이중 커패시터 전동기에는 흔히 전해 커패시터가 불량이 되는 수가 많으며, 이로 인해 전동기가 기동불량이 되는 수가 있다. 인위적으로 기계를 돌려주는 식으로 전동기를 돌리면서 전원을 연결시킬 때 전동기가 완전 기동상태에 도달한다면 기동 커페시터를 새로운 것으로 교체하고, 전동기의 기동회전력이 적절한가를 검사할 필요가 있다. 인위적으로 회전시켜도 완전하게 운전되지 않을 때는 운전 커패시터 또한 새로운 것으로 대치해 주어야만 한다.

하나의 용기 속에 커패시터 두 개를 봉입한 것이면 고장을 일으키는 것은 언제나 전해 커패시터이다.

이중 커패시터에서 케이스 바깥쪽에 위치하는 것이 전해 커패시터이므로 전해 커패시터가 불량이면 전체를 한꺼번에 교체해 주어야 한다. 그렇지 않으면, 이렇게 전부를 교체하는 것이 매우 비싼 대가를 치러야 하므로 전해 커패시터만을 따로 전동기에 부착하여 사용하는 방법도 있다.

또 다른 수리방법은 고장을 일으킨 이중 커패시터와 거의 비슷한 용량을 가진 전해 커패시터로 바꾸어 운전하는 방법이 있다. 이렇게 바꾸는 것은 전동기를 이중 커패시터-런 전동기에서 커패시터 기동 전동기로 전환시키는 것과 마찬가지이다. 또 이러한 교체는 전동기의 성능을 약간 저하할는지 몰라도 그 기능을 수행하는 데는 별 지장이 없다.

이중 커패시터 전동기에서 운전 커패시터가 불량일 때는 [그림 2-84]에서처럼 운전 커패시터를 회로에서 단절시켜, 전동기를 커패시터 기동 전동기처럼 운전시키는 간단한 수리방법이 있다. 이 경우 전동기의 효율은 약간 떨어지는 편이나 일정 수준의 운행은 지속할 수 있다. 이제까지의 설명은 전동기의 다른 부품에는 고장이 없다고 가정했을 때 적용된다.

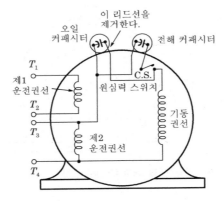

[그림 2-84] 이중 커패시터 전동기를 커패시터 기동 전동기로 전환할 때의 결선도.
이 방법은 커패시터가 한 용기 안에 들어 있을 때에도 마찬가지로 실시할 수 있다.

(3) 이중 커패시터 변압기 전동기(two value capacitor transformer motor)

이 전동기에서 작동불능인 일반적인 원인은 커패시터 변압기 장치의 불량에 있다. 전동기의 기동 회전력이 저하된 상태에서 계속 전동기를 운전한다면 커패시터 또는 변압기 중 어느 하나가 못쓰게 되고 심하면 둘 다 못쓰게 된다.

변압기를 수리하는 일은 시간이 많이 걸리고 또 권장할 일이 못된다. 더 나은 방법은 [그림 2-85]와 [그림 2-86]에서처럼 변압기를 제거하고 전해 커패시터로 대체해 주는 일이다. 이렇게 되면 오일 커페시터의 상태가 양호한다면 이 전동기는 두 개의 커페시터를 가진 이중 커패시터 전동기와 같은 결과가 된다.

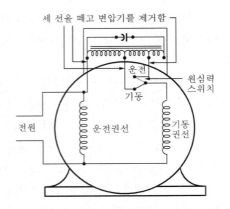

[그림 2-85] 이중 커패시터 전동기의 임시 수리

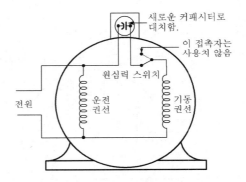

[그림 2-86] 커패시터 변압기를 전해 커패시터로 대치한 결과 커패시터 기동형으로 변한 전동기

이런 종류의 전동기를 수리하는 또 다른 방법은 변압기와 커패시터를 철제 용기 속에 떼어내고 원래의 커패시터와 유효용량값(effective capacity)이 동일한 전해 커패시터로 대치하여 주는 방법이 있다. 그 결과 이것은 필요한 기동 회전력을 마찬가지로 보유한 커패시터 기동 전동기가 되는 것과 마찬가지이다. 이렇게 되면 전동기는 새로운 커패시터로 운전하게 되며, 기동 회전력과 기동전류가 정격 수준을 초과하지 않는지 유의해보아야 한다. 여하튼 개조한 상태에서는 전동기의 효율은 어느 정도 떨어지는 것은 사실이며, 고장 전과 같은 부드럽고 조용한 운전은 불가능하다.
또 커패시터의 용량값을 결정하는 일은 쉬운 일이 아니므로 마력수가 동일한 경우에는 다른 전동기에서 사용하던 커패시터로 대치해 주어도 된다.

정비소에 따라서는 용량값이 다른 여러 개의 커패시터를 회로에 즉시 연결할 수 있도록 짜맞추어, 여기에 전류계(ammeter)를 전원과 직렬로 연결하여 전류값을 측정할 수 있게 만들어 둔 곳도 있다. 이 장치를 사용하여 동일한 용량값을 가진 커패시터를 선정하는 요령은 최소의 전류를 사용하여 최대의 회전력을 발생하는 커패시터를 선택하면 된다. 이러한 시험장치대(test setup)는 특히 커패시터 없이 수리를 의뢰해야 하는 커패시터 기동 전동기일 경우에는 매우 편리하다.

이중 전동기의 다른 고장은 분상 전동기의 그것과 증상이 비슷하다. 아래에 열거한 것은 여러 증상과 그 증상이 나타내는 고장을 예로 든 것이다. 여기에 대한 수리법은 앞 제1장과 본장에서 이미 설명한 바 있다.

① 전동기의 기동 회전력이 미약하거나 기동불능이면 그 원인은 다음과 같은 이유 때문이다.

　㉠ 커패시터의 불량(defective capacitor)
　㉡ 베어링의 마멸(worn bearing)
　㉢ 권선의 단락(shorted winding)
　㉣ 결선의 착오(wrong connection)

② 전동에 전원을 투입할 때 퓨즈가 용단되면 다음 사항을 점검한다.

　㉠ 권선의 단락(shorted winding)
　㉡ 커패시터의 단락(shorted capacitor)
　㉢ 권선의 단선(open winding)
　㉣ 권선의 접지(grounded winding)
　㉤ 과부하(overload)
　㉥ 베어링의 마멸(badly worn bearing)
　㉦ 원심력 스위치의 불량(defective centrifugal switch)

③ 전동기 험(hum)소리를 내거나 작동하지 않을 때는 다음 사항을 의심한다.

　㉠ 커패시터의 불량
　㉡ 기동권선 또는 운전권선의 단선(open starting or running winding)
　㉢ 과부하(overload)

④ 운전발연(發煙) 현상이 있으면 그것은 다음과 같은 이유 때문이다.

　㉠ 권선의 단락(shorted winding)
　㉡ 원심력 스위치의 불량으로 인한 기동권선 회로의 개방(failure of contrifugal switch to open starting winding circuit)

ⓒ 축받이의 불량(bearing trouble)

ⓔ 과부하(overload)

ⓜ 단권 변압기의 불량(defective antotransformer)

제3장 반발형 전동기

MOTOR REPAIR

1 서론(Introduction)

일반적으로 반발형 전동기(repulsion motor)는 세 가지 유형으로 나누어진다. 이것들은 일괄적으로 권선형 단상 전동기(single-phase wound-rotor motors)라고 불리워지며, 그 세 가지 유형은 다음과 같다.

(1) 반발 전동기(repulsion motor)
(2) 반발 기동 유도 전동기(repulsion-start. induction motor)
(3) 반발 유도 전동기(repulsion-induction motor)

전미전기공업협회(NEMA)는 이 세 유형의 전동기를 다음과 같이 정의하고 있다.

1. 반발 전동기

이 전동기는 단상 전동기로서 기동권선이 전원에 연결되어 있고, 고정자권선은 정류자 (commutator)에 연결되어 있다. 정류자의 브러시(brush)는 단락되어 있으며, 회전자권선의 자계는 고정자권선의 자계와 사면(斜面)을 이루고 있다. 이러한 유형의 전동기는 회전 속도가 변환되는데 그 특성이 있다.

2. 반발 기동 유도 전동기

이 전동기는 반발 전동기와 동일한 권선을 가진 단상 전동기이다. 그러나 정격속도에 도달하면 고정자권선이 단락회로를 형성하거나, 농형권선처럼 접속이 된다. 이러한 유형의 전동기는 반발 전동기처럼 작동하며, 일정한 정속도(定速度)를 지속하는 특징이 있다.

3. 반발 유도 전동기

이 전동기는 반발 전동기 권선에 덧붙여 회전자에는 농형권선을 설치한 형태의 반발 전동기이다. 이 전동기는 회전속도를 지속적으로 유지하거나 수시로 변환시킬 수 있는데 그 특징이 있다.

이 세 전동기는 그 이름이 비슷하기 때문에 초보자에게 혼란을 가져 올 수도 있으나, 제각기 그 특징이 다르고 또한 사용하는 곳이 다르다. 그러나 이 세 전동기에서 한 가지 공통되는 점은 정류자에 연결된 회전자권선을 가지고 있다는 점이다. [그림 3-1]은 반발 기동 유도 전동기를 나타내고 있다. 이러한 전동기는 그 크기에 따라 단상 전등 회로(single-phase lighting circuit)나 단상 동력 회로(single-phase power circuit)에 연결하여 사용한다.

[그림 3-1] 반발 기동 유도 전동기

2 구조(Construction)

모든 반발형 전동기는 다음과 같은 부품으로 구성되어 있다.

1. 고정자

분상 전동기나 커패시터 전동기에 사용되는 고정자와 비슷한 형태의 것이다.

2. 권선

이중전압 분상 전동기나 커패시터 전동기의 운전권선과 비슷한 형태의 것으로서 두 부분으로 이루어진 한 개의 권선이다. [그림 3-2]는 반발 기동 유도 전동기의 고정자를 나타내고 있다.

[그림 3-2] 반발 기동 유도 전동기의 고장자와 건선 (Wgner Electrie Co.)

3. 회전자

회전자는 슬롯 철심을 가지고 있으며, 이 슬롯상에 권선을 하고 이 권선의 리드선은 정류자에 연결되어 있다. 회전자는 그 구조가 직류 전동기의 전기자(armature)와 비슷하며, 앞으로는 회전자 또는 전기자라고 부르기로 한다. 슬롯은 전기자의 위치에 관계없이 동일한 기동 회전력을 발생하게 하면서 험(hum)소리를 줄이기 위하여 대개 사구(斜溝 ; skewed slot)의 형태를 취하고 있다. [그림 3-3]은 반발 유도 전동기의 전기자를 나타내고 있다.

축방향
정류자

[그림 3-3] 반발 유도 전동기의 회전자. 축방향 정류자의 정류자편은 축과 평행하다.

4. 정류자

정류자는 다음의 두 가지 중 어느 한 개를 사용한다. [그림 3-3]처럼 정류자편(bar)을 축과 평행되게 배치한 것을 축방향 정류자(軸方向整流子 ; axial commutator)라고 하고, [그림 3-4]처럼 축과 수직으로 배치한 것을 경방향 정류자(經方向整流子 ; radial commutator)라고 한다.

경방향 정류자

[그림 3-4] 정류자편이 축과 직각인 정방향 정류자를 가진 회전자(Wagner Electric Company)

5. 엔드 플레이트(bracket)

두 개로 구성되어 있으며 베어링 내에서 전기자의 축이 회전할 수 있도록 베어링을 지지하는 역할을 한다.

6. 브러시(brush)

카본으로 만들어져 있으며, 브러시 지지기로 고정되어 있다. 정류자편과 접촉하고 있으며, 그 역할은 전기자권선에 전류를 통하여 주는 것이다.

7. 브러시 지지기

특정한 전동기의 형태에 따라 엔드 플레이트나 전기자 축에 의하여 지지되고 있다.

3 반발 기동 유도 전동기(Repulsion-start Induction Motor) Section

이 전동기는 단상 전동기이며, 그 크기는 대력 1/4~10hp 정도이다. 이것은 기동 회전력이 크며, 정속도(定速度)로 회전한다는 점이 그 특성이다. 이 전동기는 영업용 냉장고, 컴프레서, 펌프, 또는 기동 회전력이 필요한 장비에 사용된다.

반발 기동 유도 전동기는 두 가지 형태로 설계되어 있다. 그 하나는 브러시 인상형(brush-lifting type)으로서, 이것은 전동기가 전속도의 약 75%에 도달했을 때 브러시가 자동적으로 정류자로부터 제거된다. 이것은 [그림 3-5]와 [그림 3-24]에서처럼 축방향 또는 경방향 정류자를 사용하고 있다. 다른 하나는 브러시 접촉형(brush riding type)으로서, 이것은 브러시가 언제나 정류자에 접촉되어 있다. 또 이것은 [그림 3-3]에서처럼 축방향 정류자로 되어 있다.

이것 이외의 작동원리에서는 어느 것이나 모두 동일하다.

[그림 3-5] 일부 해체한 회전자와 원심력 장치의 부품(Wagner Electric Companv)

1. 브러시 인상형 반발 기동 유도 전동기의 동작원리

반발 기동 유도 전동기에서 큰 기동 회전력을 얻기 위해서는 권선을 전기자에 연결한다. 전원에서 공급된 전류에 의해서 고정자의 권선이 여자되면, 자속이 발생하여, 전기자 권선에는 기전력이 유도되어 전류가 흐르게 된다.

고정자와 전기자의 자극은 동일한 자성을 띠게 된다. 이러한 동극성의 자성이 반발 회전력을 발생시키며, 반발형 전동기라는 명칭은 여기에서 유래하는 것이다.

전동기가 전속도의 약 75%에 도달하면 전기자 권선의 정류자편은 원심력 장치에 의하여 단락되며, 브러시는 자동적으로 정류자에서 제거된다. 이렇게 되면 전기자는 농형권선 회전자(squirrel cage rotor)처럼 작용한다. 전동기는 분상 전동기에서처럼 유도 전동기로서 회전하게 된다.

2. 원심력장치의 단락장치

전기자 내부에 위치하고 있는 원심력장치는 많은 부품으로 구성되어 있다. 이것은 [그림 3-5]에 도시되어 있듯이 조속기추(governor weights), 단락용 네크레이스(short-circuiting necklace), 스프링 동체(spring barrel), 스프링(spring), 스프링 누름쇠(push rods), 브러시 지지기와 브러시(brush holder and brushes), 조임와셔(lock washers) 등으로 되어 있다. [그림 3-6]은 완전한 한 개의 회전자를 해체한 사시도이다. 전기자가 전속도의 약 75%에 도달했을 때 조속기추가 바깥쪽으로 밀려나와 누름쇠를 움직이게 한다. 앞으로 밀려나온 누름쇠는 이번에는 스프링 동체를 앞으로 밀어서 단락용 네크레이스를 정류자편과 접촉시켜 주며, 그 결과 정류자편은 단락이 된다. 이와 동시에 브러시 지지기와 브러시는 정류자 편으로부터 떨어져 나와 브러시나 정류자의 마멸을 방지하고, 거친 브러시의 마찰소음을 제거한다.

원심력장치를 조립할 때 각 부품은 그 해당 위치에 정확하게 들어가야 한다. [그림 3-6]은 조립순서에 따라 각 부품을 해당 위치에 배열하여 본 것이다. 브러시 지지기는 전기자의 부품인 점을 유의해야 한다.

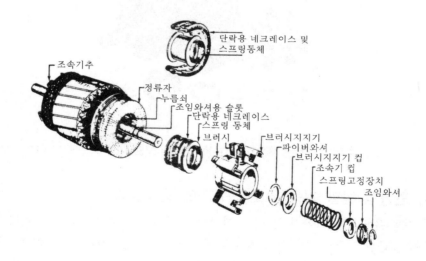

[그림 3-6] 반발 기동 유도 전동기의 회전자의 해체 사시도.
단락장치 및 브러시 인상장치의 구조를 나타내 보이고 있다.

제작회사에 따라서 앞의 그림과 완전히 동일한 부품을 사용하지 않은 경우가 있을 수 있으나 근본적인 원리는 동일하며, 조립 시 전기자의 위치도 동일하다. 조립을 마쳤을 때 브러시 지지기는 약 0.03인치 정도 정류자에서 떨어져 있어야 한다. 이 거리는 전동기의 크기와 제작회사에 따라 약간 차이가 있다.

많은 반발 기동 유도 전동기에는 브러시 지지기가 전기자 위가 아니라 엔드 플레이트 위에 부착되어 있다. 그러나 어느 위치에 부착하든지 전동기의 작동에는 영향이 없다.

브러시 지지기를 앞으로 밀어내는 것이 아니라 브러시 스프링이 움직여지는 것이 있다. 그러나 이것은 브러시를 정류자에서 이탈시키는 것과 동일한 효과가 있으므로 아무 차이가 없다. 원심력 장치는 앞에서 설명한 것처럼 조속기추를 앞으로 밀어내어 누름쇠를 움직여서 네크레이스가 정류자를 단락시키기도록 한다.

조임와셔(lock washer) 대신에 나사를 낸 축과 너트를 사용하여 원심력 장치를 고정할 수도 있다. 이 장치를 해체할 때는 너트를 돌려 뽑기 전에 너트의 수를 미리 헤아려 두면 조립을 할 때 조속기의 스프링에 알맞은 압력을 가할 수 있다. [그림 3-7]은 이러한 부품의 조립순서를 배열해 놓은 것이다.

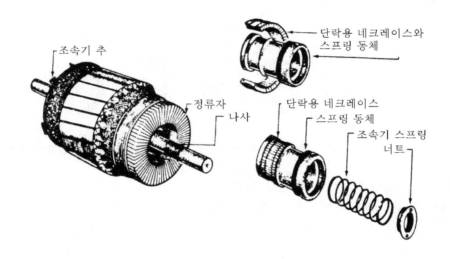

단락용 네크레이스와
스프링 동체

조속기 추

정류자

나사

단락용 네크레이스
스프링 동체

조속기 스프링
너트

[그림 3-7] 반발 기동 유도 전동기의 회전자의 해체 사시도.
이러한 형의 전동기에서는 브러시 지지기는 엔드 플레이트 내에 부착되어 있다.

3. 브러시 접촉형 반발 기동 유도 전동기

이 전동기는 브러시가 접촉할 수 있도록 축방향 정류자(axial commutator)를 사용한다. 이러한 유형의 정류자는 [그림 3-8]에 나타나 있다.

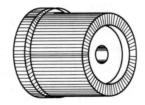

[그림 3-8] 브러시 접촉형 반발 기동 유도 전동기의 정류자

이 전동기에 사용되는 원심력 스위치는 많은 동편(銅片)으로 구성되어 있으며, 이 동편은 [그림 3-9]처럼 띠모양으로 만들어진 스프링에 의하여 지지되고 있다. 이것은 정류자의 바로 옆에 위치하고 있다. 일정속도에 이르렀을 때 원심력에 의하여 이 동편들은 정류자편을 단락시킨다. 전동기가 작동을 중지하면 이 동편들은 환형 스프링에 의하여 원래의 위치로 되돌아간다. 전동기는 정류자가 단락되어 있는 동안에는 유도 전동기로서 작동한다. 이 전동기에 사용되는 단락장치들은 여러 가지가 있으나 그 작동원리는 근본적으로 모두 동일하다.

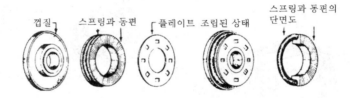

겹질 　 스프링과 동편 　 플레이트 조립된 상태 　 스프링과 동편의 단면도

[그림 3-9] 브러시 접촉형 반발 기능 유도 전동기의 단락 장치를 구성하는 부품

브러시 접촉형의 반발 기동 유도 전동기에 있어서는 브러시는 전동기가 속도를 얻은 다음에는 전류를 통하지 않는다. 비록 브러시가 정류자에 접촉되어 있을 경우에도 마찬가지이다. 정류자에 접촉된 브러시의 수는 전동기의 자극의 수에 달려 있다. [그림 3-10]에서처럼 4극 전동기는 4개의 브러시를 갖고 있다. 전기자의 권선양식이 다음에 다루게 될 파권결선(wave-wound) 또는 교차결선(cross-connected)일 때는 두 개의 브러시로 충분하다([그림 3-11]).
[그림 3-10]과 [그림 3-11]의 브러시들은 서로 연결되어 있거나 단락되어 있다. 이러한 결선은 반발 기동 유도 전동기에서는 자극의 수나 브러시의 수에 관계없이 일반적으로 사용된다. 또한 브러시는 외부 전원과는 연결되지 않으며, 고정자권선에도 연결이 되지 않는다.

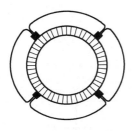

[그림3-10] 이러한 4극 전동기에는 브러시 4개
만 사용된다. 모든 브러시는 동일
브러시 l지기 위에 고정하고 피그테
일(pigtails)로 접촉하여 놓고 있다.

[그림 3-11] 4극 전동기에서 전기자권선이 파권결선
(wave wound) 또는 교차결선 (cross-
connected)일 때 브러시는 두 개만을
사용할 수도 있다.

4. 고정자권선과 결선(stator-windings and connections)

반발 기동 유도 전동기는 분상 전동기나 커패시터 전동기의 운전권선처럼 한 개의 권선을 가지고 있다. 각 자극의 코일은 분상 전동기에서와 마찬가지 방법으로 슬롯에 감아 넣어져 있다. 타래감기는 실용적이지 못하므로 사용되지 않는데, 그 이유는 권선의 굵기가 더 크고 감은 횟수가 많기 때문이다. 그 대신 손감기나 틀감기가 많이 사용된다. 권선을 마친 후에는 접지를 방지하기 위하여 적절한 절연조치를 취하여 준다.

(1) 이중전압(dual voltage)

대부분의 반발 기동 전동기는 자극의 수나 전류의 주파수에 관계없이 이중전압으로 작동하도록 설계되어 있다. 보통 사용되는 권선양식은 고전압을 얻기 위하여 모든 자극을 직렬로 연결하고 저전압을 연결하기 위해서는 2회로 병렬로 연결한다. [그림 3-12]의 (a)는 쇼트 점퍼 연결법을 사용하여 230볼트로 작동하도록 4극 이중전압(115~230) 고정자를 결선하는 것을 도시하고 있다. [그림 3-12]의 (b)는 이중전압 반발형 전동기에 사용된 단자기호를 표시하고 있다. 전동기에서 뽑아내어진 네 개의 리드선은 T_1, T_2, T_3 및 T_4로 표시되어 있다. 230볼트로 작동하기 위해서는 T_2와 T_3은 함께 연결하여 테이프로 감아둔다.

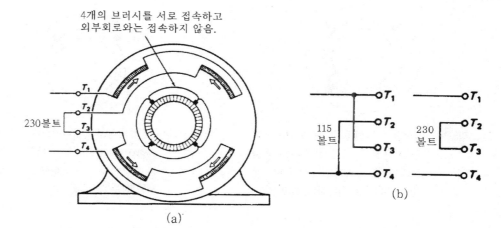

[그림 3-12] 230볼트로 연결한 반발 기동 유도 전동기의 4극 고정자

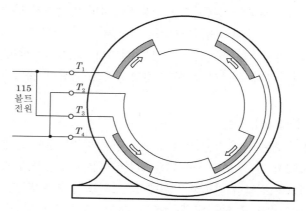

[그림 3-13] 115볼트로 연결한 4극 고정자

전원 리드선은 T_1과 T_4에 연결된다. 115볼트로 작동하기 위해서는 T_1과 T_3은 L_1에 연결되며, T_4는 L_2에 연결된다. [그림 3-13]은 [그림 3-12]의 (a) 전동기를 롱 점퍼식으로 연결한 것을 도시한 것을 나타내고 있다. 모든 이중전압 전동기는 어느 한 전압에서 다른 전압으로 바꿀 수 있도록 전동기에서 네 개의 선을 뽑아내어 놓고 있다. 이중전압 전동기 중에서 고전압 운전 시에는 2회로 병렬결선을, 저전압 운전 시에는 4회로 병렬결선을 하도록 된 것도 있다. 이렇게 결선하는 예는 [그림 3-14]의 (a), [그림 3-14]의 (b) 및 [그림 3-15]에 도시되어 있다.

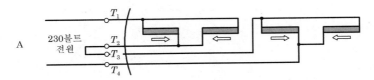

(a) 230볼트로 작동하도록 연결한 2회로 결선

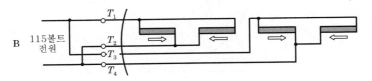

(b) 115볼트로 작동하도록 연결한 4회로 결선

[그림 3-14]

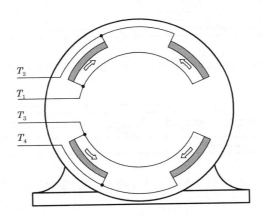

[그림 3-15] 230볼트로 연결한 이중전압 전동기, T_2와 T_3을 함께 결선하고 T_1와 T_4를 전원에 연결한다.

일반적인 반발 기동 유도 전동기는 4극, 1,750rpm용으로 권선을 하지만 6극이나 8극에서 작동할 수 있도록 권선한 전동기도 있다. 이러한 전동기에 사용되는 많은 다른 결선법을 이해할 수 있도록 6극과 8극 전동기에 대한 권선 예를 [그림 3-16], [그림 3-17] 및 [그림 3-18]에 도시하고 있다.

[그림 3-16], [그림 3-17] 그리고 [그림 3-18]은 6극 전동기의 고정자권선을 나타내고 [그림 3-19]는 8극 전동기의 권선을 표시하고 있다. [그림 3-18]은 롱 점퍼식 결선법을 나타내고 있다.

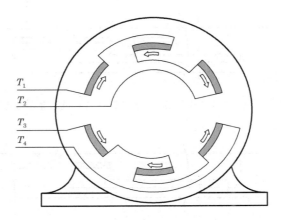

[그림 3-16] 6극 반발 전동기 고정자의 내부결선

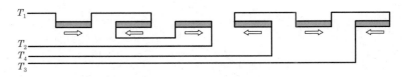

[그림 3-17] 이극성(alternate) 결선(또는 쇼트 점퍼식 결선)으로 접속한 6극 고정자의 직선도

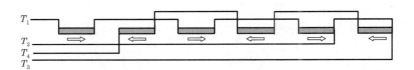

[그림 3-18] 그림 3-17의 전동기를 롱 점퍼식으로 결선한 것

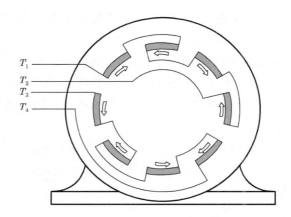

[그림 3-19] 115볼트 또는 230볼트로 결선할 수 있는 8극 고정자

(2) 데이터의 기록(recording data)

반발 기동 유도 전동기의 고정자를 다시 권선하여야 할 때는 정확한 데이터를 기록하여 두어야 한다. 각 코일의 피치, 횟수, 권선의 굵기 등을 반드시 기재하여야 한다.

가장 중요한 것은 고정자 내에서의 자극의 위치이다. 각 코일의 권선은 권선을 제거하기 전에 있던 본래의 제자리(동일 슬롯)에 감아 넣어야 한다. 만약 코일을 다른 슬롯에 감아 넣으면 전기자가 회전하지 않거나 회전을 하더라도 정상적인 기동 회전력을 발휘하지 못한다. 원래의 권선이 있었던 위치를 기록하는 간단한 방법은 센터펀치로 각 자극의 중심 슬롯에 표시하는 방법이 있다([그림 3-20] 참조). 또 다른 방법은 프레임상에 자극의 위치를 그려 두어도 된다. 전동기에 따라서는 재권선을 할 때 실수를 하지 않도록 자극의 중심부에 해당하는 철심부를 다른 철심보다 약간 더 넓게 만들어 둔 것도 있다.

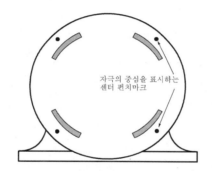

자극의 중심을 표시하는 센터 펀치마크

[그림 3-20] 반발 전동기에 있어서 극의 표시

[그림 3-21]은 이렇게 만든 철심부를 도시하고 있다. 권선의 데이터를 작성하는 방법은 앞의 단상 전동기를 권선할 때 사용한 방법과 동일하다. 슬롯 수 24인 4극 전동기와 피치 데이터의 기록은 [그림 3-22]에 도시한 것과 같다.

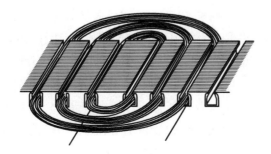

[그림 3-21] 극의 중앙 철심, 다른 것보다 폭이 크다

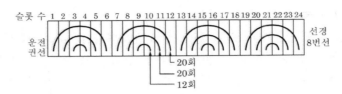

[그림 3-22] 슬롯 수 24, 반발 기동 유도 전동기의 데이터 작성

고정자 권선은 분상 전동기의 주권선과 비슷하므로 제1장에서 기술한 것처럼 권선을 제거하면 된다.

일반적인 데이터 기록표를 도시하면 다음과 같다.

반발 전동기의 데이터 시트

제조회사

출력(HP)		회전수(rpm)		전압(V)		전류(A)	
주파수(c/s)		종별		프레임		형식	
온도		모델명		제조번호		상수(phase)	
회전자		정류자	고정자		코일피치	파권 중권	
라드 피치		횟수	코일/슬롯		선경		
균압환피치							
고정자		극수		슬롯 수		선경	회로수
슬롯 번호							

	1	2	3	4	5	6	7	8	9	10	11	12	13	14	15	16	17	18	19	20	21	22	23	24	25	26	27	28	29	30	31	32	33	34	35	36	1
권선																																					

[표 3-1] 데이터 기록표

5. 반발 기동 유도 전동기의 전기자권선

전기자권선에 대해서는 제6장 직류기 전기자권선(direct current armature winding) 항에서 상세히 다루고 있다. 본 항에서는 반발형 전동기를 이해하는데 필요한 교차결선(cross-connections)과 균압환(均壓環 ; egualger rings)에 대하여 설명한다. 여기에서 반발 전동기, 반발 유도 전동기 등에서도 필요한 사항들이다.

(1) 전기자의 구조(construction of the armature)

전기자의 상세한 구조는 [그림 3-23]에 도시되어 있다. 전기자의 철심은 풀림(annealing)한 고급 전기강판을 펀치 프레스로 형성한 후, 축 또는 스파이더 주변에 원통형으로 성층

(lomination)하여 만든다. 철심상의 슬롯은 험(hum)소리를 경감시키고, 회전자의 위치에 관계없이 균일한 기동 회전력을 얻기 위해서 대부분이 사구(斜溝 ; skewed stot)를 사용하고 있다. 경방향 정류자(commutators of radial type)의 제작과정은 전동기의 형식이나 제조회사에 따라 차이는 있으나 축 위에 프레스 가공 또는 스크루 조임을 하는 수가 많다.

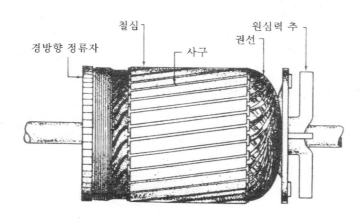

[그림 3-23] 반발 기동 유도 전동기의 전기자

소형 전동기에서는 프레스 가공법에 의하여 만든 정류자가 많이 사용되고 있으며, 대형 전동기에서는 스크루 조임법이 많이 사용된다. 프레스 가공으로 만든 정류자(press-on commutator)를 바꾸어 끼울 때는 정류자의 어느 한 쪽에만 급격히 축에 끼워 넣도록 한다. 그렇지 않으면 정류자가 비틀리게 되므로 축에 끼운 후 상당한 선반가공을 하여야만 원활히 회전할 수 있게 된다. 이러한 두 정류자는 [그림 3-24]와 [그림 3-25]에 도시되어 있다.

정류자 중에서 축에서 떼어내어 다시 절연조치를 취할 수 있는 것이 있으나 대부분의 정류자는 그 구조상 절연조치를 다시 할 수 없다. 이처럼 다시 절연을 하는 것이 불가능한 정류자는 베이크 라이트(bake lite)나 다른 화학 합성물을 사용하여 절연하고 조립하였기 때문에 단락사고로 인한 열을 받으면 금이 가기 쉽다. 또 권선이 소손되어 다시 권선을 하여야 하는 경우에는 정류자까지 새로운 것으로 바꾸어야 할 경우가 있다.

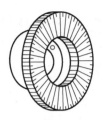

[그림 3-24] 전기자 축에 프레스하여 고정하는
경방향 정류자

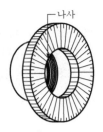

[그림 3-25] 전기자 축에 나사조임을 하는
경방향 정류자

(2) 전기자 권선(winding the armature)

전기자의 권선에는 파권(wave)과 중권(lap)이 있다. 중권에서는 [그림 3-26]과 같이 코일의 출발점이 연결된 정류자편과 인접한 정류자편에 같은 코일의 끝점을 연결한다.

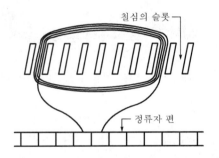

[그림 3-26] 슬롯당 코일이 한 개인 중권

파권(波倦)에 있어서 4극 전동기를 예로 들면 코일의 출발점과 끝점은 서로 정류자상의 반대편에 오도록 접속한다. [그림 3-27]에 이러한 파권권선의 예를 나타내고 있다. 6극 전동기의 경우는 코일의 출발점과 끝점은 정류자편 수의 약 1/3을, 8극 전동기의 경우는 출발점과 끝점은 정류자편 수의 약 1/4을 건너뛰고 나서 정류자편과 접속한다.

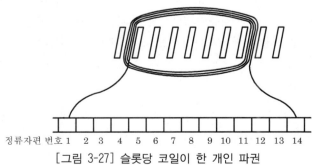

[그림 3-27] 슬롯당 코일이 한 개인 파권

코일 수가 슬롯 수와 동일한 경우가 있는데, 이러한 경우에는 정류자편 수가 슬롯 또는
코일의 수와 동일하여야만 한다.

이러한 것을 슬롯당 한 개의 코일인 권선(one-coil per slot)이라고 하며, [그림 3-26]과
[그림 3-27]에 도시되어 있다. 어떤 전기자는 슬롯의 두 배에 해당하는 코일을 가진 것이
있는데 이것을 슬롯당 두 개의 코일인 권선(two-coil per slot)이라고 한다. 이러한 것은
[그림 3-28]과 [그림 3-29]에 도시되어 있으며, 소형 전동기에서 많이 사용되는 형이다.
매 슬롯에 세 개의 코일을 가지고 있을 때는 정류자편 수는 슬롯 수보다 세 배나 많으며,
이러한 것은 슬롯당 세 개의 코일인 권선(three-coil per slot)이라고 하며, [그림 3-30]과
[그림 3-31]에 도시되어 있다. 각 코일의 피치를 주의해 보자. 이 그림들에서는 코일 피치
는 1과 8이다. 전기의 모든 코일은 동일한 피치, 동일한 권선 횟수, 동일한 굵기의 권선을
사용하고 있다.

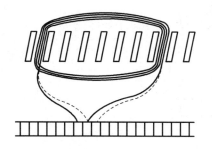

[그림 3-28] 슬롯당 코일이 한 개인 중권

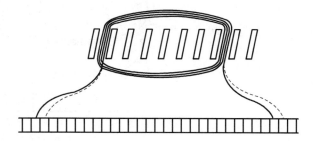

[그림 3-29] 슬롯당 코일이 두 개인 파권

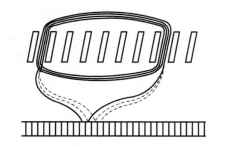

[그림 3-30] 슬롯당 코일이 세 개인 중권

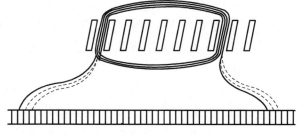

[그림 3-31] 슬롯당 코일이 세 개인 파권

(3) 권선과정(winding procedure)

슬롯 수 28인 4극 전동기를 슬롯당 코일이 두 개인 중권으로 권선할 때 그 과정은 다음과
같다.

① 한 코일의 각 변이 놓이는 슬롯에 펀치 또는 줄로 표시를 하고 나서 코일의 양쪽 끝을 접속해야 정류자편을 정한 후 이에도 펀치로 표시를 하여 놓는다. 이 코일의 리드선이 연결될 정류자편으로부터 좌측 또는 우측을 향하여 정류자편에 일련번호를 넣는다. 이때 어느 정류자편에 리드선을 접속할 것인가를 결정하려면 슬롯의 중심에서부터 정류자편을 향해서 실을 내려뜨리고 슬롯과 일직선이 되는 정류자편에 리드선을 접속한다. 좌측 또는 우측의 정류자편에 번호를 넣어 가는 요령은 [그림 3-32]처럼 한다. 모든 필요한 데이터 즉 코일피치, 권선 횟수, 중권권선 또는 파권권선의 여부, 매 슬롯당 코일수(하나, 둘, 셋 등), 정류자 리드선의 피치, 선의 굵기 등을 기록한 후에는 전기자에서 권선을 제거한다. 전지가의 권선 제거 요령은 제6장에 설명되어 있다.

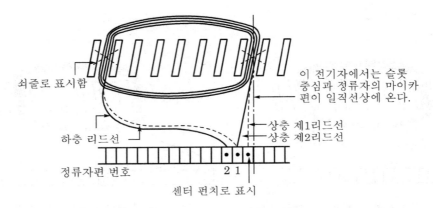

[그림 3-32] 슬롯당 두 개의 코일인 반발 전동기의 전기자 데이터 기록

데이터를 기록하고 전기자의 권선을 제거한 후에는 정류자에 대한 불량 여부를 검사한다. 경방향 정류자일 경우, 교환을 필요로 하면, 단락장치(short-circuiting mechanism)를 취부하여야 할 정류자의 일정부분에는 네크레이스를 끼워 넣을 수 있도록 구멍을 충분히 크게 뚫어야 한다. 이 작업은 권선을 전후하여 실시하면 되며, 구멍 뚫는 공구를 사용하여 선반에 올려놓고 실시한다. 정류자는 주의하여 취급하지 않으면 부러지기 쉬우므로 극히 조심하여 다루어야 한다.

슬롯에 새로운 절연조치를 하기 전에 낡은 절연물들을 완전히 제거한다. 3hp 미만의 전동기에서는 대개 0.007인치에서 0.015인치 두께의 절연조치를 하면 충분하다.

절연지의 슬롯 양쪽 끝으로 나오는 부분은 약 1/4인치 정도 나오도록 턱을 만들어 준다. 고정자의 절연에서는 전동기에 처음 사용되었던 것과 동일한 질(質)과 두께를 가진 절연지를 사용하여야 한다.

② [그림 3-33](a)와 같은 받침대나 [그림 3-33](b)와 같은 전기자 지지대에 전기자를

위치시키고 동일한 선경의 선을 두 개 가지고 손으로 감기 시작한다. 선을 구별하기 위해서 정류자편에 연결할 때 각선의 말단(末端)을 시험해주어야 한다. 다른 색깔의 슬리브를 사용하거나 리드선의 끝을 서로 길이가 다르게 잘라주면 이러한 시험은 하지 않아도 된다. 그 다음 작성한 데이터 기록표를 참고로 하여 출발점에 해당하는 두 개의 권선을 해당 정류자편상의 홈(notch) 속에 넣기 시작한다. 홈에 권선을 넣은 후에는 권선이 홈 속에 밀착하도록 드리프트 펀치(drift punch)로 가볍게 몇 번 두들겨 준다. 일정한 횟수를 감고 난 후, 정류자편에 접속할 때 지장이 없을 정도로 약간 여유를 두고 절단한다.

절단한 여유부분은 다른 부분에 대한 권선이 다 끝날 때까지 철심에 대어 구부려 둔다.

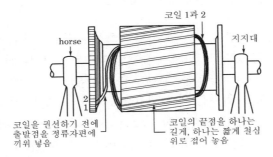

(a) 데이터를 따라 인접한 정류자편에 출발점 리드선을 넣고, 두 개의 선을 가지고 소요 횟수만큼 손으로 감는다. 마지막 횟수를 감은 다음 선을 절단하여 철심 위에 굽혀둔다.

(b) 전기자 지지기(Crown Industrial Products)

[그림 3-33]

③ 그 다음에도 코일선 두 개를 가지고 방금 감은 슬롯에 인접한 슬롯에 대해서 마찬가지의 요령으로 권선하고 출발점에 해당하는 리드선은 [그림 3-34]처럼 정류자의 홈에 넣

는다. 소정의 횟수를 감고 나면 절단하고 위에서 설명한 것처럼 철심 위에 구부려둔다. 전기자 전체에 대한 권선이 끝날 때까지 이 같은 과정을 반복하여 권선한다.

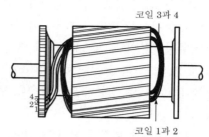

[그림 3-34] 코일 3과 4를 정류자편 3과 4에 넣고 코일을 감기 시작한다. 이때 제1코일로부터 슬롯 하나를 비켜 시작하고 슬롯 피치는 먼저와 같게 한다.

④ 코일 전부를 권선하고 나면 각 코일 리드선의 끝점은 정류자편과 접속시킨다. 그 과정은 [그림 3-35]처럼 코일의 출발점이 연결이 된 정류자편과 인접하고 있는 정류자편의 홈 상부에 각 코일의 끝점을 넣는다. 그 결과 홈마다 두 개의 리드선이 접속되며 코일의 출발점은 밑으로, 끝점은 위로 위치하게 된다. 그 다음 전기자가 회전할 때 원심력에 의해 코일이 슬롯 밖으로 튀어 나오는 것을 맞기 위해 슬롯마다 쐐기를 넣는다.

만약 전기자가 틀감기 코일(coil-wound)이면, 즉 권선틀을 사용하여 미리 감은 코일을 전기자에 권선하려면 손으로 코일을 감아 넣을 때와는 그 방법이 약간 다르게 된다.

틀감기 코일이면 먼저 전체 슬롯 수의 1/4에 해당하는 부분에 대하여 슬롯의 밑부분에 코일을 먼저 놓고 나머지 코일을 넣는다. 다시 말하면 슬롯의 상층에 들어가는 코일군(君 ; unit)은 슬롯의 하층에 들어가는 코일군을 모두 넣을 때까지 넣지 않아야 한다. 작업 도중 권선방향이 뒤바꾸지 않도록 올바른 순서로 접속하여 주어야 한다. 모든 리드선의 접속이 끝나면 마지막으로 함침, 바니스 검사, 정류자의 다듬질 등을 실시하여 권선작업을 마무리 짓는다.

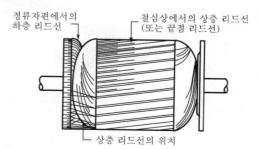

[그림 3-35] 전기자에 대한 권선을 마친 후 상층 리드선을 정류자편에 접속한다. 중권권선의 경우 상층 리드선은 동일 코일의 하층 리드선이 놓인 정류자편의 바로 인접한 정류자편에 접속한다.

(4) 균압환결선 또는 교차결선(equalizer or cross connections)

교차결선 또는 균압환결선이란 등전위(等電位)에 있는 정류자편끼리 접속한 절연된 접속 도체군(lengthy of insulated wire)을 말한다. 4극 전동기이면 균압환이 접속되는 두 정류자 편은 기하학적 각도로 180° 떨어진다. 6극 전동기의 경우에는 120°가 떨어진다. 균압환 접속 도체군은 일반적으로 정류자편의 뒤에 놓이며, 전기자권선과 선경이 동일한 권선을 사용한 다. 새로 제작되어 나오는 정류자 중에는 미리 균압환접속을 하여 나오는 것이 많다.

중권권선을 한 전기자를 사용한 반발형 전동기는 거의 대부분이 교차접속(균압환 접속) 을 한 것이다. 균압환접속을 사용함으로써 전기자와 고정자 간의 공극(air gap)이 균일하 지 않기 때문에 발생하는 순환전류를 최소화 할 수 있다. 그러한 순환전류는 마멸된 베어 링의 전기자의 아랫부분을 윗부분보다 고정자에 더 가깝게 밀착시키기 때문에 발생하는 수가 많다. 그 외에도 4극 전동기의 경우에는 브러시의 수를 네 개에서 두 개로 줄여서 사용할 수 있다.

전기자에 따라서는 균압환접속은 전기자를 통하여 회로를 폐로시키도록 구성한 것도 있다. 어느 정류자편에 균압환접속을 할 것인가를 결정하려면 정류자편의 수, 자극의 수와 정류 자 전체가 균압환접속인지 또는 반만 균압환접속인지를 알아야 한다. 완전한 균압환접속 을 실시한 정류자(completely cross-connected commutator)라 함은 모든 정류자편이 균 압환접속 권선으로 된 정류자를 가리킨다.

균압환접속을 할 때 띄어야 할 정류자편간의 간격은 다음 공식에서 산출한다.

$$간격(span) = \frac{정류자편\ 수(No.\ of\ bars)}{극의\ 짝수(No.\ of\ pairs\ of\ poles)}$$

그러므로 예를 들어 정류자편 수 50, 극수 4인 전동기의 경우 그 간격은

$$간격(span) = \frac{50}{2} = 25(bars)$$

가 된다. 따라서 균압환 1은 정류자편 1과 정류자편 26에 속한다. 다음 균압환 2는 정류자 편 2와 정류가편 27에 속한다. 또 예를 들어 81개의 정류자편을 가진 6극 전동기의 경우 그 균압환 간격은 81/3=27이 될 것이며, 균압환은 1과 28, 2와 29, 3과 30, ……에 접속한 다. [그림 3-36], [그림 3-37], [그림 3-38]은 36개의 정류자를 가진 4극, 6극, 8극 전동기 의 균압환접속을 예로 든 것이다.

균압환접속을 하지 않은 중권권선에서의 브러시는 극수와 동일한 수가 되어야 하지만, 균압환시설한 정류자의 경우에는 두 개 또는 그 이상의 브러시를 사용할 수 있으며, 대개 두 개의 브러시만으로도 그 기능을 충분히 발휘할 수 있다.

균압환접속을 한 전기자는 그라울러로 단락시험을 실시해보면 대개 단락상태를 표시하듯 전기자의 전 둘레에 걸쳐서 전기자가 진동을 한다. 그러나 실제 이 경우는 단락사고를 일으키고 있는 것은 아니다. 그러므로 단락 여부를 정확하게 검출하려면 측정계기를 사용하여야 한다.

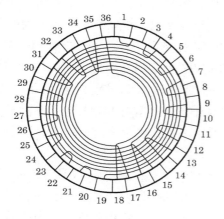

[그림 3-36] 정류자편 수 36, 피치 1과 19인 4극 전동기의 정류자편에서의 균압환결선

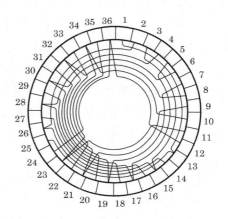

[그림 3-37] 정류자편 수 36, 피치 1과 13인 6극 전동기의 정류자편에서의 균압환결선

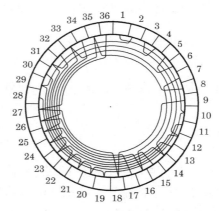

[그림 3-38] 정류자편 수 36, 피치 1과 10인 8극 전동기의 정류자편에서의 균압환결선

(5) 파권 전기자의 권선(rewinding a wave-wound armature)

전기자를 파권권선으로 감는 방법은 리드선의 정류자와의 연결위치만이 중권의 경우와 다를 뿐이고 권선양식은 마찬가지이다. [그림 3-39]는 슬롯 수 23, 정류자편 수 45인 4극 전동기의 전기자의 정류자이다.

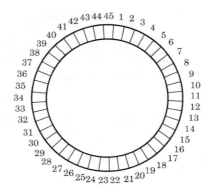

[그림 3-39] 4극 파권권선인 전기자는 정류자편 수가 홀수 이어야만 한다.
만약 정류자편 수가 짝수이면 두 개의 정류자편을 단락시켜야 한다.

슬롯당 코일 수가 두 개인 경우 후진권(後進捲 ; retrogressive wave winding)으로 권선할 때, 이러한 전기자의 권선 방법을 설명하면 다음과 같다.

① 권선에 필요한 모든 데이터를 작성한다. 먼저 후진권에 대한 정류자 피치를 계산하면,

$$정류자 \ 피치 = \frac{정류자편수 - 1}{극의짝수} = \frac{45 - 1}{2} = 22$$

또는 1과 23

4극인 파권전기자는 정류자편 수가 홀수로 되어야 하며 짝수인 경우에는 정류자편 두 개는 단락하여야 한다. 전기자는 슬롯당 두 개의 코일을 가지고 있으므로 전기자에서의 코일수는 2×23=46이 된다. 따라서 코일 하나는 전기자에 연결되지 못하므로 기계적인 평형을 얻으려면 전기자에는 사선륜(dead coil)을 하나 더 두어 기계적인 균형을 맞추어 준다([그림 3-40] 참조).

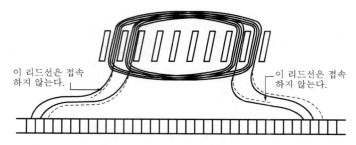

[그림 3-40] 파권권선에서의 사선륜 접속법.
정류자편 수보다도 코일 수가 많으면 남는 코일은 사선륜을 만들고 접속하지 않는다.

슬롯당 코일이 두 개, 4극 파권권선인 전기자에서는 언제나 정류자편 수가 코일 수보다 하나 더 많으므로 점퍼 리드선(jumper lead)에 의하여 코일을 하나 더 추가할 필요가 있다. 예를 들어 전기자가 23개 대신에 22개의 슬롯을 가지고 있으면 44개의 코일만을 전기자상에 권선할 수 있다. 그러나 필요한 코일 수는 45이므로 보통은 코일 수 45일 때 사용하는 정류자편의 사이에 한 개의 점퍼 리드선을 연결함으로써 여분의 코일 한 개가 전기자에 들어가게 된다. [그림 3-41]에서는 이러한 점퍼 리드선을 도시하고 있다.

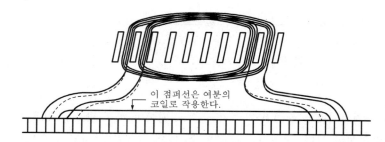

[그림 3-41] 코일 하나를 넣는 대신에 두 개의 정자편간에 점퍼선을 접속하는 요령.
이 점퍼선은 코일 수가 짝수이고 코일 수보다 정류자편 수가 한 개 많은 경우에 사용한다.

② 두 개의 코일을 가지고 전기자권선을 손으로 감기 시작한다. 작성한 데이터에 따라 해당 정류자편의 홈 하부에 리드선을 넣는다. 이때 리드선은 [그림 3-42]에서처럼 코일의 중심으로부터 떨어져 위치시킨다. 이런 방식은 파권으로 전기자를 권선할 때 항상 하는 방식이다.
매 코일마다 소정의 횟수만큼 감고 난 후 리드선을 식별할 수 있도록 하나는 길게, 하나는 짧게 절단하여 철심 위에 접어준다. 틀감기 권선으로 전기자를 권선하였을 때는 그것을 전기자 권선에 넣기 전에 리드선마다 유색 슬리브를 끼워 둔다.

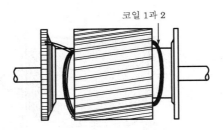

[그림 3-42] 파권권선을 한 전기자에서 처음에 오는 두 코일의 접속법.
출발점에 해당하는 리드선이 코일 중심에서 떨어져 위치한 점을 제외하고는
중권에서와 동일하게 권선한다.

③ [그림 3-43]처럼 코일의 시작점을 정류자편에 연결하고 다음에 올 코일 두 개를 감아
준다. 틀감기로 권선을 하면 출발점을 정류자편에 연결하기 전에 먼저 코일을 슬롯에
넣는다.

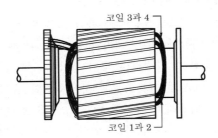

[그림 3-43] 다음 두 코일도 처음 두 코일을 슬롯에 넣는 요령과 마찬가지로 다음 슬롯에 넣어 간다.
리드선의 끝점은 절단한 후 철심 위에 접어 놓는다.

④ 코일을 감고 난 후에는 [그림 3-44]에서처럼 끝점을 리드선이 출발점의 리드선 위에 오도
록 정류자의 홈 속에 넣는다. 홈 상부에 오는 최초의 리드선이 옳게 제 위치를 자리잡고
있는지의 여부를 확인하는 검사를 실시하여야 한다. 그 다음의 권선 전부에 대해서는 절단
한 길이의 장단, 슬리브의 색깔 등으로 해당 정류자편에 옳게 들어가는지의 여부를 구분할
수 있으므로 일일이 검사를 하지 않고 순차적으로 넣어가면 된다. 여기서 주의할 점은 정류
자의 피치를 알맞게 유지하여야 한다는 점이다. 그렇지 않으면 전기자가 작동불능상태에
빠지는 수가 있다. 이러한 파권권선에서 상층 리드선과 하층 리드선은 권선과정에서 서로
떨어지는 반면, 중권권선에서는 이 두 권선이 서로 가까이 온다.

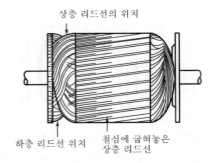

[그림 3-44] 파권권선에서 상층 리드선이 정류자에 접속하는 과정

⑤ 본장(章)에서 다른 권선과정은 제6장에서 설명하게 될 직류기의 전기자권선 과정과 동일하며 전기자에 대한 단락시험은 그라울러를 사용하여 실시한다.

6. 반발 기동 유도 전동기의 회전방향 전환

폐회로를 형성하는 코일이 교류전원에 여자한 고정계자극과 나란히 동일 평면상에 놓이게 되면 코일은 [그림 3-45]에서처럼 계자극(field pole)과 직각이 될 때까지 회전한다. 이러한 회전력이 발생하게 하기 위해서는 코일을 계자극에 대하여 약간 기울어져 있어야 한다. 그렇지 않으면 회전력이 시계방향 또는 반시계방향의 두 가지 방향으로 발생하므로 결과적으로는 어느 방향으로도 회전하지 못하게 된다. 코일을 흐르는 유도전류는 코일에 계자극과 동일한 극성을 가진 자극을 발생하게 한다. 이로 인하여 두 자극간에는 반발력이 생기고 그 결과 코일은 계자극과 수평적인 위치에 올 때까지 회전을 한다.

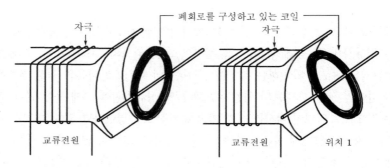

[그림 3-45] 코일이 수직면과 일치할 때는 회전하지 않는다. 수직면에 대해서 약간 경사지면 회전한다.

[그림 3-46]은 반발 전동기의 전기자를 코일로 대치하여 놓은 것이다. 2극 전동기에서 두 개의 브러시가 [그림 3-46]의 굵은 실선(實線)처럼 단락되어 있으면, 고정자권선에 의하여

전기자권선으로 유도되어 흐르는 전류가 전기자 철심에 고정자 철심과 극성이 동일한 자극을 발생시킨다. 다시 말하면 두 개의 코일은 수직면으로 놓은 것과 같고 동일한 전기회로가 두 개 코일을 통하여 형성된다. 따라서 회전력은 양 방향에서 동일하게 되기 때문에 회전운동은 일어날 수 없다. 여기에서 고정자권선은 유도권선(inducing-winding)이라고 일반적으로 알려져 있다.

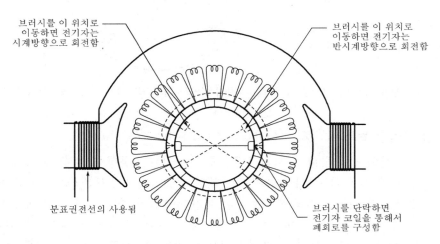

[그림 3-46] 두 개의 코일을 놓은 것과 비슷한 전기자상의 두 개의 폐회로.
브러시가 수직선상에 있거나 수평선상에 있으면 회전 운동이 일어나지 않는다.

브러시가 [그림 3-46]의 점선처럼 좌, 우 어느 한 방향으로 이동하면 전기자는 폐회로를 구성하였을 때와 마찬가지로 회전하게 된다. 브러시를 시계방향으로 이동시키면 전기자 또한 시계방향으로 회전하게 되고, 반시계방향으로 이동하면 전기자 또한 역시계방향으로 회전하게 된다. 그러므로 반발형 전동기는 브러시를 15° 정도 이동시킴으로써 회전방향을 반대로 전환시킨다. 실제로 브러시를 이동시키기 위해서는 브러시 지지기나 로커 암(rocker arm) 전체를 이동시켜 주어야 한다. 대개 엔드 브래킷상에는 [그림 3-47]과 같은 것이 도시되어 있는데 이것은 회전 방향을 표시하여 둔 것이다. 회전방향을 바꾸고자 할 때는 브러시 지지기의 취부용 나사를 풀고, 브러시 지지기를 두 기호 중 어느 한 기호 쪽으로 이동하고 난 후 전동기를 다시 작동시키기 전에 나사를 조여 놓는다. 이렇게 회전방향을 전환시키는 방법은 브러시 접촉형(brush-riding type)이나 브러시 인상형(brush lifting type)의 전동기 모두에 적용된다.

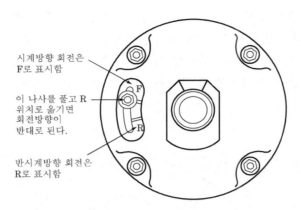

시계방향 회전은
F로 표시함

이 나사를 풀고 R
위치로 옮기면
회전방향이
반대로 된다.

반시계방향 회전은
R로 표시함

[그림 3-47] 전동기의 회전방향을 전환시키기 위해 브러시 지지기의 이동방향을 도시해 놓은 엔드 플레이트

① 고정형 브러시 지지기(stationary brush holders)

대부분의 전동기, 특히 브러시 접촉형 전동기는 가동형 브러시(movable brush)를 가지고 있지 않다. 브러시 지지기는 엔드 플레이트의 일부분으로서 주조(鑄造)되므로 브러시의 이동은 전혀 불가능하다. 이러한 전동기 중의 어떤 것은 계자극(field pole)을 취부할 때 중심을 피하여 고정하여 둔 것이 있다. 따라서 계자극을 취부한 프레임을 얻을 수 있게 된다. 어떤 전동기에는 고정자를 이동시킬 수 있도록 고정자에 여분의 구멍을 뚫어 둔 것도 있다. 즉, 계자극을 고정한 프레임만을 회전하여 줄 수 있는 구조로 되어 있는데 이것은 엔드 브래킷을 제거하고 프레임을 끝에서 끝으로 전환시킨 후 전동기를 다시 조립하여야 한다.
이러한 두 가지 위치는 [그림 3-48]과 [그림 3-49]에 도시되어 있다.

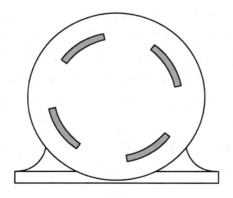

[그림 3-48] 계자극이 중심을 피하여 고정한
프레임

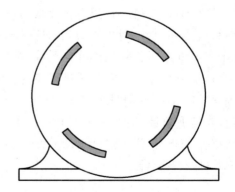

[그림 3-49] 그림 3-48의 프레임의 위치를 반대
로 한 것, 전동기는 역전한다.

② 통형(筒型) 브러시 지지기(cartridge brush holders)

어떤 전동기는 오프센터 브러시 지지기(off-center brush-holders)를 두 개 취부한 것이 있는데 이 두 개의 브러시는 각각 독립적으로 이동할 수 있도록 되어 있다. 이 전동기의 회전방향을 전환시키려면 각 브러시 지지기를 기계각도로 180° 회전시킨다. 또 전동기에 따라서는 브러시 지지기 전체를 떼어 내어 기계각도로 180°를 돌린 위치에 다시 고정함으로써 회전방향을 변경하는 것이 있다. 또 다른 전동기에는 브러시 지지기를 취부하는 조임나사를 풀어 드라이버로 브러시 지지기를 돌려서 브러시의 위치를 이동하여 회전방향을 변경하는 것이 있다. 이러한 브러시 지지기는 [그림 3-50]과 [그림 3-51]에 도시되어 있다. 이 브러시 지지기는 캡(cap)에 회전방향을 표시하는 화살표가 그려져 있다. 오프센터 브러시 지지기를 이동하면 브러시는 정류자상에 새 위치로 이동하게 되므로 전동기의 회전방향이 반대로 된다.

어떤 전동기는 회전방향이 일정한 한 방향으로만 되도록 제작된 것이 있다. 이러한 형의 전동기는 브러시 지지기의 이동이라든가 프레임을 교환한다는 일은 불가능하다. 이러한 전동기에서 회전방향을 변경하려면 정류자편과 리드선과의 접속을 전부 떼고, 원래의 접속위치로부터 정류자편 몇 개를 건너뛴 후 순차적으로 다시 접속하고 납땜한다. 이러한 일은 언제든지 실시할 수 있는 일이 아니며, 또한 시간이 많이 걸린다. 또 다른 방법은 각 자극의 중심이 원래의 위치에서 최소한 슬롯 한 개만큼 이동하도록 고정자를 다시 권선하여 주는 방법이 있다.

한편으로, 전진권(progressive winding)을 후진권(retrogressive winding)으로 바꾼다고 해서 직류 전동기에서처럼 언제나 회전방향이 전환되는 것도 아니다. 그러나 전동기에 따라서는 회전방향의 전환이 가능한 것도 있다.

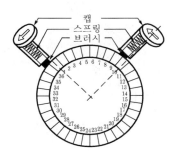

[그림 3-50] 반시계방향으로 회전하도록 브러시를 고정한 카트리지형(통형) 브러시 지지기

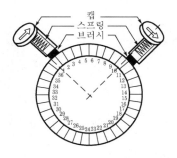

[그림 3-51] 시계방향으로 회전하도록 브러시를 고정한 카트리지형 브러시 지지기

③ 브러시(brush)

모든 브러시는 개개의 전동기의 형(型)에 따라 그 크기, 형태, 용량 등이 다르다. 브러시의 역할이 전류를 흐르게 하고 정류자에 접촉하는 일이므로 마모되기 마련이며, 결과적으로 대체해 주어야 한다. 새로운 것으로 대체할 때는 명판상에 기재된 것으로 동일한 전동기에 사용하는 것을 대체해 주는 것이 가장 좋은 방법이다.

대부분의 브러시는 카본이나 흑연으로 만들어져 있다. 이 카본이나 흑연은 고온, 압력, 견고함, 전기적 및 온도적인 전도성 등을 고려하여 적절하게 제조한 것이다. 어떤 브러시는 더 큰 용량의 전류를 흐르게 하기 위하여 흑연과 다른 금속분말을 조합하여 제조한 것도 있다.

브러시는 다양한 형태의 것이 있으며, 대개 피그테일(pigtail)이라고 부르는 짧은 길이의 동선을 부착하고 있다. 피그테일의 기능은 전동기에 따라 다르다. 브러시에 유도전류를 흐르게 하거나 끌어내거나 하며, 브러시 지지기에 연결된 것, 또는 연결되어 있지 않은 것 등 여러 가지이다.

경방향 정류자를 가진 반발 기동 전동기에 있어서는 브러시가 정류자편처럼 위쪽은 넓고, 아래쪽은 좁은 쐐기형(wedge-shaped)의 양상을 하고 있다. 이 브러시는 [그림 3-52]에서처럼 피그테일을 사이에 두고 짝을 이루고 있으며, 브러시 지지기에는 연결되지 않는다.

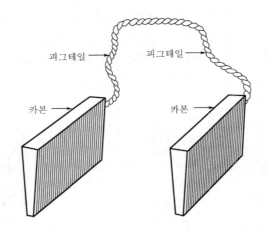

[그림 3-52] 수평 정류자에 사용되는 쐐기형 브러시의 짝

④ 중성점의 검출(locating the neutral point)

시계방향 또는 반시계방향에 대한 회전방향의 표시를 엔드 브래킷상에 하려면 먼저 중성점 또는 브러시의 취부위치를 결정해야 한다. 중성점에 브러시가 고정되었을 때

는 전동기는 어느 방향으로도 회전하지 못한다. 이러한 점은 반발 기동 유도 전동기에서는 2개 조가 있다. 따라서 회전이 안되는 점을 검출하고 나서 이 점에서 브러시를 우측으로 이동하면 전동기가 시계방향으로 회전하고, 좌측으로 이동하면 반시계방향으로 회전한다면 이 점을 기준점으로 정한다. 이 중성점을 하드 뉴트럴(hard neutral)이라고 한다.

그러나 전동기가 회전하지 못하는 점이 또 하나 있으므로 나머지 점에 대해서도 같은 요령으로 회전방향을 검사한다. 이 점에서는 브러시 지지기를 우측으로 이동할 때 전동기는 반시계방향으로 회전하고, 좌측으로 이동하면 시계방향으로 회전한다. 이 점을 소프트 뉴트럴(soft neutral)이라고 한다. 이 소프트 뉴트럴 점은 기준 중심점으로 정할 수 없는 점이다.

4 반발 전동기(Repulsion Motor) Section

1. 반발 전동기 일반

이 전동기는 모두 브러시 접촉형으로 된 점과 어떠한 형태의 원심력 스위치도 없다는 점에서 반발 기동 유도 전동기와 구별된다. 또 이 전동기는 기동 시에나 운전 시에 모두 반발 원리에 의하여 작동한다. 그 특징을 살펴보면 직류 직권 전동기(D · C series motor)처럼 대기동 회전력을 발생하고 변속도 기능을 구비하고 있다는 점이다. 회전방향의 전환은 브러시 지지기를 양 중성점의 어느 한 쪽으로 이동시켜 변경시킨다. 그 속도는 브러시 지지기를 중심점에서부터 멀리 위치시킬수록 감속한다. 이 전동기는 때때로 유도 직권 전동기(inductive-series motor)라고 불리워지기도 한다.

이 반발 전동기의 고정자는 반발 기동 유도 전동기와 그 구조가 비슷하며, 고정자의 자극도 비슷한 양식으로 결선되어 있다. 고정자는 일반적으로 4극, 6극, 8극으로 권선되어 있으며, 이중전압으로 작동할 수 있도록 네 개의 리드선을 뽑아내어 놓고 있다. 회전자는 직류 기형(D-C type)과 구조가 같은 전기자를 가지고 있으며, 슬롯은 사구를 사용한다.

권선방법은 손감기 또는 틀감기를 사용하며, 중권 또는 파권을 사용한다. 정류자는 축방향 정류자이며, 브러시는 언제나 정류자와 접촉하고 있으며, 반발 기동 전동기에서처럼 모두 함께 서로 연결되어 있다. [그림 3-53]은 4극 반발 전동기를 나타내고 있다.

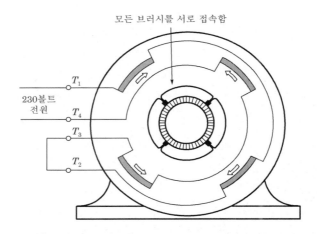

[그림 3-53] 4극 반발 전동기. 이중전압 전동기 결선임을 유의 할 것.
브러시 수는 네 개이나 파권 또는 고차권선이면 인접한 브러시 두 개를 사용한다.

2. 보상권선(compensating winding)

　　반발 전동기 중 어떤 것은 보상권선(compensating winding)이라고 불리는 추가권선을 사용한 것이 있다. 이 추가권선의 목적은 역률과 속도, 변동률을 좋게 하기 위한 것이다. 보상권선은 주권선보다 훨씬 가는 선을 사용해서 권선하고, 감을 때는 각 주자극 권선이 들어가는 슬롯의 밑바닥에 권선하는 것이 보통이다. 보상권선은 전기자권선과 직렬로 접속한다. 브러시와의 접속을 표시하면 [그림 3-54]와 같다. 네 개의 브러시 중 두 개는 같이 연결하고 나머지 두 개는 보상권선과 직렬로 접속한다. 도시된 전동기는 이중전압으로 작동하도록 결선된 것이다. 이 전동기의 회전방향을 역전시키려면 브러시의 이동은 물론, 보상권선의 결선도 바꿔 줄 필요가 있다. [그림 3-55]는 슬롯 수 30, 극수 6인 반발 전동기의 권선분포를 도시한 것이다.

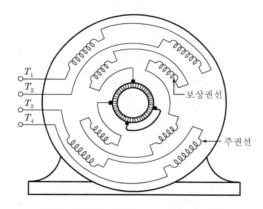

[그림 3-54] 보상권선을 설치한 반발 전동기

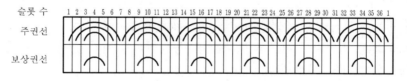

[그림 3-55] 보상권선을 설치한 6극 반발 전동기의 코일 배치도.
　　　　　　주권선에 대한 보상권선의 상대적인 위치에 유의하라. 일반적으로 보상권선은 주권선보다 먼저 슬롯에 권선한다.

5 반발 유도 전동기(Repulsion-Induction Motor)

반발 유도 전동기(repulsion induction motor)와 반발 전동기(repulsion motor)를 외관상 구별하는 것은 매우 어렵다. 그러나 반발 유도 전동기는 정식 전기자 권선 외에 전기자상에 농형권선(squirrel-cage winding)이 설치되어 있다. 이 농형권선은 [그림 3-56]에서처럼 전기자의 슬롯 밑에 시설되어 있다. 전기자는 일반적으로 중권으로 하고 교차결선이 되어 있다.

반발 유도 전동기와 반발 전동기를 구별하려면 전동기를 전원에 연결하여 전속도에 도달하게 한 후, 브러시와 정류자가 접촉이 안 되도록 브러시를 정류자로부터 떼어 본다. 이때 전동기가 전속도로 회전을 계속하면 반발 유도 전동기이다.

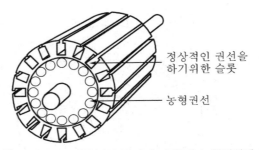

정상적인 권선을
하기위한 슬롯

농형권선

[그림 3-56] 반발 유도 전동기의 전기자. 슬롯과 농형권선에 유의하라.

반발 유도 전동기의 크기는 대력 10HP 정도까지이며, 이중전압형으로 되어 있다. 이 전동기는 일반적인 용도에 널리 사용된다. [그림 3-57]은 230볼트로 작동할 때의 이 전동기의 결선도이다. 반발형 전동기 중에서 직류 복권 전동기와 비교할 수 있을 정도로 전기적 특성이 양호한 것은 이 전동기뿐이므로 이 전동기는 가장 인기가 있는 전동기에 속한다. 이 전동기의 장점은 원심력 단락장치(centrifugal short-circuiting mechanism)를 사용하고 있지 않는 점과 기동 회전력이 대단히 크다는 점, 농형권선을 설치하였기 때문에 일정한 속도를 유지시킬 수 있다는 점 등이다.

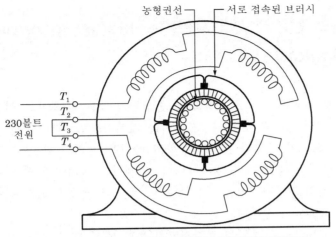

농형권선 ─── 서로 접속된 브러시

T_1
T_2
230볼트
전원 T_3
T_4

[그림 3-57] 전형적인 반발 유도 전동기

이 전동기는 또한 보상권선을 설치하고 있기 때문에 전동기 회로의 역률(power factor)을 증가시킬 수 있는 장점이 있다. [그림 3-58]은 115볼트로 작동하도록 한 보상권선 설치, 반발 유도 전동기의 결선도이다.

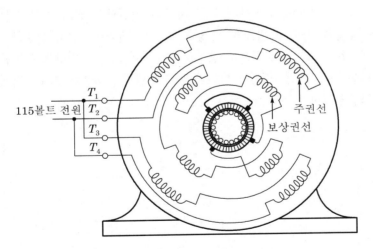

115볼트 전원 T_1
T_2
주권선
T_3
보상권선
T_4

[그림 3-58] 보장권선이 설치된 반발 유도 전동기의 결선도

6 반발 전동기의 전기적 방향전환(Electrically-reversible Repulsion Motors)

Section

반발 전동기는 보통 브러시를 약 15° 정도 양 중성점의 어느 한 쪽으로 이동시켜서 회전 방향을 변경시킨다. 그러므로 회전방향은 브러시를 기계적으로 어느 한 중성점에서 다른 중성점으로 이동시킴으로써 전환된다. 회전방향의 전환은 브러시 대신 자기장(magnetic field)을 이동시킴으로써 달성할 수 있다. 브러시는 언제나 고정되어 있게 되며, 한 개의 고정자권선 대신에 두 개의 고정자권선을 사용한다. 이 두 개의 권선은 분상 전동기의 권선처럼 전기각도로 90° 띄워서 권선된다.

반발 전동기에서 전기적으로 방향을 전환시키기 위한 권선방법은 여러 가지가 있다. 주권선 또는 유도권선은 고정자에 권선되며, 방향전환권선은 주권선과 전기각도로 90° 띄워서 권선된다. 이 양권선은 직렬로 연결된다. 전동기의 회전방향을 변경시키려면 양 권선의 리드선을 바꾸어 연결하여 주면된다.

또 다른 권선방법은 방향전환권선을 두 개로 권선하는 것이다. 전동기를 운전할 때 주권선과 하나의 방향전환권선을 직렬로 연결하면 시계방향으로 회전한다.

반시계방향으로 회전시키려면 주권선은 다른 하나의 권선과 직렬로 결선된다. 이 두 개의 방향전환권선은 동일한 자극에 반대의 극성을 띠도록 연결이 되며, 이렇게 되면 자기축 (magnetic axis)을 왼쪽 또는 오른쪽으로 변경시키게 되어 소정의 방향으로 전동기를 회전시 킬 수 있게 되는 것이다. [그림 3-59]는 이러한 형의 반발형 전동기의 계통도로서 전미전기공 업협회(NEMA)의 양해하에 게재한 것이다.

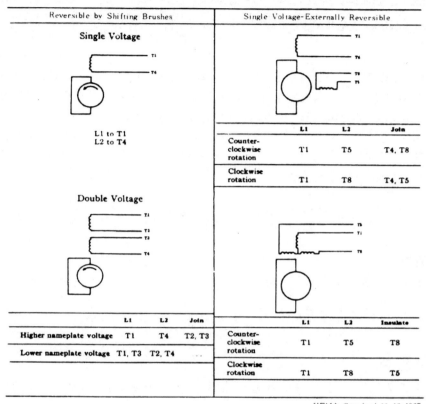

NEMA Standard 11-16-1967.

[그림 3-59] 반발 전동기, 반발 기동 유도 전동기, 반발 유도 전동기의 계통도

7 반발 전동기의 재권선과 재결선(Rewinding and Reconnecting Repulsion Motors)

Section

전압변경을 하기 위한 재권선(rewinding for a change in voltage)방법은 큰 비용을 들이지 않고 할 수 있는 유일한 방법이다. 고정자권선만을 변경시킨다. 여기에서의 변경원칙은 분상 전동기나 커패시터 전동기에서의 주권선의 변경원칙과 동일하다.

(1) 원칙 1

새로운 횟수(new turns)

$$\frac{\text{새 전압(new volt)}}{\text{원래의 전압(orig.volt)}} \times \text{원래의 횟수(orig.turns)}$$

(2) 원칙 2

새로운 서큘러밀(newc.m.area)

$$\frac{\text{원래의 전압(o.v)}}{\text{새 전압(n.v)}} \times \text{원래의 서큘러밀(orig.c.m.area)}$$

(3) 계산 예

115/230볼트의 반발 기동 유도 조정기는 230/460볼트의 전동기는 변경할 수 있다.

$$\text{새로운 횟수} = \frac{230}{115} \times \text{원래의 횟수}$$
$$= 2 \times \text{원래의 횟수}$$

그러므로 매 코일당 횟수는 두 배가 된다.

$$\text{새로운 서큘러밀} = \frac{115}{230} \times \text{원래의 서큘러밀}$$
$$= \frac{1}{2} \times \text{원래의 서큘러밀}$$

그러므로 원래 게이지의 $\frac{1}{2}$인 권선이 사용된다.

예를 들어 원래의 권선크기가 No.16이었다면 No.19를 사용한다.

8 고장검출과 수리(Trouble Shooting and Repair) Section

1. 고장검출(testing)

다른 전동기에서처럼 반발 전동기 또는 접지, 단락, 단선, 극성 반전 등에 관한 시험을 실시하여야 한다. 전기자와 고정자 모두에 대하여 이러한 검사를 실시하여야 한다.

(1) 접지시험(test for grounds)

고정자에 대한 접지검사는 보통 테스트 램프를 사용한다. 한 개의 테스트 리드선은 전동기의 프레임에 연결하고 다른 한 개는 고정자 리드선에 연결한다. 램프가 점등하면 접지된 것을 뜻한다. 접지위치의 검출과 고장수리의 방법은 분상 전동기와 커패시터 전동기에서 기술한 것과 마찬가지이다.

전기자 권선과 정류자에 대해서도 동일한 방법으로 검사를 실시한다. 전동기에 따라서는 브러시 지지기가 엔드 플레이트에 접지되어 있는 것이 있으므로 전기자에 대한 접지시험을 하기 전에 브러시를 정류자에서 제거하여야 한다. 전기자가 접지되었으면 제6장에서 설명하는 것처럼 측정계기법(meter method)을 사용하여 고장장소를 검출한다.

약 1,00볼트의 전압을 권선과 대지(ground) 사이에 걸면 접지 개소에 불꽃이 발생하게 되며, 이것으로 그 고장장소를 찾아 낼 수도 있다.

(2) 단락시험(test for short)

고정자와 단락 여부를 검사하는 방법으로는 고정자용 그라울러(internal growler)를 사용하는 방법, 각 자극에 대한 전압 강하 측정법, 각 자극에 대한 저항 측정법, 또는 전동기를 짧은 시간동안 작동한 후 가장 뜨거운 장소를 손으로 만져 찾아내는 방법 등이 있다. 또한 권선에 직류전류를 흐르게 하여 철편으로 자극 하나의 자계의 세기(strength of each field)를 비교하면 단락된 권선의 검출이 가능하다. 이때 끌어 당기거나 밀어 내는 힘이 가장 약한 자극이 단락되었음을 뜻한다. 코일이 소손되었거나 검게 그을린 흔적이 있으면 시각적인 검사(visual inspection)만으로도 불량 코일을 검출할 수 있다.

전기자 권선에 대한 단락 여부의 검사는 밀리볼트계(millivoltmeter)로 실시하거나, 전기자가 파권권선으로 되어 있으면 그라울러로 검사할 수 있다.

그렇지만 균압환결선(cross connection)이 되어 있는 중권권선의 전기자의 경우는 그라울러를 사용하여 검사할 수 없다. 단락된 코일은 밀리볼트계의 지시가 적게 나타나고, 그라울러로 검사할 때 쇠톱날이 진동한다. 이에 대한 설명은 제6장에 있다.

반발 전동기의 전기자에 대한 단락 검사법은 [그림 3-60]에 도시되어 있다. 브러시를 제거하거나, 브러시가 정류자에 닿지 않도록 조치를 취한 후 전원을 전동기에 연결한다. 브러시가 접촉하지 않으므로 전동기는 회전하지 않는다. 그 다음 손으로 전기자를 돌려 보면 전기자에 단락된 곳이 있으면 그 곳에 손이 인력을 받아 달라 붙는다.

단락된 곳이 없으면 손이 달라 붙지 않고 전기자는 자유롭게 회전한다. 이 검사법은 베어링이 아무런 이상이 없을 때만 실시할 수 있다.

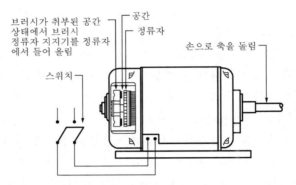

[그림 3-60] 반발 전동기의 전기자 단락 여부 검사.
정류자로부터 브러시를 올리고 스위치를 넣은 후 손으로 전기자를 돌린다.
전기자가 원활하게 회전하면 전기자는 단락된 것이 아니다.

(3) 단선 및 극성 반전 시험(test for opens and reverses)

반발 전동기의 고정자 권선에 대한 단선 및 극성 반전 시험은 앞 장에서 설명한 바 있다. 전기자는 제6장에서 설명하는 방법에 따라 고장을 검사한다.

2. 수리(repairs)

여기서 다루는 내용은 세 가지 유형의 반발 전동기 모두에 해당되는 사항들이다. 전동기를 작동할 때에 마주치게 되는 여러 증상들이 열거되고 그 밑에 이어서 발생할 가능성이 있는 고장 종류를 열거하고 있다. 고장 명칭 다음의 괄호 속에 기재된 숫자는 그 다음 페이지에 설명하는 수리법의 해당번호를 나타낸 것이다.

반발 기동 유도 전동기만이 원심력 단락 장치를 가지고 있으므로 원심력 스위치에 대한 말이 나오면 이것은 반발 기동유도 전동기에만 해당하는 내용이다.

① 전원 개폐기(switch)를 닫을 때 기동이 안되는 고장 원인

　　a. 퓨즈의 용단

b. 베어링의 불량(1)

　　c. 브러시와 브러시 지지기의 상호 고착(9)

　　d. 브러시의 불량(9)

　　e. 고정자 또는 전기자에서의 회로의 단선(2)

　　f. 브러시 지지기의 취부 위치 불량(5)

　　g. 전기자 권선의 단락(3)

　　h. 정류자의 오손(9), (12), (17)

　　i. 리드선의 결선 착오(6)

　　j. 네크레이스와 전기자와의 단락(11)

② 기동 상태가 불량인 때의 고장 원인

　　a. 베어링 불량(1)

　　b. 네크레이스나 정류자의 오손(9), (12)

　　c. 브러시로부터 정류자의 조기이탈(早期離脫)(10)

　　d. 원심력 장치의 조립 불량(14)

　　e. 브러시 지지기의 취부 위치 불량(5)

　　f. 낡거나 파손된 단락장치 또는 단락장치의 조립 불량(14)

　　g. 조속기 추(governor weight)의 고착(15)

　　h. 스프링의 장력(張力) 부족(16)

　　i. 전기자의 단락(3)

　　j. 요축작용(搖軸作用 : end play의 과다)(8)

　　k. 과부하(7)

　　l. 고정자 권선의 단락(4)

　　m. 브러시 지지기의 지지 불량(18)

③ 전동기가 과열하는 고장 원인

　　a. 115볼트로 결선한 전동기에 230볼트의 전원을 연결하였을 때

　　b. 전기자 회로 또는 고정자 회로의 단락(3), (4)

　　c. 과부하(7)

　　d. 베어링의 불량(1)

　　e. 네크레이스의 파손 또는 소손(12), (13)

　　f. 브러시 지지기의 취부 위치 불량(5)

④ 운전 중 소음이 날 때의 고장 원인

　　a. 베어링 또는 축의 불량(1)

b. 원심력 장치의 진동(14)

c. 고정자 코일의 단락(4)

d. 요축작용의 과다(8)

e. 단락 장치의 오손(12)

⑤ 퓨즈가 용단될 때의 고장 원인

    a. 계자권선의 접지(19)

    b. 결선착오(6)

    c. 브러시와 정류자와의 접촉 불량(9)

    d. 전기자권선의 단락(3)

    e. 브러시의 고정 불량(5)

    f. 베어링의 용착(frozen bearing)

⑥ 전동기가 험(hum)소리를 내며 회전하지 않을 때의 고장 원인

    a. 리드선의 결선 착오(3)

    b. 레어링의 불량(1)

    c. 브러시의 취부 위치의 부적당(5)

    d. 전기자 권선의 단락(3)

    e. 고정자 권선의 단락(4)

    f. 고정자 권선의 접지(19)

    g. 브러시의 고착 또는 접촉 불량(9)

    h. 정류자의 오손(9), (12)

⑦ 전동기의 속도가 정격속도에 미달일 때의 고장 원인

    a. 브러시에 대한 스프링의 압력 부족(10), (16)

    b. 네크레이스의 오손 또는 소손(12)

    c. 정류자의 오손(9)

    d. 전기자권선의 단락(3)

    e. 고정자 코일의 단락(4)

    f. 베어링의 불량(1)

    g. 누름쇠(push rod)의 길이 과다(10)

⑧ 전동기 내부에 불꽃이 일어날 때의 고장원인

    a. 전기자 코일의 단선(2)

    b. 정류자의 오손(9)

c. 마이카(mica)의 돌출(20)

d. 브러시의 단락 또는 고착(9)

(1) 베어링의 불량(worn bearing)

회전자가 고정자에 닿을 정도로 베어링이 마멸되었을 때는 전동기에 스위치를 넣을 때 험소리가 나고 전기자는 약간 회전하려다가 정지한다. 전동기에 전압을 걸지 않고 축을 상하로 움직여 베어링의 마멸여부를 검사한다. 축이 움직이면 베어링이 마멸된 것이므로 새로운 베어링으로 교체한다.

베어링이 그러한 상황에 있을 때는 전기자의 철심에 미약한 마모 흔적이 있게 마련이며, 이것은 전기자와 고정자가 서로 닿고 있다는 징조이다. 베어링이 경미한 정도로 마멸되었으면 전동기는 운전할 때에 소음과 과열을 일으키게 되고, 경우에 따라서는 정상 속도보다 낮은 속도로 회전한다.

(2) 고정자 회로와 전기자 회로의 단선(open circuit in stator or armature)

단선된 개소를 찾기 위해서는 테스트 램프를 사용하여 제1장에서 설명한 것처럼 검사를 실시한다. 고장 개소를 검출한 다음에는 고장 정도에 따라 수리를 하거나 재권선을 한다. 고정자에 대한 단선 검사는 두 개의 회로에 대하여 모두 실시하여야 한다. 모든 반발 전동기는 이중전압형이므로 각 자극에서 두 개씩, 네 개의 리드선이 뽑아 내어져 있다. 전기자 권선에 대한 단선 검사는 직류 전동기에서처럼 계기(meter)를 사용하여 검출한다. 정류자에서의 소손된 장소는 (단선 고장은 여기서 발생한 것이므로) 끊어진 선을 다시 이어 주면 되며, 손쉽게 닿지 않는 곳에서 단선 사고가 발생하였으면 코일 전체나 전기자 전체를 다시 권선하여 주는 수밖에 없다.

(3) 전기자 권선의 단락(shorted armature)

전기자 권선 대부분이 단락되었으면, 전동기는 약간 기동하려는 듯 하다가 험소리 내고 멈추고 만다. 한두 개의 코일이 단락되었으면 전동기는 운전은 되나 기동 회전력이 대단히 낮다. 기동 시에 단락된 코일은 심한 열을 발생하게 되고 기동 시간이 길어지면 연기를 내는 경우도 있다.

전기자 권선에 대한 단락을 검사하는 좋은 방법은 브러시를 제거하고 고정자에 전류를 흐르게 하면서 손으로 전기자를 돌려 보는 방법이다. 이때 전기자가 고정자에 달라 붙지 않고 원활하게 회전하면 아무런 이상이 없는 것이다. 일반적으로 반발 전동기의 전기자 권선에서의 단락 사고는 육안으로 쉽게 찾아 낼 수 있다. 절연물이 소손되어 냄새가 심하게 날 정도이면 전기자 권선은 완전히 소손되어 까맣게 탄 상태에 이른 것이다. 반발 전동기에서 코일을 절단하는 것은 좋은 방법이 아니다. 한두 개의 코일이 단락되었으면 전기자 전체에 대한 권선을 다시 하여 주어야 한다. 전기자를 다시 권선하기 전에 정류자가 완전한 상태에 있는지를 검사하여 주어야 한다.

(4) 고정자 권선의 단락(shorted stator)

단락된 고정자는 전동기의 회전속도를 정상보다 더욱 느리게 하면서 동시에 큰 소음을 발생시킨다. 나아가 단락된 코일부분이 열을 발생하고 심하면 연기를 낸다. 때에 따라서는 원심력 장치가 작동할 수 없을 정도로 전동기의 속도가 느려지게 되며, 결과적으로 과도한 전류를 끌어당기게 되어 퓨즈를 용단시킨다. 단락에 대한 검사는 고정자용 그라울러를 사용한다.

(5) 브러시 지지기의 고정위치 부적당(wrong brush holder position)

반발 전동기에 있어서 브러시 지지기는 그 위치가 확고해야 원활한 회전을 할 수 있다. 브러시 지지기가 움직이게 되면 전동기가 약한 기동 회전력 밖에 낼 수 없게 되며, 심하면 전혀 작동하지 않게 되고, 퓨즈가 용단하게 된다.

이 상태가 계속되면 브러시 지지기의 조임 나사가 풀리게 되어 브러시 지지기를 이탈시킬 상황이 야기될 수도 있다.

이와 비슷한 현상은 권선을 다시 하였을 때 리드선이 해당 정류자편에 정확히 접속되지 않았을 때에도 일어난다. 리드선을 원래 접속해야 할 정류자편으로부터 한 두개 건너 뛰어 접속시켰을 때는 중성점의 위치를 새로 결정해주어야 한다.

고정자의 경우에 있어서도 코일을 다시 감을 때 원위치로부터 슬롯 하나를 건너뛰고 감으면 이러한 현상이 일어나므로 중성점의 위치를 다시 결정하여야 한다. 이 새로운 중성점에서 시계방향, 반시계방향의 회전방향이 결정된다. 이 중성점의 위치는 전동기가 일정한 회전력을 가질 때까지 브러시 지지기를 전후로 이동시켜 보면 그 해당점을 알아낼 수 있다.

(6) 리드선의 결선착오(wrong lead connections)

[그림 3-61]과 [그림 3-62]는 반발 전동기의 네 개의 리드선을 결선할 때 초보자가 저지르기 쉬운 잘못된 결선을 나타내고 있다. 이 두 가지 예에 있어서는 어느 것이나 전원이 연결되면 전동기는 험 소리를 낸다. 이것은 수리하려면 리드선 중에서 한 쌍을 바꾸어 결선하여야 한다. 리드선을 결선할 때 저지르기 쉬운 또 하나의 예를 들면 단자 T_1과 T_2를 함께 전원선

L_1에, 단자 T_3와 T_4를 함께 전원선 L_2에 연결하는 경우이다. [그림 3-63]의 도표를 검토해보면 그 결선은 회로의 단선에 해당하는 것을 알 수 있다. 이 같이 결선했을 때는 전동기를 전원에 연결해도 험 소리조차 나지 않는다.

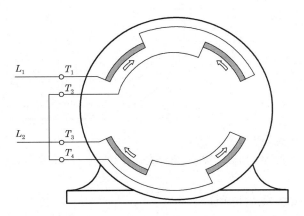

[그림 3-61] 230볼트로 운전할 때의 잘못된 결선, 전류자 인접 자극에서 동일 방향으로 흐르므로 험소리만나고 전동기느 회전 불능 상태에 빠진다. 단자 T_2와 T_3를 함께 연결하여 전원 L_1에, 단자 T_1와 T_4를 함께 연결하여 전원 L_2에 접속함으로써 수리를 끝낸다.

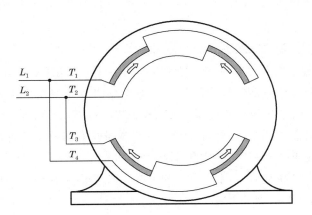

[그림 3-62] 115볼트로 결선해도 인접한 자극은 동일한 극성을 가진다.
단자 T_1과 T_3을 전원 L_1에, T_2와 T_4을 L_2에 결선한다.

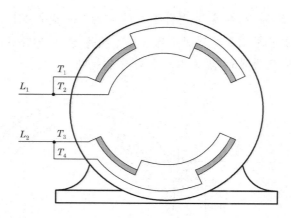

[그림 3-63] 잘못된 결선의 보기.
전원에 대해서 폐회로를 구성하지 못하는 관계로 험 소리도 없고 회전은 기대할 수 없다.

(7) 과부하(excessive load)

과부하가 되면 전동기는 정격속도에서 작동하기가 곤란해지며, 전동기에 정격전류 이상의 과전류가 흐르게 된다. 또한 반발 기동 유도 전동기에서는 원심력 장치가 회전속도의 저속으로 인하여 그 기능을 발휘하지 못하게 된다. 이렇게 되면 반발 기동 유도 전동기로서가 아니라 반발 전동기로 작동을 하게 되고 심한 열과 소음을 발생한다.

(8) 요축 현상 과다(excessive end play)

경방향 정류자를 가진 반발 기동 유도 전동기에서 요축현상이 과다하게 되면 브러시의 지지기를 정류자로부터 너무 멀리 떨어지게 만들어 브러시의 압력을 미약하게 한다. 그 결과 스파이크가 발생하고 정격속도에 도달하지 못하게 된다. 이를 예방하려면 전기자의 축에 와셔를 끼워 엔드 플레이트의 폭이 최대한 1/64인치 이내가 되도록 해 주어야 한다. 그러나 분명히 하여야 할 일은 와셔는 전기자와 고정자의 두 철심을 중심선에 일직선이 되도록 끼워야 한다는 사실이다. 지나친 요축현상은 전동기가 운전할 때 큰 소음이 발생하게 하는 것이 보통이다.

(9) 브러시의 정류자의 불량접촉(brushes not contacting commutator)

브러시가 고착되거나 마멸되면 정류자에 닿지 않게 되고 전동기 또한 기동하지 못하게 된다. 정류자가 오손되거나 스프링의 압력이 부족할 때도 이와 똑같은 현상이 일어난다. 전동기가 기동하지 않으면 스파크 현상이 과다해진다. 이러한 고장은 육안으로 쉽게 검출할 수 있으며, 수리는 정류자를 깨끗이 소제하고 브러시나 스프링을 교환해주면 된다.

(10) 정류자로부터 브러시의 조기이탈(brushes lifting from commutator too quickly)

반발 기동 유도 전동기는 그 회전속도가 전속도의 약 75%에 도달하기 이전에는 반발 전동기로서 작동을 하며, 그 속도에 도달한 이후에야 유도 전동기로서 작동을 계속한다. 만약 전동기가 이러한 속도에 도달하기 전에 브러시가 정류자로부터 이탈하게 되면 전동기는 정격속도에 도달하지 못하게 되며, 그 반면 회전속도가 저하되어 브러시는 다시 정류자에 접촉하게 된다. 이러한 고장은 그 원인을 제거하지 못하면 끊임없이 브러시의 이탈 및 접촉을 되풀이 하게 된다.

브러시가 정류자로부터 조기이탈하는 이유는 스프링의 압력이 부족하기 때문에 일어나는 수가 많다. 브러시 지지기가 전기자와 일체로 되어 있는 유형의 전동기에서는 스프링을 교체해 주어야 한다. 다른 유형의 전동기에서는 스프링의 압력을 높여주기 위해 너트를 조여 주면 된다.

누름쇠(push rod)가 너무 길면 브러시 지지기가 정류자로부터 너무 멀리 떨어지게 된다. 기동 시에는 브러시 지지기는 정류자로부터 약 1/32인치 정도 떨어져 있어야 한다. 정류자를 선반에서 정비할 때는 누름쇠는 조금 짧게 한다.

원심력 장치의 조립이 불완전할 때도 역시 브러시 지지기가 조기에 이탈하는 수가 있다.

(11) 네크레이스와 전기자의 단락(necklace shorting armature)

네크레이스가 전기자를 단락시키는 이유는 대개 조립불량에서 유래하는 수가 많다. 이의 교정은 [그림 3-6]을 참조하여 정해진 순서에 따라 다시 조립하면 된다.

브러시 접촉형 반발 기동 전동기에서는 단락편이 정류자편에 용착되는 수가 많으며, 또한 정류자편이 접지사고를 일으키는 수가 많다.

(12) 원심력 네크레이스 또는 정류자의 오손(dirty centrifugal necklace or commutator)

네크레이스가 오손되거나 파손되었을 때, 또는 네크레이스에 의하여 단락된 정류자가 오손되었을 때는 정류자는 바로 알맞은 시간에 단락되지 못한다. 그 결과 전동기는 농형권선 회로에 단선사고를 일으킨 농형 유도 전동기처럼 작동하게 된다. 이러한 상태에서는 전동기는 부하를 걸 수 없게 되며, 회전속도가 늦어지고 과열 및 소음을 발생시킨다. 브러시 인상형에서는 전동기의 속도가 떨어지게 되며, 그 결과 브러시는 정류자와 다시 접촉하게 된다. 이렇게 되면 이번에는 전동기의 속도가 다시 상승하게 된다. 그렇지만 부하를 거는 순간에 속도가 저하되고 또다시 브러시와 정류자는 접촉을 하게 된다. 이러한 과정을 퓨즈가 용단될 때까지 반복된다.

이에 대한 수리법은 모든 장치를 해체하고 네크레이스를 청소해주며, 필요한 부품을 교체해주면 된다. 이때 정류자로부터 철저하게 정비해주어야 한다.

(13) 단락용 네크레이스의 파손 또는 동작불량(short-circuiting necklace broken or not operating properly)

여러 개의 동편에 하나하나 구멍을 뚫어 여기에 전선을 끼워 조립한 네크레이스면 네크레이스의 구멍있는 쪽이 정류자편의 뒤쪽을 향하고 있는 지를 확인하여야 한다. 각 동편은 정류자와 접촉이 되는 부분을 약간 높게 하여 턱을 만들어 주고 있다. 만약 네크레이스가 원형 형태의 한 개의 단일한 일체로 만들어진 것이라면 만곡 된 네크레이스 스풀에 꼭 알맞게 조립되었는지를 확인하여야 한다.

네크레이스가 파손, 소손 또는 조립불량이면 전기자가 정상속도에 도달한 후에도 완전히 단락되지 않는 수가 있다. 그렇게 되면 전동기는 언제나 반발 전동기처럼 작동하게 된다. 이에 대한 수리는 네크레이스를 새것으로 교환해 주거나 조립을 다시 해주어야 한다.

(14) 원심력 장치의 조립불량(centrifugal mechanism not assembled properly)

네크레이스가 항상 전기자를 단락시키는 상태로 조립되어 있으면 전동기는 기동을 하지 못한다. 또한 스프링동체(spring barrel)가 잘못 조립되어 있으면 동작장치들은 움직이지 않게 된다. 스프링의 탄력이 적절하지 못하면 브러시가 정류자로부터 너무 빠르거나 늦게 이탈하게 된다. 조립상태가 불량할 때에도 전동기를 운전하는 도중에 이러한 현상이 나타난다. 원심력 장치가 의심스러울 때는 이 장치 전체를 분해하여 모든 부품을 깨끗이 손질하고, [그림 3-6]을 참조하여 올바르게 조립한다.

(15) 원심력 추의 고착(centrifugal weights jammed)

원심력 추가 고착되어 버리면 전동기는 언제나 반발 전동기처럼 작동한다. 이렇게 되면 큰 소음만 나고 기동 회전력이 낮아진다. 또 이 경우에는 누름쇠가 작동을 하지 않게 되며, 단락장치들이 제 기능을 발휘하지 못하게 된다. 더 나아가 브러시는 정류자에 언제나 접촉하게 된다.

(16) 스프링 압력의 부적당(incorrect tension of the spring)

스프링의 압력이 부적당하면 정류자는 저속도에서도 단락되며, 브러시는 정류자로부터 너무 빨리 이탈하게 된다. 이러한 현상은 결국 기동 회전력을 낮추게 하며, 전동기가 반발 기동상태에서 유도 운전상태로 전환하는 데 필요한 회전력을 얻지 못하게 만든다. 수리는 스프링을 교체하거나 알맞은 압력을 가지도록 조정해주어야 한다.

스프링의 압력이 너무 강하면 브러시가 알맞은 때에 이탈하지 못하거나 전기자가 단락되지 못한다. 이러한 현상은 전동기를 언제나 반발 전동기처럼 작동하게 한다. 그 결과 운전시에 소음이 나고 스파이크 불꽃이 난다.

수리의 요령은 알맞은 압력을 지니도록 나사를 조정하여 주면된다.

(17) 정류자의 오손(dirty commutator)

정류자가 오손되었을 때는 브러시가 고착되었을 때와 비슷한 결과를 가져온다. 오손된 정류자는 브러시가 정류자에 접촉하는 상태를 불량하게 만들어 결과적으로 전기자에 전류를 흐르지 못하게 만든다. 그러한 상태가 되면 전동기는 험 소리를 내게 되고 정류자와 브러시 사이에 스파이크가 발생한다. 이에 대한 수리의 요령은 깨끗한 헝겊이나 샌드페이퍼로 정류자를 손질하여 주면된다.

(18) 브러시 지지기의 턱파마멸(worn lip on brush holder)

브러시 지지기의 턱이 마멸되는 일은 흔히 일어나는 고장의 하나이다. 이러한 고장은 특히 지지기가 화이트 메탈(white metal) 금속으로 되어 있을 때 자주 일어난다. 턱이 마멸되면 브러시 지지기가 진동하게 되어 브러시의 접촉상태가 불량해진다. 수리는 브러시 지지기를 대체해 주면된다.

(19) 계자권선의 접지(grounded field)

계자권선의 어느 한 곳이 접지되면 전동기에 닿을 때 감전의 충격을 받게 된다. 공작물 규정에 의하여 프레임을 접지하였을 때는 퓨즈가 용단하게 된다. 계자권선상에서 2개소 이상이 접지되었을 때는 단락상태와 비슷하게 되며, 대부분의 경우 퓨즈를 용단시킨다. 이때 퓨즈가 용단되기 전에 전동기가 잠시 동안 험소리를 내게 된다.

(20) 마이카의 돌출(high mica)

정류자의 동편이 그 동편의 사이에 위치하고 있는 마이카보다 많이 마멸하면 소위 마이카 돌출(high mica) 현상이 발생한다. 마이카 돌출현상이 일어나면 브러시와 정류자의 접촉 상태가 불량하게 되며, 스파크 불꽃이 발생한다.

수리의 요령은 전기자를 선반에 올려 마이카를 절삭하여 주면된다.

제4장 다상 전동기

MOTOR REPAIR
MOTOR REPAIR
MOTOR REPAIR

1 서론(Introduction)

다상 전동기(polyphase motor)는 3상 또는 2상 중 어느 하나에서 작동하도록 제작한 교류전동기이다. 이 두 유형은 구조적인 면에서는 비슷하나 코일의 내부결선에 많은 차이가 있다.

2 3상 전동기(Three-phase Motors)

3상 전동기는 분수마력 정도에서 수천 마력에 이를 정도로 다양한 크기로 제작되고 있다. 이 전동기의 특성은 일정한 정속도(定速度)를 유지하는 것이 많으며, 다양한 회전력을 발휘하도록 설계되었다는 점이다. 어떤 3상 전동기는 큰 기동 회전력을 가진 것이 있는가하면 어떤 것은 매우 낮은 기동 회전력을 가지고 있다. 어떤 것은 정상적인 기동전류로도 작동이 되도록 한 것이 있는가 하면 어떤 것은 큰 기동 회전력을 필요로 하는 것도 있다. 3상 전동기는 실질적으로 거의 모든 표준전압과 표준주파수에서 작동하도록 제작되어 있으며, 이중전압으로 작동하도록 제작된 것도 많다.

이 전동기는 공작기계, 펌프, 엘리베이터, 선풍기, 크레인, 기중기, 송풍기 등 여러 기계를 작동하는 데 사용된다.

1. 3상 전동기의 구조(construction of three-phase motors)

3상 전동기는 [그림 4-1]에 나타나 있다. 이것은 고정자, 회전자, 엔드 플레이트의 세 가지 주요 부분으로 구성되어 있다. 그 구조는 분상 전동기의 구조와 비슷하나 원심력 스위치가 없는 점이 다르다.

[그림 4-1] 3상 전동기(Wagner Electric Company)

고정자는 [그림 4-2]에 도시되어 있으며, 프레임과 분상 전동기나 반발 전동기에서 사용되는 것과 같은 성층철심(成層鐵心 ; laminated core), 그리고 슬롯 속에 넣은 개개의 코일 등으로 구성되어 있다. 회전자는 축에 압착된 성층철심 위에 알루미늄 주물의 농형권선형(die-cast aluminum squirrel-cage type)이거나 권선형 권선(wound rotor)으로 되어 있다.

[그림 4-2] 3상 전동기의 고정자(Wagner Electric Company)

농형권선을 한 회전자는 [그림 4-3]에 도시되어 있으며, 분상 전동기의 회전자와 비슷하다. 권선형 회전자는 [그림 4-4]에 도시되어 있으며, 축에 취부한 세 개의 슬립 링(slip ring)과 연결되는 권선을 철심상에 가지고 있다.

[그림 4-3] 3상 전동기의 회전자(Wagner Electric Company)

[그림 4-4] 3상 전동기의 권선형 회전자와 엔드 플레이트(Wagner Electric Company)

엔드 플레이트(또는 브래킷)는 고정자 프레임 양측에 볼트로 취부되어 있으며, 회전하는 축을 지지하는 베어링을 고정해주고 있다. 베어링은 볼 베어링(ball bearing)이나 슬리브 베어링(sleeve bearing)이 사용된다.

2. 3상 전동기의 작동원리(operation of the three-phase motor)

　　고정자는 슬롯에 넣어진 코일은 상(phases)이라고 불리는 세 개의 권선을 형성하도록 연결
되어 있다. [그림 4-5]는 이것을 도시하고 있다. 권선 또는 상은 고정자 내에 자계(磁界 ;
magnetic field)를 형성하며, 이 회전자계는 회전자를 일정속도로 회전하도록 한다.

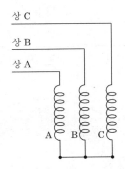

[그림 4-5] 상(phase)이 세 개 생기도록 결선한 3상 전동기의 코일

3. 3상 전동기의 권선

　　3상 전동기는 다음과 같은 여러 단계를 거쳐서 권선을 마치게 된다.

① 데이터 작성(taking data)
② 권선제거(stripping the winding)
③ 고정자 절연(insulating the stator)
④ 코일의 권선(winding the coils)
⑤ 슬롯에 코일 넣기(placing the coils in the slots)
⑥ 코일의 결선(connecting the coils)
⑦ 권선의 검사(testing the winding)
⑧ 바니시 함침과 건조(varnishing and baking)

(1) 데이터 작성(taking data)

　　데이터 작성을 할 때에는 명판상의 데이터, 슬롯 수, 코일 수, 결선방법, 매 코일당 감은
횟수, 코일의 굵기, 코일의 피치, 절연종류, 선의 종류와 전체의 굵기 등을 기록한다.
이러한 모든 데이터는 다시 권선을 할 때 시간을 허비하지 않도록 정확하게 기록해야 한
다. [그림 4-6]은 가장 보편적인 형태의 3상 전동기의 고정자를 도시하고 있다.

제조회사

마력(H.P)		회전수(r.p.m)		전압(V)		전류(A)	
사이클		종별		프레임		스타일	
온도		모델		제조번호		상수(phase)	
코일수		슬롯 수			결선법		
선경		횟수			군수		
코일순		극수			코일피치		

[표 4-1] 다상 전동기의 데이터 기록표

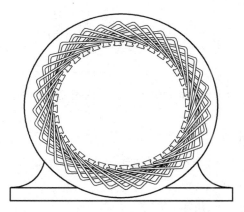

[그림 4-6] 모든 코일을 슬롯 속에 감아 넣은 3상 전동기의 고정자

고정자를 절단하여 슬롯 부분을 평면상에 전개하면 [그림 4-7]과 같다. 여기에서는 모든 코일이 개개 하나씩 권선되어 있다. 코일이 몇 개씩 그룹으로 권선된 것은 [그림 4-8]에 도시되어 있다. 이것은 대부분의 소형, 중형 전동기에 가장 많이 사용된다.

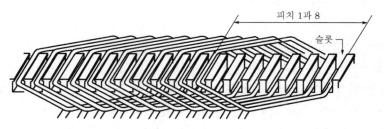

[그림 4-7] 슬롯을 평면상에 전개했을 때의 3상 전동기의 권선의 일부

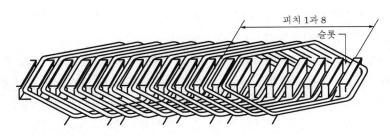

[그림 4-8] 코일을 그룹으로 권선했을 때의 3상 전동기의 권선의 일부

코일을 개별적으로 권선할 때는 [그림 4-9]처럼 결선하여야 한다. 일정한 수의 코일이 직렬로 결선되어 전동기 내에서 각 그룹을 형성한다. 이 그림에서는 세 개의 코일이 연결되어 한 개의 그룹을 형성하고 있다. 3상 전동기의 모든 코일은 동일한 횟수와 동일한 코일 피치를 가지고 있다.

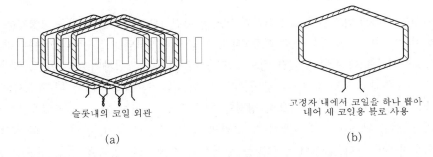

(a)   (b)

[그림 4-9] 코일과 슬롯의 간략도. a는 세 개의 코일이 직렬로 결선된 것을 나타내고, b는 코일을 따로 하나 떼어냈을 때의 현상을 나타낸다.

그림에서 보듯이 코일의 수는 슬롯 수와 동일하다. 이것은 하나하나 세어서 기록해 두어야 한다. 전동기에 따라서 어떤 전동기는 슬롯 수가 코일의 1/2인 것이 있는데 이러한 형의 전동기를 바스켓 권선형(basket winding)이라고 한다. 이 장에서는 슬롯 수와 코일 수가 동일한 전동기에 대해서 설명하기로 한다.

(2) 권선제거(stripping the winding)

권선을 제거하는 과정에서 데이터를 작성하는 데 필요한 나머지 사항을 함께 기록하도록 한다. 권선을 고정자로부터 제거하기 전에 먼저 결선종류를 기록해야만 한다. 이러한 결선종류를 알아내기 위해서는 3상 전동기의 결선방식과 상(phase)과 자극을 연결하는 방법을 잘 알아야만 한다. 3상 전동기는 단일전압, 이중전압, 2단 속도, 3단 속도, 직렬, 병렬 등 여러 가지가 조합되어 결선된다. 이러한 결성양식을 알아내기 위해서는 결선양식과 권선에 대한 기본지식을 가져야만 한다. 이러한 것들을 알기 위해서는 「3상 전동기의 결선」항과 「결선식별법」항을 참고하기 바란다.

대형 3상 전동기는 [그림 4-10] (a)처럼 고정자에 개구 슬롯(open slots)을 사용하고 있다. 이러한 개구 슬롯을 사용했을 때는 우선 슬롯 쐐기를 뽑아내고 그 다음 한 번에 코일 하나씩 뽑아낸다. 소형 및 중형 전동기의 고정자는 [그림 4-10](b)처럼 반개구 슬롯(semiclosed slots)을 사용하고 있다. 이러한 전동기의 권선을 제거하는 일은 더욱 어렵다.

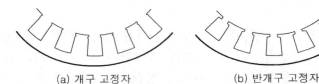

(a) 개구 고정자   (b) 반개구 고정자

[그림 4-10] 3상 전동기의 고정자에 사용되는 두 종류의 슬롯

권선은 바니시 함침을 하고 단단하게 건조를 시켰으므로 대부분의 경우 고정자를 소각로 속에 넣어 권선의 절연물질을 연화(軟化)시킨 후 권선 제거작업을 실시한다. 이때는 온도를 적절히 조절하여 주어야 한다. 알맞을 정도로 연화시킨 후에는 고정자의 어느 한 쪽 권선을 절단하고 그 반대쪽에서 선을 하나하나 뽑아준다. [그림 4-11]의 (a)와 (b)는 이를 도시하고 있다.

새로운 코일을 감는 데 필요한 정확한 치수를 알기 위해 한 개의 코일을 남겨 두어야 하며, 권선을 제거하는 과정에서 각 코일의 횟수, 코일의 크기, 선의 종류와 선경 등을 기록해두어야만 한다. 슬롯에서 코일을 제거하기 전에 코일이 슬롯 양쪽 끝으로 돌출한 길이(end room)를 기록하여 둔다. 이 거리는 반드시 기록하여 두어야만 한다. 새로운 코일이 슬롯의 끝에서부터 이 거리 이상 밖으로 나오지 않도록 유의해야 한다.

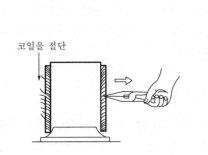
코일을 절단

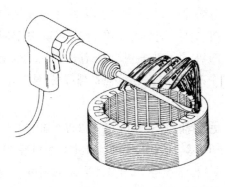

(a) 각 코일의 어느 한 쪽을 절단하고 그 반대쪽에서 코일을 뽑아 고정자의 권선을 제거한다.   (b) 3상 전동기의 권선을 제거하는 공기

[그림 4-11]

(3) 고정자에 대한 절연(insulating the stator)

고정자에 대한 절연요령은 본래의 권선에 사용하였던 동일한 재료를 사용하여 같은 두께로 절연하여야 한다. 절연지는 절단기로 적당한 크기로 잘라 슬롯 크기에 꼭 맞도록 접으며, 턱이 설치되도록 한다([그림 4-12]). 절연지를 슬롯 크기에 맞추어 접는 기구로는 절연 형성기(insulation former)가 있다.

[그림 4-12] 슬롯에 턱이 설치된 절연지를 사용한 전동기

(4) 코일권선(winding the coils)

고정자로부터 뽑은 코일을 검사해보면 [그림 4-13]처럼 6각형임을 알 것이다. 이러한 유형을 다이아몬드 코일(diamond coil)이라고 하고 그 권선을 다이아몬드 코일권선(diamond coil winding)이라고 한다. 그러나 보다 규모가 작은 소형 전동기는 단지 4개의 변을 가진 것이 있는데 이것은 두 개의 변을 반원형으로 둥글게 굽혀 둔 것이다. 다상 전동기는 언제나 틀감기로 권선하여 슬롯 속에 넣는다. 약 75HP 정도까지의 전동기는 머시형(mush-type)의 일로 권선되어 있는데 이것은 한층 한층 쌓아가는 식으로 권선하지 않기 때문에 붙여진 이름이다.

대형 3상 전동기는 일반적으로 개구 슬롯을 사용하고 있으며, 코일은 보통 [그림 4-13]처럼 완전히 테이프로 감겨져 있다. 테이프로는 면 테이프(cotton tape)가 많이 사용되나, 바니시 함침한 케임브릭 테이프 또는 유리섬유 테이프를 사용하는 편이 더 좋다. 무엇보다도 전동기에 사용된 절연물의 등급에 필적할만한 테이프를 사용해야만 한다.

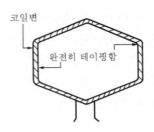

[그림 4-13] 개구 슬롯에 사용되는 다이아몬드형 코일

중급 정도의 전동기에는 반개구 슬롯을 많이 사용한다. 중형 전동기는 횟수가 많은 코일을 한번에 슬롯에 넣기 힘들기 때문에 하나씩 넣게 된다. 코일 전체를 모두 돌아가며 테이프로 감을 수가 없다. 그러므로 슬롯 양쪽으로 나온 부분만 [그림 4-14]처럼 테이프로 감는다. 또 어떤 것은 코일을 테이프로 감는 대신에 [그림 4-15]처럼 끈이나 접착 종이 테이프로 양쪽을 그냥 묶어 코일이 얽히지 않도록 한 것이 있다.

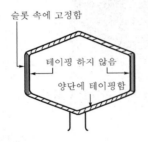

[그림 4-14] 반개구 슬롯에 사용되는 코일

[그림 4-15] 반개구 슬롯에 사용되는 테이프를 감지 않는 코일

소형 전동기에 사용하는 코일은 처음에는 사각형으로 감은 다음 [그림 4-16]에 도시되어 있듯이 서로 반대되는 양쪽 변을 잡아 당겨 반원형이나 다이아몬드 형으로 만든 것이 있다. 이 코일은 쭉 곧게 뻗은 두 변을 슬롯 속에 넣고 굽은 두변은 슬롯의 양쪽에 위치하게 된다. 이러한 코일은 엔즈 룸을 적게 차지한다. 다이아몬드형 코일은 소형 전동기에 많이 사용되며, 이것은 [그림 4-17]과 같은 권선틀을 사용하여 권선한다. [그림 4-18]과 같은 권선틀은 반원형으로 코일을 감을 때 사용된다. 한번에 한 개의 코일을 감는 수도 있지만 아래에 설명하는 군 권선법에 의하여 여러 개를 감는 수도 있다.

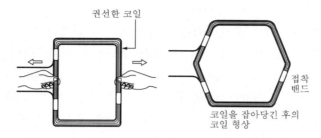

[그림 4-16] 소형 전동기의 코일은 처음에 직사각형으로 권선한 다음,
양변을 잡아 당겨 다이아몬드형으로 만든다.

[그림 4-17] 소형 권선틀(Crown Industrial Products Co.)

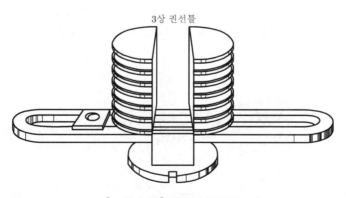

[그림 4-18] 반원형 권선틀

군 감기(group winding)는 대부분의 다상 전동기는 초대형 전동기나 개구 슬롯을 사용한

것을 제외하고는 군감기를 사용한다. 「3상 전동기의 결선」 항에서 설명하는 것처럼 각
군의 코일의 수는 슬롯 수와 자극수에 달려 있다. 이렇게 코일을 군(group)을 지어 감는
것을 군감기(group winding) 또는 조감기(gang winding)라 한다.

군감기에서는 선을 자르기 전에 여러 개의 코일을 미리 감는다. 이렇게 하면 코일을 결선
할 필요가 없으므로 많은 시간이 절약된다. [그림 4-19]는 벤치 타입의 권선틀을 나타내
고 있다. 여기서는 축에 설치된 여섯 개의 바퀴에 선을 감도록 설계되어 있다. 이것은
75HP 정도의 3상 전동기에 사용되는 머시형(mush-type) 코일을 만드는데 사용된다.

[그림 4-19] 3상 전동기용 권선틀

[그림 4-20] 크랭크를 사용하여 코일의 크기
를 조절할 수 있는 권선틀

감기를 끝낸 코일은 활자를 약간 당겨서 안쪽으로 돌려 민다. 이렇게 하면 별 힘을 들이
지 않고 코일을 뽑을 수 있다. 군감기를 한 코일은 대개 소형 또는 중형의 다상 전동기에
사용된다. [그림 4-21]은 또 다른 권선틀을 나타내 보이고 있다.

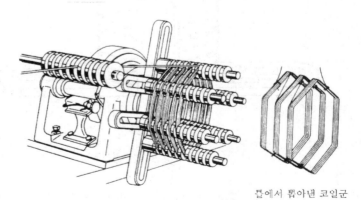

틀에서 뽑아낸 코일군

[그림 4-21] 군감기로 권선하는 방법

지금까지 설명한 이 두 가지 유형의 코일은 반개구 슬롯을 가진 고정자에 사용된다. 이 코일에 테이프를 감거나 감지 않는 것은 제작회사에 달린 문제이다. 대부분의 제작회사들은 소형 및 중형 전동기에는 테이프를 감지 않는다. 테이프를 감지 않을 때는 코일에 적절한 두께와 넓이로 절연조치를 취하여 슬롯에 넣는다. 절연처리를 할 때 잊지 말아야 할 점은 상코일(phase coil)에도 절연처리를 하여 주어야 한다는 점이다. 이 용어에 대해서는 나중에 설명한다.

개구 슬롯으로 된 고정자에 사용할 코일은 특이한 형태이며, 슬롯의 형태에 맞도록 권선하여 한다. 코일변은 정사각형 또는 직사각형이어야 하며, 코일 전체를 테이프로 완전히 감아 주어야 한다.

코일을 감고 나서 테이프를 감을 때는 다음과 같은 방법을 사용한다. [그림 4-22]처럼 끝점 리드선에서 부터 테이프를 감기 시작한다. 다른 하나의 리드선에 이를 때까지 계속하여 테이프를 감아 나간다. 테이프를 매 회 감을 때마다 전번 감은 테이프 위에 약간 겹치도록 하여 감는다.

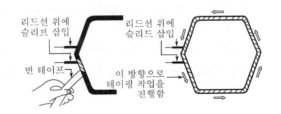

[그림 4-22] 개구 슬롯에 사용할 코일의 테이핑 작업

겹치는 부분은 테이프의 폭은 약 1/4 정도이어야 한다. 두 번째 리드선과 슬리브 위를 약 1인치 정도 감아주고 이어서 첫 번째 리드선까지 테이프를 감아 나간다. 이 첫 번째 리드선과 슬리브도 약 1인치 정도 감은 후 테이프를 감기 시작한 점에 닿으면 테이프를 접착 테이프로 묶는다. 반개구 슬롯에 사용하는 코일은 이와 마찬가지의 방법으로 테이프를 감으나 슬롯 양쪽 끝 부분만 테이프로 감고 슬롯에 넣는 부분은 테이프로 감지 않는 점이 다르다. 테이프는 손이나 테이핑 기계를 사용하여 감는다.

(5) 슬롯에 코일 넣기(placing coils in slots)

반개구 슬롯에 코일을 넣을 때는 코일의 소선(turns of coil)을 하나씩 넣어 간다. 슬롯에 넣은 후에는 그 양쪽 끝을 테이프로 감기도 하나, 대부분의 경우 테이프를 감지 않는다. 코일을 넣는 과정은 다음과 같다.

코일은 한쪽 변의 권선을 부채살처럼 하나하나 편다. [그림 4-23]처럼 슬롯에 넣기 편한 각도로 코일을 손으로 잡는다. 각 권선이 절연지속으로 들어가는지 반드시 확인하여야 한다. 실수로 권선을 철심과 절연지 사이에 넣게 되면 접지사고를 일으킬 위험이 있다.

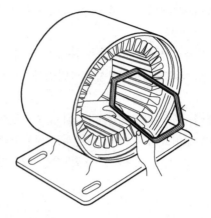

[그림 4-23] 코일의 한 변을 펼쳐서 슬롯에 끼워 넣는다.

코일 전부가 슬롯에 넣어질 때까지 코일을 펼쳐 하나씩 넣어 간다. 반대편 코일은 [그림 4-24]처럼 슬롯에 넣지 않고 그냥 둔다. 코일 변 하나를 슬롯에 넣으면 슬롯 용적의 반을 차지함을 유의하라.

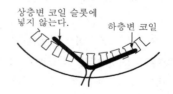

[그림 4-24] 코일을 슬롯에 넣는 요령

슬롯에 코일을 넣고 나면 [그림 4-25]처럼 그 다음 슬롯에 코일을 넣어 간다. 각 코일의 한 변을 슬롯 전부에 다 넣을 때까지 동일한 방법으로 코일을 넣어간다. 각 코일의 다른 한 변은 각 슬롯의 하반부가 코일의 처음 한 변으로 모두 채워질 때까지 방치해둔다. 슬롯의 하반부마다 코일의 한 변을 넣은 후에는 코일 피치 수만큼 슬롯을 건너 뛰어 먼저 넣은 코일 위에 나머지 한 변을 넣는다.

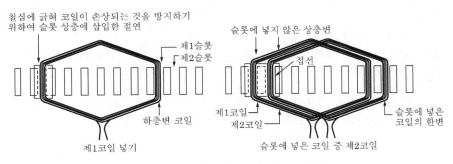

[그림 4-25] 각 코일의 한 변을 슬롯에 넣는 요령

[그림 4-26]에 코일을 군감기로 권선한 것을 넣는 과정이 도시되어 있다.

이러한 방법으로 코일을 슬롯에 넣어 가면 각 코일의 어느 한 변은 슬롯의 하반부에 오게 되고, 그 반대편 변은 코일 피치에 해당하는 슬롯 수만큼 건너 뛰어 다른 슬롯의 상반부에 들어가게 된다. 코일의 상반부에 들어가는 코일 중 한 두개는 언제나 고정자권선이 완성될 때까지 남아있게 된다. 코일을 넣을 때 특히 조심하여야 할 일은 각 코일변이 슬롯 양쪽 끝으로 적당히 돌출시키되 너무 길게 돌출하여 철심의 모서리에 눌리지 않도록 하여야 한다.

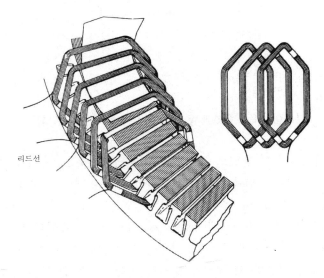

[그림 4-26] 세 개의 코일을 한 군(groups)으로 슬롯에 넣는 요령

각 코일의 두 번째 변은 슬롯에 넣기 전에 이미 슬롯에 넣어 둔 코일에 대한 절연조치를 취하는 것을 잊지 말아야 한다. 동일한 슬롯에 넣어지는 각 코일 변을 절연시키기 위해서

는 개구 슬롯 및 반개구 슬롯 모두에 [그림 4-27]과 같은 과정을 밟아 절연처리를 한다. 슬롯 내에 하층에 들어가는 코일변과 상층에 들어가는 코일변 사이를 절연하는 것은 적절한 넓이와 두께(대개 0.01에서 0.015인치 정도)를 가진 절연재를 사용하여야 한다. 절연재는 슬롯의 양쪽 끝으로 약 1/2인치 정도 나오게 절단하여야 한다. 슬롯 내에 상층변의 코일을 넣었을 때는 나무나 파이버의 쐐기(둥글거나 평평한 형태)를 박아 넣는다. 이것은 슬롯의 양쪽 끝으로 약 1/8인치 정도 돌출하여야 한다.

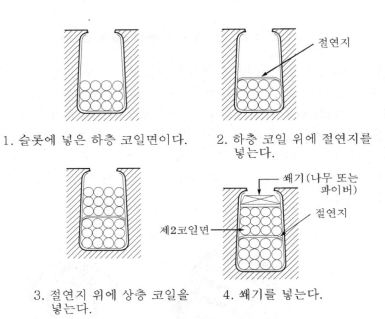

[그림 4-27] 슬롯에 두 코일의 각 변을 절연시켜 넣는 방법

각 군의 코일의 슬롯에 넣었으면 각 군을 상절연(phase insulation)의 방법으로 절연하여 주어야 한다. 이러한 절연에는 바니시 함침한 글래스 제임브릭이나 캔버스(canvas)가 사용된다. 한편, 각 군(group)을 절연하는 상절연(phase insulators)은 [그림 4-28]에 도시되어 있다. 상절연에는 중절연재(heavy separators)가 사용되어야 한다. 또 U형 절연지를 사용하여 상층 코일을 감싸야 한다. 코일을 완벽하게 지지하기 위하여 슬롯 쐐기를 끼워 넣어야 하며, 각 코일의 새 권선은 병렬로 결선되어야 한다는 점 등도 유의해야 한다.

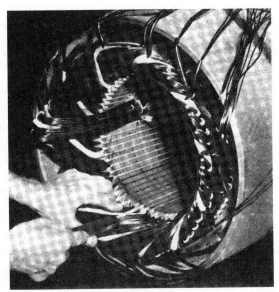

[그림 4-28] 3상 전동기의 권선 및 절연(Wagner Electric Company)

4. 3상 전동기의 결선(connecting the three-phase motor)

다음 설명에서는 코일 수 36, 극수 4인 전동기를 3상 전동기로 결선하는 것을 가정하여 설명한다.

모든 3상 전동기는 슬롯 수와 동일한 코일을 결선한다. 이러한 여러 개의 코일은 상(phase)이라고도 불리는 세 개의 권선을 구성하도록 연결하며, 각 권선마다 동수의 코일을 가지도록 결선한다. 각 권선의 코일 수는 고정자상에 있는 전체 코일 수의 1/3이 되어야 한다.

그러므로 코일 수 36인 3상 전동기의 경우 각 상의 코일 수는 12가 되어야 한다. 이러한 상들은 대개 A상, B상, C상이라고 부른다.

※ 원칙 1 : 각 상의 코일 수를 알아내려면 전동기의 총 코일 수를 상의 수로 나누어 준다.

계산 예 : $\dfrac{\text{총 코일 수} : 36}{\text{총 상수} : 3} = \text{매 상당 코일 수} : 12$

모든 3상 전동기의 상결선에서는 성형결선(star-connection, Y-connecting)이나 또는 델타결선(delta-connection)으로 결선한다. 성형결선한 3상 전동기에서는 각 상의 끝점을 함께 한 점에 접속하고 각 상의 시작점은 전원에 연결한다. [그림 4-29]는 성형결선한 것을 나타내고 있다. 도형에 표시된 형상에 따라서 이 회로는 Y결선이라고도 부른다. 그러므로

Y결선과 성형결선은 동일한 것을 말한다.

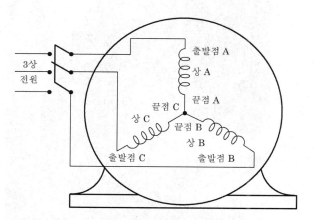

[그림 4-29] 성형권선의 결선도, Y결선이라고도 한다.

델타결선은 각 상의 끝점이 다음 상의 출발점에 연결되는 것을 말한다. [그림 4-30]은 A상의 끝점이 B상의 출발점에 연결된 것을 나타내고 있다. B상의 끝점은 C상의 출발점에 연결되어 있으며, C상의 끝점은 A상의 출발점에 연결되어 있다. 이때 각 상의 연결점에서 전원과 연결하는 리드선을 뽑고 있다. 또 다른 방식의 A상의 출발점에 연결하며, B상의 끝점을 A상의 출발점에 연결하는 방법이다.

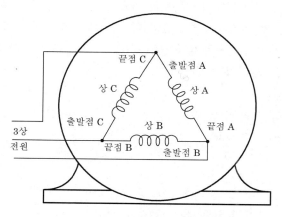

[그림 4-30] 델타결선도

(1) 자극(poles)

이상 설명한 전동기는 4극이 발생하도록 결선된다. 그러므로 코일 수 36, 4극 전동기에서는 각 자극은 [그림 4-31]에서처럼 각 자극이 9개의 코일로 구성되어 있다.

각 자극은 9개의 코일로 구성되어 있다.

[그림 4-31] 코일수 36, 극수 4인 3상 진동기의 자극만 코일수

원칙 2 : 각 자극의 코일 수를 결정하기 위하여, 자극수로 코일 수를 나누어 준다.

계산 예 : $\dfrac{\text{코일 수} : 36}{\text{자극수} : 4}$ = 매 자극당 코일 수 : 9

코일의 외양은 [그림 4-32]와 같다. 결선과정을 간단히 나타내기 위하여 각 코일을 지우고 두 개의 리드선만 도시하여 본다면 [그림 4-33]과 같은 간략도가 도시된다.

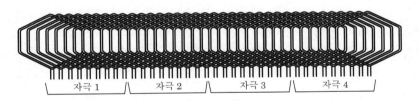

[그림 4-32] 그림 4-31의 코일을 실제로 권선했을 때의 모양

[그림 4-33] 4극 3상 전동기의 코일을 단순화시킨 도형

(2) 군(group)

군(group)이란 직렬로 연결된 일정한 수의 인접한 코일을 말한다. 모든 3상 전동기에서는 언제나 상(phase) 하나에 군(group) 하나씩, 즉 각 자극은 세 개의 군으로 구성되어 있다. 따라서 각 자극의 A상, B상, C상에는 각각 하나의 군이 있게 된다. 그러므로 만약

하나의 자극이 9개의 코일을 가지고 있다면 각 군에는 세 개의 코일이 있게 된다. 이처럼 세 개의 코일로 구성된 부분을 극-상군(pole-phase group)이라고 한다. [그림 4-34]는 하나의 자극이 3개의 군으로 구성되어 있음을 표시한다.

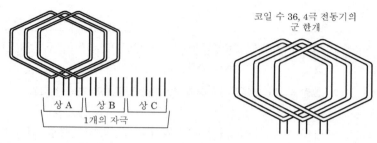

[그림 4-34] 세 개의 군으로 된 하나의 자극, 각 군의 코일수는 세 개이다.

각 군의 코일은 언제나 직렬로 결선되어 있다. 이것은 [그림 4-35]에 도시되어 있다. 여기서는 코일 1의 끝점이 코일 2의 출발점에 연결되어 있으며, 마찬가지로 코일 2의 끝점은 코일 3의 출발점으로 연결되어 있다. 코일 1의 출발점과 코일 3의 끝점은 다른 군에 연결하여 주는 코일-군 리드선(coil-group leads)이 된다. 이 도형을 다른 각도에서 보면 [그림 4-36](a)와 같다.

코일을 하나하나 개별적으로 감았을 때는 코일이 하나의 군을 형성하도록 연결하여야 한다. 코일을 군감기(group wound)로 하면 그 군들을 자동적으로 권선방법에 의해서 형성되어 버린다. [그림 4-21]과 [그림 4-36](b)는 이를 도시하고 있다.

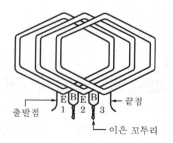

[그림 4-35] 군을 구성하는 코일의 접속법

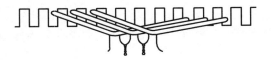 

(a) 그림 4-35의 코일 결선을 측면에서 본 것

(b) 코일 세 개가 군감기로 되어 있다.
코일 사이의 결선은 권선과정에서 자동적으로
형성된다.

[그림 4-36]

(3) 코일에 대한 군접속(connecting the coils into group)

각 군의 코일 수를 알게 되면 코일은 [그림 4-37]처럼 군으로 결선하거나, [그림 4-21]처럼 군으로 권선할 수 있다. [그림 4-21]과 같이 권선하면 코일 사이의 결선을 생략할 수 있다. 원칙 4에서처럼 각 군의 코일 수를 결정한 후에는 언제나 각 군의 코일 수는 이와 동일하게 감아야 한다.

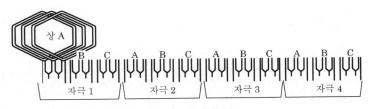

[그림 4-37] 각 군마다 3개의 코일을 조합하여 12개의 군을 형성하고 있는 코일.
각 자극의 결선의 비슷한 점을 유의하여야 한다.

※ 원칙 3 : 군의 수를 결정하는 가장 간단한 방법은 자극의 수를 상의 수로 곱하여 준다. 예를 들어 이제까지 설명한 전동기에서 보면 4극×3상=12군, 또는 군=자극×상이다. 만약 군의 수를 알고 있다면 각 군의 코일 수를 결정하는 일은 쉽다.

※ 원칙 4 : 각 군의 코일 수는 전동기 내의 총 코일 수를 군의 수로 나눈 것과 동일하다.

$$매\ 군당\ 코일\ 수 = \frac{총\ 코일수}{군의\ 수} = \frac{36}{12} = 3$$

3상 전동기를 결선할 때는 군의 수를 먼저 결정하여야만 한다. 그 다음에 매 군당 코일 수가 결정된다. 예를 들어 코일 수 54인 6극 3상 전동기는 3상×6극을 가지거나 18군을 가지게 된다. 그러므로 코일 수 54÷18군은 매 군당 세 개의 코일을 가지는 것이 된다.

(4) 성형결선(star(wye) connection)

이제 전동기의 권선을 결선할 차례이므로 슬롯 수 36, 4극, 성형결선의 전동기를 예로 들어 설명하면 다음과 같다.

① 코일을 군으로 결선한다. 각 군에는 세 개의 코일이 있으며, 각 군의 코일은 직렬로 결선된다. 이것은 [그림 4-37]에 도시되었다. 만약 코일군 권선(group wound)으로 되어 있으면 코일은 이미 결선된 것이다.

② A상의 군들을 [그림 4-38]처럼 함께 결선한다. 이때 전류는 A상의 제1군이 시계방향으로, 제2군이 반시계방향으로 흐르도록 군들이 결선되어야 한다. 그 결과 A상에 속하는 군에는 N·S 자극이 교대로 형성된다.

A상의 출발점에는 가요전선(flexible lead wire)을 접속하여 전동기 밖으로 뽑아내어 리드선으로 한다. A상의 끝점은 나중에 B상, C상의 끝점과 연결하여 중성점을 만들고 테이프로 절연조치를 하여 둔다.

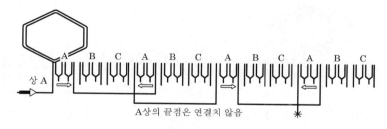

[그림 4-38] A상의 군결신

③ C상도 A상과 동일하게 결선한다. 간단하게 결선하기 위하여 B상은 생략한다. C상에 대한 결선은 [그림 4-39]에 도시되어 있다.

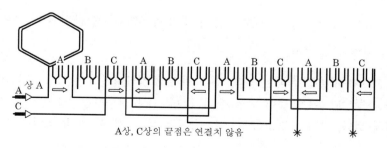

[그림 4-39] C상에 대한 결신은 A상과 동일한 요령으로 한다.
결선을 간단하게 하기 위해서 B상을 결선하기 전에 한다.

④ A상과 C상을 결선한 것과 동일한 요령으로 B상을 결선한다. [그림 4-40]은 B상의 시발점에 제5군에서 출발하였음을 표시한다. 군 하나를 건너뛰고 다음 상부터 결선하기 시작하는 형식의 결선을 군 건너뛰기 결선(skip-group connection)이라고 한다. [그림 4-40]에서 각 군의 아래쪽에 위치한 화살표는 서로 반대방향을 표시하고 있으며, 첫째 화살표는 시계방향을, 둘째 화살표는 반시계방향을, 셋째 화살표는 시계방향을, 넷째 화살표는 반시계방향을 나타낸다. 이것은 각 군의 극성이 정당한가를 검사하는 한 가지 좋은 방법이다.

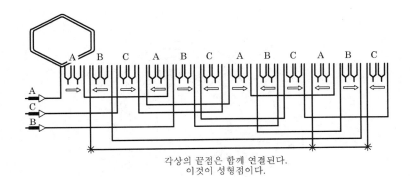

각상의 끝점은 함께 연결된다.
이것이 성형점이다.

[그림 4-40] A상에서의 전류의 방향은 A상, C상에서의 전류의 방향과 반대가 된다.
이것은 각 군의 밑에 화살표로 나타나 있다.

이러한 도면의 표시를 간단히 하기 위해서 각 군은 [그림 4-41]에서처럼 4각형으로 표시할 수 있다. 일반적으로는 [그림 4-42]에서처럼 원형도(circular diagram)으로 표시하는 수가 많다.

이러한 도형들에서 리드선에 도시된 화살표는 전부 동일한 방향을 표시하고 있다. 그러나 실제로는 어느 순간을 기준으로 한다면 한 리드선에 전류가 흘러 들어갈 때 나머지 두 선에서는 흘러나온다. 그 다음 순간에는 두 리드선에는 흘러 들어가고 한 리드선에서 흘러나온다. 그러므로 결선이 적당한가를 확인하려면 전류방향의 화살표는 전동기에 흘러 들어가는 방향이어야 한다. 지금까지의 설명에서 사용한 모든 도형에서는 B상(중간상 ; middle phase)은 화살표의 방향이 다른 두 상과는 반대되는 방향으로 그려져 있다. 이와 같이 그리는 것은 3상 전동기로서의 결선이 옳게 되어 있는지를 알기 위한 것이다.

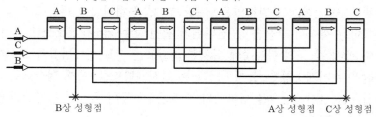

각 사각형은 코일 3개의 군 하나를 나타낸다.

B상 성형점   A상 성형점   C상 성형점

[그림 4-41] 그림 4-40과 비슷하나 코일 대신 사각형이 사용되고 있다.

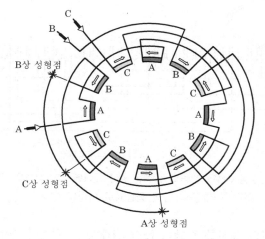

[그림 4-42] 앞 그림의 원형도, 4극 직렬 성형결선

[그림 4-43]은 3상 4극 직렬 성형결선 전동기(three-phase four-pole, series-star(1Y) motor)의 계통도이다.

이 도형에서 각 상은 4군을 형성하고 있다. 이 부분은 전동기의 극수를 결정하는 요소가 된다. 만약 각 상마다 4개의 군을 가지고 있으면 이것은 4극 전동기가 된다. 계통도를 검토해보면 어느 한 상의 군수를 헤아려 봄으로써 전동기의 극수를 알아낼 수 있다. 성형점은 그 전동기가 성형결선한 전동기임을 나타낸다. [그림 4-43]은 또한 상의 군들이 직렬로 연결되어 있음을 나타내고 있다. 그러므로 전체적으로 이 계통도는 이 전동기가 3상, 4극, 직렬 성형결선의 전동기임을 나타내고 있다.

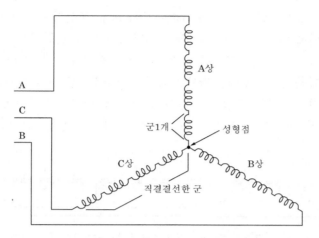

[그림 4-43] 3상 4극 직렬 성형결선 전동기의 계통도

(5) 델타결선(delta connection)

이상 설명한 전동기를 4극 직렬 델타결선 전동기로 접속하면 다음과 같다.

결선을 하기 전에 [그림 4-44]의 계통도를 검토해보면 이 결선을 좀 더 잘 이해할 수 있다. 이 계통도에는 군이 있으므로 이 전동기는 4극 전동기이다. 또 이 전동기는 성점(star point)이 없으며, 또한 A상의 끝점을 C상의 출발점에 결선하는 등, 여러 사실에서 이것은 델타결선한 전동기이다. 그러므로 이 전동기는 3상 4극, 직렬 델타(1△)결선 전동기를 나타내고 있다.

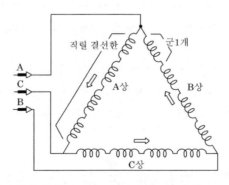

[그림 4-44] 3상, 4극, 직렬, 델타결선 전동기의 계통도

결선작업의 첫 단계는 성형결선에서와 마찬가지로 코일을 군(group)으로 결선하는 것이다. 이 전동기는 3상 4극 전동기이므로, 세 개의 코일이 군 하나를 형성한다. 군수는

3상 × 4극＝12군이 된다. 코일 하나하나에 대한 군 결선법은 이미 성형결선을 할 때 설명했으므로 이에 대해서는 성형결선도를 참조하면 된다. 군결선을 도면으로 표시하려면 군 기호 위에 상(phase)을 표하고, 그 기호 밑에는 전류의 방향을 표시하는 화살표를 표기하면 이해하기가 쉽다. 그 다음 단계는 A상의 군들을 적절한 극성을 띠도록 [그림 4-45]처럼 결선한다. 즉, 제1군의 화살표는 시계방향, 제2군의 화살표는 반시계방향, 제3군의 화살표는 시계방향, 제4군의 화살표는 반시계방향의 극성을 지니도록 결선한다.

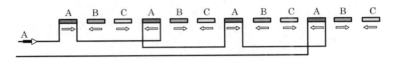

[그림 4-45] 4극, 직렬, 델타결선 전동기의 A상 결선

① A상을 성형결선에서와 마찬가지 방식으로 결선한다.
② C상을 적절한 극성을 띠도록 [그림 4-46]처럼 결선한다. 전류가 군 속을 화살표의 방향으로 흐르도록 군들을 결선한다. A상의 끝점을 C상의 출발점에 연결한다. 극성을 검사하여 전원 리드선을 가리키는 화살표가 동일한 방향으로 되는지 유의한다.

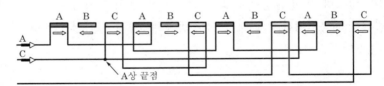

[그림 4-46] 4극 직렬, 델타결선 전동기의 C상 A상의 결선, A상의 끝점은 C상의 출발점에 결선된다.

③ C상의 끝점을 B상의 출발점에 연결하여 가는 식으로 작업을 계속한다. [그림 4-47]은 이 결선을 도시하고 있다. 여기서는 A상의 출발점에서 시작하여 조사해보면 A상을 지나면 C상의 출발점에 온다. C상을 지나면 최후로 B상을 거쳐 A상을 출발점에 도달하게 된다.

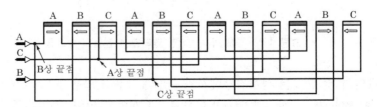

[그림 4-47] 3상, 4극, 직렬 델타결선 전동기의 완전한 결선도

코일과 군들은 원형(圓形)을 그리면서 배치되어 있으므로 [그림 4-48]은 전동기 내에서 각 군이 차지하고 있는 실제 위치를 표시한다.

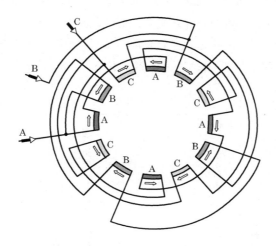

[그림 4-48] 4극, 3상 직렬 델타결선 전동기의 원형도

성형결선 전동기나 델타결선 전동기는 그 결선과정이 각 상의 끝점이 어디에 연결되는가 하는 점을 제외하고는 모두 동일하다. 성형결선에 대해서는 각 상의 끝점을 성형점에 모아 함께 연결하고 델타결선이면 각 상의 끝점을 다음 상의 시작점에 연결한다.
지금까지 설명한 성형결선과 델타결선은 군 건너뛰기 결선법(skip-group method)에 따라 결선한 것이다. 군 하나를 건너뛰지 않고 전동기에 대한 결선을 할 수 있음은 물론이다. [그림 4-49]는 A상, B상, C상을 그러한 순서로 결선한 성형결선이다. 그러나 이 같은 결선법은 군 건너뛰기 결선법과 동일한 효과를 가져 오지만, 결선작업이 간단하기 때문에 일반적으로 군 건너뛰기 결선을 많이 사용한다.

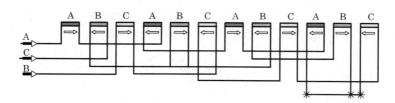

[그림 4-49] 3상, 직렬, 정형 결선, A상을 모두 간진한 다음 B상, C상의 결선을 마친다.

(6) 병렬결선(parallel connections)

많은 3상 전동기는 각 상의 회로가 두 개가 되도록, 또는 전류가 두 통로를 통해서 흐르도록 설계되어 있다. 이러한 결선은 2회로결선(two circuit connections) 또는 2병렬결선(two-parallel connections)이라고 한다. 비교해 볼 수 있도록 직렬성형(1Y)결선과 2병렬성형(2Y)결선의 계통도가 [그림 4-50]과 [그림 4-51]에 도시되어 있다. 각 A상의 군을 병렬로 결선하면 전류의 통로는 두 개가 된다.

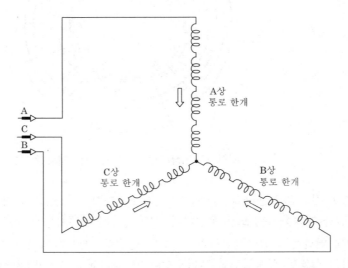

[그림 4-50] 4극, 직렬, 성형(1Y)결선. 이 결선에서 각 상의 군들은 전류의 통로가 하나가 되도록 결선된다.

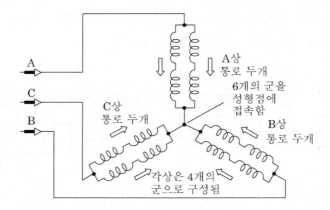

[그림 4-51] 4극, 2병렬, 성형(2Y) 결선. 이 결선에서는 군들은 전류의 통로가 두 개가 되도록 결선된다. 각 상에는 네 개의 군들이 있으며, 이것이 4극 진동기를 형성한다.

[그림 4-52]는 각 군을 사각형으로 도시하고 A상만을 2병렬성형(2Y)결선으로 한 접속도이다.

A상의 군 1과 군 3에 전원선 하나를 연결함으로써 시작하여 접속도에 도시된 것처럼 접속해 나간다.

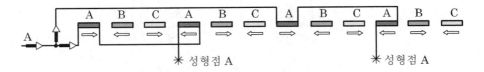

[그림 4-52] 2병렬 성형(2Y) 결선에서의 A상의 접속도. 상의 두 권선이 성형점을 연결한다.

A상에 대한 접속이 끝나면 [그림 4-53]처럼 C상을 접속한다. 그 다음 4개의 리드선을 성형점에 연결한다. [그림 4-54]는 3상 4극 2병렬 성형결선의 완전한 접속도를 나타내고, [그림 4-55]는 동일한 전동기의 원형도이다.

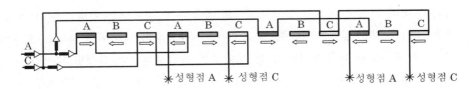

[그림 4-53] 2병렬 성형(2Y) 결선에서의 C상과 A상의 결선. 여기서 4개의 리드선은 성점에 연결된다.

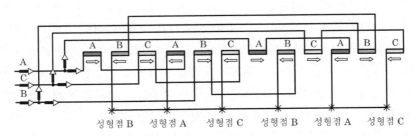

[그림 4-54] 3상, 4극, 2병렬 정형 (2Y) 결선의 완성도

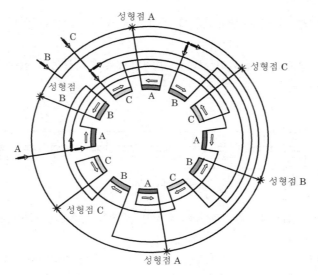

[그림 4-55] 3상, 4극, 2병렬 성형 (2Y) 결선의 원형도

(7) 결선 식별법(how to recognize a connection)

앞에서 이미 지적한 것처럼 3상 전동기에 대하여 그 결선법을 식별하고, 기기에 대한 일정한 지식을 갖는 일은 매우 중요하다. 권선공이나 수리공은 여러 유형의 전동기를 취급하고 그 계통도를 판독하려면 결선 데이터를 간략하게나마 작성할 수 있어야 한다.

먼저 결선형태를 알아내는데 도움이 되는 예비 조치들을 취하여 두면 매우 유익하다. 결선을 완전히 이해할 때까지 각 권선군에서 선이나 리드선을 잘라 내거나 이동시키지 말아야 한다. 명판상의 데이터를 잘 읽고 기록하여 둔다. 이 명판으로부터는 해당 전동기가 단일속도, 2단속도, 단일전압, 이중전압, 성형결선, 델타결선 등에서 어느 것으로 되어 있는지를 알 수 있다. 자극의 수를 알아내는 일은 쉬운 일이다. 60사이클의 전동기에서는 7,200을 속도로 나누어 준다. 또한 상의 군수는 자극의 수와 동일함을 기억하고 있어야 한다. 전동기가 이중전압으로 결선되어 있으면 9개의 리드선이 뽑아내어져 있다. 또 이 전동기는 「이중전압 전동기의 결선」 항에서 설명하는 것처럼 직렬 또는 병렬, 성형 또는 델타결선으로 접속된다. 만약 전동기가 2단 속도 전동기이면 단지 6개의 리드선만이 전동기에서 뽑아내어져 있다. 그러므로 위에서 설명한 전동기의 계통도를 기억하고 있으면 결선법을 이해하는데 별 어려움이 없다.

먼저 권선에 이어진 전원 리드선을 추적하여, 각 선이나 단지 리드선이 연결된 군(group)의 수를 세어 본다. [그림 4-56]을 보면 각 전원 리드선은 한 개의 군에 연결되어 있다. [그림 4-56]은 2극 직렬, 성형(또는 1Y)결선 전동기의 계통도이며, 모든 3상 전동기 중에서 가장 단순한 형태의 것이다. [그림 4-57]은 4극 직렬성형(또는 1Y)결선 전동기를 나타내고 있으며, 각 전원 리드선은 한 개의 군에 연결되어 있다. 결과적으로 전원 리드선이 한 개의 군에 연결되어 있으면 그 결선은 직렬성형결선이다. 이러한 형태의 전동기는 단자 리드선이 한 개의 군에 결선된 유일한 3상 전동기이다. 이 두 전동기의 유일한 차이점은 극-상 군(pole-phase group)의 수에 있다. 2극 전동기는 언제나 2극×3상=6군(매 상단 두 개의 군)을 가지고 있으며, 4극 전동기는 언제나 4극×3상=12군(매 상단 네 개의 군)을 가지고 있다. 군의 수는 명판상의 속도(speed)나 실제로 헤아리는 방법에 의하여 알아낼 수 있다. 결선법을 도시한 계통도는 자극의 수는 고려하고 있지 않다는 사실을 알아야만 한다. 이러한 것은 명판을 통해 알 수 있다. 중요한 점은 결선종류(성형 또는 델타결선 여부)와 회로의 수(1Y, 2Y, 1Δ, 2Δ 등)이다.

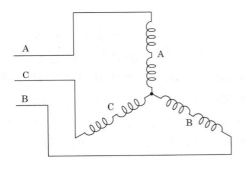

[그림 4-56] 2극, 직렬 성형(1Y)결선.
만약 한 개의 군이 각 전원에 연결되어 있으면 그것은 직렬 성형(1Y) 결선이다.

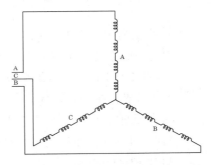

[그림 4-57] 4극, 직렬 성형(1Y)결선.
한 개의 군이 하나의 전원에 연결되어 있다.

각 전원 리드선이 군 두 개와 접속되어 있으면 그 결선은 직렬델타(1Δ)결선이거나 2병렬성형(2Y)결선이다. 이 두 회로는 [그림 4-58]에 도시되어 있다. 2병렬성형결선인지의 여부를 식별하려면 군 여섯 개가 한 점에 접속되는 성형점을 찾는다. 성형점을 찾을 수 없으면 직렬델타결선임에 틀림없다. 때로는 [그림 4-69]에서처럼 군 세 개를 각각 한점에 연결시킨 독립된 성형점 두 개를 가진 것이 있다.

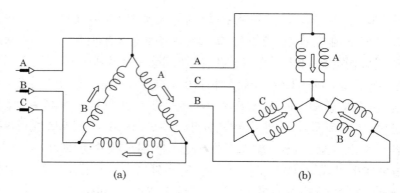

(a)   (b)

[그림 4-58] 위 양도면에서 볼 때 전원 리드선은 두 개의 군에 연결되고 있으나 병렬, 성형결선은 중심점에서 6개의 군을 함께 접속하고 있다.

만약 전원 리드선이 [그림 4-59]처럼 세 개의 군에 연결되어 있으면 이 전동기는 3병렬 성형(3Y)결선 전동기이다. 이러한 유형은 다른 전동기에서는 볼 수 없는 결선이다.
[그림 4-60](a)와 [그림 4-60](b)에서처럼 각 전원 리드선이 네 개의 군과 연결되어 있으면 2병렬델타(2Δ)결선이나 4병렬성형(4Y)결선 중 어느 하나에 속한다. 4병렬성형 (4Y)결선의 식별은 군 12개가 한 개의 성형점에 접속되게 되므로 이를 통해 알아낼 수 있다. 이러한 예에서 알 수 있듯이 계통도를 판독할 수 있으면 결선종류를 알아내는 것은 쉽게 해결할 수 있는 문제이다.

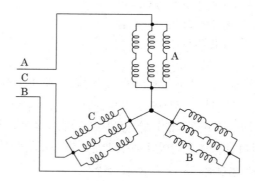

[그림 4-59] 3병렬, 성형(3Y)결선. 각 전원 리드선은 3개의 군에 연결된다.

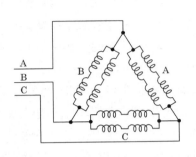

(a) 4극, 2병렬, 델타(2△)결선. 각 전원 리드선은 4개
의 군에 연결된다.

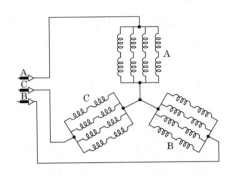

(b) 8극, 4병렬 성형(4Y)결선. 이 양 결선방법은
각 전원 리드선이 모두 4개의 군에 연결되어
있으나, 4병렬 성형(4Y)결선은 12개의 군을
함께 연결하고 있다.

[그림 4-60]

극의 수를 결정하는 방법은 여러 가지가 있다. 3상 전동기는 극수와 속도 사이에 일정한
관계가 있으므로 속도를 알면 극수는 쉽게 알 수 있다. 이에 관하여서는 제1장에서 설명
한 바 있다. 그러므로 만약 명판에 기록된 속도가 1,725rpm이면 4극 전동기이고 1,150rpm
이면 6극 전동기이다.

극수를 결정하는 또 다른 방법은 군의 수를 헤아려 상의 수로 나누어 결정하는 방법이다.
예를 들면 군의 수가 12일 경우는 상의 수 3으로 나누어 준다. 그 결과 극의 수는 4가
된다. 군의 수는 각 군의 두 개의 연결 리드선(jumper leads)을 가지고 있으므로 쉽게
알 수 있다.

또 다른 방법은 점퍼선을 헤아리는 방법이다. 예를 들어 전동기가 2병렬성형결선이며 6개
의 점퍼(jumper)를 가지고 있으면 그것은 4극 전동기임을 뜻하고 [그림 4-61]에서처럼
결선한다. 이 도면에서는 숫자 1,2,3,…6 은 점퍼선을 의미한다.

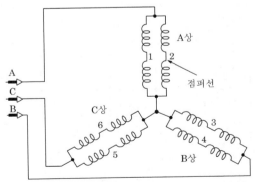

[그림 4-61] 6개의 점퍼선을 가진 4극, 2병렬 성형(2Y)결선

(8) 3상 전동기의 이중전압 결선법(connecting three-phase motors for two voltage)

대부분의 소형 및 중형 3상 전동기는 두 개의 전압 중 어느 전압으로도 작동이 가능하도록 결선을 바꾸게 되어 있다. 이처럼 이중전압 전동기로 설계하는 것은 전동기 설치장소의 전압에 따라 임의로 선택해 운전할 수 있도록 한 것이다.

이 이중전압 전동기는 두 개의 전압 중 높은 전압으로 사용할 때는 직렬결선으로, 낮은 전압으로 사용할 때는 2병렬결선으로 할 수 있도록 전동기 외부로 리드선을 뽑아 놓는다.

[그림 4-62]는 직렬로 연결할 때는 460볼트로, 교류동력선에 연결하여 사용할 수 있는 4개의 코일을 나타내고 있다. 이때 각 코일은 115볼트의 전압이 걸린다. 만약 4개의 코일이 [그림 4-63]에서처럼 230볼트 전원에 2병렬로 연결되면 각 코일에는 115볼트의 전압이 걸린다. 이 4개의 코일을 연결하는 세 번째 방법은 [그림 4-64]에 도시되어 있다. 이 접속은 전동기를 115볼트에 운전하기 위한 4병렬결선이다. 이때에도 여전히 각 코일에는 115 볼트의 전압이 걸린다. 그러므로 전원전압에 관계없이 코일에 걸리는 전압은 모두 동일하다. 바로 이 점이 모든 이중전압 전동기에 사용되는 근본적인 원리이다. 그러므로 만약 460볼트 또는 230볼트로 운전하도록 설계된 단상 전동기에서 4개의 리드선이 뽑아내어져 있다면 이것은 쉽게 양 전압으로 연결하여 사용할 수 있다. [그림 4-65]에는 460볼트로 운전할 때의 직렬연결을 도시하고 있고, [그림 4-66]은 230볼트로 운전할 때의 병렬연결을 나타내고 있다.

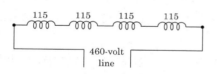

[그림 4-62] 460볼트에 직렬로 연결된 4개의 코일. 각 코일의 전압은 115볼트이다.

[그림 4-63] 230볼트 전원에 2병렬전원에 2병렬결선된 4개의 코일. 여전히 각 코일의 전압은 115볼트이다.

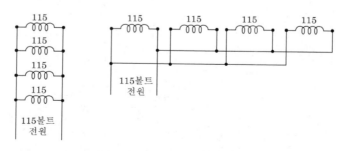

[그림 4-64] 그림 4-63의 4개의 코일을 115볼트로 운전하도록 결선한 것

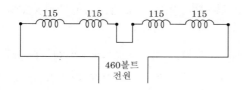

[그림 4-65] 460볼트로 운전하기 위한 직렬결선

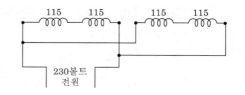

[그림 4-66] 230볼트로 운전하도록 병렬연결한 2조의 코일

[그림 4-67]은 코일간에 전압이 나누어 걸리는 원리를 3상 4극 성형결선 전동기의 예로 나타내 보이고 있다. 이 전동기는 460볼트로 운전하기 위하여 직렬성형결선한 것이다. 만약 이 전동기가 230볼트 전원에 연결된다면 [그림 4-68]처럼 2병렬로 결선된다. 두 개의 성형점(star-point)을 사용하는 결선은 [그림 4-69]에 도시되어 있다. 이 두 도형은 어느 것이나 옳은 것이다.

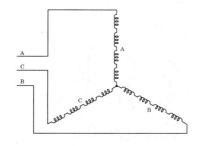

[그림 4-67] 3상, 4극, 직렬 성형(1Y)결선

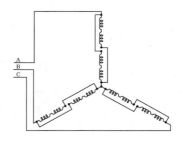

[그림 4-68] 성형점이 하나인 3상, 4극, 2병렬 성형(2Y)결선

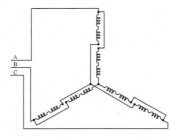

[그림 4-69] 성형점이 두 개인 3상, 4극, 2병렬 성형(2Y) 결선

(9) 이중전압 성형결선(Y 결선) 전동기의 결선법(connecting a two-voltage(dual-voltage) star(wye) motor)

실제적으로 모든 이중전압 3상 전동기는 전동기의 권선으로부터 9개의 리드선을 뽑는다. 이것들은 T_1에서 T_9까지 표시된다. 이 선을 외부에서 결선하여 이중전압으로 전동기를 운전한다. [그림 4-70]은 성형결선했을 때의 이 전동기의 표준 단자기호를 표시하고 있다. 이 전동기에는 4개의 회로가 있으며 세 개는 두 개의 단자에, 한 개의 회로는 세 개의 단자에 이어진다. 이에 관해서는 나중에 검사할 때에 다루게 된다.

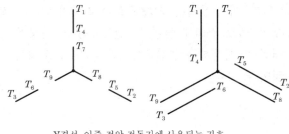

Y결선, 이중 전압 전동기에 사용되는 기호

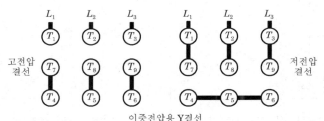

이중전압용 Y결선

전압	L_1	L_2	L_3	함께 결선		
저전압	$T_1 T_7$	$T_2 T_8$	$T_3 T_9$	$T_4 T_5 T_6$		
고전압	T_1	T_2	T_3	$T_4 T_7$	$T_5 T_8$	$T_6 T_9$

[그림 4-70] 성형결선한 이중전압 전동기의 단자기호 및 결선

각 상은 두 부분으로 된 권선을 가지고 있음을 유의해야 한다. 이 두 부분의 권선은 높은 전압에 사용하기 위해서는 직렬로 결선하고, 낮은 전압에는 병렬로 연결한다. 높은 전압 용으로 결선하기 위해서는 [그림 4-71]에서처럼 군들을 직렬로 연결한다. 그 과정은 다음과 같다. 리드선 T_6과 T_9, T_4와 T_7, T_5와 T_8을 각각 연결하여 테이프 또한 따로따로 감아준다. 리드선 T_1, T_2 및 T_3을 3상 전원에 연결한다.

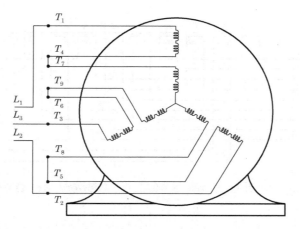

[그림 4-71] 높은 전압하에 운전하도록 군을 직렬로 연결한 이중전압 성형(wye) 전동기

같은 전동기를 낮은 전압으로 운전하려면 군들은 [그림 4-72]처럼 2병렬결선된다. 그 과정은 다음과 같다. 리드선 T_7을 T_1과 전원선 L_1에, 리드선 T_8을 T_2와 전원 L_2에, 리드선 T_3을 T_9와 전원선 L_3에 연결한다. 리드선 T_4, T_5 및 T_6은 함께 결선하여 외부 성형점을 형성한다. [그림 4-73]은 이중전압 4극 성형결선 전동기의 직선도이다. [그림 4-74]는 3상 이중전압 성형결선한 전동기의 원형도이다.

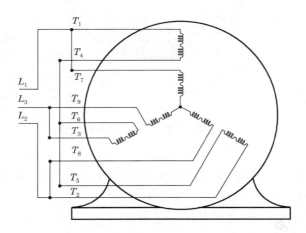

[그림 4-72] 낮은 전압하에 운전하도록 군을 병렬로 연결한 이중전압 성형(wye) 전동기.
리드선 4, 5, 6을 밖에서 접속하여 외부 성형점을 만든다.

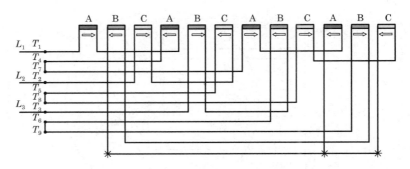

[그림 4-73] 3상, 삼중전압, 4극 성형(wye) 결선 전동기

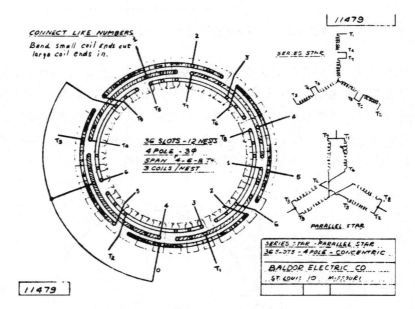

[그림 4-74] 이중전압 성형결선 전동기

(10) **이중전압 델타 전동기의 결선**(connecting a two-voltage delta motor)

이중전압 델타결선 전동기의 기본적인 단자기호는 [그림 4-75]를 참조하라. 이중전압 델타결선 전동기는 세 개의 단자가 세 개의 회로를 각각 가지고 있음을 유의한다. [그림 4-76]은 고전압과 저전압의 결선도를 나타내고 있다. 고전압으로 운전할 때는 T_4의 리드선과 T_7의 리드선을 연결하고, T_5와 T_8, T_9를 연결한다. 또 리드선 T_1, T_2 및 T_3 전원선 L_1, L_2, L_3에 각각 연결한다.

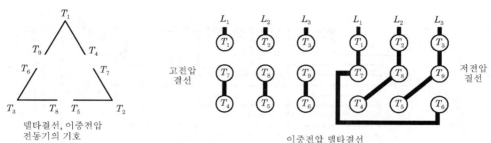

고전압 결선

저전압 결선

델타결선, 이중전압
전동기의 기호

이중전압 델타결선

전압	L_1	L_2	L_3	함께 결선		
저전압	$T_1 T_6 T_7$	$T_2 T_4 T_8$	$T_3 T_5 T_9$			
고전압	T_1	T_2	T_3	$T_4 T_7$	$T_5 T_8$	$T_6 T_9$

결선도표

[그림 4-75] 델타결선, 이중전압, 전동기의 단자기호 및 결선

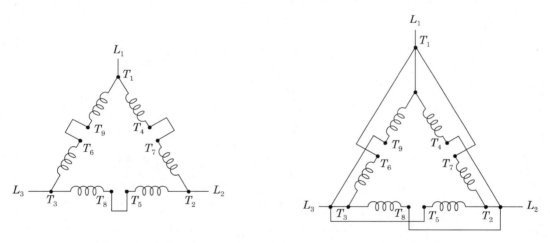

[그림 4-76] (좌측) 고전압 운전에 적합하도록 군을 연결한 이중전압,
델타결선(우측) 저전압 운전에 적합하도록 군을 병렬로 연결한 이중전압

저전압으로 운전할 때는 리드선 T_1, T_7 및 T_6을 전원선 L_1에, 리드선 T_2, T_4 및 T_8을 전원선 L_2에, 리드선 T_3, T_5 및 T_9를 전원선 L_3에 연결한다.

이중전압, 4극, 델타결선 전동기의 직선도는 [그림 4-77]에 도시되어 있으며, 이것은 고전압으로 결선된 것이다.

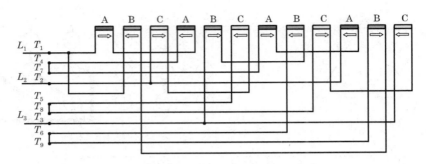

[그림 4-77] 3상, 4극, 이중전압, 델타결선 전동기

(11) 와이델타 이중전압(wye-delta dual-voltage)

어떤 전동기는 저전압으로는 델타결선을 하고 고전압으로는 성형결선한 것이다. 고전압과 저전압의 전압비율은 $\sqrt{3}$ 대 1이다. [그림 4-78]은 이러한 전동기의 단자기호를 나타내고 있다. 각 상에서 두 개씩 6개의 리드선이 전동기에서 뽑아내어져 있음을 유의한다.

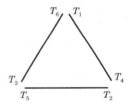

전압	L_1	L_2	L_3	함께 결선
고전압	T_1	T_2	T_3	$T_4 T_5 T_6$
저전압	$T_1 T_6$	$T_2 T_4$	$T_3 T_5$	

[그림 4-78] 와이델타 결선한 이중전압 전동기

5. 짧은 연결선과 긴 연결선(short and long jumpers)

지금까지 설명한 모든 결선은 한 군의 끝점을 같은 상에 속하는 다음 군의 끝점에 연결하는 짧은 결선(short jumper)을 사용한 것이다. 이것은 다른 말로 이야기하면 끝점과 끝점(end-to-end)을, 출발점과 출발점(beginning-to-beginning)을 연결한 것이며, [그림 4-79]에 도시되어 있다. 여기에서는 성형결선한 전동기의 한 개의 상만을 도시한 것이다. 이것은 또한 정점과 정점(top-to-top)결선이라고도 한다.

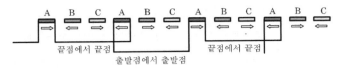

[그림 4-79] A상의 군 사이의 쇼트 점퍼

긴 연결선(long jumper)이란 [그림 4-80]에 도시되어 있는 것처럼 제1군의 끝점을 같은 상에 속하는 제3군의 출발점에 연결하는 것이다. 이것은 또한 정점과 끝점(top-to-bottem) 결선이라고도 한다. 긴 연결선은 주로 2단 속도 병렬결선한 전동기에 많이 사용된다. [그림 4-74]는 4극, 이중전압 전동기의 긴 연결선을 사용한 것을 도시하고 있다.

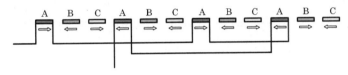

[그림 4-80] A상의 군 사이의 롱 점

6. 이중전압, 3상 전동기의 명판(name plates for dual-voltage three-phase motors)

[그림 4-81]은 전형적인 3상, 이중전압, 성형결선 전동기의 명판을 도시하고 있다. 저전압용과 고전압용의 결선을 유의해 보라. 명판을 검토해보면 이것은 220-440볼트의 3상 60사이클, 5HP 1,750rpm 전동기임을 알 수 있다. 보통 이 명판은 고전압과 저전압으로 운전할 때의 결선도를 나타내고 있다. 본서의 주된 목적은 전동기의 수선에 관한 것이나, 명판상에 있는 특성들을 이해하는 것도 중요하다. 예를 들면 디자인, 타입, 프레임, 레이팅, 코드, 하중 보정 개수 등에 관한 것도 설명을 필요로 하는 것들이다.

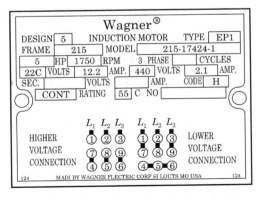

[그림 4-81] 성형결선 이중전압 전동기의 명판

(1) 디자인(design)

다만 적분마력 유도 전동기는 A, B, C, D 급으로 설계되어 있다. 이 전동기들은 높은 기동전압을 견딜 수 있도록 설계되어 있다. A, B, C 형으로 설계된 전동기는 부하율의 5% 이하에 적용되는 슬립(slip)을 가지고 있고, D형은 5% 이상에 적용되는 슬립(slip)을 가지고 있다. 자극수 10개 또는 그 이상의 A, B형 전동기는 5% 이상에 적용되는 슬립을 가지고 있다.

(2) 타입(type)

전동기 제조업자들은 특정한 전동기의 특성을 표시하기 위하여 일정한 상징을 사용한다. 이번 경우에 있어서 'EPI'는 A 또는 B형 디자인의 폐쇄 비통풍형 전동기(enclosed nonventi-lated motor)를 뜻하며, 이것은 정상적인 기동 회전력과 5% 이하의 정상적인 슬립을 가지고 있음을 뜻한다.

(3) 프레임(frame)

적분 마력 전동기에서 이 숫자는 축의 중심에서 바닥까지의 거리를 뜻하는 디멘션 D를 나타내고 있다. 프레임 215의 경우, 처음 두 숫자 21은 4로 나누면 $5\frac{1}{4}$이 되는데, 이것은 $5\frac{1}{4}$인치임을 나타낸다. 세 번째 숫자 5는 선동기의 F 디멘션에서 얻어진 것이다. 이 숫자 5는 기계 하단 중심선에서 상단 중심선까지의 거리를 뜻하는 것이다.

(4) 레이팅(rating)

'Cont'란 글자는 전동기가 일정 전압하에 전마력으로 운전하고, 과열되거나 명판상에 기재된 온도를 초과하지 않으면서 명판상에 기재된 주파수에 도달하기까지의 기간을 말한다.

(5) 센티그레이드 라이즈(centigrade rise)

이것은 적정부하하에 전동기가 작동할 때 적정 온도 이상으로 온도가 상승하는 것을 가리킨다. A급 절연재를 사용한 보통 용도의 전동기는 40℃를 초과하지 않는 상태여야 한다. A급 절연재를 사용한 폐쇄 전동기는 전부하상태에서 운전할 때 55℃를 초과하지 않아야 한다.

(6) 코드(code)

기동계급(code letter)이란 교류 전동기에서 매 마력당 록트 로터, K.V.A(locked rotor

Kilovolt Amperes)를 명판상에 기재한 것을 말한다.

록트 로터 암페어는 서로 다른 기동계급을 찾아보도록 매 마력당 K. V. A를 표시한 표에서 찾아보면 된다. 예를 들면 기동계급 H의 경우, 매 마력당 K. V. A는 6.3에서 7.1이다. 5HP 전동기의 경우 K. V. A입력은 $5 \times 7.1 = 35.5$K. V. A를 초과하지 않아야 한다. 이 숫자는 지선회로에서 과전류방지를 위해 필요한 숫자이다.

(7) 서비스 팩터(service factor)

교류 전동기의 서비스 팩터는 정격출력값에 곱하여 주는 계수로서, 정격, 전압, 정격주파수, 정격온도에서 연속적으로 걸 수 있는 허용부하를 의미한다. 멀티플라이어 1.15란 숫자는 전동기가 정격부하의 1.5배까지 과부하상태에 있어도 된다는 것을 의미한다.

7. 부분권선 기동 전동기(part-winding-start motors)

(1) NEMA 감응도(definition)

부분권선 기동 유도 전동기 또는 동기 전동기는 먼저 기본권선의 일부를 사용하여 기동력을 얻고, 그 다음 나머지 권선으로 운전하는 것을 말한다.

주요 목적은 전동기의 기동 회전력을 낮추기 위한 것이다. 가장 보편적인 부분권선 기동 유도 전동기는 기본권선의 1/2이 먼저 작용하고 다음 1/2이 작용하도록 된 것이며, 그것은 각각 동일한 전류를 흐르게 된다.

위에서 말한 것처럼 부분권선 기동 전동기의 주요 목적은 전동기에 흐르는 기동전류나 기동 회전력을 낮추어 주기 위한 것이다. 비록 부분권선 기동 유도 전동기가 단일전압 전동기일지라도 어떤 이중전압형 다상 전동기(예를 들어 208, 220/440)도 220볼트에서 부분권선 기동으로 사용할 수 있다.

이중전압 전동기는 권선의 반을 기동용으로 결선하여 저전압으로 사용하며, 그 다음 운전용으로 반씩 된 권선 두 개 모두를 병렬로 결선하여 운전한다. 이러한 전동기 중 많은 것이 9개의 리드선을 뽑아내어 성형 또는 델타결선으로 연결하고 있다. [그림 4-82](a), (b)와 [그림 4-83]을 참조하라.

[그림 4-82](a)에서 T_4, T_5, T_6을 함께 연결하면 두 개의 와이(wye), 즉 두 개의 성형점을 만들게 된다. T_1과 T_2, 그리고 T_3을 L_1, L_2 그리고 L_3에 연결하면 권선의 반에 전류를 통하게 된다. T_7, T_8 그리고 T_9를 L_1, L_2, L_3에 연결하면 220볼트 와이(wye)병렬결선이 된다. 만약 전동기가 6개의 리드선만 뽑아 내어진다면 리드선 T_4, T_5, T_6은 전동기 내부에서 먼저 연결된다.

[그림 4-83]의 델타 전동기에는 T_1과 T_6을 L_1에, T_2와 T_4를 L_2에, T_3과 T_5를 L_3에

연결하여 전동기의 반이 델타결선이 된다. 이러한 연결은 T_7을 T_1에 T_6과 T_8을 T_2와 T_4에, 그리고 T_9를 T_3과 T_5에 연결함으로써 완성되며, 그 결과 1/2씩 결선된 권선 두 개가 전원에 병렬로 연결된다. 만약 델타결선 전동기에 9개 대신에 6개의 리드선이 뽑아 내어져 있다면 기동용으로는 T_1과 T_6, T_2와 T_4, T_3와 T_5를 영구결선하고, 운전용으로는 T_2를 T_1과 T_2에, T_8을 T_2와 T_4에, T_9를 T_5와 T_3에 연결한다. 실제적으로는 모든 결선은 이러한 용도에 사용하기 위하여 특별히 고안한 컨트롤러를 사용하여 자동적으로 연결한다. 이것에 관해서는 다음 장에서 설명한다.

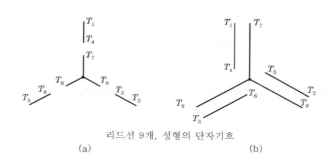

리드선 9개, 성형의 단자기호

(a)   (b)

단계	L_1	L_2	L_3	함께 결선
1	T_1	T_2	T_3	$T_4\,T_5\,T_6$
2	$T_1\,T_7$	$T_2\,T_8$	$T_3\,T_9$	$T_4\,T_5\,T_6$

[그림 4-82] (a)와 (b) 리드선 9개의 와이결선 부분권선 전동기. 이것은 리드선 9개의 이중전압 전동기와 그 결선이 비슷하다.

리이드선 9개, 델타의 단자기호

단계	L_1	L_2	L_3	함께 결선
1	$T_1\,T_6$	$T_2\,T_4$	$T_3\,T_5$	
2	$T_1\,T_7$	$T_2\,T_8$	$T_3\,T_9$	

단계	L_1	L_2	L_3	함께 결선		
1	T_1	$T_4 T_2$	T_9	$T_4 T_8$	$T_5 T_9$	$T_6 T_7$
2	$T_1 T_5$	$T_4 T_2$	$T_9 T_3$	$T_4 T_8$	$T_5 T_9$	$T_6 T_7$

[그림 4-83] 리드선 9개의 델타 부분권선 전동기의 두 가지 결선방법

(2) 부분권선 기동 전동기의 권선

이런 전동기는 단일 전압용으로 권선되는 것이기는 하지만 앞에서 설명한 이중전압 전동기에서처럼 9개의 리드선을 사용한다. 그 권선 및 결선은 [그림 4-73] 및 [그림 4-77]과 비슷하다. 이 도형들은 정점에서 정점 또는 짧은 연결선결선을 사용한다. 만약 [그림 4-80]처럼 결선된다면 긴 연결선결선이며, 이 전동기는 기동 첫단계에서보다 조용하게 작동하는 경향이 있다.

8. 3상 이중전압, 성형결선 전동기의 리드선 식별법(how to identify the nine leads of anuntagged three-phase, dual-voltage, start connected motor)

이 검사를 하기 위해서는 460볼트 스케일의 교류 볼트 미터와 208, 220 또는 230볼트의 3상 전류, 회로 검사기, 테스트 램프, 배터리와 같은 장비가 필요하다.

검사과정은 네 개의 회로에 대한 계속성 검사과정과 두 개의 리드선 회로를 적절한 상에 연결하는 과정으로 나누어 진다.

(1) 네 개의 회로에 대한 검사

① 1단계 : [그림 4-84](a)를 참조하라. 테스트 램프 또는 다른 장비를 이용하여 9개의 리드선이 완전한 회로를 구성하고 있는지를 검사한다. 만약 두 개의 리드선 세 개와 세 개의 리드선 한 개인 네 개의 회로가 있다면 이 전동기는 성형결선이다. 만약 테스트 결과 세 개와 리드선이 세 개의 회로를 구성하고 있다면 이것은 델타결선한 전동기이다. 성형결선한 것으로 가정하고 다음 단계의 검사로 넘어간다.

② 2단계 : 회로에 표시를 한다. 리드선 T_7, T_8, T_9를 영구 3-리드선 회로로 사용한다. 잠정적으로 2-리드선 회로인 T_1, $T_4 - T_2$, T_5, $T_3 - T_6$에 표시를 한다. 이 시점에서는 세 개의 2-리드 회로가 옳게 표시되었는지 확신할 수 없으므로 그것을 옳게 찾아 표기하는 것이 가장 큰 문제이다.

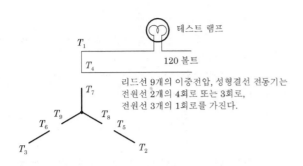

테스트 램프

120 볼트

리드선 9개의 이중전압, 성형결선 전동기는
전원선 2개의 4회로 또는 3회로,
전원선 3개의 1회로를 가진다.

(a) 각 회로의 계속성을 검사한다.

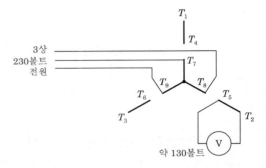

3상
230볼트
전원

약 130볼트

(b) 230볼트 3상 전류를 사용하여 전동기를 운전하면서
T_7, T_8, T_9에 대한 전압시험을 한다.

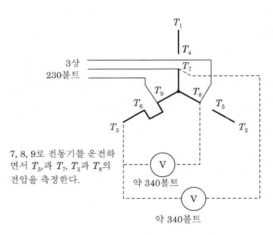

3상
230볼트

7, 8, 9로 전동기를 운전하
면서 T_3과 T_7, T_3과 T_8의
전압을 측정한다.

약 340볼트

약 340볼트

(c) 각 상에 결선이 올바르게 되어 있는지 시험한다.

[그림 4-84]

(2) 2-리드선 회로를 적절한 상에 연결하는 법

① 1단계 : 230-460볼트의 3상 전동기가 정상상태라고 가정한다. 리드선 T_7, T_8, T_9에 저
전압(230V)을 가한다. 이때 전동기는 부하 없이 운전해야 한다. 다른 리드는 개로 되
어 있어야 한다.

② 2단계 : 두 개의 리드선 단위마다 전압검사를 한다. 이 전압은 230/3 또는 약 130볼트
가 되어야 한다. [그림 4-84](b)를 참조하라.

③ 3단계 : 전동기를 운전하면서, 일시적으로 표시한 T_6에서 T_9에 이르는 리드선을 연결
하고 T_3과 T_7, T_3과 T_8에 걸리는 전압을 측정한다([그림 4-84](c)). 만약 이 두 전
압이 약 340볼트로 동일하면 T_6에서 T_9에 이르는 결선은 옳게 된 것이며, 영구히 이

표시를 하여 둔다. 만약 130볼트로 동일하게 나타난다면 T_6과 T_3을 바꾸어 준다. 만약 전압이 동일하지 않다면 340볼트에 이를 때까지 다른 2-리드선 부분을 계속 연결해 본다.

④ 4단계 : 이와 동일한 과정을 다른 2-리드선 회로에도 마찬가지로 실시한다. 예를 들면 T_5와 T_8을 연결하여 T_2와 T_7 사이 T_2와 T_9 사이를 검사한다. T_4와 T_7을 연결하고, T_1과 T_8 사이 T_1과 T_9 사이의 전압을 측정한다.

⑤ 5단계 : 결선이 옳게 되었는지 검사하기 위하여 단자기호표를 참조하면서 전동기를 저전압으로 작동하도록 결선해본다. 옳게 연결되어 있다면 전동기는 적정부하에서 작동할 수 있어야 하고, 전원선 암페어는 정격값으로 동일하여야 한다.

위에서 행한 모든 실험은 볼트미터 대신에 테스트 램프를 알아보기 위해서는 올바른 수의 램프를 직렬로 연결하여야 하며, 각 회로에서의 등의 밝기를 유의해 보아야 한다.

9. 표시 없는 이중전압 델타결선 전동기(untagged dual-voltage delta-connected motor)

이 검사를 위해서는 다음과 같은 장비를 사용한다.

460 볼트 스케일의 교류 볼트 미터, 230볼트 3상 전원, 옴 미터, 테스트 램프 또는 버저(buzzer) 배터리와 같은 장비를 사용한다.

검사는 세 회로에 대한 계속성 검사, 센터 탭(center-tap)의 결정, 알맞은 위치에로의 회로의 결선과 같이 실시한다.

(1) 세 회로에 대한 검사

[그림 4-85](a)를 참조하여, 각 세 개의 권선마다 세 개의 회로가 있음을 유의하라. 이것은 모든 리드선 9개, 이중전압, 델타결선 전동기에 공통적인 현상이다. 세 개의 회로를 램프 또는 버저로 검사하여 A, B, C로 표시하여 둔다.

(2) 센터 탭(center tap)의 결정

① 1단계 : 옴 미터를 사용하여 세 리드선 회로의 저항을 검사한다. 가장 높은 저항을 나타내는 두 개의 리드선에 잠정적으로 T_4와 T_9로 표시하여 준다. 다른 리드선은 우선 T_1로 표시하며, 이것이 센터 탭이 된다. [그림 4-85](b)를 참조하고 T_4와 T_9 사이의 저항이 T_1과 T_4 사이 또는 T_1과 T_9 사이의 저항의 두 배가 되는지를 유의해서 본다.

② 2단계 : 이와 동일한 실험을 다른 두 개의 회로 B와 C에도 마찬가지로 실시한다.

(3) 알맞은 상으로의 회로결선

① 1단계 : 회로 A를 3상, 230볼트 전원에 연결한다. [그림 4-85](c)에서처럼 전동기를 무부하로 개로된 델타 전동기처럼 운전한다.

② 2단계 : 리드선 T_1을 이미 알고 있으므로 나머지 리드선은 T_4와 T_9임을 알 수 있다. 리드선 T_4라고 생각하는 선을 B회로의 외부 리드선 중의 어느 하나에 연결한다.

③ 3단계 : T_2와 T_1 사이의 전압을 측정한다. 이것은 약 460볼트가 되어야만 한다.

④ 4단계 : 만약 리드선 T_5를 $2T_4$에 연결한다면 약 390볼트는 도달해야 한다. 이것을 물론 잘못된 것이다. 적절한 전압이 달성될 때까지 시행착오를 거치면서 반복하여 시험해야 한다. 리드선을 바꿀 때 진동기는 정지시켜야 한다.

⑤ 5단계 : 위의 과정을 모든 회로에 반복하여 실시하고, 리드선을 [그림 4-85](c)에 도시된 단자에 따라 연결한다.

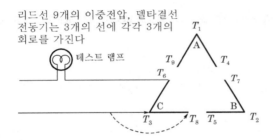

(a) 3개의 리드선에 대한 각각의 3회로 검사

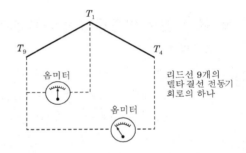

(b) T_9와 T_1 사이의 옴 미터 저항이 T_9와 T_1 사이의 2배가 되는지를 측정한다.

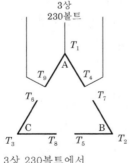

3상 230볼트에서 전동기를 작동한다

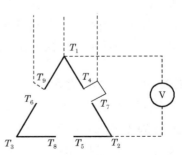

T_4와 T_7을 접속하여 T_1과 T_2 사이의 전압을 측정한다.

(c) 알맞은 성이 되도록 회로를 연결한다.

[그림 4-85]

10. 2단 속도, 3상 전동기(two-speed, three-phase motors)

3상 전동기의 속도는 극수와 전류의 주파수에 달려 있다는 점을 앞에서 이야기 한 바 있다. 주파수가 동일할 때 3상 전동기에서 다른 속도를 얻고자 한다면, 극수를 바꾸어 주어야만 한다. 극수의 변경은 군 사이의 결선을 바꾸어 주면된다. 예를 들어 4극 전동기의 상 하나가 [그림 4-86]처럼 통상적인 방식으로 결선된다면 4개의 극이 형성되고, 1,800rpm으로 회전하게 된다. 만약 [그림 4-87]처럼 동일한 4개의 극이 같은 극성을 띠도록 연결된다면 4개의 자극이 추가로 형성되므로 전부 8개의 자극이 형성되며 900rpm으로 회전하게 된다. 이에 대한 동작원리는 제1장에서 [그림 1-76]과 더불어 설명하고 있다. 이 같은 유형의 결선은 동극성 결선(consequent-pole-connection)이라고 불리워지고 있다.

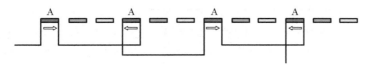

[그림 4-86] A상을 보통방법으로 결선한 전동기

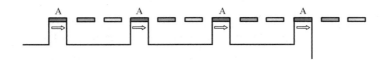

[그림 4-87] A극 대신에 8극이 형성되도록 한 군결선 화살표는 동일한 방향을 가리키고 있다.

모든 동극성 전동기는 2단 속도 이상으로 작동할 수 있고, 롱 점퍼(long jumper) 결선을 사용해야만 한다.

2단 속도, 3상 전동기는 양속도에서 일정 출력(constant horsepowar), 일정 회전력(constant torque), 가변 회전력(variable torque)을 얻을 수 있도록 결선이 가능하다. 일정 회전력 특성을 얻으려면 보통 고속운전일 경우에는 2회로 병렬성형(2Y)결선으로, 저속운전일 때는 직렬델타(1Δ)결선으로 연결한다. [그림 4-88]은 일정 회전력 특성을 갖는 4극 또는 8극 3상 전동기를 고속으로 운전할 때의 A상의 결선을 나타내고 있다. T_6으로부터 전류의 방향을 추적해보면 A상의 인접한 군들의 극성은 서로 반대극성을 띠게 되고, 4극 전동기 또는 고속 전동기가 되며, 회로는 2병렬결선이 된다. [그림 4-89]는 전류가 T_1로부터 흘러 들어가는 동일한 전동기를 나태내고 있다. 이 경우에는 군 전부가 동일한 자극을 띠고 있으므로 네 개의 동극성 자극을 형성하며, 전체적으로 8개의 자극을 형성한다. 이러한 결과로 전동기는 저속도로 작동하게 된다. T_6은 직렬델타결선에서는 사용되지 않는다.

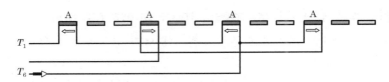

[그림 4-88] 4극 운전을 위해 병렬로 결선한 A상. 군에서의 전류의 방향은 화살표로 흐른다. 이 2단 속도 전동
기에서는 긴 연결선을 사용해야만 한다. 이것은 일정 회전력을 발생하는 2단 속도 전동기의 길
하나를 나타내고 있다.

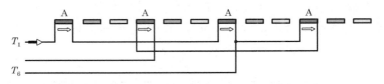

[그림 4-89] 8극 운전용으로 직렬델타 결선한 A상. 전류는 각 군을 화살표의 방향으로 흐른다.
이러한 전동기는 양속도에서 일정한 회전력을 발생하게 하는데 사용된다.

일정 출력 특성을 가진 전동기(constant horsepower motor)는 저속운전을 하기 위해서는
2병렬성형(2Y)결선이고, 고속운전을 위해서는 직렬델타 (1△)결선으로 한다. [그림 4-90]
은 일정 출력특성을 가진 4극 또는 8극, 3상 전동기의 A상의 결선을 도시하고 있다. 저속으
로 운전할 경우 T_1에서부터 전류를 추적해 보면 이 2병렬결선에서는 동극성 자극이 형성됨
을 알 수 있다. 고속으로 운전할 때는 [그림 4-91]에서 T_4에서부터 전류를 추적해본다. 이
때에는 A군의 자극이 서로 반대되는 극성을 발생하므로 4극 전동기와 같은 효과를 내게
된다. 이 결선에서 특히 유의할 점은 직렬결선인 점이다.

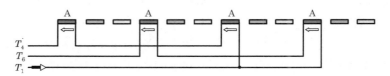

[그림 4-90] 저속에서 8극으로 운전하도록 한 2병렬결선. 이것은 일정출력 전동기의 상 한 개를 나타낸다.

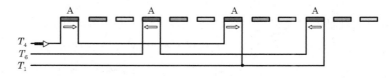

[그림 4-91] 고속에서 4극으로 운전하도록 결선한 A상의 군. 일정출력 전동기

[그림 4-92]는 일정 회전력특성을 가진 4극 또는 8극, 전동기의 결선 모두를 도시하고 있다. 여기서는 6개의 리드선이 전동기에서 뽑아내어져 있다. 고속운전을 위해서는 T_6, T_5, T_4를 3상 전원에 연결한다. T_1, T_2, T_3은 함께 접속한 후에 테이프로 감아 절연조치를 하여준다. 저속운전을 위해서는 T_1, T_2, T_3은 3상 전원에 연결하고, T_6, T_5, T_4는 각각 개별적으로 테이프를 감아 두며 사용하지 않는다.

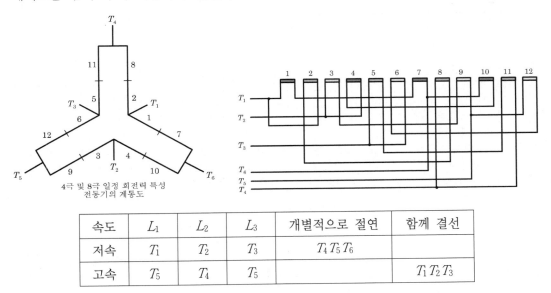

4극 및 8극 일정 회전력 특성
전동기의 계통도

속도	L_1	L_2	L_3	개별적으로 절연	함께 결선
저속	T_1	T_2	T_3	$T_4\,T_5\,T_6$	
고속	T_5	T_4	T_5		$T_1\,T_2\,T_3$

[그림 4-92] 4극, 일정 회전력 2단 속도 전동기. 고속운전에는 병렬성형(2Y)결선을 사용하고, 저속운전에는 직렬 델타결선을 사용한다. 고속에서는 T_4, T_5, T_6을 전원에 T_1, T_2, T_3을 함께 연결하고, 저속에서는 T_1, T_2, T_3를 전원에 T_4, T_5, T_6은 연결하지 않는다.

[그림 4-93](a)는 일정 출력특성을 가진 4극 또는 8극 전동기를 도시하고 있다. 저속운전에서는 T_1, T_2, T_3은 전원에 연결하고 T_4, T_5, T_6은 함께 연결하여 테이프로 감아 절연조치를 하여 준다. 고속으로 운전할 때는 T_4, T_5, T_6은 전원에 연결하고 T_1, T_2, T_3은 각각 따로따로 테이프를 감아 주고 연결하지 않는다. 물론 서로 다른 수의 자극을 가지도록 두 개의 권선을 따로 시설하여 2단 속도 전동기로 운전할 수도 있다.

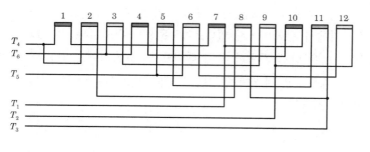

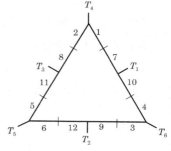

속도	L_1	L_2	L_3	개별적으로 절연	함께 결선
저속	T_1	T_2	T_3		$T_4 T_5 T_6$
고속	T_6	T_5	T_4	$T_1 T_2 T_3$	

(a) 2단속도 일정출력 전동기. 고속 운전에는 직렬 델타결선을 사용하고, 저속에는 2병렬 성형 결선을 사용한다. T_1, T_2, T_3은 전원에 T_4, T_5, T_6과 함께 연결하여 저속으로 운전한다. T_1, T_2, T_3은 연결하지 않고 T_6, T_4, T_5만 전원에 연결하여 고속으로 사용한다.

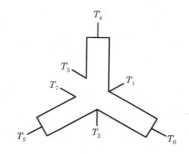

(b) 리드선 7개인 2단 속도, 일정 회전력 전동기

[그림 4-93]

때로는 2단 속도 단일권선 전동기에서 7개의 리드선이 뽑아내어져 있는 경우가 있다. [그림 4-93](b)는 리드선 7의 위치를 나타내 보이고 있다. 정상적으로 작동할 때는 리드선 7은 리드선 3에 합쳐진다. 이처럼 7개의 리드선을 사용하는 이유는 동일한 전동기에서 이 권선을 2단 속도 또는 1단 속도로 사용하기 위한 것이다. 3단 또는 4단 속도 전동기로 사용하기 위해서는 한 권선을 개로시켜 다른 한 권선이 사용될 때 순환전류가 발생하는 것을 방지해 주어야 한다. 다단속도, 다상 전동기의 결선(multispeed polyphase motor connections) [그림 4-94]의 결선은 Allen-Bradley Company의 양해를 얻어 전재한 것이다.

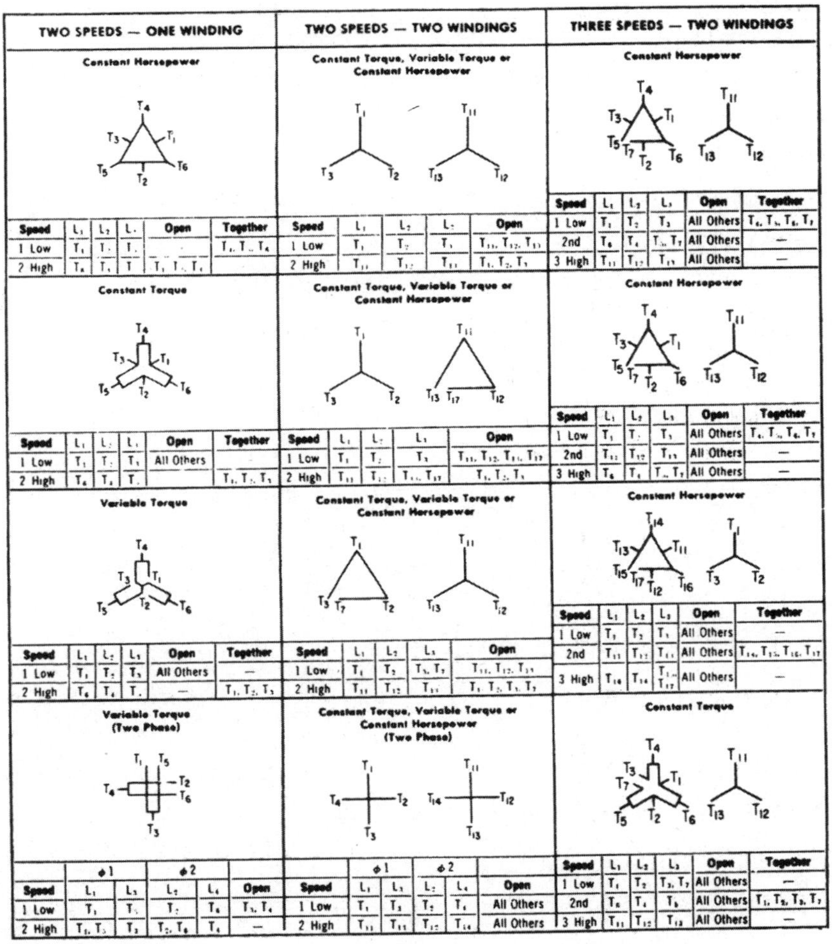

[그림 4-94] 다단속도 농형권선 전동기의 결선

홀수군(odd grouping)이란 각 군의 코일 수가 다를 때 사용되는 용어이다. 예를 들어, 코일수 48, 6극, 3상 전동기에서 각 군의 코일 수는 다음과 같은 식에서 얻어 진다

$$\frac{\text{코일 수(coils)}}{\text{극수(poles)} \times \text{상수(phase)}} = \text{매 군당 코일 수(coils per group)이다.}$$

그러므로 $\dfrac{\text{코일 수 } 48}{\text{극수 } 6 \times \text{상수 } 3} = \dfrac{48}{18} = 2\dfrac{12}{18}$ 매 군당 코일 수

이 계산에서 군별 코일수는 분수가 있으므로 어떤 군은 세 개의 코일을, 어떤 군은 두 개의 코일을 가지게 된다. 각 군에 있어서의 코일 수를 결정하는 간단한 방법은 다음과 같다.

(1) 전체 군의 수를 결정 한다

    6극 × 3상 = 18군

(2) 매 군당 코일의 수를 결정한다.

$$\frac{48코일}{18군} = 2\frac{12}{18}$$

(3) 분수 12/18에서, 분자 12를 코일 수가 많은 군의 수로 결정한다. 즉, 세 개의 코일을 가지는 군이 12개가 된다.

(4) 나머지 군의 6이 2개의 코일을 가지는 군의 수가 된다.

    (점검) 3개의 코일을 가진 12개의 군 = 36

          2개의 코일을 가진 6개의 군 = 12

          총계 = 48코일

예 슬롯 수 54, 4극 3상 전동기에서 매 군당 코일 수는?

① 군의 수를 결정한다.

    4극 × 3상 = 12군

② 매 군당 코일 수를 결정한다.

$$\frac{54코일}{12군} = 4\frac{6}{12}$$

③ 그러므로 분수의 분자를 이용하면 5개의 코일을 가진 군이 6개이고, 나머지 6개의 군은 4개의 코일을 가지게 된다.

④ 6 × 5 = 30코일

    6 × 4 = 24

⑤ 따라서 매 군당 코일 수는 54코일이다.

각 군의 코일 수가 결정된 후에는 각 상에는 동일한 숫자의 코일이 있게 되도록 군을 권선하면 된다. 위의 전동기에 있어서는 각 상에는 54/3 또는 18개의 코일이 있게 된다. [그림 4-95]에서 도시된 것처럼 군을 배치하면 된다. 4개의 군이 A상을 구성하게 되며, 또 세 개의 상에는 54개의 코일이 있으므로 A상은 18개의 코일을 가지게 된다. 4개의 코일을 가진 군이 첫 A군에 위치하게 되면 두 번째 군에는 5개 코일이 들어가게 된다. 마찬가지로 세 번째는 4개, 네 번째는 5개의 코일이 들어가며, 결과적으로 모두 18개의 코일이 사용된다. B상의 경우에도 첫 군을 5개의 코일을 가지고 시작하는 점을 제외하고는 이와 마찬가지로 하며, C상은 A상과 똑같은 방법으로 작업을 하게 된다. 군별 코일 수는 4 - 5 - 4 - 5 - 4 - 5 - 4 - 5 - 4 - 5 - 4 - 5로 된다.

예 ① 군의 총수를 결정한다.

극수 × 상수 = 6 × 3 = 18군

② 매 군당 코일의 수를 결정한다.

$$\frac{코일 수}{군수} = \frac{48}{18} = 2\frac{12}{18}$$

③ 그러므로 12개의 군은 3개의 코일을, 6개의 군을 2개의 코일을 가지게 된다. 군을 배치하는 가장 좋은 방법은 각 군마다 세 개의 코일을 배당하고 각 6개의 군에서 한 개씩의 코일을 빼는 방법이다. 각 상에서 동일한 숫자를 빼는 것을 잊지 말아야 한다.

```
A B C A B C A B C
3 3 3 3 3 3 3 3 3
1       1       1
2 3 3 3 3 2 3 2 3

A B C A B C A B C
3 3 3 3 3 3 3 3 3
1       1       1
2 3 3 3 3 2 3 2 3
```

[그림 4-95] 도면으로 군을 배치하는 방법

모든 홀수군에서는 코일의 수가 동일하며, 군은 대칭적으로 배치되어 있다. 만약 전동기의 코일의 총수가 균등하게 나누어지지 않으면 일부 코일은 제거하여도 된다. 예를 들어, 4극 3상 전동기가 32개의 슬롯을 가지고 있다면 우선 각 상에 들어갈 수를 결정하지 않으면 안된다. 이 경우에 있어서 각 상이 10개의 코일을 가진다면 총 코일의 수를 30개가 된다. 그러므로 두 개의 코일은 회로에서 제거해야만 한다. 그 두 개의 코일은 전동기 내에 테이프를 감아 절연조치를 취하여 주고, 연결은 시키지 않는다. 코일은 [그림 4-96]에서처럼 회로에서 제외된 상태에서 고정자의 반대편에 위치시켜 둔다.

대칭 위치의 코일 2개를 절단한
후 테이핑 작업

[그림 4-96] 코일 수 32인 4극 전동기. 그러나 코일 2개는 회로에 연결되어 있지 않다.

두 개의 코일을 제외하고는 전과 마찬가지의 과정으로 작업을 한다.

(1) 군의 수를 결정한다.

4극 × 3상 = 12군

(2) 매 군당 코일의 수를 결정한다.

$$\frac{30}{12} = 2\frac{6}{12}$$

(3) 그러므로 코일 3개인 군이 6개, 코일 2개인 군이 6개가 있게 된다.

군배치

ABCABCABCABC
2　　3　　2　　3　　= 10코일

ABCABCABCABC
3　　2　　3　　2　　= 10코일

ABCABCABCABC
2　　3　　2　　3　　= 10코일

총계 = 30코일

그러므로 군배치는 2-3-2-3-2-3-2-3-2-3-2-3이 된다.

주의

홀수군의 병렬결선 다상 전동기, 예를 들어 2회로 성형 또는 델타결선 전동기에서 각 회로는 반드시 동일한 수의 코일을 가지고 있어야 하는, 이런 종류의 전동기에서는 이런 실수가 가장 많이 저질러진다. 모든 회로를 검사하여 동일한 수의 코일을 가지고 있는지 반드시 확인하여야 한다.

3 2상 전동기(Two-phase Motors)

2상 전동기는 3상 전동기와 동일하나 군의 수가 다르고 그 군을 결선하는 방법이 다르다. 3상 전동기에서처럼 군의 수는 극의 수와 상의 수를 곱하여 나온 숫자와 동일하다. 코일 수 48, 4극 2상 전동기에는 2상 × 4 = 8군이 있다.

매 군당 코일 수는 $\dfrac{코일\ 수}{군의\ 수} = \dfrac{48}{8} = 6$코일이 된다.

2상 전동기의 코일은 세 개가 아닌 두 개의 권선이 되도록 연결한다. 이러한 권선은 A상, B상을 형성하고, 군의 배치는 [그림 4-97]에 도시된 것처럼 한다. 모든 2상 전동기의 도면에서는 인접한 두 개의 군은 시계방향, 그 다음 두 개의 군은 반시계방향으로 화살표가 표시된다.

A B A B A B A B

[그림 4-97] 2상, 4극, 코일 수 48인 전동기. 화살표의 방향에 유의하라.

2상 전동기의 군결선은 [그림 4-98]에 도시되어 있다. 그것은 분상 전동기의 결선과 동일하다. A상의 결선은 운전권선의 결선과 비슷하며, B상의 결선은 기동권선의 권선과 비슷하다. 그러나 2상 전동기에는 원심력 스위치가 없으며, 또한 양권선에는 언제나 전압이 걸려 있다.

2상 전동기는 [그림 4-98]처럼 직렬로 연결된 권선이 있거나, 전동기의 디자인에 따라 병렬로 연결한 것도 있다. [그림 4-99]는 4극, 2상 직렬결선 전동기의 계통도이고, [그림 4-100]은 4극, 2상 2병렬결선 전동기를 나타내고 있다. 이 두 유형의 원형도는 [그림 4-101]과 [그림 4-102]에 도시되어 있다.

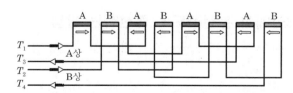

[그림 4-98] 2상, 4극 전동기. 두 개의 상이 비슷하게 결선되어 있다.

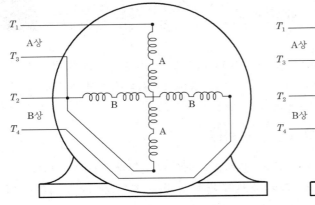

[그림 4-99] 2상, 4극, 직렬결선

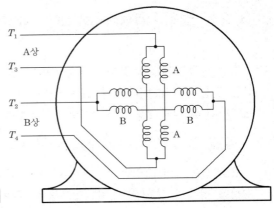

[그림 4-100] 2상, 4극, 2병렬결선

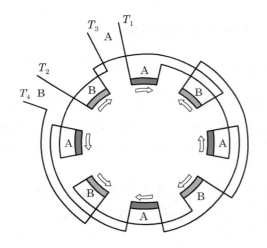

[그림 4-101] 8개의 군을 가진 2상, 4극 2직렬결선

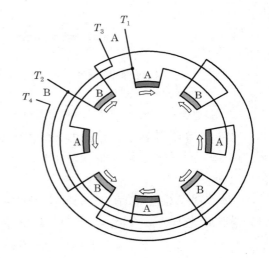

[그림 4-102] 2상, 4극 2병렬결선

1. 2상 전동기를 3상에서 운전하도록 결선하는 방법

2상 전동기보다는 3상으로 작동하는 것이 더욱 경제적일 경우가 많으므로 2상 전동기를 3상으로 개조하는 수가 많다.

코일 수 48, 4극, 2상 직렬 전동기를 3상 전동기로 개조하는 경우를 상정하자. 이러한 개조는 T결선 또는 스코트(scott)결선, 실제적으로는 3상 결선, 또는 재권선 등을 함으로써 달성할 수 있다.

(1) T결선

T결선 또는 스코트결선은 A상의 끝점이 B상의 중심점에 연결되는 것을 말한다. [그림 4-103]은 2상 전동기를 T결선을 이용하여 3상 전동기로 전환한 결선도이다.

스코트결선을 할 때의 일반적인 과정은 A상의 코일의 약 16% 정도를 제거하고 나머지를 B상에 연결한다. A상에서 제거되는 코일은 A상의 각 군에 균등하게 배당되도록 떼어내야 한다.

스코트결선은 일시적인 방법으로 실시하는 것이며, 결코 영구적인 수리방법으로 인식되어서는 안된다. 코일 수 48인 2상, 직렬 전동기를 3상으로 전환하는 과정을 다루어보면 다음과 같다. [그림 4-104]는 재결선하기 전의 2상 전동기를 나타내고 있다. 먼저 A상의 16% 정도를 제거한다. 전동기는 모두 48개의 코일을 가지고 있으므로 A상은 24개의 코일을 가지고 있다. 여기서 24의 16%는 코일 수 3.8, 즉 4개의 코일이 된다. 그러므로 A상에서 군 하나마다 코일 1개씩을 제거할 때 새로운 회로는 [그림 4-105]에 도시된 것과 같다. 이것은 코일이 조감기(gang-wound)가 아닐 때 가능하다.

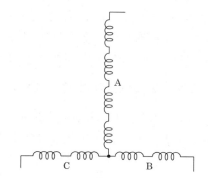

[그림 4-103] A상의 끝점을 B상의 중심점에 연결하여 T결선, 또는 스코트 결선을 형성하고 있다. B상의 1/2이 C상을 형성하고 그 나머지가 B상으로 남아 있다.

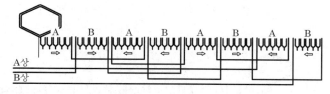

[그림 4-104] 3상으로 운전하기 위하여 스코트 결선을 형성한 2상, 코일 수 48인 직렬 전동기

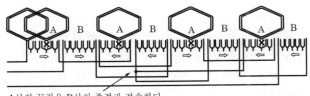

A상의 끝점을 B상의 종점과 접속한다.

[그림 4-105] 스코트 결선에 의해서 형성된 3상 전동기의 회로

(2) 3상 결선

2상 전동기를 3상 성형 전동기로 전환하는 방법은 다음과 같다. 이 방법은 첫 단계로 모든 점퍼선을 제거하고 [그림 4-106]과 같은 회로를 결성한다. 그 다음 단계는 전동기의 전체 코일 중에서 제거해야 할 코일 수를 계산한다. 그 숫자는 코일 수의 약 15~20%가 되도록 한다. 그러나 이 숫자는 전동기 사정에 따라 15% 이하로 하는 수도 있다.

위에서 다루기로 한 전동기의 경우 제거해야 할 코일 수를 15%로 잡으면, $0.15 \times 48 = 72$가 된다. 제거해야 할 코일 수를 각 상마다 동수의 코일을 제거하는 원칙을 살린다면 7.2에서 가장 가까운 수에서 3으로 나누어지는 수인 6을 선택할 수 있다. 제거할 코일 수를 20%로 잡으면 전동기에서 코일 9개를 제거해야 한다. 코일 6개를 제거한다면 새로운 3상 결선 전동기는 코일 42개를 가지게 되고 각 상은 14개의 코일로 구성된다. 매 군당 코일 수는 $42/12 \left(3\frac{6}{12} \right)$이 되고 12개의 군 중에서 6개 군은 4개의 코일을, 나머지 6개 군은 3개의 코일로 구성된다. 이제 각 상으로부터 코일 2개씩을 제거하고 새로운 결선작업을 진행한다. 이러한 계산결과로 [그림 4-107]과 같은 직렬성형결선에 대한 군결선도를 얻게 된다.

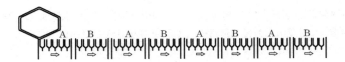

[그림 4-106] 점퍼선을 제거한 2상, 4극 전동기

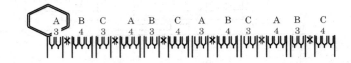

[그림 4-107] 3상, 4극, 42코일, 직렬성형(1Y)결선에 대한 군배치

(3) 재권선

2상 전동기를 3상 전동기로 전환하는 방법에는 제3의 방법으로써 코일을 다시 감아 넣는 방법이 있다. 이것은 코일의 감는 횟수를 약 20% 감소시키고, 다른 한 코일은 선경이 좀 더 굵은 선을 사용하여 다시 감는다. 예를 들면 A.W.G. 21번선, 마그네트 와이어(magnet wire)로 코일마다 30회 권선한 2상 전동기이며 3상 전동기로 다시 권선할 때 20번 선을 사용하여 24회 감아준다. 이것은 다음과 같은 방법으로 산출한다.

4 다상 전동기의 재권선과 재결선(Rewinding and Reconnecting Polyphase Motors)

1. 전압의 변경에 따른 재결선(reconnecting for a change in voltage)

명판상에 기재된 정격전압 이외의 전압에서 운전하기 위해서 전동기를 개조하여야 할 때가 있다. 예를 들면, 220볼트 다상 전동기를 440볼트로 운전하도록 개조하는 경우이다. 이에는 원래의 권선방식에 따라 수많은 방법이 있다. 만약 전동기가 원래 직렬결선으로 되어 있으면 2병렬결선으로 바꾸어 1/2전압으로 운전할 수 있으며, 만약 원래 2병렬결선 전동기리면 권선을 직렬로 연결하여 2배의 전압으로 운전할 수 있다. 그러므로 6극, 3상, 직렬성형 440볼트 전동기는 그것을 6극 2병렬성형으로 재권선하여 220볼트로 운전할 수 있다. 또한 6극, 3상, 2병렬성형, 220볼트 전동기이면 직렬성형 440볼트 전동기로 바꾸어 운전할 수 있다.

모든 재권선에 있어서 지켜져야 할 원칙은 전원전압이 변화됨에도 불구하고 코일전압은 변경되지 않아야 한다는 점이다. 이 점은 이중전압 전동기를 다룰 때 이미 설명한 바 있다. 델타결선한 전동기의 경우에도 저전압 운전 시에는 직렬결선을 병렬결선으로, 고전압 운전 시에는 병렬결선을 직렬결선으로 바꾸어 개조할 수 있다.

3상 전동기의 경우에도 성형결선에서 델타결선으로 또는 그 반대로 결선을 바꾸어 주면 전압 변화에 맞추어 결선이 가능하다. 이에 대한 방법도 다양한데 예를 들면, 직렬델타결선에서 2병렬성형결선으로, 병렬델타결선에서 직렬성형결선으로 전환시키는 것 등이다.

이처럼 결선을 전환했을 경우에 전동기에서 필요로 하는 전압이 원래 걸리고 있었던 전압의 간단한 배수, 또는 분수 배의 전압이 되지 않는 수가 있을 때가 있다. 그러므로 델타결선인 전동기를 성형결선으로 바꾸면 원래 전압의 약 58%에서 작동하도록 하여야 한다. 성형결선으로 바꾼 델타 전동기는 원래 전압의 약 173%에서 작동해야만 한다. 이 책에서는 이러한 재결선에 관하여 그렇게 상세히 설명하지 않고 있는데, 그 이유는 다른 많은 책들이 이 점에 관하여 철저하게 다루고 있기 때문이다.

> 예 2병렬 델타, 220볼트 전동기를 직렬성형으로 바꾸면 얼마의 전압을 사용하는가?
> 답 : 직렬 델타로 바꾸게 되면 전동기는 440볼트가 필요하게 된다. 그러므로 직
> 렬성형으로 전환하면 440×1.73=760볼트의 전압을 걸어 주어야 한다.

재결선을 한다고 해서 언제나 전압변경이 가능한 것은 아니다. 예를 들면 4극, 220볼트, 직렬 성형결선한 전동기는 이 이상의 고전압 운전에 적합한 결선을 할 수 없다. 그 이유는 직렬결선에 고전압을 흐르게 하면 코일에는 설계 당시의 예상 전류보다, 많은 전류가 흘러

코일이 소손되는 경우가 있기 때문이다. 마찬가지로 4극 4병렬 성형결선 전동기도 4극 전동기로 사용하는 한, 4병렬회로 이상의 결선은 불가능하므로 저전압 운전을 위한 결선은 불가능하다.

2. 전압변경을 위한 재권선(rewinding for a change in voltage)

3상 전동기는 전압을 변경하기 위하여 권선을 다시 할 수 있다. 이때 코일의 횟수와 선경을 알맞은 것으로 바꾸어 주어야 할 필요가 있다.

> 예 만약 220볼트 전동기를 440볼트로 운전하기 위한 권선을 다시 한다면 코일의 감는 횟수는 두 배로 하되, 선경은 1/2 서큘러밀(circular mils)의 것을 사용해야 한다. 다른 말로 하면 원래의 전동기에 17번 선을 40회 감았다면 새로운 전동기에는 20번 선을 80회 감아야 한다.

3. 다상 전동기의 속도 변경을 위한 재결선(reconnecting the polyphase motor for change in speed)

3상 전동기의 속도는 자극의 수가 증가하면 감소하고, 극수가 감소하면 속도가 증가한다고 설명한 바 있다(속도변화는 전원의 주파수변경에 의해서도 발생한다는 사실도 설명한 바 있다). 속도를 변경하는 많은 방법 중에는 코일을 다시 권선하거나 코일피치를 바꾸는 방법이 있다. 그러나 속도를 바꾸는 간단한 방법은 결선을 다시 하여 자극의 수를 바꾸는 것이다. 저속도에서 고속도로 바꾸었을 때 걸리는 전압이 여전히 동일하다면 각 상의 코일 횟수를 줄여주어야 한다. 고속에서 저속으로 전환하면 코일 횟수를 증가시켜 주어야 한다.

> 예 6극, 220볼트, 2회로 델타 전동기를 4극, 220볼트 전동기로 재권선하고자 한다. 어떤 결선을 사용하여야 하는가? 그 과정은 다음과 같다.
> ① 3상×4극=12군이 되도록 코일의 군을 다시 변경한다.
> ② 만약 전동기가 처음 되어 있던 상태, 즉 2회로 델타결선이면 전동기는 1,800/1,200=원래 전압의 150%에서 작동해야만 한다. 이것은 330볼트에서 작동하는 것을 의미한다.
> ③ 이 전동기를 220볼트에서 운전하려면 2병렬 델타결선에서 330볼트×86.6=286볼트를 필요로 하는 4회로 성형결선으로 바꾸어 준다. 이때 코일피치는 변경되지 않은 상태이므로 이처럼 변경해도 아무 이상이 없을 것이다.

4. 속도변경에 따른 재권선(rewinding for a change in speed)

위에서 제기된 문제를 재권선을 통해 해결하기 위해서는 다음과 같은 과정을 거치면 된다.

(1) 코일 피치를 1과 $\dfrac{\text{코일 수}}{\text{극수}} - 1$로 변경한다. 그러므로 슬롯 수 48인 전동기의 피치는 1과 $\dfrac{48}{4} - 1$, 즉 1과 11이 된다.

(2) 각 코일을 다시 감는다. 새로 감은 코일 횟수는 $\dfrac{\text{원래의 속도}}{\text{새로운 속도}} \times$ 원래 횟수

$= \dfrac{1,200}{1,800} = 66.6$이므로, 따라서 원래 코일 횟수의 66%가 되도록 한다.

(3) 코일선의 크기는 $\dfrac{\text{새로운 속도}}{\text{원래의 속도}} \times$ 원래 선의 c.m. $= \dfrac{1,800}{1,200} \times$ 원래 선의 c.m.

$= 1.5 \times$ 원래 선의 c.m.이므로, 따라서 원래 코일 선보다 선번(線番)이 2가 작은 선번의 코일선을 사용한다.

(4) 결선요령은 속도변경 전의 결선요령과 동일하다.

5. 새로운 주파수를 위한 변경(changes for new frequency)

다상 전동기는 접속을 다시 하여 주든가 또는 권선을 다시 하여 줌으로써 새로운 주파수에서 운전할 수 있도록 개조할 수 있다. 이때 대개 권선을 다시 해주는 수가 많다. 때로는 주파수와 전원전압을 동시에 변경시켜 운전할 경우도 있다. 예를 들면 25 또는 30사이클 110볼트 전동기를 60사이클 220볼트에서 운전할 경우인데, 이 전동기는 원래 속도의 약 두 배에 해당하는 속도로 회전한다. 속도는 변경하지 않고 주파수만 변경하여 전동기를 운전하고자 할 때는 전동기를 다시 권선해주어야 한다.

> 예 4극 25사이클인 전동기를 동일한 속도에서 60사이클로 운전하고자 한다.
>
> ① 4극, 25c/s=750rpm
>
>   8극, 60c/s=900rpm
>
> ② 코일의 피치를 8극 전동기의 것처럼 변경한다.
>
> ③ 각 코일의 횟수는 750/900=83%, 즉 원래 감은 횟수의 83%가 되게 한다.
>
> ④ 코일선의 크기는 선 번호가 하나 더 큰 것으로 선택한다.
>
> ⑤ 만약 전동기가 슬롯 수 48, 18번 선 코일을 50회 감은 것이면 17번 선 코일을 42회 감고, 피치를 1과 6으로 한 전동기로 개조한다.

6. 2상 및 3상 전동기의 회전 방향 변경(reversing two-and three-phase motors)

[그림 4-108]은 시계방향으로 회전하도록 3상 전동기의 세 개의 리드선을 3상 전원선으로 결선한 것을 나타내고 있다. 3상 전동기의 회전방향을 바꾸기 위해서는 [그림 4-109]에서처럼 전동기의 리드선 중 어느 두 개를 서로 바꾸어 결선해주면 된다. 또한 방향전환은 전원선 두 개를 서로 바꾸어 주어도 된다.

2상 전동기는 전원에 연결되는 어느 한 상의 리드선을 바꾸어 주면 회전방향이 반대가 된다. [그림 4-110]은 시계방향으로 회전하도록 결선한 것을 나타내고, [그림 4-111]은 반시계방향으로 회전하도록 결선한 것이다. 2상 3선식 전동기의 회전방향을 바꾸려면 [그림 4-112]에서 1과 2로 표시된 외부 리드선을 바꾸어 주면 된다.

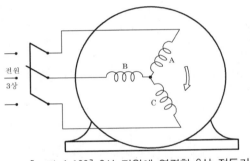

[그림 4-108] 3상 전원에 연결한 3상 전동기

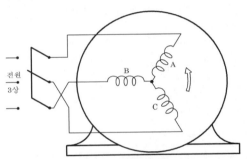

[그림 4-109] 회전방향을 바꾸어 주려면 전동기의 리드선 중에서 어느 두 개를 바꾸어 접속하여 준다.

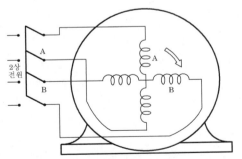

[그림 4-110] 2상 전원에 접속한 2상 전동기

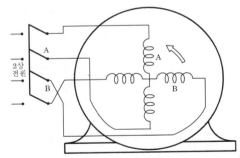

[그림 4-111] 회전방향을 바꾸어 주기 위하여 어느 한 상의 리드선을 바꾸어 준다.

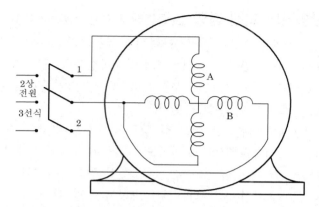

[그림 4-112] 3선식 2상 전동기의 회전방향을 바꾸어 주기 위해서는 전동기의 외측 리드선 두 개, 1과 2를 서로 바꾸어 준다.

5 고장검출과 수리(Trouble Shooting and Repairs)

1. 검사(testing)

3상 전동기에 대한 수리 및 권선작업이 끝나면 접지·단락·극성 반전 등에 대한 검사를 실시해야 한다.

(1) 접지(grounds)시험

[그림 4-113]과 같은 테스트 리드선을 사용한다. 테스트 리드선 하나를 전동기 프레임과 연결하고 다른 리드선 하나는 전동기에서 나온 리드선 하나와 연결한다. 이때 램프가 점 등하면 권선이 접지되어 있음을 의미한다. 정확한 검사를 위해서는 테스트 리드선을 하나 하나 차례로 전동기에서 나온 리드선과 접촉하여 검사한다.

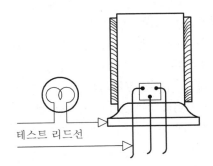

테스트 리드선

[그림 4-113] 다상 전동기에 대한 접지시험

전동기가 접지사고를 일으키고 있으면 다른 검사를 하기 전에 접지 개소를 검출하고 접 지점을 제거하여야 한다. 다른 전동기에서와 마찬가지로 우선 관찰을 통하여 접지 개소를 찾아내도록 노력한다. 이런 방식으로 찾아내기가 곤란하면 각 상 사이의 연결을 풀고 상 을 하나하나 따로 검사하여 접지점을 찾아낸다.

성형결선 전동기에서는 성형점에 대한 결선을 풀고 [그림 4-114]에서처럼 상별로 하나하 나씩 검사한다.

델타결선 전동기이면 각 상이 서로 접속된 점을 찾아 결선을 풀고 각 상 하나하나에 대하 여 조사한다. 이것은 [그림 4-115]에 도시되어 있다.

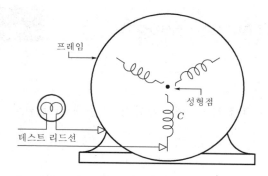

[그림 4-114] 성형 결선한 전동기.
접지 개소를 검출하기 위하여 성형점의
결선을 푼다.

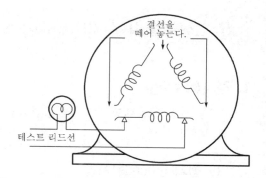

[그림 4-115] 델타결선한 전동기에서는 접지 개
소를 검출하기 위하여 상간의 결선
을 푼다.

접지사고를 일으킨 상을 발견하고 나면 다음 요령에 따라 접지 개소를 검출한다. 접지를
일으킨 상에 대하여 군 사이를 연결하는 연결선을 떼고 군마다 접지시험을 [그림 4-116]
처럼 실시한다. 접지가 되어 있는 군을 발견하면 코일간의 접속을 풀고 코일 하나하나에
대하여 접지시험을 실시하여 불량코일을 검출한다([그림 4-117]). 접지코일을 발견한 후
에는 슬롯절연을 다시 하든가 또는 새로운 코일로 다시 권선할 필요가 있다. 접지사고를
일으키는 원인 중 하나는 철심을 구성하는 규소 강판 중 1~2배가 돌출되므로 예리한 모
서리에 코일선이 닿아 절연을 파괴해 버리는 것이다. 이러한 원인으로 접지사고를 일으켰
을 때는 돌출부분을 원위치까지 다시 밀어 넣으면 수리가 된다. 기타 슬롯절연이 불량한
경우, 코일선이 슬롯 절연물과 철심 사이로 들어간 경우, 슬롯 절연물이 밀린 관계로 슬롯
철심이 노출된 경우 등도 접지사고의 원인이 된다.

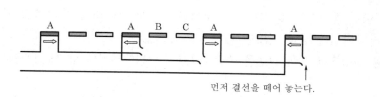

[그림 4-116] 접지된 군을 검출하기 위하여 해당 상 군
사이의 점퍼선의 결선을 푼다.

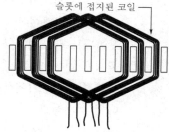

[그림 4-117] 접지된 코일을 검출하기
위해서는 접속점을 떼어
넣고 각 코일을 따로따로
검사한다.

(2) 회로의 단선(open circuits)

2상 또는 3상 전동기에서 회로의 단선은 코일의 파손 또는 불량 등에서 야기되는 수가 많다. 단선 개소를 검출하는 요령은 다음과 같다.

테스트 램프를 사용하여 어느 상이 단선되었는지를 찾아낸다. 성형결선한 전동기이면 [그림 4-118]에서처럼 테스트 램프의 리드선 하나를 성형점에 연결하고, 다른 하나의 리드선은 세 개의 상으로부터 나온 리드선과 하나하나 순차적으로 연결하여 본다. 이때 램프는 세 선 모두에서 불이 켜져야 한다. 어느 한 선에서 점등하지 않으면 그 상이 단선된 것이다. 델타결선한 전동기면 [그림 4-119]처럼 각 상의 연결점에서 연결을 제거하고 상 하나하나를 따로따로 검사한다. 단선된 상을 검사할 때는 램프가 점등하지 않으므로 이를 알 수 있다.

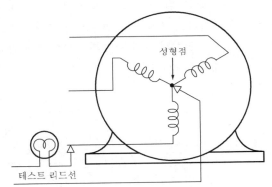

[그림 4-118] 성형결선 전동기에서 단선된 상을 검출한다.

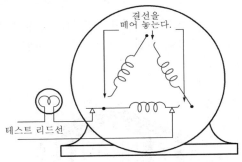

[그림 4-119] 델타결선 전동기에서 단선된 상을 검출한다.

단선된 상을 찾아낸다면 단선 개소를 찾아내는 일은 간단하다. A상이 단선되었다고 가정한다면 테스트 리드선 하나를 A상의 출발점이 되는 리드선에 연결한다. 그리고 다른 테스트 리드선 하나를 각 상의 끝점에 차례로 접속해 본다. 이는 [그림 4-120]에 도시되어 있다. 만약 등이 제1군의 끝점에서는 점등하나, 제2군의 끝점에서는 점등하지 않으면 제2군에 결점이 있는 것이다. 이렇게 하여 잘못된 군을 찾을 때까지 검사를 계속한다. 또한 군과 군 사이를 접속하는 점퍼 연결선에서 단선되는 수가 있으므로 이러한 경우에는 선을 다시 연결하고 납땜을 하여 준다.

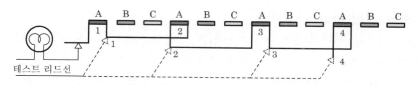

[그림 4-120] 단선된 군을 검출하는 연속적인 검사방법

단선된 군을 발견했을 때는 코일의 양쪽 끝을 연결하는 접속부를 떼어내고 각 코일을 하나하나 검사하여 불량코일을 찾아낸다. 이것은 [그림 4-121]에 도시되어 있다. 만약 고장이 점퍼선의 연결이 느슨하여 발생한 것이면 다시 납땜하고 테이프를 감아 준다. 또 코일의 선이 단선되었음으로 인해 고장이 발생한 것이며 코일을 대치하여 주거나 그 선을 회로에서 제거하여 준다. 전동기가 2병렬성형결선한 것이면 어느 회로에서 단선사고가 발생했는지 찾아내야 한다. 이때는 [그림 4-122]처럼 테스트 리드선 하나를 성형점에 연결하고, 다른 하나는 각 상의 양쪽 끝을 하나하나 순차적으로 연결하여 본다. 여기서부터의 검사과정은 단일회로 성형결선 전동기와 동일하다. 2회로 델타결선한 전동기이면 병렬로 연결한 모든 권선을 해체하고 단선 개소를 찾는다.

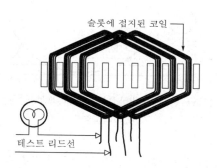

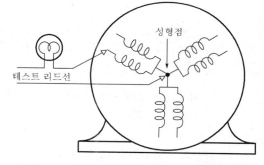

[그림 4-121] 단선된 코일을 검출하기 위하여 점속점을 해체해 놓은 군

[그림 4-122] 2병렬성형결선 전동기에서 단선 개소를 찾는다.

(3) 단락(short)

슬롯에 코일을 넣어가는 작업을 서툴게 하면 선절연을 잘못하게 되어 단락사고를 일으킬 가능성이 있다. 다상 전동기의 단락사고는 그 검출하는 요령이 분상 전동기와 동일하다. 가장 흔한 방법은 [그림 4-123]에서처럼 그라울러를 사용하는 방법이다. 이때는 단락된 코일이나 군을 쇠톱날의 진동 유무에 따라 찾아낸다. 그러나 병렬결선한 전동기의 경우는 그라울러를 사용하는 방법이 별 효과가 없는 점을 알아야 할 것이다. 그라울러는 수 분

동안을 코일 위에 놓아두면 불량한 코일부분에서는 열을 발생하게 되므로 단락 개소를 검출할 수 있다.

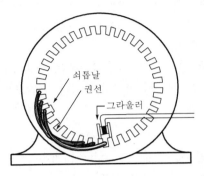

쇠톱날
권선
그라울러

[그림 4-123] 단락된 코일을 검출하기 위하여 그라울러를 사용한다.

단락된 코일이나 군을 검출하는 또 다른 방법은 전동기를 수 분간 작동시키고 난 후에 손으로 전동기를 만져 보아서 다른 곳보다 더 뜨겁게 열을 내는 곳이 있는가를 찾아보는 방법이다. 다상 전동기의 단락검사의 또 다른 방법은 전동기를 3상 전원에 연결하고, 암미터(ammeter, clip on 형이 바람직하다)를 사용하여 각 상의 전류를 측정하는 방법이다. 이때 전류는 각 상에서 모두 동일하여야 한다. 이것을 균형 테스트(balance test)라고 하는데, 어느 한 상의 전류가 특히 많이 흐르면 이 상이 단락사고를 일으킨 것이다. 이 검사는 언제나 전동기를 작동시킨 상태에서 실시하여야 한다.

(4) 극성 반전(reverse)

코일, 군 또는 상이 잘못 연결되었을 때 극성 반전현상이 일어난다. 이 사고는 어느 경우에나 권선공이 권선할 때 방심하거나 권선에 대한 지식이 부족하기 때문에 발생하게 된다. 다상 전동기의 극성 반전은 코일, 군, 상에서 발생한다.

(5) 반대로 결선한 코일(reversed coils)

모든 다상 전동기에서는 군의 코일은 코일을 흐르는 전류가 동일 방향으로 흐르도록 결선되어 있다. 그러나 권선하는 사람이 전류가 동일한 방향으로 흐르지 않도록 결선할 가능성은 언제라도 있다. 이런 일은 조감기(gang-wound)를 한 전동기에서는 코일을 슬롯에 넣을 때 방향을 잘못하여 넣지 않는 한 일어날 수가 없다.

반대로 결선한 코일을 검출하는 방법은 육안으로 하는 것이 가장 좋은 방법이긴 하나 언제나 가능한 것은 아니다.

정확한 검사방법은 저전압 직류전류를 배터리로부터 각 상에 흐르게 하여 철심에 컴퍼스를 설치하는 방법이다. 이때 나침반의 바늘은 어느 한 상의 각 군에서 서로 반대되게 나타나며, 어느 한 군에서 N극을 나타내면 다음 군에서는 S극을 나타내게 된다. 만약 어느 군에서 나침반 바늘이 일정한 방향을 가리키지 않으면 그 군 내에 반대로 결선된 코일이 있는 것을 의미하는 것이다.

결선이 반대인 코일은 다른 코일에서 발생하는 자계방향과 반대방향인 자계를 발생하고 있게 되므로 합성자계는 대단히 미약하게 된다. 그러므로 나침반의 바늘이 가리키는 방향은 일정하지 않게 된다.

(6) 반대로 결선한 코일군(reversed coil groups)

반대로 결선한 코일군을 검출하여 내려면 저전압 직류전류가 흐르는 리드선을 성형점에 연결하고 다른 하나의 리드선은 각 상에 순차적으로 접속하여 본다. 그리고 고정자 안에 나침반을 넣어 각 군의 극성을 검사한다. 만약 나침반의 바늘이 [그림 4-124]처럼 각 군에서 반대방향을 가리키면 극성은 올바르게 되어 있는 것이다. 델타결선 전동기에서 군이 반대로 결선된 것을 검출하려면 델타 접속점을 떼어내고 저전압 직류전류를 두 선에 연결한다. 각 군에서 나침반 바늘이 반대방향을 가리키면 그 극성은 올바르게 된 것이다.

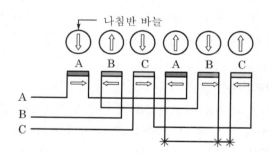

[그림 4-124] 3상 2극 성형(wye)결선한 전동기에서
결선이 올바르게 되어 있는지를 알아보기 위하여
나침반의 바늘이 가리키는 방향을 점검한다.

(7) 반대로 결선한 상(reversed phases)

3상 전동기를 결선하는데 있어서 가장 범하기 쉬운 실수는 중간상을 잘못 결선하는 것이다. 이러한 착오는 나침반을 이용하면 쉽게 검출할 수 있다. 군에 대한 극성을 검사하기 위해서는 상에 저전압 직류전류를 흐르게 하고 나침반을 군에서 군으로 옮기면서 자침이 반대방향을 가리키는지 조사한다. 만약 자침이 [그림 4-125]에서처럼 세 개의 N극과 세 개의 S극을 가리키면 중간상이 잘못 결선되었음을 의미한다. 올바르게 결선하기 위해서는 B상, 즉 중간상의 결선을 반대로 하여 준다.

전동기에 대한 검사를 마치면 섭씨 약 120℃ 의 온도에서 2~3시간 동안 건조로에 넣어 건조시킨다. 그 다음 양질의 바니시 액 속에 넣어 약 5분 동안 담근 후 꺼내어 바니시가 완전히 흘러내리도록 한다. 그것을 다시 건조로에 넣어 같은 온도로 약 3시간 동안 건조시킨다.

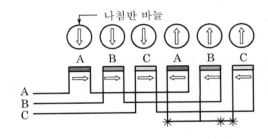

[그림 4-125] B상에 대한 결선이 올바르지 못하다.
이때는 상의 결선을 바꾸어 준다.

2. 일반적인 고장과 수리(common troubles and repairs)

(1) 증상 및 고장원인

문제 있는 2상 및 3상 전동기의 일반적인 증상과 각 증상에 예상되는 고장은 다음과 같다.

① 다상 전동기가 기동불능일 때의 고장원인

　　㉠ 퓨즈의 용단

　　㉡ 베어링의 마멸

　　㉢ 과부하

　　㉣ 상의 결선의 단선

　　㉤ 코일이나 군의 단락

　　㉥ 회전자 동봉의 움직임

　　㉦ 내부 결선의 착오

　　㉧ 베어링의 고착

　　㉨ 컨트롤러(controller)의 불량

　　㉩ 권선의 접지

② 다상 전동기의 회전이 원활하지 못할 때의 고장원인

　　㉠ 퓨즈의 용단

　　㉡ 베어링의 마멸

　　㉢ 코일의 단락

　　㉣ 상결선의 반대

　　㉤ 상결선의 단선

　　㉥ 병렬결선에서의 단선

　　㉦ 권선의 접지

　　㉧ 회전자 동봉의 움직임

　　㉨ 전압 또는 주파수의 부적당

③ 전동기가 저속으로 회전할 때의 고장원인

　　㉠ 코일 또는 군의 단락

　　㉡ 코일 또는 군의 결선의 반대

　　㉢ 베어링의 마멸

　　㉣ 과부하

　　㉤ 결선의 착오(상결선의 반대)

　　㉥ 회전자 동봉의 움직임

④ 전동기가 과열일 때의 고장원인

　　㉠ 과부하

　　㉡ 베어링의 마멸(2) 또는 축조임 과다

　　㉢ 코일 또는 군의 단락

　　㉣ 단상으로 운전하는 경우

　　㉤ 회전자 동봉의 움직임

(2) 수리방법

① 퓨즈의 용단(burned-out fuse)

[그림 4-126]처럼 퓨즈를 제거하고 테스트 램프로 검사한다. 이때 램프가 점등하면 퓨즈는 정상적이며, 점등하지 않으면 퓨즈가 용단되었음을 의미한다. 퓨즈를 홀더(fuse holder)에서 꺼내지 않고 그대로 둔 채 검사를 하려면 [그림 4-127]처럼 스위치를 폐로시켜 둔 채 테스트 램프를 퓨즈 양쪽 끝에 접속한다. 이때 램프에 불이 들어오면 퓨즈가 용단된 것을 의미한다.

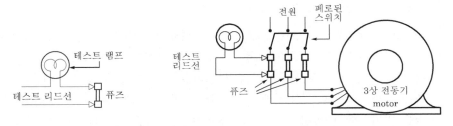

[그림 4-126] 테스트 램프로 퓨즈를 검사한다.　　[그림 4-127] 소손된 퓨즈에 접속된 테스트 램프
　　　　　　　　　　　　　　　　　　　　　　　는 점등한다.

　다상 전동기의 운전 중에 퓨즈가 용단되면 전동기는 [그림 4-128]과 [그림 4-129]에
처럼 단상 전동기로 작동한다. 이것은 권선의 일부분을 가지고 전부하를 담당하게 하
는 결과를 가져오므로, 이런 방식으로 계속하여 전동기를 운전하게 되면 권선이 과열
되어 소손되는 결과가 생기게 된다. 또한 전동기는 심한 소음을 내게 되고 적정 부하
를 걸 수가 없게 된다. 이 고장을 찾아내려면 전동기를 중지시키고 다시 기동시켜 보
아야 한다. 다상 전동기는 소손된 퓨즈가 있을 때는 기동하지 않는다. 이러한 상태를
수리하려면 고장난 퓨즈를 찾아내어 대체해 주어야 한다.
　전동기가 병렬결선한 전동기이면 단선된 상에는 유도전류가 흐르게 되므로 권선이 매
우 빨리 소손된다. 가능한 한 이러한 상황이 일어나지 않도록 유의해야 한다.

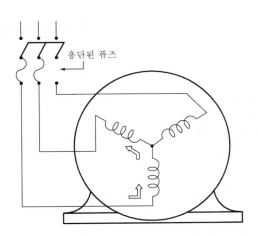

[그림 4-128] 어느 한 상의 퓨즈가 용단한 성형결선 전동기.
　　　　　　　남은 두 상을 흐르는 전류가 코일에 과부하
　　　　　　　를 걸게 되어 코일을 소손시킬 염려가 있다.

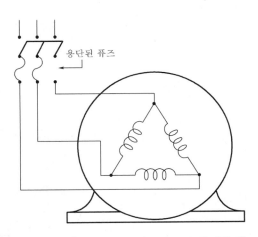

[그림 4-129] 어느 한 상의 퓨우즈가 용단된 델
　　　　　　　타결선 전동기.
　　　　　　　전류는 어느 한 상만을 흐르게 된다.

② 베어링의 마멸(worn bearings)

베어링이 마멸하면 회전자가 고정자에 달라붙고, 작동할 때에 소음을 발생한다. 베어링이 너무 심하게 마멸하여 회전자가 고정자 철심에 닿을 정도가 되면 회전불능상태에 빠지게 된다. 소형 전동기의 경우 이러한 상태가 발생했을 때는 [그림 4-130]처럼 축을 상하로 움직여 불량상태를 검출할 수 있다. 이때 축이 상하로 놀면 베어링의 마멸을 의미한다. 마멸된 부분을 조사하려면 회전자를 고정자에서 떼어 내어 약간이라도 회전자가 고정자를 닳게 한 부분이 있는가를 검사한다. 닳은 부분이 있을 경우의 유일한 수리방법은 베어링을 교환해주는 방법이다.

대형 전동기의 경우에는 [그림 4-131]에 도시된 것과 같은 필 게이지(feeler gauge)를 사용하여 점사한다. 회전자와 고정자 사이의 공극(air space)은 [그림 4-132]처럼 어느 곳이나 할 것 없이 전 원주에 걸쳐 동일하여야 하지만 필러 게이지로 검사하여 균일하지 않으면 새로운 베어링으로 바꾸어 주어야 한다.

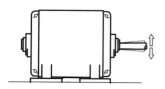

[그림 4-130] 축을 상하로 움직인다.
축이 늘면 축받이가 마멸된 것을 의미한다.

[그림 4-131] 파일러 게이지 이것은 두께가 다른 얇은 금속편으로 만들어져 있다.

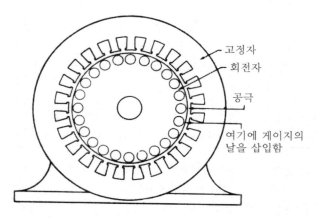

고정자
회전자
공극
여기에 게이지의 날을 삽입함

[그림 4-132] 공극은 전원주에 걸쳐 그 간격이 동일하여야 한다.
피일러 게이지를 사용하여 그 간격을 검사한다.

③ 과부하(overload)

3상 전동기에서 과부하를 조사하려면 전동기에서 벨트나 부하를 제거하고 [그림 4-133]처럼 손으로 피구동장치의 축을 손으로 돌려 본다. 대개 피구동장치에 파손된 부분이 있거나 오손되었을 때, 축 회전이 원활하지 못하다. 또 다른 방법은 각 전원선에 암미터를 직렬로 연결하고 전류를 측정하는 방법이다. 이때 명판상에 기재된 정격 전류 이상의 전류가 흐르면 과부하임을 나타낸다. 대개의 정비소에서는 전동기에 전류를 공급하는 회로를 검사하기 위하여 스냅 어라운드 볼트 암미터(snap-around volt-ammeter)와 전류계를 사용한다. 각 리드선을 흐르는 전류는 동일하여야 하며 명판상에 기재된 것과도 비슷해야 한다. 어느 한 쌍의 전류가 과도하게 흐르면 단락된 상임을 의미한다. 이 기계(snap-around volt-ammeter)는 분상 전동기에서 3상 전동기에 이르는 모든 전동기의 전압·전류 저항을 측정하는 데 사용된다. [그림 4-134]는 이 기계를 사용한 3상 전동기의 전원전류를 검사하는 것을 나타내고 있다.

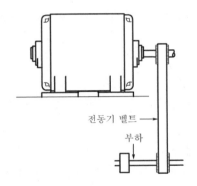

[그림 4-133] 벨트를 벗기고 피구동장치의 축이 원활하게 회전하는지 검사한다.

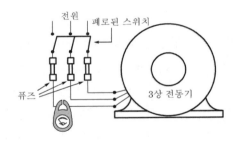

[그림 4-134] 각 선의 전류를 조사하기 위하여 스냅 어라운드 볼트 암미터를 사용한다.

④ 상결선의 단선(open-phase)

전동기가 동작 중에 단선사고가 일어나면 작동은 계속되나 출력이 감소한다. 회로의 단선은 코일이나 군 결선 어디에서든지 일어날 수 있으며, 이때에는 전동기가 기동을 하지 못하게 된다. 이러한 사고는 또한 리드선의 단선, 접속불량으로도 발생한다. 코일 내에서 단선사고가 일어나면 새로운 코일로 바꾸어 주어야 한다. 그러나 새로운 코일로 바꾸어 줄 수 없을 때는 낡은 코일은 다음과 같은 방법으로 끊어 놓는다.

우선 단선된 코일을 검출하여 [그림 4-135]와 [그림 4-136]에 도시된 것처럼 단선된 코일의 출발점과 끝점을 함께 연결한다. 이것은 일시적인 조치이며, 실제적으로 재권 선하는 것이 불가능할 때 사용하는 방법에 지나지 않을 뿐이다. 그리고 이것은 또한 코일이 조감기(gang-wound)로 되어 있을 때는 사용할 수 없는 방법이다.

전동기가 작동하는 도중에 어느 한 상이 개로되면 전동기는 계속하여 작동을 한다. 그러나 한 번 정지하면 기동은 불가능하다. 이것은 퓨즈가 용단하였을 때와 비슷한 상황을 나타낸다.

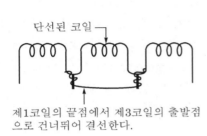

[그림 4-135] 세 개의 코일로 구성된 한 군에서 코일 하나를 건너 뛰는 방법

[그림 4-136] 다이아몬드형 군에서 코일 하나를 건너 뛰는 방법

⑤ 코일 또는 군의 단락(shorted coil or group)

단락된 코일이 있으면 전동기를 운전할 때 소음과 연기를 내게 된다. 육안으로 관찰하거나 밸런스 테스트(balance test)로 고장난 난 그러한 코일을 검출하면, 새로운 코일로 바꾸어 주거나 회로에서 제외한다. 코일에 대한 절연 에나멜이 손상되면 코일 하나하나가 단락을 일으켜 과열하게 되고, 심하면 소손하게 된다. 그렇게 되면 다른 코일도 소손하게 되고, 나아가 상 또는 군 전체가 고장을 일으키게 된다. 단락된 코일이 단선되었을 때와는 달리 이제 회로에서 떼어 놓는다.

단락된 코일은 육안이나 그라울러를 사용하여 검출한다. 코일이 단락되었으면 눈으로 보아 탄 표시가 나거나 냄새가 난다. 단락코일에 대해서는 [그림 4-137]과 [그림 4-138]처럼 코일 뒷면 한 점에서 완전히 끊고 절단한 양쪽 끝을 각각 함께 비틀어 놓는다. 이때 절단한 부분을 완전히 절연조치한 후에 코일전기(gang-wound)를 한 권선에서도 이 방법을 사용할 수 있으며, 만약 군 전체가 소손되었으면 전동기 전체를 다시 권선하여 주어야 한다.

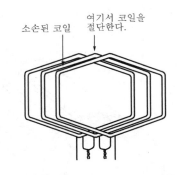

소손된 코일

여기서 코일을 절단한다.

[그림 4-137] 소손된 코일을 절단한다.

선을 함께 비틀어 묶는다.

소손된 코일을 회로에서 절단한다.

[그림 4-138] 코일을 전단하고 양쪽 끝에서 모두 비틀어 준다.

⑥ 회전자 동봉의 움직임(loose rotor bars)

회전자 동봉이 움직이게 되면 전동기가 운전할 때에 소음이 발생하고, 전동기에 적정 부하를 걸 수 없게 된다. 또 전동기가 작동할 때 동봉과 단환(end ring)에서 불꽃을 내게 된다. 농형권선 회전자의 동봉의 경우에는 동봉이 모두 회전자의 양쪽 끝에서 엔드 링에 접속되어 있다. 만약 이 동봉 중 한 두 개가 [그림 4-139]에서처럼 움직이게 되어 엔드 링과 접속하지 못하게 되면 전동기가 불완전한 운전상태에 빠지게 된다. 많은 경우에 전동기는 회전하지 못하게 된다.

회전자의 동봉이 움직이는 것을 검출하려면 회전자를 그라울러 위에 놓고 검사한다. 동봉 하나하나에 대하여 쇠톱날을 가져갔을 때 정상적인 동봉은 쇠톱 날이 진동하게 된다. 그러나 단선된 동봉이 있으면 쇠톱날이 진동하지 않는다. 회전자 동봉의 단선은 육안으로도 검출할 수 있다.

이러한 고장은 단선부분을 납땜하거나 용접하여 수리한다. 위에서 말한 것은 다이

(die) 주물의 알루미늄 권선을 한 회전자에는 적용할 수 없다.

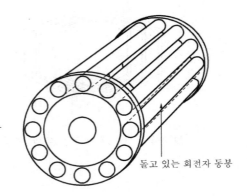

돌고 있는 회전자 동봉

[그림 4-139] 회전 동봉은 엔드 링에 용접이나 주물로 접속되어 있다.
한 두 개의 동봉이 움직이면 전동기의 작동이 불량해 진다.

⑦ 내부결선의 착오(wrong internal connections)

다상 전동기가 옳게 결선되어 있는지 알아내려면 회전자를 빼어 내고 고정자 내부에 알맞은 크기의 볼베어링을 올려놓고 검출하는 것도 하나의 좋은 방법이다. 이렇게 한 다음 권선에 전류를 흐르도록 스위치를 폐로시킨다. 만약 내부결선이 옳게 되어 있으면 [그림 4-140]처럼 볼 베어링이 고정자 철심둘레를 따라 돌게 된다. 결선이 불완전하면 베어링은 움직이지 않게 된다. 중형 및 대형 전동기의 경우, 저전압을 사용하여 이러한 실험을 하여야 한다. 그렇지 않으면 퓨즈가 용단하게 된다.

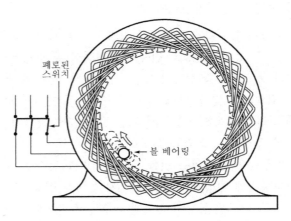

폐로된
스위치

볼 베어링

[그림 4-140] 내부 결선이 올바르게 되어 있으면 볼 베이링이 고정자 철심 내부를 회전해야 한다.

⑧ 베어링의 고착(forzen bearing)

베어링 내에서 회전하는 축에 주유(注油)를 충분하게 하여 주지 않으면 축이 심한 열을 발생하게 되고, 결과적으로 축이 팽창하게 되어 회전에 지장을 초래한다. 이것이 소위 말하는 베어링의 고착현상(forzen bearing)이며, 축이 팽창하는 과정에서 베어링과 축에 서로 용착하여 회전이 불가능한 상태에 이르게 된다.

수리를 하기 위해서는 엔드 플레이트를 떼어 낸다. 쉽게 떼어지지 않는 엔드 플레이트는 그 베어링이 불량하기 때문이다. 엔드 플레이트와 전기자를 함께 빼내어 전기자를 고정시키고 난 후 엔드 플레이트를 앞뒤로 움직여 빼낸다. 이렇게 하여도 엔드 플레이트가 빠지지 않으면 베어링 고정나사를 뽑고 전기자와 베어링을 함께 엔드 플레이트로부터 떼내도록 한다. 이러한 작업을 하는 도중에 오일링(oil ring)이 베어링에 닿지 않도록 특히 유의해야 한다. 전기자를 고정하고 해머로 쳐서 베어링을 뽑는다. 축을 빼어 낸 후에는 축을 선반에 고정하고 새 베어링을 끼울 수 있는 알맞은 크기로 절삭·가공한다. 볼 베어링을 사용한 것이면 새로운 것으로 교환하여 같이 끼운다.

⑨ 컨트롤러의 불량(defective controller)

컨트롤러의 접촉자가 접촉불량이면 전동기는 기동불능상태에 이른다. 고장검출 요령과 수리 등에 관해서는 제5장을 참조하라.

⑩ 권선의 접지(grounded winding)

권선이 접지되어 있으면 손으로 전동기를 만질 때 감전이 된다. 권선이 접지된 곳이 여러 곳이면 회로에 단락현상이 일어나고, 이것이 권선을 손상시키고 심하면 퓨즈를 용단시키게 된다. 권선의 접지는 테스트 램프를 사용하여 검출하고, 수리는 재권선을 하거나 손상된 코일을 교체하여 준다.

⑪ 상결선의 반대(reversed phase)

이러한 고장이 있으면 전동기를 저속으로 회전하게 하고 잘못된 결선임을 알리는 전기적인 험(hum)소리를 발생한다. 결선을 검사하고 설계대로 다시 결선하여 준다.

⑫ 병렬결선의 단선(open parallel connection)

이러한 결점이 있으면 시끄러운 험소리가 나고 전동기에 전부하를 걸 수 없게 된다. 병렬회로에 대하여 철저한 검사를 실시한다.

제5장 교류 전동기 제어

MOTOR REPAIR
MOTOR REPAIR
MOTOR REPAIR

1 서론(Introduction)

교류 전동기를 전전압에서 기동시키면 정상적인 정격전류의 2~6배에 해당하는 기동전류를 끌어당기게 된다. 그러나 전동기는 이러한 기동 시의 충격을 견딜 수 있을 정도로 제작되어 있으므로 이 같은 지나친 과전류에도 별 손상은 입지 않을 것이다. 그러나 대형 전동기의 경우, 지나친 기동전류를 경감시킬 조치를 취하여 주는 것이 바람직스러운 것이다. 그렇지 않으면 기동 시의 충격으로 피구동(被駒動) 기계에 손상을 주고, 전원을 교란시켜 동일 전원에 연결된 다른 전동기의 운전에 지장을 초래한다.

소형 전동기의 경우나, 기동 시의 충격을 견딜 수 있을 정도의 부하가 걸려 있거나, 전원교란이 일어날 정도의 것이 아닌 경우는 전동기의 제어에 수동 또는 자동 기동 스위치를 사용한다. 이러한 유형의 스위치는 전동기를 전원에 직접 연결하며, 전전압 기동기(全電壓 起動器 ; full-voltage starter) 또는 직입 기동기(直入 起動器 ; across-the-line-starter)라고 한다.

대형 전동기의 경우, 기동 회전력이 점진적으로 증가하고, 또 높은 기동전류가 전원전압에 영향을 미치므로, 기동전류를 감소시켜줄 장치를 부착하여 줄 필요가 있다. 이러한 장치는 저항을 이용한 장치이거나, 단권변압기(autotransformer)를 이용한 장치 등이 있으며, 전동기를 기동할 때 이러한 용도에 사용하는 제어기(controller)를 감압 기동기(reduced-voltage starter)라고 한다.

이런 제어기는 전동기가 과열되거나 과부하상태가 되는 것을 방지하고, 속도를 조절하여 전동기의 역전 부족 전압보호(under voltage protection) 기능 등을 수행하기도 한다.

가장 많이 사용되는 유형의 제어기를 기술하면 다음과 같은 소형 전동기용 푸시 버튼 스위치식 기동기, 전자식 직입 기동기, 감압 저항 기동기, 보상 기동기, 와이 델타 기동기, 드럼형 기동기, 부분 권선 기동기, 2단 속도 제어기, 역전제동과 발전제동 제어기 등이 있다.

2 기동기(Starters)

1. 분수마력 전동기용 푸시 버튼 스위치형 기동기(pushbutton switch starter for fractional horsepower motors)

이것은 전동기를 직접 전원에 연결하는 간단한 형의 스위치이다. 스위치에는 두 개의 푸시 버튼이 있는데, 하나는 기동용이고 다른 하나는 전동기를 정지시키는 데 사용한다. 기동 버튼을 누르면 스위치 내부의 접촉자가 작동하여 전동기를 전원에 연결하고, 정지 버튼을 누르면 접촉자가 열려 전동기를 전원으로부터 개방한다. 이러한 형의 스위치는 [그림 5-1]에 도시되어 있다.

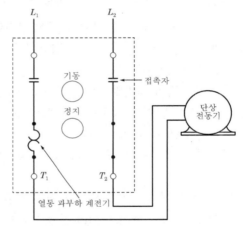

[그림 5-1] 단상 전동기에 연결한 푸시버튼 스위치 기동기

일반적인 형의 푸시 버튼 스위치 기동기는 전원과 직렬로 연결된 열동과부하 계전기(thermal overload device)를 구비하고 있다. 이는 과부하 전류가 일정기간 계속될 때 전동기의 회로를 개방하는 역할을 한다. [그림 5-2]는 과부하가 계속될 때 용융하는 계전기를 넣은 소형 원통으로 된 과부하 계전기를 보여주고 이. 계전기 메탈 속에는 톱니바퀴와 연결된 축이 들어 있다. 기동 버튼을 누르면 작은 톱니바퀴와 연동되는 스프링이 축을 동작위치로 고정시켜 준다. 과전류가 과부하 방지장치를 흐르면 원통 내의 계전기가 용융되어 기동 버튼을 그 스프링을 정지위치로 되돌아가게 하며, 전동기를 전원에서 개방시킨다. 전동기를 다시 기동시키기 위해서는 원통 내의 합금(alloy)이 다시 굳을 때까지 몇 초간 기다려야 한다.

분수마력 전동기에서 사용되는 또 다른 형의 스위치는 스냅 액션(snap-action)형이다. 이 스위치는 과부하를 방지하는 열동 계전기(thermal relay)를 가지고 있다. 저항코일이 한 개 전동기의 리드선과 직렬로 연결되어 있으며, 이것이 과전류가 흐를 때 용융하게 된다. 코일 내부에는 열을 받으면 용융하는 솔더 필름(solder film)이 있으며, 이것이 녹아 스위치의 주 접촉자를 개방시킨다.

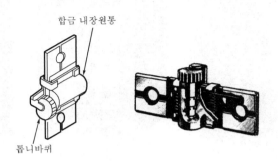

합금 내장원통

톱니바퀴

[그림 5-2] 합금용융형 열동 계전기

이러한 기동기는 단상, 2상, 3상 전동기에 사용될 수 있다. [그림 5-1]은 단상 전동기에 연결된 푸시 버튼 기동기를 나타내고 [그림 5-3]은 그러한 기동기가 3상 전동기에 연결된 것을 나타내고 있다. [그림 5-1]에서 기동 버튼을 누르면 기동 버튼은 L_1과 L_2 의 접촉자를 폐로시켜, 전동기를 전원에 연결시킨다. 만약 과부하가 일어나면 열동 계전기는 개로장치를 트립(trip)하여, 접촉자를 개로시키므로 전동기는 정지하게 된다. 트립장치를 다시 환원시키려면 정지 버튼을 작동시켜 주어야 한다. 전동기가 정상적으로 작동하고 있을 때 그것을 정지시키고자 한다면 정지 버튼을 눌러 접촉자를 개로시킨다. [그림 5-4]는 수동식 기동기를 도시하고 있다.

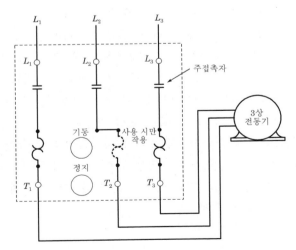

[그림 5-3] 3상 진동기에 연결한 푸시버튼 스위치 기동기

[그림 5-4] 수동식 기동기의 여러 유형

2. 전자식 전전압 기동기(magnetic full-voltage starter)

(1) 일반

전동기에 직접 전원전압이 걸리도록 되어 있는 기동기를 전전압 기동기(full-voltage starter)라고 한다. 이 기동기가 전자식으로 작동할 때 이것을 전자식 전전압 기동기(magnetic full voltage starter)라고 한다. [그림 5-5]와 [그림 5-6]에는 3상 전동기에서 작동하도록 설계된 전자식 기동기를 나타내고 있다. 이 두 도형 및 [그림 5-7]에는 배선 기호를 나타내고 있다. [그림 5-6]은 평상시에는 개로된 상태에 있다가, 폐로되면 전동기를 전원에 연결해주는 세 개의 주접촉자(main contacts)를 보여 주고 있다. 이것은 전자식 지지코일(magnetic holding coil)을 가지고 있는데 이 지지코일은 접촉자가 여자되었을 때 접촉자를 폐로시키는 작용을 하고, 또한 평상시에는 개로되어 있던 주접촉자나 보조접촉자를 폐로시켜 준다. 주접촉자 및 보조접촉자는 대개 절연된 연결봉에 의하여 접속되므로 지지코일이 여자되면 모든 접촉자는 폐로된다. 기동기에 따라서는 고전압 및 저전압의 양전압에서 작동하도록 중전압 코일을 구비하고 있는 것도 있다. 이러한 코일은 두 부분으로 되어 있는데 고전압용으로는 직렬 결선하고, 저전압용으로는 병렬결선한다. [그림 5-5]에는 두 개의 과부하 계전기가 도시되어 있다. 대부분의 3상 기동기는 예비용으로 제3의 과부하 계전기를 갖추고 있는데, 이는 [그림 5-6]에 나타나 있다. 두 개 또는 세 개의 과부하 계전기를 설치하는 이유에 대해서는 다음의 「과부하 계전기의 설치개수」에서 자세하게 설명하고 있다.

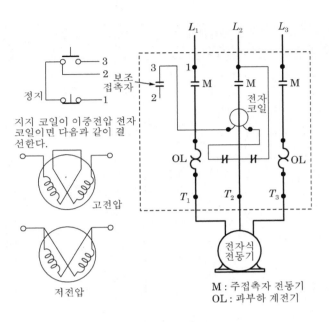

[그림 5-5] 3상 전동기에 연결된 전자식 기동기

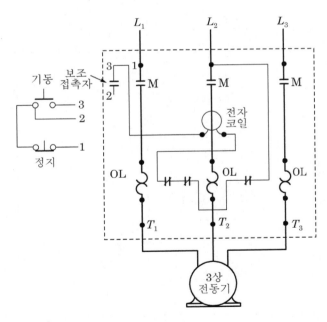

[그림 5-6] 3상 전동기용 전자식 전전압 기동기. 3개의 과부하 계전기에 유의하라.

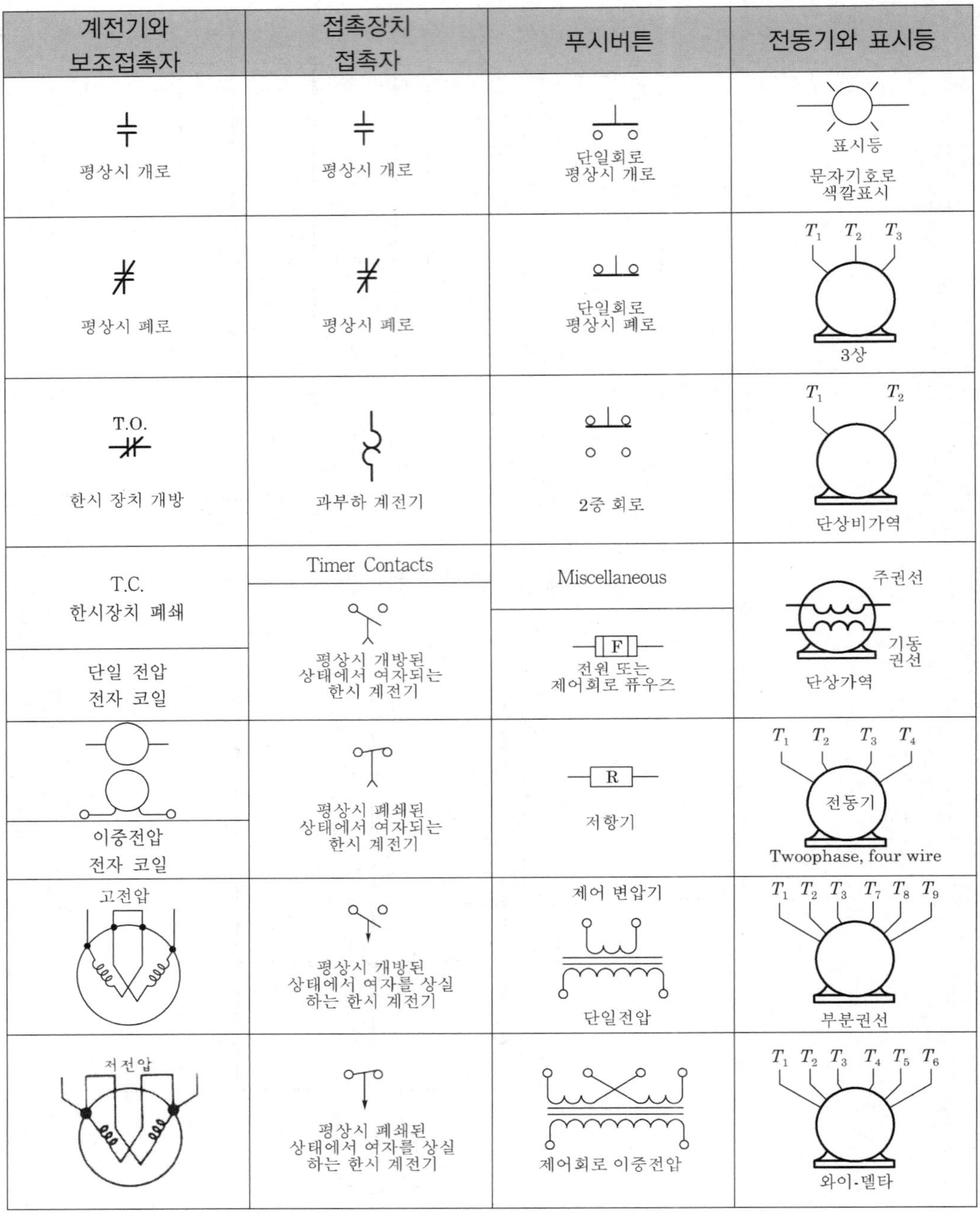

계전기와 보조접촉자	접촉장치 접촉자	푸시버튼	전동기와 표시등
평상시 개로	평상시 개로	단일회로 평상시 개로	표시등 문자기호로 색깔표시
평상시 폐로	평상시 폐로	단일회로 평상시 폐로	T_1 T_2 T_3 3상
T.O. 한시 장치 개방	과부하 계전기	2중 회로	T_1 T_2 단상비가역
T.C. 한시장치 폐쇄 단일 전압 전자 코일	Timer Contacts 평상시 개방된 상태에서 여자되는 한시 계전기	Miscellaneous 전원 또는 제어회로 퓨우즈	주권선 기동 권선 단상가역
이중전압 전자 코일	평상시 폐쇄된 상태에서 여자되는 한시 계전기	저항기	T_1 T_2 T_3 T_4 전동기 Twoophase, four wire
고전압	평상시 개방된 상태에서 여자를 상실 하는 한시 계전기	제어 변압기 단일전압	T_1 T_2 T_3 T_7 T_8 T_9 부분권선
저전압	평상시 폐쇄된 상태에서 여자를 상실 하는 한시 계전기	제어회로 이중전압	T_1 T_2 T_3 T_4 T_5 T_6 와이-델타

[그림 5-7] 배선 기호

교류 전자식 기동기의 지지코일은 맥동전류에 의하여 여자된다. 그러므로 계속적으로 전류가 흐르는 것이 아니라 전류의 주파수에 따라서 교대로 흐르게 된다. 이것은 전자석의 접촉부분이 붙었다 떨어졌다 하는 채터링(chattering)현상을 일으키게 된다. 이것을 방지하기 위해서는 자그마한 동편으로 된 셰이딩코일(shading coil)을 자극편에 설치한다. 이 셰이딩 코일에 유도된 전류는 교류 전류가 바뀔 동안에 접촉자가 전자석에 접촉되어 있도록 한다. 완전한 전자식 기동기가 [그림 5-8]에 도시되어 있다.

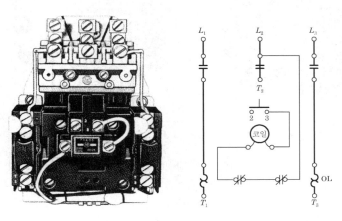

[그림 5-8] 3상 전동기용 전자 기동기(Allen Bradley Co.)

전자식 기동기가 수동식 기동기보다 유리한 점은 전동기나 기동기에서 멀리 떨어진 곳에서라도 푸시 버튼만 누르면 작동시킬 수 있다는 점이다. 이것은 전동기를 기동시키거나 정지시킬 때 편리하고도 안전한 작업을 할 수 있으며, 특히 고전압을 사용할 때나, 멀리 떨어진 장소에서 조정해야 할 경우에는 특히 편리하다.

(2) 과부하 계전기(overload relays)

대부분의 전자식 기동기에는 과전류로부터 전동기를 보호하기 위하여 과부하 방지장치를 설치하고 있다. 전자식 계전기에는 전자식 또는 열동식의 두 종류가 있다. 열동 과부하 계전기는 바이메탈(bimetallic)형이거나 합금 용융(solder-pot)형의 두 가지가 있다.

열동 계전기는 [그림 5-9]의 (a)와 (b)에 도시되어 있다. 이 바이메탈형 계전기는 자그마한 히터코일로 구성되어 있으며, 이것은 전원과 직렬로 접속되어 열을 발생하도록 되어 있다. 열량(熱量)은 전동기에 흐르는 전류값에 좌우된다. 코일 가까이 또는 안쪽으로 두 개의 금속편으로 된 스트립(strip)이 부착되어 있다. 이것은 한쪽편의 고정되어 있고 다른 한쪽은 자유로이 움직일 수 있게 되어 있다. 이 두 개의 금속편은 팽창계수가 서로 다르며, 열을 받으면 스트립이 휘어진다. 자유로이 움직일 수 있는 한쪽 편은 제어회로상의 두 개의 접촉자를 평상시에는 폐로된 상태를 유지하도록 하여준다. 과부하가 일어나면 히터가 바이메탈에 열을 가하게 되고, 두 개의 접촉자를 분리시켜, 지지코일의 회로를 개로시키게 되며, 따라서 전동기를 중지시킨다.

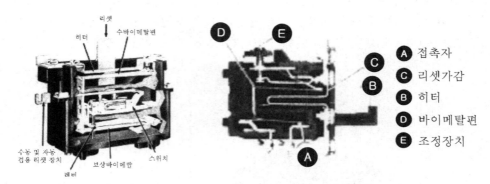

(a) 바이메탈형 과부하 계전기(Furnas Electric Co.)   (b) 바이메탈형 과부하 계전기(G. E. Co.)

[그림 5-9] 바이메탈형 과부하 계전기

합금용융(solder pot)형 과부하 계전기는 용융점이 낮은 합금물질, 히터코일, 접촉자, 리셋 버튼 등으로 구성되어 있다([그림 5-10]). 저온 용융 합금은 일정한 온도변화에 따라 즉각적으로 고체상태에서 액체상태로 변하게 된다. 히터코일은 전원전류를 흐르게 한다. 과전류가 히터코일에 흐르게 되면 코일에 열이 발생하게 되고 그 열이 합금을 녹여, 스프링 작용으로 축과 톱니바퀴가 회전하게 되며, 평상시 폐로된 접촉자를 개로시킨다. 이렇게 되면 주접촉자를 개로시키기고 전동기를 전원에서 차단하게 되는 것이다. 전동기를 다시 기동시키기 위해서는 합금이 굳은 후 다시 리셋 버튼을 누른다. 이러한 형의 계전기는 대개 수동조작형으로 되어 있다.

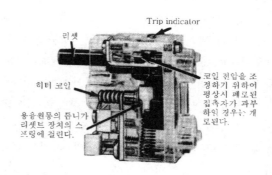

[그림 5-10] 합금용융형 과부하 계전기(Furnas Electric Company)

3. 과부하 계전기의 설치개수(number of overload relays required)

전미전기공업협회 규약은 교류 단상, 2상 및 3상 전동기와 직류 전동기에 사용해야 할 최소한의 과부하 방지기의 수를 규정하고 있다.

그 규약에 의하면 단상 및 직류 전동기에는 한 개, 2상 및 3상 전동기에는 두 개의 과부하 방지 장치를 설치할 것을 규정하고 있다. 그러나 3상 전동기의 경우 안정되지 못한 전류가 공급되 거나, 상 사이의 균형이 잡히지 않으면 과부하 방지기를 세 개 사용해야 한다. 단상과 3상을 함께 사용하는 전동기에도 세 개의 과부하 방지장치를 사용하는 것이 바람직하다.

[그림 5-11]의 (a)와 (b) 및 (c)는 각각 다른 회사에서 제조한 세 개의 컨트롤러를 도시하고 있다. 과부하 방지장치를 유의하여 검토하라.

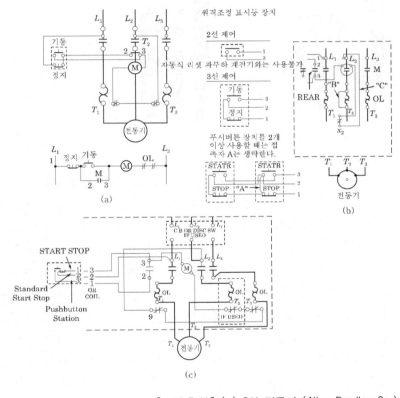

[그림 5-11] (a) 3상 전동기 (Allen Bradley Co.)
(b) 3상 기동기(G. E. Co.)
(c) 3상 기동기(Allen Bradley Co.)

4. 푸시 버튼 장치(push button stations)

전자식 기동기는 푸시 버튼 장치에 의하여 조작한다. 가장 일반적인 푸시 버튼 장치는 [그림 5-12]처럼 기동(start) 및 정지(stop) 버튼을 가지고 있다. 기동 버튼을 누르면 두 개의 평상시 개로되어 있던 접촉자는 폐로되며, 정지 버튼을 누르면 두 개의 평상시 폐로되어 있던 접촉자는 개로된다. 손으로 누르는 힘을 제거하면 스프링 작용으로 버튼은 원래 있던 위치로 되돌아간다. 기동·정지 장치에 의하여 전자 스위치를 작동하려면 지지코일을 접촉자에 연결하여, 기동 버튼을 눌렀을 때 코일에 전류가 여자되도록 해주어야만 한다. 또한 정지 버튼을 눌렀을 때 지지코일의 회로는 개로되어야 한다.

[그림 5-12] 기동-정지 장치 (Allen Bradley Co.)

[그림 5-13]은 기동·정지 장치를 설치하고, 두 개의 열동 과부하 계전기를 부착한 전전압 전자식 기동기를 도시하고 있다. 다음에 설명하는 도형에서 전동기 회로는 굵은 선으로 표시되고, 제어회로는 가는 선으로 도시되어 있다. 이 기동기의 작동과정은 다음과 같다.

[그림 5-13]에 도시되어 있는 기동 버튼을 누르면 그것은 L_1로부터 지지코일 M을 통하여 평상시 폐로된 정지 버튼의 접촉자로 회로를 구성하게 되며, 또한 평상시 폐로된 과부하 계전기를 접촉자에서 L_2로 전류를 흐르게 한다. 이렇게 되면 코일은 여자되며, 접촉자 M을 폐로시켜 전동기를 전원에 연결하게 된다. 포인트 2에서 결성된 회로는 기동 버튼을 누르는 힘을 제거한 후 지지코일을 여자하는 역할을 한다. 정지 버튼을 누르면 코일회로를 개방하게 되며, 모든 회로를 개로시키게 된다. 만약 전동기를 오래 작동하여 과부하가 오래 계속되면 과부하 계전기의 접촉자는 개로되며, 지지코일은 여자를 상실하게 된다. 과부하상태로 인해 계전기가 트립(trip)현상을 일으키면 전동기를 다시 기동시키기 전에 손으로 계전기 접촉자를 다시 리셋시켜 주어야 한다.

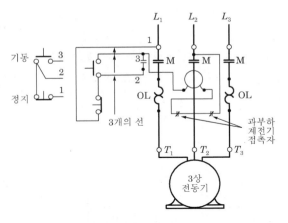

[그림 5-13] 전자식 전전압 기동기의 간략도

[그림 5-14]는 제어회로의 직선도이다. [그림 5-15]는 기동기의 직선도를 나타내고 있다. 코일 M은 주접촉자 M을 폐로시키는데 사용되고 있으며, OL은 평상시 폐로되어 있는 과부하 계전기 접촉자를 표시한다.

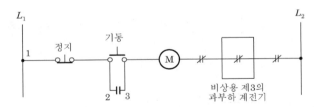

[그림 5-14] 제어회로의 직선도

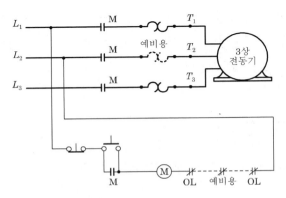

[그림 5-15] 전자식 전전압 기동기의 직선도

전자식 전전압 기동기는 모든 컨트롤러 제조업자들에 의해서도 제조되고 있다. 가장 전형적인 컨트롤러는 [그림 5-16]에 도시되어 있다. [그림 5-17]과 [그림 5-18]에는 제어회로에 강압 변압기(step-down transformer)를 설치한 제어기를 도시하고 있다. 이것을 설치하면 제어회로를 전원전압보다 낮은 전압으로 운전할 수 있는데, 대개 안전상의 이유로 이것을 많이 설치한다.

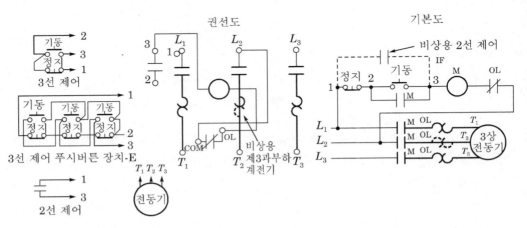

[그림 5-16] 2-3개의 외부 제어선을 가진 3극, 3상 기동기

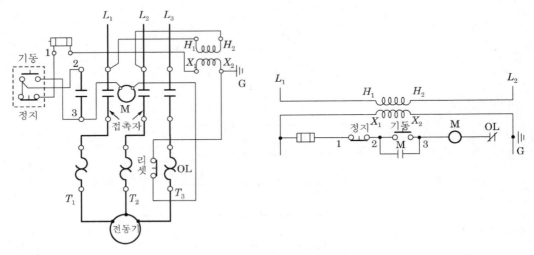

[그림 5-17] 제어회로에 스탭다운 제어 변압기와 3선 열동 과부하 계전기를 설치한 3상 기동기

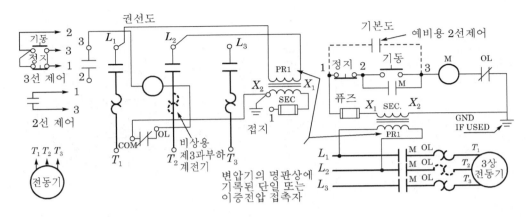

[그림 5-18] 예비 퓨즈와 제어회로 변압기를 설치한 3상 기동기(Squre D Company)

만약 제어회로 변압기를 사용한다면 기본권선은 기동기의 단자선에 연결하여야 한다. 각각 다른 전압을 사용하게 되면 접촉자 코일이 개로되어 있을 때 연결을 풀지 않는 이상 사람 또는 기계에 위험을 가져오기 쉽다.

이 도형에서는 제2선의 한쪽 끝점이 접지되어 있으며, 제어코일 M의 한 측면에 접지된 측면에 연결되어 있는 점에 유의한다. 제어회로의 어느 한 측면을 접지시킬 때, 원격조정장치의 접지사고로 인해 전동기가 기동하지 못하는 경우와 혼동하는 경우가 있으므로 제어회로를 정확히 연결하는 것은 매우 중요하다. 때로는 과부하 접촉자가 기동 버튼과 코일 M 사이에 연결된 경우도 많이 있다.

(1) 복합 기동기(combination starters)

복합 기동기는 전자식 기동기와 절연 스위치로 구성되어 있다. 이러한 기동기들은 퓨즈를 설치한 절연 스위치나 회로 차단기를 구비하고 있다. 퓨즈나 회로 차단기는 전원을 단절시킴으로써 단락회로를 구성한다. 회로 차단기를 구비한 복합 기동기는 어느 한 상에서 사고가 발생할 때 모든 전원을 동시에 개방함으로써 단일 상이 되는 것을 방지해준다. 이러한 형의 기동기는 고장을 제거한 다음에는 즉시 리셋시킬 수 있는 장점이 있다. [그림 5-19]는 퓨즈를 설치한 복합 기동기를 나타내고 있으며, [그림 5-20]은 회로 차단기를 설치한 복합 기동기를 나타낸다.

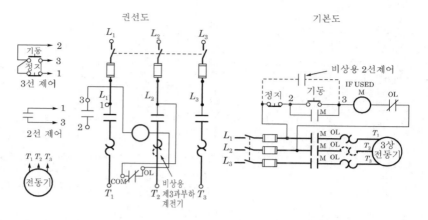

[그림 5-19] 열을 받으면 용융하는 절연스위치를 설치한 복합 기동기(Square D Company)

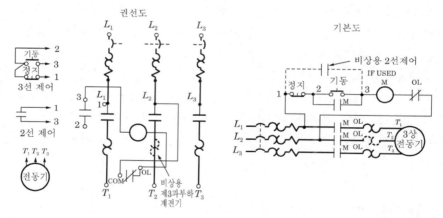

[그림 5-20] 열동 전자식 회로 차단기를 설치한 결함 기동기(Square D Company)

(2) 푸시 버튼 장치의 결선(pushbutton-station connections)

많은 제어회로의 도형은 여러 가지를 조합한 푸시 버튼의 유형을 함께 도시하고 있으며, 이러한 도형은 어느 특정한 하나의 전자 스위치를 다루고 있으나, 형이 다른 전자 스위치에서도 적용할 수 있다. [그림 5-21]은 2개소에서 조작할 수 있는 전자 스위치를 나타내고 있으며, 이 푸시 버튼은 두 개의 유형으로 나타나고 있다. [그림 5-22]는 기동·정지의 푸시버튼 장치를 두 개 조합하여 2개소에서 제어하는 경우에 그 제어회로에 대한 직선도를 도시하고 있으며, [그림 5-23]은 기동·정지용 푸시 버튼 세 개를 조합하여 3개소로부터 전동기를 조작할 수 있도록 한 제어회로를 나타내고 있다. 이러한 도형에서 기동 버튼은 병렬로 접속되고 정지 버튼을 직렬로 연결되어 있다. 이렇게 연결하는 것은 기동·정지 버튼을 설치한 장소의 수에 관계없이 언제나 동일하다. 또한 주접촉자는 언제나 기동 버튼과 연결되어 있다. 나아가서 모든 정지 버튼은 서로 직렬로 연결되고 있고, 지지코일 과도 직렬로 연결되어 있으므로 비상시에는 어느 위치에서도 전동기를 정지시킬 수 있도록 하고 있다.

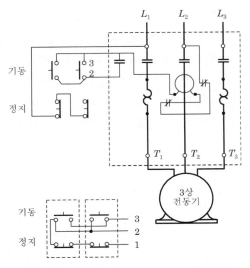

[그림 5-21] 두 개의 기동 · 정지 장치에 의하여 제어되는 전자식 스위치

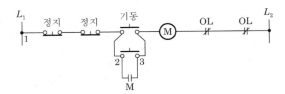

[그림 5-22] 두 개의 기동 · 정치 장치용 제어회로

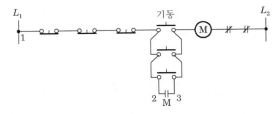

[그림 5-23] 세 개의 기동 · 정지 장치용 제어회로

(3) 촌동(jogging)

전자 스위치는 촌동(jogging) 조작을 할 수 있도록 접속할 수 있다. 이러한 방법을 사용하면 손가락으로 조그(jog) 버튼을 누르고 있는 동안에 전동기를 운전하다가 누르는 힘을 제거하면 즉시 전동기를 중지시킬 수 있다.

촌동 운전은 선택 스위치의 설치, 선택 푸시 버튼의 설치, 푸시 버튼과 조그 계전기의 설치 등 세 가지 방법으로 실시할 수 있다. [그림 5-24]는 선택 푸시 버튼을 구비한 기동·조그·정지 장치에 연결한 전전압 전자 기동기를 도시하고 있다. 이 버튼은 조그 또는 운전 위치로 이동할 수 있는 슬리브(sleeve)장치로 구성되어 있다. 이 슬리브장치를 운전위치에 가져다 주면 기동 및 정지 버튼을 보통 사용하는 기동·정지 장치와 동일한 기능을 발휘한다. 슬리브를 조그위치에 가져다 주면 지지 접촉자의 회로는 단절되며, 전동기는 조그 버튼을 내릴 때만 작동하게 된다. 이때는 기동 버튼을 눌러도 전동기가 동작하지 않는다.

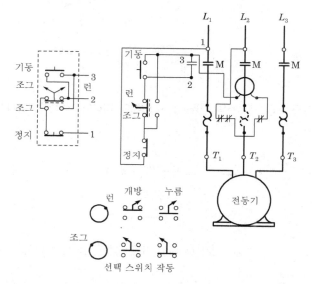

[그림 5-24] 선택 푸시 버튼이 설치된 기동-조그-정지 장치. 이 장치는 전자식 스위치에 연결되어 있다.

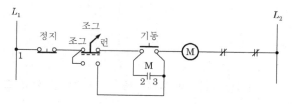

[그림 5-25] 선택 푸시 버튼을 설치한 기동-조그-정지 장치

[그림 5-24]와 [그림 5-25]의 제어회로를 작동하는 과정은 다음과 같다. 선택 슬리브를 운전위치에 두고, 기동버튼을 누르면 회로는 L_1에서 정지 버튼, 즉 선택 버튼의 폐로된 접촉자, 기동 접촉자, 지지코일, 과부하 접촉자, L_2로 흐르게 된다. 이것은 지지코일과 접촉자 M을 여자시키고 전동기를 전원에 연결하게 된다. 보조접촉자는 손을 기동버튼에서 제거한 후에도 지지코일에 전류를 흐르게 하므로 전동기는 운전상태를 유지하게 된다. 정지 버튼을 누르면 코일회로를 개로시키게 되고 전동기는 정지하게 된다. 선택 슬리브를 조그(jog) 위치에 두게 되면 접촉자가 개로상태에 있기 때문에 기동 버튼에는 전류가 흐르지 않게 된다. 조그 선택 버튼을 누르면 정지 버튼, 선택 버튼의 접촉자, 지지코일, 과부하 접촉자, L_2로 전류가 흐르게 된다. 전동기는 버튼을 눌러 주었을 때만 작동하게 된다. [그림 5-26], [그림 5-27], [그림 5-28]은 선택 버튼 대신에 선택 스위치를 사용한 조그장치를 도시하고 있다.

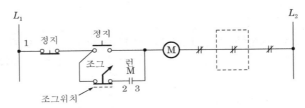

[그림 5-26] 푸시 버튼 선택 스위치로 촌동운전을 한다.

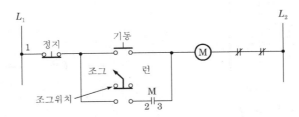

[그림 5-27] 선택 스위치를 사용한 촌동운진

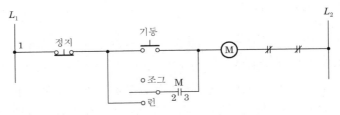

[그림 5-28] 조그-런(Jog-run) 선택 스위치가 설치된 제어회로

기동 버튼은 스위치를 어디에 위치시키느냐에 따라 전동기를 조그상태에 두거나, 운전상태에 두게 된다. 어느 경우이든간에 버튼을 조그위치에 두게 되면 지지접촉자에 대한 회로는 단전된다. 기동 버튼이 기동운전과 촌동운전에 사용되는 상태는 [그림 5-29]에 도시되어 있다. 이러한 유형의 장치에 의해서 작동하는 전자 스위치는 [그림 5-30]에 나타나 있다. 또 다른 형태의 조깅(촌동)운전은 [그림 5-31]과 [그림 5-32]에 도시되어 있다.

[그림 5-29] 기동 버튼을 촌동운전에 사용할 수 있는 판넬장치

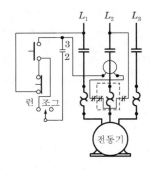

[그림 5-30] 조그-런(jog-run) 선택 스위치가 설치되어 있는 전자 스위치

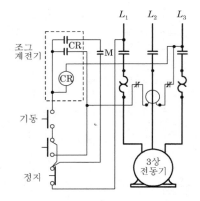

[그림 5-31] 조그 계전기를 부착한 기동-조그-정지 (start-jog-stop) 장치에 의하여 작동하는 전자 스위치

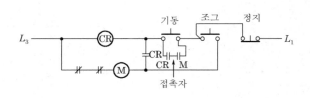

[그림 5-32] 그림 5-31의 기본 구조도

기동 버튼을 누르면 계전자 코일이 여자되어 계전자 접촉자인 CR을 폐로시킨다. CR은 지지코일 회로를 폐로시키며, 결과적으로 접촉자 M을 폐로시킨다. 이렇게 되면 기동 버튼을 풀어 놓아도 지지코일에는 전류가 그대로 흐르게 된다. 그러는 사이에 모든 접촉자에는 전류가 흐르게 되고 전동기에 전류를 공급하는 회로는 폐로된다. 전동기가 정지하고

있을 때 조그 버튼을 누르면 버튼을 누르는 동안만 지지코일에 회로가 형성된다. 이때 손을 아무리 빨리 떼더라도 기동기를 정지된 상태로 그대로 두는 것은 불가능하다. 조그 계전기와 전자 스위치를 연결하는 또 다른 예는 [그림 5-33]에 도시되어 있다. 기동 버튼을 누르면 기동기와 조그 계전기가 작동하게 되며, 계전기 접촉자를 통하여 기동기는 폐로된다. 조그 버튼을 누르면 기동기는 작동하나 이번에는 계전기는 여자되지 않으며, 기동기는 폐로되지 않는다.

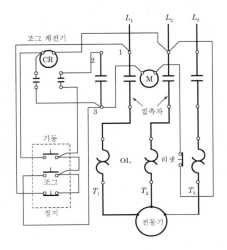

[그림 5-33] 전자 스위치에 연결된 조그 계전기

[그림 5-34]에는 제어회로가 도시되어 있다. 이 그림에서 조그 버튼이 눌러지면 조그 계전기는 무시되며, 주접촉자는 순전히 조그 버튼을 통하여 여자된다. 버튼을 누르는 힘을 제거하면 접촉자 코일은 즉시로 풀려나게 된다. 기동 버튼을 누르면 제어 계전기를 폐로시키게 되며, 주접촉자 코일은 평상시 개로되어 있던 조그 계전기상의 접촉자에 의하여 폐로 된다.

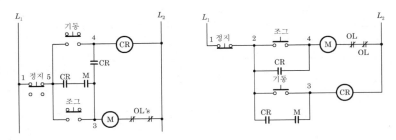

[그림 5-34] 조그 계전기에 연결된 기동-조그-정지 버튼의 제어회로

(4) 표시등이 설치된 기동 · 정지 장치(start · stop station with a pilot light)

때로는 전동기가 작동하고 있음을 표시하는 파일럿 라이트(pilot-light)를 푸시 버튼 장치에 설치하는 것이 바람직한 경우가 있다. 이 파일럿 램프는 보통 푸시 버튼 장치상에 설치하며, 지지코일과 연결되어 있다. 이러한 결선은 [그림 5-35]와 [그림 5-36]에 도시되어 있다. [그림 5-37]은 전동기가 정지하고 있을 때 표시등이 켜져 있는 제어회로를 나타내고 있다. 이러한 기동기에는 평상시 폐로되어 있는 접촉자가 필요하다. 전동기가 운전 중일 때는 이러한 접촉자는 개로된다. 전동기가 정지하면 접촉자는 폐로하며, 표시등의 불이 켜진다. 표시등이 설치된 기동 · 정지 장치는 [그림 5-38]에 도시되어 있다.

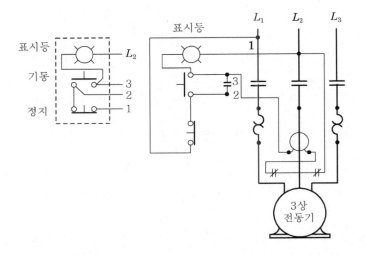

[그림 5-35] 3상 전자 기동기에 연결된 표시등을 설치한 푸시 버튼 장치

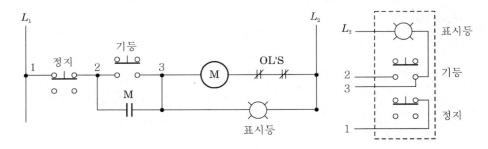

[그림 5-36] 표시등이 설치된 기동-정치 장치의 제어회로

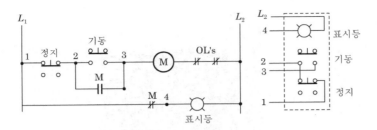

[그림 5-37] 전동기가 운전하지 않을 때는 표시등에 신호가 온다.
이때 기동기에는 평상시 폐로된 접촉자 M을 설치해 주어야 한다.

[그림 5-38] 표시등 설치장치(Furnas Electric Company)

(5) 가역 전전압 기동기(full-voltage reversing starter)

지금까지 설명한 전자 기동기는 시계방향 또는 반시계방향의 어느 한 방향으로만 작동하도록 된 것이다. 전동기의 방향을 바꾸고자 한다면 결선을 바꾸어 주어야 한다.

컨베이어, 권상기(hoists), 공작기계, 엘리베이터 등과 같은 기계들은 버튼을 누르는 것만으로 전동기의 회전방향을 역전시킬 수 있는 기동기를 필요로 한다.

그러므로 이러한 용도에 사용되는 역전용 전자 스위치를 사용하면 3상 전동기의 두 개의 상에 대한 접속을 바꾸어 전동기를 역전시킬 수 있다. 이러한 형의 역전 기동기는 [그림 5-39]에 도시되어 있으며, [그림 5-40]과 [그림 5-41]에는 그 회로가 나타나 있다. 이 기동기는 정방향·역방향 정지장치(forward·reverse-stop station)를 반드시 사용해야 한다. 이 정방향·역방향 정지장치는 세 개의 조작 버튼과 정방향용과 역방향용의 두 개의 운전코일을 구비하고 있다.

[그림 5-39] 교류 전전압 전자 역전 컨트롤러

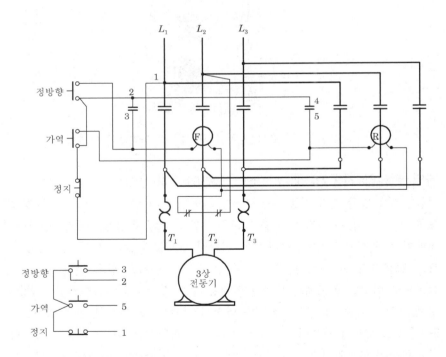

[그림 5-40] 정방향-역전-정지 장치에 의하여 작동하는 역전 전자 기동기

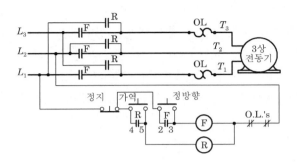

[그림 5-41] 그림 5-40의 기본도

또한 주접촉자와 보조접촉자도 각각 두 세트가 사용된다. 그 중의 한 세트는 정방향 운전을 할 때, 다른 한 세트는 역방향 운전을 할 때 작동한다. 역전용 접촉자가 폐로되는 순간에 전동기의 전원선 중에서 두 선의 접속이 바뀌어지도록 접촉자는 접속된다.

작동을 할 때는, 정방향 버튼을 누르면 전류는 L_1에서 정지버튼, 정방향 버튼, 정방향 코일, 과부하 접촉자, L_2로 흐르게 되며 이 전류가 코일을 여자하게 되어 접촉자를 폐로시키고 전동기를 정방향으로 작동하게 한다. 이때 보조접촉자 F 또한 폐로되어 버튼을 풀었을 때에도 코일 F에 전류를 남아 있게 한다. 정지 버튼을 누르면 정방향 코일을 흐르는 전류가 개로되게 되며, 모든 접촉자를 풀어 놓게 된다. 역전 버튼을 누르면 역전 코일이 여자 되어 이 역전 코일은 역전 접촉자를 폐로시키게 된다. 이때 단자 T_1과 T_3은 전원측에서 볼 때 접속이 바뀌어지면, 전동기는 역회전을 시작한다.

대개 역전용 기동기는 동봉 형태의 기계적인 연동장치(mechanical interlock)를 가지고 있는데, 이것은 정방향 접촉자가 폐로되어 있을 때 역전용 접촉자가 틀린 동작을 하는 것을 방지하는데 사용된다. 이 봉은 중앙에 축으로 고정되어 있으며, 정방향 접촉자가 작동할 때는 역전용 접촉자가 작동할 수 없도록 되어 있다. 이러한 기동기는 정방향 코일과 역방향 코일이 동시에 여자되는 것을 방지하는 전기적 연동장치(electrical interlock)는 장치되어 있지 않다.

이러한 기동기는 모든 과부하 계전기를 설치하고 있으며, 대개 열동 계전기형이 많이 사용된다. 그러나 많은 기동기가 3상 전동기용으로 세 개의 계전기를 사용하고 있다.

때로는 전자 역전 스위치를 제어하기 위하여 한 개 이상의 정방향·역전·정지 장치를 사용하기도 한다. [그림 5-42]는 다른 위치에 있는 두 개의 장치의 결선도이다.

기계적 연동장치를 가진 것 외에도 대부분의 역전용 기동기는 전기적 연동장치를 가지고 있다. 이 장치는 정방향 및 역방향 접촉자가 동시에 폐로되지 않도록 평상시 폐로된 보조접촉자를 한 개 더 가지고 있다. 각 주접촉자 코일의 지지회로는 평상시 폐로된 보조접촉자에 연결되어 있으므로 전기적으로 연동되도록 되어 있다. [그림 5-43]은 기계적 연동장치와 전기적 연동장치 및 정방향·역전·정지 푸시 버튼 장치를 설치한 전자식 역전용 기동기를 도시하고 있다. 여기서 정지 버튼은 방향전환을 하기 전에 눌러 주어야만 한다. 전동기가 어느 방향으로 회전하든지간에 어느 한 점에서 정지시키고자 할 때는 리밋 스위치(limit-switch)를 추가하여 사용해도 된다. 리밋 스위치를 사용할 때는 A 및 B 결선을 제거해 주어야만 한다. [그림 5-44]는 제어회로의 직선도이다.

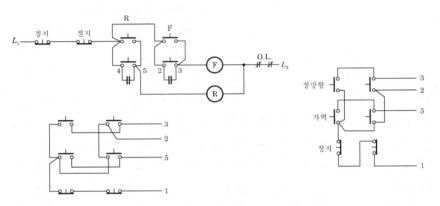

[그림 5-42] 두 개의 정방향-역전-정지 장치를 역전 전자 스위치에 연결한 결선도

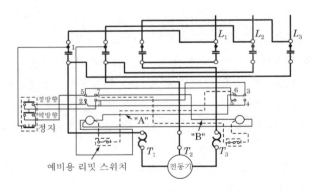

[그림 5-43] 전기적 연동장치가 설치된 역전 전자 기동기(Allen-Bradley)

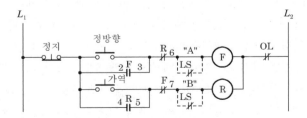

[그림 5-44] 그림 5-43의 제어회로의 직선도

작동을 할 때는 정방향 버튼을 누르게 되면 L_1에서 정지 버튼, 정방향 버튼, 평상시 폐로되어 있는 역전용 보조접촉자, 정방향 리밋 스위치, 정방향 코일, 과부하 접촉자, L_2의 순으로 전류가 흐르게 된다. 정방향 코일용 지지접촉자는 버튼을 누르는 힘을 제거해도 여자된 상태를 유지하게 된다. 이와 동시에 평상시 폐로되어 있는 정방향 보조접촉자는 개로되어 역전 코일에 회로가 형성되는 것을 방지해 준다.

[그림 5-45]는 정지 버튼을 누르지 않고도 즉각적인 방향전환을 할 수 있는 일시적인 접촉자 푸시 버튼 장치를 도시하고 있는데, 이것은 전전압 역전 전자 기동기에 연결되어 있다. 이것 또한 전기적 연동장치로 되어 있는 점에 유의해야 할 것이다. 또 여기서는 정방향 및 역전 버튼이 각각 평상시 폐로 및 개로된 접촉자를 가지고 있다. [그림 5-46]은 제어회로의 직선도를 나타내고 있다.

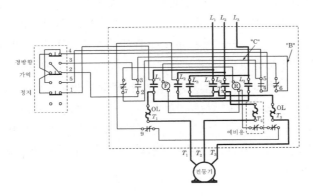

[그림 5-45] 정방향-역전-정지 장치에 연결된 전기적 연동장치를 설치한 전자 역전 스위치(G. E. Co.)

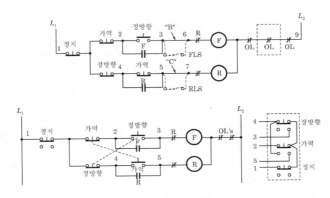

[그림 5-46] 전기적 역동장치로 된 전자 역전 스위치의 제어회로의 직선도 리밋 스위치를 사용하지 않을 때는 B와 C를 사용한다.

작동 시에는 정방향 버튼을 누르면 전류는 L_1에서 정지 버튼, 평상시 폐로된 역전 버튼의 접촉자, 정방향 접촉자, 리밋 스위치, 평상시 폐로된 전기적 연동장치의 역전 보조 접촉자, 과부하 접촉자, 그리고 L_2의 순으로 흐르게 된다. 정방향 코일이 여자되면, 모든 접촉자가 폐로되며, 전동기는 작동하기 시작한다. 이와 동시에 평상시 폐로된 정방향 접촉자는 떨어지게 되어 역전 코일에 회로가 형성되는 것을 방지해 준다. 정방향 접촉자 코일이 여자되면 정방향 지지 접촉자가 폐로되며, 코일이 여자되고, 역전 코일과 직렬로 연결되어 있는 평상시 폐로된 정방향 보조 접촉자는 개로되어, 역전 코일이 여자되는 것을 방지해 준다. 전동기를 역전시키기 위해서는 역전 버튼을 누른다. 이것은 정방향 코일의 회로를 개로시키고 역전 코일의 회로를 폐로시킨다.

역전용 전자 컨트롤러를 2개소에서 작동할 필요가 있을 때가 가끔 있다. [그림 5-47]은 그러한 목적에 사용하기 위해 어떻게 2개소에서 연결하는가 하는 것을 도시하고 있다. [그림 5-48]은 역전용 전자 컨트롤러의 기본도이다. 이 역전용 전자 컨트롤러에는 정지 버튼을 누르지 않고 방향을 전환하도록 권선해 놓은 정방향·역전·정지 장치에 의해서 제어되는 전기적 연동장치가 부착되어 있다. [그림 5-49]에는 감압코일용 스텝·다운 변압기를 사용하는 제거회로가 도시되어 있다. 역전전자 기동기는 디자인이 여러 종류이다. [그림 5-50]에서 도시하고 있는 기동기는 [그림 5-40]의 것과 유사하나 수평적인 형이 아니라 수직적인 형이라는 점만이 다르다. 기동기들은 판넬설치에 있어서 조금 차이가 있을 뿐이지 기계적·전기적으로는 동일하다. 이 기동기의 운전은 [그림 5-40]에서 설명한 것과 마찬가지이다.

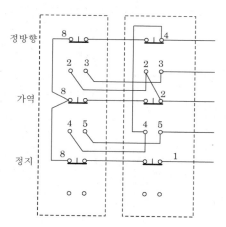

[그림 5-47] 정지 버튼을 누르지 않고 즉각적으로 역전하도록 연결된 두 개의 정방향-역전-정지 장치

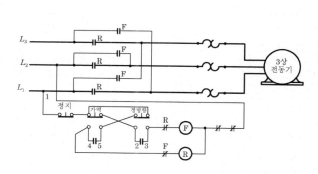

[그림 5-48] 전기적 연동장치를 갖춘 역전 전자 기동기의 기본 접속도

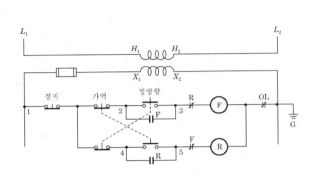

[그림 5-49] 스텝-다운 변압기를 설치한 제어회로

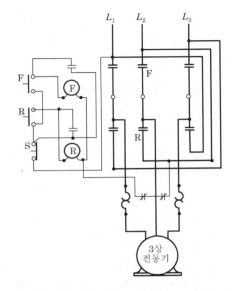

[그림 5-50] 수평위치가 아닌 수직 위치로 된 전자 역전 스위치

5. 감압 기동기(reduced-voltage starters)

농형 유도 전동기를 전원에 직접 연결하면 평상시 운전하는 데 필요한 전류(정격전류)의 수배에 해당하는 기동전류가 흐르게 된다. 대형 전동기의 경우에는 이러한 이상 전류는 구동되는 기계에 피해를 입히는 수가 있다.

소형 전동기의 경우에는 이러한 피해는 별 문제가 되지 않으므로 전전압 기동기를 안전하게 사용할 수 있다. 그러나 대형 전동기에는 기동전류를 적정가로 유지할 수 있는 기동기를 사용할 필요가 있다. 이러한 기동기를 사용할 필요성은 전동기의 구조와 용도 등에 크게 의존하게 된다.

이 항에서는 다음과 같은 컨트롤러, 즉 1차 측 저항삽입 기동기, 2차 측 저항삽입 기동기, 판권 변압기형 기동기·보상기, 와이·델타 기동기, 부분권선 기동기 등을 다루게 된다.

(1) 1차 측 저항삽입 기동기(primary-resistance starters)

전동기에 흐르는 전류는 저항을 전원에 직렬로 삽입하면 현저히 감소한다. 전동기가 저속으로 서서히 기동하여 가속됨에 따라 전동기에 흐르는 전류를 정상값에 도달하게 하는 역기전력(counter e.m.f)이 증가하게 된다. 그러한 결과로 전동기가 일정 속도에 도달하고 나면 저항이 회로에서 제거되고, 전동기는 전전압으로 운전하게 된다.

저항 기동기는 고정자회로(1차 측)나 회전자회로(2차 측), 두 개 중 어느 쪽에도 삽입할 수 있다. 그러나 후자의 경우는 세 개의 슬립 링(slip-ring)이 달린 권선형 회전자(wound rotor)일 경우에만 저항을 접속할 수 있다.

(2) **가변 저항식 기동기**(rheostat type of resistance starter)

1차 측 저항 기동기는 두 종류가 있다. 하나는 가변형(rheostat type)의 수동식 저항 기동기이고, 다른 하나는 자동식 저항 기동기이다. 3상 전동기용 가변형 기동기는 [그림 5-51]에 도시되어 있다. 이것은 2상 전동기나 반발유도 전동기에서도 사용할 수 있다. 저항은 세 개의 전원선 중 두 선에 접속한다. 이 가변 저항기의 암(arm)은 서로 절연된 두 개 부분으로 구성되고, 각 부분에서는 대개 동(銅)으로 만든 접촉편을 통하여 저항에서 나온 탭(tap)과 연결된 접촉자와 접속되도록 되어 있다.

암(arm)이 위치를 이동함에 따라 저항 일부가 회로로부터 제거되어 전동기의 속도가 상승한다. 저항기는 암을 이동할 때 각 상으로부터 제거되는 저항값이 같아지도록 한다.

어떤 기동기는 지지코일이 암을 최종 접촉자에서 고정할 수 있도록 한 것이 있으며, 가변 저항기는 기동 시에만 사용되는 것이 있다. 다른 경우에는 속도제어를 하기 위하여 임의의 위치에서도 암을 고정할 수 있는 구조로 된 것도 있다. 저항 기동기를 사용하면 저항 중에서 일어나는 전압강하 때문에 기동 회전력을 현저히 감소시킬 수 있다. 이때 기동에 필요한 에너지 일부는 저항 중에서 열로 소비되어 버린다.

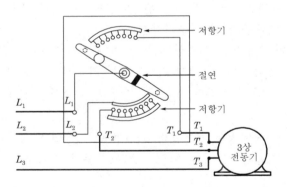

[그림 5-51] 가변형 수동 저항 기동기

(3) **전자식 1차 측 저항삽입 기동기**(magnetic primary-resistance starter)

[그림 5-52]는 전자식 저항 기동기의 결선도이다. 이 기동기에는 세 개의 저항요소를 사용하고 있다. 또한 두 쌍의 접촉자를 사용하고 있음을 알 수 있다. S로 표시된 접촉자가 폐로되면 전동기와 직렬로 저항이 접속되고, 전동기를 서서히 기동시키기 시작하면서 전원전압보다 낮은 전압이 전동기 단자에 걸린다. 일정한 시간이 경과하면 접촉자 R은 폐

로 하여 저항을 제거하고 전동기에는 전원전압이 직접 걸리게 된다. [그림 5-53]은 이 기동기의 기본 접속도를 나타내고 있다. 그 작동과정은 다음과 같다.

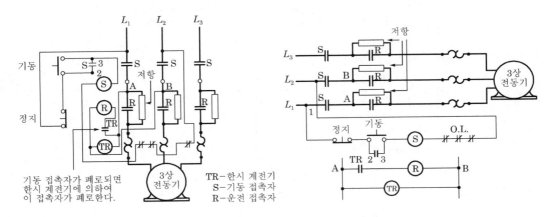

[그림 5-52] 1차 측 저항 1단 삽입형 자동식 기동기의 절선도

[그림 5-53] 1차 측 저항 자동 기동기의 기본 결선도

기동 버튼을 누르면 회로는 L_1에서 코일 S를 거쳐 L_2로 연결된다. 코일 S는 여자되어 기동 접촉자를 폐로시키며, 전동기는 천천히 기동하게 된다. 기동 접촉자가 폐로되면 보조연동장치의 접촉자가 폐로되어 코일 S에 회로를 유지시켜 준다. 이와 동시에 A와 B에 걸쳐서 연결된 시한장치의 코일 TR이 여자되며, 시한장치가 작동하게 된다. 미리 정해진 일정한 시간이 경과하면 접촉자 TR은 폐로되며 회로는 코일 R을 통하여 완성된다. 이 코일은 여자되어 운전 접촉자 R을 폐로시키도록 한다. 이러한 것들이 저항을 제거하며, 전동기를 전원에 연결하게 된다. 정지 버튼을 누르면 지지코일을 통하여 모든 회로를 개로하게 되며, 그 결과 전동기에 연결된 모든 접촉자가 개로된다.

[그림 5-54]는 General Electric사 제품인 감압전자 1차 측 저항 기동기를 도시하고 있다. 이 전자 1차 측 저항기는 3극 기동 접촉자, 3극 운전 접촉자, 시한장치, 단일 단계 1차 측 저항기, 2~3개의 바이메탈형 과부하 계전기 등으로 구성되어 있다.

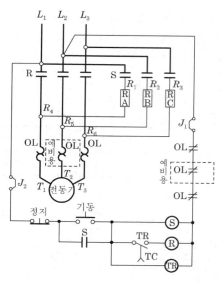

S-기동 접촉자
R-운전 접촉자
RA, RB, RC-저항기
TR-한시 계전기
TC-한시 계전기 폐로 접촉자

주의: 분리제어할 경우에는 점퍼선
J₁과 J₂를 제거한다.

[그림 5-54] 완동장치를 설치한 1차 측 저항 기동기(General Electric Company)

기동 버튼을 누르면 기동 접촉자 코일이 여자된다. 기동 접촉자가 폐로하면 전동기를 감압된 상태에 두게 된다. 전원과 직렬로 연결된 저항기는 기동전류를 감소시킨다. 그와 동시에 시간계측 계전기 코일은 여자되며, 운전 접촉자를 폐로시킨다. 이제 저항기는 무시되며, 그 결과 전전압을 전동기로 보내게 된다. 정지 버튼을 누르면 모든 접촉자에 전기력을 상실하게 되며, 전동기에 보급되는 모든 전원이 중단된다.

과부하상태가 지속되면 히터를 과열되게 하며, 과부하 접촉자를 트립(trip)되게 한다. 또한 지지코일회로를 개로시키게 된다. 전동기를 다시 기동시키기 위해서는 푸시 버튼 회로가 다시 작동하기 전에 과부하 접촉자를 자동 또는 수동 조작에 의하여 리셋(reset)시켜주어야 한다. 대시포트(dashpot)나 시한장치(timing mechanism)에 대한 설명과 작동원리에 대해서는 제8장에서 설명하고 있다.

두 개의 저항 기동기는 저항기를 전원과 직렬로 연결하고 있으며, 그 결과 기동권선에 가해진 전압을 낮추고 있다. 이것들은 1차 측 저항 기동기라고 불리워진다. 전동기에 의해 발생하는 기동 회전력은 이러한 기동기를 사용하게 되면 상대적으로 매우 낮아지게 된다.

(4) 2차 측 저항 기동기(secondary-resistance starter)

1차 회로에 저항을 삽입하는 대신 2차 회로 또는 회전자회로에 저항을 삽입하면 기동 회전력을 현저하게 증가시킬 수 있다. 이것을 달성하려면 권선형 전동기의 회전자 권선회로에 저항을 삽입하면 된다.

이러한 전동기의 회전자는 3상, 성형결선으로 되어 있으며 그 리드선은 회전자의 축에 위치한 세 개의 슬립 링(slip ring)에 연결되어 있다. 이 전동기의 고정자는 퓨즈가 달린 3극 스위치(tripple-pole fused switch) 또는 전전압 전자 기동기에 의하여 전원과 연결된다.

그 작동과정은 다음과 같다.

세 개의 슬립 링이 단락되면 그 결과는 농형권선을 가진 전동기의 경우와 비슷한 것이 된다. 만약 이 전동기가 전원에 직접 연결되면 과도한 기동전류를 끌어당기게 되지만, 세 개의 슬립 링마다 하나씩 저항을 연결하면 전류를 현저하게 감소시킬 수 있다. 따라서 전동기는 서서히 기동하며, 속도가 기속됨에 따라 전속도에 도달할 때까지 저항을 서서히 제거해준다. 이러한 형의 전동기는 언제나 회로에 전저항을 삽입하고 기동해야 한다. [그림 5-55]에서 수동식 스위치를 먼저 넣고 저항 기동기의 핸들을 모든 저항이 제거될 때까지 서서히 시계방향으로 돌려준다. 이렇게 하는 과정에서 전동기는 점차 속도를 내게 되어 마침내 전속도에 도달하게 된다. 이러한 제어기는 속도 제어기로 사용할 수 있도록 만들어져 있으므로 원하는 대로 속도를 조절할 수가 있다. [그림 5-56]은 전자 스위치를 전원결선으로 사용하는 저항 기동기를 도시하고 있다.

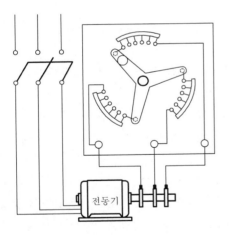
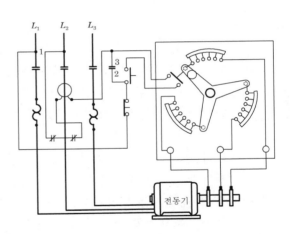

[그림 5-55] 권선형 전동기에 연결한 2차 측 저항 기동기.
고정자에 대해서는 3극 수동 스위치를 사용
한다.

[그림 5-56] 전자 스위치에 연결된 저항 기동기

권선형 저항 기동기는 수동식과 전자식이 있다. 2단 가속이 가능한 간단한 기동기의 기본도는 [그림 5-57]에 도시되어 있다. 기동 버튼을 누르면 코일 S와 TR이 여자된다. 이것은 모든 접촉자를 폐로시키고, 고정자를 직접 전원과 연결시키며, 회전자를 저항장치와 직렬로 접속하게 된다. 대시포트(dashpot)나 이탈장치, 또는 다른 한시형(限時型 ;

definite-time type)의 시한장치는 미리 설정하여 놓은 시간이 경과할 때까지 완동 접촉자 (time-relay contacts) TR이 폐로되는 것을 방지한다. 그 반면 코일 R이 여자되고 접촉자 R이 폐로 되면 회전자회로로부터 저항을 제거하게 된다. 이렇게 되면 전동기는 전속도에 도달하게 된다. 정지 버튼을 누르거나 지속된 과부하 때문에 코일 S가 여자를 상실하게 되면 전동기는 정지하게 된다.

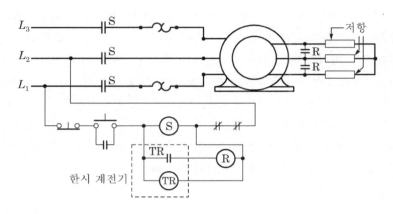

[그림 5-57] 권선형 전동기에 사용하는 자동식 2단 저항 기동기의 기본 결선도

(5) 단권 변압기식 기동기 · 보상기(autotransformer starter · compensators)

일반적으로 저항 기동기를 많이 사용하고 있으나 단권 변압기식 기동기를 전동기에 사용하면 훨씬 더 만족스럽게 전압을 낮추어 줄 수 있다. 즉, 열로 에너지를 소비하는 저항에 의해서가 아니라 변압기의 사용으로 전압을 낮추어 주는 장점이 있는 것이다.

단권 변압기는 성층철심상에 코일을 권선한 것이며, 여러 단의 전압을 얻기 위하여 여러 개의 탭(tap)을 설치한다. 따라서 일반적인 보상기(compensator)에서는 각 상마다 한 개씩 세 개의 단권 변압기를 [그림 5-58]과 같이 성형으로 결선한다. 각 코일의 중앙에 탭을 설치하고 그림처럼 3상 전동기에 연결한다면 가해진 전압을 전원전압의 1/2이 된다. 이와 같이 결선하면 전동기의 기동전류는 현저하게 감소된다.

일반적인 보상기에서는 전동기가 기동할 때 여러 단의 전압을 걸 수 있도록 단권 변압기에 2~3개의 탭을 설치한다. 여기서 가장 적은 기동전류로써 가장 만족스러운 기동 회전력을 얻을 수 있는 탭을 선정할 수 있는 것이다.

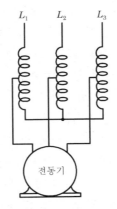

L_1 L_2 L_3

전동기

[그림 5-58] 보상기의 기동위치에서의 결선도

(6) 수동형 단권 변압기식 기동기(manual auto-transformer starters)

가장 많이 사용되는 수동형 단권 변압기식 기동기는 [그림 5-59]에 있는 것이다. 이것은 두 쌍의 고정 접촉자와 한 쌍의 가동 접촉자로 구성되어 있으며, 가동 접촉자는 핸들이 달린 절연 원통(insulated cylinder)상에 설치되어 있다.

[그림 5-59] 단권 변압기식 수동 기동기(C. E. Co.)

전동기를 기동시킬 때는 핸들을 한 쪽 방향으로 힘껏 밀어준다. 이것이 전동기를 단권 변압기에 연결시켜 낮추어진 전압으로 기동하게 한다. 전동기가 가속화된 다음에는 핸들을 반대 방향으로 힘껏 밀어준다. 이것은 이번에는 전동기를 단권 변압기에서 절연시키는 동시에 직접 전원에 연결하게 된다.

거의 모든 수동식 보상기에는 핸들이 전동기를 낮은 전압으로 기동시키는 어느 한 방향

로만 돌릴 수 있게 되어 있다. 핸들을 기동위치에서 운전위치로 돌릴 때는 매우 빠르게 작동시켜야 하는데, 그 이유는 접촉자가 기동위치에서 운전위치로 이동할 때 순간적인 단선현상이 발생하기 때문에 전동기의 속도가 늦어지게 되기 때문이다. 대부분의 보상기는 그 접촉자가 오일에 침윤되어 있다. 이것은 핸들을 기동위치에서 운전위치로 이동할 때 아크(ark)현상이 일어나서 접촉자의 표면이 손상되는 것을 방지하기 위해서이다.

일단 핸들을 운전위치로 투입한 후에는 전동기의 두 단자 사이에 연결된 지지코일이 여자되어 핸들을 운전위치에 머물러 있도록 고정하여 준다. 전동기를 정지시키려면 지지코일의 회로를 개방시키는 정지 버튼을 눌러주게 되면 스프링작용에 의하여 핸들이 정지위치로 자동적으로 복귀하게 된다. 정전이 되거나 전원전압이 심히 저하하면 지지코일이 운전위치에 있는 핸들을 지지할 수 없게 된다. 또 과부하가 오래 지속되면 과부하 계전기의 접촉자가 개로되어 지지코일의 여자를 상실하게 한다. 전동기를 다시 기동시키려면 리셋 버튼을 눌러 과부하 계전기를 폐로시키려면 리셋 버튼을 눌러 과부하 계전기를 폐로 시켜줄 필요가 있다. [그림 5-60]과 [그림 5-61]은 수동조작 3상 보상기의 권선도이다.

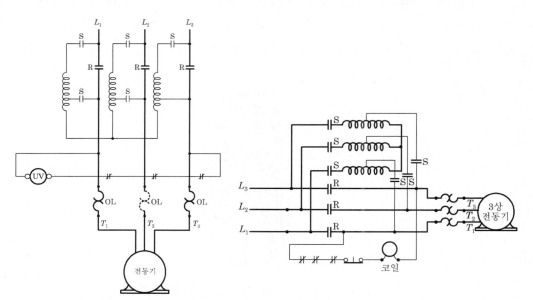

[그림 5-60] 수동 조작 3상 단권 변압기형
기동기의 계통도

[그림 5-61] 3상 보상기의 기본 결선도

운전할 때는 먼저 핸들을 기동위치로 투입하여 가동 접촉자가 기동용 고정 접촉자와 접촉되도록 한다. 이것이 단권 변압기를 통하여 전동기를 연결하게 되며, 낮은 전압으로 기동하게 한다. 전동기가 가속화된 다음에 핸들을 다시 운전위치로 당겨주면 이것이 전동기를 전원에 접속시키게 된다. 이때 지지코일 또는 부족전압코일(under voltage coil)은 정지 버튼과 과부하 계전기 접촉자를 통하여 직렬로 전동기의 두 개의 리드선 사이에 연결이 된다. 전동기를 정지시키려면 정지 버튼을 눌러 코일의 여자를 상실하게 한다. 그러면 핸들과 기동 접촉자는 스프링의 힘으로 정지위치로 복귀하게 된다.

보상기 중에는 세 개의 단권 변압기 대신 두 개만 사용한 것이 있다. 두 개의 단권 변압기를 사용한 것은 3상 전동기 또는 2상 전동기 어느 것에도 사용이 가능하다. 2상 전동기를 운전할 때 사용하는 2코일 보상기의 결선도는 [그림 5-62]에 도시되어 있다. 이러한 형의 보상기 또는 3상 전동기를 작동하는 데 사용할 수 있다. [그림 5-63]은 3상 전동기에 사용하는 2코일 보상기의 도형이다. 그 작동원리는 다음과 같다. 핸들을 기동위치로 투입하면 L_2는 전동기와 직결되고 L_1과 L_3은 단권 변압기와 직접 연결된다. 이때 단권 변압기상의 탭은 전원과 직접 연결이 되지 않은 전동기상의 나머지 두 개의 리드선과 연결이 되어 전동기를 저전압으로 작동하게 한다. 전동기가 가속화 된 다음에는 핸들을 신속하게 운전위치로 이동시켜 지지코일, 즉 부족전압코일의 작용으로 그 위치에 핸들을 고정시킨다. [그림 5-64]는 전동기가 기동할 때의 결선을 나타내고 있다. 이것을 소위 V결선(open-delta connection)이라고 한다.

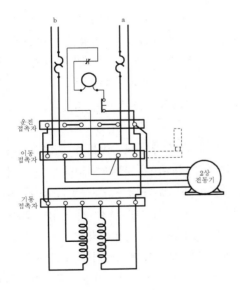

[그림 5-62] 두 개의 단권 변압기를 가진 2상 기동기

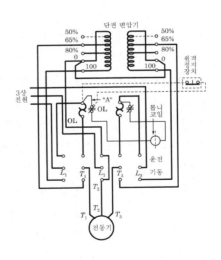

[그림 5-63] 두 개의 코일을 사용한 수동 단권 변압기형 저전압 기동기

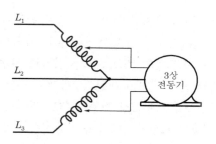

[그림 5-64] 2코일 3상 보상기의 기동위치에서의 결선도.
오픈-델타결선(V결선)에 유의하라.

(7) 전자식 단권 변압기형 기동기(magnetic auto transformer starter)

전자식 단권 변압기형 보상기는 방금 위에서 설명한 수동조작형과 그 근본원리는 동일하나, 접촉자가 전자력을 이용하여 개폐되고, 또한 수 초 동안 저전압으로 운전을 계속한 후 전동기를 전원에 직접 연결하여 주는 시한장치를 가진 점이 다르다. 전자식 보상기의 이점은 멀리 떨어져 있는 편리한 곳에서 버튼을 사용하여 조작할 수 있다는 점이다. [그림 5-65]는 전동기회로와 제어회로의 도형이다.

전자식 단권 변압기형 저전압 기동기는 그 동작원리가 전자식 1차 측 저항기형과 동일하나 차이점은 전동기가 기동할 때 전원전압을 낮추기 위하여 저항기를 사용하지 않고 변압기를 사용한다는 점이다. 이 저전압 기동기는 코일 세 개의 단권 변압기, 각각 한 쌍씩의 기동, 운전, 와이 접촉자, 한시계전기, 바이메탈편 과부하 계전기(2~3개), 단권 변압기용 과열방지장치 등으로 구성되어 있다. 운전 및 와이 접촉자는 기계적으로 연동되어 있다.

이 전동기의 작동([그림 5-66] 참조)은 다음과 같다. 기동 버튼을 누르면 기동 및 와이 접촉자의 코일을 여자하게 된다. 기동 및 와이 접촉자는 폐로하게 되며, 전동기를 저전압 상태에 두게 한다. 와이 접촉자는 단권 변압기의 세 개의 코일 끝점을 함께 연결하여 성형점을 형성한다. 미리 예정해 둔 일정한 시간이 지나면 한시 계전기가 와이 접촉자를 개방시키며, 극히 짧은 순간 단권 변압기는 반응기처럼 작용한다. 그 다음 운전 접촉자가 폐로하여 전동기를 직접 전원에 연결한다. 기동에서 운전에로의 전환은 전동기의 회로를 단절시키지 않고도 달성되므로 이것을 폐회로 전환 단권 변압기형 기동기라고 한다. 기동기는 적절한 기동 회전력을 얻도록 기계적 및 전기적인 연동장치가 되어 있다. 정지 버튼을 누르거나 과부하가 지속되면 모든 접촉자가 여자를 상실하며, 전원과 전동기의 전류가 끊어진다. [그림 5-67]은 Allen Bradley 단권 변압기형 저전압 기동기의 전형적인 결선도이다. 이것은 여러 면에서 앞의 그림과 비슷하다. 한시장치는 위에 설치되어 있으며, 접촉자 2S에 의하여 작동한다. 운전 및 1S 접촉자는 기계적인 연동장치가 되어 있다.

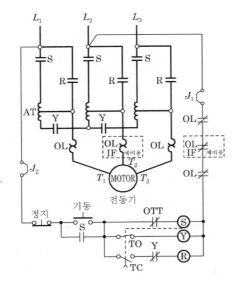

S−기동 접촉자   TR−한시 계전기
R−운전 접촉자   TO−한시 계전기 개로 접촉자
Y−Y 접촉자   TC−한시 계전기 폐로 접촉자
AT−단권 변압기   OL−과부하 계전기
OTT−과열방지장치

주의:분리제어를 위해서는 J_1과 J_2를 제거한다.

[그림 5-65] 단권 변압기형 전자식 기동기의 전동기 회로 및 제어회로(General Electric Company)

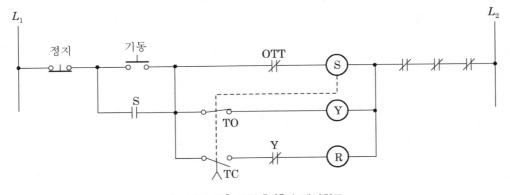

[그림 5-66] 그림 5-65의 제어회로

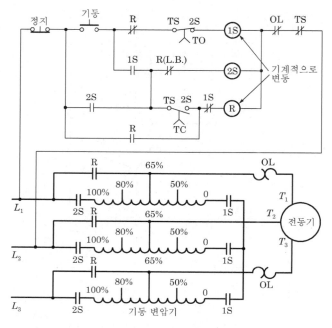

[그림 5-67] 단권 변압기형 저전압 전자식 기동기

(8) 와이 · 델타 기동기(wye · delta starters)

이러한 방식의 저전압 기동은 다만 3상, 델타결선한 전동기에만 해당된다. 만약 델타결선의 전동기가 208볼트, 3상 전원에 연결된다면 각 상은 [그림 5-68]처럼 208볼트의 전압이 걸리게 된다.

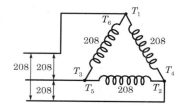

[그림 5-68] 델타결선 전동기의 각 상은 전전압을 받게 된다.

그 반면 전동기가 성형결선으로 다시 결선하여 동일한 전원전압을 건다면 각 상은 [그림 5-69]에서처럼 208볼트의 58%의 전압만 걸리게 된다. .이것을 제어기에 적용할 경우, 예를 들어 성형기동에서 델타운전으로 전환시키려면 전동기로부터 여섯 개의 리드선을 뽑아내어 서로 바꾸어 결선하여 주면된다. [그림 5-70]은 3극, 쌍투 스위치를 사용한 수동조작 와이 · 델타 기동방식을 도시하고 있다.

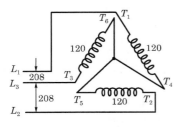

[그림 5-69] 델타결선 전동기가 와이(wye)로
결선되면 각 상은 전원전압의
58%가 걸리게 된다.

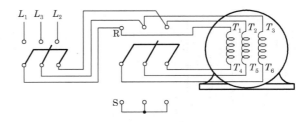

[그림 5-70] 저전압 기동을 위한 와이-델타결선

기동을 할 경우 먼저 주스위치를 폐로시켜준다. 그 다음 쌍투 스위치(double-throw switch)를 폐로시켜 기동위치에 있게 된다. 스위치를 내릴 때 리드선 T_4, T_5, T_6은 함께 연결하여 성형점을 만들고, 리드선 T_1, T_2, T_3은 전원에 연결한다. 전동기는 기동할 때 와이결선한 전동기처럼 회전하며, 각 상에는 정격전압의 약 58%가 걸리게 된다. 전동기가 가속화된 다음에는 스위치는 운전위치에서 폐로되어, 그 결과 T_2는 T_4에, T_3는 T_5에, 그리고 T_6은 T_1로 연결되어 델타결선이 된다. 이렇게 되면 전동기는 전전압으로 작동한다. [그림 5-71]은 개로전이형(open-transition type)의 전자식 와이ㆍ델타 기동기를 나타내고 있다. 이 용어는 성형결선에서 델타결선으로 바꾸어지는 순간에 전동기가 전원에서 단절되는 것을 말한다. 이 전동기에서는 또한 폐로전이(closed transition) 작용도 할 수 있게 되어 있다. 폐로전이는 전이할 동안 저항기를 절연점에 위치시켜 회로를 폐로시켜 줌으로써 달성된다. 개로전이형 와이ㆍ델타 기동기의 작동은 다음과 같다. 기동 버튼을 누르면 접촉자 S, 1M, 그리고 한시 계전기 TR을 여자시키게 된다. 접촉자 S는 전동기의 단자 T_4, T_5, T_6을 연결하게 되고 접촉자 1M은 전동기 단자 T_1, T_2, T_3에 이르는 전원선을 연결하여 전동기를 와이결선한 전동기처럼 기동하게 한다. 한시 계전기의 미리 예정해 둔 일정한 시간이 지난 후에는 개로 접촉자(T.O.)가 개로하여 접촉자 S를 떼어내게 하고, 폐로 접촉자(T.C.)가 폐로하여 접촉자 2M을 여자시킨다. 여자된 접촉자 2M을 전원을 단자 T_4, T_5, T_6에 접속시켜, 전동기를 전전압으로 작동하게 한다. 정지 버튼을 누르면 모든 접촉자를 떼어내게 하여, 전동기를 정지시키게 된다. 접촉자 S와 2M은 기계적으로 연동장치가 되어 있다. [그림 5-72]는 와이ㆍ델타 기동기의 또 다른 형태를 도시하고 있다.

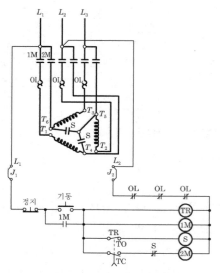

[그림 5-71] 개로전이형의 와이델타 기동기(G. E. Co.)

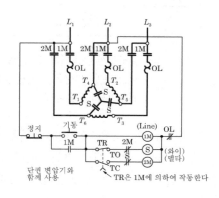

[그림 5-72] 와이 델타 전자 기동기(G. E. Co.)

6. 부분권선 기동기(part-winding starters)

부분권선 저전압 기동기는 와이 또는 델타 부분권선 기동 전동기와 함께 사용하는 2단 가속 기동기가 대부분이다. 이 전동기에 관해서는 제4장에서 설명한 바 있다. 여기서 설명하는 제어기는 와이결선 부분권선 기동 전동기에 사용하는 것을 대상으로 한 것이다.

부분권선 기동 전동기용 기동기는 3상 전동기의 일부가 먼저 여자되고 그 다음 나머지 권선이 한 두 단계씩 단계적으로 여자되도록 배선된 구조를 가지고 있다. 이 기동기의 목적은 기동 시의 전류가 급격히 증가하는 것을 감소시키기 위한 것이다. 부분권선 기동을 사용하는 전동기는 리드선 9개의 이중전압 전동기이거나 리드선 6개의 전동기이다. 만약 리드선 9개의 와이 결선 전동기를 이러한 용도로 사용한다면 리드선 T_4, T_5, T_6은 외부에서 함께 결선한다.

[그림 5-73]은 리드선 9개의 와이결선한 전동기를 자동식 부분권선 기동기에 연결했을 때의 결선도이다. T_4, T_5, T_6을 함께 연결하면서 고정자권선에 두 개의 와이(wye)를 형성하게 된다. T_1, T_2, T_3을 L_1, L_2, L_3에 연결하게 되면 권선의 반을 여자하게 된다. T_7, T_8, T_9를 L_1, L_2, L_3에 연결하면 두 개의 와이가 병렬로 연결되면서 모든 권선이 여자된다. 제어회로의 작동과정은 다음과 같다. 기동 버튼을 누르면 1M 접촉자, 한시 계전기, TR을 여자하게 되며, 전동기는 권선의 반인 T_1, T_2, T_3에 의하여 운전하게 된다. 한시 계전기의 미리 예정된 시간이 지나면 접촉자 TR이 폐로되며, 2M 접촉자를 폐로시키고 나머지 권선의 반인 T_7, T_8, T_9에 전원을 연결하게 된다.

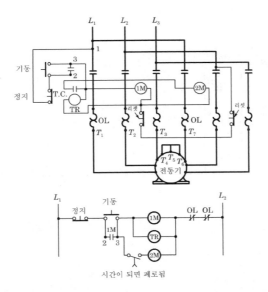

[그림 5-73] 와이 결선 전동기용 부분 권선 전자식 기동기

와이결선 부분권선 기동 전동기와 함께 사용되는 2단 가속 기동기의 권선도의 또 다른 예는 [그림 5-74]에 도시되어 있다.

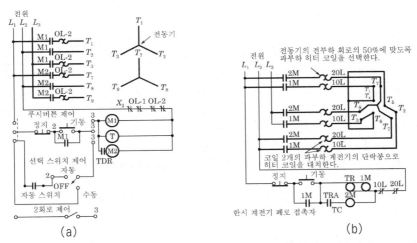

[그림 5-74] 2단 가속 기동기의 전형적인 권선도(A ; Furness Electric. B ; Cutler Hammer)

[그림 5-75]는 부분권선 설계에 사용되는 도형이다. 이것은 9개 또는 6개의 리드선을 가진 와이 및 델타 전동기에 사용하는 General Electric사 제품의 도형이다. 오른쪽에 있는 표는 전동기의 리드선 결선을 도시하고 있다. 4극 및 2극 접촉자의 배치에 유의하라.

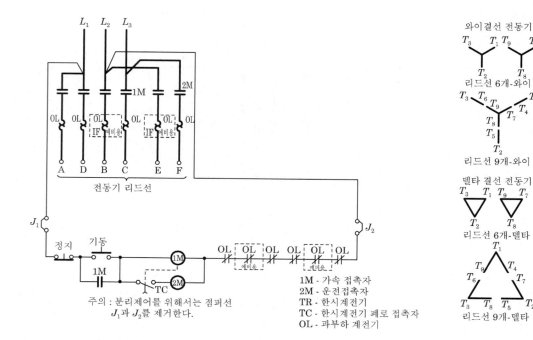

전동기 리드선 경선

1/2 Y OR △	6 LEADS	T_7	T_2	T_3	T_1	T_8	T_9
1/2 Y	9 LEADS ○	T_7	T_2	T_3	T_1	T_8	T_9
1/2 △	9 LEADS □	T_1	T_8	T_3	T_6	T_2	T_9
2/3 Y OR △	6 LEADS	T_9	T_8	T_1	T_3	T_2	T_7
2/3 Y	9 LEADS ○	T_9	T_8	T_1	T_3	T_2	T_7
2/3 △	9 LEADS □	T_1	T_4	T_9	T_6	T_2	T_3

○ 전동기의 단자상자에서 단자 4, 5, 6을 함께 결선한다
□ 단자상자에서 단자 4와 8, 5와 9, 6과 7을 각각 결선하여 3개의 쌍을 만든다

[그림 5-75] G.E. 부분 권선 기동기의 결선

7. 드럼 기동기(drum starters)

소형 3상 전동기를 기동시키거나 회전방향을 전환시키는 데 사용되는 수동식 드럼형 제어기는 [그림 5-76]과 [그림 5-77]에 도시되어 있다. 이 드럼 스위치는 [그림 5-78]과 [그림 5-79]에서처럼 분상 전동기, 커패시터, 또는 2상 전동기에서도 사용할 수 있다. [그림 5-80]은 일반적인 드럼 스위치의 결선도를 나타내고 있다. 이러한 형의 스위치는 소형 선반, 공

작기계 등에서 전동기를 사용할 때, 즉 전동기와 운전자가 매우 가까이 있을 경우에 많이 사용된다.

　[그림 5-77]은 핸들을 어느 한 위치에서 다른 위치로 이동시켰을 때 두 개의 전원선이 바뀌어 지고 전동기의 회전방향이 역전되는 것을 나타내고 있다. 이 스위치를 사용하면 교류 또는 직류의 어떤 소형 전동기도 그 회전방향을 전환할 수 있다. 이 제어기에 대한 상세한 설명은 제 8장에서 다루고 있다.

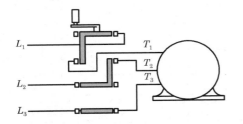

[그림 5-76] 시계방향으로 회전할 때의 수동 역전
　-드럼 스위치에 결선된 3상 전동기

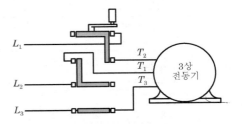

[그림 5-77] 반시계방향으로 회전할 때의 3상
　-전동기에 결선된 드럼 스위치

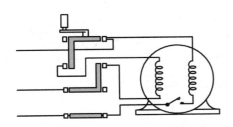

[그림 5-78] 분상 전동기 또는 커패시터 전동기를
역전시키는 데 사용되는 드럼 스위치

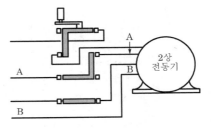

[그림 5-79] 2상 전동기를 역전시키는 데
사용하는 드럼 스위치

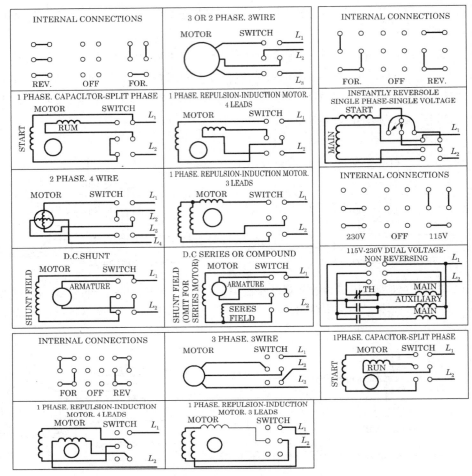

[그림 5-80] 전형적인 드럼 스위치의 결선도

8. 다단 속도 기동기(multispeed starters)

2상 또는 3상 전동기는 그 극의 수를 바꾸어 주면 그 속도를 변화시킬 수 있다. 이렇게 속도를 바꾸는 것은 전동기의 극수를 원래 극수의 2배 또는 1/2배가 되게 하면 된다. 이것을 소위 동극성 결선(consequent-pole connection)이라고 한다.

속도의 비가 2 : 1이 아닌 2단 속도 전동기는 두 개의 독립권선을 보유하고 있다. 한 개 또는 다른 권선이 전원에 연결되려면 각 권선의 극수가 다르기 때문에 전동기는 다른 속도로 작동하게 된다.

동극성 결선 전동기에서처럼 속도를 바꾸어 주거나 두 개의 권선을 가진 전동기에서처럼 어느 한 속도에서 다른 속도로 바꾸어 주기 위해서는 전동기의 결선을 바꾸어 주어야 하며, 이러한 목적을 달성하기 위하여 전자식 또는 수동식 기동기를 사용한다. 이러한 기동기는 모두 열동식 또는 전자식 계전기를 사용하여 과부하에 대한 보호조치를 취하고 있다. 어떤 전동기는 그 용도에 따라 먼저 저속으로 기동한 후에 만약 필요하다면 고속으로 전환하는 것이 있다. 이것은 이러한 일련의 작동을 하도록 하는 계전기가 달린 제어기를 설치하여 달성할 수 있다.

다른 장치들은 전동기가 저속으로 먼저 기동한 후에 일정한 시간이 지난 다음 자동적으로 고속으로 연결이 되도록 한 것이 있다. 이러한 것은 한시 계전기가 달린 기동기를 설치함으로써 달성할 수 있다.

다음과 같은 2단 속도 전자식 기동기에 대하여 앞으로 설명을 계속한다.
① 두 개의 독립권선을 가진 전동기용 2단 속도 기동기
② 동극성 권선을 가진 전동기용 2단 속도 기동기

(1) 두 개의 독립권선을 가진 전동기용 2단 속도 기동기(two-speed starte for motors with two separate windings)

[그림 5-81]은 두 개의 독립권선을 가진 3상 전동기를 작동시키는 2단 속도 기동기의 권선도이다.

고속 버튼을 누르면 코일 HI가 여자되어 접촉자 HI를 폐로시키며, 결과적으로 고속권선을 직접 전원에 연결하게 된다. 보조 접촉자 HI 또한 폐로되어 고속 버튼을 풀어 놓은 다음에도 코일 HI가 여자된 상태를 계속 유지하게 하여 준다. 정지 버튼을 누르면 주접촉자가 개로되며 전동기는 정지한다. 또한 과부하상태가 지속될 때 코일 HI가 여자를 상실하면 이와 똑같은 결과가 일어난다.

3상 2권선 전동기용 2단 속도 기동기

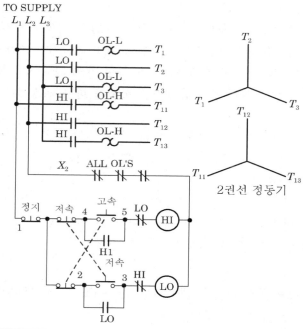

[그림 5-81] 두 쌍의 3상 권선을 가진 2단 속도 제어기

속도	L_1	L_2	L_3	OPEN
저속	T_1	T_2	T_3	T_{11}, T_{12}, T_{13}
고속	T_{11}	T_{12}	T_{13}	T_1, T_2, T_3

만약 전동기가 고속으로 작동하고 있는 동안에 저속 버튼을 누르게 되면 고속보조 접촉자와 직렬로 연결되어 있는 부분이 저속 버튼 접촉자에서 잠시 열리게 되므로 코일 HI는 순간적으로 여자를 상실하게 된다. 그렇게 되면 코일 LO가 여자되며, 저속권선이 전원에 연결된다.

[그림 5-82]는 [그림 5-81]과 비슷한 기동기의 권선도이다. 이것은 각각 다른 속도를 내는 독립된 권선의 2단 속도 전동기에 사용한다. 저속권선은 T_1, T_2, T_3으로 표시되며, 고속권선은 단자기호가 T_{11}, T_{12}, T_{13}이다. 이 기동기의 작동과정은 실제적으로는 앞에 기술한 것과 동일하다. 전동기는 고속 또는 저속으로 기동할 수 있으며, 저속에서 고속으로의 전환은 먼저 정지 버튼을 누르지 않고도 달성할 수 있다. 그러나 고속에서 저속으로 전환할 때는 정지 버튼을 눌러 주어야만 한다.

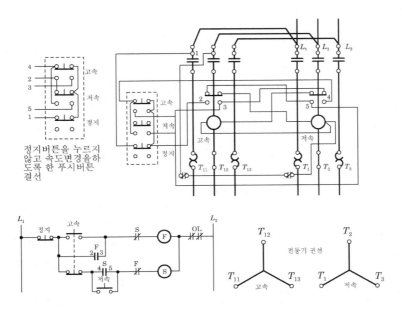

[그림 5-82] 2단속도, 권선 두 개의 전전압 기동기(Allen Bradley Co.)

(2) 일정한 회전력 특성을 갖는 전동기용 2단 속도 기동기(two-speed for a constant-torque motor)

[그림 5-83]은 일정한 회전력 특성을 갖는 2단 속도, 동극성 권선 전동기의 권선도이다. 고속운전에는 다섯 개의 접촉자를 사용하고 있으며, 이러한 형의 제어기에는 여덟 개의 주접촉자가 필요하다. 그 작동과정은 다음과 같다.

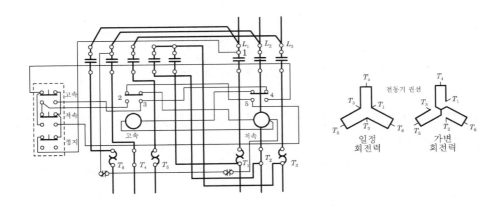

속도	L_1 L_2 L_3	페로	접속
저속	T_1 T_2 T_3	$T_{4,5,6}$	None
고속	T_6 T_4 T_5	None	$T_{1,2,3}$

[그림 5-83] 2단 속도, 단일권선, 3상, 농형 전동기에 일정 또는 가변 회전력 특성을 내도록 하는 제어기의 결선도

저속 버튼을 누르면 L_1에서부터 정지 버튼을 거쳐, 평상시 페로된 고속 접촉자(고속 버튼의 상단접촉자), 저속 접촉자, 평상시 페로된 고속연동장치, 코일S, 과부하 접촉자, 그리고 L_2의 순서로 회로가 형성된다. 또한 코일 S가 여자되면 전동기는 기동을 하게 되고 저속으로 작동을 시작한다. 이때 전동기는 고속 또는 저속 어느 쪽으로도 기동할 수 있다. 속도변경을 위해서 정지 버튼을 누를 필요는 없다. 저속운전을 위해서는 전동기를 직렬 · 델타 · 동극성으로 결선한다. 고속운전을 위해서는 다섯 개의 주접촉자는 페로되며, 그 결과 전동기는 2회로 와이결선이 된다(이 기동기는 또한 2단 속도 가변 회전력 특성을 가진 전동기에도 사용할 수 있다).

전동기 리드선 T_1, T_2, T_3은 함께 연결하여 2회로 와이결선의 성형점을 형성한다. 그리고 리드선 T_4, T_5, T_6은 전원에 연결한다. [그림 5-84]는 이 전동기의 제어회로를 도시하고 있다.

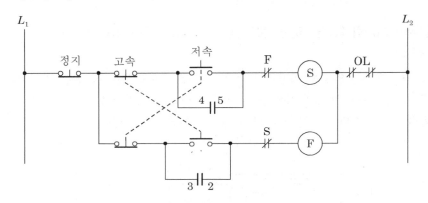

[그림 5-84] 그림 5-83의 기동기의 제어회로

(3) 일정 분수마력 특성을 가진 전동기용 2단 속도 기동기(two-speed starter for a constant horsepower motor)

이 전동기는 저속일 때는 2회로 와이결선이고, 고속일 때는 직렬 · 델타결선이 된다. [그림 5-85]는 다단 속도 기동기에 연결한 2단 속도 일정 분수마력 특성을 가진 전동기의 완전한 권선도를 나타내고 있다. [그림 5-86]은 다단 속도 동극성 기동기를 도시하고 있다.

2단 속도 도형은 2단 속도 전동기용 다단 속도 전동기의 결선은 [그림 5-87]에 도시되어 있다.

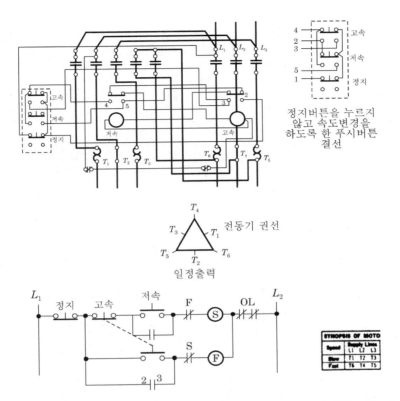

정지버튼을 누르지
않고 속도변경을
하도록 한 푸시버튼
결선

[그림 5-85] 2단 속도 일정출력 특성 동극성 전동기에 사용되는 기기의 권선도(Allen Bradley Company)

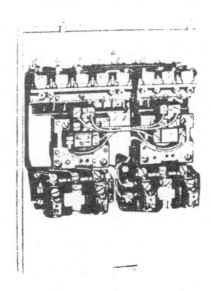

[그림 5-86] 동극성 전동기용 다단속도 기동기 (Allen Brad ley Company)

Speed	L_1	L_2	L_3	Open	Togenther
Low	T_1	T_2	T_3		$T_{4,5,6}$
High	T_6	T_4	T_5	All others	

3상 2단속도 1권선 일정출력

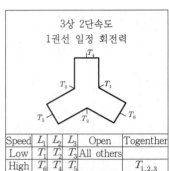

Speed	L_1	L_2	L_3	Open	Togenther
Low	T_1	T_2	T_3	All others	
High	T_6	T_4	T_5		$T_{1,2,3}$

3상 2단속도 1권선 일정 회전력

Speed	L_1	L_2	L_3	Open	Togenther
Low	T_1	T_2	T_3	All others	
High	T_6	T_4	T_5		$T_{1,2,3}$

3상 2단속도 1권선 가변 회전

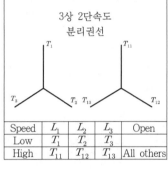

Speed	L_1	L_2	L_3	Open
Low	T_1	T_2	T_3	
High	T_{11}	T_{12}	T_{13}	All others

3상 2단속도 분리권선

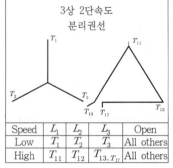

Speed	L_1	L_2	L_3	Open
Low	T_1	T_2	T_3	All others
High	T_{11}	T_{12}	$T_{13,T_{17}}$	All others

3상 2단속도 분리권선

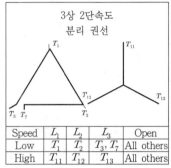

Speed	L_1	L_2	L_3	Open
Low	T_1	T_2	T_3, T_7	All others
High	T_{11}	T_{12}	T_{13}	All others

3상 2단속도 분리 권선

[그림 5-87] 2단 속도 전동기의 결선

9. 급정지용 교류 기동기(quick-stop A-C starters)

전동기 응용면에서 볼 때, 운전을 안전하게 하고 시간을 절약하기 위하여 전동기를 급히 정지시키거나 제동을 하는 방법을 강구하는 것이 필요한 경우가 있다.

작동 중에 있는 전동기에 대한 전원 스위치를 개로하면 전동기는 관성에 의하여 잠시 회전을 계속한다. 이때 회전방향이 반대가 되도록 전동기의 리드선 두 개를 접속하고 역회전력을 발생하게 하면 전동기는 급정지한다. 이것이 소위 역상제동(逆相制動)이다.

역상제동을 할 때는 전동기가 급정지하는 즉시 전원을 개방하지 않으면 전동기가 반대방향으로 회전을 계속하게 되므로 역전을 계속하기 전에 전원을 개방하여야 한다. 이것을 달성하기 위해서는 역상제동 계전기(plugging relay)를 사용한다. 이 계전기는 전동기상에 위치하고 있으며, 전동기의 축에 연결된 벨트에 의해서 작동된다. 계전기 내부의 접촉자는 전동기가 작동할 때는 폐로되어 있지만, 전동기가 그 회전방향을 역전시키려면 즉시 개로하여 역전을 방지한다. 이 계전기의 구조는 다양하나 그 작동과정은 대동소이하다.

제어기와 역상제동 계전기의 권선도는 [그림 5-88]에 도시되어 있다. 기동기는 가역형 전자 기동기를 사용한다. [그림 5-89]의 회로를 설명하면 다음과 같다.

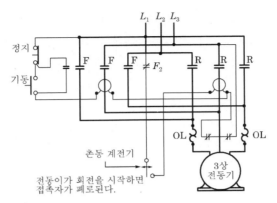

[그림 5-88] 전동기를 제동시키기 위하여 역상제동 계전기를 사용하고 있는 제어기

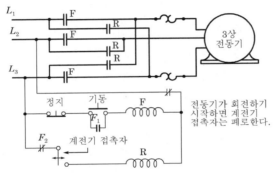

[그림 5-89] 역상제동 계전기를 사용하고 있는 제어기의 직선도

기동 버튼을 누르면 코일 F가 여자되어 세 개의 주접촉자 F를 폐로시키며, 전동기를 전원에 연결하게 된다. 이와 동시에 평상시 개로된 보조 접촉자 F_1이 폐로되어 코일 F에 전류가 흐르게 한다. 또한 평상시 폐로되어 있는 보조 접촉자 F_2가 개로되어 전류가 역전용 코일 R을 통해 흐르는 것을 방지해준다. 역상제동 계전기의 접촉자는 전동기의 회전에 의하여 폐로된다.

정지 버튼을 누르면 코일 F는 여자를 상실하면서 전동기로 연결되는 전원 접촉자를 개로시키고, 접촉자 F_2를 폐로한다. 그 결과 역상제동 계전기를 통하여 R에 이르는 회로를 구성하게 된다. 그러면 이 코일이 여자되고 주접촉자 R을 폐로시키게 된다. 이 주접촉자 R은 전동기가 역방향으로 회전하도록 전류가 흐르게 한다.

이때 전동기는 즉시 정지하고 그 순간에 그 회전방향이 반대가 되려고 한다. 이것이 코일 R의 여자를 상실하게 하는 계전기 접촉자를 개로시키게 된다. 따라서 주접촉자 R이 개로하고 전동기는 전원으로부터 개로한다. 이 제어기는 전동기를 어느 방향으로 운전하더라도 역상제동이 가능하다.

다상 전동기를 급정지하는 데는 이 밖에도 여러 가지 방법이 있다. 전동기로 연결되는 전원 스위치가 개로된 즉시 어느 한 상에 저전압 직류전류를 흐르게 하는 것도 한 가지 좋은 방법이다.

3 고장검출과 수리(Trouble Shooting and Repair) Section

이 항에서는 먼저 전동기와 퓨즈가 완전한 상태인 것으로 가정한다. 전동기가 아무런 결점이 없는 것을 확신하고 전동기 단자의 테스트 램프를 연결하고 제어기의 접촉자가 폐로되어 있는 상태에서 전류를 흐르게 할 수 있는지를 검사한다.

전류가 흐르지 않으면 고장은 제어기에 있을 가능성이 많다.

제어기는 수많은 제조업자에 의하여 여러 종류가 만들어지고 있으므로 가장 일반적인 고장검출과정은 다음과 같다.

1. 주접촉자를 폐로하였을 때 전동기가 기동하지 않는 원인

(1) **과부하 히터코일의 단선 또는 결선착오**

(2) **주접촉자의 작동불량**

한 두 개의 접촉자가 마모되어 폐로위치에 투입하더라도 실질적으로는 폐로되지 못하는 경우가 흔히 있다. 이러한 일은 접촉자가 오손, 소손 또는 용융되어 접촉부분이 거친 상태일 때에도 흔히 일어난다

(3) **단자결선의 오손, 단선, 접속불량**

(4) **피그테일(pigtail) 결선의 접속불량 또는 단선**

(5) **저항 요소 또는 단권 변압기의 단선**

(6) **자석철심에 붙은 이물질로 인한 접촉자의 접촉불량**

(7) **기계적인 연동장치나 피봇(pivot)에 이물질이 붙는 등의 기계적인 고장과 스프링의 미약한 탄력 등**

2. 기동 버튼을 눌렀을 때 접촉자가 폐로되지 않는 원인

(1) **지지코일의 단선**

기동 버튼을 누를 때 코일단자 사이에 테스트 램프를 연결하여 검사한다. 기동 버튼을 누를 때 점등은 하지만 코일이 여자되지 않으면 코일에 결점이 있는 것이다.

(2) **기동 버튼 접촉자의 파손 또는 접촉불량**

(3) **오손 또는 파손된 정지 버튼의 접촉자**

한 개의 제어기에 여러 개의 버튼을 연결하였으면 각 버튼 장치를 검사해 주어야 한다.

만약 정방향 역전장치를 사용하고 또한 그것들이 모두 연동장치로 되어 있으면 모든 접촉자를 검사한다.

(4) 단자결선의 단선 또는 접속불량

(5) 과부하 계전기 접촉자의 개로

(6) 저전압

(7) 코일의 단락

(8) 기계적인 고장

3. 기동 버튼을 개방하였을 때 접촉자가 개로하는 원인

(1) 보조 접촉자가 완전히 폐로되지 못하거나 오손 또는 접촉불량일 경우

(2) 푸시 버튼 장치와 제어기와의 결선착오

4. 기동 버튼을 눌렀을 때 퓨즈가 용단하는 원인

(1) 접촉자의 접지

(2) 코일의 단락

(3) 접촉자의 단락

5. 전자장치가 작동 중 소음을 발생할 때의 원인

(1) 붙었다 떨어졌다 하는 채터링(chattering)현상을 발생하게 하는 셰이딩 코일(shading coil)의 단선

(2) 철심표면의 오손

6. 전자코일이 소손되거나 단락되는 원인

(1) 과전압

(2) 오손, 이물질 혼입, 기계적 고장으로 인해 공극(air gap)거리가 커지게 되어 흐르게 되는 과전류

(3) 운전빈도의 과다

4 회로검사(Testing Component Circuits)

스냅 어라운드형(snap around type) 볼트 전압·전류계를 사용하면 단선, 단락, 접지 등에 대한 검사를 할 수 있다. 이것을 사용하면 비교적 손쉽게 빠른 시간 안에 단락된 코일, 단선된 코일, 저항, 저전압, 고전압, 과다한 전류, 결선불량 및 그 외 여러 불량한 회로상태 등을 점검할 수 있다. 이것은 기동기뿐만 아니라 전동기에서도 적용할 수 있으며, [그림 4-134]는 이 도구를 사용하는 한 예를 보여 주고 있다.

제6장 직류기의 전기자 권선

MOTOR REPAIR
MOTOR REPAIR
MOTOR REPAIR

1 서론(Introduction) Section

전기자에 대한 권선작업을 완전히 마치려면 일정한 순서에 따라서 작업을 진행해야 할 요소가 많다. 이것은 전기자의 권선을 제거하면서 데이터를 작성, 철심에 대한 절연 작업, 코일감기 및 테이핑 작업, 슬롯에 코일 넣기, 코일 리드선의 정류자에의 결선, 정류자에 연결한 리드선의 납땜작업, 검사, 정류자를 선반에 물리고 회전시키며, 다듬는 작업, 바니시 함침 및 건조작업 등이다. 데이터를 기록하는 표는 다음과 같다.

제조회사

K.W.H.P	회전수(r.p.m)		전압(V)	전류(A)
주파수	형		프레임	스타일
온도	모델		일련번호	상
슬롯 수		정류자편 수		코일/슬롯
코일선경		코일피치		
슬롯 중심과	정류자편 중심의 거리: 마이카 중심의 거리:			
정류자 피치				
중권		파권		

[표 4-1] 다상 전동기의 데이터 기록표

[그림 6-1] (a), (b) 및 (c)와 같은 전기자를 권선할 때는 원래의 권선상태와 동일하게 권선을 다시 하려면 권선의 제거과정에서 앞으로 권선을 할 때 필요한 데이터를 빠짐없이 작성하여 주어야 한다. 여러 가지 권선의 종류 및 결선방법에 대한 깊은 사전지식이 없으면 권선작업에 필요한 데이터를 상세히 기록하기는 불가능하다. 각종 권선의 종류와 결선법에 대하여 설명하면서 권선과정에서 보다 중요한 부분을 특히 중점적으로 다루어 보기로 한다.

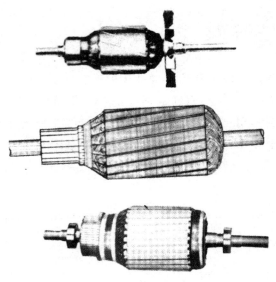

[그림 6-1] 여러 형태의 직류 전기자

2 소형 전기자의 권선(Typical Winding for a Small Armature) Section

이 권선의 가장 단순한 것으로는 전기자 슬롯마다 권선을 한 후에 순차적으로 정류자편과 접속하는 것을 들 수 있다. [그림 6-2]의 (a)는 이 권선도이다. 이 도형에서는 정류자편 배치를 이해하기 쉽도록 평면적으로 도시하였으나, 이와 동일한 권선의 원형도는 [그림 6-2]의 (b)에 나타나 있다.

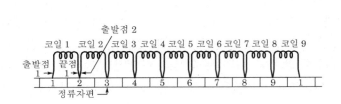

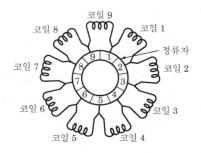

(a) 코일 수 9, 정류자 편수 9인 간단한 루프 권선의 계통도. (b) 코일 수 9인 전기자에서 각 코일이 정류자편
    각 코일의 끝점에서 나온 리드선과 그 다음 코일의 출발   과 접속된 상태를 나타내는 원형 계통
    점에서 나온 리드선을 동일한 정류자편상에 접속한다.

[그림 6-2] 소형 전기자의 권선

철심에 대한 절연작업은 권선작업을 시작하기 전에 코일선이 철심에 닿아 접지사고를 일으키는 원인이 되는 것을 방지하기 위하여 슬롯에 대한 절연작업을 하여 줄 필요가 있다. 이제까지 다룬 다른 전동기에서의 경우와 마찬가지로 슬롯절연에 필요한 절연지는 먼저 사용한 절연지와 종류나 크기 등이 동일한 것을 사용하여야 한다. 소형 전기자의 경우, [그림 6-3]에서처럼 전기자 슬롯 양쪽 끝으로 약 1/8인치, 슬롯 위로 약 1/4인치 정도 절연지가 튀어 나오도록 여유를 두고 절연지를 자른다. 또한 전기자 축의 주변을 절연 테이프로 감아 절연조치를 취하여 주어야 한다. 코일의 접지사고를 방지하려면 파이버를 가지고 단성층 (端成層)을 성형시킨다.

이것은 축의 양단면에서 알맞게 끼게 되는데, 슬롯의 하측 밖으로 약간 돌출하게 된다. 이것은 [그림 6-4]에 도시되어 있다.

[그림 6-3] 코일을 감아 넣는 전기자의 슬롯

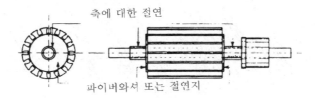

[그림 6-4] 슬롯절연 이외에도, 위의 그림과 같은 절연은 권선이 접지되는 것을 방지하는 데도 필요하다.

1. 권선과정(winding procedure)

진공 청소기나 핸드 드릴 등에 사용하는 소형 전기자는 [그림 6-5]처럼 한 손으로 들고 권선작업을 할 수 있으나, 대형 전기자는 [그림 6-6]이나 [그림 3-33] (b)처럼 전기자 지지기에 올려놓고 권선을 한다.

[그림 6-5] 소형 전기자의 경우에는 손으로
들고 권선해도 된다.

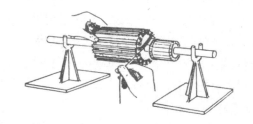

[그림 6-6] 대형 전기자는 받침대 위에 올려
놓고 전기자를 권선한다.

　권선을 제거하는 과정에 데이터를 작성해 두었다고 가정하고 슬롯 수 9인 전기자를 재권
선한다면 그 과정은 다음과 같다.
　우선 슬롯 속에 절연지를 넣는다. 슬롯 중에서 임의의 한 슬롯을 골라서 슬롯 번호 1로
정하고, 피치 또는 폭(이 경우 1과 5)에 맞추어 소요 횟수만큼 슬롯에 코일을 감고 [그림
6-7]과 같이 루프(loop)를 만든다. 권선을 단단하게 감기 위하여 코일이 끊어지지 않을 정
도로 잡아당기면서 감는다.

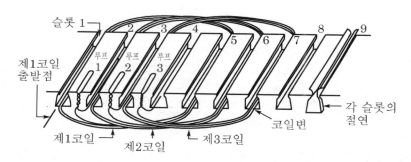

[그림 6-7] 루프 권선을 시작하는 과정. 루프를 정류자에 연결하기 전에 전기자 전체에 대한 권선을 마친다.
제1코일은 슬롯1과 5에 권선하고 있는 점을 유의하라. 이것이 코일의 피치 또는 폭(span)이다.

　루프는 제1코일의 출발점과 제2코일의 끝점을 가지고 만든다. 슬롯 2에서 코일 2를 감기
시작하여 코일 1과 횟수가 같게 감아 나간다. 이때 코일의 폭도 코일 1과 동일하게 되도록
한다.
　코일 2의 권선을 마치면 루프를 만들고 슬롯 3에서 권선을 시작한다. 이러한 권선방법을 반복
하여 코일 9개가 완성될 때까지 계속한다. 마지막 코일이 끝나는 점의 리드선은 제1코일 출발

점 리드선과 접속한다. 전기자 전체에 대한 코일 권선이 끝나면 슬롯마다 두 개의 코일 변이 나오게 된다. [그림 6-8]은 9개의 슬롯을 가진 전기자의 단계적인 권선과정을 나타내고 있다. 모든 코일은 동일한 피치와 감은 횟수를 가지고 있음을 유의한다. 각 코일의 끝에 루프를 만드는 이러한 권선을 루프 권선(loop winding)이라고 한다.

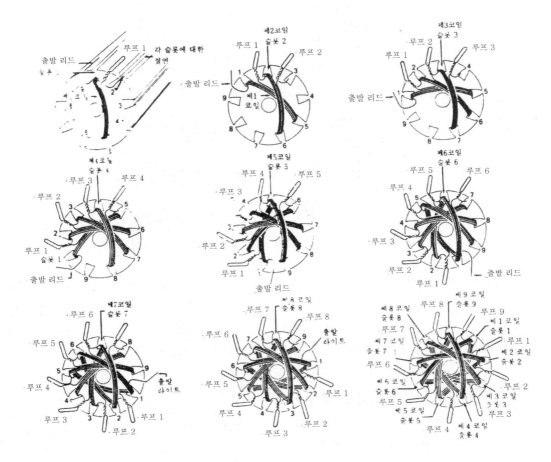

[그림 6-8] 슬롯 수 9인 전기자의 코일 권선과정

슬롯 내부에 대한 쐐기 삽입은 전기자에 대한 권선을 마친 다음에는 전기자가 전속도로 회전할 때 권선이 흩어져 삐져나오지 않도록 슬롯을 폐쇄시켜주어야 한다. 그 과정은 [그림 6-9]에 도시되어 있다. 슬롯 내에 위치한 코일 사이의 절연조치를 유의한다.

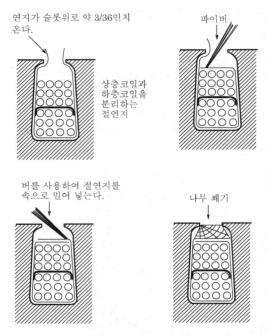

[그림 6-9] 절연지를 슬롯 속에 접어 넣고 나무쐐기로 고징하는 방법

슬롯에 넣는 절연지는 슬롯에서 약 3/16인치 정도 나오도록 절단한다. 파이버를 사용하여 절연지의 한 쪽을 슬롯 속으로 밀어 넣고 나머지 절연지를 밀어 넣는다. 절연지가 접혀진 위로 나무 또는 파이버로 된 쐐기를 알맞은 크기로 잘라 밀어 넣는다. 대형 전동기의 경우에는 슬롯 위로 나온 절연지를 잘라내고 밴드(band)조치를 취해 준다.

2. 리드선의 접속위치 이동(lead swing)

전기자의 권선에 있어서 가장 중요한 점은 코일 리드선과 정류자편(commutator bar) 양자를 올바르게 접속하여 주는 일이다. 리드선이 정류자편에 원래 연결하여 있던 위치에 따라 리드선과 정류자편은 세 가지 방법 중의 어느 한 가지 방식에 따라 접속한다. 이 세 가지 방법은 정류자의 끝쪽에서 전기자의 슬롯을 바라보아서 정류자의 리드선을 슬롯의 오른쪽으로 접속하여 가는 방법, 왼쪽으로 접속하여 가는 방법, 리드선·정류자편 및 슬롯 등 세 개가 일직선상에 오도록 하는 방법 등이다.

정류자에서의 리드선의 위치는 다음과 같은 요인으로 결정한다.

[그림 6-10]처럼 슬롯의 중앙을 지나도록 실을 대서 실끈이 정류자편의 중앙선 또는 정류자편 사이가 마이카(mica)의 중심선과 일직선이 되는가를 비교한다. 데이터에 기록된 내

용이 정류자편을 세 번 건너 뛰어 우측으로 리드선이 떨어져 있을 때, 각 코일의 리드선은 슬롯과 일직선이 되는 정류자편으로부터 우측으로 세 번째의 정류자편과 접속한다. 다른 모든 코일에 대해서도 [그림 6-11]처럼 순번으로 연결하여 간다. 슬롯의 중심선이 마이카와 일직선일 때는 마이카의 바로 우측에 오는 정류자편의 1번 정류자편으로 결정한다.

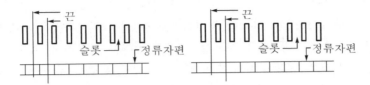

[그림 6-10] 슬롯과 정류자편이 일직선상에 있는지를 조사하는 간단한 방법

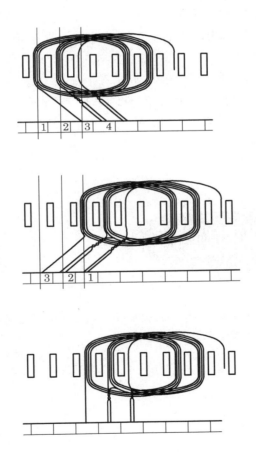

[그림 6-11] 이동하는 리드선의 접속위치를 찾는 세 가지 방법

3. 슬롯당 코일 수가 한 개 이상인 권선(winding with more the one-coil per solt)

현재까지 설명한 전기자에 있어서 슬롯의 수는 정류자편 수와 동일하다. 그러나 이것은 모든 전기자에 있어서 반드시 그러한 것은 아니다. 어떤 것은 슬롯 수보다 정류자편의 수가 두 배나 많은 것도 있으며, 어떤 것은 세 배나 되는 것도 있다. 이러한 형의 전기자에 있어서는 코일 수는 언제나 정류자편의 수와 동일하다. 그러므로 슬롯 수 9, 정류자편 수 18인 전기자는 코일 수도 18이다. 이러한 형의 전기자를 권선하는 과정은 단순한 루프권선과 동일하나 다만 각 슬롯이 두 개의 루프를 가지고 있다는 점만이 다르다.

정류자편 수가 슬롯 수의 두배인 루프 전기자의 권선은 슬롯 수 9, 정류자편 수 18인 전기자에 대해서 권선을 한다고 가정하면, 이 슬롯당 코일 수 2개인 전기자의 권선과정은 다음과 같다. 단순한 루프권선과 동일한 방법으로 제1코일을 슬롯 1과 5에 권선한다. 루프를 만들고 제2코일을 동일한 슬롯에 권선한다. 또 루프를 만들고 제3코일을 슬롯 2에 권선하기 시작한다. 이런 식으로 계속하여 슬롯으로 넘어가기 전에 두 개의 코일을 권선한다.

권선은 [그림 6-12]와 [그림 6-13]에 도시된 것처럼 되어야 한다. 각 슬롯에는 두 개의 루프가 만들어져야 하는데, 각 슬롯의 제1루프와 제2루프를 구별하기 위해서는 색깔이 틀린 슬리브를 각 루프마다 끼워 두거나, 제2루프를 제1루프보다 길게 만들어 두거나 하면 된다. 이렇게 하여 두면 리드선을 일일이 실험하지 않고도 정류자편에 올바르게 접속시킬 수 있다.

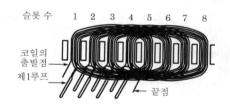

[그림 6-12] 구별하기 쉽도록 루프를 길고 짧게 만들어 둔 슬롯당 코일 두 개인 권선

[그림 6-13] 슬롯수보다 두 배인 루프를 가진 루프 전기자. 여기서는 코일 네 개를 권선한 상태를 나타내고 있다.

3 중권(Lap Winding)

전기자권선은 중권(lap winding)과 파권(wave winding)의 두 가지 권선으로 나누어진다. 이 두 가지 권선의 차이점은 리드선을 정류자편에 접속하는 방식에 있다. 중권은 단중중권(simplex lap winding), 이중중권(duplex lap winding), 삼중중권(triplex lap winding)의 세 가지로 분류된다.

단중중권은 [그림 6-14]처럼 코일 리드선의 출발점과 끝점을 인접한 정류자편과 접속하는 권선법을 말한다. 그러므로 제1코일의 끝점 리드선은 제2코일 출발점 리드선과 함께 동일 정류자편상에 오게 된다.

이중중권은 [그림 6-15]처럼 어느 한 코일의 출발점이 접속된 정류자편으로부터 두 개의 정류자편을 건너 뛰어 동일 코일의 끝점에서 나온 리드선을 접속하여 주는 방식이다. 따라서 제1코일의 끝점에서 나온 리드선과 제3코일의 출발점에서 나온 리드선은 함께 동일 정류자편상에 오게 된다. 동일한 방법에 의해서 제3코일의 끝점은 제5코일의 출발점과 동일한 정류자편상에 오게 된다.

삼중중권은 [그림 6-16]과 같이 어느 한 코일의 끝 점에서 나온 리드선을 접속한 정류자편으로부터 정류자편 세 개를 건너 뛰어 접속하는 권선법이다. 그러므로 제1코일의 끝점은 제4코일의 출발점에서 나온 리드선과 함께 동일한 정류자편상에 접속하게 된다. 마찬가지로 제4코일 끝점과 제7코일의 출발점이 같은 정류자편상에 속하게 된다.

단중중권은 소형 및 중형 전기자에 가장 많이 사용되는 권선방법이다. 이중중권과 삼중중권은 그렇게 많이 사용되는 방법은 아니지만 전동기를 저전압으로 운전하고자 할 때 단중중권을 이중중권 또는 삼중중권으로 다시 결선하여 사용하는 경우가 있다. 이중중권 전기자에서 사용하는 브러시는 최소한 정류자편 두 개와 접촉할 수 있는 접촉면을 가져야 한다. 삼중중권 전기자에 사용하는 브러시는 최소한 정류자편 세 개와 접촉할 수 있어야 한다.

전동기가 가지고 있는 극의 수는 얼마이든지간에 동일한 코일의 출발점 리드선과 끝점 리드선이 인접한 정류자편에 결선된 것은 모두 단중중권이다. 중권권선을 설명하기 위해 전기자의 여러 가지 권선유형을 설명하면 다음과 같다.

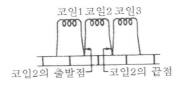

코일1 코일2 코일3

코일2의 출발점 — 코일2의 끝점

[그림 6-14] 코일의 출발점과 끝점을 인접 정류자편에 접속한 단중중권

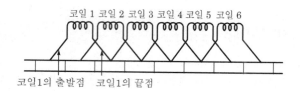

코일 1 코일 2 코일 3 코일 4 코일 5 코일 6

코일1의 출발점 코일1의 끝점

[그림 6-15] 각 코일의 끝점을 출발점 리드선이 접속된 정류자편으로부터 정류자편 두 개를 건너 뛴 후 접속한 이중중권

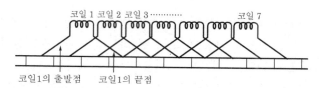

코일 1 코일 2 코일 3 ………… 코일 7

코일1의 출발점 코일1의 끝점

[그림 6-16] 삼중중권. 이 권선에서는 각 코일의 끝점은 출발점을 접속한 정류자편으로부터 정류자편 세 개를 건너 뛴 후 접속

1. 루프를 가지는 중권(lap winding with loops)

매 슬롯마다 한 개의 코일을 가진 단중중권권선은 [그림 6-7]에 도시되어 있다. 이 슬롯 수 9인 전기자는 매 슬롯마다 한 개씩 9개의 코일을 가지고 있다. 이 전기자에 있어서는 슬롯 수와 정류자편 수가 동일해야만 한다. 루프는 [그림 6-17]처럼 정류자편에 연속적으로 결선되어야 한다.

매 슬롯당 두 개의 코일을 가진 중권권선은 [그림 6-18]에 도시되어 있다. 이 경우에 있어서 슬롯 수 9인 전기자는 코일 수가 18이다. 여기에는 18개의 루프가 있고, 각 루프에는 정류자편 수가 하나씩 있어야 하므로 슬롯 수보다 두 배나 많은 정류자편이 있어야 한다. 도면에서 알 수 있듯이 한 개의 루프는 짧게 되어 있고 다른 한 개의 루프는 길게 되어 있으므로 순시 적으로 돌아가며 정류자편에 루프를 올바르게 접속할 수가 있다.

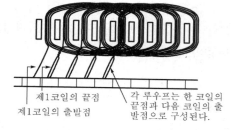

제1코일의 끝점
제1코일의 출발점
각 루우프는 한 코일의 끝점과 다음 코일의 출발점으로 구성된다.

[그림 6-17] 매 슬롯당 한 개의 코일을 가진 단중중권의 경우, 동일 코일의 끝점과 출발점은 인접 정류자편에 속하게 된다. 루프는 정류자편에 연속적으로 접속된다.

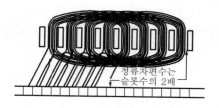

정류자편수는 슬롯수의 2배

[그림 6-18] 매 슬롯당 코일 두 개인 중권. 각 코일의 출발점과 끝점은 인접 정류자편과 접속한다.

2. 루프가 없는 중권(lap winding with-cat loops)

중권으로 권선할 때 각 코일을 권선할 때마다 출발점을 해당 정류자편에 먼저 넣어 놓고 전기자권선이 전부 완료되고 난 뒤 끝점을 개별적으로 해당 정류자편에 접속하여 줄 수도 있다. 이 방법에서는 코일 전부를 감을 때까지 각 코일의 끝점은 접속하지 않고 방치하여 둔다.

3. 슬롯당 코일이 한 개인 전기자(armature with one coil per slot)

슬롯당 한 개의 코일을 가진 전기자를 권선하고 결선하는 과정은 다음과 같다.

어느 한 슬롯에서부터 시작하여 적절한 피치 간격을 두고 코일을 권선하기 시작한다. 코일 1의 출발점을 알맞은 정류자편에 위치시킨다. 모든 코일의 끝점을 연결되지 않은 상태로 방치하면서 전기자권선을 완료할 때까지 동일한 요령으로 [그림 6-19]처럼 권선하여 간다. 모든 코일을 권선한 다음 끝점 리드선을 정류자에 접속한다. 연결할 때는 [그림 6-20]에서처럼 출발점을 연결한 정류자편과 인접하고 있는 정류자편에 동일 코일의 끝점을 연결하여 단중중권을 구성한다.

각 코일을 감을 때마다
출발점 리이드선은 정류자편
홈 속에 위치한다.

각 코일의 끝점 리이드선은
전체 전기자에 대한 권선을
마칠 때까지 방치한다.

[그림 6-19] 슬롯당 코일 수 1인 중권에서 출발점의
리드선을 정류자편의 홈 속에 넣은 상태

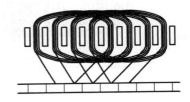

[그림 6-20] 슬롯당 코일 수 1인 중권에서 코일의
양단을 정류자편의 양단에 넣은 상태

4. 슬롯당 코일이 두 개인 전기자(armature with two coil per slot)

슬롯당 코일을 두 개 가진 단중중권 전기자는 슬롯당 한 개의 코일을 가진 전기자보다 더욱 많이 사용된다. 이러한 형의 전기자를 권선하는 과정은 다음과 같다.

작성한 권선 데이터에 따라 코일선 두 개를 가지고 권선작업을 시작하여 출발점을 정류자편에 접속한다. 필요한 횟수만큼 슬롯에 코일을 감고 나면 코일선을 절단하고 끝점 리드선은 [그림 6-21]처럼 방치해 둔다. 그 다음 코일은 정류자 측에서 보아 제1코일 바로 좌측 첫 번째 슬롯에서부터 감기 시작한다(코일이 좌측으로 감아 나가기 시작할 때는 후진권, 우측으로 감아 나가기 시작할 때는 전진권이라고 한다). 코일을 감는 작업을 완료할 때까지 이 같은 작업을 반복한다. 모두 감고 나면 출발점과 끝점은 순차적으로 해당 정류자편과 접속한다. 이 과정은 [그림 6-22]에 도시되어 있다. 코일을 전부 권선한 다음 리드선을 구별하기가 어려울 때, 정확한 결선을 하기 위해서는 다음과 같은 방법으로 코일의 출발점을 식별한다. [그림 6-23]처럼 테스트 램프를 사용한다. 테스트 리드선 하나를 정류자편에 접속하고 다른 나머지 테스트 리드선은 방치된 리드선에 하나하나 연결하여 본다. 여기서 점등되는 리드선을 접속한다. 즉, 출발점을 연결한 정류자편과 인접한 정류자편에 점등이 된 리드선을 접속하여야 한다.

리드선을 구별하기 위해서는 색깔이 다른 슬리브를 리드선에 끼워 두기로 한다. 제1코일의 출발점과 끝점에 동일한 어느 한 색을 사용하고, 동일 슬롯의 다른 코일에는 다른 색깔을 사용한다. 제3코일은 제1코일과 동일한 색깔을 사용한다. 검사는 상층 리드선만 실시하면 되며, 다른 리드선은 색깔에 의하여 분별하면 된다.

동일 슬롯에 들어간 두 코일 중 어느 하나는 짧게, 다른 하나는 길게 절단하여 주면 리드선의 식별이 용이하다.

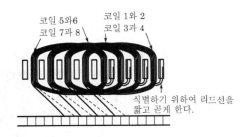

[그림 6-21] 슬롯당 코일이 두 개인 전기자의 권선방법. 각 코일의 하층, 또는 출발점 리드선은 정류자편 홈 속에 넣어 가면서 권선한다. 상층(또는 끝점) 리드선은 전기자 권선이 완전히 끝난 후에 정류자편 홈 속에 넣는다.

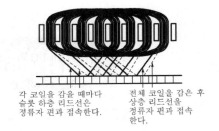

[그림 6-22] 슬롯당 코일 수가 2개인 단중중권을 구성하기 위해서 슬롯의 상층 리드선(또는 끝점 리드선)과 정류자편을 접속하는 방법

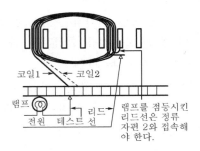

[그림 6-23] 단중중권에서 상층 리드선이 접속되어야 할 정류자편을 테스트 램프를 사용하여 결정한다.

5. 슬롯당 코일 세 개인 전기자(armature with three coil per slot)

슬롯당 코일이 세 개인 중권 전기자의 권선도 코일 수가 두 개인 전기자와 동일하게 권선한다. 슬롯마다 상층과 하층에서 각각 세 개의 리드선이 결선된다. 이러한 리드선은 슬롯당 두 개의 코일을 가지는 권선법에 취급한 것과 같은 방법으로 순차적으로 정류자편과 접속하며, 리드선의 식별법도 동일하다. [그림 6-24]는 슬롯당 세 개의 코일이 들어간 경우를 나타내고 있다.

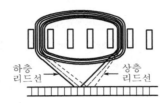

[그림 6-24] 슬롯당 코일이 세 개인 중권

6. 코일 권선법(coil winding)

지금까지는 코일을 소요 횟수만큼 손으로 일일이 감는 손감기에 대해서 설명해 왔다. 이 방식은 소형 전기자에 많이 사용하는 방식이며, 대형 전기자의 경우는 권선틀로 감아 완성한 것을 슬롯에 넣는다. 권선틀로 감은 코일의 리드선도 손감기에 의하여 권선한 전기자와 같은 요령으로 정류자와 접속한다. 권선법, 테이핑 작업, 슬롯에 코일을 넣는 요령 등은 3상 전동기에서 다룬 것과 동일하다. [그림 6-25]는 슬롯당 코일 두 개의 코일권선(coil wound) 전기자에서 여러 개의 코일을 나타내고 있는 것이다.

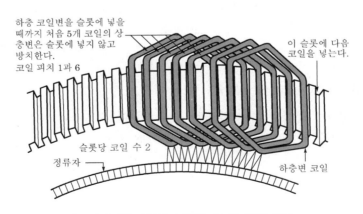

[그림 6-25] 슬롯당 코일을 두 개 가진 중권

4 파권(Wave Winding)

파권은 크게 단중파권(simplex wave winding), 이중파권(duplex wave winding), 삼중파권(triplex wave winding)으로 나눌 수 있다. 파권과 중권이 구별되는 점은 정류자편과 접속한 전기자 리드선의 위치가 다른 점이다. 단중중권의 경우에는 어느 한 코일의 출발점과 끝점은 인접 정류자편에 접속하였으나, 파권권선의 경우에는 한 코일의 출발점과 끝점은 상당히 멀리 떨어진 정류자편에 접속하게 된다. 그러므로 4극 전동기의 경우에는 그것들은 정류자상 반대편에 위치한 정류자편에 접속하게 된다. 또 6극 전동기의 경우에 그것은 정류자상에서 약 1/3 정도 떨어진 정류자편에 접속하게 된다. 마찬가지로 8극기이면 정류자편 수의 약 1/4을 띄워 접속하게 된다. 파권에서 코일 끝점으로부터 나온 리드선은 정류자편과 접속할 때, 극수와 정류자편 수에 따라서 출발점이 연결된 정류자편으로부터 일정한 수의 정류자편을 건너 뛰고 접속한다. 중권에 리드선은 [그림 6-26]과 같이 서로 가까워지고, 파권은 [그림 6-27]과 같이 서로 멀어지고 있다.

4극 전동기 파권권선일 경우, 전류는 어느 한 출발점에서 인접한 정류자편에 도달하려면 최소한 두 개의 코일을 거쳐야 한다. 6극 전동기의 경우에는 인접 정류자편에 도달하기까지 코일 세 개를 지나야 한다. 2극 전동기는 파권으로 권선할 수가 없다.

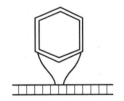

[그림 6-26] 중권권선에서 리드선은 서로 가까워지며, 인접한 정류자편에 접속하게 된다.

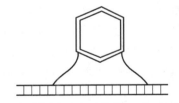

[그림 6-27] 파권의 경우에는 리드선은 서로 멀어지고, 일정한 수의 정류자편을 사이에 두고 떨어져 있다.

1. 정류자 피치(commutator pitch)

어느 한 코일을 기준으로 하여 두 코일 리드선 사이에 있는 정류자편 수를 정류자 피치(commutator pitch)라고 한다. 단중파권에서 정류자 피치는 대게 c.p.로 표시되며,

$$\text{c.p.} = \frac{\text{정류자편수} \pm 1}{\text{극의짝수}}$$

인 공식이 성립된다.

정류자편 수 49, 4극 전기자의 경우에는

$$c.p. = \frac{49 \pm 1}{2} = 24 \text{ 또는 } 25 \text{ (정류자편)}$$

이 된다. 대개 정류자 피치는 정류자편 수 1과 25, 1과 26 등으로 표시한다. 그러므로 정류자 피치가 24 정류자편일 때 리드선은 [그림 6-28]에서처럼 정류자편 1과 25에 접속한다. 만약 정류자 피치가 25 정류자편일 때는 리드선은 정류자편 1과 26 사이에 위치하게 된다. 이 시점에서 중요한 점은 모든 4극 파권권선 전기자는 홀수의 정류자편을 가지고 있다는 점이다. 6극 전기자의 경우는 홀수 또는 짝수를 가지게 되며, 8극의 경우는 홀수 정류자편을 가지게 된다. 모든 2극 전동기는 파권권선이다.

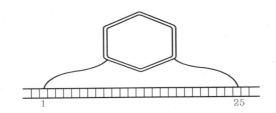

[그림 6-28] 정류자편 49, 극수 4인 정기자의 리드선 결선.
공식에 따르면 리드선은 24 정류자편 떨어져야 한다. 그러므로 정류자편 1과 25에 접속하게 된다.

(1) 후진권과 전진권(retrogressive and progressive windings)

공식에 따르면 정류자 피치는 두 가지 숫자를 가지게 되며, 이 두 숫자 중에서 한 숫자를 선택하게 된다. 작은 숫자를 선택하면 전동기는 어느 한 방향으로 회전하게 된다. 그러나 그보다 큰 다른 숫자를 선택하면 전기자는 회전방향이 반대로 된다. 이러한 결선법을 일컬어 후진권과 전진권으로 분류하고 있으며, 이것들은 모두 중권권선과 파권권선에 함께 사용된다. 단중중권 전진권권선에서 전류는 출발점이 접속된 정류자편 바로 뒤에 있는 정류자편에서 끝나게 된다. 이러한 형은 [그림 6-29]와 [그림 6-31]에 도시되어 있다. 단중중권 후진권권선에서는 전류는 코일의 출발점이 연결된 정류자편 바로 앞에 있는 정류자편에서 끝나게 된다. 이러한 형은 [그림 6-30]과 [그림 6-32]에 도시되어 있다.

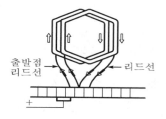

[그림 6-29] 단중중권 전진권 권선. 전류는 시계방
향으로 흐른다.

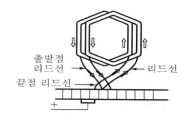

[그림 6-30] 중권 후진권 권선. 리드선은 인
접한 정류자편과 결선하였으나
서로 교차하고 있다. 이때 전류
는 반시계방향으로 흐르게 된다.

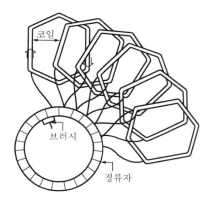

[그림 6-31] 단중중권 전진권 권선

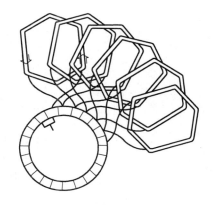

[그림 6-32] 단중중권 후진권 권선

전진권결선을 후진권결선으로 바꾸어 주면 전기자는 회전방향이 반대로 된다.

4극 전동기의 경우, 단중파권 전진권일 때 전류는 [그림 6-33]과 [그림 6-35]에서처럼
직렬로 연결한 두 코일을 거쳐 출발점이 연결된 정류자편 바로 뒤에 있는 정류자편에서
끝나게 된다.

단중파권 후진권에서 직렬로 연결한 두 코일을 흐르는 전류는 출발점 바로 앞에 있는 정
류자편에서 끝나게 된다. 이러한 형은 [그림 6-34]와 [그림 6-36]에 도시되어 있다.

슬롯당 코일 2개를 가지는 전진권의 중권결선은 [그림 6-37]에 도시된 것과 같으며, 후진
권 중권결선에서 일부 코일을 대상으로 도시하면 [그림 6-38]과 같다.

슬롯당 코일 수 2, 정류자편 수 45, 슬롯 수 23인 전기자를 파권 전진권으로 하였을 때와
파권 후진권으로 하였을 때의 결선을 도시하면 [그림 6-39], [그림 6-40], [그림 6-41],
[그림 6-42], [그림 6-43]과 같다.

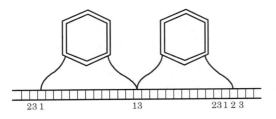

[그림 6-33] 정류자 피치가 1과 13인 4극 단중파권 전진
권 권선 전류는 코일 두 개를 거쳐 코일의
출발점과 인접한 정류자편에 도달한다.

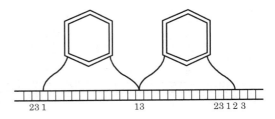

[그림 6-34] 정류자 피치가 1과 12인 4극 후진권
으로 권선한 단중파권권선

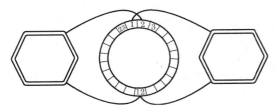

[그림 6-35] 정류자 피치가 1과 13인 4극 단중파권 후
진권 권선

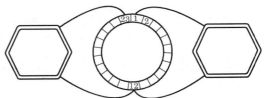

[그림 6-36] 정류자 피치가 1과 12인 4극 단중파
권 후진권 권선

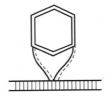

[그림 6-37] 중권 전진권 권선의 두 개의 코일

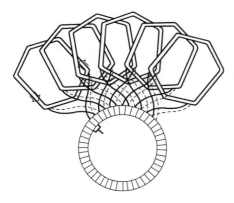

[그림 6-38] 슬롯당 코일이 두 개인 중권 후진권
권선의 일부 코일

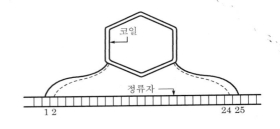

[그림 6-39] 파권권선 코일

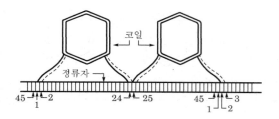

[그림 6-40] 슬롯당 코일이 두 개인 전진권 파권권선

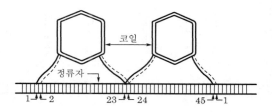

[그림 6-41] 슬롯당 코일이 두 개인 후진권
파권권선

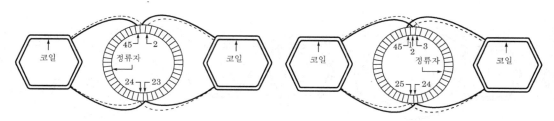

[그림 6-42] 후진권 파권권선   [그림 6-43] 전진권 파권권선

(2) 균압환결선(equalizer connection)

교차결선이라고도 하는 균압환결선은 대형 직류 전기자에서 순환전류를 최소화시키기 위해서 사용하는 것이다. 이러한 순환전류는 자극 사이의 불균일한 공극 때문에 발생하며, 등전위(equal potential)에 있는 정류자편끼리 결선함으로써 제거할 수 있다. 함께 결선해야 할 정류자편은 전동기의 자극의 수와 정류자편의 수에 달려 있다. 균압환결선은 대부분 반발 전동기에서 많이 사용되므로 이에 관해서는 제3장에서 상세히 다루고 있다. 또 균압환결선은 중권권선에만 사용되고 있음을 명심해야 할 것이다.

5 재권선과정(Rewinding procedure)   Section

1. 데이터 작성(taking data)

전기자의 낡은 권선을 제거하는 과정에서 이것을 다시 권선하는 데 필요한 여러 가지 데이터를 기록하여 두어야 한다. 아래에 다루는 과정은 여러 수리업소에서 자주 사용하는 수리과정이다.

슬롯수와 정류자편 수를 기록하여 둔다. [그림 6-44], [그림 6-45], [그림 6-46]처럼 어느 한 코일에 대해서 그 코일이 들어 있는 슬롯과 접속되어 있는 정류자편에 표시를 하여 둔다. 도형에서의 표시는 파일 또는 센터펀치로 표시한 것이다. 이때 코일 피치와 리드선의 접속관계도 기록하여 둔다.

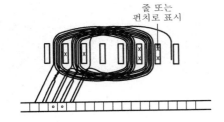

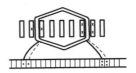

[그림 6-44] 중권에서 피치 및 리드 데이터는 전기자상에 표시하여 두어도 된다.

[그림 6-45] 중권일 경우 임의의 어느 한 코일의 피치와 리드선에 대해 그 데이터를 정류자와 슬롯에 표시한 것

[그림 6-46] 파권일 경우 임의의 어느 한 코일에 대한 정류자와 슬롯에 피치 및 리드 데이터를 기록한 것

이 같은 데이터 기록은 권선작업에서의 매우 중요한 요소이다. 왜냐하면 코일 리드선과 정류자편과의 접속위치가 틀리면 스파크가 발생하고 전동기의 운전에 지장을 초래하기 때문이다. 코일의 슬롯 1과 8에 권선되어 있으면 피치 1과 8을 기록하여 둔다. 권선틀을 사용하여 권선한 전기자일 경우에는 여러 개의 코일을 들어 올려야 한다. 또 슬롯의 양쪽 끝으로 돌출한 코일의 길이(end room)를 측정하여 기록하여 두어야 한다.

슬롯당의 코일 수도 기록하면서 동시에 여러 가지 권선방법(손감기, 틀감기, 루프권선, 후진권, 전진권, 시계방향 등)에 대해서도 조사기록하여 두어야 한다. 매 코일당 감은 횟수도 기록하여야 한다. 코일 횟수를 분명히 기록하기가 어려울 때는 코일을 절단하고 절단면에서 감은 횟수를 일일이 세어 본다.

슬롯당 한 개의 코일인 권선이면 코일당 권선횟수를 알기 위해서는 한 슬롯에 들어 있는 총 횟수를 세고, 다시 2로 나누어 준다. 슬롯당 코일 두 개인 권선이면 슬롯 속에 감긴 총 횟수를 4로 나누어 준다. 대형 전기자의 경우에는 새 코일을 감을 권선틀을 만들기 위해서 코일 한 개를 보존한다. 와이어 게이지나 마이크로미터를 사용하여 선경도 기록하여 둔다. 면사피복, 폼름바(formvar) 등 여러 가지 코일선의 절연종류도 기록하여 두어야 한다. 또 슬롯 내부 절연방식에 대해서도 기록하여 둔다.

> **주의**
>
> 철심에 대한 성층(lamination)을 흐트러뜨리지 않도록 유의한다. 또한 철심 양쪽 끝에 부착한 파이버 절연체가 파손되지 않도록 조심해야 한다. 모든 절연물질이 슬롯 내부에 남아 있지 않도록 한다. 리드선을 정류자편에서 분리시킬 때 납땜인두를 사용하여 접속을 떼도록 한다. 정류자편상에서 접속부분이 단절된 것은 쇠톱을 사용하여 접속 홈 속에 들어 있는 동선 조각을 잘라 내도록 한다. 이때 정류자편상의 접속 홈은 새로 권선할 코일의 선경보다 커지지 않도록 한다. 이러한 용도에 사용하는 공구는 [그림 6-47]에 도시되어 있다.

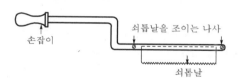

[그림 6-47] 정류자편 내의 슬롯을 긁어내는 공구

2. 전기자권선 제거(stripping the armature)

일반적으로 쐐기는 슬롯에 단단하게 고정되어 있으므로 그것을 뽑아내는 일은 매우 어렵다. 쇠톱날의 날을 쐐기에 [그림 6-48]처럼 대고, 위에서 해머로 쳐내려 날이 쐐기에 박히도록 한다. 그 다음 쐐기의 한쪽 방향으로부터 슬롯방향으로 쇠톱날을 해머로 쳐서 날이 쐐기와 함께 빠지도록 한다. 대형 코일권선 전기자의 경우는 권선제거작업이 비교적 쉽다. 밴드를 절단하고 정류자에서 리드선을 단선한 다음에 코일을 하나하나 빼낸다. 반개구 슬롯을 사용한 소형 전기자의 경우에는 전기자를 소각로에 넣어 모든 절연물질과 바니시 함침을 연화시킨다. 이것을 마친 다음에는 먼저 축에서 정류자를 분리시킨다. 그다음 선반에 전기자를 올려놓고 쇠톱날이다 절단공구로 정류자로부터 모든 권선을 절단한다. 전기자 슬롯의 권선도 마찬가지로 작업을 진행한다. 이 경우 모든 리드 데이터는 미리 작성되어 있어야 한다. 정류자로부터 축의 끝까지의 거리는 정확히 측정해 두어야 한다([그림 6-49]). 슬롯과 정류자편이 일직선상에 있도록 미리 조사해 두어야 한다([그림 6-10]).

정류자를 제거한 다음에는 또 다시 전기자를 소각로에 넣어 충분히 열을 가해 절연물질을 연화시켜야 한다. 소각로를 사용할 수 없을 때는 전기자의 한 쪽 권선을 자른 후 그 반대편 쪽에서 뽑아낸다. 권선 및 결선 방법에 따라서 전기자를 권선하기 전이나 또는 권선한 후에 정류자를 제자리에 위치시킨다.

> **주의**
>
> 뽑아내기 전에 측정한 거리 그대로 정확히 정류자를 위치시켜야 한다. 회전할 동안 움직이는 현상이 일어나지 않도록 정류자를 명확히 고정시켜야 한다. 정류자를 다시 제 위치로 고정시키는 데는 프레스를 사용한다.

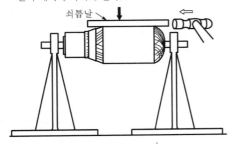

[그림 6-48] 전기자 또는 고정자 슬롯에서 쐐기를 제거하는 방법

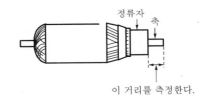

[그림 6-49] 정류자를 빼내기 전에 정확히 측정하여 둔다.

3. 정류자에서 납땜작업(soldering the commutator)

전기자에 대한 절연과 권선을 끝내고 리드선을 정류자의 홈 속에 넣고 난 다음 단계는 전기 또는 가스 납땜 인두로 리드선을 납땜하는 것이다. 대개 소형 전기자에는 전기 인두를 사용하고, 대형에는 가스 인두를 사용한다. 인두의 크기는 정류자의 크기에 따라 결정한다.

납땜하는 과정은 다음과 같다.

정류자편의 홈 속에 삽입한 리드선 위에 납땜용 융제(soldering flux)를 바른다(질이 좋은 융제는 풀과 같은 점성을 주기 위해서 송진분말을 알코올에 혼합하여 만든 것이다. 보통 판매되는 납땜용 풀은 납땜이 끝난 후 알코올로 닦아 내면 사용할 수 있다).

납땜을 할 때는 [그림 6-50]같이 납땜 인두의 선단을 납땜하여야 할 정류자편에 대고 열이 전달되기를 기다린다. 납땜용 융재인 풀이 거품을 내기 시작하면 열이 전달되고 있음을 의미한다.

땜납을 인두와 정류자편이 닿은 부분에 대고, 땜납이 녹아서 정류자편상의 슬롯 속으로 흘러 들어간 후에 인두를 떼어 낸다. 이때 녹은 납이 완전히 리드선 주위를 흐르도록 한다. 녹은 납이 정류자편 뒤로 흘러 내려 단락사고를 일으키는 것을 방지하려면 녹은 납이 앞으로 흘러 내리도록 전기자의 한 쪽 끝을 들어준다. 한 정류자편에서 다른 정류자편으로 흘러 내리는 것을 방지하기 위해서 인두는 [그림 6-51]처럼 잡고 작업을 한다.

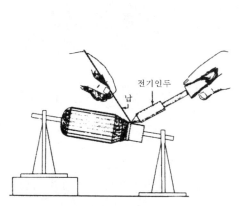

[그림 6-50] 정류자와 리드선의 납땜작업. 납땜인두를 수평보다 약간 위로 잡고 작업을 한다.

[그림 6-51] 녹은 납이 다른 정류자편으로 흘러 내리지 않도록 인두를 수직으로 잡고 작업한다.

4. 전기자에 대한 밴드작업(banding the armature)

전기자에 대한 밴드작업은 정류자편과 리드선이 접속 당시의 위치에서 이탈하지 않도록 실시한다. 노끈 밴드(cord band)는 소형 전기자에 주로 사용하는 것으로서 전기자가 회전할 때 리드선이 슬롯에서 이탈하는 것을 방지하기 위해서 실시하는 것이다. 대형 전기자의 경우는 이 같은 용도로 강철선밴드(steel band)를 사용한다. 개구형 슬롯을 사용하는 대형 전기자는 코일이 슬롯에서 빠져 나오는 것을 방지하기 위해서 강철밴드 또는 테이프밴드(tape band)를 사용한다.

(1) 노끈밴드(cord band)

전기자에 대한 노끈밴드과정은 [그림 6-52]에 도시되어 있다. 다음은 반드시 지켜져야 할 사항들이다.

적절한 끈은 바인드선으로 사용한다. 대형 전기자이면 굵은 선을, 소형 전기자의 경우는 가는 선을 사용한다. 정류자에서 가장 가까운 끝점에서부터 층을 만들며 감기 시작한다. 이때 노끈의 끝점은 약 6인치 정도 자유로운 상태에 둔다. 몇 회 감은 후에 자유로운 상태에 둔 노끈 끝점으로 [그림 6-52]의 (3)처럼 루프를 만든다. 그 다음 루프 위를 몇 회 더 감는다. 노끈 밴드의 끝을 루프 고리 속으로 집어넣어 걸리게 한 다음, 자유로운 상태로 둔 루프를 형성한 끈을 잡아당긴다. 이렇게 하면 노끈 밴드 밑으로 끝점이 끌려 들어오게 되며 그 안에 머물게 된다. 그 지점에서 밴드를 잘라 준다. 밴드가 단단히 고정되도록 힘을 주어 잡아당기면서 감아 주는 것을 잊지 말아야 한다.

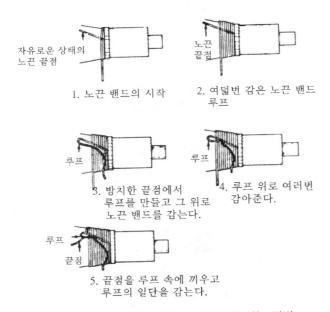

1. 노끈 밴드의 시작

2. 여덟번 감은 노끈 밴드 루프

3. 방치한 끝점에서 루프를 만들고 그 위로 노끈 밴드를 감는다.

4. 루프 위로 여러번 감아준다.

5. 끝점을 루프 속에 끼우고 루프의 일단을 감는다.

[그림 6-52] 전기자에 대한 노끈밴드를 감는 방법

(2) 강철밴드(steel band)

일부 개구 슬롯형 전기자는 회전할 동안 코일이 슬롯에서 빠져나오지 않도록 강철밴드를 하여 줄 필요가 있다. 강철밴드는 코일의 전단과 후단에 실시한다. 이 밴드는 코일밴드와는 매우 상이한 방법으로 전기자에 대해 실시한다. 그 과정은 [그림 6-53]에 도시되어 있으며, 이를 설명하면 다음과 같다.

전기자를 선반에 물리고 밴드와 코일측면을 서로 절연시키기 위하여 밴드선이 들어갈 홈
속에 마이카 또는 절연지를 감아주고, 풀리지 않도록 노끈으로 몇 번 감아 묶어 준다. 작
은 주석편 또는 동편을 같은 간격으로 마이카 또는 절연지를 댄 부분 위에 대고 또 그
위에 밴드조치를 한다. 강철밴드선의 굵기는 모두 같은 것을 사용된다.

강철선밴드작업을 할 때는 노끈밴드작업을 할 때 보다 더욱 세게 선을 잡아당기면서 작
업을 하여야 한다. 고르게 힘을 주어 당기며 작업을 하려면 와이어 클램프(wire clamp)를
사용하면 된다. 이 장치는 두 개의 스크루와 두 개의 윙 넛(wing nuts)을 사용하여 조일
수 있는 파이버 2개로 구성되어 있다. 강철선은 이 클램프를 통해서 전기자로 보내어진
다. 밴드작업을 하는 동안 클램프가 움직이지 않도록 선반 또는 공작대 등에 단단히 고정
하여 준다. 전기자를 천천히 돌리면서 클램프를 통해서 전기자에 강철선을 보내되, 너무
센 압력을 강철선에 가하지 않도록 주의한다. 그렇지 않으면 선이 끊어질 염려가 있다.
코일에 대한 하나의 밴드작업이 끝나면 미리 내놓았던 주석 또는 동편의 양쪽 끝을 굽혀,
그 위에 다시 납땜작업을 실시한다. 그 다음 다른 밴드에 대한 작업을 진행한다.

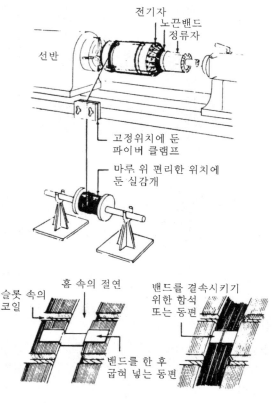

[그림 6-53] 전기자에 대한 강철밴드작업

(3) 테이프밴드(tape band)

많은 정비업소에서는 현재 강철선밴드보다 폴리에스터나 에폭시 수지로 처리한 유리테이프를 사용하는 곳이 많이 있다. 이 테이프는 전기자나 회전자에 감을 때 테이프 감는 기계를 사용하여 강철선과 마찬가지의 강도를 주며 감아준다. 테이프를 감기 전에 층 사이에 빈틈이 생기지 않도록 전기자에 열을 가해 주는 것이 바람직하다. 테이프의 강도는 약 50 파운드의 압력을 견딜 수 있는 것이 좋으며, 겹쳐 감는 식으로 5번 정도 층을 만들어 주는 것이 좋다. 테이프를 다 감으면 납땜 인두로 끝마무리를 해 주어야 한다. 또 인두를 사용하여 층과 층 사이를 접합시키는 작업도 실시해야 한다. 테이프밴딩을 한 후에는 전기자를 바니시액에 담구어 건조시킨다. 그 다음 몇 시간 동안 건조작업을 하여 단단하게 한다. [그림 6-54]는 글라스밴드 테이프를 감는 기계장치를 나타내고 있다.

[그림 6-54] 글라스 테이프를 감는 장치

5. 새 권선에 대한 검사(testing the new winding)

권선 및 결선 작업을 마친 다음에는 그 두 작업을 하는 과정에 발생했을지도 모르는 단락, 접지, 회로의 단선, 결선의 착오 등에 관하여 검사를 실시해야 한다. 잘못된 곳을 검출하여 적절한 조치를 취할 수 있도록 바니시 함침작업을 하기 전에 검사를 실시해야 한다. 이 검사에 대한 상세한 지시사항은 고장검출과 수리항에서 다루게 된다.

6. 전기자의 균형검사(balancing the armature)

전기자는 바니시 함침을 하기 전이나 함침을 한 후에 기계적인 균형에 대한 검사를 실시해야 한다. 불필요한 진동이나 소음이 발생하면 그것은 전기자가 균형된 상태에 있지 않기 때문이다. 이러한 문제점은 즉각 발견하여 시정하여야 한다. 그러므로 전기자를 전동기에 설치하기 전에 균형을 맞추어 주는 일은 대단히 중요한 일이다. 균형을 검사하는 기계장치는 [그림 6-55]에 나타나 있다. 이 장치는 그 규격이 여러 가지로 되어 있으며, 그 사용법은 다음과 같다. 전기자를 균형장치대에 설치하고 천천히 돌린다. 그것이 정지했을 때 무거운 쪽이 아래쪽으로 오게 된다. 이의 균형을 잡아주기 위해서는 그 반대편에 중량을 더해주면 된다. 주의할 점은 무거운 중량은 바로 위쪽에 위치시켜야 한다는 점이다. 가장 위에 오는 슬롯이나 다수의 슬롯은 표시를 하여 주어야 한다. 또한 이러한 실험은 수회에 걸쳐 실시해야 한다. 표시를 한 슬롯이 위쪽에 오지 않게 되면 전기자는 균형이 잡힌 것이 된다. 표시를 한 슬롯이 언제나 위쪽에 오게 되면 아래쪽에 중량을 더해서 무게 중심을 잡아 준다. 중량은 납 또는 동편을 표시한 슬롯이나 쐐기 틈 사이에 끼워준다. 얼마 정도의 납 또는 동편을 끼워 넣어야 할지는 몇 번 시도를 해보아야 알 수 있다. 이렇게 균형을 맞추는 것을 정적인 균형(static balancing)이라 하고 기계를 사용하여 균형을 맞추는 것을 동적인 균형(dynamic balancing)이라 한다.

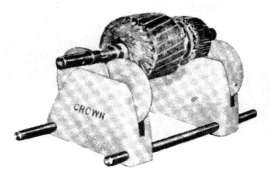

[그림 6-55] 균형 장치대 위에 설치한 전기자

7. 바니시 함침 및 건조작업(baking and varnishing)

전기자를 권선하고, 납땜작업, 밴드작업, 검사 등을 마치고 나면 그 다음 단계는 바니시 함침 작업단계이다. 이 과정은 슬롯 내의 코일선의 진동을 방지하고 습기를 제거하는데 그 목적이 있다. 전기자가 진동을 하게 되면 권선에 대한 절연조치에 해를 주게 되고 단락사고를 일으킬 염려가 있다. 습기 또한 권선에 대한 절연조치를 열화시킨다.

전기자에 대한 바니시 작업은 공기 건조용 바니시나 베이킹 바니시 그 어느 것을 사용해도 된다. 공기 건조용 바니시는 건조기를 사용하는 것이 바람직스럽지 않거나, 그 사용이 힘이 들 때 사용한다. 건조기를 사용한 베이킹 바니시 작업은 건조를 통해서만이 제거할 수 있는 습기를 제거하는데 매우 효과적이므로 많이 이용되는 방법이다. 베이킹 바니시 작업을 사용할 때는 전기자를 건조기에 넣고 섭씨 약 120°의 온도로 약 3시간 동안 건조하여 모든 습기를 제거한다. 건조기에서 전기자를 꺼내어 바니시 액에 담그어 약 30분간 그대로 둔다. 축과 정류자에는 테이프를 감아 바니시액에 달라붙지 않도록 한다. 그렇지 않으면 바니시액이 굳은 후 긁어내어야 한다. 그 다음 또 다시 전기자를 건조기에 넣어 3시간 동안 건조시킨다. 바니시가 굳으면 정류자를 선반에 물린다.

6 고장검출 및 수리(Trouble Shooting and Repair)

1. 검사(testing)

전기자에 대한 권선을 시작하기 전에 정류자에 대한 검사를 먼저 실시한다. 이것은 정류자에 이상이 있을 때 수리를 쉽게 하기 위한 것이다. 정류자는 그 정류자편이 접지되거나 단락된 것을 검사한다.

(1) 정류자에 대한 접지검사(test for grounded commutator)

정류자의 철심에 정류자편이 닿을 때 접지사고가 발생한다. 이를 검출하기 위해서는 [그림 6-56]처럼 테스트 램프의 리드선을 결선한다. 테스트 리드선 하나를 전기자 축에 연결하고 다른 하나는 정류자편에 연결한다. 정류자편에 대한 절연조치가 완전하다면 램프에는 불이 들어오지 않는다. 이때에는 정류자편이나 어스선에 스파크현상 또는 아크현상이 일어나지 않는다. 테스트 리드선을 다음 정류자편으로 옮기고 전과 동일한 실험을 실시한다. 이렇게 하여 정류자편 모두에 대한 실험을 실시한다. 어느 한 정류자편에서 램프가 점등하면 접지되었음을 가리킨다.

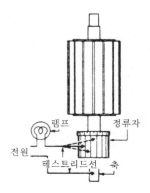

[그림 6-56] 정류자편에 대한 접지실험

(2) 정류자에 대한 단락검사(test for shorted commutator)

[그림 6-57]에 도시된 검사는 정류자편 사이의 마이카에 대한 고장검사이다. 테스트 리드선 하나를 정류자편에 접속하고 다른 하나는 인접한 정류자편에 접속한다. 이때 아무런 사고가 없으면 램프는 점등하지 않는다. 점등하게 되면 리드선을 접속한 정류자편에 단락

사고가 있음을 의미한다. 리드선 하나를 다음 정류자편으로 이동시키고 전과 마찬가지로 검사한다. 이 같은 검사를 전체 정류자편에 대해서 하나하나 실시한다.

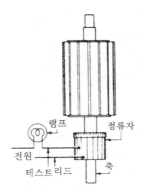

[그림 6-57] 정류자편 사이의 단락사고를 검출하는 리드선의 테스트 회로

(3) 권선에 대한 검사(testing the winding)

전기자에 대한 권선을 마치고 리드선을 정류자에 결선한 다음에는 권선과정에서 발생했을지도 모를 결점을 찾아내기 위하여 권선에 대한 검사를 실시해야 한다. 이 검사는 그라울러나 밀리볼트 전압계를 사용하여 실시하며, 접지, 단락, 단선, 권선의 착오 등에 대한 사고를 알아보기 위하여 실시한다.

(4) 관찰에 의한 접지검출(test for grounds visual inspection)

전기자를 다시 권선한 다음에는 맨 먼저 권선이 접지되었는지의 여부를 검사하여야 한다. 이 검사에는 간단한 테스트 램프만 사용하면 된다. 이 검사는 리드선을 정류자에 연결하기 전에 [그림 6-58]처럼 실시한다. 코일이 정류자에 연결된 전기자에 대해 검사를 할 때에는 테스트 회로는 [그림 6-59]와 같다. 코일을 정류자에 연결하지 않았는데도 램프가 점등한다면 권선이 접지되었음을 나타내며, 다른 검사를 실시하기 전에 이것부터 수리하여야 한다. 고장을 명확히 수리하기 위해서는 접지 개소를 정확히 검출하여야 한다. 권선의 접지사고는 코일이 구부러지는 슬롯의 모서리 또는 철심상의 돌출한 부분에서 일어나기 쉽다. 코일을 전기자에 결선하였을 때 램프가 점등한다면 전기자 권선 또는 정류자가 접지된 것을 나타낸다.

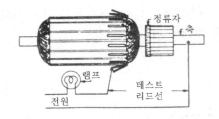

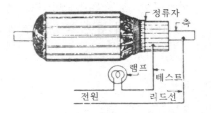

[그림 6-58] 리드선을 정류자편에 연결하기 전에 권선에 대한 접지검사를 실시한다.

[그림 6-59] 리드선을 정류자에 연결한 다음에 완성된 전기자에 대한 접지검사를 실시한다.

접지 개소를 찾아내는 과정은 다음과 같다.

슬롯 끝의 코일을 조사하여 절연된 코일이 움직이면 [그림 6-60]처럼 코일이 철심에 닿지나 않는지 검사한다. 새로운 권선에서 절연물이 약간 움직이는 수가 있으나, 전혀 움직이지 않기 때문에 접지 여부를 알 수 없을 때는 불량 개소라고 생각되는 곳에 절연지를 끼우고 절연조치를 취하여 준다. 육안으로 접지 개소를 찾을 수 없을 때는 그라울러 또는 미터기를 사용하여 검출한다.

정지된 코일

[그림 6-60] 슬롯절연이 불충분하거나 코일이 파손되면 코일이 철심에 닿는 수가 있다.

(5) 계기에 의한 정류자편 하나하나에 대한 검사(barto-bar meter test)

[그림 6-61]의 회로는 배터리 또는 115볼트 전원 같은 저전압 직류전원을 연결한 것이다. 또는 [그림 6-62]처럼 여러 테스트 램프를 직렬로 연결하기도 한다. [그림 6-63]처럼 리드선을 정류자에 대고 끈으로 몇 번 감아준다. 밀리볼트 전압계의 리드선 하나를 축에 대고 다른 하나는 정류자편에 접속한다. 접지된 개소가 있으면 계기의 바늘이 움직여야 한다. 계기의 리드선을 정류자편 하나에서 다른 하나로 움직여가며 바늘이 움직이는지를 검사한다. 이렇게 정류자편에 접속한 전압계의 리드선을 정류자편을 따라 차례로 이동하여, 계기의 바늘이 거의 움직이지 않거나 전혀 움직이지 않을 때 그 정류자편이 접지사고를 일으킨 것이다. [그림 6-64]와 [그림 6-65]는 이 테스트 회로의 계통도를 나타내고 있다.

주의

2극 전동기의 경우는 전원 리드선이 정류자의 반대편에 위치하고 있는 수도 있다. 이때의 계기검사는 이 리드선 사이에 있는 정류자편을 대상으로 실시한다. 4극 전동기의 경우는 리드선은 정류자편 수의 1/4 범위에 있게 되며, 6극 전동기의 경우는 1/6의 범위에 이른다. 전류는 계기의 바늘이 3/4 정도의 범위를 움직이도록 알맞게 흘러야 한다. 이렇게 하려면 배터리를 사용하거나 회로에 스위치를 설치하여 조정하여 주어야 한다.

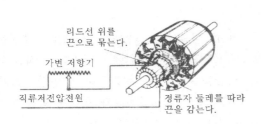

[그림 6-61] 계기의 바늘이 정상적으로 움직이도록 가변 저항기를 전원에 직렬로 연결한다.

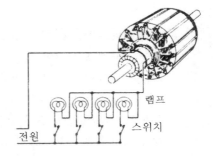

[그림 6-62] 전기자 검사를 위해서 램프를 115볼트 직류전원에 직렬로 연결한다. 스위치 1, 2, 3, 4는 전기자의 크기 또는 전량에 따라 조정할 수 있도록 접속한 것이다.

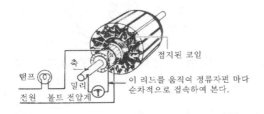

[그림 6-63] 전기자에 대한 접지검사. 계기의 리드선 하나는 계기의 바늘이 최소값을 가리킬 때까지 정류자편마다 하나씩 순차적으로 접속하여 본다. 접지된 코일은 최소값을 가리키는 정류자편에 연결된 코일이다.

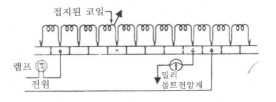

[그림 6-64] 그림 6-63에 도시된 테스트 회로의 계통도

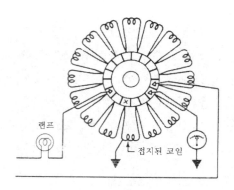

[그림 6-65] 접지검출을 위한 완전한 회로

(6) 그라울러에 의한 검사(a growler test)

[그림 6-66]에 도시되어 있는 그라울러는 전기자의 접지, 단락, 단선 사고를 검출하는데 사용된다. 이것은 철심에 코일을 감은 것으로 120볼트 교류전원에 연결한다. 철심은 대개 그 형태가 H형이며, 상부쪽에 전기자를 올려놓을 수 있도록 비스듬히 잘려진 상태이다. 이것은 [그림 6-67]에 도시되어 있다. 그라울러 코일에 교류전류가 흐르게 되면 변압기 원리에 의하여 그 위에 올려놓은 전기자 코일에 전압을 유기하게 된다.

[그림 6-66] 성층철심 위에 코일을 감은 그라울러

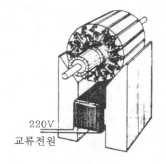

[그림 6-67] 전기자를 검사하기 위하여 그라 울러 위에 올려 놓는다.

그라울러를 사용한 전기자에 대한 접지검사과정은 다음과 같다.

전기자를 그라울러 위에 올려놓고 전류를 통하게 한다. 교류 밀리볼트 전압계의 리드선 하나를 정류자 최상부에 오는 정류자편에 접속하고, 다른 하나는 축에 접속한다. 이것은 [그림 6-68]에 도시되어 있다. 계기의 바늘이 약간 움직이는 것 같으면 전기자를 돌려 그 다음 정류자편이 최상부에 오도록 한다. 이것을 전처럼 테스트한다. 이러한 방식으로 바늘이 전혀 움직이지 않는 정류자편에 도달할 때까지 검사를 계속하면 바늘이 전혀 움직이지 않는 정류자편에 연결된 코일이 접지된 코일이다.

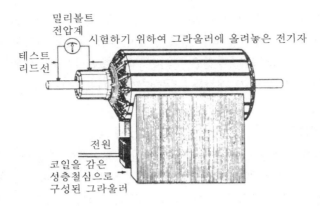

밀리볼트
전압계

테스트
리드선

시험하기 위하여 그라울러에 올려놓은 전기자

전원

코일을 감은
성층철심으로
구성된 그라울러

[그림 6-68] 접지된 코일을 검출하기 위하여 그라울러를 사용하여 검사한다.

(7) **탐색 검사법**(trial test)

접지된 코일은 그라울러를 사용하거나 정류자편 하나하나를 검사하지 않고도 그 고장 개소를 검출할 수 있다. 중권권선일 경우의 접지검출방법은 다음과 같다.

정류자의 서로 반대편에 있는 정류자편에 접속된 리드선을 떼어 내고 [그림 6-69]처럼 두 부분으로 분리시킨다. 테스트 램프를 사용하여 권선의 어느 반쪽이 접지되었는지를 검사한다. 이 검사는 테스트 리드선의 하나를 축에 연결하고 다른 하나는 떼어 낸 리드선에 연결한다. 어느 쪽이든간에 램프가 점등하면 그 권선이 접지된 것을 뜻한다. 점등하지 않는 쪽 권선은 건전한 권선이므로 더 이상 검사할 필요가 없다.

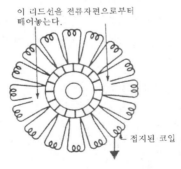

이 리드선을 전류자편으로부터
떼어놓는다.

접지된 코일

이 리드선을
정류자편으로부터
떼어놓는다.

[그림 6-69] 탐색 검사법으로 접지코일을 검출한다. 정류자의 서로 반대쪽에 있는 리드선을 떼어내고 어느 한 쪽에 대해서 검사한다. 이 그림에서는 전기자의 아래 반쪽에 대한 접지검사를 실시한다.

[그림 6-70] 접지군의 중앙에 연결된 리드선을 떼어내고 1/4 부분에 대하여 접지검사를 실시한다.

전기자의 접지가 된 권선에 대해서는 [그림 6-70]과 같이 접지된 쪽의 중앙부에서 정류자와 연결한 코일 리드선을 떼어 내고 전과 동일한 검사를 실시한다. 이 같은 검사과정은 권선의 약 3/4에 해당하는 부분은 무시한 채 진행한다. 이렇게 일부분을 무시한 채 검사를 진행하는 방식을 접지 개소를 찾을 때까지 계속한다.

(8) 접지된 코일의 수리(repair of a grounded coil)

접지된 코일을 검출한 다음에는 그 접지원인을 찾아내어 가능하다면 수리를 하여 주어야 한다. 가장 일반적인 원인은 슬롯절연이 단절되거나 코일이 성층철심에 눌려서 고장이 발생하게 된다. 고장 개소의 검출이 육안으로 가능하다면 적절한 개소에 절연조치를 다시 하여주거나 성층철심의 위치를 조정하여 재빨리 고장을 수리할 수가 있다. 육안으로 보이지 않을 때는 권선의 일부 또는 전부를 다시 권선하거나 또는 불량코일을 회로에서 제거하고 절연을 다시 하여 줄 필요가 있다. 이중 첫째 방법은 코일 전체를 다시 그대로 사용하고자 할 때 이용하는 방법이고, 두 번째 방법은 시간, 비용, 수리 작업장의 여건 등을 고려하여 사용하는 방법이다. 두 번째 방법에 의한 수리과정은 다음과 같다.

접지사고를 일으킨 코일의 리드선을 두 개의 정류자편으로부터 떼고 이 정류자편에 점퍼선을 연결하여 단락시킨다. [그림 6-71]과 [그림 6-72]는 회로에서 루프권선코일을 제거하는 것을 도시하고 있다. [그림 6-73]과 [그림 6-74]는 각각 회로에서 중권 코일 및 파권코일을 제거하는 것을 도시하고 있다.

이 같은 과정에 따라 수리를 진행할 때 접지된 코일은 전기자에 그대로 남지만 코일은 전기적으로 회로에서 제거된 것과 동일한 결과를 낳게 된다. 절단한 코일 리드선은 정류자에 닿지 않도록 테이핑 작업을 하여 원래 제 위치대로 남겨 두도록 한다. 코일이 두 개소에서 접지되었을 때는 유도전류가 흐르지 않도록 절단하여 테이프로 감아 준다. 이중접지 여부를 검출하려면 전기자를 그라울러 위에 올려놓고 단락검사를 실시한다.

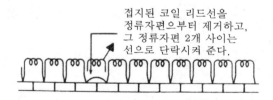

[그림 6-71] 접지된 코일을 정류자로부터 떼어내는 것을 보여주는 계통도

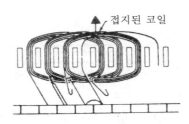

[그림 6-72] 루프권선에서 접지된 코일을 절단하는 방법

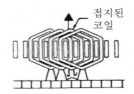

[그림 6-73] 중권권선에서 접지된 코일을 절단하는 방법

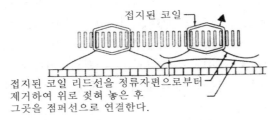

접지된 코일 리드선을 정류자편으로부터
제거하여 위로 젖혀 놓은 후
그곳을 점퍼선으로 연결한다.

[그림 6-74] 파권권선에서 접지된 코일을 절단하는 방법

(9) **그라울러에 의한 코일의 단락검출**(tests for shorted coils growler test)

새 권선에서 코일이 단락되는 것은 대개 부주의하여 권선하거나 또는 권선을 단단히 하기 위하여 코일을 힘껏 잡아당기면서 권선할 때 일어나기 쉬운 현상이다. 이러한 단락현상은 한 코일을 형성하는 횟수간에 전기적 접촉이 일어날 때 발생한다. 즉, 한 코일이 인접코일과 전기적 접촉을 일으켰을 때나 동일 슬롯 속에 들어 있는 코일변이 서로 전기적 접촉상태에 있을 때 생긴다(반쪽 부분에 대한 단락).

전기자에서의 회로단락에 대한 검사과정은 다음과 같다. 전기자를 그라울러 위에 올려놓고 전원 스위치를 넣는다. 쇠톱날과 같은 얇은 금속편을 전기자의 최상부에 위치한 슬롯 위에 슬롯과 일직선이 되도록 올려놓는다. 이것은 [그림 6-75]에 도시되어 있다. 슬롯의 코일이 단락하였으면 금속편은 급격히 진동하여 심한 소음을 낸다. 금속편이 정지하고 있으면 검사하는 코일에는 단락사고가 발생하지 않았다는 것을 뜻한다. 전기자를 돌려가면서 다른 슬롯에 대해서도 마찬가지의 실험을 실시한다.

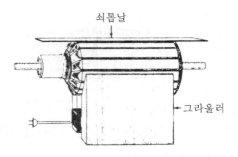

[그림 6-75] 가장 위쪽에 있는 슬롯에 쇠톱날을 올려놓고 전기자에 대한 단락검사를 실시한다.

대형 전기자의 경우에는 그라울러를 전기자의 위에 올려 전과 같은 검사를 실시한다. 정비업소에 따라서는 벽면(sideway)에 그라울러를 설치하고 전기자의 위치에 맞추어 상하로 이동할 수 있게 한 것이 있다. 이 경우 전기자는 그라울러 옆에 설치한 받침대 위에 위치시킨다.

고정자에 사용하는 내부용 그라울러를 전기자에 사용하여도 된다. 이것은 필터를 설치한 것도 있고, 하지 않은 것도 있다. 필터를 설치한 그라울러는 금속편이 부착되어 있으므로 쇠톱날 같은 것은 필요치 않다. 이러한 형의 고라울러는 따로 필터를 설치한 공간이 없는 소형 고정자에 많이 사용한다. [그림 6-76]은 대형 전기자에 필터를 따로 설치한 그라울러를 나타내고 있다. 그라울러 밑에 놓인 코일에 단락사고가 발생하면 반대편 쪽 코일에 놓인 금속편이 진동하게 된다.

[그림 6-76] 단락된 코일을 검출하기 위하여 내부용 그라울러를 전기자에서 사용한다.

균압환결선의 전기자는 쇠톱날검사를 실시할 수가 없다. 이러한 형의 전기자는 금속편이 어느 슬롯에서건 진동하므로 모든 코일이 단락된 것처럼 보인다. 그러므로 이러한 형의 전기자는 계기로 검사해주어야 한다.

중권 또는 파권의 경우 단락된 코일이 있을 때는 쇠톱날은 슬롯 두 개 이상에서 진동하게 된다. 그러므로 어느 슬롯에 단락된 코일이 있는지 검출하여야 한다. 먼저 백묵으로 날이 진동한 슬롯에 표시를 한다. 두 개 이상의 슬롯에서 진동음이 발생한다면 코일은 한 개 이상이 단락되었음을 의미한다. 4극 파권권선의 경우 인접한 두 개의 정류자편이 단락되었을 때는 금속편은 4개소에서 진동하게 된다. 6극 파권권선의 경우에는 6개소에서 진동하게 된다.

중권 또는 파권권선에서는 불량코일과 그 코일이 접속된 정류자를 추적하는 일은 쉬운 일이나 파권권선의 경우는 이것이 약간 어려운 일이므로 계기를 사용하여 추적한다. 또 두 개의 정류자편이 단락되었을 때는 특히 계기를 사용하는 것이 유리하다. [그림 6-77]은 접지, 단락, 단선 검사에 사용하는 외부용 그라울러를 나타내고 있다. 단락검사의 요령은 위에서 설명한 바 있다.

[그림 6-77] 외부용 그라울러. 이것은 전기자에 대한 단락, 단선, 접지검사를 실시하는데 사용된다.

(10) 정류자편 하나하나에 대한 계기검사(bar-to-bar meter test)

이 방법으로 단락된 코일을 검출하려면 대개 직류전류를 사용한다. 그 과정은 다음과 같다. [그림 6-78]의 회로처럼 전기자를 받침대 위에 올려놓고 직류전원을 정류자에 연결한다. 직류 밀리볼트 전압계의 리드선을 정류자편 1과 2에 접속하고 계기판 전 눈금의 약 3/4을 지시할 정도의 전류가 전기자에 흐르도록 한다. 정류자에 접속한 코일이 정상적이면 계기는 적정값을 가리킨다. 그 다음 계기의 리드선을 그 옆 두 개의 정류자편 2와 3에 연결하고 계기값을 측정한다. 계기의 지시값은 전과 동일해야 한다. 지시값이 앞의 것보다 적거나 0이면 이 정류자편에 연결된 코일이 단락된 것이다.

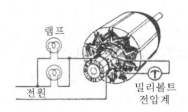

[그림 6-78] 정류자편 하나하나에 대하여 단락코일 검사를 실시한다. 단락된 코일이 있으면 계기에 지시값이 매우 낮거나 0을 표시하게 된다.

> **주의**
>
> 코일의 감은 횟수가 다른 것보다 적은 것이 있으면 계기의 지시값이 약간 적게 나타나는 수가 있다. 루프권선 또는 단위로 묶어 삽입한 권선에서는 정류자 전체에 대한 측정값을 비교하면 약간씩 차이가 난다. 이러한 차이가 나는 이유는 다른 코일 위에 겹쳐서 감아진 관계로 코일부피가 커졌기 때문이다. 지시값이 낮게 나타나는 것이 단락된 코일 때문인지 아닌지 알아내려면 전기자를 그라울러에 올려놓고 검사한다. 4극 파권권선에서는 단락된 코일의 지시값은 정상값의 약 1/2 정도이며, 정류자의 반대편 코일에서도 동일한 현상이 나타난다.

(11) 단락사고를 일으킨 전기자 코일의 제거(eliminating a shorted armature coil)

다년간 사용하던 전기자인 경우 코일이 2개소 이상에서 단락사고를 일으킬 때는 전기자에 대한 권선을 다시 하여 주는 것이 최상의 방법이다.

이와 같은 원인은 코일의 과열로 인하여 절연물이 녹았든지 또는 열화(劣化)하였기 때문에 일어나는 현상이라 볼 수 있다. 수리하기 위해서 벤치 위에서 다루면 더욱 고장이 다른 부분까지 확대할 가능성이 많다. 코일 한 두 개가 단락되고 기타의 코일이 양호하면 회로로부터 불량 코일만 제거하여도 전동기의 효율을 별로 저하되지 않는다. 따라서 단락 코일만을 전기자로부터 떼어 놓는 방법을 전기자의 형에 따라 실시해도 된다.

(12) 루프권선 전기자로부터 단락 코일의 절단(cutting a shorted coil out of a loop-wound armature)

단락 코일이 검출되었으면 다음에는 정류자의 반대편에 있는 전기자의 코일을 절단하는 일이 남아 있다. 절단할 때 주의할 점은 단락 코일에 유도전류가 흘러 다른 코일에 영향을 미치지 않도록 단락권선에 속한 모든 코일이 완전히 단선되었는지를 반드시 확인하여야 한다.

코일을 절단하고 나면 권선에서 회로의 단선이 일어난다. 따라서 불량 코일이 접속되었던 정류자편을 점퍼선으로 연결하여 단선부분에 대해서 회로를 구성하도록 조치할 필요가 있다. [그림 6-79], [그림6-80], [그림6-81]은 루프권선, 중권권선, 파권권선에 대해서 점퍼선으로 회로를 구성하여 주는 방법을 표시한 것이고 [그림 6-82]는 [그림 6-81]을 다르게 그린 것이다.

코일을 절단하는 또 다른 방법은 코일을 절단한 후 절단한 코일의 시작점과 끝점을 함께 트위스트 접속(twist joint)을 하여도 된다. 트위스트 접속을 할 때는 접속이 잘 되도록 전선표면의 절연물을 완전히 제거하여야 한다. 트위스트 접속을 하면 점퍼선에 의한 접속은 할 필요가 없다.

코일을 절단하는 위와 같은 방법은 코일이 슬롯 밑바닥에 들어 있으면 절단하기가 용이하지 않으므로 권장할 방법이 못된다. 또한 불량 코일을 절단하는 과정에서 다른 코일을 손상하는 일이 생기기 쉽다.

따라서 이러한 절단법은 공장의 형편상 전동기를 우선 운전하여 볼 필요가 있을 때나 임시적인 수리를 필요로 할 때에 한해서 이용하는 경우가 많다.

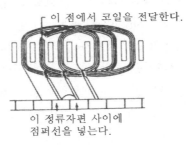

[그림 6-79] 단락된 코일을 절단하고, 코일선이 연결된 정류자편 사이에 점퍼선을 연결한다.

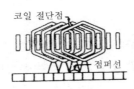

[그림 6-80] 틀감기 권선을 한 전기자에서 단락된 코일을 절단한다.

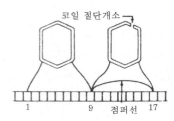

[그림 6-81] 4극 파권권선에서 단락된 코일을 절단한다.

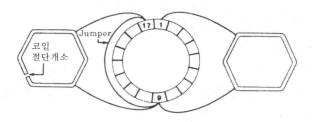

[그림 6-82] 파권권선에서 단락된 코일을 절단하는 방법

(13) **중권으로 된 중형 전기자에서의 단락 코일의 절단**(cutting out a shorted coil on a medium-sized lap winding)

중권으로 되어 있는 중형(中型) 전기자에서 절단하여야 할 코일을 찾기는 쉬운 일이지만, 불량 코일만을 절단하기란 불가능한 경우가 있다. 절단하는 요령은 [그림 6-79]의 루프권선일 때와 동일하다. 이 모든 절단작업을 적절하게 하려면 어느 정도 숙달되어 있어야 한다. 숙련되지 않은 초보자는 이 절단작업을 실시하기가 힘들지만 숙련자라면 별로 시간을 소요하지 않고 간단히 할 수 있다.

(14) **파권 전기자에서의 단락 코일의 절단**(cutting out a shorted coil on a wave-wound armature)

4극 파권 전기자에서 코일의 두 리드선은 대개 정류자의 반대편에 각각 접속되어 있다. 따라서 단락 코일을 절단할 경우 불량 코일에 연결되었던 두 개의 정류자편은 점퍼선으로 접속하여 줄 필요가 있으며, 접속하는 요령은 [그림 6-81], [그림 6-82]처럼 정류자의 서로 반대편에 있는 정류자편에 접속한다.

4극 파권 전기자에 대해서 정류자편 하나하나를 계기로 시험할 때 단락사고는 정류자의 정반대쪽에 위치한 코일에서도 발생한 것처럼 나타난다. 그러나 이러한 현상은 코일 두 개가 단락하였음을 의미하는 것은 아니다. 4극 파권에서는 한 정류자편으로부터 전류가 흐르기 시작하여 인접 정류자편까지 도달하기 전에 직렬로 된 코일 두 개를 흐르기 때문에 이 같은 현상이 나타난다.

(15) 단선회로에 대한 검사(test for open circuits)

전기자에서 회로의 단선은 정류자편과 리드선의 접속이 불량하거나 또는 전기자 코일이 단선되었을 때 발생한다. 어느 경우나 단선이 되었으면 브러시로부터 불꽃이 발생한다. 결선착오와 단선은 관찰에 의해서 발견되는 수가 많다. 관찰만으로 발견할 수 없으면 다른 검사방법을 사용하여 검출한다.

(16) 정류자편 하나하나에 대한 검사(bar-to-bar test)

전기자를 받침대 위에 올려놓고 [그림 6-83]과 같이 밀리볼트 전압계로서 정류자편간을 조사한다. 계기의 리드선이 단선 코일과 접속된 두 정류자편에 접속될 때까지 계기상에 어떠한 지시도 일어나지 않으나 단선 코일이 접속된 두 정류자편에서는 계기의 지시는 급격히 상승한다. 이때 계기의 자침이 파손되지 않도록 특히 조심해야 한다.

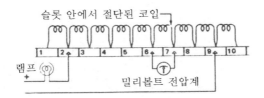

[그림 6-83] 단선된 코일을 검출하는 방법. 정류자편 6과 7에서 접속할 때 회로가 구성되며, 계기를 접속하기 전에는 계기의 지시가 0이다.

(17) 중권권선에서의 단선된 코일의 수리(repair of an open coil of a lap winding)

단선된 코일을 수리하는 방법은 수리를 위해서 할당된 기간, 수리하여야 할 전기자의 종류, 수리공장에서의 작업종류 등을 참작한 후 결정한다. 1개소 이상에서 코일이 단선사고를 일으켰을 경우에는 새 코일로 바꾸는 것이 적절한 수리법이기는 하나, 보통의 경우는 다시 권선하여 준다. 차선의 방법은 [그림 6-84]에서처럼 단선 코일이 접속되어 있는 정류자편을 점퍼선으로 납땜하여, 두 정류자편을 건너뛰고 전류가 흐를 수 있도록 하는 방법이다.

두 개를 건너뛰는 방법 중에는 인접 정류자편간의 마이카편을 긁어내고 도선으로 쐐기를 박고, 정류자편을 납땜하여 주는 방법도 있다.

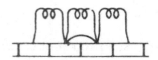

[그림 6-84] 중권권선에서 단선된 코일을 건너뛰는 방법

(18) 파권에서의 단선 코일 수리(repairing an open coil of a wave winding)

파권에 대한 계기검사법은 중권에서 다른 방법과 동일하다. 4극 파권 전기자일 때 각 코일은 정류자상에서 서로 반대쪽에 위치한 정류자편과 접속되어 있으므로 [그림 6-85]와 같이 단선 코일을 건너뛰도록 접속할 수 있다. 단선 코일을 건너뛰는 방법은 코일 하나보다는 두 개를 건너뛰도록 하는 것이 시간적으로나 작업과정상 좋을 때가 많다. 단선 여부를 검사하기 위해서 인접 정류자편 두 개를 건너뛰는 방법은 [그림 6-86]과 같이 긴 점퍼선으로 정류자편과 정류자편을 접속하여 주면된다.

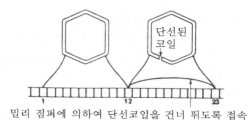

밀리 점퍼에 의하여 단선코일을 건너 뛰도록 접속

[그림 6-85] 단선된 코일을 가진 파권권선 전기자의 수리방법

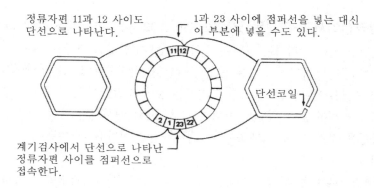

[그림 6-86] 4극 파권권선에서 부분을 폐로하여 주는 임시적인 방법

(19) 단선 코일에 대한 그라울러 검사(growler test for an open coil)

단선된 코일을 그라울러를 사용하여 검출하려면 앞에서 실시한 것처럼 전기자를 그라울러 위에 올려놓고 인접 정류자편 두 개에 대해서 교류 밀리볼트 전압계로 검사한다. 검사과정은 전기자를 약간씩 돌려가면서 차례로 전체 정류자편에 대해서 검사를 실시한다. 단선 코일이 접속된 정류자편에 밀리볼트 전압계를 접속하였을 때 계기는 어떠한 지시도 하지 않는다. 그러나 단선되지 않은 코일이 접속된 정류자편간에서는 지시를 하게 된다. 계기를 사용하지 않고 단선 코일을 검출하는 다른 방법은 [그림 6-87]과 같이 전기자의 정상(頂上)에 위치한 정류자편 두 개를 전선 토막으로 단락해 보면 단선 여부를 식별할 수 있다. 코일이 단선되었으면 전선 토막으로 정류자편을 단락할 때 불꽃이 일어나지 않는다.

단선사고는 정류자편에서 일어나는 경우와 코일 자체에서 일어나는 경우가 있으며, 이 방법은 단락 코일을 검출할 때에도 사용한다. 그러나 코일의 단락을 조사할 때는 쇠톱날을 이용하는 것이 가장 좋은 방법이다.

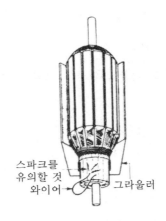

스파크를
유의할 것
와이어 — 그라울러

[그림 6-87] 정류자편 두 개를 토막전선으로 단락시킬 때
스파크가 발생하면 코일에 회로가 구성되었음을 나타낸다.

(20) 코일이 반대로 결손된 것에 대한 검사(test for reversed coils)

코일의 결선이 반대가 되는 경우는 전기자를 다시 권선하였을 때만 일어나는 문제이고 리드선을 해당 정류자편에 옳게 접속하지 않은 데서 일어난다. 접속이 반대로 된 코일을 검출하는 방법은 권선종류에 따라 그 방법도 달라진다.

(21) **루프권선에서 정류자편 하나하나에 대한 검사**(bar-to-bar test in a loop winding)

정류자편 하나하나에 대해서 검사할 수 있도록 전기자를 설치한다. 코일이 반대로 접속된 정류자편상에 계기를 접속할 때는 계기의 지시는 [그림 6-88]처럼 반대로 나타난다. 코일 접속이 반대인 정류자편으로부터 좌측에 있는 정류자편 두 개에 계기를 접속하였을 때와 우측에 오는 정류자편 두 개에 계기를 접속하였을 때, 계기의 지시는 두 배의 차이를 나타낸다. [그림 6-89]와 같은 루프권선에서 루프 두 개의 결선이 반대이면, 코일의 접속이 반대인 정류자편에서의 지시는 반대로 나타나고, 그 정류자편의 좌우에서는 각각 두 배의 지시를 한다. 그러나 그 외의 정류자편에서의 지시는 모두 정상적인 지시값을 나타낸다.

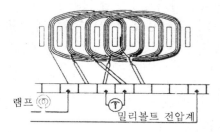

[그림 6-88] 잘못된 정류자편에 접속한 루프

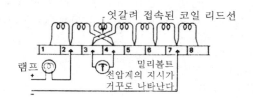

[그림 6-89] 루프권선에서 코일 반전 유무 검사법, 정류자편 3과 4 사이에서는 개개의 지시가 반대로 된다. 정류자편 2와 3 사이에서는 두 배의 지시를 한다. 정류자편 4와 5 사이도 두 배의 지시를 한다. 다른 부분에서의 계기 지시는 정상적이다.

(22) **막대자석을 이용한 검사**(bar-magnet test)

루프권선이 아닌 기타 권선에서 접속이 반대로 된 코일을 검출하려면 슬롯 속에 들어 있는 각 코일에 유도전류가 흐르도록 각 슬롯 위로 막대자석을 움직이면서 검사한다. 이 코일의 결선이 [그림 6-90]처럼 서로 반대인 정류자편에 계기를 접속하면 유도전류의 방향이 반대가 되므로 계기의 지시는 반대로 나타난다.

이와 다른 검출방법은 [그림 6-91]에 도시되어 있다. 즉, 직류전류를 권선에 흐르게 하고 순차적으로 나침반을 각 코일에 가까이하면 접속이 반대로 된 코일 부근에서는 나침반의 지침은 반대로 돈다.

막대 자석을 코일 위로 이동한다.

밀리볼트 전압계

[그림 6-90] 각 코일의 위로 막대자석을 이동하여 계기 지시량으로부터 반전 코일을 검출하는 방법, 반전 코일 위로 막대자석이 지나갈 때 계기의 지시는 반대로 된다.

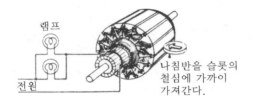

램프

전원

나침반을 슬롯의 철심에 가까이 가져간다.

[그림 6-91] 나침반을 이용한 반전 코일의 검출. 전기자를 서서히 돌려 반전 코일이 나침반과 나란히 되면 지침이 반전한다.

2. 정류자의 수리(commutator repairs)

정류자의 각 부품은 [그림 6-92]에 도시되어 있다. 정류자는 여러 개의 정류자편, 정류자편 수와 동수인 운모편(mica segments), 정류자편과 운모편을 고정하여 주는 두 개의 단환(end rings)과 접속용 받침쇠(connecting shell) 등으로 구성되어 있다.

정류자편은 순도가 높은 동으로 제작하고, [그림 6-93]과 같은 형태이다. 정류자편은 쐐기(wedge)모양으로 되어 있으며 위로 갈수록 넓어지고, 밑 부분은 V형이 되도록 양쪽면이 깎여 있다. 모든 정류자편을 고정하기 위해서 V형으로 절삭한 부분을 단환에 부착하여 놓는다. 정류자편을 개별적으로 하나씩 바꾸는 일은 실용적이지 않기 때문에 개별적으로 교체하는 일은 거의 없다.

운모편은 인접 정류자편끼리 단락되지 않도록 정류자편 사이에 삽입한다. 운모편을 새 것으로 갈아야 할 경우는 자주 일어난다. 운모편을 다시 삽입할 때에는 전에 끼워져 있었던 운모와 같은 두께를 가진 운모로 바꾸어 주어야 한다. 운모의 두께에 따라 정류자편이 너무 꼭 조이게 되거나 그렇지 않으면 정류자편 사이가 너무 벌어지는 수가 있으므로 두께를 선정하는 데 조심할 필요가 있다.

단환은 철로 제작하며 속칭 V환(V ring)이라 한다. 단환은 V환 운모(mica V ring)라 불리우는 운모를 사용하여 절연한다. 정류자상의 V절삭편에 V환을 끼워 정류자편을 모두 함께 고정한다. 정류자 중에는 V환을 받침쇠 위에 뚫어 놓은 스크루 구멍을 통해서 대형 너트로 정류자편과 고정하는 수도 있다. 너트는 정류자의 양쪽 끝에 위치한다. 정류자에 따라 조이는 방법은 한쪽 단환에서 다른 쪽 단환까지 나가는 커다란 스크루를 사용한 것과 리벳(revet)으로 함께 고정한 후 다시 절연할 수 없도록 한 것이 있다. 정류자 구조에 대해서는 [그림 6-92]부터 [그림 6-98]에서 상세히 다루고 있다.

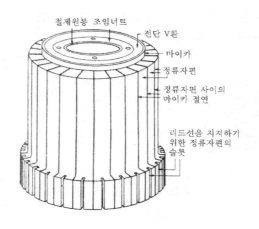

[그림 6-92] 전형적인 정류자의 구조

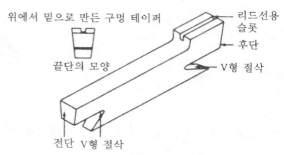

[그림 6-93] 조립하기 전의 정류자편

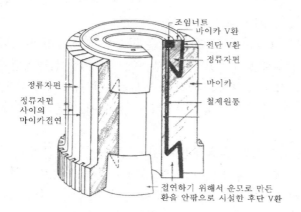

[그림 6-94] 각 부분을 조립한 정류자의 단면도

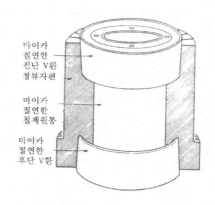

[그림 6-95] 정류자편 수의 반에 해당하는 정류
자편을 제거한 후 전단 V환과 후단
V환을 고정한 상태의 정류자 단면도

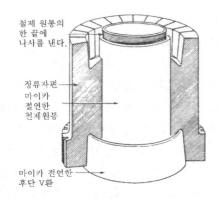

[그림 6-96] 정류자편 수의 약 반에 해당하는 정류
자편을 제거하고 전단 V환을 끼워 넣는
정류자의 단면도

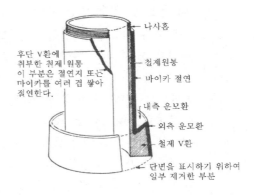

[그림 6-97] 철제 원통이 철심과 부착되어
있는 후단 V환

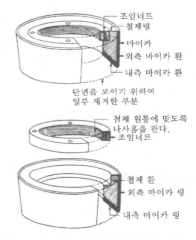

[그림 6-98] 전단 V환과 조임 너트

　정류자를 분해할 때는 고정 너트를 뽑고 해머로 정류자편을 가볍게 두들기면 전단환이
받침쇠로부터 빠진다. 그와 동시에 정류자편이 풀리게 되므로 분해가 된다. 대개 운모편이
정류자편과 고착되어 있는 수가 많으므로 나이프로 고착된 운모편을 떼 줄 필요가 있다.
이때 부스러기가 정류자편에 부착하면 중급 샌드 페이퍼(sand paper)로 정류자 표면을 매
끈하게 다듬는다. 또한 완전한 운모편 하나를 떼어서 마이크로 미터로 그 두께를 측정해
볼 필요가 있다. 보통 시중에서 판매하고 있는 운모편의 두께는 0.020~0.040인치이고 넓이
는 2인치×3인치 크기다. 이것은 보통 세그먼트 마이카(segment mica)라고 불리워 지고 있
다. 단환 운모(mica end ring)에 대해서도 그 두께를 측정할 수 있도록 한 개를 보존하여
새 단환 운모를 만들 경우 본을 뜨는 데 사용한다.

(1) 새 운모편 만들기(cutting mica segments)

운모의 두께가 결정되면 넓은 운모판 위에 정류자편을 놓고 [그림 6-99]와 같이 4각형으로 표시한 정류자편 수만큼 절단기 또는 가위로 자른다. 정류자편 하나에 대해서 길이와 폭을 측정하여 운모판 위에 치수대로 그린 후 절단하는 수도 있다. 절단할 때는 실제 치수보다 약 1/32인치 정도 더 크게 절단하는 것이 좋다. 다음에는 가위로 4각형 하나하나를 절단한다. 운모편을 V형으로 절단하려면 [그림 6-100]과 같이 약 6매의 운모편을 두 개의 정류자편 사이에 끼우고 나란히 한 후 바이스에 고정한 다음, 그림의 점선에 따라 쇠톱으로 운모를 절단하여 간다. 절단할 때는 정류자편에 바짝 붙여서 자르므로 날이 정류자편에 흠을 주는 일이 없도록 각별히 조심한다. 절단이 끝나면, 바이스에 고정한 정류자편과 운모의 위치를 바꾸어 다시 고정한 후 반대편에 있는 절단하지 않은 부분도 전과 같이 절단한다.

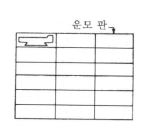

[그림 6-99] 운모판 위에 정류자편의 본을 뜬다.

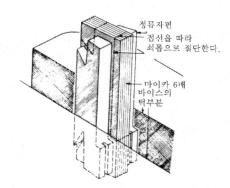

[그림 6-100] 직사각형으로 절단한 운모편을 여러장 포개어, 그 양옆에 정류자편을 댄다. 이것을 바이스에 물린 다음 절단작업에 들어 간다.

쇠톱으로 운모편을 절단하고 나면 절단한 부분에 거친 곳이 생긴다. 따라서 바이스로 고정한 상태에서 절단면을 줄로 다듬는다. 원 정류자편의 치수와 일치하지 않으면 정류자편을 조이기가 대단히 어렵다. 줄로 다듬었으나 거친 부분이 아직 남아 있으면 운모편과 정류자편을 바이스로부터 떼어, 고운 샌드 페이퍼로 가볍게 거친 부분을 문지른다. 이러한 작업을 정류자편에 대해서도 실시한다. 줄로 다듬었을 때의 운모편의 외형은 [그림 6-101]과 같다. 위에서 다른 작업요령은 운모편을 가공하는 하나의 방법에 불과하여 운모편을 하나하나씩 가위로 절단하는 수도 있다.

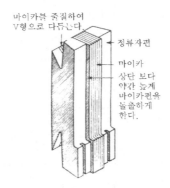

[그림 6-101] 절단 후 줄질하여 정류자편 모양과 같도록 만든 운모편의 모양

(2) 새 V환 운모 만들기(making new mica V rings)

운모편을 새로 만드는 것 외에 V환 운모를 바꾸어야 할 경우가 많다. 새로 V환을 만들려면 낡은 V환 또는 철제 V환(iron ring)을 본으로 사용한다.

본뜨기 작업방법은 여러 가지가 있으나 그 중 제1의 방법으로는 낡은 V환을 이용하는 방법이 있다. 정류자는 재절연한 것이 아니면 V환(V ring)은 하나로 할 수도 있다. 실제로는 내측링과 외측 링 두 개로 V환을 구성하는 수가 대부분이며, 두 개를 맞추어 [그림 6-102]와 같이 하나로 만든다. 원래 사용되고 있는 링과 꼭 같게 복제(複製)하려면 주형기계(molding machine) 또는 프레스를 사용하여야 하나 이러한 기계는 수리점에서 사용하기 어려우므로 내측 환과 외측 환을 따로 따로 만들게 된다.

운모환(mica ring)을 만드는 방법은 다음과 같다. 원래의 V 환을 [그림 6-102]에 표시한 선을 따라 절단한 후 외측 환과 내측 환으로 분리한다. 내측 환을 만드는 방법을 예를 들어 설명하면 다음과 같다.

낡은 환을 절단할 때 환이 깨뜨려지거나 금이 가지 않도록 조심해야 한다. 이렇게 조심하며 환을 절단한 후 그것을 토치 램프 또는 가스 불로 가열하여 연하게 한다(이때 불꽃이 직접 운모에 닿지 않도록 조심할 필요가 있다).

적당히 가열하여 어느 정도 연하게 되었으면 판판하게 펴서 [그림 6-103]과 같은 형상이 되게 한다.

절단한 후 펼친 V환을 운모판에 대고 실물대로 본을 서너 개 그린다. 본이 되면 그린 모양에 따라 가위로 절단한다. 가위로 절단할 때 열을 가하고 작업하면 겉면이 일어나는 것이나 금이 가는 것을 방지할 수 있다(이때 원본이 되는 운모편에는 열을 가할 필요가 없다). 운모에 대한 가열을 서서히 하면서 철제 V환에 맞추어 손가락으로 운모편을 접어준다. 환의 두께는 원형과 똑같은 것을 사용하여야 한다. 운모가 얇을 때는 여러 장 포개어 소요 두께가 되도록 한다. 외측 환을 만들 때도 이와 동일한 작업과정에 따른다.

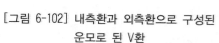

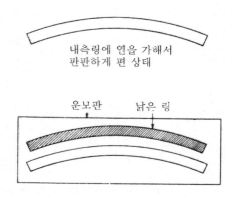

[그림 6-102] 내측환과 외측환으로 구성된 　　[그림 6-103] 새 환의 외형도를 그리기 위해 떼
　　　　　운모로 된 V환　　　　　　　　　　　어낸 낡은 V환을 본으로 사용한다.

제2의 방법은 철제 V환(iron V ring)을 형판(template)으로 사용한다. 한편 이번에는 외측
링의 제작에 대해서 다루어 본다. 링 위에 판판한 종이를 대고 [그림 6-104]와 같이 운모편
의 크기와 똑같게 운모편의 외형이 종이에 나타나도록 종이 위에서 철제 V환을 눌러준다.
제3의 방법은 공식을 이용한다. V환을 절단한 후 평면상에 전개하고 [그림 6-105]와 같이 부채
꼴을 그린다. V환을 간단하게 그리려면 링을 포함한 원뿔의 크기를 구할 필요가 있다.
링을 포함한 크기의 부채꼴을 [그림 6-105]와 같이 그린 후 검은 부분을 절단하면 링이 나온
다.
[그림 6-105]에서 x, y의 길이를 구한 후 x, y를 반지름으로 한 원을 그린다.
x, y의 길이를 구하려면 [그림 6-106]처럼 자로 철제 V환의 A, B 부분을 측정한다. 원뿔
의 측벽 크기를 무시하면 [그림 6-106]은 닮은꼴인 두 개의 3각형 R, S로 나눌 수 있다.
닮은 꼴에 대한 계산식으로부터

$$\frac{a}{x} \text{of} \triangle R = \frac{b}{c} \text{of} \triangle S$$

$$\frac{a}{x} = \frac{b}{c} \text{ or } x = \frac{a \times c}{b}$$

x를 반지름으로 한 원을 그린 후 $y = x \text{-} c$를 반지름으로 하는 원을 동일 중심점에서 그리
면 두 개의 원으로부터 V환이 얻어진다.

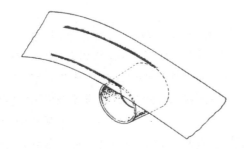

[그림 6-104] 운모환을 백지에 대고 운모환을 굴려서 백지상에 양단의 자국이 나도록 한다.

[그림 6-105] V환을 절단하여 판판하게 펼쳐 놓았을 때의 부채꼴

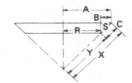

[그림 6-106] 치수 A, B, 및 C는 V환에 대한 실측을 통해서 얻는다. 이것은 반지름 X를 구하기 위한 것이다.

(3) 정류자의 재조립(reassembling commutator)

링을 만들고 운모편을 절단한 후에는 정류자편을 조립한다. 그 방법은 다음과 같다. 철제 V환(iron V ring)에 운모환(mica ring)을 대어 놓고 열을 가하여 고정시킨다.

환에 정류자편을 끼운 후, 이어서 운모편을 놓는 식으로 조립한다. 정류자편과 정류자편 사이에는 반드시 운모편을 놓고 절연하여야 한다.

또한 조립작업을 진행할 때 운모편이 처음 고정한 위치에서 이탈하지 않도록 특히 조심한다. 정류자편과 운모편을 전부 끼우고 나면 상부에 환을 대고 너트 또는 볼트로 단단히 조여 준다. 조이기 작업은 토치 램프, 분젠 버너(bunsen burner) 또는 기타 열원(熱源)을 사용하여 정류자를 가열하면서 실시한다.

정류자는 단단히 조여야 하며 작업이 끝났을 때 정류자편은 모두 나란히 배열되어 있어야 한다. 정류자편의 배열이 잘 안되면 정류자편이 고정위치에서 놀게 되고 심하면 정류자편이 비틀리는 수도 있다. 조이기 작업과정에서 정류자의 주위에 클램프(clamps)를 놓고 하는 수도 있다.

조립작업이 끝나면 정류자에 대한 접지시험과 단락시험을 실시한다. 정류자의 조임이 단단히 되었는지 조사하려면 가벼운 해머로 정류자편을 두들겨본다. 조립상태가 좋으면 울리는 듯한 맑은 소리가 나고 조임이 허술하면 탁한 소리를 낸다.

(4) 정류자편의 단락(shorted bars)

다시 절연한 정류자의 경우, 코일을 아직 정류자편과 접속하지 않았을 때 정류자편의 단락이 발견되면 단락부분을 다시 절연하기가 쉽다. 그런데 권선에 연결하였을 때는 이 작업이 매우 어렵다. 단락사고를 일으킨 전기자에 대해서 수리요청이 오면 우선 의심스러운 정류자편으로부터 리드선을 떼고 권선 또는 정류자편 중 어느 쪽에서 단락되었는지 테스트 램프로 조사한다. 고장원인으로 들기 쉬운 것 중에는 보통 운모의 탄화(carbonized mica) 정류자편간의 오손 같은 것이 있다. 이러한 것을 고장원인으로 가정하고 수리방법에 대해서 알아보기로 한다. 이와 같은 고장원인을 제거하려면 쇠톱날 끝을 글라인더로 갈아 [그림 6-107]과 같이 고리를 만들고 이것으로 운모를 긁어낸다. 단락을 제거하려면 경우에 따라 깊은 곳까지 운모를 긁어낼 필요가 있다. 질이 좋은 운모이면 긁어낼 때 백색인데 비해서 탄화된 운모는 흑색으로 변색되어 있고 동시에 잘 부서지는 경향을 보인다. 긁어낼 때는 백색 운모가 보일 때까지 긁어낸다. 이와 같은 작업을 통해서 단락이 제거되면 긁어낸 부분을 정류자용 시멘트(commutator cement)로 채운다. 정류자용 시멘트는 분쇄한 운모 분말과 아교를 혼합하여 만든 것으로, 물에 이기면 풀과 같은 상태가 된다. 정류자용 시멘트를 물에 이긴 후 나이프 또는 예리한 금속편으로 정류자편 사이에 빈틈없이 밀어 넣는다. 잠시 후 완전히 굳으면 보기 좋게 다듬는다.

운모를 긁어낸 자리는 새 운모편으로 채우고 시멘트로 덮는다. 이 시멘트는 완전히 마르기 전에는 도전성(導電性)이 있으므로 마를 때까지 놓아둔다.

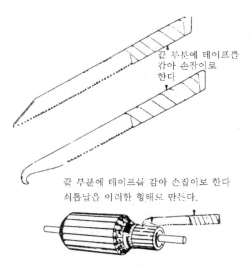

끝 부분에 테이프를 감아 손잡이로 한다

끝 부분에 테이프를 감아 손잡이로 한다
쇠톱날은 이러한 형태로 만든다.

[그림 6-107] 정류자편 사이의 불량 운모를 제거하는 데 쓰이는 공구

(5) 권선과 정류자편의 접속과정에서 정류자편이 단락했을 때 다시 절연하는 방법

운모를 긁어내는 방법으로, 단락이 제거되지 않으면 정류자편 여러 개를 제거하고 새 운모를 그 자리에 넣는다. 이와 같은 작업은 정류자의 전단으로부터 정류자편을 뗄 수 있을 때 실시하며, 다음과 같은 요령으로 진행한다.

단락을 일으킨 정류자편으로부터 납땜 인두로 리드선의 접속을 떼고 정류자 고정 너트를 돌려 뽑는다. 해머로 정류자편을 가볍게 치면 단환(end ring)과 정류자편 여러 개가 놀게 되므로 단환을 먼저 떼고 플라이어로 단락된 정류자편을 뽑는다[그림 6-108]. 그리고는 운모를 새로 대고 정류자편을 다시 조립하는 것으로 절연이 끝난다.

[그림 6-108] 단락사고를 일으킨 장류자편을 뽑는 순서

단락을 일으킨 곳이 1개소뿐이고 또한 정류자의 후단을 열 수 있을 경우에는 리드선을 뽑아 올리고 납땜한 후, 정류자편과 닿지 않도록 테이프를 감으면 간단하게 수리를 할 수 있다. 이때 단락된 정류편 두 개는 건너뛴다. 이 경우의 운전회로도는 [그림 6-109]와 같다. 정류자에 따라서는 정류자 전체를 축에서 떼어내고 수리하여야 하는 유형의 것도 있다.

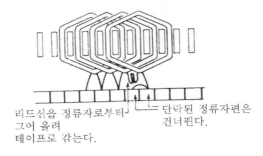

[그림 6-109] 정류자편 두 개가 단락되었을 때의 응급수리방법

(6) 접지를 일으킨 정류자편(grounded bars)

대개 접지사고는 전단 운모환(front mica ring)에서 많이 발생한다. 전단환은 노출되어 있기 때문에 기름이 묻기 쉽고, 또한 먼지가 그 위에 누적되기 때문에 접지되는 수가 많다. 접지사고가 발생한 개소는 큰 구멍이 생기는 것이 보통이고 또한 운모환(mica ring)의 접지된 부분이 소손되는 수가 많기 때문에 검출이 비교적 용이하다.

수리방법은 전단환을 떼고 파손된 운모환을 잘라낸 후 [그림 6-110]과 같이 다시 갈아 끼운다. 이때 운모편(mica segment)도 새로 바꾸어야 할 경우가 많다. 바꾸어 끼울 때는 새 운모편이 낡은 운모편 위로 약간 겹치도록 하여 놓으면 접지가 다시 일어나지 않는다. 정류자 전단이 열리지 않으면 전기자를 수압 프레스(hydraulic press) 또는 맨드럴(mandrel) 등에 물리워 뽑는다. 권선에 손상을 주지 않고 정류자를 뽑기 힘들면 선반에 물리고 낡은 정류자를 완전히 깎아 주어도 된다.

정류자편을 새로 만들기 위해서 정류자에 대한 데이터를 기록하여 새 정류자편을 만들 때 참고로 한다. 따라서 정류자를 새로 만든 후에는 전단 운모환을 노끈으로 바인드하고, 절연 바니시 또는 셀락(shellac)을 표면에 칠한다. 이와 같이 광범위하게 절연하여 놓으면 먼지 또는 기름이 정류자편 밑으로 침투하여 단락 또는 접지 사고를 일으키는 것을 방지할 수 있다.

이 부분의 마이카를
새 것으로 갈아 끼운다.

[그림 6-110] 외측 V환에 취부한 받침쇠(patch)

(7) 정류자편의 돌출(high bars)

[그림 6-111]과 같이 정류자편이 돌출(high bars)한 것은 정류자상에 손을 얹어 보면 곧 알 수 있다. 이와 같은 현상은 과열, 정류자편의 단락, 조립불량 등에서 온다. 이러한 정류자편의 돌출을 수리하려면 해머로 돌출부를 가볍게 쳐서 원위치로 들어가게 한 후 너트

의 조임을 단단히 한다. 그리고 선반에 물린 후 높은 부분을 깎아 내리던가 또는 연마용 지석을 깎아 준다.

이 정류자편은 다른 것보다 돌출되어 있다.

[그림 6-111] 정류자상에서의 정류자편의 돌출

(8) 정류자용 지석(commutator stone)

정류자용 지석은 그 표면의 거친 정도에 따라 아주 거친 것, 약간 거친 것, 아주 고운 것 등으로 크게 세 종류로 나눌 수 있다. 정류자의 표면이 거칠 때 그 표면을 매끈히 하려면 정류자용 자석으로 다듬는다.

거친 지석은 정류자면이 거칠 때 사용하고, 별로 거칠지 않으면 아주 고운 지석을 사용한다. 정류자면이 돌출했을 때는 약간 거친 지석을 사용한다. 전기자를 정격속도로 돌리면서 정류자에 지석을 대고 표면이 매끈하게 될 때까지 지석을 눌러 준다. 최후로 다듬을 때는 지석면이 아주 고운 것을 쓴다.

(9) 낮은 정류자편의 수리(low bars)

[그림 6-112] 같이 정류자편이 약간 들어간 것도 정류자편에 손을 대보면 곧 알 수 있다. 이러한 현상은 단단한 물건으로부터 충격을 받을 때 일어난다. 수리방법은 선반에 물리고 정류자의 표면을 균일하게 깎아 주든가 또는 회전상태에서 지석을 정류자에 대면 고르게 된다. 작업이 끝나면 샌드 페이퍼로 다시 다듬는다.

내려 앉은 정류자편

[그림 6-112] 낮아진 정류자편

(10) 운모편의 돌출(high mica)

운모편이 인접 정류자편보다도 높을 때 운모편의 돌출(high mica)이라 한다. 운모편의 돌출은 정류자편이 운모편보다도 빨리 마멸하거나 질이 좋지 못한 카본 브러시를 사용할 때 이와 같은 현상이 발생한다.

운모편과 정류자편이 같은 높이일 때는 경질 브러시를 사용하여 운모편이 정류자편과 같은 비율로 마멸되도록 조치하여야 한다.

수리방법은 정류자편보다 운모편이 낮아지도록 적당한 공구를 써서 깎아 낸다. 이러한 공구로는 소형 전동기에 톱니를 장치한 것이 있다. 전기자를 선반에 물리고 정류자편보다 약 1/32인치 정도 얕아지도록 운모편을 하나하나씩 깎는다.

톱니의 두께는 운모편의 두께와 같은 것을 사용하여야 한다. 전동공구를 사용하지 않으려면 운모편을 깎기에 적합하도록 특별히 만들어진 줄을 사용하여 할 수도 있다. 작업할 때 특히 유의할 점은 [그림 6-113]의 위쪽 그림과 같이 운모편이 정류자편 양쪽에 남지 않도록 할 점이다. 정류자편의 양쪽으로 운모편이 남아 있을 때는 쇠톱으로 잘라낸다. [그림 6-114]는 분수마력 전동기용 언더커터(undercutter)를 나타내고 있다.

[그림 6-113] (왼쪽)언더 컷이 올바르게 된 정류자. (오른쪽)언더 컷이 잘 되지 않은 정류자

[그림 6-114] 언더커터장치 (Peerless Tool Division Com Industries Inc.)

제7장 직류 전동기

MOTOR REPAIR
MOTOR REPAIR
MOTOR REPAIR

1 서론(Introduction)

직류 전동기(direct-current motor)는 직류를 공급하여 펌프, 전동공구 등을 구동하여 기계적인 일을 하는 데 사용하는 기계다. 또한 속도제어가 용이하므로 인쇄기, 전동차, 전기철도, 엘리베이터 등에서 사용하고 있다. 직류 전동기의 크기는 1/100HP 에서 수천 마력에 이르기까지 제작되고 있으며, [그림 7-1]은 그 전형적인 직류전동기의 외형을 그림으로 나타낸 것이다.

[그림 7-1] 직류전동기 (Baldor Electric Co.)

2 구조(Construction)

직류 전동기의 주요 부품으로는 전기자(armature), 계자극과 프레임(frame), 브래킷 또는 엔드 플레이트(end plates), 브러시 지지장치(brush rigging) 등을 들 수 있다. 직류 전동기에서 전기자는 회전부분을 가리키며 코일이 들어가는 슬롯을 가진 성층 철심으로 구성되어 있다.

또한 철심은 정류자를 지지하는 강철제의 축 위에 고정되어 있다. 정류자는 카본 브러시를 통해서 슬롯 속에 들어 있는 코일에 전류를 흘려주는 역할을 한다.

직구(straight slot)를 가진 전기자는 [그림 7-2]와 같고 사구(skewed slot)로 만든 전기자는 [그림 7-3]과 같다.

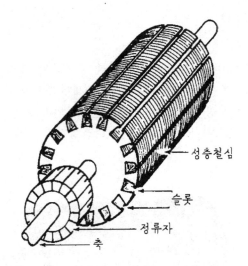

[그림 7-2] 슬롯에 권선하기 전의 직류 전동기의 전기자

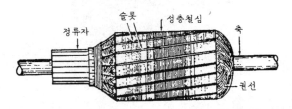

[그림 7-3] 사구(斜構)를 사용한 전기자의 권선한 상태

프레임은 주로 주철 또는 철판을 가공하여 만들며, [그림 7-4]와 같이 내부에 계자극 (field poles)을 고정할 수 있도록 원형으로 만든다. 전동기 중에는 철판을 성층해서 프레임을 만든것도 있다.

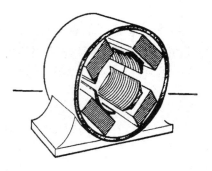

[그림 7-4] 전류 전동기의 계자 및 프레임의 일반적인 형태

계자극은 대개 프레임 내부에 스크루나 볼트로 취부 되어 있으나, 소형 전동기의 경우 계자극이 프레임 자체에 함께 성형된 것도 있다. 대형 전동기이면 [그림 7-5]와 같이 계자극을 성층한 후 볼트로 프레임을 고정한다. 계자극은 계자권선(field coil or winding)을 지지하는 역할을 한다. 계자코일 또는 계자권선을 절연전선으로 권선하여 계자극에 끼우기 전에 테이프를 감아 절연한다.

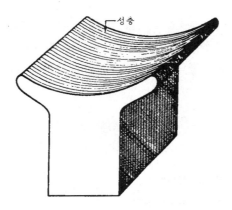

[그림 7-5] 성층 계자 철심. 이것을 볼트로 프레임에 취부한다.

두 개의 엔드 플레이트는 볼트로 프레임에 고정한다. 이것은 전기자의 중량에 견딜 수 있어야 함은 물론 계자극과 전기자 사이의 공극(空隙)을 일정하게 유지할 수 있어야 한다 ([그림 7-6]). 엔드 플레이트는 전기자의 축이 내부에서 회전할 수 있도록 베어링을 고정하는 역할도 한다.

[그림 7-6] 브러시 지지기가 취부된 플레이트(General Electric Co.)

베어링으로는 [그림 7-7] 및 [그림 7-8]과 같은 슬리브 베어링(sleeve bearing)이나 또는

[그림 7-9]와 같은 볼 베어링(ball bearing) 중의 하나를 사용한다.

모든 직류 전동기는 전기자권선에 전류를 흘리기 위해서 권선과 정류자를 리드선으로 연결하고 차례로 정류자에 전류가 흐르도록 하고 있다. 카본 브러시는 평상시 정류자편과 접촉되어 있으므로 전기자가 회전 중에 있을지라도 브러시를 통해서 전기자권선에는 전류가 흐른다. 브러시는 처음 고정하여 놓은 위치로부터 움직이지 않도록 [그림 7-10]처럼 브러시 지지기를 사용해서 고정한다.

브러시 지지기는 전동기의 축이 길게 나오지 않은 쪽에 위치한 엔드 플레이트상에 고정하는 것이 보통이고 필요하면 브러시의 위치를 변경할 수 있는 구조로 되어 있다. 소형 전동기에서는 브러시 지지기를 엔드 플레이트의 한 부품처럼 주조해서 만드는 것이 보통이다. 또한 브러시 지지기는 접지사고 또는 단락사고로부터 보호하기 위해 엔드 플레이트로부터 완전히 절연하여 놓는다.

[그림 7-7] 슬리브 베어링 및 오일링의 구조

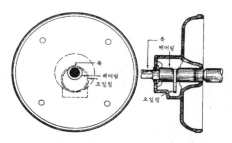

[그림 7-8] 엔드 플레이트상에 조립한 슬리브 베어링

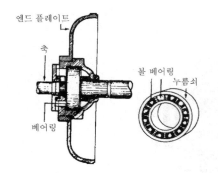

[그림 7-9] 엔드 플레이트와 볼 베어링과의 고정

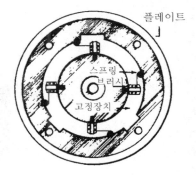

[그림 7-10] 엔드 플레이트에 취부한 브러시 지지기

3 직류 전동기의 종류(Types of D-C Motors) Section

직류 전동기는 직권 전동기(series motor), 분권 전동기(shunt motor), 복권 전동기(compound motor)의 세 종류로 나뉜다. 외모상으로는 거의 비슷하나 계자 코일의 구조와 전기자권선 및 계자권선 간의 결선방식이 다르다.

직권 전동기는 [그림 7-11]처럼 여러 번 감은 계자 코일을 전기자와 직렬로 접속한다. 직권 전동기는 대기동 회전력과 가변속도의 특성을 가졌으므로 부하가 많이 걸릴수록 속도는 더욱 저속으로 되는 특성이 있다. 이 전동기는 권상기(捲上機), 크레인, 전동차 등에 많이 사용한다.

[그림 7-11] 직권 전동기에서의 계자 및 전기자 결선

직류분권 전동기는 권선횟수가 대단히 많은 계자권선을 [그림 7-12]와 같이 전기자와 병렬접속한다. 분권 전동기의 회전력은 중 정도이고 정속도 특성을 갖고 있다. 이 전동기는 드릴 프레스(drill presses), 선반 등과 같이 정속도를 요하는 곳에 많이 사용된다.

[그림 7-13]은 복권 전동기를 나타내고 있다. 복권 전동기의 계자 코일은 직권계자 코일과 분권계자 코일을 조합한 것이고 직권계자 코일은 전기자와 직렬로, 분권계자 코일은 분권회로와 병렬로 접속한다. 이 전동기는 분권 전동기와 직권 전동기를 조합한 특성을 가진다.

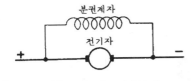

[그림 7-12] 분권 전동기에서의
계자 및 전기자 결선

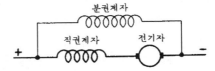

[그림 7-13] 복권 전동기에서의 계자 및 전기자 결선

4 계자 코일의 구조(Construction of Field Coils)

직권계자 코일은 비교적 굵은 선을 가지고 수회 정도 권선하는 것이 보통이고, 출력과 사용전압을 고려하여 권선한다. 권선은 코일의 크기에 맞춘 중앙판과 코일을 지지하는 측면 판으로 된 권선틀을 사용하여 권선한다. 권선틀의 구조는 [그림 7-14] (a)에 도시되어 있다.

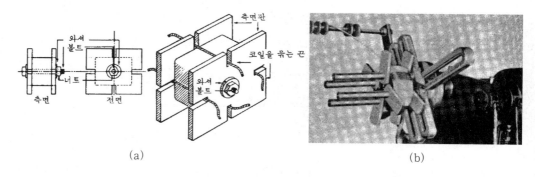

(a)   (b)

[그림 7-14] 직류기의 계자 코일을 감기 위한 권선의 구조

권선은 코일을 감는 나무편을 중앙에 대고 양쪽에 코일이 흩어지지 않도록 나무판을 댄다. 권선이 끝났을 때 틀로부터 코일을 뽑기 쉽도록 중앙의 나무판이 약간 경사지도록 만든다. 또한 실끈 또는 테이프를 그림과 같이 미리 넣어놓고 권선한 후 코일을 끈으로 묶으면 틀로부터 뽑을 때 권선이 흩어지지 않는다. 코일을 감은 후에는 [그림 7-15]처럼 미리 넣어 놓은 끈으로 살짝 묶은 후 틀로부터 뽑는다.

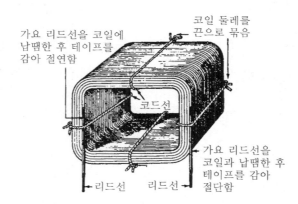

[그림 7-15] 틀로부터 뽑은 계자 코일 실끈으로 묶어 권선이 흐트러지지 않도록 한다.

권선할 때는 권선틀을 선반 또는 권선기에 고정하여 본래의 권선과 횟수 및 선경이 같도록 권선한다. 권선틀의 칫수는 철심의 크기 또는 본래의 권선 크기로부터 테이프의 두께를 고려해서 결정한다.

　[그림 7-16]은 틀에서 뽑은 코일에 바니시를 함침한 케임브릭 절연지 또는 면 테이프를 감은 상태를 표시한다. 계자 코일은 또한 [그림 7-14] (b)와 같은 권선기를 사용하여 권선해도 된다.

가요리드선을
접속하고 납땜함

[그림 7-16] 직권계와 코일의 끝점과 출발점에 가요 리드선을 대고 납땜한 후 테이프로 감는다. 보통의 경우
　　　　　코일은 바니시를 함침한 케임브릭 절연지 또는 면테이프로 감는다.

　분권계자는 [그림 7-17]의 단면처럼 가는 코일선을 이용하여 소용횟수만큼 권선한다. 복권계자권선의 횟수는 수천 회나 되므로 횟수를 일일이 세기가 곤란하다. 그러므로 권선할 때에는 원래 코일의 전체 중량을 정확히 측정한 후, 선경이 같은 선으로 중량이 같을 때까지 권선하는 수가 많다. 분권 코일의 권선법도 직권계자 코일의 권선법과 비슷하다. [그림 7-17]은 권선을 마친 코일을 나타내고 있다.

리드선

리드선

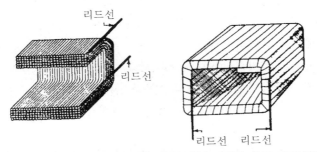

리드선　리드선

[그림 7-17] 분권계자권선의 단면 및 테이프 절연 후의 계자권선

　복권 전동기의 계자 코일은 직권계자와 분권계자 코일을 조합한 것으로 [그림 7-18]과

같이 권선한다. 권선할 때는 권선틀을 이용하여 먼저 분권 코일을 권선한다. 분권 코일과 직선 코일 사이에 [그림 7-19]와 같이 절연층을 만들려면 틀에 고정한 상태에서 케임브릭 절연지를 수회 정도 코일 둘레에 감든가 또는 틀에서 뽑은 테이프를 감아 절연한다.

후자의 경우 테이핑 작업이 끝나면 다시 권선틀에 끼우고 그 위로 직권 코일을 본래의 권선과 선경이 같은 선을 써서 소요 횟수만큼 감는다. 권선이 끝나면 절연지 또는 테이프를 감고 그 위를 끈으로 묶은 후, 코일 양쪽 끝에 가요전선(可搖電線 ; flexible leads)을 접속해서 리드선을 만든다. 리드선의 접속부는 노출되지 않도록 테이프를 감는다. 리드선을 만드는 일은 매우 중요하므로 특히 조심하여 작업할 필요가 있다.

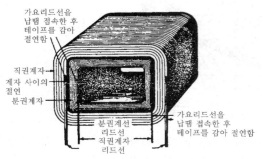

[그림 7-18] 복권계자 코일에서의 계자 코일 배치도

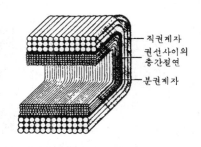

[그림 7-19] 분권계자 코일의 단면도

분권계사권선에 대한 리드선은 보통 직권계자권선에 대한 리선보다 가는 선이 사용된다. 권선이 끝난 코일에는 항상 케임브릭 절연지를 감고 그 위에 면 테이프를 한 겹으로 감는 것이 보통이다. [그림 7-20]은 완성된 코일을 표시한 것이고 [그림 7-21]은 코일을 계자철심에 끼워 놓은 상태를 표시한다. 대형 전동기에서는 분권계자권선과 직권계자권선은 따로 따로 감은 후 테이프를 감아 절연한다. 그리고 분권계자와 직권계자를 동일 계자철심상에 나란히 끼운다. 이러한 구조는 [그림 7-22]에 도시되어 있다. 특히 대형 전동기이면 직권계자는 공간을 확보하기 위하여 평각선(rectangular wire)을 사용해서 만든다.

직권 전동기에서는 브러시에서의 스파크 발생을 방지할 목적으로 보극(inter pole)계자를 설치한다. 보극계자는 주자극(主磁極) 계자보다 크기가 작으며, 주자극 사이에 고정한다. 보극의 권선요령은 직권계자권 요령과 비슷하다. 권선할 때에는 비교적 굵은 선을 사용해서 감는 횟수를 적게 하여 파이버로 만든 틀을 사용하여 감는다. 보극권선 및 철심은 [그림 7-23]과 같다.

권선이 끝나면 파이버틀과 코일을 함께 보극의 철심에 끼운 후 쐐기(wedge)로 해당 위치에 고정한다.

주의

계자권선간에서 단락이 발생하지 않도록 직권계자권선과 분권계자권선 사이는 완전히 절연하여야 한다. 계자권선에 테이프를 감을 때는 코일 리드선에 가요전선을 접속하고, 끈으로 코일과 함께 묶어 리드선이 놀지 않도록 한다. 계자권선을 철심에 끼울 때는 테이프가 벗겨지지 않도록 세심한 주의를 하여야 한다. 작업을 소홀히 하면 접지사고의 원인이 된다.

[그림 7-20] 테이핑 작업이 끝난 복권계자 코일과 리드선

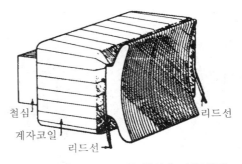

[그림 7-21] 계자 코일을 철심에 끼운 상태

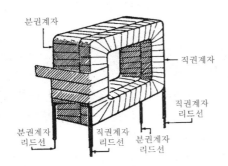

[그림 7-22] 대형 전동기에서의 복권계자. 분권계자 및 직권계자는 따로따로 권선하여 테이프를 감고 나란히 배치한 후 다시 테이프로 감아준다.

[그림 7-23] 보극계자와 그 철심

5 계자극의 결선법(Connecting field Poles)

직류 전동기에서 계자극(界磁極)은 극성이 교대로 발생하도록 결선한다. 따라서 [그림 7-24]의 2극 전동기에서 하나는 N극, 하나는 S극이 되어야 한다. 4극 전동기이면 [그림 7-25]와 같이 자극이 교대로 되도록 결선한다. 대형 전동기나 고전압에서 저전압으로 재결선한 전동기의 경우를 제외하면 계자권선의 결선은 직렬로 하는 것이 보통이다.

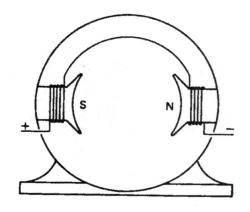

[그림 7-24] 2극 전동기이면 계자는 N극, S극을 형성하도록 접속한다.

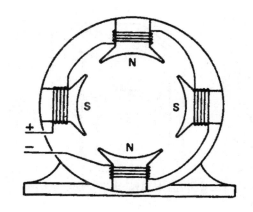

[그림 7-25] 4극 전동기이면 N, S극이 교대로 형성되도록 접속한다.

계자극의 극성이 교대로 구성되도록 결선하려면 전류의 방향이 제1코일에서는 시계방향, 제2코일에서는 반시계방향, 제3코일에서는 시계방향, 제4코일에서는 반시계방향이 되는 식으로 결선한다. 계자권선에 테이핑 작업을 한 후에는 전류의 방향을 결정하기가 매우 힘이 든다. 극성을 판정하는 방법은 시행착오법(trial and error method), 나침반법(compass method), 쇠막대나 못을 이용하는 법(iron or nail method) 등이 있다.

시행착오법(trial and error method)은 소형 2극 전동기에만 사용한다. 계자 코일은 [그림 7-26]의 (a)와 같이 결선하고 전동기를 조립한다. 전동기가 회전하지 않으면 (b)와 같이 계자 코일을 바꾸어 결선하며 전동기는 회전하게 된다.

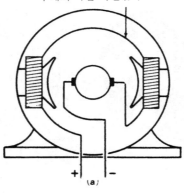

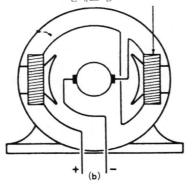

[그림 7-26] 소형 2극 전동기 계자에 대한 극성 조사

　이 방법은 전기자 코일 및 계자 코일에는 별로 이상이 없다고 가정하였을 때 적용할 수 있다. 분권 전동기일 때도 같은 방법에 의해서 검사할 수 있다.

　나침반법(compass method)은 극수에 관계없이 이용할 수 있다. 복권 전동기일 때는 분권계자권선과 직권계자권선에 대해서 따로따로 검사하여야 한다. 4극 전동기에 대해서 계자 코일의 극성을 점검하려면 [그림 7-27]과 같이 계자 코일 네 개를 직렬로 결선한다. 직권계자를 검사할 때는 저전압 직류전원을 사용하여야 하나 분권계자 코일이면 직류 115V를 직접 가할 수 있다. 나침반을 그림과 같이 자극 가까이 가져가거나 또는 계자 코일과 나란히 할 때 자침은 자극을 향한다. 다음 자극으로 나침반을 이동하면 자침의 지시방향이 반전한다. 이때 자침의 지시방향이 전과 같으면 계자 코일의 접속을 바꾸어 줄 필요가 있다. 자극의 전부에 대해서 이와 같은 검사를 실시하고 극성이 옳게 발생하는지 여부를 조사한다. 각 자극은 극성이 각각 반대가 되어야 한다.

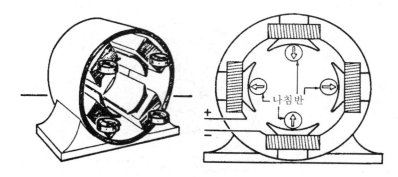

[그림 7-27] 4극 전동기의 경우 인접 자극은 서로 반대의 극성을 발생하여 한다.

위에서 다룬 검사방법은 전기자가 전동기 내부에 있는 상태에서 실시하기는 불가능하다. 이러한 경우에 연철편의 한 끝을 자극에 고정하고 다른 끝은 전동기 밖으로 나오게 한다. 극성을 검사할 때는 전동기 밖으로 나온 연철편 나침반을 가까이 한다. 한 극에 대한 극성 검사가 끝나고 다음 자극에 대해서 같은 방법으로 검사하기 전에 연철편을 뽑아 공작대에 떨어뜨리거나 또는 가볍게 두들겨 잔류자기를 교란할 필요가 있다. 이와 같이 함으로써 잔류자기로부터 오는 틀린 동작을 방지할 수 있다. 자극의 전부에 대해서 같은 요인으로 검사하고 극성이 반대인가 아닌가 조사한다.

쇠막대 또는 못을 이용하는 법에서는 코일을 직렬로 결선하고 저전압의 직류전류를 흘릴 필요가 있다. [그림 7-28]과 같이 못 머리를 한 극에 대었을 때 극성이 옳으면 다른 끝은 인력을 받게 되고 그렇지 못하면 반발력을 받는다.

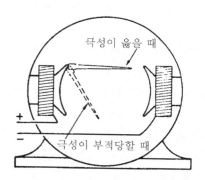

[그림 7-28] 못을 이용한 계자 코일의 극성 검사

6 직류 전동기의 결선(Connecting DC Motors)

1. 직권 전동기(series motor)

　　직권 전동기(series motor)는 [그림 7-29]와 같이 결선한다. 이 그림은 2극 전동기에 대해서 다룬 것이다. 계자권선은 서로 직렬로 결선한 후 전기자의 직렬로 결선한다.

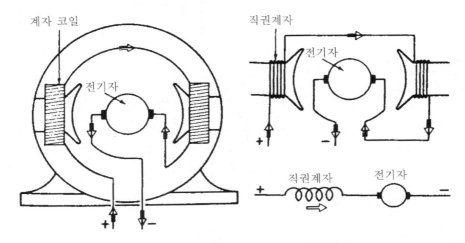

[그림 7-29] 2극 직권전동기의 여러 가지 결선법

2. 분권 전동기(shunt motor)

　　분권 전동기(shunt motor)는 [그림 7-30]과 같이 결선한다. 분권계자 코일은 극성이 교대로 발생하도록 직렬로 접속하여 전원에 직접 연결한다. 또한 전기자권선과 분권계자권선은 병렬로 접속하여 전원과 연결한다.

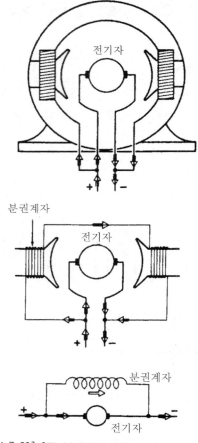

[그림 7-30] 2극 분권전동기의 3가지 결선법

3. 복권 전동기(compound motor)

복권 전동기에 대한 결선은 [그림 7-31]과 같다. 분권계자 코일은 극성이 서로 교대로 나타나도록 직렬로 결선한 후 전원에 접속한다. 직권계자 코일의 결선도 분권계자 코일의 결선에 따른다. 동일한 자극의 철심상에 있는 직권계자 코일과 분권계자 코일이 동일 극성을 발생하도록 연결하는 것이 가장 중요하다. 직권계자권선과 분권계자권선이 동일 극성인가 조사하는 구체적인 방법에 관해서는 232페이지에서 설명한다. 전기자권선은 직권계자권선과 직렬로 접속한다.

[그림 7-31]의 전동기는 복권전동기에 대한 결선법 네 가지 중 하나를 표시한 것이다. 이 결선은 가장 많이 사용하는 결선법에 해당하며 특기하지 않는 한 이 방법이 사용되고 있으나 이 외의 결선법에 대해서도 공부해둘 필요가 있다. 복권전동기에 대한 결선은 외분권

화동복권식(long-shunt cumulative), 외분권 차동복권식(long-shunt differential), 내분권 화동복권식(short-shunt cumulative), 내분권 자동복권식(short-shunt differential)의 네 가지 종류가 있다.

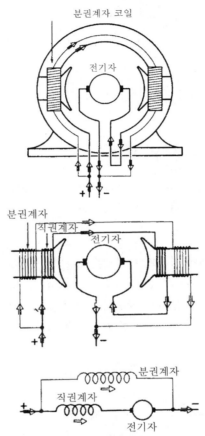

분권계자 코일

전기자

+ -

분권계자
직권계자
전기자

+ -

분권계자
직권계자
전기자

[그림 7-31] 2극 복권전동기의 3가지 결선법

화동복권 전동기에는 어느 한 극에서의 전류방향이 [그림 7-32]와 같이 분권계자에서 동일방향으로 흐른다. [그림 7-32]와 같이 전기자권선과 직권권선을 직렬로 접속한 후, 병렬로 분권계자권선을 접속하였을 때, 특히 외분권 화동복권 전동기(long shunt cumulative compound motor)라 한다.

복권 전동기에서 분권계자권선에 흐르는 전류의 방향과 직권계자권선에 흐르는 전류의 방향이 반대가 되도록 결선하면 직권계자와 분권계자에서 발생하는 자계의 방향은 서로 반대가 된다. 이를 차동복권 전동기(differential compound motor)라 하며 [그림 7-33]에 도시되어 있다. 차동복권 전동기는 거의 사용되지 않고 있으며 특수한 경우에 한해서 사용하는 수가 있다.

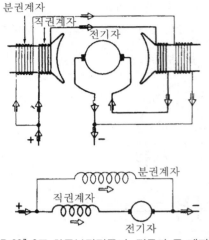

[그림 7-32] 2극 화동복권전동기. 전류가 두 계자에서 동일한 방향으로 흐르면 화동복권결선이 라 한다.

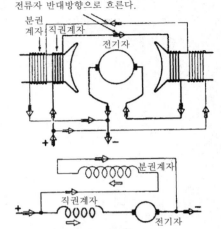

[그림 7-33] 계자에서 전류의 방향이 서로 반대 가 되도록 결선한 외부권 차동복권 전동기. 분권계자를 전원과 병렬접 속하였을 때 외부권이라 한다.

복권 전동기에서 분권계자를 전원과 병렬접속하는 대신, 전기자권선 단자에 연결하였을 때 내 분권 전동기(short-shunt motor)라 하는데, 이것은 화동, 차동 어느 쪽에도 사용할 수 있다. 분권계자를 전기자와 병렬접속하여, 직권계자에 흐르는 전류방향이 분권계자에 흐르는 전류 방향과 같은 방향이 되도록 할 때 내분권 화동복권 전동기라 한다. 이러한 형은 [그림 7-34]에 도시되어 있다.

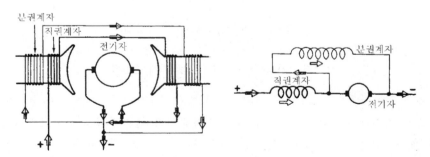

[그림 7-34] 내분권 화동복권 전동기. 직권계자 및 분권계자에서의 전류는 같은 방향으로 흐른다.

분권계자를 전기자와 병렬로 결선하였으나 분권계자에 흐르는 전류방향과 직권계자에 흐르는 전류방향이 반대이면 내분권 차동복권 전동기라 한다. 이러한 형은 [그림 7-35]에 도시되어 있다.

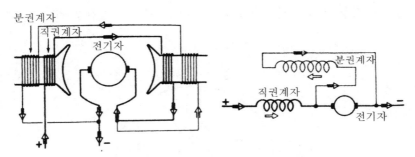

[그림 7-35] 2극 내분권 자동복권 전동기.

4. 보극(interpoles)

거의 모든 분권 전동기나 복권 전동기는 1/2HP 이상이 되면 주자극 사이에 보극 (interpole)을 설치하는 것이 보통이다. 보극은 굵은 선 하나로 수회 정도 권선하며 [그림 7-36]과 같이 전기자와 직렬로 접속한다. 보극의 구실은 스파크발생을 방지하는 데 있다.

보극은 주자극 수의 반만 설치하여도 별다른 지장이 없어 운전할 수 있으나, 보통은 보극 수와 주자극 수가 같도록 설치한다. 보극의 극성도 주자극에서 처럼 일정한 극성이 교대로 나타나도록 결선한다. 그러므로 보극의 극성은 주자극의 극성과 전동기의 회전방향에 따라 결정된다.

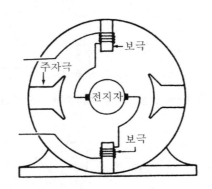

[그림 7-36] 2극 내분권 자동복권 전동기.

보극에 대한 극성의 결정법은 보극의 극성은 전동기의 경우 후방에 있는 주자극의 극성 과 같다. 정류자가 있는 쪽에서 전동기를 향해서 전동기가 시계방향으로 회전하고 있으면 보극의 극성은 회전방향에 대해서 후방에 오는 주자극의 극성과 같게 한다.

[그림 7-37]부터 [그림 7-39]는 시계방향 및 반시계방향에 대한 2극 및 4극 전동기의 보

극에 대한 결선법을 표시한 것이다. [그림 7-40]은 보극을 가진 복권 전동기에 대한 결선을
나타내고 있다.

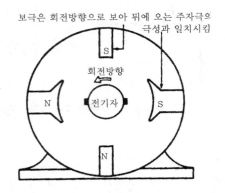

[그림 7-37] 2극 전동기일 때 반시계방향 회전에 대한 보극의 극성

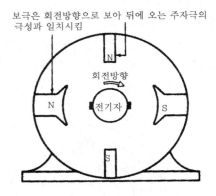

[그림 7-38] 2극 전동기일 때 시계방향 회전에 대한 보극의 극성

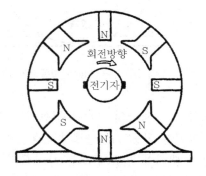

[그림 7-39] 4극 전동기일 때 시계방향 회전에 대한 보극의 극성

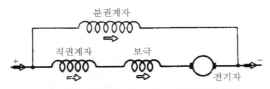

[그림 7-40] 보극이 있는 복권 전동기의 접속도

보극을 가진 2극 복권 전동기를 반시계방향으로 회전하게 할 때의 결선은 [그림 7-41]과 같다. 이 전동기의 결선은 다음과 같은 요령으로 한다. 분권계자에서 발생하는 극성 중 임의 자극의 극성을 기록하여 둔다. 직권계자 코일에 대해서도 분권계자 코일의 결선법과 같은 요령으로 직렬로 접속한 후 리드선 두 개를 전동기 밖으로 뽑는다. 보극의 결선도 극성이 교대로 나타나도록 직렬로 접속한 후 전기자와 직렬접속한다. 보극과 전기자에서 각각 리드선 1개씩을 전기자 밖으로 뽑는다. 따라서 전동기 밖으로 나온 리드선의 수는 분권계자에서 두 개, 직권계자에서 두 개, 전기자 보극에서 두 개, 도합 여섯 개가 된다(전동기에 따라 분권계자 코일 하나와 직권계자 코일 하나를 전동기 내에서 접속하고 접속점에서 리드선 하나를 전동기 밖으로 뽑았으므로 리드선이 다섯 개인 것도 있다). 여섯 개의 리드선은 [그림 7-41]과 같이 결선하여 복권 전동기를 구성한다.

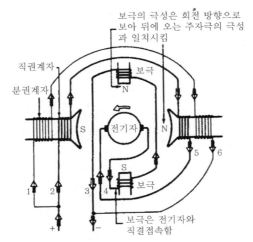

[그림 7-41] 보극이 있는 2극 복권 전동기 그림과 같은 극성에서는 전기가 반시계방향으로 회전한다.

반시계방향으로 회전하도록 전동기를 결선하였으므로 보극의 극성은 회전방향에 대해서 뒤에 오는 주자극의 극성과 같게 한다. 그러므로 보극에 대한 극성을 조사할 때 보극의 극성이 교대로 발생하여야 함은 물론, 주자극도 극성이 옳게 발생하고 있는가에 대해서 반드시 검사하여야 한다. 주자극 중 어느 한 극에 대해서 극성을 기록하여 두는 것은 이러한 이유 때문이다.

전동기가 시계방향으로 회전한다면 회전방향을 반대로 할 필요가 있다. 회전방향을 바꾸려면 [그림 7-42]와 같이 리드선 x와 y를 바꾸어 결선한다. 이때 계자극의 모든 극성은 전과 다름이 없다.

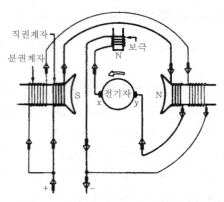

[그림 7-42] 전기자와 직렬접속한 보극이 하나 뿐인 2극 복권 전동기

7 직류 전동기의 회전방향 변경(Reversing D-C Motors) Section

　직류 전동기는 전기자 또는 계자 중 어느 하나에 대한 전류방향이 반대가 되도록 접속을 바꾸면 역전하게 된다. 직권 전동기일 때는 전기자에 흐르는 전류의 방향을 반대로 하여 회전방향을 바꾸는 것이 보통이다. [그림 7-43]은 이 방법을 나타내고 있다. 이때 브러시 지지기의 리드선을 바꿔주어야 한다. 이때 브러시 지지기의 리드선을 바꿔주어야 한다. [그림 7-44]는 계자권선에 대한 리드선의 접속을 바꾸어 계자회로의 전류방향을 반대로 해서 역전시킬 때의 결선도이다.

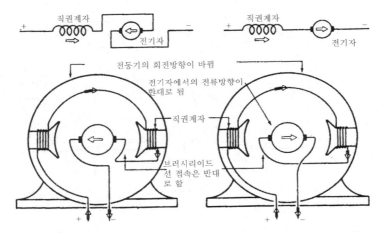

[그림 7-43] 2극 직권 전동기의 회전방향은 전기자에 흐르는 전류의 방향을 바꾸어 주면 변경할 수 있다.

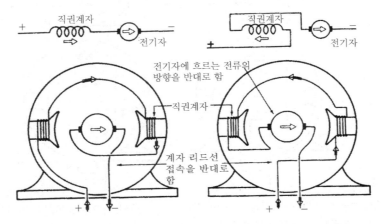

[그림 7-44] 2극 직권 전동기의 회전방향은 계자권선에 흐르는 전류의 방향을 바꾸어 주어 반대로 할 수 있다.

분권 전동기일 때도 직권 전동기와 같은 방법에 의해서 회전방향을 바꿀 수 있다. [그림 7-45]는 2극 분권 전동기에서 전기자 리드선의 접속을 바꾸어 회전방향을 반대로 하는 경우의 결선도이다. 보극을 가진 분권 전동기는 전기자의 전류 방향을 바꿀 때 보극의 전류방향도 동시에 바꾸어 주면 회전방향이 반대로 된다. 이 방법은 [그림 7-46]에 도시되어 있다. 보극에 대한 전류의 방향은 바꾸지 않고 전기자에 대한 리드선의 접속만 바꾸면, 전동기는 보극의 극성이 올바르게 되지 않으므로 운전할 때 전동기가 심한 열을 발생하는 동시에 브러시로부터 스파크를 발생한다.

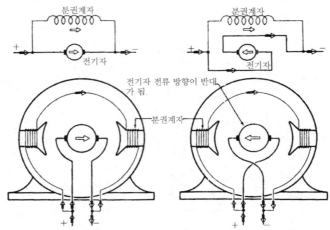

[그림 7-45] 전기자회로의 접속을 반대로 한 2극 분권 전동기

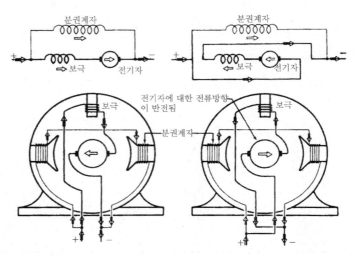

[그림 7-46] 보극이 있는 2극, 분권 전동기. 전기자 및 보극의 리드선을 동시에 반대로 접속한다.
계자극의 극성은 변동이 없다.

1. 보극이 있는 2극 복권 전동기의 회전방향변경(reversing a two-pole compound-interpole motor)

[그림 7-47]은 리드선 여섯 개와 보극을 가진 2극 복권 전동기의 결선도이다. 보극은 전기자와 직렬로 결선되어 있으며 전기자 및 보극의 회로로부터 리드선 A_1과 A_2만이 나와 있다. 결선도에서 전기자는 보극 사이에 접속되어 있다(보극을 직렬로 접속한 후 전기자와 직렬접속하는 수도 있다). 이러한 전동기를 역전하게 하려면 전기자 및 보극에 흐르는 전류가 동시에 반대로 되도록 결선하여야 한다. 따라서 리드선 A_1과 A_2는 [그림 7-48]과 같이 접속을 바꾼다.

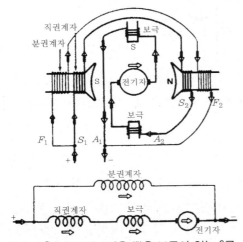

[그림 7-47] 6개의 리드선을 뽑은 보극이 있는 2극 복권 전동기.

리드선 F_1과 S_1은 전동기 내부에서 접속한 후, 한 개의 리드선만 전동기 밖으로 뽑는 수도 있다.

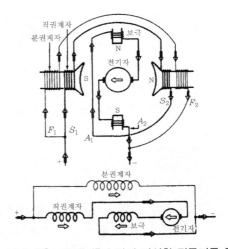

[그림 7-48] 그림 7-47과 같이 결선한 전동기를 역전하게 하기 위하여 전기자 회로의 접속을 반대로 한 2극 복권 전동기.

2. 보극이 있는 4극 복권 전동기의 회전방향변경(reversing a four-pole compound-interpole motor)

보극을 가진 4극 복권 전동기도 2극 전동기와 같은 방법에 의해서 회전방향을 반대로 한다. [그림 7-49]의 결선은 전동기를 역전시키기 위하여 리드선 A_1과 A_2의 접속을 바꾸어 준 것을 도시하고 있다.

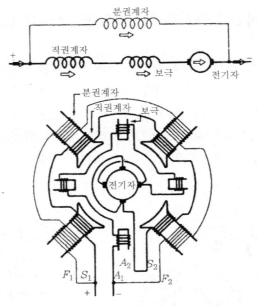

[그림 7-49] 보극이 있는 4극 복권 전동기. 역전하게 하려면 A_1과 A_2 리드선의 접속을 바꾼다.

> **주의**
>
> 브러시 지지기에서 리드선의 접속을 바꾸면 운전할 때 브러시에서 심한 스파크를 발생하며 전기자는 과열하게 된다. 이러한 상태로 전동기를 계속 운전하기는 불가능하다. 보극을 가진 전동기를 역전하게 하려면 전기자와 직렬로 접속한 보극부분에서도 전류가 반대로 되도록 접속하여야 한다.

8 고장검출과 수리(Trouble Shooting and Repair)

1. 검사(testing)

아직 운전한 일이 없는 직류 전동기를 설치하기 전이나 사용하던 전동기의 운전상태를 조사할 때, 또 수리한 전동기를 최종적으로 점검할 때, 그 검사과정은 다음과 같다.

① 계자・전기자・브러시 지지기에 대한 접지 유무에 대한 검사

② 계자회로・전기자회로에서의 단선 유무에 대한 검사

③ 복권전동기에서의 리드선 여섯 개에 대한 식별검사

④ 화동 또는 차동 결선에 대한 검사

⑤ 보극에서 발생하는 극성에 대한 검사

⑥ 브러시 지지기의 위치에 대한 검사

(1) 접지시험(ground test)

접지시험에 착수하기 전에 전동기로부터 나와 있는 리드선을 모두 전동기로부터 떼어 놓는다. 특히 운전하였던 전동기이면 외부와의 결선은 모두 떼어 놓아야 한다. 다음에 제시하는 검사방법은 복권 전동기에 대한 검사방법이긴 하지만 모든 직류 전동기의 검사에도 적용할 수 있다. 램프 테스트 세트를 사용하여 리드선 하나는 전동기 프레임에, 나머지 리드선 하나는 [그림 7-50]처럼 전동기로부터 밖으로 나온 각 리드선에 순차적으로 접속하여 본다. 이때 램프가 점등하면 접지되어 있음을 뜻하며, 동시에 계자회로(분권계자회로 또는 직권계자회로) 또는 전기자회로 중 어느 회로에서 접지되었는지를 결정한다.

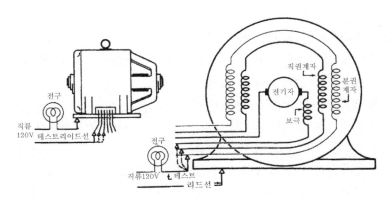

[그림 7-50] 복권 전동기에 대한 접지 유무의 검사

직권계자, 보극, 분권계자 중 어느 하나에서 접지가 발생하였을 때는 프레임으로부터 계자권선을 떼어 테이프로 절연하여줄 필요가 있다. [그림 7-51]은 접지사고가 발생하기 쉬운 개소를 골라 표시한 것이다. 접지사고가 일어난 곳은 소손되기 쉽고 또한 코일도 파손되는 것이 보통이다. 따라서 계자권선을 다시 권선하여야 할 경우가 많다. 계자회로에서 접지사고가 발생하였더라도 계자권선의 전체가 접지된 것을 뜻하는 것은 아니며, 그 중 어느 하나의 코일에서 접지되는 경우가 많다. 불량 코일을 검출하려면 코일간의 결선을 떼고 극 하나하나에 대해서 [그림 7-52]와 같은 요령으로 검사한다.

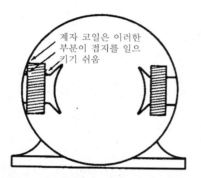

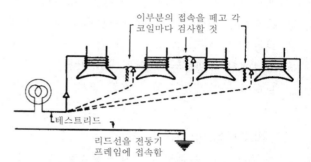

[그림 7-51] 계자권선상에서 가장 접지 사고가 일어나기 쉬운 곳

[그림 7-52] 계자 코일의 접지 개소를 검출하려면 각 코일마다 하나하나 접지 시험을 실시해야 한다.

영구적인 시설을 하는 전동기는 공작물 규정에 의해서 접지공사를 하는 수가 있다. 이와 같은 접지공사는 권선의 접지로 일어날지도 모르는 감전사고를 미연에 방지하는 데 그 목적이 있다. 전동기의 프레임을 접지하여 놓으면 퓨즈가 용단하게 되므로 전동기에서의 접지사고를 알 수 있다.

(2) 단선 여부에 대한 검사(testing for opens)

이 검사는 직권, 분권, 복권 전동기에 따라 각각 다른 시험방법을 사용한다.

① 직권 전동기 회로에서의 단선(open circuits in a series motor)

소형 직권 전동기의 경우 전동기로부터 나온 리드선이 두 개 뿐일 때가 많다. 계자권선과 전기자권선과의 결선은 전동기 내부에서 한다. 전동기로부터 나온 두 개의 리드선을 [그림 7-53]과 같이 테스트 램프의 리드선과 접속하였을 때 회로가 완전하면 램프가 점등한다. 램프가 점등하지 않으면 브러시와 정류자와의 접촉불량, 계자권선 자체의 단선, 계자권선 상호간의 결선부분 단선, 브러시 지지기에서의 리드선 단선 또는 파손 등을 단선원인으로 볼 수 있다. 이와 같은 시험방법은 계자권선과 전기자권선으로부터 각각 리드선이 밖으로 나와 있는 대형 전동기에서도 사용할 수 있는 방법이다.

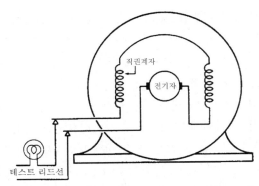

[그림 7-53] 직권 전동기에 대한 단선 검사. 전구가 점등하지 않으면 브러시, 계자 또는 결선부분에서 불량 개소가 있는 것을 뜻한다.

② 분권 전동기 회로에서의 단선(open circuits in a series motor)

　분권 전동기는 2개의 회로 즉 전기자회로에 의해 구성되고 있다. 소형 전동기이면 내부에서 결선하므로 리드선은 두 개만이 나와 있다. 따라서 그러한 전동기에서 회로의 단선 유무를 조사하려면 분해한 후 [그림 7-54]처럼 계자회로와 전기자회로를 분리하여 놓고 회로마다 단선 유무에 대해서 검사를 실시한다. 전기자회로에 대한 검사에서는 램프는 밝게 점등하지만 계자회로는 희미하게 점등한다. 네 개의 리드선 중 어느 것이 계자회로의 리드선이고 어느 것이 전기자회로의 리드선인지 식별하기가 곤란하면 이와 같은 램프의 밝기에 의해서 식별한다.

　전기자회로에서의 단선 또는 전기자권선의 단선 등이 고장원인인 경우가 많다. 계자권선의 단선이면 계자 코일 자체 또는 계자 코일의 접속선 등에 대하여 조사를 진행한다.

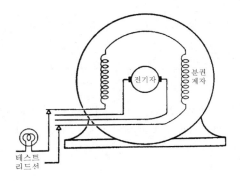

[그림 7-54] 분권 전동기에 대한 단선 검사.

③ 복권 전동기에서의 회로단선(open circuits in a compound motor)

복권 전동기는 분권계자회로, 직권계자회로, 전기자회로의 세 가지 회로로 세분할 수 있다. [그림 7-55]는 분권계자회로, 직권계자회로, 전기자회로에서 각각 두 개씩 도합 여섯 개의 리드선이 나와 있는 복권 전동기를 나타낸 것이다. 테스트 램프로 전기자회로를 조사했을 때 램프가 점등하면 전기자회로에 이상이 없음을 뜻한다. 같은 요령으로 분권계자회로, 직권계자회로에 대해서 검사하고 회로의 단선 여부를 결정한다. 전기자회로에서의 단선은 브러시, 브러시에 대한 결선 또는 보극에 대한 결선 등에서 고장이 일어나는 수가 있다. 직권계자 또는 분권계자에서의 고장이면 [그림 7-56]과 같이 코일 하나하나에 대해서 회로의 단선 여부를 검사한다.

다음에 설명하는 과정은 [그림 7-56]에 도시된 것처럼 4극 전동기에 대한 계자권선의 단선 유무를 검출하는 방법을 설명한 것이다. 이 방법은 극수에 관계없이 모든 전동기에 대해서 사용할 수 있다. 계자코일을 결선할 때 처리한 절연재를 제거한 다음 계자 권선으로부터 나온 리드선의 한 끝에 테스트 램프의 리드선 하나를 접속한다. 테스트 램프의 나머지 리드선 하나는 램프가 점등할 때까지 순차적으로 계자권선의 접속부분에 접속하여 본다. 예를 들어 [그림 7-56]에서 램프가 점등하거나 또는 스파크를 발생할 때까지 1에서부터 2, 3……의 순서로 램프 테스트 세트의 리드선을 이동한다. 접속점 2에서 램프가 점등하든가 또는 스파크가 일어나면 코일 1이 단선한 것이다. 램프가 접속점 3에서 점등하면 코일 2가 불량한 것이다.

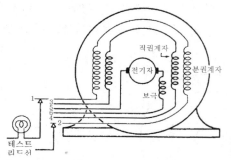

[그림 7-55] 복권 전동기에 대한 단선 검사. 이 전동기에는 1과 2, 3과 4, 5와 6의 완전한 회로가 세 개 있다.

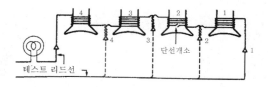

[그림 7-56] 4극 전동기에서 계자권선의 단선 유무 검사

(3) 복권 전동기로부터 나온 여섯 개의 리드선을 식별하는 시험(test to identify the six leads of a compound motor)

복권 전동기는 제작회사로부터 구입자에게 발송하기 전에 리드선을 식별할 수 있도록 항

상 각 리드선마다 식별용 표찰을 부착한다. [그림 7-57]은 리드선에 대한 표찰의 표시방법을 나타낸 것으로 전기자 리드선은 A_1, A_2로 , 분권계자 리드선은 F_1, F_2로, 직권계자 리드선은 S_1, S_2로 각각 표시되어 있다. 리드선의 표시가 분명하지 않으면 결선하기 전에 리드선에 대한 식별검사를 실시하고, 다시 분명히 표시를 하여 두어야 한다. 리드선의 식별검사는 다음과 같다.

전기자, 직권계자, 분권계자에 대한 회로를 구별하기 위하여 테스트 램프에 리드선을 [그림 7-58]처럼 전동기로부터 나온 리드선과 접속한다. 세 쌍의 리드선은 다음 방법에 의해서 식별한다. 램프가 희미하게 점등하는 한 쌍의 리드선이 분권계자에 연결되는 것이다. 나머지 두 쌍의 리드선은 램프가 아주 밝게 점등한다.

카본 브러시를 정류자에서 떼었을 때 램프가 점등하지 않은 것이 전기자에서의 리드선이다. 나머지 한 쌍이 직권계자의 리드선이 된다. 이 과정은 [그림 7-58]에 도시되어 있다. 이와 같은 방법은 리드선의 식별에 사용하는 한 방법에 지나지 않으며 다른 여러 방법이 있다. 전기를 분해한 후 리드선의 접속을 추적하며 식별할 수도 있으며 이 방법은 다섯 개의 리드선을 가진 복권전동기에서 사용한다. 분권계자로부터 뽑은 리드선은 다른 리드선보다 가는 리드선을 사용하는 것이 보통이므로 리드선의 굵기로부터 분권계자는 식별이 가능하다. 전기자권선의 리드선은 브러시 지지기에 대한 리드선을 직접 살피면 곧 알 수 있다. 이러한 검사를 하려면 회로에 대한 지식이 풍부해야 한다.

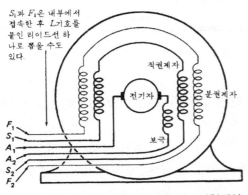

[그림 7-57] 복권 전동기에 사용하는 전형적인 리드선 표시 방법

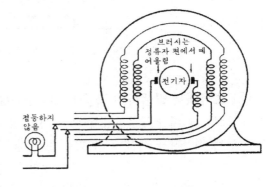

[그림 7-58] 테스트 램프로 복권 전동기의 리드선을 식별하는 방법

(4) 화동 또는 차동 결선에 대한 식별검사(test for cumulative or differential connection)

복권 전동기는 화동복권으로 결선하는 것이 일반적이다. 복권 전동기에 대한 결선은 부하를 떼어 놓고 시험하지 않으면 화동복권인지 식별이 곤란할 때가 있다. 구체적인 검사방법

은 다음과 같다. [그림 7-59]와 같이 복권 전동기로 결선하고 직류전원에 연결하여 회전방향을 조사한다. 다음에는 전동기의 운전을 중지하고 분권계자의 리드선을 뗀 후 직권 전동기로서 운전하여 회전방향을 전과 비교한다. 회전방향이 양쪽 모두 같으면 화동복권 전동기이고 회전방향이 반대이면 차동복권 전동기이다. 차동복권 전동기일 때 화동복권 전동기로 결선하려면 분권계자나 직권계자 중 어느 하나에 대하여 리드선의 접속을 바꾼다. 시험을 위해 먼저 복권 전동기로 운전할 때, 직권계자회로를 단락하여 분권 전동기로 기동한 후 직권계자에 대한 단락을 열어주는 방법을 사용할 때가 많다. 직권계자를 단락하고 기동하는 것은 차동복권으로 잘못 접속함으로써 기동 초기에 일어나는 속도의 불안을 피하려는 데 있다. 직권계자를 단락하고 기동한 후 직권계자에 대한 단락을 열어주는 운전이 끝나면 다음에는 직권 전동기로 운전하여 회전방향을 비교하는 점은 전과 동일하다.

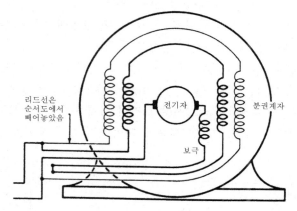

[그림 7-59] 전동기의 화동복권 결선 여부에 대한 검사

(5) 보극에서 발생하는 극성이 적절한가에 대한 검사(test for correct interpole polarity)

보극에 대한 극성검사에서는 나침반의 이용이 곤란할 때가 많다. 나침반법은 전동기로부터 전기자를 떼어 놓을 수 있을 때만 사용이 가능하다. 브러시 지지기의 위치를 이동할 수 있는 구조의 전동기이면 나침반을 사용하거나 전기자를 떼어 놓는 작업을 하지 않고도 다음과 같은 방법에 의해서 극성조사를 할 수가 있다.

전기자 및 보극회로에서 나온 리드선을 전원과 연결하고 나머지 리드선은 전부 접속으로부터 떼어 놓는다. 브러시가 놓인 위치에 표시를 한 후 브러시 지지기를 표시와 표시 사이의 중앙 위치로 이동한다. 이것은 [그림 7-60], [그림 7-61]에 도시되어 있다. 전원 스위치를 넣는 순간의 전기자의 회전방향을 조사하고 스위치는 다시 개방한다. 이때 회전방향이 브러시의 이동방향과 동일하면 보극의 극성은 옳게 발생되고 있는 것이다. 브러시의 이동방향에 대해서 전기자가 반대로 회전하면 보극에 대한 결선을 다시 하여 주어야 한다. 이러한 시험법은 브러시를 시계방향 또는 반시계방향으로 이동할 수 있을 때 실시할 수 있다.

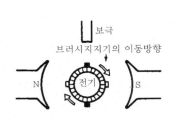

[그림 7-60] 2극 전동기일 때의 보극의 극성 검사.
전기자 및 보극의 결선만을 남겨 놓
고, 기타 결선은 모두 떼어 놓는다.
브러시를 90° 이동하였을 때, 브러시
의 이동방향으로 전기자가 회전하면
극성은 옳게 발생하고 있는 것이다.

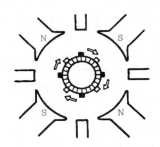

[그림 7-61] 4극 전동기에서의 보극 극성 검사

검사가 끝나면 브러시는 처음 고정되었던 위치로 다시 돌려놓아야 한다. 그 다음 분권계
자 리드선을 연결한다. 전동기는 보극이 있는 분권 전동기로 일정한 방향으로 작동하게
된다. 만약 전동기가 알맞은 방향으로 회전하면 분권계자 리드선을 떼어내고 회로에 직권
계자 리드선을 연결한다. 그렇게 되면 전동기는 전과 같은 방향으로 회전하며 보극이 있는
직권 전동기로 운전하게 된다. 이 경우 저전압을 공급해 주어야 한다. 그 다음 또 다시 분
권계자의 리드선을 연결한다. 이 역전용 전기자는 보극과 한단위로 사용되는 점을 유의해
야 한다.

(6) 브러시 지지기의 위치에 대한 검사(test for correct position of brush holder)

정류자상에 놓인 카본 브러시의 수는 전동기의 극수에 달려있다. 2극 전동기이면 두 개의
브러시, 4극 전동기이면 네 개의 브러시가 있다. 브러시는 정류자의 주위에 동일한 등간
격으로 배치하여야 함은 물론 정류자상에서 정확하게 지정위치에 고정할 필요가 있다.
또한 브러시는 최소한 정류자편 두 개와 동시에 접촉할 수 있어야 한다. 브러시의 두께를
이와 같이 정류자편 두 개와 접촉할 수 있도록 하는 것은 정류자편과 접속한 코일을 단락
하기 위함이다.
전기자 코일이 자력선을 절단하면 유도전류가 코일에 흐르게 된다. 이렇게 되면 브러시를
통해서 단락된 코일은 심한 열을 발생하게 되고 또한 전기자가 회전할 때 브러시로부터
심한 스파크가 발생한다. 따라서 자력선이 비교적 적은 중성점(neutral point)에 브러시를
고정하면 유도전류가 흐르지 않아 코일의 과열을 방지할 수 있다. 이 때문에 브러시는

주자극간의 중성점인 중성점에 항상 고정하고 운전하여야 한다.

브러시의 위치를 결정하는 방법은 다음과 같다. 이 방법은 극수에 관계없이 모든 직류 전동기에 이용할 수 있으나, 여기서는 보극을 가진 2극 전동기를 예로 들어 다루어 본다. 전기자 코일이 들어 있는 임의의 슬롯에 백묵으로 표시하고 이 슬롯 속의 코일이 정류자편과 접속되어 있는 리드선을 추적한다. 표시한 슬롯이 보극 바로 밑에 올 때까지 전기자를 돌린다. 전기자를 이 위치에 두고 코일과 연결이 된 정류자편상에 브러시 하나가 오도록 브러시 지지기를 이동한 후 이 위치에 브러시 지지기를 고정한다.

이 위치에 브러시를 고정한 후에는 잠시 전동기를 운전하면서 아주 서서히 브러시를 전후방향으로 이동하여 본다. 브러시의 이동에 따라 전동기의 회전이 전보다 원활하면서 동시에 스파크가 발생하지 않는 위치를 찾는다. 전동기를 운전하기 전에 결정하였던 위치로부터 정류자편을 한 개 정도 이동하여 브러시를 고정하면 운전상태가 더욱 원활히 되는 수가 있다. 그때는 이 위치에 브러시를 고정한다.

브러시의 고정위치를 정확히 검출할 수 있는 기능을 가지려면 많은 실무 경력을 쌓아야 한다. 저전압 측정용 전압계(low-reading voltmeter)를 인접 정류자편에 접속하여 브러시의 고정위치를 검출하는 방법이 있다. 이 방법은 전동기를 안정상태로 놓고 실시한다. 정류자상에서 전압계의 리드선 접속위치를 이동할 때, 전압계가 0을 가리키는 위치가 정확한 중성점이 되므로 브러시가 이 점에 오도록 브러시 지지기를 이동한 후 고정한다.

브러시를 중성점에 고정하는 방법은 이 밖에도 다음과 같은 여러 방법이 있다.

① 계자회로에 대한 결선을 떼어 놓고 전기자 및 보극회로에 정격전류를 흘릴 때, 브러시가 중성축상에 고정되었으면 전기자는 회전하지 않는다.

② 필드킥 방법(field kick method)을 사용한다. 브러시 사이에 직류전압계(voltmeter)를 접속하고 계자회로에 직류전원을 연결하는 전원 개폐기를 열었다 닫았다 하는 순간에 지침이 전혀 움직이지 않는 곳 또는 그 지시가 가장 미약한 곳이 정확한 중성점이 된다.

③ 부하를 걸고 전동기를 시계방향과 반시계방향으로 운전한다. 브러시가 중성점상에 있을 때 전동기는 회전방향에 관계없이 그 속도는 항상 일정하다.

2. 수리(repairs)

(1) 증상 및 고장원인

직류 전동기가 고장을 일으켰을 때 일어나는 여러 가지 증상은 다음과 같다. 고장 시의 증상, 그 다음에 고장원인이 기재되어 있다.

① 스위치를 넣었는데 전동기가 기동하지 않을 때의 고장원인

　　㉠ 퓨즈 또는 보호장치의 용단

ⓛ 브러시의 오손 또는 브러시 고착

　　ⓒ 전기자회로의 단선

　　ⓔ 계자회로의 단선

　　ⓜ 계자권선의 단락 또는 접지

　　ⓗ 전기자권선 또는 정류자편의 단락

　　ⓢ 베어링의 불량

　　ⓞ 브러시 지지기에서의 접지

　　ⓩ 과부하

　　ⓒ 제어기의 불량

② 전동기가 저속으로 회전할 때의 고장원인

　　㉠ 전기자 또는 정류자에서의 단락

　　ⓛ 베어링의 불량

　　ⓒ 전기자 코일의 단선

　　ⓔ 중성점으로부터 벗어난 위치에 브러시 고정

　　ⓜ 과부하

　　ⓗ 전압 부적당

③ 전동기가 명판에 표시된 정격속도 이상으로 회전할 때의 고장원인

　　㉠ 분권계자회로의 단선

　　ⓛ 직권 전동기를 무부하로 운전

　　ⓒ 계자권선의 단락 또는 접지

　　ⓔ 복권 전동기를 차동복권으로 결선

④ 운전 시 브러시로부터 스프크가 일어날 때의 고장원인

　　㉠ 정류자와 브러시의 접촉불량

　　ⓛ 정류자편의 오손

　　ⓒ 전기자회로의 단선

　　ⓔ 보극의 극성불량

　　ⓜ 계자권선의 단락 또는 접지

　　ⓗ 전기자 리드선에 대한 결선착오

　　ⓢ 리드선 접촉위치의 부적당

　　ⓞ 브러시를 중성점으로부터 벗어난 곳에 고정

　　ⓩ 계자회로의 단선

　　ⓒ 정류자면의 높이 불균일(high or low bar)

ㅋ 운모편의 돌출(high mica)

   ㅌ 전기자의 균형불량

  ⑤ 회전 시 소음이 발생할 때의 고장원인

    ㄱ 베어링의 불량

    ㄴ 정류자면의 높이 불균일

    ㄷ 정류자면의 거침

    ㄹ 전기자의 균형불량

  ⑥ 전동기가 과열할 때의 고장원인

    ㄱ 과부하

    ㄴ 스파크

    ㄷ 베어링의 조임과다

    ㄹ 코일의 단락

    ㅁ 브러시 압력의 과다.

(2) 수리방법

 ① 퓨즈 또는 보호장치의 용단(open fuse or protective device)

  퓨즈의 용단에 대한 검사방법은 앞장에서 설명한 바 있으나 다음에 설명하는 것도 중요한 사항들이다.

  통형(筒型) 퓨즈(catridge fuse)이면 뽑아내고 새 퓨즈로 바꾸어 본다. 플러그 퓨즈(plug fuses)이면 운모로 만든 창을 통해서 퓨즈의 용단(溶斷) 유무를 쉽게 검사할 수 있다. 퓨즈를 뽑지 않고 검사하려면 퓨즈를 거치지 않고 램프를 전원 사이에 먼저 접속하고 점검한다. 그리고 그 다음에는 퓨즈를 지나서 부하 측에 접속한다. 이때 램프가 점등하지 않으면 퓨즈 중 하나 또는 양쪽이 용단한 것이다. 기동기의 과부하 보호기는 리셋시켜 둔다.

 ② 브러시의 오손 또는 브러시의 고착(dirty or clogged brushes)

  정류자에 대한 카본 브러시의 압력은 매 평방인치당 1~2파운드이다. 브러시에 대한 압력은 브러시 후면에 놓인 스프링을 통해서 가감한다. 스프링 작용이 원활하려면 브러시는 브러시 지지기 내에서 움직일 수 있어야 한다. 그러나 브러시와 브러시 지지기 사이의 간격이 될 수 있는 한 적게 하여야 한다. 그렇지 않으면 회전 중 브러시가 놀게 되므로 접촉불량을 일으키는 수가 있다.

  브러시의 치수가 적당하지 못한 관계로 브러시가 브러시 지지기에 꼭 끼면 스프링이 작용하지 못하게 되어 브러시가 정류자에 압력을 미치지 못한다. 그러므로 정류자와의 접촉불량으로 인해서 전류가 흐르지 못한다. 따라서 전기자 코일의 단선과 같은 상태를 야기한다. 브러시 지지기와 정류자편과의 이격(離隔)거리는 약 1/16인치 이내로 한다. 그 이상이 되면 전기자가 회전할 때 브러시가 정류자상에서 놀게 된다. [그림 7-62]는 여러 위치의 브러시를 도시하고 있다. 브러시 지지기와 정류자와의 이격거리는 보통조임나사(setscrew)로 조정한다. 또한 새 브러시로 바꾸어 끼울 때는 정류자와 접촉할 브러시면이 정류자의 표면이 가지는 커브에 꼭 맞도록 가공할 필요가 있다. 가공할 때에는 샌드 페이퍼의 거친 면이 브러시와 접촉하도록 정류자와 브러시 사이에 끼우고 브러시에 압력을 가하면서 샌드 페이퍼를 앞뒤로 움직여 주어 브러시면을 정류자면이 가지는 커브처럼 되게 한다.

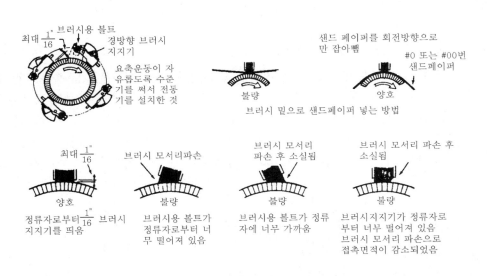

[그림 7-62] 카본 브러시의 고정 위치 중, 양호한 것과 불량한 것의 여러 가지 예

③ 전기자회로의 단선(open armature circuit)

전기자 회로는 브러시의 접촉불량, 브러시 지지기에 대한 리드선 단선, 보극과 전기자 간의 접속선의 단선, 보극간의 접속선 파손, 전기자에서의 2개 이상의 코일 단선, 정류자의 오손 등의 원인에 의해서 단선이 일어난다. 이와 같은 불량 개소는 육안관찰 또는 테스트 램프를 통해서 검출할 수 있다. 고장의 한 보기로는 [그림 7-63]과 같은 것을 들 수 있다. 전기자 코일상에 단선된 정류자편을 단락하여 수리한다.

정류자편이 오손되었으면 마른 헝겊으로 깨끗이 닦고 샌드 페이퍼를 사용하여 다듬는다. 정류자편 사이에 잡물이 끼었으면 쇠톱날로 긁어낸다.

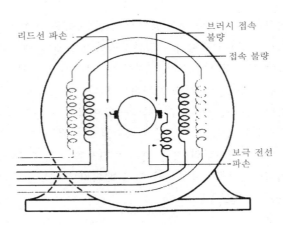

[그림 7-63] 전기자회로에 단선사고가 발생하는 곳에 대한 보기

④ 계자권선의 단선(open field circuit)

직권계자 또는 분권계자 중 어느 하나에서 단선이 되면 전동기는 기동불능상태에 빠진다. 그러나 운전 도중에 분권계자 코일이 단선하면 부하가 충분히 걸려 있지 않는 한 무구속속도(無拘束速度 ; run away speed) 상태가 된다. 복권 전동기이면 직권계자와 분권계자 사이에 단락사고를 일으키기 쉽고, 따라서 리드선이 소손되는 관계로 단선사고의 원인이 된다. 단선사고를 일으키기 쉬운 곳을 표시하면 [그림 7-64]와 같다.

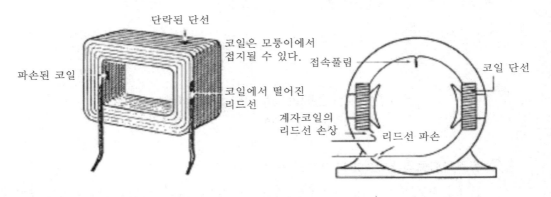

[그림 7-64] 계자회로와 코일에서 단선 사고를 일으키기 쉬운 개소에 대한 보기

때로는 계자를 연결하는 리드선이 단선되는 수도 있다. 특히 계자에서 뽑은 리드선은 코일과의 접속을 견고히 하지 않으면 이 부분이 파손되기 쉽다. 전동기 밖으로 뽑은 리드선의 단선 또는 계자 사이의 접속불량으로 인해서 단선사고를 일으킬 때도 있다. 이와 같은 단선은 육안관찰을 하거나 시험을 통해서 검출한다.

계자회로에서의 단선 개소를 수리하려면 철심으로부터 코일을 떼어 테이프로 절연한 곳을 풀든가 또는 잘라 버린다. 코일의 상층에서 단선이 되었으면 몇 회 정도 코일을 풀고 이 점에 리드선을 접속한다. 코일 횟수가 수회 정도 모자라는 것은 전동기 운전에 별 지장을 주지 않는다. 제거한 코일 횟수가 많을 때는 파손점에 새 코일을 접속하고 제거한 횟수만큼 다시 권선한다.

두 개의 계자 코일 접속점에서 단선하였으면 코일은 풀지 않고 그 점을 다시 접속하여 준다. 단선부분을 발견할 수 없을 때는 코일 전체를 다시 권선한다.

⑤ 계자권선의 단락 또는 접지(shorted or grounded field)

계자 코일이 완전 단락을 일으키면 전원 퓨즈가 용단하고 또한 발생자계가 극히 미약하게 되므로 전기자는 회전불능상태에 빠진다. 계자 코일이 완전 소손된 경우에는 곧 육안으로 식별할 수 있으나 계자 코일의 단락은 시험을 통해서만 검출이 가능하다. 계자 코일이 부분단락을 일으키면 정격속도보다 빨리 회전하게 되고 무부하상태에서는 심한 스파크를 발생하는 수가 많다.

계자 코일의 단락을 검출하는 방법으로 저항계(ohmmeter)를 이용한 저항 측정, 전압강하시험(drop-in-voltage test), 변압기에 의한 시험(transformer test) 등 세 가지 방법이 있다.

㉠ 저항계를 이용한 저항측정시험(resistance measurement test with an ohmmeter)
전동기에서 계자 코일은 권선 횟수가 모두 같으므로 코일이 가지는 저항은 각 코일마다 동일하다. [그림 7-65]는 검사회로를 나타내고 있다. 각 코일의 저항을 저항계로 측정하였을 때 특히 저항이 적은 코일이 있으면 이 코일이 단락된 것이다. 이때는 단락 코일을 다시 권선하여야 한다.

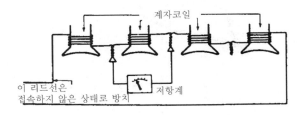

[그림 7-65] 저항계에 의한 코일의 단락 검출

㉡ 전압강하시험(drop-in-voltage test)
4극 전동기의 계자 코일을 전부 직렬로 접속하고 120V 전원에 접속하면 각 코일마다 120V의 1/4에 해당하는 30V씩 걸린다. 따라서 전압계로 각 코일에 걸리는 전압을 [그림 7-66]처럼 측정하면 30V를 지시한다. 만약 어느 코일에 걸리는 전압

이 다른 코일에 걸리는 전압보다 현저하게 적으면 이 코일은 단락사고를 일으키고 있는 것이다.

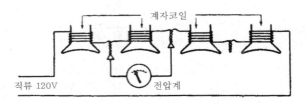

[그림 7-66] 전압계에 의한 단락 코일 검출법

ⓒ 변압기에 의한 시험(transformer test)

소형 계자 코일은 [그림 7-67]과 같은 방법으로 시험한다. 변압기는 철심의 한 끝에 코일을 끼운 성층철심으로 되어 있다. 계자 코일을 변압기의 코일상에 오도록 철심에 끼우고 먼저 끼운 1차 코일에 교류전압 115V 를 가한다. 계자 코일이 단락하였으면 코일에 유도전류가 흘러 변압기의 1차 코일과의 사이에 반발력이 작용한다. 단락한 코일 횟수가 많을 때는 코일은 위로 튀어 오른다.

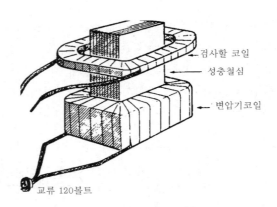

[그림 7-67] 변압기를 이용한 단락 코일 검출법

계자 코일의 단락을 검출하는 다른 방법으로 다음과 같은 것도 있다. 계자 코일의 회로를 몇 분간 전원에 연결하면 보통은 계자 코일 전체가 뜨거워진다. 그러나 차가운 부분이 있으면 그 코일이 단락된 것이다.

계자 코일상에서 접지 개소가 1개소뿐이면 감전되어 쇼크를 받는 것 외에는 전동기의 동작에 아무런 영향도 주지 않는다. 접지된 곳이 2개소이면 단락에 해당하고 퓨즈가 용단하는 수가 있다. 전동기의 프레임을 공작물 규정에 따라 접지하였으면 코일의 접지 개소가 1개소일지라도 퓨즈가 용단하는 수가 있다. 접지된 코일을 수리하려면 접지 개소를 다시 절연하든가 또는 테이프로 감는다. 이러한 수리작업을 할 때는 특히 코일의 단선 또는 소손 여부에 대해서 주의해서 살펴야 한다. 작업이 끝나면 접지부분에 대한 수리가 완전한지 다시 한 번 확인한다.

⑥ 전기자 또는 정류자의 단락(shorted armature or commutator)

전기자상에서 여러 코일이 단락하였거나 또는 코일이 두 개 이상 접지하였을 때 전기자는 회전하지 못하는 수가 있다. 전동기에 따라서는 반회전 또는 아주 서서히 회전한다. 코일의 단락 여부를 시험하려면 그라울러 위에 전기자를 올려놓고 쇠톱날로 시험한다. 그러나 이러한 시험을 하기 전에 단락의 원인이 될 수 있는 잡물을 정류자로부터 제거하기 위해서 정류자편 사이의 운모를 깨끗이 청소하여 주어야 한다.

전기자 코일의 단락된 부분은 전동기를 운전할 때 열을 발생하고 심하면 연기가 난다. 전동기에서 연기가 나는 것은 거의 대부분이 코일의 단락 또는 소손 사고가 있다는 것을 뜻한다. 그러나 단락이 일어났어도 거의 아무런 증상을 나타내지 않을 때도 있다. 코일이 타고 있는 것은 냄새로써 금방 알 수 있으나 이러한 상태가 잠시 지속하면 인접 코일까지 손상시킨다. 한편 제때에 발전하고 조처하면 권선만은 살릴 수 있다. 전동기로부터 연기가 나는 것을 발견하면 즉시 전원 스위치를 열고 프레임에 손을 얹어 뜨거운 코일을 찾아본다. 특히 과열되는 부분이 있으면 이 부분에서 단락이 일어났을 가능성이 많다. 단락된 코일을 검출하면 제6장에서 설명한 방법으로 불량 코일을 제거한다.

코일의 단락이 정류자편의 단락에서 온 것이면 단락한 정류자편과 접속된 코일의 리드선을 끊어 올리고 함께 납땜해서 테이프로 감아 놓는다. 그 다음에는 단락한 정류자편 사이를 납땜한다. 전동기로부터 연기가 나는 일이 없이 회전을 계속하면 코일을 절단할 필요가지는 없다. 코일에서 연기가 나면 절단하여야 한다. 정류자편이 단락하면 열을 받아 변색하므로 색깔로써 식별이 가능하다.

⑦ 베어링의 불량(worn bearings)

베어링이 마멸되어 전기자와 계자극이 맞닿을 정도가 되면 전기자는 회전하지 못하는 것이 보통이다. 이러한 경우에는 운전 중 소음이 나게 된다. 베어링에 대한 마모 여부를 검출하려면 제1장에서 설명한 바와 같이 축을 좌우 또는 상하 방향으로 움직여 검출한다. 회전자의 철심이 움직이는 소리를 통해서 또는 회전자의 철심과 계자극과의 마찰로 생긴 마모부분을 통해서 베어링의 마모를 곧 식별할 수 있다. 베어링이 마모했을 때는 새 베어링으로 바꾸는 것이 유일한 수리방법이다.

⑧ 브러시 지지기에서의 접지(grounded brush holder)

브러시 지지기 중 하나가 접지를 일으키면 프레임을 접지할 때 전원 퓨즈가 용단하는 경우가 있다.

특히 230V 용 전동기에서 이러한 현상이 많이 일어난다. 브러시 지지기의 접지는 테스트램프로 검출할 수 있다. 접지 개소를 검출하려면 브러시 지지기와 연결한 모든 리드선을 떼어놓고 브러시가 정류자와 접촉하지 않도록 브러시를 올려놓는다. 램프 테스트 세트의 리드선 하나는 엔드 플레이트에 대고, 하나는 순차적으로 브러시 지지기와 접촉한다. 램프가 점등하는 곳이 있으면 그 브러시 지지기는 접지된 것이다. 수리하려면 브러시 지지기를 떼고 접지부분에 파이버 와셔 또는 운모편을 다시 끼워 절연하여 준다.

⑨ 과부하(overload)

심하게 과부하가 걸린 전동기는 회전하지 못하는 수가 있다. 전동기를 운전할 때 심히 과열하면 과부하한 징조이다. 전동기에 대한 과부하 여부를 조사하려면 벨트 또는 기타 부하와의 연결장치를 떼고 운전하여 본다. 전동기의 운전에 아무 이상이 없으면 과부하에 원인이 있다. 과부하임이 판정되면 부하를 적게 하든가 또는 용량이 큰 전동기로 바꾸어 설치하여 준다. 이러한 과부하에 대한 조처는 제4장을 참고하기 바란다.

과부하란 실제로 부하가 많이 걸리고 있는 것만을 뜻하는 것은 아니다. 전동기를 서서히 돌게 하는 조건은 모두 일종의 과부하상태로 간주할 수 있다. 예를 들면 축과 베어링을 너무 꼭 조여져 있는 것도 전동기의 운전속도를 저하시키며 일종의 과부하로 본다. 전류계로 측정한 전류와 명판상의 정격전류를 비교해서 과부하 여부를 판단한다. 과부하가 되었으면 부하를 줄이거나 대형 전동기로 바꾸어 준다. 과부하는 권선의 불량, 예를 들면 단락, 단선, 접지 등의 사고로 인해서도 발생할 수 있다. 별다른 외부적 요인이 없는데도 전류계가 정격전류보다 높게 지시하면 전동기에 이상이 있음을 뜻하는 것이다. 이러한 경우에는 전동기를 해체하여 고장원인을 찾아내야 한다.

⑩ 제어기의 불량(defective controller)

기동기(starting box) 또는 제어기(controller)의 동작이 좋지 못하면 퓨즈용단의 원인이 된다. 이는 제어기 자체의 구조상의 결함 또는 제어기와 전동기 사이의 결선착오에 원인이 있다. 어느 경우에 있어서나 수리하는 사람은 제어기에 대한 동작원리 또는 결선에 관한 기능과 지식을 풍부히 가지고 있어야 한다. 제어기의 결선에 관해서는 제8장의 도형과 설명을 참고하기 바란다.

⑪ 전기자 코일의 단선(open armature coil)

전기자 코일이 단선되면 정류자편에서 스파크를 발생시키고 명판상에 기재된 정격속도의 회전이 불가능하게 된다. 이러한 전기자 코일을 검사하면 단선 코일과 접속된 정류자편에 심하게 탄 부분을 찾아볼 수 있다. 중권 전동기일 때는 코일 단선 개소가 1개소인 경우 소손 개소도 1개소 있게 된다. 4극 파권 전동기이면 소손점은 2개소 나타난다. 코일의 단선은 정류자편과의 리드선이 떨어졌을 때 또는 납땜불량일 때 발생한다. 정류자편으로부터 리드선을 떼어내고 깨끗이 한 후 원상태로 다시 연결하여 납땜하여야 한다. 단선이 코일 파손으로부터 일어난 것이면 소손된 점과 인접되어 있는 양정류자편을 건너뛰고 다시 접속한다. 정류자편에서 소손부분이 1개소 이상 나타났을 때는 1개소만 건너뛰고 전동기를 운전하여 본다. 이때 스파크가 발생하지 않으면 더 이상 정류자편을 건너뛰지 않도록 한다.

⑫ **중성축에서 벗어난 위치에 브러시 고정(brushes set off-neutral)**

브러시는 항상 중성축상에 고정하여야 한다. 브러시를 지정된 위치에 고정하는 조임 나사가 풀리면 브러시는 고정위치에서 이탈하게 된다. 이러한 현상이 발생하면 브러시로부터 심한 스파크가 발생하는 동시에 속도가 저하된다. 따라서 브러시는 고정위치로부터 이탈하지 않도록 하여야 한다.

브러시의 위치가 이동할 때, 즉 리드 스윙(lead swing)현상이 있을 때도 정류자편과 리드선의 접속이 바뀐 것과 비슷한 현상을 일으킨다. 이에 대한 수리는 전동기를 전속도로 운전할 때 스파크가 발생하지 않는 위치로 브러시를 이동하여 주면된다.

보극을 가진 전동기일 때는 [그림 7-68]처럼 주자극간의 중앙점에 오는 코일을 기준으로 하여 이 코일과 접속된 정류자편을 찾아 브러시를 이 정류자편상에 고정할 수 있도록 전기자를 돌려놓은 후 브러시를 고정한다.

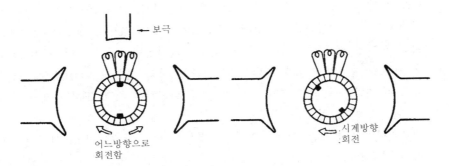

[그림 7-68] 보극이 있는 전동기와 없는 전동기에서의 올바른 브러시 위치

또는 보극 바로 밑에 있는 코일과 접속된 정류자편을 찾아 이 정류자편상에 브러시가 오도록 브러시 지지기를 돌려 고정한다. 이때는 볼트미터법을 사용할 수도 있다.

보극이 없는 전동기이면 회전방향을 통해서 브러시의 위치를 결정하였을 때 브러시의 위치는 약간 다르게 된다. 보극을 가지지 않은 전동기이면 회전방향이 시계방향이면 보극을 가진 전동기일 때 브러시를 고정하여야 할 위치로부터 정류자편 서너 개 정도 반시계방향으로 브러시를 이동하여 고정하여야 한다.

⑬ 전압의 부적당(wrong voltage)

전동기는 어느 일정 전압에서 운전하도록 되어 있다. 전동기에 대한 인가전압 (impressed voltage)이 정격전압보다 낮으면 전동기는 그만큼 저속도로 회전한다. 전원의 전압이 심히 낮으면 회전불능상태에 빠지고 퓨즈가 용단된다. 그러므로 운전할 때는 정격전압에서 운전하도록 하여야 한다. 전원전압이 의심스러우면 접압계로 측정하여 본다.

⑭ 분권계자회로의 단선(open shunt-field circuit)

분권 전동기를 무부하로 운전하는 도중에 계자회로가 단선하면 전기자로부터 코일이 탈출할 정도의 위험속도에 도달하는 수가 있다. 이와 같은 상태에 있을 때 전동기는 무구속(running away)속도에 도달하였다고 한다. 이러한 현상을 이해하기 위해서는 발전기의 원리를 먼저 이해해야 할 것이다.

발전기는 기계적 에너지를 전기적 에너지로 전환하는 기계이다. 이것은 자계(magnetic field) 내에서 회전하는 많은 코일(coils of wire)로 구성되어 있으며 회전할 때 코일이 자력선을 잘라 전압을 유기한다.

이러한 현상은 발전기에서 뿐만아니라 전동기에서도 일어난다. 전기를 발생하려면 자계 내에서 회전하는 코일이 있어야 하며 이러한 3요소(코일·회전·자계)는 전동기에도 존재하므로 전동기도 또한 전기를 발생한다. 전동기에서의 전기는 인가전압과 반대방향으로 발생하므로 역기전력(counter electromotive force)이라 한다. 시험하여 보면 자계의 세기를 증가시키면 발생하는 역기전력도 증가한다. 또한 코일이 자력선을 자르는 속도가 빠를수록 발생전압은 상승한다. 예를 들면 100V 의 역기전력이 필요할 때 자계가 약하면 전기자는 고속으로 회전하여 주고, 또한 자계가 강하면 저속으로 회전하여 줄 필요가 있다.

전동기에서 발생하는 전압은 인가전압과는 극성이 반대이며 그 세기는 거의 같다. 따라서 전동기에 120V 전압을 가하여 극성이 반대인 역기전력 110V 를 발생하였다면 전기자에 전류를 흐르게 하는 전압은 10V 가 된다. 전동기를 계속 운전하려면 이것으로 충분하다.

첫째, 전동기로 동작할 때 역기전력은 인가전압보다는 항상 약간 적다. 둘째, 역기전력의 크기는 계자의 세기, 자력선의 수 및 속도에 좌우된다. 계자회로가 단선되면 계자 코일에 전류가 흐르지 못하게 되므로 자력선의 수는 거의 0이지만 실지는 잔류자기 때문에 극소수의 자력선이 남아 있다. 따라서 미약한 자계 내에서 회전하는 전기자에는 거의 역기전력을 발생하지 못한다. 그러나 전기자에는 인가전압과 거의 같은 역기전력을 발생하여야 하므로 극히 미약한 자계 내에서 필요한 전압을 발생하려면 속도 상승하는 경향을 나타낸다. 계자회로가 단선되는 순간에 자동적으로 이러한 동작이 일어나게 된다.

⑮ 무부하로 직권 전동기 운전(series motor running without load)

직권 전동기는 반드시 부하를 걸고 운전하여야 한다. 무부하로 운전하면 무구속속도에 도달하여 위험하게 된다. 직권 전동기는 직권계자회로와 전기자회로를 직렬로 접속하기 때문에 양회로에 흐르는 전류는 동일하다([그림 7-69]). 전동기를 무부하로 운전하면 부하를 걸고 운전할 때보다 훨씬 작은 전류가 흐른다. 따라서 계자의 세기도 무부하운전에서는 대단히 미약하고 부하운전에서는 강하게 된다. 미약한 자계하에서 소요 역기전력을 발생하려면 전기자는 그만큼 빠른 속도로 회전하여야 한다.

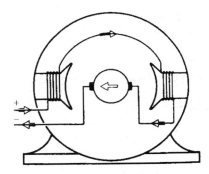

[그림 7-69] 직권 전동기는 각 부분에 동일 전류가 흐른다.

⑯ 차동복권결선(differential connection in a compound motor)

결선착오로 화동복권 전동기를 차동복권 전동기로 결선하면 무부하로 운전할 때 극히 위험한 고속으로 회전한다. 차동복권 전동기로 결선하면 직권계자와 분권계자에서 발생하는 자계는 서로 반대방향을 갖기 때문에 결과적으로 합성자계의 세기는 도리어 약화된다. 앞에서 설명한 바와 같이 자계의 세기가 약화되면 전동기의 속도는 상승한다. 복권 전동기로 운전하였을 때와 직권 전동기로 운전하였을 때의 회전방향을 비교하면 계자권선에 대한 차동결선의 여부를 판단할 수 있다. 즉, 전동기의 회전방향이 어느 결선에나 동일하면 화동복권결선이고 동일하지 않으면 차동복권결선이다. 차동복권 전동기를 화동복권전동기로 변경하려면 직권계자 또는 분권계자 중 어느 한 계자에 대한 극성을 반대로 하여주면 된다.

⑰ **정류자와의 브러시 접촉불량**(poor brush contact on the commutator)

정류자에서 스파크가 발생하는 것은 흔히 있는 일이다. 그 주된 원인은 정류자의 접촉이 불량하기 때문이다. 브러시가 접촉불량을 일으키는 원인은 브러시의 마멸, 브러시 지지기의 고착, 스프링 압력의 불충분, 피그테일(pig tail)의 불량, 브러시의 형상이 이그러짐, 정류자의 거칠음·파임 또는 편심, 정류자의 오손 등 여러 가지 원인이 있다. 장기간에 걸쳐 브러시를 계속 사용하면 브러시가 마멸됨에 따라 스프링의 압력작용이 미약하게 된다. [그림 7-70]은 이 상태를 나타내고 있다. 따라서 이것이 스파크를 발생하게 하는 원인이 된다. 그러므로 브러시가 마모하면 새것으로 바꾸어 주어야 한다. 브러시에서 열이 발생하면 스프링의 탄력이 약화하게 되므로 스프링에 대한 탄력시험을 가끔 할 필요가 있다. 스프링의 탄력이 약화된 것은 스프링을 잡아 당겼다가 놓을 때 원위치까지 돌아가지 않으므로 곧 검출할 수 있다.

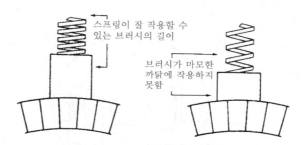

[그림 7-70] 길이가 서로 다른 브러시의 스프링 힘의 비교

브러시와 브러시 지지기 사이에 먼지 또는 잡물이 끼게 되면 정류자와의 접촉을 방해하므로 스파크를 발생하는 원인이 된다. 브러시는 [그림 7-71]과 같이 피그테일(pig tail)을 통해서 접속한다. 피그테일은 브러시 지지기로부터 브러시에 전류를 통하는 리드선의 역할을 하는 것으로 피그테일의 한 끝은 브러시 지지기에 접속한다. 피그테일은 가요성의 작은 리드선이다(피그테일이 없는 브러시는 스프링이 피그테일의 구실을 대신한다). 피그테일과 브러시와의 접속을 견고하게 하려면 납땜인두로 납땜을 한다. 또는 피그테일의 굵기에 맞추어 브러시에 구멍을 뚫고 피그테일을 넣은 후 구멍 속에 금속편(머리가 없는 못 등)을 압착하여 피그테일을 고정한다. 금속편을 압착할 때는 카본에 금이 가지 않도록 각별히 조심하여야 한다.

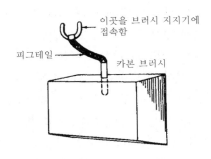

[그림 7-71] 피그테일(pigtail) 브러시의 형태

정류자상에 브러시를 잘 고정하지 않으면 스파크를 발생한다. 샌드 페이퍼의 거친 면이 브러시쪽을 향하도록 브러시와 정류자 사이에 끼우고 브러시에 압력을 가하면서 앞뒤로 샌드 페이퍼를 잡아 당기어 브러시의 접촉면을 고르게 한다. 브러시의 접촉면이 정류자면과 밀착할 수 있는 상태가 되었다고 생각되면 샌드 페이퍼를 빼고 정류자면에 남아 있는 브러시 가루를 불어낸다.

정류자면이 거칠 때나 또는 편심하였을 때는 브러시와 정류자 간에 간격이 생긴다. 이것은 정류자면에 손을 대보면 검출할 수 있다. 이러한 정류자는 산반에 물리고 깎아가공한다. 정류자면의 오손도 스파크발생의 원인이 된다. 정류자면은 항상 깨끗하게 유지하여야 한다. 특히 그리스, 기름, 기타 잡물이 끼지 않도록 유의해 주어야 한다. 정류자편에 대한 청소는 마른 헝겊으로 깨끗이 닦는 것이 가장 좋은 방법이다. 운모편을 깎아 내릴 때는 정류자편 사이에 낀 잡물을 긁어내야 한다. 정류자편 사이의 운모편에 브러시 가루가 끼면 회전 시 섬락(閃絡 ; ring of fire)을 일으키는 수가 많다. 운모편에 대한 청소를 철저히 하는 것이 섬락사고를 방지하는 한 방법이다.

⑱ 리드선의 접속위치 부적당(wrong lead swing)

정류자 코일의 리드선은 정류자편과 접속할 때 접속하여야 할 위치에서 정류자편 몇 개를 건너 뛰어 접속하면 브러시에서 심한 스파크를 발생한다. 코일이 중성축상에 위치하고 있는지 검사하려면 코일의 리드선이 브러시를 통해서 단락되고 있는가에 대해서 조사할 필요가 있다. 중성축상에 놓인 코일의 리드선과 접속한 정류자편이 단락되어 있지 않으면 리드선은 다른 정류자편과 잘못 접속한 것이다. 수리하려면 스파크가 발생하지 않는 위치로 브러시를 이동하든가 또는 브러시 이동이 불가능하면 리드선의 접속위치를 바꾸어 다시 결선한다.

⑲ 보극 극성의 부적당(wrong interpole polaritv)

보극을 사용하는 목적은 유도작용에 의한 스파크의 발생을 방지하는데 있다. 그러나

이러한 목적은 보극의 극성을 옳게 나타날 때에 한해서 달성할 수 있다. 스파크가 발생되는 원인은 대단히 많으므로, 스파크의 원인이 보극에 대한 결선착오로 인한 극성의 부적당함으로 결론지으려면 시험을 통해 결정하는 수밖에 없다. 보극에 대한 극성검사는 앞의 설명과 같이 브러시를 이동하였을 때의 회전방향을 보고 결정한다. 브러시의 이동이 불가능한 구조로 된 전동기는 나침반을 사용하여 극성시험을 실시한다. 보극에 대한 결선이 옳지 않으면 정격전류보다 많은 전류가 흘러 전동기는 과열한다. 과열상태의 전동기를 계속 운전하게 되면 정류자편과의 납땜부분이 녹아 정류자 슬롯을 통해서 납이 녹아 흐르게 된다. 보극의 결선에 착오가 있어도 스파크를 발생함이 없이 전동기는 회전을 계속하는 수가 있다. 그러나 이때도 전동기는 정류자로부터 비정상적인 고열을 발생한다.

⑳ 높이가 균일하지 않은 정류자편(high or low mica)

정류자편의 높이가 균일하지 못하면 정류자와 브러시의 접촉부에서 심한 스파크가 발생한다. 전동기가 서서히 회전하면 정류자편의 높은 곳을 지날 때마다 스파크가 나는 것을 볼 수 있다.

전동기가 고속으로 회전하면 연속적으로 스파크현상이 일어나며 브러시는 정류자상에서 놀게 된다. 정류자편의 높고 낮음은 정류자편에 손을 대보면 곧 알 수 있다. 수리는 정류자편을 견고하게 다시 조이고 선반작업을 통한 절삭(切削)을 하거나 정류자용 지석 또는 샌드 페이퍼로 다듬어 주면된다.

㉑ 운모편의 돌출(high mica)

정류자편에 대한 조임이 느슨하게 되면 운모편이 정류자편보다 높게 솟아오른다. 이와 같은 현상은 운모편보다 정류자편이 빨리 마멸할 때도 일어난다. 운모편이 정류자편보다 돌출하면 스파크를 발생하여 정류자 전체에 걸쳐 흑색으로 변색하는 부분이 생긴다. 돌출한 부분은 손을 대어 보면 곧 알 수 있다.

수리하려면 선반에 정류자를 물리고 돌리면서 운모편만을 깎아내린다. 일시적인 수리방법으로는 정류자용 지석을 정류자에 대고 전동기를 돌려 주면 높은 부분을 낮게 할 수 있다.

㉒ 전기자 리드선 바뀜(reversed armature lead)

전기자 리드선이 바뀌는 일은 전기자가를 다시 권선하였을 때만 일어난다. 리드선의 접속이 바뀌면 브러시로부터 스파크가 발생한다. 전동기의 기타부분에 아무런 이상이 없는데도 스파크가 발생하면 리드선의 접속에 대해서 점검할 필요가 있다. 리드선의 접속이 바뀐 것을 점검하려면 전기자를 다시 검사해야 한다. 전기자 리드선의 접속이 바뀌었는지의 시험방법에 대해서는 제6장에 기재되어 있다.

㉓ 베어링의 조임과다(tight bearing)

전기자 축이 베어링에 꼭 끼면 전기자를 손으로 돌리기가 힘들다. 이러한 경우에는 베어링을 넓히기 위해서 리머질을 한다. 또는 축이 베어링 내에서 원활히 회전할 수 있을 때까지 고운 에머리 헝겊(emery cloth)으로 축을 문질러 준다. 전동기를 조립할 때 엔드 플레이트를 프레임과 잘못 조립했을 때도 축이 회전하지 않는 수가 생긴다.

㉔ 전기자의 균형불량(unbalanced armature)

전기자를 균형검사대에 올려놓고 기계적인 균형검사를 실시한다. 그 결과 결점이 발견되면 제6장 '전기자의 균형'항에서 설명한 방식에 따라 수리한다.

제8장   직류 전동기의 제어

1 서론(Introduction)

제5장 교류 전동기용 제어기에서 이미 설명한 바와 같이 제어기는 여러 가지 기능을 가지고 있다. 제어기가 가지는 기능으로는 전동기에 대한 기동과 정지, 기동전류의 제어 및 속도제어·역전·저전압 보호, 과부하에 대한 보호, 발전제동 등을 열거할 수 있다. 제어기에 따라 단지기동과 정지만을 할 수 있는 것이 있는가 하면, 그 밖의 모든 기능을 발휘하는 것도 있다.

제어기는 여러 가지 방식으로 분류할 수 있으나 본질적으로는 전전압과 감소전압을 사용하는 수동식과 자동식으로 나눌 수 있다. 이 장에서는 수동식과 자동식에 대한 동작원리와 전동기 결선법에 대해서 주로 다루기도 한다. 1/2HP 미만의 소형 전동기이면 기동전류가 적으므로 주로 전동기 단자에 전전압기동을 사용하고 있다. 1/2HP 이상의 전동기는 대개 기동 시에 저전압을 필요로 한다. 그러나 230V, 2HP 이상의 직류전동기는 전동기에 해를 주지 않는 정도에서 전전압하에 기동할 수 있다. 대형 전동기이면 내부 저항이 적으므로 전전압하의 기동에서는 대전류가 흐를 뿐 아니라, 퓨즈의 용단 또는 타기기에 대한 충격 등으로 만족스러운 기동이 어려울 때가 많다. 따라서 기동전류(起動電流)를 경감하기 위해서 전동기와 직렬로 기동저항을 삽입하고 기동한다. 그러한 기동기는 감압 기동기(reduced voltage starter)라고 한다. 그러나 전동기가 가속하면 내부에서 전원전압과 반대방향으로 역기전력(逆起電力)이 발생하여 전류가 감소하므로 기동 시에 삽입한 저항은 필요하지 않게 된다. 따라서 가속함에 따라 차차 저항을 감소하여 정격속도에 도달하면 기동저항은 완전히 제거하고 전동기에는 전전압이 직접 걸리도록 조처할 필요가 있다. 이러한 전압을 역기전력(counter electromotive force)이라고 한다. 역기전력의 크기는 전동기의 속도에 비례하여 상승하게 되므로 전동기가 전속도일 때 최대가 되고 정지하고 있으면 역기전력은 0이 된다.

예를 들면 230V 전동기의 내부저항이 2Ω일 때 정지상태에서 전전압으로 기동하는 순간 흐르는 전류는 옴의 법칙에 의해서

$$I = \frac{E}{R} = \frac{230}{2} = 115 \text{amp}$$

전동기가 가속하여 100V에 해당하는 역기전력을 발생할 때 전기자의 총 전압은 230-100, 즉, 130V가 된다. 그러므로 전류는

$$I = \frac{E}{R} = \frac{130}{2} = 65 \text{amp}$$

전동기에 흐르는 전류는 이와 같이 역기전력에 의해서 현저하게 감소된다. 전속도로 운전할 때 역기전력이 200V이면 전류는

$$I = \frac{E}{R} = \frac{230 - 200}{2} = 5\text{amp}$$

바꾸어 말하면 이 전동기는 전속도에서 15V가 흐른다. 그러나 기동 초기에는 115V가 흐르게 되므로 적당한 보조장치를 통해서 기동전류를 감소하여 주지 않으면 퓨즈의 용단 또는 전동기의 소손 등의 사고를 일으키게 된다. 이와 같은 피해로부터 전동기를 보호하고 또한 원활한 기동을 하려면 전동기의 회로에 직렬로 저항을 삽입한 후 전동기가 가속하여 연기전력을 발생함에 따라 서서히 저항을 감소한다. 저항체는 기동기 또는 저전압 수동 기동기(reduced voltage manual starter)라는 기동기 내에 설치하고 전동기 운전에 편리한 장소에 기동기를 설치한다. [그림 8-5]는 전형적인 기동기를 도시하고 있다.

2 수동식 제어기(Manual Controllers)

1. 분권 전동기에 결선한 3단자 기동기(three-point starting box connected to a shunt motor)

3단자 기동기(three-point starting box)는 전동기의 기동전류를 적정치로 유지시켜 주는 저항요소로 구성되어 있으며, 분권 전동기 및 복권 전동기의 기동에 사용한다. 기동기상에는 전동기를 결선할 수 있는 단자가 여러 개 부착되어 있으며 저항체는 기동기 속에 시설하므로 겉에서는 보이지 않는다. 기동기 내에서의 결선은 [그림 8-1]과 같다. 핸들을 한 개소에서 다른 한 개소 쪽으로 이동하면 회로 내의 저항은 차차 감소하는 구조로 결선되어 있다. 단자판상의 지지 코일은 단자전압에 의해서 여자(勵磁)하게 된다.

핸들이 최종 접촉자까지 이동하면 지지 코일이 발생하는 자력에 의해서 핸들은 최종 접촉자상에 고정된다. 단자판상의 단자는 각각 L, A, F로 표시되어 있다. 결선할 때는 L에 전원, A에 전기자, F에 계자권선을 연결한다. 이것들은 핸들 저항 및 지지 코일과 기동기의 내부에서 연결되어진다.

전동기와 기동기를 [그림 8-1]과 같이 결선하였을 때의 원리는 다음과 같다. 전원 스위치만 폐로하고 핸들이 아직 움직이지 않았을 때 기동기 및 전동기에는 전압이 걸리지 않는다. 핸들이 제1접촉자에 오면 전류는 L_1, 단자 L 및 핸들을 거쳐 접촉점에 이른다. 여기서부터 전류는 두 가지 경로로 흐르게 된다. 하나는 모든 저항을 거쳐 단자 A로, 다른 하나는 지지 코일을 거쳐 단자 F로 흐른다.

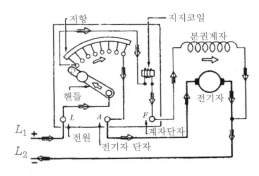

[그림 8-1] 분권 전동기에 결선한 3단자 기동기

전기자 단자에서는 전류는 전기자를 거쳐 L_2로, 계자단자에서는 전류는 [그림 8-2]에서처럼 분권계자를 거쳐 L_2로 흐른다. 핸들이 제1접촉자에 있을 때 전체 기동저항과 전기자

회로는 직렬접속상태에 있으므로 기동전류는 제한을 받는다. 핸들이 이동함에 따라 전동기는 가속하게 되고 역기전력이 증가하여 전류를 제한한다.

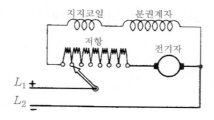

[그림 8-2] 그림 8-1에 대한 간략도

핸들이 최종 접촉자에 오면 기동기 저항은 분권계자회로의 저항에 비하여 대단히 적으므로 전동기 운전에는 별로 영향이 없다. 따라서 계자회로(界磁回路)에 전류가 흐르는 동안은 지지 코일에도 전류가 흐르게 되어 전자석이 되고 핸들을 최종 접촉자상에 고정한다. 어떤 원인으로 분권계자가 단선되면 지지 코일은 여자를 상실하게 되고 핸들은 스프링 작용에 의해서 원위치로 복귀하며 전기자에 이르는 회로를 단선시킨다. 따라서 전기자회로에는 전류가 흐르지 못하여 전동기는 정지한다. 운전 도중에 분권계자회로가 단선하면 전동기의 속도는 무구속 속도상태에 도달하게 되지만 지지 코일을 구비하고 있으므로 핸들이 자동적으로 원위치로 복귀하여 전동기는 정지한다. 지지 코일은 이와 같이 안전역할을 담당하므로 지지 코일을 무계자 개방기(no-field release)라 부른다.

3단자 기동기는 복권 전동기에도 사용할 수 있다. [그림 8-3], [그림 8-4]는 이에 대한 결선도이다. 분권전동기 결선과 다른 점은 직권계자가 추가된 점이다. [그림 8-5]는 수동식 저전압 기동기이다.

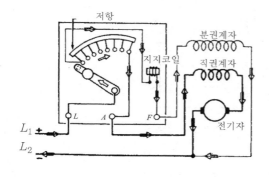

[그림 8-3] 복권 전동기에 결선한 3단자 기동기

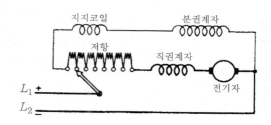

[그림 8-4] 그림 8-3에 대한 간략도

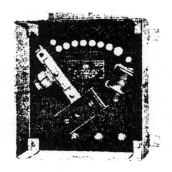

[그림 8-5] 수동식 저전압 비가역 기동기

2. 복권 전동기에 결선한 4단자 기동기(fourepoint starting box connected to a compound motor)

3단자 기동기와 4단자 기동기는 거의 차이가 없다. 주된 차이점이라면 [그림 8-6]과 [그림 8-7]에 표시된 것처럼 3단자 기동기에서는 지지 코일은 분권계자와 직렬로 접속하였으나 4단자 기동기는 지지 코일에 흐르는 전류를 제한하기 위해서 저항을 직렬로 접속한 후 전원에 병렬로 접속한다는 점이다.

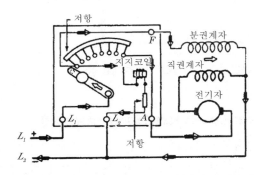

[그림 8-6] 복권 전동기에 결선한 4단자 기동기

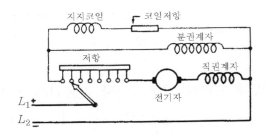

[그림 8-7] 복권 전동기에 결선한 4단자 기동기 회로도

4단자 기동기는 세 개 대신 네 개의 단자를 단자판상에 구비하고 있다. 전원 리드선은 L_1과 L_2에, 전기자는 A에, 계자는 F에 각각 연결한다.

핸들이 제1접촉자상에 올 때 전류는 전원 (+) 리드선으로부터 L_1을 거쳐 제1접촉자에 이른다. 제1접촉자에서 전류는 [그림 8-7]에 있는 세 개의 분로를 지나게 된다. 제1분로는 저항기를 거쳐 전기자단자, 전기자, 직권계자, L_2의 순서로 흐르고, 제2분로는 계자단자에서 분권계자, L_2로, 제3분로는 지지 코일을 거쳐 지지 코일 저항기, L_2로 흐르게 된다.

지지 코일은 저항을 통하여 전원과 직접 결선되어 있으므로 정전이 일어나면 핸들을 최종 접촉자상에서 고정할 수 없게 된다. 따라서 핸들이 자동적으로 원위치로 복귀하여 전동기는 정지한다. 지지 코일을 일명 무전압개방기(no-voltage release)라고도 한다.

3단자 기동기에 비해서 이 기동기는 전동기의 속도를 상승시키도록 가변저항을 분권계자회로로 삽입할 수 있는 이점이 있다. 결점으로는 기동저항이 클 때 계자회로의 저항이 증가하여 전동기의 속도가 급격히 상승할 우려가 있다. [그림 8-8]은 계자회로에 보조저항을 연결한 4단자 기동기를 나타내고 있다. 도형에서 보면 도형을 간략하게 하기 위하여 단자가 단자판상에 편리한 곳에 위치하고 있다. 실제 기동기에서 단자는 대개 단자판 상부 또는 하부에 일렬로 위치하고 있다.

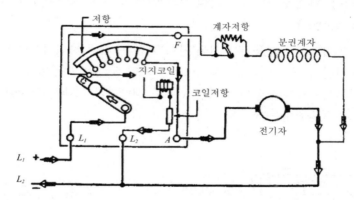

[그림 8-8] 속도 제어용 가변계자 저항기가 달린 4단자 기동기의 접속도

3. 속도제어 겸용 4단자 기동기(four-point speed-regulating rheostat)

이 저항기(rheostat)는 전동기의 속도를 제어하는 장치이다. 4단자 저항기의 결선은 앞에서 설명한 4단자 기동기와 비슷하나 [그림 8-9]에서처럼 동일 상자 속에 계자저항과 전기자 저항이 함께 내장되어 있는 점만이 다르다. 전동기를 운전할 때 임의의 접촉자상에 핸들을 고정할 필요가 있으므로 전기자회로에 직렬로 삽입하는 기동저항은 4단자 기동기보다도 굵은 저항체를 사용한다. 이와 같이 굵은 저항선을 필요로 하는 것은 전기자회로와 저항이 직렬로 삽입된 상태에서 운전할 필요가 있을 때 전기자전류에 의하여 발생하는 열에 견딜 수 있도록 하기 위해서이다.

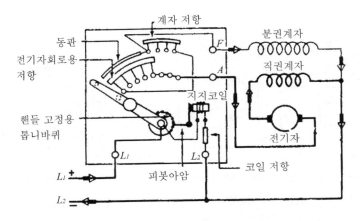

[그림 8-9] 복권 전동기에 접속한 속도제어 겸용 4단자 기동기

 핸들을 제1접촉자에 가져오면 지지 코일이 여자되므로 피봇(pivot)에 달린 암(arm)을 잡아당기어 핸들을 제1접촉자상에 고정한다. 그와 동시에 전류는 기동저항을 거쳐 전기자 회로를 지나 전원으로 돌아간다. 또한 전류는 전기자저항 상부에 있는 동편을 지나 분권계 자를 거쳐 L_2로 돌아간다.
 핸들이 제5접촉자상에 오면 기동저항은 전기자회로로부터 제거되고 계자저항과 접속된다. 따라서 핸들이 마지막 접촉자에 도달할 때까지는 전동기는 가속한다. 전기자에 전전압이 걸린 이후는 기동기상의 계자 저항기를 통해서 속도를 제어할 수 있다. 이 전동기의 핸들은 접촉자상 임의의 위치에 고정할 수 있다는 점에 유의해야 할 것이다.

4. 4단자 기동기 겸 속도제어용 저항기

 이 저항기는 기동기와 속도제어기를 조합한 것으로, [그림 8-10]처럼 실질적으로 두 개의 암역할을 하는 핸들을 가진 점이 특색이다. 핸들이 최종 접촉자에 도달하고 나면 두 암이 동시에 움직일 수 없도록 연동방지가 되어버린다. 핸들이 최종 접촉자에 도달하면 지지 코일의 작용으로 전기자회로와 연결된 저항단자에 접촉하고 있는 암은 그 위치에 고정되도록 되어 있다. 정격속도 이상으로 속도를 올리고자 할 때는 반시계방향으로 핸들을 이동하면 [그림 8-11]처럼 계자저항과 접촉된 암만이 이동하여 저항을 계자회로에 접속한다.

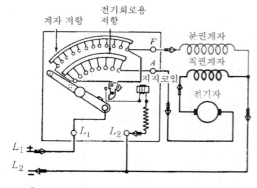
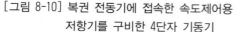
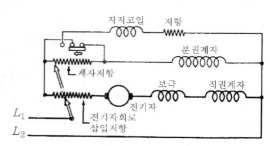

[그림 8-10] 복권 전동기에 접속한 속도제어용   [그림 8-11] 그림 8-10에 대한 내부 회로도
저항기를 구비한 4단자 기동기

　　암(arm)이 정지(off)위치에 올 때는 단자판상에 놓인 보조 접촉자에 의해서 분권계자저항은 단락이 된다. 보조접촉자는 이동이 가능하도록 구조가 되어 있다. 핸들이 최종 접촉자에 오면 보조 접촉자는 단락상태에서 계자저항을 개방하여 계자 저항기로서의 기능을 발휘할 수 있도록 하는 동시에 지지코일을 회로상에 연결한다. 계자저항을 단락하여 주는 목적은 전기자회로에 삽입한 저항이 회로에서 완전히 제거될 때까지 계자 저항기를 사용할 수 없도록 하는데 있다.

　　동작상태에서 핸들이 제1접촉자상에 오면 회로는 L_1 → 핸들 → 전체저항 → 전기자회로 → 직권계자 → 전원에 이르는 회로가 동시에 구성이 된다. 또 이와는 별도로 제1접촉자 → 보조 접촉자 → 계자단자 → 분권계자 → 전원에 이르는 회로도 동시에 구성이 된다. 전동기가 가속됨과 동시에 핸들이 최종 접촉자에 도달하면 보조 접촉자로 인해서 계자저항을 회로에 연결하여 준다. 이때 핸들이 고정될 수 있도록 지지 코일의 회로도 폐로된다. 전동기의 속도를 올리고 싶으면 계자저항과 접촉된 암을 반시계방향으로 돌리어 계자회로에 저항을 삽입하여 준다. 이 상태가 전동기의 속도를 증가시킨다. 전원 개폐기를 열면 핸들 밑에 있는 코일형 스프링 때문에 자동적으로 핸들이 정지(stop)위치로 복귀한다.

　　기동기 겸 속도 제어기 중에는 위에서 다룬 것과 동작원리면에서 동일하나 [그림 8-12]처럼 구조상으로 다른 것이 있다. 이 기동기는 핸들이 주암(main arm)과 보조 암의 두 개로 구성되어 있다. 주 암은 두 쌍의 접촉자, 즉 계자저항 접촉자와 전기자저항 접촉자상에 놓여 있다.

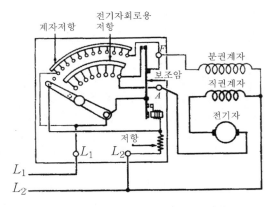

[그림 8-12] 속도제어 겸용 기동기

핸들을 위로 움직이면 전기자저항만이 회로에 삽입된다. 이 과정에서 보조 접촉자는 전기자저항이 제거되고 있는 동안에는 동작하지 못하도록 분권계자저항을 단락한 상태로 유지한다. 주접촉자가 최종 접촉자에 도달하면 전기자 단자는 보조 암에 의해 전원과 직결이 되고 그와 동시에 계자저항이 회로에 삽입된다. 보조 암은 자체의 지지 코일에 의해서 이 위치에 고정하게 된다.

전동기의 속도를 정격속도 이상으로 올리고자 할 때는 주 암을 반시계방향으로 이동시켜 준다. 그 결과 계자회로에 저항이 삽입된다. 주 암이 기동점까지 돌아오면 지지 코일이 전원으로부터 개방되므로 보조 암도 고정위치에서 떨어지고 전동기는 완전히 전원으로부터 개방이 된다.

5. 3단자 또는 4단자 기동기와 연결한 전동기의 역전

제7장 직류 전동기편에서 설명한 바와 같이 직류 전동기 회전방향을 반대로 하는 방법에는 두 가지가 있다. 즉, 전기자회로나 계자회로 중 어느 하나에 대한 전류방향을 반대로 하여 주면 된다. 그 중 전기자에 대한 전류방향을 반대로 하는 방법이 일반적으로 많이 사용되는 방법이다. 수동식 기동기에서는 [그림 8-13]처럼 쌍극 쌍투 스위치를 이러한 용도에 사용한다. 여타의 다른 장치도 사용하고 있으나 주목적은 모든 전기자회로의 전류방향을 반대로 하는데 있다. [그림 8-14], [그림 8-15], [그림 8-16]은 직권 전동기의 운전에서 쌍극 쌍투 스위치를 전기자회로에 접속하여 회전방향을 반대로 하는 것을 나타내고 있다.

분권 전동기일 때도 [그림 8-17], [그림 8-18]과 같이 역전용 개폐기를 전기자회로에 연결하여 회전방향을 반대로 한다.

[그림 8-13] 쌍극쌍투 나이프 스위치

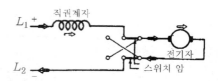

[그림 8-14] 직권 전동기의 전기자전류를 단전시키기 위해서 접속한 쌍극쌍투 스위치. 우측으로 투입시의 전기자에서의 전류방향에 유의하라.

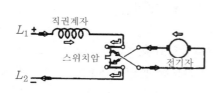

[그림 8-15] 그림 8-14의 결선에서 스위치를 반대방향으로 투입했을 때의 회로

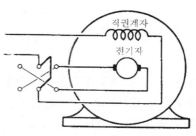

[그림 8-16] 쌍극쌍투 스위치를 사용하여 역전시키도록 결선한 직권 전동기

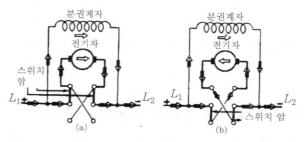

[그림 8-17] 그림 (a)에서는 스위치를 상측으로 투입하였을 때 분권 전동기의 전기자 전류는 우측으로 흐른다. 그림 (b)에서는 스위치를 투입하였을 때 전기자 전류는 좌측으로 흐른다.

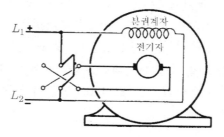

[그림 8-18] 쌍극쌍투 스위치에 결선한 분권 전동기

복권 전동기의 결선은 전원과 병렬로 분권계자를 연결하여 주는 점을 제외하면 직권 전동기일 때의 결선과 비슷하다. 역전 스위치를 복권 전동기에 연결할 때는 [그림 8-19]와 같이 먼저 직권 전동기로 연결한 후 전원과 병렬로 분권계자를 연결한다. 전동기로부터 나온 리드선이 여섯 개일 때 특히 주의할 점은 화동복권식이 되도록 전동기를 연결해야 한다는 점이다. 리드선이 다섯 개가 나온 것이면 직권계자와 분권계자를 조합한 리드선은 전원선 중 하나에 접속한다. 보극이 달린 전동기에서 회전방향을 반대로 하려면 전기자와 보극을 한 단위로 취급하여 접속을 반대로 하여 준다. 전동기를 역전할 때는 전동기를 일단 완전히 정지한 다음 반대방향으로 운전해야 한다.

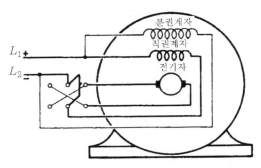

[그림 8-19] 역전용 스위치에 결선한 복권 전동기

(1) 3단자 기동기와 연결한 분권 전동기에서 역전용 개폐기를 전자회로에 연결하는 방법(connecting a reversing switch in the armature circuit of a shunt motor connected to a three-point box)

역전용 쌍극 쌍투 스위치와 3단자 기동기를 분권 전동기에 연결하는 결선도는 [그림 8-20]과 같다. 이것은 전동기가 3단자 기동기의 회로에 연결되어 있는 점을 제외하면 [그림 8-17]의 회로와 비슷하다. 회전방향을 반대로 하려면 전원 개폐기를 단선시킨다. 그 결과 전동기는 완전히 정지하게 되며 기동기 핸들은 정지위치로 복귀한다. 핸들이 정지위치에 복귀하고 나면 역전용 개폐기를 반대방향으로 투입하고 전원 스위치를 폐로시킨 후 핸들을 서서히 돌린다.

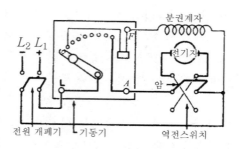

[그림 8-20] 3단자 기동기 및 역전용 스위치에 접속한 분권 전동기

(2) 복권 전동기-3단자 기동기(compound motor-three-point box)

복권 전동기에 대한 역전이 가능하도록 연결하려면 [그림 8-21]과 같이 직권계자를 추가하는 점을 제외하고는 [그림 8-20]의 결선도와 꼭 같이 결선한다. 이 그림에서 유의할 점은 전기자와 보극이 한 단위로서 동시에 반대로 결선되는 점이다. 전기자만을 반대로 결선하면 브러시에서 스파크현상이 일어나고 전동기는 과열하게 된다.

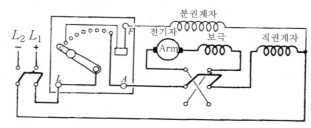

[그림 8-21] 3단자 기동기 및 역전 스위치에 결선한 복권 전동기.
전기자와 보극이 동시에 반대로 접속되는 점에 유의하라.

(3) 분권 전동기-4단자 기동기(shunt motor-four-point box)

분권전동기를 4단자 기동기 및 역전용의 스위치에 연결하려면 [그림 8-20]의 3단자 기동기의 결선요령에 준해서 연결한 후, [그림 8-22]와 같이 4단자 기동기 사용이 추가단자에 리드선을 연결하여 주면된다.

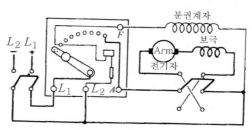

[그림 8-22] 4단자 기동기 및 역전 스위치에 결선한 분권 전동기

(4) 복권 전동기-4단자 기동기(compound motor-four-point box)

복권 전동기를 4단자 기동기 및 역전용 개폐기에 연결하려면 [그림 8-23]과 같이 연결한다.

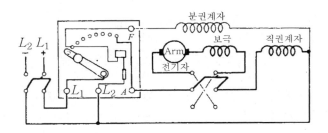

[그림 8-23] 4단자 기동기 및 역전 스위치에 결선한 복권 전동기

(5) 드럼 스위치에 의한 소형 전동기의 역전(reversing small motors by means of a drum-type switch)

드럼 스위치(drum switch)는 외관상 크레인에서 사용하는 드럼 제어기와 비슷하지만 크기가 그보다 작다. 드럼 스위치는 [그림 8-24]와 같이 전폐(全閉)식으로 되어 있으며 상단에 핸들이, 하단에 관공사(管工事)용 노크아웃(knockout)이 있다. 전동기가 정지상태에 있을 때 핸들은 중앙위치에 있다. 회전시키려면 핸들을 우측으로 돌린다.

역전할 때는 핸들을 일단 중앙위치로 이동시켜 전동기를 정지하게 하고 그 다음에 좌측으로 이동시킨다.

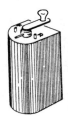

[그림 8-24] 소형드럼 스위치의 일반적인 외관

스위치 커버를 열면 전원 리드선과 전동기 리드선을 연결하여 주는 단자가 있다. 접촉자는 [그림 8-25]와 같이 배치되어 있으며 두 개의 고정부(stationary set)가 있다. 이러한 고정부는 개폐기 양쪽으로 각각 네 개의 접촉자로 구성되어 있으며 프레임과는 완전히 절연된 상태에서 부착되어 있다.

[그림 8-25] 드럼 스위치의 고정 접촉자

[그림 8-26]에 표시된 가동 접촉자는 스위치 내의 중앙부분에서 회전하는 암에 고정되어 있다. 이것은 핸들을 어느 한 방향으로 돌릴 때 가동 접촉자가 고정 접촉자와 접촉이 되도록 설계되어 있다.

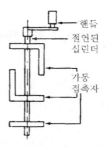

[그림 8-26] 드럼 스위치의 가동 접촉자

전동기가 정지하고 있으면 가동 접촉자와 고정 접촉자는 서로 접촉이 되지 않는다. 그러나 정방향 운전위치에서 접촉자의 위치는 [그림 8-27]과 같으며, 역전 시에는 [그림 8-28]과 같다. 이 스위치를 직권 전동기에 결선할 때는 전기자의 리드선이 접촉자 3, 4와 직권계자는 5, 7과 전원 리드선은 2, 8과 결선한다. [그림 8-29]는 시계방향 운전에 대한 결선을, [그림 8-30]은 반시계방향에 대한 결선을 각각 나타내고 있다.

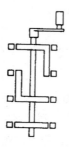

[그림 8-27] 시계방향 회전에 대한 접촉자 위치

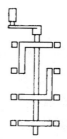

[그림 8-28] 반시계방향 회전에 대한 접촉자 위치

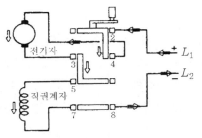

[그림 8-29] 시계방향 회전으로 운전하기 위하여
드럼 스위치에 접속한 직권 전동기

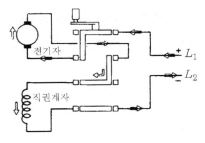

[그림 8-30] 직권 전동기를 반시계방향으로 운전할
때 드럼 스위치의 결선

분권 전동기일 때는 전기자의 결선은 전과 마찬가지로 결선하고 분권계자는 1, 7에 접촉
자 5, 7은 함께 연결한다. [그림 8-31], [그림 8-32]는 정회전 운전 및 역회전 운전에 대한
전류 통로를 각각 표시한다.

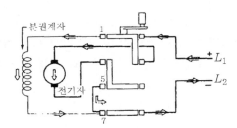

[그림 8-31] 드럼 스위치에 결선한 분권 전동기

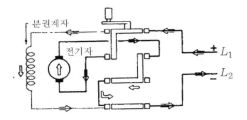

[그림 8-32] 그람 8-31에서 드럼 스위치에 의하여
역전된 분권 전동기

복권 전동기는 직권 전동기와 분권 전동기를 조합한 것이며 결선은 [그림 8-33]의 (a),
(b)와 같이 직권 및 분권계자를 앞에서 다룬 결선도에 준해서 접속한다.

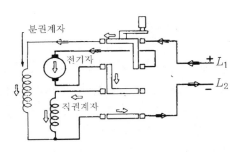

(a) 드럼 스위치에 결선하여 시계방향으로
회전하도록 한 복권 전동기

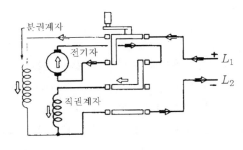

(b) 반시계 방향으로 회전하도록 결선한 복권
전동기

[그림 8-33]

6. 과부하 계전기(overload relays)

우발적 또는 지속적인 과부하로부터 전동기를 보호할 수 있도록 기동기나 전동기 중 어느 하나에 또는 둘 다에게 과부하 계전기를 설치하여, 과부하상태가 지속되었을 때 전동기에 흐르는 전류를 자동적으로 차단하도록 한다. 장시간에 걸쳐 과전류가 흐르면 전동기의 소손(燒損), 선로의 소손 등이 일어난다. 이에 대한 보호 조처로는 퓨즈, 자기식(磁氣式) 또는 열동식(熱動式) 회로 차단기, 또는 과부하 계전기 등을 사용한다. 퓨즈는 전동기에 전류를 공급하는 전원회로에 가끔 사용한다. 이것은 과도한 전류가 흘러 회로가 단락되는 것을 방지하는 스위치에 사용된다.

회로에 과도한 전류가 자주 흐르게 되면 회로 차단기를 사용해야만 한다. 회로 차단기는 장애 요소가 제거된 다음에 즉시 리셋(reset)시켜 주어야 한다.

(1) 전자식 회로 차단기(magnetic circuit breakers)

전자식 회로 차단기(電磁式回路遮斷機 ; magnetic circuit breakers)는 과전류가 흐르면 전동기의 회로를 신속히 효과적으로 차단하여 주는 기능을 가진다. 전자식 회로 차단기는 전동기 전류를 충분히 흘릴 수 있는 굵기의 코일로 구성하고 선로와 직렬로 접속한다. 코일은 [그림 8-34]처럼 주 접촉자 암과 근접하여 위치하고 있다.

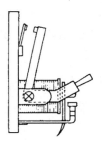

[그림 8-34] 전자식 회로 차단기

과부하상태가 되면 전류는 코일을 여자하는데 충분한 정도가 되므로 코일의 중심부에 위치한 플런저(plunger)를 끌어당긴다. 따라서 주 접촉자 암이 트립(trip)하고 그 결과 회로를 차단하게 된다. 이러한 회로 차단기는 동작전류값을 일정 범위 내에서 가감할 수 있게 되어 있다. 전자식 회로 차단기는 여러 가지 형이 있으나 동작원리는 근본적으로 동일하다. 회로 차단기 중에는 일정 시간 동안 과부하상태가 지속된 후 차단이 되는 것도 있다. 이러한 형에 속하는 차단기는 대시팟(dashpot)장치 또는 열동요소(thermal elements) 등을 이용하고 있다.

(2) 열동식 회로 차단기(thermal circuit breaker)

열동식 회로 차단기(熱動式回路遮斷機 ; thermal circuit breakers)는 전자식 회로 차단기와 비교해 볼 때, 그 동작원리가 전혀 다르다. 이 차단기는 회로를 차단하는 데 있어 코일을 이용하지 않고 바이메탈편 또는 다른 열동식 장치를 이용한다. 이 바이메탈편의 동작원리는 서로 다른 팽창계수를 가진 금속편을 합체하여 이것이 열을 받았을 어느 한 쪽으로 휘는 원리를 이용한 것이다. 이 바이메탈편이 열을 받으면 어느 한쪽으로 휘게 되고 평상시 폐로된 접촉자를 트립(trip)시켜 주게 된다. 그 결과지지 코일 회로를 단선시켜 주 접촉자를 개로시키게 된다.

(3) 전자식 과부하 계전기(magnetic overload relay)

전자식 과부하 계전기는 수동식 또는 자동식 기동기 양자 모두에 사용되고 있다. 구식 3단자 기동기 또는 4단자 수동 기동기 같은 수동적 기동기 중에는 회로 차단기에서처럼 전자식 코일형태의 과부하 계전기가 주 회로와 직렬로 접속되어 있는 것이 있다. 정격전류 또는 정격전류를 약간 초과하는 전류이면 회로 차단기의 과부하 코일은 영향을 받지 않도록 설계되어 있다. 그러나 과부하상태가 지속되어 과전류가 계속 흐르면 코일의 자력으로 인해서 소형 암(arm)을 끌어올려서 두 개의 접촉자를 단락하여 준다. 만약 이 접촉자가 [그림 8-35]처럼 3단자 기동기의 지지 코일 단자에 직접 연결되면 평상시 지지 코일에 흐르는 전류는 단락부분으로 흘러버린다. 따라서 코일은 여자를 상실하게 되므로 자력이 없어지고 핸들이 원위치로 복귀하여 전동기에 흐르는 모든 전류를 차단한다.

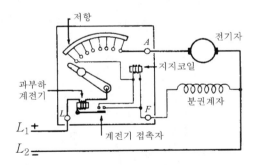

[그림 8-35] 3단자 기동기에 결선한 과부하 계전기

[그림 8-36]은 플런저형(plunger-type) 과부하 계전기이다. 코일에 흐르는 전류는 조정용 나사를 통해서 조정된다. 코일의 전류가 사전에 설정하여 놓은 일정값에 도달하면 플런저가 올라가서 두 개의 접촉자를 개로한다. 이와 같은 형의 계전기는 수동식이나 자동식 제어기에 다 같이 사용할 수 있다. 수동식에서 사용할 경우는 [그림 8-39]와 같이 접

속한다. 계전기는 자동식 또는 수동식으로 리셋(reset)되도록 장치되어 있다. 수동식 또는
반자동식 기동기의 경우 과부하 계전기는 [그림 8-37]과 같이 마그네트 스위치 또는 컨
택터(contactor)의 접촉자를 개로하는 작용을 한다. 과부하 계전기의 동작으로 인해서 마
그네트 스위치상의 지지 코일 회로가 개로하면 암이 열리고 전원회로는 차단이 된다.

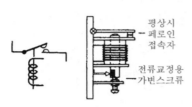

[그림 8-36] 접촉자를 개로하여 주는 플런저를
구비한 과부하 계전기

[그림 8-37] 직류 전자식 접촉자

마그네트 스위치 또는 접촉자를 도면으로 표시하려면 [그림 8-38]과 같은 기호를 사용한
다. [그림 8-39]는 마그네트 컨택터와 과부하 계전기를 조합한 제어기의 결선도이다.
이 회로의 동작원리는 다음과 같다. 스위치를 닫으면 전류는 $L_1 \rightarrow$ 스냅 스위치 $\rightarrow$ 지지
코일 $\rightarrow$ 과부하 계전기 코일 접촉자 $\rightarrow L_2$의 순서로 흐른다. 지지 코일이 여자되고 접촉자
를 폐로시킨다. 과부하상태가 지속하면 과부하 코일 플런저가 올라가서 계전기 접촉자를
개로한다. 따라서 지지 코일 회로의 전류가 개로되는 관계로 코일은 여자를 상실하여 핸
들을 개방한다. 과부하상태가 일어났을 때 기동기 핸들이 최상단 접촉자에 있으면 마그네
트 스위치가 열리게 되므로 핸들은 정지위치로 복귀한다. 도면에서 스냅 스위치의 기능은
자기접촉자(磁氣接觸子 ; magnetic contactor)를 폐로하는 점에 유의해야 할 것이다. 컨
택터에 보조 접촉자가 설치되어 있으면 기동정치 무시버튼을 사용할 수도 있다.

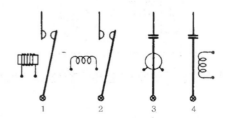

[그림 8-38] 전자식 접촉자에 대한 표시기호

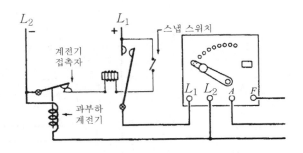

[그림 8-39] 전자식 접촉자를 구비한 전자식 과부하계전기

(4) 열동식 계전기(thermal relays)

현재 사용하고 있는 대부분의 계전기는 열에 의해서 동작하는 과부하 계전기를 사용하고 있다. 이 계전기의 구조는 열팽창계수가 아주 다른 2매의 금속편을 용접하여 만든 것이다. 이 바이메탈편은 열을 받으면 구부러지는 관계로 평상시 폐로상태에 있는 두 개의 접촉자를 개로하여 준다. 따라서 자기 접촉자에 대한 지지 코일의 회로를 개방하고 주 접촉자를 개로하게 한다. 바이메탈 장치는 대개 전원회로와 직렬로 접속된 가열 코일 또는 가열장치 가까이에 설치하여 열을 받기 쉽도록 한다. 과부하로 인하여 전동기 회로에 과전류가 지속되는 경우에는 가열요소에서 발생한 열이 바이메탈편에 전달되므로 그것이 구부러지게 되어 접촉자가 열린다. 열동식 계전기의 장점으로는 순간적인 대기동 전류나 단시간의 과부하에서 회로가 차단되지 않도록 하는 지연(time delay)의 특성과 지속적인 과부하에서전동기를 보호하는 특징 등이 있다. 이 계전기는 수동 또는 자동식으로 리셋(reset)시킬 수 있다.

또 다른 형의 열동식 과부하 계전기는 솔더래칫(solder ratchet)형이 있다. 계전기 축은 축의 주변을 둘러싸고 있는 히터를 흐르는 전류에 의해서 열을 받는다. 미리 예정된 히터의 온도보다 높은 전류가 지속적으로 흐르며 축의 온도를 높여 래칫휠을 회전하게 되며 그 결과 계전기가 트립하게 되어 접촉자를 개로시킨다. 약 2분 정도 기다린 후에 수동적으로 리셋시켜 주어야 한다.

열동식 과부하 계전기를 표시하려면 [그림 8-40]처럼 과부하에서 동작하는 히터 기호 옆에 평상시 폐로상태인 접촉자를 나란히 그린다. [그림 8-41]은 열동식 과부하 계전기의 접속도이다.

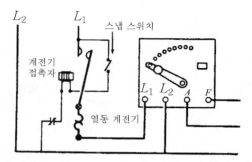

[그림 8-40] 과부하계전기를 표시하는 기호. 우측은 접촉자에 대한 기호이다.

[그림 8-41] 전자식 접촉자를 사용한 열동식 과부하계전기

7. 직류전자식 컨택더(D-C magnetic contactor)

직류 컨택터(D-C contactor)는 전등회로, 별도의 과부하 보호기가 달린 동력회로, 배터리 충전회로 등 그 회로 자체를 폐로하는 안전하고도 편리한 장치로서 여러 회로를 원격조정하는데 사용하는 전자식 개폐기이다. 그런데 컨택터는 과부하 계전기를 부착하고 있지 않다.

전자 개폐기는 구조상 단극, 2극, 3극으로 할 수 있으며 어느 경우나 스위치의 접촉자를 폐로하는 코일은 한 개다. [그림 8-42] (a)는 한 개의 지지 코일, 가동 암, 주 접촉자, 보조 접촉자로 구성된 단극 개폐기에 대한 주요 부품을 표시한 것이다. 이외에 블로 아웃 코일(blow out coil)을 주 접촉자의 가까운 곳에 설치하여 주 접촉자가 열릴 때 발생하게 되는 아크(arc)를 제거한다. 이 코일은 굵은 선으로 권선하고 주 회로와 직렬로 연결한다. 기능은 코일에 흐르는 전류에 의해서 발생한 자계와 아크 둘레에 발생한 자계의 상화작용으로 아크를 위 방향으로 번지게 하여 차단한다.

[그림 8-42] (a)에서 지지 코일이 여자하면 주접촉자가 폐로하는 것을 알 수 있다. 코일에 흐르는 여자전류(勵磁電流)가 극히 적을지라도 암을 폐로하는 것은 극히 용이하다. 따라서 전자 개폐기의 크기에 관계없이 아주 적은 전류를 코일에 흘려주면 전자 개폐기는 닫히게 된다. 전자 개폐기의 이점은 전동기로부터 떨어져 있는 장소에서 기동 · 정지 버튼만으로 전동기를 손쉽게 조작할 수 있는 점이다. [그림 8-42] (b)는 접촉자를 표기하는 또 다른 방법을 나타내고 있다. 다른 형의 컨택터는 접촉자를 폐로하기 위하여 솔레노이드(solenoid)와 플런저(plunger) 등을 사용한다. 또 어떤 것은 영구 자기 블로 아웃(permanent magnet blow out)을 설치하는 것도 있다. 이러한 컨택터는 대개 과부하계전기를 가지고 있지 않다.

전형적인 쌍극 컨택터는 [그림 8-42] (c)에 도시되어 있다.

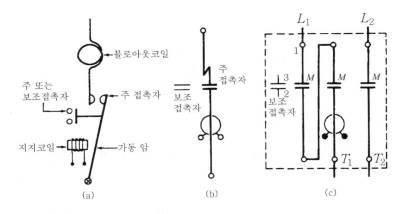

[그림 8-42] (a) 전자 스위치의 부품
(b) 전자 스위치의 표시기호
(c) 2극 컨택터(contactor)

참고

⊙ 푸시버튼장치(push button stations)

전자 개폐기는 대개 푸시버튼장치를 사용하여 제어한다. 이것은 대개 기동버튼 및 정지버튼의 두 개로 구성되어 있다. 기동버튼을 누르면 평상시 개로상태에 있는 두 개의 접촉자는 폐로하고, 정지버튼을 누르면 평상시 폐로인 두 개의 접촉자가 열리도록 되어 있다. 이 버튼은 스프링 작용에 의해 정상위치로 환원되며 [그림 8-43]은 기동·정지·장치를 표시하는 여러 예를 나타내 보이고 있다. 푸시버튼장치를 사용하여 여러 전자 개폐기를 제어하기 위해서는 기동버튼을 눌렀을 때 코일에 전류가 흐르고 정지버튼을 눌렀을 때 코일에 흐르는 전류가 단선이 되도록 이 장치에 지지코일을 결선해 주어야만 한다. 보조 접촉자는 기동버튼이 개방되었을 때도 계속 코일을 전류가 흐르도록 하는 기능을 가진다. [그림 8-44], [그림 8-45]는 기동·정지 푸시버튼장치를 전자 개폐기에 접속하는 방법을 표시한다. [그림 8-46]의 회로에서 기동버튼을 누르면 $L_1 \rightarrow$ 정지버튼 $\rightarrow$ 기동버튼 $\rightarrow$ 지지 코일 $M \rightarrow L_2$의 순서로 회로가 구성된다. 회로가 구성이 된 후에는 지지 코일이 여자되므로 주 접촉자와 보조 접촉자는 폐로되고 전동기에 이르는 주 회로가 구성된다. 한편 보조 접촉자 또는 지지 접촉자는 기동버튼이 개방된 후에도 지지 코일에 전류가 흐를 수 있도록 구성한다.

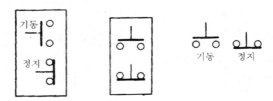

[그림 8-43] 4개의 접촉자를 가진 기동·정지 푸시버튼 장치의 기호 표시방법

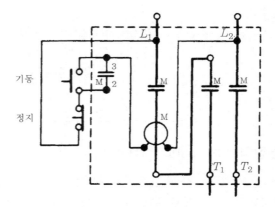

[그림 8-44] 전자컨택터에 결선된 기동·정지 버튼 장치

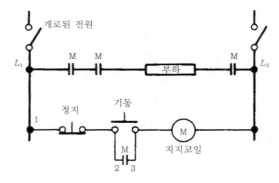

[그림 8-45] 전자식 스위치에 결선된 기동·정지장치

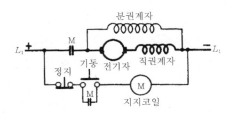

[그림 8-46] 복권 전동기, 기동·정지 장치, 컨택터의 기본 결선도

정지버튼을 누르면 지지 코일에 대한 회로가 개로되어 주 접촉자를 열고 전동기를 정지하게 한다. 보조 접촉자는 기동버튼과 병렬로 접속되어 있는 점을 유의해야 한다.

8. 전자식 기동기(전전압)(magnetic starters ; full voltage)

전자식 기동기는 다음과 같은 점에 있어서 개폐기와 근본적으로 다르다. 즉, 전자식 기동기는 원칙적으로 전동기를 기동시키는 데 사용되며 수동식 리셋형의 과부하 계전기와 컨택터(contactor)로 구성되어 있다. 이 기동기는 2HP 이하의 소형 기동기에만 사용되며 전동기에 손상을 주지 않고 전전압을 가할 수 있는 전동기에 사용된다. 이러한 기동기는 과부하 방지, 저전압 및 무전압 방지장치가 되어 있다. 과부하가 계속되면 계전기가 트립(trip)하게 되고 솔레노이드(solenoid)회로를 단선시킨다.

그 결과 기동기를 전원에서 개방하게 된다. 정전이 되면 마찬가지로 솔레노이드(solenoid) 회로는 여자를 상실하게 된다. 이 기동기는 [그림 8-47] (a)와 (b)에 표시되어 있다.

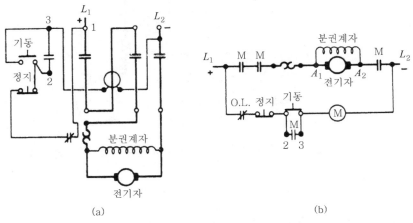

(a)   (b)

[그림 8-47] 직류 전동기에 결선한 2극 전전압 기동기의 권선도

전동기를 한 개소 이상의 곳에서 제어해야 할 경우가 많이 있다. 이때는 푸시버튼장치를 여러 곳에 설치하면 된다. [그림 8-48]은 두 개의 기동·정지·장치를 사용하여 전자식 스위치를 제어하는 것을 표시하고 있다. 기동·정지 푸시버튼장치를 3개 사용할 경우 그 결선은 [그림 8-49]와 [그림 8-50]과 같다. 여기서 주의해야 할 점은 정지버튼은 언제나 다른 정지버튼 및 지지 코일과 직렬로 연결한다는 점이다. 그렇게 해야만 비상시에 전동기를 어느 위치에서도 정지시킬 수가 있게 되는 것이다. 회로에 결선만을 올바르게 하여 준다면 전자식 기동기를 제어하기 위하여 설치하는 기동·정지 장치는 몇 개라도 관계가 없다. 가장 중요한 점은 기동버튼은 병렬로 결선되고 정지버튼은 직렬로 결선되어야 한다는 점이다.

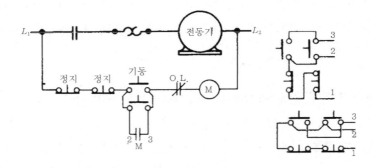

[그림 8-48] 직류 기동기 제어용 기동·정지 장치 두 개

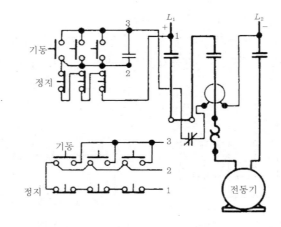

[그림 8-49] 직류 기동기에 결선한 세 개의 기동·정지 장치

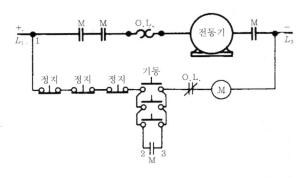

[그림 8-50] 직류 기동기에 결선한 세 개의 기동·정지 장치의 기본도

9. 역전 기동기(전전압)(reversing starters ; full voltage)

직류 전동기의 회전방향은 전기자회로 또는 계자회로를 흐르는 전류의 방향을 바꿔주면 역전시킬 수 있다. 복권 전동기의 경우는 분권계자 및 직권계자의 전류방향을 바꾸어 주면 된다. 그러므로 전기자 회로를 흐르는 전류의 방향을 바꾸는 것이 훨씬 쉽다. [그림 8-51] 에서 보면 접촉자 R이 폐로하면 전류는 전기자 내를 어느 한 방향으로 흐른다. 그리고 접촉자가 폐로하면 전류는 전기자 내를 반대방향으로 흐르게 된다. 그 결과 전동기의 회전방향은 반대로 된다.

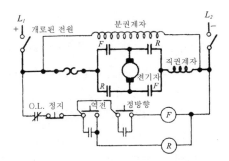

[그림 8-51] 전자식 역전 기동기와 정방향-역전-정지 장치를 사용하여 소형 복권 전동기를 역전시키는 방법. 전동기가 완전히 정지한 다음에 역전시켜야 한다.

이 기동기에는 정방향 - 역방향 - 정지장치가 사용되고 있다. 중요한 점은 전동기를 완전히 정지시킨 후에 역전버튼을 눌러 주어야 한다는 점이다. 이러한 형의 기동기의 접촉자는 기계적으로 연동장치가 되어 있으므로 R 접촉자와 F 접촉자를 동시에 폐로시키는 것은 불가능하다.

또 전자식 역전기동기는 R 접촉자와 F 접촉자가 동시에 폐로되는 것을 방지하기 위하여 전기적 연동장치도 부수적으로 설치되어 있다. [그림 8-52] (a)는 전기적으로 연동된 전자식 스위치의 제어 회로를 나타내고 있으며 [그림 8-52] (b)는 정방향 및 역전버튼의 접촉자를 설치한 경우의 제어회로를 나타내고 있다.

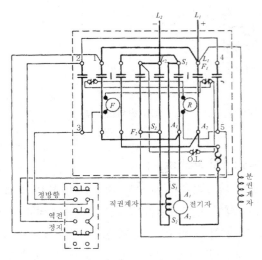

(a) 과부하 방지장치와 전기적 연동 장치를 사용한 역전기동기의 단면도

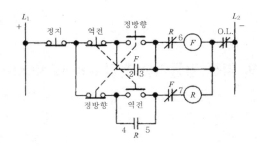

(b) 정방향 및 역전 버튼의 접촉자를 사용한 역전 기동기의 제어회로

[그림 8-52]

전자식 역전 기동기는 또한 전동기가 완전히 정지상태에 이르기 전에 역전되는 것을 방지하기 위해 한시 계전기를 부착하고 있다. [그림 8-53]에서 한시 계전기 TR은 평상시 폐로되어 있는 접촉자 TR을 개로시킨다. 청지버튼을 누르면 계전기 TR은 일정한 시간이 지날 때까지 그것이 폐로되는 것을 방지해 준다. 그 작동과정은 다음과 같다. 역전버튼을 누르면 전류는 L_1 → 정지버튼 → 역전버튼 → 정방향 연동장치 → 역전 코일 → L_2의 순으로 흐르게 된다. 그 결과 역전정지의 코일과 역전용 한시 접촉자를 포함하여 평상시 개로된 R 접촉자는 폐로하게 된다. 평상시 폐로된 연동장치 R은 개로하게 된다. 역전용 한시 접촉자가 폐로하면 코일 TR이 여자되어 평상시 폐로된 접촉자를 개로시킨다. 그러므로 정방향 및 역전버튼은 두 개 모두 전동기가 작동 중이라도 작동을 중지하게 된다. 정지버튼을 누르면 한시 접촉자 TR은 TR 계전기의 시간이 다 될 때까지 개로된 상태를 유지한다. 이것이 전동기가 완전히 정지할 때까지 역전되는 것을 방지해 준다.

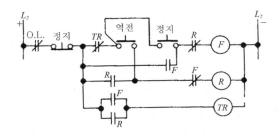

[그림 8-53] 전동기가 완전히 정지할 때까지 역전되는 것을 방지하는 것을 방지하는 한시계전기를
사용했을 때의 제어회로.

촌동(jogging)은 대단히 짧은 시간동안 전동기를 운전하고자 할 때 기동·정지 버튼 외에
추가 버튼을 장치에 설치한다. 이 버튼을 사용하면 버튼을 누른 시간에 한해서 전동기를 동작
하게 할 수 있으며 버튼으로부터 손을 떼면 정지버튼을 누르지 않고도 전동기는 정지한다.

이와 같은 장치를 사용하면 전동기는 순간적인 짧은 시간만도 동작하게 할 수 있으며 이
때 정지버튼은 다른 장치에서와 마찬가지로 지지 코일 회로와 접속해야 한다. 기동, 촌동
(jog), 정지버튼과 전자 개폐기와의 결선은 [그림 8-54], [그림 8-55]와 같이 한다.

[그림 8-54]에 표시된 회로의 작동과정은 다음과 같다. 기동버튼을 누르면 전류는 (+) 전
원 → 기동 → 조그 → 정지버튼 과부하 접촉자 → 지지 코일 → (-) 전원 쪽으로 흐른다. 그
과정에서 지지코일이 여자되고 주 접촉자가 폐로되어 전동기는 기동을 하게 된다. 보조 접
촉자 또한 폐로되어 기동버튼을 누르는 힘을 제거한 다음에도 지지 코일에 전류가 남아 있
게 된다. 정지버튼을 누르면 모든 접촉자를 개로시키며 전동기는 정지하게 된다. 조그버튼
을 누르면 (+) 전원 → 조그 접촉자 → 정지버튼 → 과부하 접촉자 → (-) 전원의 순서로
전류가 흐르게 되며 주 접촉자와 보조 접촉자를 폐로 시킨다.

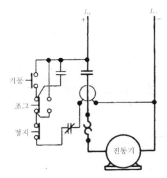

[그림 8-54] 기동 -조그-정지 장치와 기동기에
연결한 소형 직류 전동기

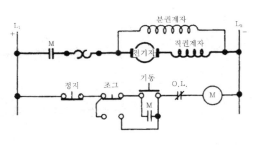

[그림 8-55] 기동-조그-정지 장치와 직류 전동기에
연결한 소형 전동기의 기본도

이 조그버튼을 누르는 순간 접촉자 회로는 개로되어 작동을 하지 않게 된다. 그러므로 조그버튼을 누르면 지지회로는 단절된다. 그러므로 조그버튼을 누르면 지지회로는 단절된다. [그림 8-56]과 [그림 8-57]은 조그선택·푸시버튼장치를 사용하는 소형 직류 전동기의 결선도이다. 조그버튼은 슬리브(sleeve)를 가지고 있으며, 이것은 런(run) 또는 조그위치로 이동할 수 있도록 되어 있다. 슬리브를 조그위치에 두면 그림에서 점선으로 표시된 바와 같이 전방 접촉자가 개로된다. 그 결과 지지 접촉자를 단절시키게 된다.

조그버튼을 누르면 전동기는 버튼을 누르고 있는 동안만 작동하게 된다. 슬리브를 런위치에 두면 조그버튼의 전방 접촉자는 폐로되며, 이때 런버튼을 누르게 되며 제어회로를 완성하게 된다. 이것이 코일 M을 여자시키게 되며, 이번에는 이 코일 M이 접촉자 M을 폐로시킨다.

제5장에서 설명한 조그 계전기를 사용하는 기동기도 있다.

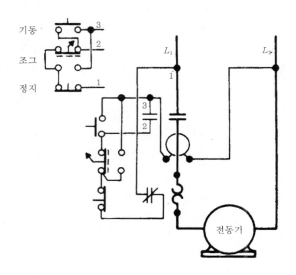

[그림 8-56] 조그선택 푸시버튼 장치와 기동기에 연결한 소형 직류전동기

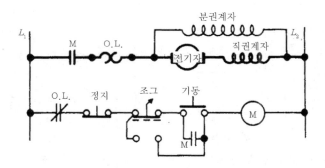

[그림 8-57] 선택 푸시버튼이 달린 기동-조그-정지 장치

3 감압 기동기(Reduced-voltage Starters)

1/2HP을 초과하는 전동기이면, 기동전류를 안전값 이하로 제한하기 위해서 기동 시에 기동저항을 삽입할 필요가 있다. 기동저항값은 전동기의 크기 및 제어기의 종류에 따라 그 값을 달리 하며 전동기가 가속됨에 따라 몇 단으로 나누어 자동적으로 제어되도록 한다. 전동기 회로에서 자동적으로 기동저항을 제거하는 방법에는 여러 가지가 있으나 역기전력 기동기(counter e.m.f. starter), 폐쇄 기동기(lockout starter), 한시형 전자식 기동기 (definite magnetic time starter), 한시형 기계식 기동기(definite mechanical time starter), 드럼 기동기(drum starter)에 대해서 상세히 다루어 보기로 한다.

1. 역기전력 기동기(counter e.m.f. starter)

전동기의 전기자가 가속됨에 따라 전기자에서 유기되는 역기전력도 증가하므로 전기자 회로에 흐르는 전류는 감소한다. 전류가 감소하면 전기자회로에 삽입한 기동저항에서의 전 압강하가 감소하여 전기자 단자에 걸리는 전압이 상승한다. 예를 들면 50V에서 동작할 수 있도록 설계한 코일이 [그림 8-58] 및 [그림 8-59]와 같이 전기자 단자와 병렬로 접속되어 있다면 전기자의 양쪽 끝에 걸리는 전압이 50V 이상이 될 때만 이 코일은 동작을 한다. 따라서 전기자와 직렬로 접속한 저항의 일부 또는 전부를 단락하여 주는 접촉자를 동작하 도록 할 수 있다. [그림 8-60]은 이를 나타내고 있으며, 전동기가 기동할 때의 가속 접촉자 의 위치를 표시한 것이다.

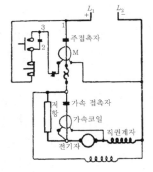

[그림 8-58] 전자식 스위치에 의하여 작동하는 역기전력 기동기의 결선도

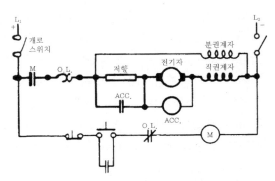

[그림 8-59] 복권 전동기에 연결된 역기전력 기동기 의 기본 결선도

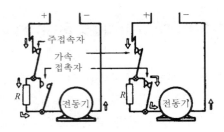

[그림 8-60] 전동기가 기동하여 가속화된 후의 역기전력 기동기의 가속 접촉자 위치

[그림 8-58]에 도시된 회로의 동작원리는 다음과 같다. 기동버튼을 누르면 지지 코일 M 이 여자하여 주 접촉자는 폐로된다. 이것에 의해 기동저항과 전기자를 통하는 회로가 완성 된다. 동시에 분권계자회로도 여자된다. 전동기가 가속됨에 따라 전기자의 양단자에 걸리는 전압이 가속 접촉자의 코일을 여자할 수 있을 정도로 충분히 증가하게 되므로 가속 접촉자 를 폐로 한다. 가속 접촉자가 폐로되면 전기자회로의 저항이 제거됨과 동시에 전기자를 전 원에 연결하게 된다.

역기전력 기동기는 또한 저항 및 가속 코일을 한 개씩 설치하지 않고 여러 단으로 시설하 는 수가 있다. [그림 8-61]은 3단으로 된 장치를 나타내고 있으며 각 코일은 각각 다른 전압 에서 동작하도록 되어 있다. 가속됨에 따라 전기자의 양단자에 걸리는 전압이 상승하여 순 차적으로 각 코일을 여자하게 되므로 접촉자가 폐로하여 기동저항을 하나씩 단락하여 준 다. 따라서 최종단계에 가서는 전기자는 전원과 직결이 된다. 제어기 중에는 가속 접촉자가 폐로한 다음에 가속 코일이 지지 코일과 접속되는 것이 있다. 또 어떤 것은 기동저항이 가 속 코일에 흐르는 전류를 제한하기 위해서 가속 코일과 직렬로 접속이 된다. 역기전력 기동 기 중에는 여러 개의 가속 접촉자를 큰 코일 하나로 동작하게 하는 것도 있다. 후자는 전자 석의 철심으로부터 가속 접촉자의 암 거리를 각각 차이를 두고 만든다. 코일에 걸리는 전압 이 증가하면 순차적으로 폐로되어 가도록 해서 암이 전기자회로로부터 저항을 단락하도록 한다. [그림 8-62]는 저항에 연결된 단락 접촉자를 활성화시키는 계전기를 사용하고 있는 역기전력 기동기의 결선도이다. 그 작동원리는 다음과 같다. 기동버튼을 누르면 컨택터 코 일 M을 여자하게 되어 주접촉자와 폐쇄 접촉자를 폐로시킨다. 전동기도 저항 R_1과 R_2를 통하여 작동하게 된다. 전기자에 병렬로 접속된 가속 코일 1은 전기자의 역기전력이 미리 예정된 일정 수준에 도달하는 순간 여자되면서 가속 접촉자 1을 폐로시킨다. 이와 동시에 가속 접촉자 1은 코일 1A를 흐르는 회로를 폐로시켜 준다. 코일 1A는 R_1과 접속한 접촉자 1A를 폐로시킨다. 그 결과 저항기의 이 부분은 전기자회로로부터 제거된다. 이 상태가 되 면 전기자는 가속하게 되며 역기전력이 증가하고 가속 코일 2를 전기자회로를 전원에 접속 하게 된다.

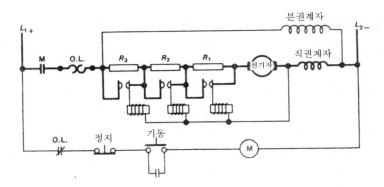

[그림 8-61] 3단계 가속 장치가 시설된 역기전력 기동기와 복권 전동기의 결선

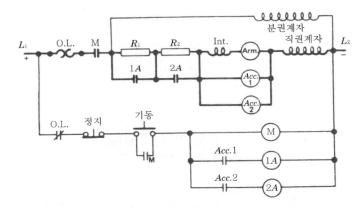

[그림 8-62] 계전기를 사용한 역기전력 기동기

2. 폐쇄 기동기(lockout starter)

이런 형의 제어기에서 사용하고 있는 가속 접촉자는 가속 코일이 전기자와 직렬로 접속되어 있기 때문에 직렬폐쇄 접촉자(直列閉鎖接觸子 : series-lockout contactor)라 부른다. 기동할 때와 같이 전기자에 대전류가 흐르는 상태이면 접촉자는 개로상태에 머물러 있고, 가속하여 전류가 감소한 후에는 폐로되도록 설계되어 있다. 폐쇄 접촉자는 코일이 한 개 또는 두 개로 설계되어 있으며 어느 경우에서나 코일은 전기자와 직렬로 연결된다.

이 형에 속하는 제어기는 전동기에 흐르고 있는 전류값에 따라 전동기의 가속이 제어되는 관계상 한류형 기동기(current-limit starter)라고도 한다.

(1) 2코일형 폐쇄 접촉자(two-coil lockout contactor)

[그림 8-63]은 2코일 직렬폐쇄 접촉자의 일종이며, 접촉자를 동작하여 주는 코일 두 개는 직렬로 접속한 후 다시 전기자와 직렬로 접속한다. 그림에서 윗부분의 코일은 접촉자를 폐로하는 폐로용 코일이고 밑 부분의 코일은 접촉자를 개로상태로 유지하는 폐쇄 코일이다. 두 코일은 전동기에 대전류가 흐를 경우 폐쇄 코일에 의한 자계(magnetic field) 또는 인력(pull)이 우세하도록 설계되어 있다. 예를 들면 전동기가 기동할 때는 두 접촉자는 기동전류에 의해서 개로상태로 있다가 가속되어 전류가 감소함에 따라 윗 코일에 의한 인력이 우세하여 접촉자를 폐로한다.

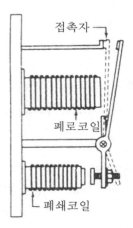

[그림 8-63] 한류형 기동기에 사용된 2코일 직렬 폐쇄접촉자

이러한 동작에 대해서 설명하면 다음과 같다.

[그림 8-64] (a), (b) 및 (c)는 1단계의 저항만을 가진 형식의 기동기를 도시한 것이다. 기동버튼을 누를 때 주 접촉자는 폐로상태에 돌입하고 폐로용 코일, 폐쇄 코일, 저항, 전기자회로를 통해서 하나의 폐회로를 구성한다. 기동초기의 전류는 폐쇄 코일을 여자하여 접촉자가 폐로되지 않게 한다. 전동기가 가속되어 전류가 감소됨에 따라 폐로용 코일(closing coil)의 인력보다 우세해져서 접촉자는 폐로된다. 이로 인하여 폐쇄 코일 및 저항은 모두 단락된다. [그림 8-65]는 이 회로에 대한 기본 결선도이다. 제어기가 동작하는 동안 분권계자는 전원과 직결된 상태로 있다.

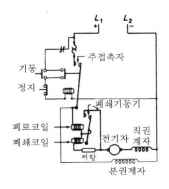

(a) 1단 가속식 2코일 폐쇄기동기와 복권 전동기의 결선

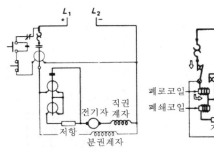

(b) 1단 가속식 2코일 폐쇄 기동기와 복권 전동기의 결선을 다르게 도시한 것

[그림 8-64]

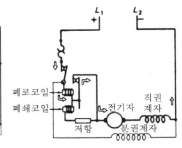

(c) 전동기에 전격전류가 흐를 때 2코일 폐쇄 기동기의 가속접촉자의 위치

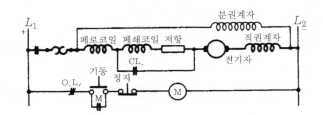

[그림 8-65] 2코일 폐쇄 기동기와 복권 전동기의 기본 접속도

이 형에 속하는 제어기도 또한 한 개의 저항 대신에 2개 또는 3개의 저항을 삽입한 것이 있으며 각 단마다 한 조의 접촉자를 필요로 한다. [그림 8-66]과 [그림 8-67]은 2단 제어기를 도시하고 있다. 전동기가 어느 정도 과부하상태가 되면 폐쇄 코일의 인력이 접촉자를 개로하여 회로에 저항을 삽입하여 주는 수가 있다. 이때 전동기는 과부하상태가 제거될 때까지 또는 전동기가 가속하여 전류가 감소할 때까지 저항이 삽입된 상태에서 운전을 계속한다. 한편 전동기가 경부하상태에 있으면 폐로용 코일의 인력으로 인해서 접촉자가 폐로 되어 전동기를 지나치게 빨리 가속시키는 수가 있다.

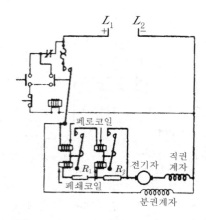

[그림 8-66] 2단 가속 장치가 달린 2코일 폐쇄식 제어기

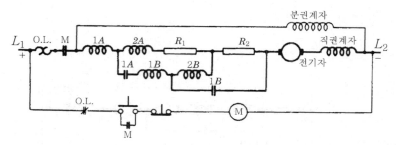

[그림 8-67] 2단 가속 장치가 달린 2코일 폐쇄식 기동기와 복권 전동기의 기본 접속도

(2) 단일 코일 폐쇄 접촉자(one-coil lockout contactor)

단일 코일 폐쇄 접촉자(one-coil lockout contactor)의 역할도 코일에 전류가 흐를 때 두 개의 자기회로를 구성한다는 점에서 2코일 접촉자와 비슷하다. 과전류가 코일을 흐를 때 접촉자를 개로상태로 유지하는 강력한 자계가 발생한다. 한편 정상전류가 코일에 흐르면 자계는 접촉자를 폐로하여 준다.

[그림 8-68]은 이러한 형의 접촉자를 나타내고 있다. 자기통로(磁氣通路)는 두 개로 되어 있으며 하나는 꼬리 부분인 B를 지나고 또 하나의 회로는 구리로 만든 슬리브(sleeve)가 놓인 금속접속 부분 C를 통과하는 강력한 자계가 발생하여 B부분의 접촉자를 코일 기판 (基板)쪽으로 잡아당기므로 접촉자 A를 개로한다. 전류가 감소하면 C부분에서의 자계가 더욱 강화되므로 접촉자를 폐로한다. 구리로 만든 슬리브는 대전류가 흐를 때 C를 통하는 자속을 제한하여 결과적으로 대부분의 자속이 꼬리부분으로 통하게 된다. 이외에도 구조면에서 상이한 코일형 폐쇄 접촉자가 여러 종류 있으나 그 근본원리는 어느 것이나 2점 사이의 자계차이(magnetic difference)를 이용하고 있다.

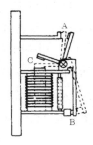

[그림 8-68] 단일 코일형 폐쇄접촉자

[그림 8-69] (a), (b) 및 [그림 8-70]에서 기동버튼을 누를 때 접촉자는 폐로되고 (+) 전원 → 폐쇄 코일 → 저항 → 전기자회로 → (−) 전원에의 순서로 회로가 구성된다. 전동기가 가속함에 따라 기동할 때의 대전류가 감소하면 코일을 흐르는 전류는 가속 접촉자를 폐로하여 저항을 제거한다. 따라서 전류통로는 폐쇄 코일, 전기자회로를 지나 (−) 전원의 구성이 된다.

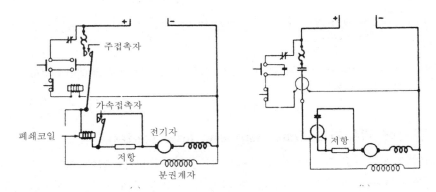

[그림 8-69] 가속 단수가 하나인 단일 코일 폐쇄식 기동기와 복권 전동기의 접속을 다르게 도시한 것

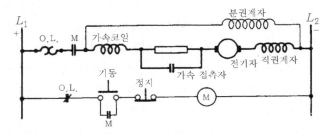

[그림 8-70] 단일 코일 폐쇄식 기동기와 복권 전동기와의 기본 접속도

[그림 8-71], [그림 8-72]는 저항이 2단으로 된 직렬 폐쇄 제어기를 표시한 것으로 그 동작원리는 다음과 같다. 기동버튼을 누르면 주 접촉자가 폐로가 되고 (+) 전원 → R → 폐쇄 코일 A → R_2 → 전기자 → (−) 전원에 이르는 회로가 구성된다. 기동할 때의 초기 전류가 감소하면 접촉자A가 폐로하여 R_1을 단락하고, 폐쇄 코일 B가 회로에 삽입된다. 따라서 회로는 B, A, R_2 및 전기자로 이어지게 된다. 전기자가 충분히 가속된 후에는 전류는 다시 저하하고 접촉자 B가 폐로되어 R_2를 단락하고, 코일 B만이 전기자와 직렬로 접속된 상태를 유지하게 된다.

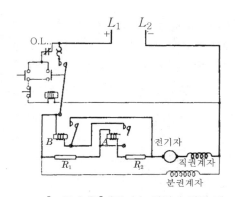

[그림 8-71] 2단가속 장치가 달린 단
일 코일 폐쇄식 기동기

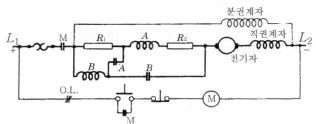

[그림 8-72] 그림 8-71에 대한 간략도

3. 한시형 전자식 기동기(definite magnetic time starter)

다른 감압 기동기처럼 한시형 전자식 기동기도 전동기가 가속됨에 따라 순차적으로 기동저항을 제거하여 전동기를 가속시킨다. 이러한 형의 기동기의 가속 접촉자는 다른 제어기와는 그 동작원리가 전혀 다르다.

접촉자의 코일은 구리로 만든 슬리브에 둘러싸인 철심을 가지고 있다. 코일이 여자를 상실하면 자속이 감소됨에 따라 구리 슬리브에 유도전류를 발생하게 되므로 철심은 서서히 자속을 잃어간다. 이 때문에 전동기가 완전 가속될 때까지의 몇 초 동안은 가동 축이 철심 상에서 흡착된 상태로 있게 한다. 이러한 컨택터에 있어 접촉자는 보통 폐로상태로 있으며, 코일이 여자되면 비로소 개로상태가 된다. 코일이 여자를 상실하였을 때 접촉자가 폐로되기까지는 몇 초 동안의 간격이 있게 된다. 접촉자가 개로상태로 존속하는 시간은 접촉자에 대한 스프링의 세기를 가감하여 조정할 수 있다.

[그림 8-73], [그림 9-74]는 이러한 형의 장치를 사용한 기동기의 결선도이다. 다른 원리를 이용한 기동기에 비해서 이 기동기는 전동기 속도 또는 전류값에 따라 가속이 좌우되지

않는 점은 장점이다. [그림 8-73]에 의하여 제어기의 동작원리를 설명하면 다음과 같다. 기동버튼을 누르면 가속 코일은 여자되고 가속 접촉자가 개로상태를 유지함과 동시에 보조 가속 접촉자 1A가 폐로한다. 이로 인해서 전원 코일 1M을 폐로하고 정상 시 폐로인 보조 접촉자 2M을 개로한다. 전원접촉자가 폐로하면 저항 및 전기자에 이르는 회로가 구성된다. 접촉자 1M은 전원 코일을 계속 여자하는 역할을 하고 한편 개로상태에 있는 접촉자 2M은 가속 접촉자의 코일 A의 여자를 상실하게 된다. 따라서 일정시간이 경과한 후 가속 접촉자는 폐로하게 되므로 회로에서 저항을 단락해서 전원에 전동기를 연결하게 된다.

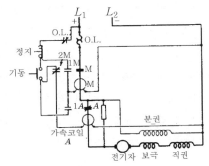

[그림 8-73] 복권 전동기에 접속한
한시형 전자식 기동기
의 결선도

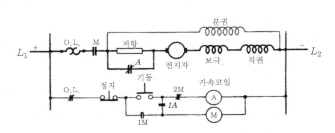

[그림 8-74] 그림 8-73에 대한 기본 결선도

(1) 촌동장치를 시설한 한시형 전자식 제어기(definite magnetic time starter with jogging)

이 제어기는 조그버튼을 제어회로에 삽입해서 조깅(jogging)을 목적으로 사용한다. [그림 8-75]는 [그림 8-74]의 기동기에 조그버튼을 추가한 것이다. 이것을 누르면 가속 코일이 여자되어서 가속 접촉자는 개로된 상태를 유지한다. 보조 접촉자는 폐로되어 조그버튼을 누르는 기간에 한해서 전원 코일에 전류를 공급한다. 조그버튼을 누르는 힘을 제거하면 이 코일에 대한 지지회로는 중단된다.

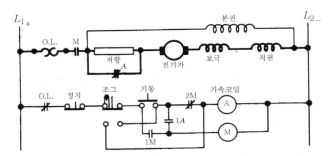

[그림 8-75] 기동, 조그, 정지 버튼 장치를 가진 한시형 전자 기동기의 결선도

(2) **저항을 2단으로 삽입한 한시형 전자식 제어기**(definite magnetic time starter with two steps of resistance)

대형 전동기의 경우 그 사용하는 제어기는 기동저항을 여러 단으로 삽입하는 것이 많다. [그림 8-76]은 두 개의 가속 접촉자를 가진 한시형 전자식 기동기(magnetic time starter)의 결선도이다. 동작원리상으로 볼 때 가속 접촉자를 한 개 대신 두 개 사용하고 있는 점을 제외한다면 앞에서 설명한 한시형 전자식 제어기(magnetic time controller)와 동일하다. 접촉자 A_2가 R_2를 단락하여 주고 있는 동안 접촉자 A_1도 R_1을 단락한다. 기동버튼을 누르면 코일 A_1이 여자되므로 연동장치 A_1이 폐로한다. 이로 인해서 코일 A_2가 여자되어 연동장치 A_2가 폐로한다. 코일 A_1 및 코일 A_2는 접촉자 A_1과 접촉자 A_2를 개로시키며 그 사이 연동장치 A_2는 코일 M이 여자하는 동안 주 접촉자를 폐로시킨다. 따라서 (+) 전원 → 저항 → 전기자회로 → (−) 전원에 이르는 회로가 구성된다. 이때 코일 M은 연동장치 M을 개로하므로 코일 A_1을 통하는 회로가 개로되어서 몇 초 후 접촉자 A_1을 다시 폐로하여 저항 R_1을 단락한다. 코일 A_1에 대한 여자가 상실되면 연동장치 A_1이 개로한다. 따라서 코일 A_2에 대한 회로가 열리고 일정시간이 경과하면 R_2가 단락해서 전동기를 전원과 직결시키게 된다.

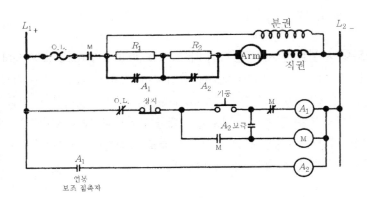

[그림 8-76] 저항을 2단으로 삽입한 한시형 전자 기동기의 기본 접속도

(3) **발전제동을 겸한 한시형 전자식 제어기**(definite magnetic time starter with dynamic braking)

전동기가 그 자체의 정해진 과정에 따라 중지하는 것이 아니라 전원 스위치를 열자마자 운전 중인 전동기를 급정지하도록 하는 일은 매우 중요한 일이다. 이러한 경우에는 기계적인 제동 또는 전기적인 제동 중 하나를 이용하든가 또는 양자를 병용한 제동에 의해서

급정지하도록 한다. 엘리베이터, 크레인, 전차 등에서는 전동기를 급정지시킬 경우 기계적 제동법을 사용한다. 그러나 제동이 걸릴 때 제동장치의 마모를 방지하는 한편 급정지를 돕기 위해서 제동의 목적으로 전동기의 발전작용을 이용하는 수가 있다. 이것을 발전제동(dynamic braking)이라 한다.

전동기는 회전하고 있는 동안 인가전압과 반대방향으로 기전력을 유기하는 점에 대해서는 앞에서 설명한 바 있다. 전동기를 정지시키기 위하여 전원 스위치를 개방하였을 때 전동기는 관성(慣性)때문에 잠시 회전을 계속하지만 서서히 감속되어 간다. 전동기가 정지할 때까지 분권계자회로를 여자상태로 두면 발전기가 되어 전압을 유기하고 있다. 따라서 이 상태에서 전기자에 저항을 접속하면 저항에 전류가 흐르고 타력에 의한 회전방향과 반대방향으로 역회전력을 발생하여 전동기는 급정지하게 된다.

이와 같은 기능을 달성하게 하려면 발전제동장치를 구비한 제어기의 주 접촉자를 2조의 접촉자를 가지는 형태로 한다. 2조의 접촉자 중 한 조는 주 회로에 대한 전력 공급용으로 사용하며 평상시에는 개로되어 있다. 나머지 한 조의 접촉자는 발전제동용이고 평상시 폐로상태에 있다.

[그림 8-77]에서 정지버튼을 누르면 주 접촉자는 개로됨과 동시에 발전제동 접촉자는 폐로한다. 전동기에 의해 발생한 전류는 이제 [그림 8-78]에서처럼 저항을 거쳐 전기자를 흐르게 된다. 이 전류로 인해서 역회전력이 발생하게 되므로 전동기는 급속히 정지하게 된다.

[그림 8-79]는 발전제동장치를 추가한 한시형 전자식 기동기의 한 예를 나타내고 있다. 이 그림과 [그림 8-74]의 차이점은 전기자회로와 병렬로 저항이 접속되어 있는 점과 분권계자가 전원에 직결되어 있다는 점이다.

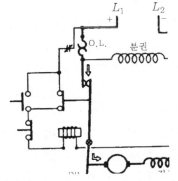

[그림 8-77] 발전제동 장치가 설치된 기동기. 접촉자는 전동기가 동작 상태에 있을 때의 위치를 표시한 것이다. 전기자의 전류 방향에 유의하라.

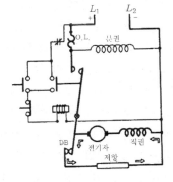

[그림 8-78] 전원이 개로되었을 때의 발전제동 접촉자의 위치

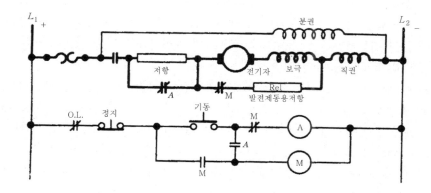

[그림 8-79] 발전제동 장치가 달린 전자식 한시기동기(magnetic time delay starter)와
복권 전동기의 결선도

4. 한시형 기계식 기동기(definite mechanical time starter)

직류 전동기는 한시형 기계식 장치에 의해서 가속하여 줄 수도 있다. 이 제어기는 대시팟
한시가속장치(dashpot timing acceleration)와 톱니바퀴(齒車)를 조합한 가속장치(geared
timing acceleration)로 구성한다.

(1) 대시팟 가속(dashpot acceleration)

대시팟장치는 코일을 여자하면 철편 플런저(iron plunger)가 솔레노이드 코일(solenoid
coil) 속을 이동하는 구조로 만들어진 것이 있다. 보통조건이면 플런저는 대단히 빠른 속
도로 이동한다. 따라서 플런저가 서서히 코일 내에서 올라가도록 만들면 일정한 시간이
경과한 후 전동기회로에 삽입한 저항을 단락해서 전동기를 서서히 가속해 줄 수 있다.
이와 같이 하려면 플런저 하체를 기름 또는 공기로 가득찬 실린더 속에서 상승운동을 할
수 있도록 된 피스톤과 결합한다. 솔레노이드가 여자되면 피스톤은 플런저에 의해서 위쪽
으로 이동하게 된다. 피스톤은 대시팟 실린더 내에서 공기 또는 기름을 한 격막(隔膜)에
서 다른 격막으로 이동시켜야 하므로 서서히 올라간다. 이와 같은 완만한 상승때문에 [그
림 8-80]처럼 순차적으로 기동저항을 단락하여 간다. [그림 8-81]처럼 이러한 가속원리
를 이용한 기동기의 결선도이며 그 동작을 설명하면 다음과 같다.
기동버튼을 누르면 접촉자 코일 M을 통해서 회로를 구성하고 주 접촉자는 폐로한다. 따
라서 (+) 전원 → 주 접촉자 → 저항 → 전기자 → 직권계자 → (−) 전원에 회로가 구성되
므로 전동기는 서서히 기동한다. 주 접촉자상에 있는 보조 접촉자 M도 폐로하여 솔레노
이드를 여자하게 되고 플런저는 서서히 올라가기 시작한다. 이로 인해서 저항단자 중 그

이격(離隔)거리가 가장 짧은 접촉자 1이 먼저 폐로하고 시간이 경과하면 순차적으로 저항을 단락해서 서서히 전동기를 가속한다.

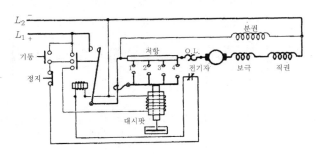

[그림 8-80] 대시팟 가속 장치를 사용한 기동기

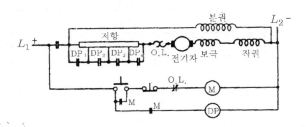

[그림 8-81] 대시팟 기동기의 결선도

[그림 8-82]와 [그림 8-83]의 감압 기동기는 부동(浮動) 대시팟 한시장치(fluid dashpot timing mechanism)을 사용하고 있다. 이 기동기는 한시가속장치가 되어 있는데 작동과정은 다음과 같다.

기동버튼을 누르면 전원 접촉자 코일과 가속 코일을 여자한다. 전원접촉자는 폐로하여 저항을 전기자와 직렬로 접속시켜 전류의 유입을 제한한다. 한시 대시팟 장치에 의해 제어된 일정시간이 지나면 가속 접촉자가 폐로되어 저항이 단락상태로 들어가게 된다.

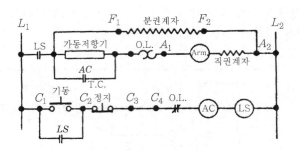

[그림 8-82] 대동 대시팟 가속 장치를 사용한 직류 저전압 기동기의 직선도(Allen Bradley)

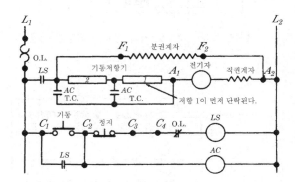

[그림 8-83] 회로에 두 개의 저항을 가진 감압기동기(Allen Bradley)

[그림 8-84]에 도시된 기동기는 빈번하게 기동을 해야만 하는 전동기에 사용되는 것이다. 이 기동기에는 기압(氣壓)한시장치(pneumatic timing mechanism)를 사용하고 있다. 기동버튼을 누르면 코일 M이 여자되어 주 전원 접촉자를 폐로시키고 전기자와 직렬로 저항을 삽입한다. 일정한 시간이 지난 후에는 코일 $1A$와 $2A$가 여자되며 접촉자 $1A$와 $2A$를 폐로하게 된다. 그 결과 기동저항을 전기자회로에서 제거하게 된다. [그림 8-85]는 한시가속장치를 나타내는 또 다른 예이다.

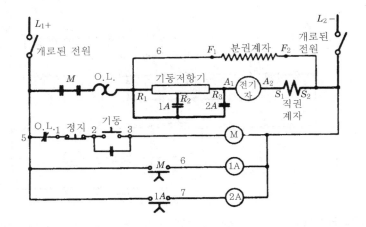

[그림 8-84] 한시 가속 장치를 설치한 감압 기동기. 이 기동기는 기압(氣壓) 한시 장치를 구비하고 있다.(Allen Bradley)

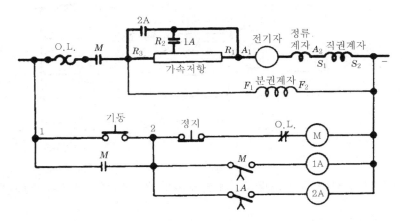

[그림 8-85] 앞 그림의 기동기와 비슷한 유형의 한시 기동기의 직선도

가변속도 전동기는 대개 계자가속 계전기를 시설하고 있다. 이 계전기는 정상적인 가속이 진행되는 동안 계자회로를 충족시켜 주며 또한 계자회로가 약화된 상태에서도 전기자가 과도한 전류를 끌어당기는 것을 제한해 준다. 계전기의 코일은 [그림 8-86]과 [그림 8-87]처럼 전기자와 직렬로 결선이 된다. 가속 기간동안 전기자에 의해 유입된 전류가 지나친 정도가 되면 계자가속 계전기 코일은 계자 저항기에 접속된 접촉자를 폐로시키고 그 결과 분권계자를 직접 전원에 연결하게 된다. 이 계전기의 접촉자는 기동버튼에 접속된 지지 접촉자와 직렬로 연결이 된다. 계자의 개방은 계전기 코일의 여자를 상실하게 하며 FL 접촉자를 개로한다. 동시에 주 접촉자를 개로하여 전동기를 정지시킨다.

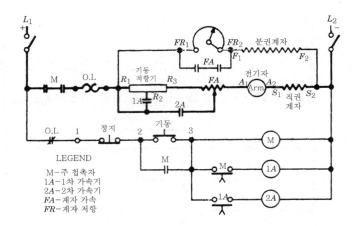

[그림 8-86] 계자 가속 계전기를 설치한 가변속도 직류 기동기(Allen Bradley)

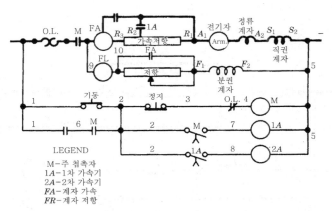

[그림 8-87] 계자 가속 계전기와 계자 정전 계전기를 설치한 가변 속도 직류 전동기(Square D)

[그림 8-87]에 의하여 그 작동과정을 설명하면 다음과 같다. 기동버튼을 누르면 코일 M 을 여자하며 모든 M 접촉자를 폐로하게 된다. 전기자는 저항을 통해서 전류를 받게 되며 그 결과 분권계가 여자되고 전동기는 작동을 하게 된다. 전기자와 직렬로 연결된 FA는 전전류를 받게 되며 FA 접촉자를 폐로하게 한다. 그 결과 분권계자를 가속시간동안 전원에 연결하게 된다. 또한 계자정전 계전기(field failure relay)는 분권계자와 직렬로 연결되어 있는 점에 유의해야 할 것이다. 코일 M 또한 한시 계전기 접촉자 M을 폐로시켜 가속 코일 $1A$를 여자시켜 준다. 이 계전기는 접촉자 $1A$를 폐로시켜 전기자회로에서의 저항의 일부를 제거해 준다. 가속 코일 $1A$ 또한 시간을 지연시키는 작용을 하는 $1A$를 작동하게 하여 가속 코일 $2A$를 여자시킨다. 이 코일은 접촉자 $2A$를 폐로시켜 가속저항을 제거하게 된다.

(2) **톱니바퀴를 사용한 시한가속**(geared timing acceleration)

톱니바퀴를 사용한 타이머(timer)는 솔레노이드 코일이 여자되면 상승운동을 하는 플런 저를 가지고 있다는 점에서 대시팟 타이머 장치와 동작원리가 비슷하다. 타이머는 플런저 가 올라감에 따라 여러 개의 접촉자편(contact fingers)이 순차적으로 폐로하는 구조이나, 폐로하는 시간 간격은 시계의 방탈(escapement)장치와 비슷한 간단한 조정추(adjustable pendulum)를 사용하여 조정한다. 플런저가 올라가면 가속 접촉자가 폐로 한다. 그와 함 께 톱니바퀴에 회전력을 전달해서 톱니바퀴를 회전시킨다. 조정추는 일정 비율로만 톱니 바퀴의 회전을 허용하게 되므로 가속 접촉자편은 일정한 시간을 두고 순차적으로 폐로하 기 시작한다. 이 형에 속하는 제어기는 [그림 8-88]에 도시되어 있다.

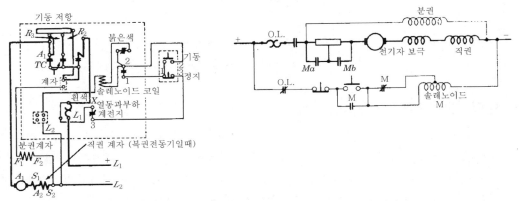

[그림 8-88] 기계적 장치를 사용한 정한시형 기동기의 결선도

기동 버튼을 누르면 정상 시 폐로상태에 놓인 연동장치를 통해서 솔레노이드 코일의 상 부쪽 반 정도가 여자된다. 전원 접촉자가 폐로함에 따라 연동장치가 개로하게 되며 코일 의 하측 반을 지지회로에 삽입하게 된다. 컨택터의 가속편은 순차적으로 폐로하게 되며 전동기를 전원에 연결한다.

(3) **발전제동을 겸한 톱니바퀴식 타이머**(geared timing with dynamic braking)

[그림 8-88]에서 설명한 제어기와 여러 점에서 비슷하나 발전제동까지 겸한 기동기를 예 시하면 [그림 8-89]와 같은 것이 있다. 발전제동회로는 제동목적을 달성하기 위해서 기동 저항을 이용하고 있다. 기동버튼을 누를 때 솔레노이드 코일은 여자함과 동시에 주 접촉 자를 폐로하고 발전제동 접촉자 4를 개로한다.

이로 의해서 (+) 전원→접촉자 1→저항→전동기→(−) 전원에 이르는 회로를 구성 한다. 이때 톱니바퀴장치의 타이머는 순차적으로 접촉자 2와 3을 폐로하고 전동기를 전원에 직결한다. 정지버튼을 누르면 접촉자 1, 2, 3을 개로하고 접촉자 4를 폐로해서 기동저항을 전기자와 접속하므로 전동기는 급정지한다. 발전제동 계전기(dynamic braking relay)는 전동기가 완전히 정지할 때까지 솔레노이드 코일이 폐로되는 것을 방지한다.

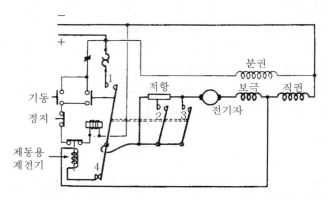

[그림 8-89] 발전 제동을 겸한 기어식 한시 기동기

5. 드럼 제어기(drum controller)

드럼 제어기는 전차 기동기, 크레인, 공작기계 등에 사용되며 나아가 전동기회로로부터 저항을 제거할 필요가 있는 다른 여러 용도에 사용하는 수동식 개폐기이다. 일반적인 드럼 개폐기는 역전과 가속의 목적으로 많이 사용되고 있으나 제동 및 계자가속 기능을 구비하도록 설계할 수도 있다. 외관상으로는 앞에서 설명한 드럼형 역전 개폐기와 비슷하나, 크고 또한 접촉자수가 많은 점이 다르다. 개폐기의 내부에는 실린더간은 물론 접촉자 상호간에도 완전히 절연된 여러 개의 접촉자가 달린 실린더가 장치되어 있다. 이 접촉자를 기동 접촉자(movable contacts)라 한다. 제어기의 내부에는 또한 고정 접촉자가 여러 개 장치되어 있으나 회전 실린더상에 있는 것이 아니고 실린더가 회전할 때 실린더상의 접촉자와 접촉하도록 되어 있다. 제어기의 상단에는 전동기의 회전방향에 따라 시계방향 또는 반시계방향으로 움직이는 핸들이 있다. 핸들은 롤러(roller)와 휠(grooved wheel)을 사용하여 두 방향 중 어느 쪽으로도 회전할 수 있도록 되어 있으며, 또한 고정하고자 하는 곳에서 고정할 수 있도록 되어 있다.

또한 고정하고자 하는데서 고정할 수도 있게 되어 있다. 조작자가 핸들을 조작하여 일정 위치에 고정시키면 롤러가 휠에 삽입되어 실린더가 움직이는 것을 방지해준다.

접촉자가 어느 위치로부터 다음 접촉자로 움직일 경우 대개 아크현상이 발생한다. 아크를 감소시키기 위해서 대부분의 제어기는 블로 아웃 코일(blow out coil)을 설치한다. 또한 아크로 인한 피해를 방지하기 위해 석면 또는 불꽃에도 견디는 재료로 만든 격막을 접촉자 사이에

제8장 직류 전동기의 제어

넣어준다. 아크 격막(shields)은 아크로 인해 발생하기 쉬운 회로의 단락을 방지해 주기도 한다. 이 격막은 필요할 때 바꿔 끼울 수 있다. 저항이 2단으로 들어 있는 간단한 드럼형 제어기를 도시하면 [그림 8-90]과 같다. 그것은 제어기를 평면상에서 전개하여 그린 것이다. 이 제어기는 가동 접촉자 2조와 고정 접촉자 한 조로 구성되어 있으며 정방향 회전일 때는 가동 접촉자 중 한 조가 고정 접촉자와 접촉이 된다. 회전방향을 역전시킬 때는 다른 한 조의 가동 접촉자를 회로에 연결한다. 핸들을 고정할 수 있는 위치는 정상회전에서 세 곳, 반대방향 회전에서 세 곳씩으로 되어 있는 점에 유의해야 한다.

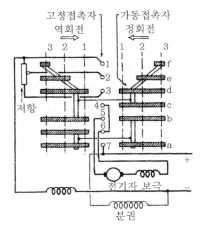

[그림 8-90] 복권 전동기에 결선한 드럼제어기의 전형적인 형태

제어기의 동작원리는 다음과 같다. [그림 8-90]의 제1위치를 생각하면 가동 접촉면 a, b, c 및 d는 고정 접촉자 7, 5, 4 및 3과 접촉한다. 전류는 7→a→b→5→전기자→4→c→d→3→저항→직권계자→(-) 전원에 이르는 회로를 통해서 흐른다. 이의 결선도는 [그림 8-91]에 도시되어 있다. 제2위치에서는 저항 중의 일부가 제거된다. 제3위치에서는 저항전부를 제거하여 전동기는 전원과 직결된 상태가 된다. 분권계자권선은 항상 전원과 직접 연결이 되어 있다.

4 고장검출과 수리(Trouble Shooting and Repair)

직류 제어기에 대한 고장검출법은 교류 제어기 고장검출법과 그 과정이 비슷한 점이 많다. 따라서 제5장 교류 제어기의 고장검출법을 참조하면 많은 도움이 될 것이다. 다음에 수동식 직류 제어기에서 발생하기 쉬운 고장에 대해서 다루어 보자.

1. 핸들을 여러 지점에 이동하여도 전동기가 기동하지 않을 때의 고장원인

(1) 퓨즈 또는 계전기의 단선

(2) 저항요소의 단선 : 115V 텍스트 램프 세트를 인접 접촉자 사이에 접속하고 검사한다.

(3) 암과 접촉점 사이의 접촉불량 : 아크발생 가능성이 많다.

(4) 기동기 결선의 착오 : 이러한 것은 기동기를 먼저 결선한 4단자 기동기에서 일어나기 쉽다. 전원단자 두 개에 대한 접속에 착오가 생기면 전동기는 기동하지 못한다. 그러나 최종점에 핸들이 오면 고정이 된다.

(5) 전기자회로 또는 계자회로상에 선이 끊어진 곳이 있으면 회로가 단선된다.

(6) 저전압

(7) 과부하

(8) 단자에 대한 결선이 느슨해지거나 파손되었을 경우

(9) 3단자 기동기에서 지지 코일의 단선 : 이것은 계자회로에 단선사고를 일으킨다.

2. 핸들을 최종 위치로 가져왔을 때 핸들이 고정되지 않을 경우의 고장원인

(1) 소손, 리드선의 단선, 접촉불량 등으로 인한 지지 코일의 회로단선상태

(2) 저전압

(3) 코일의 단락

(4) 결선착오

(5) 과부하 접촉자의 개로

3. 핸들을 돌릴 때 퓨즈가 용단하는 고장원인

(1) 저항요소 · 접촉자 또는 권선에서의 접지

(2) 핸들의 급속한 이동

(3) 기동기 내의 분권계자회로의 단선 : 3단자 기동기이면 지지 코일에서 불량개소가 발생하는 수가 많다.

(4) 저항단락

4. 기동기가 과열하는 고장원인

(1) 전동기의 과부하

(2) 핸들의 이동속도가 너무 느린 경우

(3) 저항요소 또는 접촉자의 단락

5. 전자 개폐기를 수동식 기동기와 조합하여 사용할 경우

이 경우에는 제5장 끝부분에서 설명하고 있는 고장검출 및 수리 항을 참조한다.

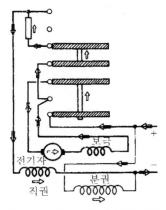

[그림 8-91] 그림 8-90의 제어기에서 핸들의 제1위치

제9장 교류 직류 전동기,
셰이딩 코일 전동기,
팬 전동기

1 서론(Introduction)

이 장에서 다루는 전동기는 오늘날 가장 널리 쓰이며 용도 또한 다양하다.

2 교류 직류 전동기(Universal Motor)

교류 직류 전동기(universal motor)는 직류 또는 단상 교류 가운데 어느 것에 대해서도 대략 같은 속도로 회전한다. 이 전동기는 가장 많이 쓰이는 형인 분수마력형 전동기로서 사용되는 곳은 진공소제기·믹서·드릴·재봉기 등 가전제품에 주로 많이 사용된다.

계자는 직권계자로 되어 있으며 대기동 회전력과 변속도 특성을 갖고 있다. 무부하로 운전하면 거의 무구속 속도(無拘束速度)에 가까운 위험할 정도의 고속으로 회전하므로 반드시 구동하여 줄 기구와 직결하는 것이 보통이다.

오늘날 사용되는 교류 직류 전동기는 여러 형이 있으나 소형 2극 직권 전동기처럼 2개의 집중계자극을 가진 것이 많이 사용되고 있다. 또한 집중권계자(集中捲界磁) 대신에 분상 전동기의 고정자권선 처럼 계자에 대한 권선을 분포권으로 한 것이 있다. 교류 전동기의 크기는 1/200~1/3HP 정도까지가 많다. 그러나 특수 용도에 쓰이는 것은 그 이상인 것도 있다. 교류 직류 전동기는 여러 점에서 직류 직권 진동기와 비슷한 점이 많다. 따라서 제6장 직류 전기자권선과 제7장 직류 전동기편을 복습하면 이 장에서의 설명을 이해하는 데 도움이 될 것이다.

1. 교류 직류 전동기의 구조(construction of the univesal motor)

계자극을 집중권으로 한 교류 직류 전동기의 주요부품으로는 프레임(frame), 계자철심(field core), 전기자(armature), 엔드 플레이트(end plate) 등을 들 수 있다. 프레임은 성층 계자 철심을 고정할 수 있도록 [그림 9-1]처럼 강판·알루미늄 또는 주철을 말아서 만든다. 계자극은 볼트를 사용해서 프레임과 고정하는 것이 보통이다. 그러나 프레임이 지지하여 주는 기계부분과 일체가 되도록 프레임을 제작하는 경우가 많다.

[그림 9-1] 교류 직류전동기(The Dumore Company)

[그림 9-2] 교류 직류 전동기의 부품
(The Dumore Company)

각 부품과 계자철심을 예시하면 [그림 9-2]와 같다. 계자철심은 얇은 규소강판을 성층하여 제작한 후에 프레스로 압착해서 리베트 또는 볼트로 고정한다. 2극 전동기에서 두 계자극을 성층하였을 때의 형상은 [그림 9-3]과 같다.

전기자의 모양은 소형 직류 전동기의 전기자의 구조와 비슷하다. 전기자의 근본적인 구성요소는 슬롯과 정류자이다. 슬롯으로는 직구 슬롯(straight slot) 또는 사구슬롯(skewed slot)이 사용된다. 전기자에 대한 권선이 끝난 후 각 리드선은 정류자와 접속한다. 전기자의 철심과 정류자는 함께 동일 축상에 고정한다.

엔드 플레이트는 다른 일반 전동기와 같이 프레임의 양쪽 끝단에 대고 스크루에 의해서 고정된다. 전기자 측의 회전을 원활히 할 수 있도록 엔드 플레이트에는 볼 베어링 또는 슬리브 베어링을 시설한다. 교류 직류 전동기에서는 엔드 플레이트 중 하나를 프레임의 일부가 되도록 주조하는 수가 많다. 따라서 이와 같은 전동기에서는 프레임과 분리할 수 있는 엔드 플레이트는 한 개 뿐이다. 브러시 지지기는 [그림 9-4]와 같이 앞단에 오는 엔드 플레이트에 볼트로 고정한다.

[그림 9-3] 2극 교류 전동기의 계자 철심

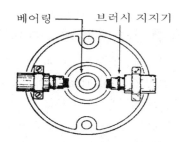

[그림 9-4] 브러시 지지기와 베어링을 보여
주고 있는 엔드 플레이트

2. 교류 전동기의 동작(operation of the universal motor)

교류 전동기는 전기자권선과 계자권선을 직렬로 접속하고 전류를 흘리면 계자권선과 전기자권선에 발생한 자력선이 서로 상화작용을 일으켜서 전동기가 회전하기 시작한다. 이와 같은 회전은 교류나 직류에 관계없이 일어난다.

3. 계자코일의 권선법(rewinding the field coils)

교류 직류 전동기는 대부분 2극 전동기이므로 계자코일은 두 개다. 직류 직권 전동기에서처럼 계자권선의 횟수는 대단히 적은 것이 보통이다. 즉, 분권 계자 코일은 권선횟수가 수천 회에 이르는 것에 비해서 직권 계자 코일의 권선횟수는 수백 회 정도이다.

새로운 계자코일에 대한 권선법은 다음과 같다.

먼저 낡은 코일을 철심으로부터 제거한다. 코일은 [그림 9-5]와 같이 계자철심상의 작은 구멍에 핀을 끼워서 고정하여 놓고 있다. 따라서 먼저 핀을 뽑는다. 전동기 중에는 [그림 9-6]처럼 코일의 한 끝으로부터 다른 끝단에 걸쳐 얇은 철제 클램프(clamp)를 끼워 고정한 것도 있다. 때로는 파이버편을 [그림 9-7]과 같이 계자극 사이에 쐐기처럼 끼워서 고정한다. 계자 코일의 형상은 [그림 9-8]에 도시되어 있다. 코일 절연을 위해서 감아 놓은 횟수 등을 조사·기입한다. 코일선에 대한 절연은 애나멜 또는 폼바(formvar)가 대개 사용된다. 권선할 때는 전에 사용하였던 것과 동일한 절연재, 동일한 선경의 코일을 사용한다.

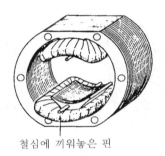

[그림 9-5] 철심에 핀을 끼워 계자코일을 고정한다.

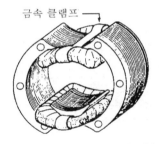

[그림 9-6] 금속 클램프(metal clamps)를 사용해서 철심에 코일을 고정하는 방법

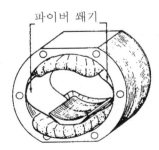

[그림 9-7] 파이버 쐐기(fiber wedges)를 써서 철심에 계자 코일을 고정하는 방법

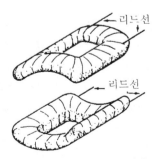

[그림 9-8] 코일을 철심에서 뽑은 직후의 코일 형상

권선할 때는 [그림 9-9]와 같이 새로 권선할 코일의 틀을 평평한 사각형으로 만든다. 권선틀을 만들기 위해서 테이프를 풀고 치수를 정확히 측정 기입한다. 코일의 크기가 전코일보다 작게 만들어지면 철심에 끼우기가 곤란하다. 반대로 크게 만들면 너무 큰 면적을 차지하게 되므로 엔드 플레이트를 프레임과 맞추기 힘들다.

권선틀을 만들려면 코일 중 가장 안쪽에 오는 코일의 치수를 기준으로 해서 나무편을 잘라 짜 맞춘다. 코일을 감은 후 틀로부터 코일을 뽑기 쉽도록 하려면 틀의 양변에 가는 홈을 파고 틀의 둘레는 절연지를 1회 정도 감는다. 이때 틀의 양쪽에는 [그림 9-10]처럼 두 개의 나무편을 대고 볼트로 조여 코일을 감는 과정에서 코일이 흩어지지 않도록 한다. 틀 만들기가 끝나면 선반 또는 권선기에 틀을 물리고 선경이 전과 같은 코일선을 써서 소요횟수만큼 권선한다. 코일을 틀로부터 뽑을 때는 틀의 양쪽 끝에 고정한 나무판상의 홈 속으로 실끈을 넣어 코일을 묶은 후 뽑는다. 계자 코일 또는 [그림 7-14] (b)처럼 권선틀을 사용하여 권선할 수 있다. 또한 코일에는 접속용 리드선을 이어주고 절연 슬리브로 절연하여 코일이 우발적으로 흩어져 나오는 것을 방지한다.

코일을 틀로부터 뽑고 나면 [그림 9-11]과 같이 바니시를 함침한 케임브릭(cambric)으로 한 번 정도 테이핑하고 그 위를 면 테이프로 한 번 정도 감는다.

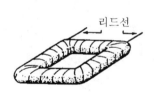 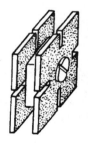 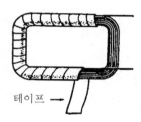

[그림 9-9] 코일 치수를 알기 위해서 코 [그림 9-10] 계자 코일을 감기 위 [그림 9-11] 계자 코일에 대한 테
일을 평평하게 펼친형상 　　한 권선틀 　　　　이핑 작업

코일은 원형과 같이 정형(整形)한 후 그 위를 바니시로 절연한다. 바니시가 완전히 건조한 후에는 철심에 코일을 끼우고 처음 상태와 같이 고정한다.

코일의 크기가 철심에 꼭 맞으므로 철심의 크기보다 별로 여유가 없을 때는 철심에 끼울 때 특히 조심해야 한다. 잘못하여 철심의 모서리에 긁히면 접지나 파손사고를 일으키기 쉽다. 이것을 예방하기 위해서는 코일의 모퉁이에 절연지를 삽입해 두는 것도 좋은 방법이다. 철심에 코일을 끼울 때는 리드선이 잡아 당겨지지 않도록 유의해야 한다. 리드선이 잡아 당겨지면 결선이 느슨해지거나 끊어질 염려가 있다.

4. 계자 코일과 전기자권선의 결선(connecting the field coils and armature)

교류 직류 전동기의 계자극은 여타 직류 전동기의 자극처럼 극성이 반대로 나타나도록 직렬결선이 되어 있다. 계자극에 대한 극성 판단은 직류기에서와 같다. 즉, [그림 9-12]처럼 못을 이용하든가 또는 나침반을 사용한다. 이 같은 방법을 이용하지 않을 때는 제7장에서 다룬 바와 같이 극성에 구애됨이 없이 양계자를 직렬로 접속한 후 전동기가 회전하지 않으면 그 중의 극 하나에 대한 리드선 접속을 반대로 한다. 모든 2극 직권 전동기의 경우에서처럼 양계자 권선을 직렬로 접속한 후에는 전기자권선과 직렬로 [그림 9-13]과 같이 접속한다. [그림 9-14]는 계자권선의 한 끝을 전기자에, 다른 끝은 계자권선과 접속한 보기이다.

교류 직류 전동기의 또 다른 결선방법은 [그림 9-13]과 같이 접속한다. [그림 9-14]는 계자권선의 한 끝을 전기자에, 다른 끝은 계자권선과 접속한 보기이다.

교류 직류 전동기의 또 다른 결선방법은 [그림 9-15]과 같이 전기자를 두 계자 코일 사이에 결선하는 것이다. 첫 번째 계자 코일의 끝점은 전기자의 한 측면에 결선되고 전기자의 다른 한 측면은 다음 계자극에 결선이 된다.

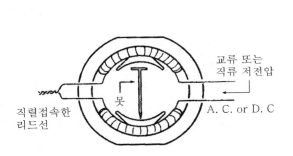

[그림 9-12] 계자극에 대한 올바른 극성 조사. 못이 여자한 코일 사이에서 똑바로 서면, 극성이 옳게 발생하고 있다.

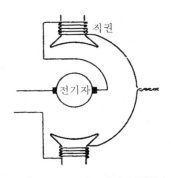

[그림 9-13] 교류직류전동기의 직렬접속

[그림 9-14] 테이프를 감은 계자 코일의 직렬 접속

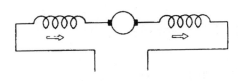

[그림 9-15] 교류 직류전동기의 결선도. 전기자가 양계자 코일 사이에 접속되어 있는 점을 유의하라.

5. 회전방향의 변경(reversing the universal motor)

집중권 계자극(concentrated-field)을 가진 교류 직류 전동기의 경우에서 회전방향을 바꾸려면 전기자 또는 계자 코일 중의 어느 한 권선에 대한 전류방향을 반대로 바꾸어 주면된다. 일반적으로는 브러시 지지기에 대한 리드선 접속을 바꾸어 주는 방법이 많이 쓰인다. [그림 9-16]처럼 결선할 때 시계방향으로 회전하며, [그림 9-17]과 같이 결선을 바꾸면 반시계방향으로 회전한다.

[그림 9-16] 시계방향 회전시의 전동기 결선

[그림 9-17] 그림 9-16의 전동기에서 전기자 결선을 바꾸어 반시계방향 회전으로 한 결선

일반적인 유니버설 전동기는 물론, 특히 브러시 지지기를 이동할 수 없는 전동기에서 회전방향을 변경하였을 때, 브러시로부터 심한 아크와 스파크를 발생하는 것이 보통이다. 이와 같은 현상은 대부분 특정한 용도에 사용할 목적으로 이 전동기를 제조하며, 그 회전을 단일 방향으로 하기 위하여 권선하였기 때문이다. 스파크의 발생이 없이 역전하게 하려면 정류자편과 접속한 리드선 위치를 다시 조정하여 주는 방법이 있다. 이에 대해서는 나중에 충분히 다루게 된다.

6 전기자권선법(winding the armatur)

교류 직류 전동기에 대한 전기자권선법은 소형 직류 전동기의 전기자권선법과 동일하다. 다른 모든 전기자나 고정자의 경우와 마찬가지로 권선의 제1단계는 권선 전과 권선 후에 권선 횟수·코일 피치·선경·리드선의 접속 등이 일치할 수 있도록 권선에 필요한 데이터를 정확히 수집하는 일이다.

(1) 데이터 작성(taking data)

전기자에 대한 데이터의 작성 전에 교류 직류 전동기에 대한 일반적인 사항을 들어보면 다음과 같다.

2극 교류 직류 전동기는 모두 중권을 사용하고 있으며, 코일의 시작점과 끝점은 [그림 9-18]과 같이 각각 정류자편과 접속한다. 또한 대부분의 경우는 [그림 9-19]와 같이 루프 권선으로 한다. 코일 하나가 완성되면 루프 한 개를 만들고 그 다음 코일을 권선한다. 대부분의 경우 전기자의 슬롯에는 두 개의 코일이 삽입되므로 정류자편 수는 슬롯 수의 두 배나 된다. 따라서 각 슬롯마다 루프 두 개가 존재한다. 전동기에 따라 슬롯마다 코일 한 개씩이 들어 있는 것과 세 개씩이 들어 있는 수도 있으나, 여기서는 코일 두 개씩이 슬롯에 들어 있는 것에 한해서 다루기로 한다.

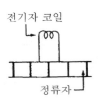

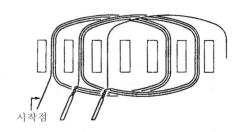

[그림 9-18] 중권전기자이면 각 코일은 인접 정류자편 사이에 접속한다.

[그림 9-19] 각 코일의 끝에 루프를 만든 루프 권선

교류 직류 전동기에 대한 데이터 수집은 다음과 같은 요령으로 진행한다.

먼저 슬롯 수와 정류자편 수를 세어 데이터 기록표에 기입한다. 임의의 한 슬롯에 대해서 [그림 9-20]처럼 실 또는 자를 슬롯의 중심선과 나란히 대고 정류자편과 마이카편 중에 일직선상에 오는 것을 조사해서 기록표상에 기입한다. 또한 전기자 표면으로 노출된 코일 사이의 슬롯 수를 세어서 코일 피치를 파악한 후 기록표상에 1과 6, 또는 1과 7 등의 식으로 기입한다. [그림 9-21]은 피치 1과 6인 경우의 보기이다. 2극 전동기일 때 코일 피치는 대략 전 슬롯 수의 약 반에 해당하는 경우가 많다.

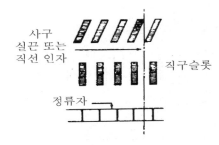

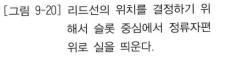

[그림 9-20] 리드선의 위치를 결정하기 위해서 슬롯 중심에서 정류자편 위로 실을 띄운다.

[그림 9-21] 코일 피치를 결정하기 위해서 정류자의 반대편에서 본 전기자의 단면

(2) 리드선의 위치찾기(lead throw)

지금까지 기록한 데이터는 어느 것이나 전기자권선을 풀지 않고 얻은 것이었으나, 나머지 데이터는 권선을 제거하면서 기록한다. 다음에 할 일은 리드선의 접속위치를 찾는 일 (lead throw)이다.

전기자권선은 바니시 처리가 되어 있어 리드선에 대한 정확한 위치를 찾기란 힘든 일이 지만 가능한 한 그 위치를 정확히 찾아 놓을 필요가 있다. 운전과정에서 스파크 현상이 발생하지 않도록 하려면 리드선에 대한 위치를 정확히 찾아 놓는 일이 극히 중요하다. 리드선에 대한 접속위치를 찾는 요령은 다음과 같다.

코일 여러 개를 조심해서 푼 후 최소한 인접 코일 두 개에 대해서 출발점과 끝점에서 나온 리드선이 놓여 있는 위치를 정류자편상에 정확히 표시한다.

코일을 풀어 보면 하나의 코일은 루프 한 개로써 풀린다. 따라서 센터 펀치로 코일이 들어 있던 슬롯과 정류자편상에 알기 쉽도록 가볍게 표시를 한다. 특히 슬롯에 들어 있었던 두 개의 코일 중 어느 것이 제1루프인지 제2루프인지를 구별해서 기록한다. [그림 9-22] 는 이 과정을 나타내고 있다. 슬롯으로부터 코일을 들어 올릴 때 함께 따라나오는 리드선 은 정류자편과 아직 접속상태이므로 각 코일을 푸는 과정에서 리드선은 정류자편으로부 터 떼어준다. 코일 7을 제거하면 이 코일의 시작점에서 나오는 리드선은 정류자편 3과 접속되어 있음을 알 수 있다. 이 접속점은 코일 7이 감긴 슬롯으로부터 우측 세 번째 정류 자편과 접속되어 있음을 알 수 있다. 이 접속점은 코일 7이 감긴 슬롯으로부터 우측 세 번째 정류자편과 접속되어 있다. 코일 7에 대한 슬롯은 물론 정류자편에도 표시를 하여 놓는다. 이러한 내용을 도면상에 표시하여 [그림 9-22]와 같이 기록표에 기입한다. 이와 같은 방법은 코일을 풀 수 있을 때의 일이고, 바니시를 함침한 전기자일 때는 이러한 데 이터를 얻기 어려운 때가 많다.

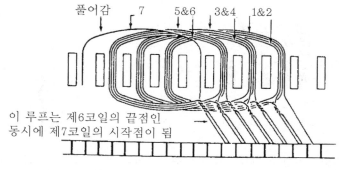

[그림 9-22] 리드선의 위치 찾기

이와 같은 전기자를 권선하려면 표시를 한 제1코일을 슬롯부터 감기 시작하여 제1리드선을 정류자편 3과 접속한다. 루프 전체에 대해서 순차적으로 같은 과정을 반복한다. [그림 9-22]의 권선은 시계방향으로 풀려나가고 있으며 이것으로 반시계방향으로 코일이 감겨있음을 알 수 있다. 또한 코일이 좌측으로 진행되고 있는 점에 유의할 필요가 있다. 이러한 내용도 기록표상에 기입하여 놓는 것이 좋다.

코일을 풀어보면 코일당 권선 횟수는 금방 알 수 있다. 선경은 와이어 게이지(wire gauge) 또는 마이크로미터(micro-meter)를 사용하여 측정한다.

전기자는 바니시 처리 후 건조한 관계로 코일을 풀기가 매우 힘들다. 특히 슬롯상층에 들어 있는 코일일수록 풀기가 곤란하다. 따라서 풀릴 수 있는 코일을 찾기 위해서 제1코일 중 4~5회 이상에 해당하는 부분을 절단하고 코일을 소각하든가 또는 열을 가해서 풀기 쉽도록 이를 조처한다. 코일을 푸는 것은 권선에 필요한 여러 데이터를 얻는 것이 목적이므로 필요한 데이터가 얻어진 후에 나머지 코일은 절단하고 슬롯으로부터 뽑아 버린다. 코일을 뽑기 전에 쐐기는 전부 제거하여 놓는다.

(3) **그라울러를 이용해서 리드선의 접속위치를 찾는 방법** (using the growler to obtain lead throw)

전기자권선이 완전히 단락되거나 또는 단선된 경우 외에는 리드선에 대한 데이터 수집은 다음과 같은 보다 간단한 방법을 통해서 얻을 수 있다.

전기자를 [그림 9-23]과 같은 방법으로 그라울러 위에 올려놓고 슬롯마다 쇠톱날을 대어 본다. 이때 단락된 코일이 들어 있는 슬롯에서는 쇠톱날이 진동한다. 정류자편 두 개가 단락되어 있으면 슬롯 두 개 위에서 진동현상이 일어난다. 리드선의 접속위치를 찾는 원리는 쇠톱날의 진동현상을 이용한 것에 지나지 않는다.

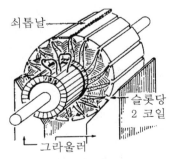

[그림 9-23] 전기자를 그라울러 위에 올려 놓았을 때, 정류자편 1과 2, 2와 3을 단락하면 쇠톱날은 진동하게 된다. 이로써 코일의 리드선 위치를 결정한다.

정류자편 두 개를 짧은 전선 토막으로 단락하여 놓고 쇠톱날이 진동하는 슬롯의 위치를 검출한다. 이때 전기자는 그라울러상에서 돌려가면서 단락하여 놓은 슬롯이 정상에 오도록 한다. 다음 정류자편 두 개에 대해서 단락하여 놓고 동일 슬롯상에서 쇠톱날이 진동하는지 조사한다. 진동현상이 일어나면 단락하였던 정류자편 세 개와 쇠톱날의 진동이 발생한 슬롯상에 표시한다.

(4) 전기자의 권선제거(stripping the armature)

필요한 데이터 기록이 전부 끝나면 전기자로부터 권선을 뽑고 슬롯에 들어 있었던 절연지는 모두 제거한다. 코일은 하나하나 풀어나가든지, 권선의 양족 끝에 쇠톱으로 잘라서 어느 한 쪽 편에 몽땅 당겨 뽑든지 한다. 처음 사용하였던 절연지와 두께가 동일한 절연지를 사용해서 다시 슬롯 절연을 실시한다. 이때 새 절연지를 슬롯 위로 약 1/4인치, 슬롯 양쪽 끝으로 약 1/16인치 나오도록 한다. 또 잊지 말아야 할 중요한 점은 슬롯에 권선하기 전에 정류자에 대한 접지 또는 단락시험을 실시하고 아울러 정류자편상에서 루프권선의 리드선이 접속되어야 할 작은 홈이 파져있는지도 조사하여 두어야 한다. 이때 정류자편상에 있는 홈의 넓이가 전기자에 감아 넣을 코일의 선경과 동일한지의 여부도 조사한다.

(5) 권선과정(winding procedure)

교류 직류 전동기의 전기자권선 방법은 제6장에서 다룬 것과 비슷하므로 간단히 요약하여 설명하면 다음과 같다. 임의의 슬롯으로부터 감기 시작해서 데이터상의 적절한 피치를 유지하면서 소요횟수를 권선하고 하나의 루프를 구성한다. 첫 코일이 감긴 동일한 슬롯에 동일한 횟수를 감아 루프를 또 하나 만든다. 그 다음에 또 코일 두 개를 그 다음 슬롯에서 정류자편과 접속할 때 식별이 용이하도록 루프의 길이에 차이를 둔다. 혹은 리드선마다 색깔이 다른 슬리브를 끼워 식별하는 수도 있다.

전동기에 따라 권선방법은 약간씩 달리하는 경우가 있다. 예를 들면 시계방향으로 전기자권선을 한 것이 있는가 하면, 반시계방향으로 권선한 것도 있다. 또한 코일의 진행방향이 우측방향일 수도 있고 경우에 따라서는 좌측방향일 수도 있다. 전기자에 따라 코일 리드선이 권선전단(front)으로 나오게 한 것이 있는가 하면, 후단(back) 또는 풀리(pully) 쪽으로 나오도록 한 것도 있다. 또한 전기자에 따라서는 리드선이 코일의 우측에 오는 것이 있고 어떤 것은 좌측에 오도록 된 것이 있다. 이처럼 전동기에 따라 권선방법에 차이가 있으나, 최상의 권선방법은 처음 권선방법과 동일하게 하는 것이다. 코일이 [그림 9-24]와 같이 시계방향으로 권선되어 있었다면, 다시 권선할 때도 시계방향으로 권선하여야 한다. 만약 코일이 [그림 9-25]처럼 반시계방향으로 권선되어 있었다면 반시계방향으로 권선한다. 리드선 또는 루프가 [그림 9-26]과 같이 처음에 우측에 있었다면 권선할 때 우측으로 오게 할 필요가 있다. [그림 9-27]과 같이 루프가 코일의 좌측으로 온 경우에는 다시 권선하였을 때 당연히 좌측으로 오게 하여야 한다.

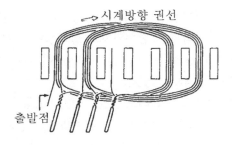

[그림 9-24] 시계방향으로 권선한 전기자의 코일

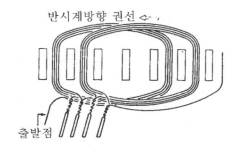

[그림 9-25] 반시계방향으로 권선한 코일

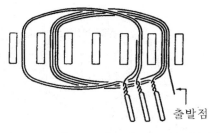

[그림 9-26] 코일 오른편에 오는 정류자편에 접속
하기 위한 루프

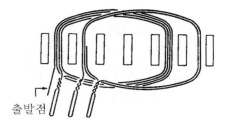

[그림 9-27] 각 코일 좌측으로 만든 루프

전동기에 따라 전기자 리드선이 [그림 9-28]과 같이 전기자 뒤쪽으로 나오는 것이 있다. 이러한 전기자이면 리드선을 정류자편과 접속할 수 있도록 슬롯을 지나 전단으로 뽑는다.

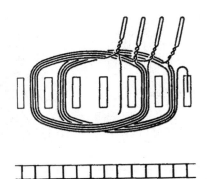

[그림 9-28] 전기자 중에는 슬롯 뒤쪽으로 다시 뽑는 것도 있다.

(6) 정류자에서의 리드선 접속위치(position of leads in commutator)

정류자상에서의 리드선 접속위치를 본래 권선에서의 위치와 똑같게 접속하여 주는 점은 매우 중요하다. 리드선의 접속이 올바른 위치에서 정류자편 한 두 개 만큼 건너 뛰어 접속되면 운전할 때 심한 스파크 현상이 발생한다. 리드선의 접속위치는 전동기의 회전 방향에 따라 결정되는 것이 보통이고, 회전방향이 달라지면 접속위치도 달리하야여 한다. 그러나 교류 직류 전동기 중에는 어느 방향으로도 동일 속도로 운전이 가능하도록 설계한 것도 있으나 대부분이 단일방향 운전용으로 제작되어 있다.

시계방향 회전을 할 수 있도록 설계한 전동기이면 코일의 리드선은 [그림 9-29], [그림 9-30]과 같이 정류자편 2~3개가 코일 우측으로 오도록 접속한다. 반시계방향 회전의 경우에는 [그림 9-31]과 [그림 9-32]처럼 정류자편 2~3개가 코일 좌측으로 오도록 접속한다. 양방향운전이 가능한 전동기이면 리드선은 시계방향으로 회전할 때의 위치와, 반시계방향으로 회전할 때의 위치 중간에 오도록 한다.

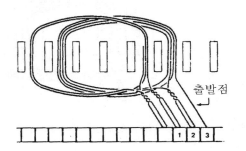

[그림 9-29] 시계방향으로 회전하면 리드선은 각 코일 우측에 오는 정류자편 2-3개를 건너 뛰어 접속한다.

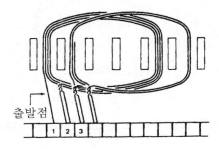

[그림 9-30] 시계방향으로 회전할 수 있도록 각 코일 우측에 오는 정류자편에 접속한 리드선

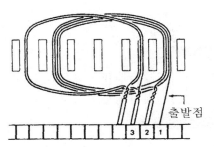

[그림 9-31] 반시계방향으로 회전하도록 코일의 좌측으로 정류자편 2~3개를 건너뛰어 접속한 리드선

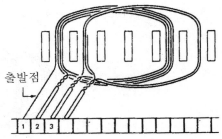

[그림 9-32] 반시계방향으로 회전할 수 있도록 각 코일의 좌측으로 접속한 리드선

원래 전기자 코일이 시계방향으로 권선되어 있는 것을 반시계방향으로 권선하였다면, 전동기의 회전은 반대로 되나 회전할 때 심한 스파크를 발생한다. 이러한 경우에는 브러시에 대한 리드선의 접속을 반대로 하면 회전방향이 원상으로 복귀함과 동시에 스파크도 발생하지 않는다.

7. 분포계자권선을 가지는 보상 전동기(distributed-field compensated motor)

(1) 일반

분포권 계자권선을 가진 교류 직류 전동기의 주요부품은 [그림 9-33]과 같다. 고정자철심은 분상 전동기의 철심과 비슷하고 전기자는 집중권계자를 사용한 교류 직류 전동기의 전기자 구조와 비슷하다. 분포권계자를 사용한 교류 직류 전동기에는 두 가지 종류가 있다. 즉, 고정자권선이 한 개인 단일 계자 보상 전동기(single-field compensated motor)와 고정자권선이 두 개인 이중계자 보상 전동기(two-field compensated motor)로 나누어진다.

[그림 9-33] 분포계자권선으로 만든 교류직류전기의 부품

2극 단일계자 보상 전동기는 2극 분상 전동기의 주권선과 비슷한 고정자권선을 구비하고 있다. 계자는 분상 전동기의 권선방법과 동일한 권선방법에 의해서 고정자 슬롯에 권선한다. 이때 계자극은 서로 반대 극성이 형성되도록 접속한 후 전기자에 직렬로 접속한다. 이 전동기는 4극 이상이 되도록 만들 수도 있다. 회전방향을 변경하려면 전기자 또는 계자권선 중 어느 하나에 대한 리드선의 접속을 반대로 하고 회전방향 쪽으로 브러시를 이동하여 놓는다. 브러시의 이동폭은 정류자편 수로 3~4개 정도가 되도록 한다.

이중계자 보상 전동기에서는 주권선과 보상권선 1개씩 합계 두 개의 권선을 고정자상에 권선한다. 이 두 권선은 분상 전동기에서의 주권선 및 보조권선과 같은 것이고 서로 $90°$의 전기각도로 떨어져 있다. 보상권선은 교류전원에 의해서 회전할 때 전기자에 유기되는 리액턴스(reactance)전압을 경감하여 주는 역할을 담당한다. 리액턴스 전압은 교번자속 (alter nating flux) 때문에 유기하며 그 영향은 전기자의 전압을 낮추어 결과적으로 속도와 출력을 감소시킨다.

(2) 권선의 제거와 재권선(stripping and winding)

보상권선을 가진 교류 직류 전동기의 낡은 권선의 제거 시는, 원권선이 놓인 슬롯에서 자극이 형성될 수 있도록 슬롯상에 정확히 표시를 하여 두어야 한다. 새로 권선하는 과정에서 슬롯의 위치를 하나 정도 띄어 권선하였다면 회전할 때 심한 스파크를 수반한다. 이러한 경우에는 브러시를 이동하든가 그렇지 않으면 다시 권선하여야만 수리될 수 있다. 다시 권선할 때는 주권선을 먼저 슬롯에 넣고 그 다음 보조권선을 전기각도 90°띄어 권선한다. 고정자 코일에 대한 권선방법은 타래감기 또는 틀감기방법을 사용한다. 2극 보상 전동기의 결선도는 [그림 9-34], [그림 9-35]와 같다. 특히 유의할 점은 주계자·보상계자 및 전기자를 전부 직렬로 접속하여 주는 점이다. 2극은 보통 소형 전동기에 사용되고 대형 교류 직류 전동기이면 4극 또는 6극인 것도 있다. 보통 주자극은 매극마다 1~2개의 코일만을 감고 보상자극은 매극마다 3~4개의 코일을 감는다. [그림 9-36]은 슬롯 수 12인 2극 전동기에 대한 코일과 슬롯과의 관계를 표시한 그림이다. 이 전동기의 회전방향을 바꾸려면 주권선에 대한 리드선의 접속을 반대로 하든가 또는 보상권선 및 전기자권선을 하나로 보고 그 결선을 바꾸어 주면된다. 이때 브러시는 이동할 필요가 없다.

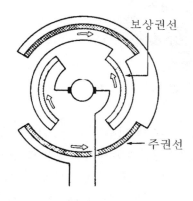

[그림 9-34] 보상권선이 설치된 교류직류전동기의 결선. 보상권선은 주권선으로부터 전기각도 90°를 띄고 또한 전기자 및 주권선과 직렬로 접속하는 점을 유의하라.

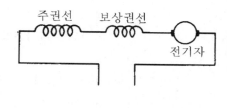

[그림 9-35] 보상권선이 설치된 교류직류전동기의 결선도

다시 권선할 때 식별이
용이하도록
센터펀치로 표시할 것

[그림 9-36] 슬롯수 12, 극 2, 보상권선이 설치된 교류직류전동기의 권선 데이터 기록 권선이
들어 있었던 슬롯에 정확히 표시하기 위하여 센터펀치로 표시한 점을 유의할 것.

8 교류 직류 전동기에 대한 속도제어(speed control of universal motor)

교류 직류 전동기의 속도제어법으로는 직렬저항 삽입법, 탭이 달린 계자를 사용하는 방법, 원심력장치를 사용하는 방법 등이 있다.

(1) 저항법(resistance method)

재봉기 등에 사용되는 소형 교류 직류 전동기는 [그림 9-37]과 같이 소형 가변저항을 전동기에 직렬로 접속하여 속도를 제어한다. 제어용 저항기는 발로 조정할 수 있으며 저항체로는 탄소저항(carbon pile) 또는 저항선(resistance wire)을 사용한다.

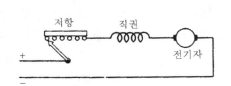

[그림 9-37] 소형 교류직류전동기는 가변 저항을 직렬 접속하여 속도를 제어한다.

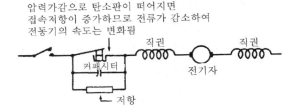

[그림 9-38] 두 개의 탄소판 사이의 접촉저항을 변화하여 교류직류전동기의 속도를 제어한다.

저항제어법 중에는 [그림 9-38]과 같이 탄소판(carbon block) 두 개로 속도를 제어하는 것이 있다. 고속운전에서는 탄소판에 대한 압력을 손으로 가감하여 접촉저항을 적게 한다. 한편 탄소판에 대한 압력을 줄이면 서서히 탄소판이 떨어짐과 동시에 저항이 증가하게 되므로 전류가 감소하고 속도가 저하된다. 이러한 제어장치를 사용한 전동기는 기동 시 속도 스위치를 통해서 탄소판의 접촉을 약하게 해주므로 아주 저속에서 기동하도록 되어 있다.

스위치 핸들이 이동하면 탄소판에 대한 압력이 증가하는 구조로 되어 있어 저항이 감소하고 전류가 많이 흐르게 된다. 탄소판의 접촉이 완전히 떨어지면 [그림 9-38]에서처럼 고정 저항이 회로에 직렬로 남는다. 커패시터는 아크를 감소하는 역할을 한다.

(2) 탭이 달린 계자(tapped field)

교류 직류 전동기 중에는 [그림 9-39]와 같이 계자 코일을 감는 과정에서 여러 개의 탭을 시설하고 계자와 세기를 변경하여 결과적으로 극도를 제어할 수 있도록 한 것이 있다. 계자를 권선할 때 선경을 달리하는 코일을 써서 몇 개 부분으로 나누어 감은 후 각 접속점으로부터 탭을 낸다. 또 다른 방법은 계자극 중 하나를 니크롬 저항선으로 감고 중간 탭을 만드는 수가 있다. 저속운전에서는 전계자권선을 회로에 삽입하고, 중속운전에서는 중간 탭을 이용한다. 고속운전의 경우에는 니크롬선으로 감은 계자부분을 회로에서 제거한다.

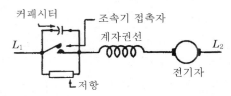

[그림 9-39] 계자극 하나에서 탭을 내어 3단속도를 얻는다.

(3) 원심력 장치(centrifugal device)

가정용 전기기구인 조리용 믹서에서는 대부분이 다단속도방식에 속하는 교류 직류 전동기를 사용하고 있다. 속도변경은 전동기의 내부에 설치한 원심력장치(centrifugal device)를 통해서 한다. 그 결선은 [그림 9-40]과 같다. 스위치는 외부로 돌출되어 있는 레버(external lever)에 의해서 조정할 수 있게 되어 있다. 전동기의 속도가 레버를 통해서 선택한 속도 이상이 되면 원심력장치의 동작으로 인해서 두 개의 접촉자는 개로하여 회로에 저항이 삽입된다. 그 결과 전동기의 속도는 저하한다. 속도가 저하하면 접촉자는 다시 폐로되고 저항을 단락하여 주므로 속도가 상승한다. 이러한 과정은 대단히 빨리 반복되는 관계로 속도변동을 느끼지 못하는 것이 보통이다. 저항은 [그림 9-40]과 같이 두 개의 조속기(調速機 ; governor) 접촉자의 양쪽 끝에 연결되어 있다. 접촉자가 개폐(開閉)할 때 스파크 현상이 발생하므로 불꽃 발생을 감소하는 동시에 접촉자면이 상하는 것을 방지하기 위해서 소형 커패시터를 양쪽 끝에 접속하여 준다. 이 방법에 의해서 16단까지의 속도조정을 달성할 수가 있다.

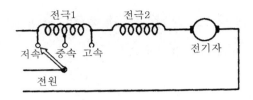

[그림 9-40] 원심력 조속기(governor weght)에 의한 교류직류전동기의 속도제어

3 교류 직류 전동기의 고장검출과 수리(Trouble Shooting and Repair of a Universale Motor)

Section

1. 검사(testing)

계자권선과 전기자에 대해서는 조립을 전후하여 반드시 불량 여부를 검사하여야 한다. 계자회로에 대한 검사는 직류기에서 다룬 방법을 통해서 접지·단락·단선 및 극성의 반전 여부를 검사한다. 이에 대한 상세한 요령은 제7장 직류 전동기에서 충분히 설명한 바 있다. 분포권계자를 가진 교류 직류 전동기이면 제1장 분상 전동기편에서 설명한 내용을 따르면 된다. 교류 직류 전동기의 전기자는 직류기 전기자와 동일하다. 전기자 및 정류자에 대한 검사방법은 제6장을 참조하기 바란다.

전기자에 대한 권선에 들어가기 전에 정류자에 대한 접지 및 단락 여부를 검사할 필요가 있다.

2. 수리(repair)

교류 직류 전동기에서 흔히 직면하는 고장의 종류는 직류기에서 직면하는 고장의 종류와 비슷하다. 다음에 열거한 고장원인 및 수리법에 대해서는 제6장과 제7장에서 이미 구체적으로 설명하고 있다.

(1) 전동기로부터 심한 불꽃이 발생하는 고장원인

① 정류자에 대한 리드선의 접속위치 부적당

② 계자극의 단락

③ 전기자 코일의 단선

④ 전기자 코일의 단락

⑤ 코일 리드선의 접속반대

⑥ 베어링의 불량

⑦ 마이카의 돌출

⑧ 회전방향의 부적당

(2) 운전 중 전동기가 과열하는 고장원인

① 베어링의 불량

② 베어링에 대한 급유(給油)의 부족

③ 코일의 단락

④ 과부하

⑤ 계자권선의 단락

⑥ 중성점으로부터 브러시의 이탈

(3) 전동기로부터 연기가 나는 고장원인

① 전기자 코일의 단락

② 계자권선의 단락

③ 베어링의 불량

④ 전압의 부적당

⑤ 과부하

(4) 전동기의 회전력이 부족할 때의 고장원인

① 코일의 단락

② 계자권선의 단락

③ 브러시의 위치 부적당

④ 베어링의 마모

4 셰이딩 코일 전동기(Shad-Pole Motor) Section

셰이딩 코일 전동기(shaded-pole motor)는 단상 교류 전동기로서 크기는 1/100~1/20HP 정도이다. 이 전동기는 회전력이 대단히 적은 선풍기 또는 레코드 플레이어 등에서 사용되고 있다. [그림 9-41]은 가장 전형적인 셰이딩 코일 전동기를 나타내고 있다.

[그림 9-41] 셰이딩 코일 전동기(Emerson Elec. Mfg. Co.)

1. 셰이딩 코일 전동기의 구조(construction of the shaded-pole motor)

셰이딩 코일 전동기의 주요부품은 [그림 9-42]에 도시되어 있다. 이것들을 고정자 또는 계자 프레임(field frame), 회전자(rotor), 엔드 플레이트(end plate) 등이다.

고정자상의 계자극은 철심을 성층해서 돌출극(salient pole)으로 만든 후 이 위에 집중권으로 계자 코일을 권선한다. 또한 자극의 한쪽에 슬롯을 만들고 셰이딩 코일(shading coil)이라 불리우는 1회권 동환(銅還)을 끼운다. 분포권을 사용한 셰이딩 코일 전동기이면 분상 전동기 및 다상 전동기에서와 같이 고정자상에 슬롯을 만들고 주권선과 단락보조권선을 권선한다. 이때 주권선과 단락보조권선은 전기각도로 90°이내가 되도록 띄는 것이 보통이다. 회전자는 분상 전동기나 다상유도 전동기에서처럼 농형 회전자를 사용한다. 셰이딩 코일 전동기는 대부분 이 프레임의 한 끝은 분리할 수 있는 엔드 플레이트로 만들고 다른 한 끝은 프레임과 엔드 플레이트를 함께 주조해서 하나로 만든다. 엔드 플레이트에는 볼 베어링 또는 슬리브 베어링을 고정한다.

[그림 9-42] 셰이딩 코일 전동기의 전기자와 계자의 구조

2. 셰이딩 코일 전동기의 동작(operation of the shaded-pole motor)

단상유도 전동기는 모두 기동 회전력을 주기 위한 보조권선을 필요로 한다. 분상형 및 커패시터형 전동기는 운전권선으로부터 전기각도로 $90°$를 띄워 기동권선을 설치하여 기동 회전력을 얻는다. 셰이딩 코일 전동기도 역시 기동권선을 필요로 한다. 그러나 셰이딩 코일 전동기에서는 동화로 1회권 코일을 만들어 고정자상에 설치한 계자극마다 자극 한쪽에 끼운다.

기동할 때는 주자극이 발생한 자속으로 인해서 셰이딩 코일에 유도전류가 흐른다. 유도전류가 흐르면 셰이딩 코일상에는 주자극과 위상을 달리하는 자계를 발생하게 되므로 필요한 회전력을 줄 수 있는 회전자계가 형성된다. 전동기가 일단 기동해서 소요속도에 도달하면 셰이딩 코일의 영향은 무시할 수 있다. 셰이딩 코일에 전류가 유도되면 자속이 형성된다. 사인커브(sine curve)의 속성에 따라 셰이딩 코일의 자속은 주자극의 자속이 0에서 최대까지 변하는 동안 유지시켜 준다. 사이커브의 전류가 최대값에서 0으로 강하하는 부분에서 셰이딩 코일에 또 다시 유도전류가 생겨 강한 자속을 발생하게 한다. 이번에는 셰이딩 코일이 아닌 코일의 원래 극성과가 동일한 방향을 지시하게 된다. 자속이 자극의 셰이딩 코일 부분에서 비셰이딩 코일 부분으로 이동하게 됨에 따라 전동기의 회전방향은 이동하게 된다.

3. 셰이딩 코일 전동기의 권선(shaded-pole windings)

셰이딩 코일 전동키는 대부분이 [그림 9-43]과 같이 셰이딩 코일을 끼운 돌출 계자극을 구비하고 있다. 돌출 계자극의 계자권선은 보통의 경우 직류기의 계자권선 또는 교류 직류 전동기에서의 집중권계자극을 권선할 때의 요령과 동일하게 권선한다. 권선이 끝나면 리드선을 코일 양쪽 끝에 연결하고 테이프를 감아 절연한 후 계자철심에 끼운다. 이 계자 코일은 금속 쐐기를 사용하여 고정시킨다. 이 쐐기가 쇠 또는 다른 자성을 띤 물질로 만들어진 것이면 전동기의 작동에 도움이 된다. 다시 권선할 때는 감은 횟수·선경·절연방법 등이 원래의 권선과 동일하도록 권선하여야 한다. 또한 코일의 크기도 원래의 코일 치수와 동일하게 만들어야 한다. 코일이 원래의 크기보다 크면 계자극에서 미끄러져 나올 염려가 있다. 코일을 철심에 끼울 때 접지사고가 발생하지 않도록 철심주위와 절연지를 끼워준다.

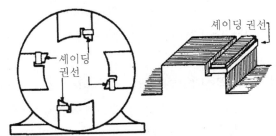

[그림 9-43] 계자극과 셰이딩 권선을 나타내고 있는 4극 셰이딩 코일 전동기

셰이딩 코일 전동기는 2, 4, 6, 8극 등이 있으며, 인접한 계자극은 극성을 서로 달리하도록 접속하여야 한다. [그림 9-44]는 4극 집중권계자를 사용한 셰이딩 코일 전동기의 결선도이다.

셰이딩 코일 전동기 중에는 분상 전동기의 고정자와 비슷하게 고정자를 제작한 것이 있다. 이러한 경우 고정자에 대한 권선은 분상 전동기에서의 권선과 마찬가지로 분포권으로 권선한다. 집중권식 계자에서 사용한 동환대신에 셰이딩 코일을 슬롯에 권선한다. 가장 전형적인 4극 12슬롯 전동기의 주권선과 셰이딩권선의 배치는 [그림 9-45]와 같으며, [그림 9-46]은 그 결선도이다. 이때 특히 유의할 점은 셰이딩 코일이 폐회로를 구성하고 또한 인접자극은 극성이 서로 반대가 되도록 결선해야 하는 점이다. 동시에 셰이딩 권선은 주자극의 약 1/3에 해당하는 면적을 점유하고 있는 점도 유의할 필요가 있다.

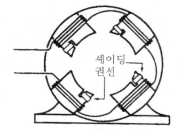

[그림 9-44] 계자극을 직렬접속하여 자성이 교대로 발생하도록 한 4극 셰이딩 코일 전동기

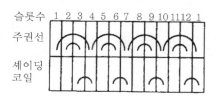

[그림 9-45] 4극 12슬롯 분포 셰이딩 코일 전동기의 권선 데이터 기록

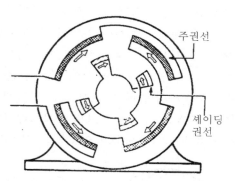

[그림 9-46] 4극 분포 셰이딩 코일 전동기의 결선도

4. 셰이딩 코일 전동기의 역전(reversing a shaded-pole motor)

셰이딩 코일 전동기 중에는 스위치를 넣기만 하면 회전방향이 반대가 되도록 설계된 전동기가 있다. 그러나 대부분은 일단 분해하지 않으면 회전방향을 반대로 할 수 없다. 이러한 전동기의 회전방향을 변경하려면 분해하고 고정자의 끝과 끝을 바꾸어 끼운 후 다시 조

립한다. 셰이딩 코일 전동기의 회전은 주자극에서 셰이딩 코일을 향해 회전하게 되므로 [그림 9-47]의 경우는 시계방향 회전이 되고 [그림 9-48]의 경우는 반시계방향 회전이 된다. 전동기의 구조가 외부에서 역전이 가능하도록 만든 것이 아니면 역전할 때는 이 방법을 사용하여야 한다.

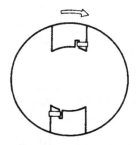

[그림 9-47] 고정자를 서로 바꾸기 전의 자극
과 셰이딩 코일의 위치

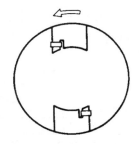

[그림 9-48] 고정자의 끝 순서를 바꾸어 끼
운 후의 자극 위치

외부로부터 회전방향을 바꿀 수 있는 구조의 전동기는 계자극은 주권선 한 개와 서로 띄워 놓은 셰이딩 코일 두 개로 구성되어 있다. 이 전동기는 고정자상에 권선이 가능하도록 슬롯이 만들어져 있다. 주권선은 보통의 경우 슬롯 여러 개에 분포해서 권선하지만 자극마다 코일 한 개씩만을 가지게 된다.

돌출극상에 셰이딩 코일 두 개씩 설치한 전동기일지라도 운전할 때는 그 중 한 개의 셰이딩 코일이 회로에 접속한다. 셰이딩 코일 하나가 각 주자극 한쪽에서 하나의 극을 형성한다. 따라서 또 하나의 셰이딩 코일은 주자극상의 다른 끝에서 한 개의 자극을 형성한다. [그림 9-49]는 이것을 표시한 것이고 주자극의 한 개는 주코일 한 개(one main coil)와 셰이딩 코일 둘(two shaded coils)에 의해서 구성이 된다. [그림 9-50]은 슬롯 수 12, 극수 4인 전동기의 권선분포도이고, [그림 9-51]은 이 전동기의 결선도이다. 주자극은 인접 극과는 극성이 서로 반대가 되도록 직렬로 결선하며, 셰이딩 코일 또한 인접 셰이딩 코일과는 서로 극성이 반대가 되도록 접속하여 준다. 어느 한 방향으로 회전시키려면 [그림 9-51]처럼 셰이딩 코일 회로 중 하나를 폐회로로 만들고 다른 셰이딩 코일 회로는 개로하여 놓는다. 회전방향을 반대로 하려면 폐회로인 셰이딩 코일 회로를 개로한 후 개로상태에 놓인 다른 회로를 반대로 폐로하여 준다. 따라서 주자극상에 비교하여 볼 때 셰이딩 코일에 의한 자극의 위치가 반대가 된다.

[그림 9-49] 12슬롯 가역식 셰이딩 코일 전동의 한 자극 두 개의 셰이딩 코일에 유의하라.

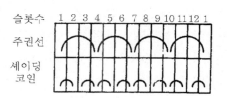

[그림 9-50] 가역식 셰이딩 코일 전동기의 코일 배치

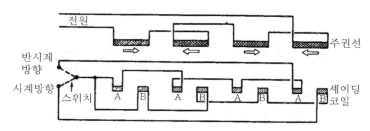

[그림 9-51] 가역식 셰이딩 코일 전동기의 결선도. 이 전동기를 역전하게 하려면 직렬접속한 두 셰이딩 코일 중 하나를 개로하고 나머지 셰이딩 코일은 폐로하여 준다.

역전이 가능하도록 만든 셰이딩 코일 전동기 중에는 주권선 두 개, 셰이딩 코일 한 개로 구성이 되는 것이 있다. [그림 9-52]는 이러한 권선의 2개의 극을 도시한 것이며, [그림 9-53]은 극수 4, 슬롯 수 12인 전동기의 코일배치를 표시한다. 이러한 전동기의 셰이딩 코일은 권선식(wound type) 또는 단일폐로동환식(single closed piece of copper) 중 어느 것을 사용해도 된다. 시계방향 회전이면 주권선 중 한 개만 사용하고 다른 주권선은 개로하여 둔다. 반시계방향 회전이면 폐로하였던 주권선을 개로하고 개로하였던 주권선을 폐로한다. 이러한 두 가지 타입의 전동기에 대한 고장검출과정은 다른 전동기의 고장검출방법과 동일하다.

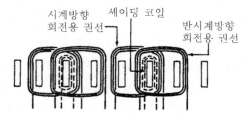

[그림 9-52] 각 셰이딩 코일마다 주권선이 두 개인 분포권 가역식 셰이딩 코일 전동기

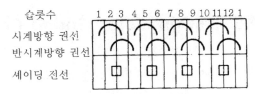

[그림 9-53] 2조의 주자극을 가진 4극 12슬롯 가역식 셰이딩 코일 전동기의 코일 배치 기록 방법

5 팬 전동기 : 속도제어(Fan Motor : Speed Control)   Section

　여기서는 선풍기용이나 환기용으로 사용하는 전동기의 속도제어에 대해서 다룬다. 전동기는 셰이딩 코일형·분상형 커패시터형 단상 전동기 등에서 이미 다루었으므로 여기서는 팬 전동기(fan motor)에 대한 속도제어에 대해서만 설명해 보기로 한다.

1. 플로어형 선풍기(floor-type fans)

　분상형 또는 커패시터형 전동기는 어느 것이나 플로어형 선풍기(floor type fans)에 사용할 수 있다. 분상형 2단 속도 전동기는 일반적으로 운전권선은 두 개로 하고 기동권선은 제작회사에 따라 1~2개로 한다. 위에서 제시한 전동기 두 가지에 대해서 결선도를 표시하면 [그림 9-54] 및 [그림 9-55]와 같다.

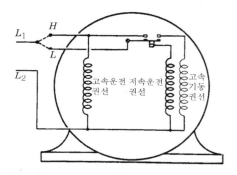

[그림 9-54] 운전권선 두 개, 기동권선 한 개로 된 2단속도 분상형 팬 전동기. 원심력 스위치가 운전위치에 연결되고 있다.

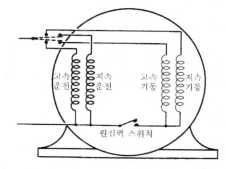

[그림 9-55] 두 개의 운전권선과 두 개의 기동 권선을 가진 2단속도 분상형 팬 전동기

　[그림 9-56]은 3단 속도 분상 전동기의 결선을 나타내고 있다. 3단 속도는 운전권선·보조권선 및 기동권선을 각각 한 개씩 모두 3개의 권선을 시설하여 달성한다. 권선할 때 운전권선 및 보조권선은 동일한 슬롯에 권선하여 기동권선은 고정자상의 운전권선으로부터 전기각도 90°를 띄어서 권선한다. 고속으로 운전할 때는 기동권선과 보조권선을 직렬로 접속한 후 운전권선과 병렬로 해서 전원에 접속한다. 중속운전에서는 보조권선을 반분해서 운전권선과 기동권선에 직렬접속한 후 보조권선상의 중간 탭을 전원과 접속한다. 저속운전일 때는 운전권선과 보조권선을 전원에 직렬로 접속한다. 이때 기동권선은 전원과 직결한다. 중속운전용 탭은 보조권선의 중간점에서 뽑는 것이 보통이다. 원심력 스위치는 기동권선과 직렬로 연결한다. 이 전동기는 벽에 걸어 고정하는 선풍기에도 사용된다.

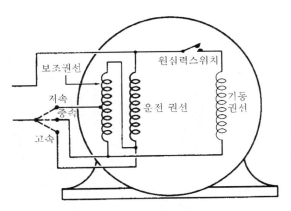

[그림 9-56] 3단속도 분상전동기

2단 속도 분상형 팬 전동기 중에는 운전권선과 기동권선이 각각 한 개씩으로 된 것이 있다. 이러한 전동기는 극의 수를 여러 개로 할 수 있지만 극수 4인 전동기에 대해서 다루어 보면 다음과 같다. 고속운전일 때 운전권선이 발생하는 네 개의 자극은 인접극성이 각기 다르도록 2회로 결선으로 한다. 저속운전일 때는 두 개의 인접극은 서로 극성이 동일하도록 직렬로 결선한다. 후자는 동극성 결선법(consequent-pole connection)에 하는 것이고 주자극 사이에서 추가로 네 개의 자극이 형성된다. 따라서 전동기는 동극성 결선일 때 8극에 해당하는 저속으로 회전한다. 어느 경우에서나 기동권선은 전원에 직결한다. 이 전동기는 동극성 결선인 두 개의 돌출기동극(salient starting pole)을 가지고 저속운전에 뿐 아니라 고속운전에서도 4극을 형성하도록 한다. 결선은 [그림 1-77]과 같이 하며 전동기로부터는 리드선 네 개를 뽑는다.

2단 속도 커패시터 런 전동기도 플로어 선풍기로 사용한다. [그림 9-57]에 도시된 것처럼 기동권선회로에 커패시터를 삽입한 것 이외는 [그림 9-54]의 분상전동기와 같다. 2단 속도 플로어형 선풍기에 사용되는 커패시터 전동기의 또 다른 형은 계자에 탭이 설치된 커패시터 전동기(tapped field capacitor motor)가 있다. [그림 9-58]에 도시된 이 전동기는 원심력 스위치를 사용하지 않는다. 3단 속도 전동기로 하려면 [그림 9-59]처럼 보조권선의 중간에서 탭을 뽑고 중속 탭으로 사용한다. 이 전동기는 원심력 스위치를 제거하고 커패시터를 대치한 점을 제외하면 3단 속도 분상 전동기와 비슷하다. 이 전동기는 에어컨장치 등에서 송풍기로 많이 사용한다.

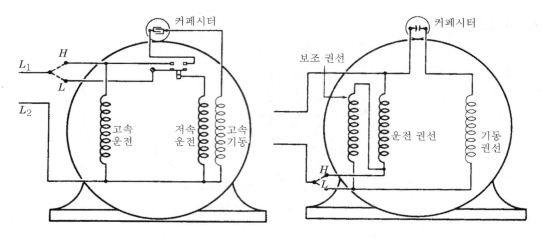

[그림 9-57] 2단속도 커패시터 기동 팬 전동기 원심
력 스위치가 운전위치에 연결되고 있다.

[그림 9-58] 2단속도 커패시터

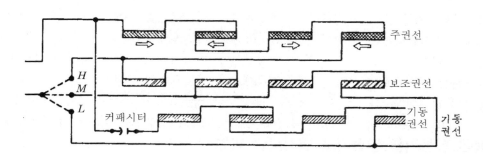

[그림 9-59] 3단속도 커패시터 전동기의 결선도

2. 벽걸이 선풍기 및 탁상 선풍기(wall and desk fans)

벽걸이 선풍기 및 탁상 선풍기(wall and desk fans)는 여러 가지 종류가 있으며 교류 직류 전동기·분상 전동기·커패시터 전동기·셰이딩 코일 전동기·3상 전동기 등이 사용되고 있다. 어느 전동기나 단상전류에 의해 운전한다.

교류 직류 전동기는 속도제어가 가능하도록 베이스에 저항요소를 내장하고 있으며, [그림 9-60]과 같이 결선한다. 베이스 밖으로 나와 있는 레버(lever)는 회로에 저항을 삽입할 때 사용된다.

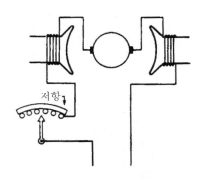

[그림 9-60] 속도제어용 직렬저항을 삽입한 교류 직류 팬 전동기

벽걸이 선풍기에 사용하는 분상 전동기도 일반 분상 전동기와 같이 권선하지만, 보통의 경우 원심력 스위치를 설치하지 않는 경우가 많다. [그림9-62]와 같이 선풍기 베이스에 설치한 특수 단권 변압기는 속도제어는 물론 기동권선에 흐르는 전류에 위상차를 준다. 단권 변압기 1차 쪽에는 다단속도용으로 탭을 설치하고 주권선과는 직렬로 접속한다. 기동권선은 단권 변압기 2차에 병렬로 접속한다. 이러한 전동기는 6극을 많이 사용한다.

벽걸이 선풍기용 커패시터 전동기의 결선은 [그림 9-61]과 같이 한다. 이 전동기는 기동권선 회로에 약 $1\mu F$의 커패시터를 접속한다. 유효용량(有效容量)을 증가해서 결과적으로 기동 회전력을 증가할 수 있도록 커패시터는 단권 변압기와 병렬로 접속한다. 단권 변압기의 탭은 여러 단계의 속도를 선택하는 데 사용한다.

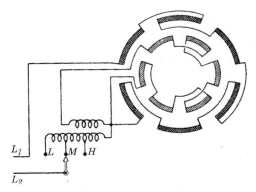

[그림 9-61] 선풍기용 커패시터 전동기의 결선도

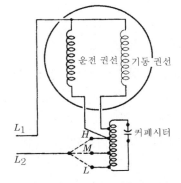

[그림 9-62] 속도제어용 단권변압기를 사용한 분상 전동기

3. 유닛 히터용 선풍기(fans for unit heaters)

유닛 히터(unit heaters)는 면적이 넓은 방의 천정에 매달아 놓고 히터의 열을 선풍기 또

는 송풍기를 통해서 발산하게 하는 기구이다. 선풍기 또는 송풍기 속도조정을 필요로 하게
되므로 [그림 9-63]처럼 단권 변압기와 결합해서 단권 변압기상의 스냅 스위치(snap
switch)로 조정한다.

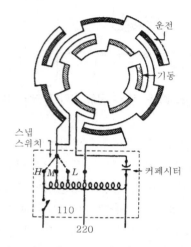

[그림 9-63] 유닛 히터용 3단속도 전동기. 단권변압기를 통해서 운전권선 및 기동권선에 공
급하는 전압을 가감하여 속도를 제어한다.

일반적으로 전동기는 단일 용량(μF)을 갖는 영구 분상 커패시터 전동기를 사용한다. 이
전동기의 속도를 낮추려면 기동권선 및 운전권선에 걸리는 전압을 단권 변압기를 사용하여
낮추어 준다. 인가전압(impressed voltage)이 낮을수록 전동기의 속도는 저하한다.

속도조립방식은 제작회사에 따라 그 방식이 약간 다를 수 있다. 전동기 중에는 기동권선
전압은 일정하게 유지하고 운전권선에 걸리는 저전압만을 조정하는 것이 있는가 하면 운전
권선을 양분해서 고속운전일 때는 230볼트 전원에 병렬접속한다. 이러한 유닛 히터 전동기
는 대개 3단 속도를 얻을 수 있도록 결선되어 있다.

대부분의 선풍기는 셰이딩 코일 전동기를 사용하고 있다. 이 전동기의 속도제어는 [그림
9-64]와 같이 주권선과 직렬로 초크 코일(choke coil)을 삽입하여 속도를 제어한다. 초크 코
일은 탭을 여러 개로 해서 여러 단의 속도를 얻을 수 있도록 되어 있다. [그림 9-65], [그림
9-66], [그림 9-67]은 선풍기, 소형 송풍기, 유닛 히터용 선풍기에 사용되는 다단 속도 셰이
딩 코일 전동기의 결선도들이다. 이것들의 속도는 권선에 탭을 설치하여 조정한다. [그림
9-65]와 [그림 9-66]은 내부 결선도를, [그림 9-67]은 외부 결선도를 나타내고 있다.

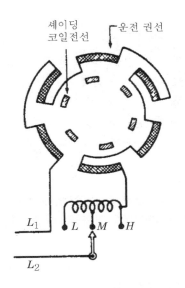

[그림 9-64] 초크 코일에 의한 셰이딩 코일 팬 전동
기의 속도제어

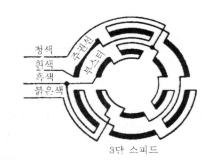

[그림 9-65] 3단속도 셰이딩 코일 전동기

	L_1	L_2	단선
고속	흰색	흑색	붉은색, 청색
중속	흰색	청색	붉은색, 흑색
저속	흰색	붉은색	청색, 흑색

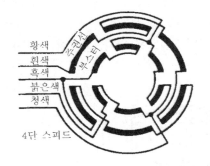

[그림 9-66] 4단속도 셰이딩 코일 전동기

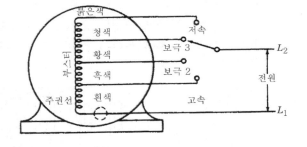

[그림 9-67] 4단속도 셰이딩 코일 전동기의 외부 결선

선풍기에 따라 3상 성형결선 전동기를 사용하고 있으나, 단상에서 운전이 가능하도록 만든다. 이 전동기는 [그림 9-68]과 같이 권선 중 하나를 니크롬 저항선을 써서 권선한 코일 여러 개를 배치한 후 다른 권선에 흐르는 전류와의 사이에 위상차를 주도록 한다. 나머지 권선은 선풍기 베이스에 있는 인덕턴스(inductance)와 직렬로 접속하고 여러 단의 속도를 얻을 수 있도록 탭을 만든다. 제3의 상은 전원에 접속한다. 저항과 인덕턴스는 회전자계를 발생시키며 이것이 회전자를 회전하게 한다.

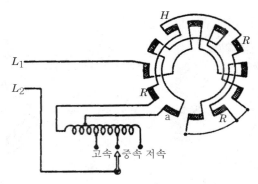

[그림 9-68] 3상 전동기로 권선한 단상 전동기 세 개의 권선 중 하나는 저항선을 써서 권선한 후 다른 권선과 탭이 달린 초크 코일을 통하여 직렬로 접속한다. 이 전동기는 단상 전원에서 여러 단의 속도를 얻을 수 있다.

4. 단일속도 선풍기용 전동기(single-speed fan motors)

송풍기 및 대형 선풍기에서는 3상 전동기를 사용하는 것이 보통이고 속도는 단일속도가 많다. [그림 9-69]와 [그림 9-70]은 슬롯 수 48, 코일 수 24, 극수 8인 직렬성형결선한 전동기를 예로 든 것이다. 이 전동기는 슬롯 하나씩 건너뛰어 권선하게 되므로 한 개의 코일은 슬롯 두 개를 점유한다. 만약 이중전압운전이 가능하도록 설계한다면 저전압 운전 시는 직렬델타결선으로 하고, 고전압 운전에서는 직렬성형결선으로 한다. 운전이 가능하도록 리드선은 여섯 개를 뽑아 놓아야 한다.

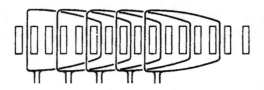

[그림 9-69] 슬롯 수 48, 코일 수 24인 3상 전동기에 대한 바스켓 권선(basket winding)

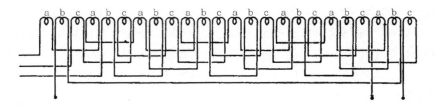

[그림 9-70] 직렬성형결선한 슬롯 수 48, 극수 8인 3상 전동기

5. 소형 전동기 안내(small-motor selector guide)

　[그림 9-71]은 다양한 용도에 사용되는 여러 형의 전동기의 특징을 예시하고 있다. 이 도면의 내용은 웨스팅 하우스 일렉트릭사의 허락을 얻어 수록한 것이다.

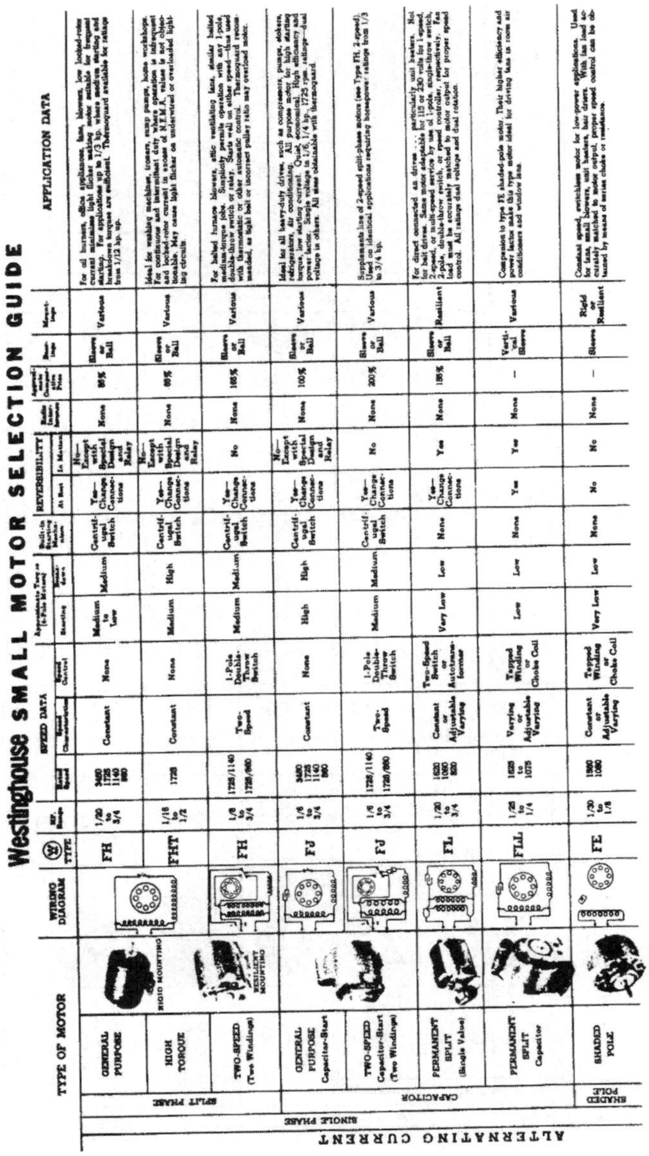

[그림 9-71] (a) 소형 전동기 안내(웨스팅하우스사)

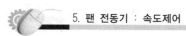

[그림 9-71] (b) 소형 전동기 안내(웨스팅하우스사)

제10장 직류 발전기, 동기 전동기,
동기 발전기, 싱크로 전동기,
전자관을 사용한 전자제어 전동기

1 서론(Introduction)

　직류 발전기를 공부하기 전에 전동기와 발전기에 대한 차이를 분명히 이해해야 한다. 앞에서 지적한 바와 같이 전동기란 전기적 에너지를 기계적 에너지로 변환하는 기계를 말한다. 엘리베이터 또는 펌프의 구동 등에 사용된다. 한편 발전기는 기계적 에너지를 전기적 에너지로 변환하는 기계로서 기계적 에너지를 공급하는 것을 원동기라 부른다. 원동기로서는 증기기관·디젤엔진, 또는 전동기 등이 사용된다. 직류 발전기의 정격용량은 kilowatts(kW)로 표시하며 1kW 이하인 것으로부터 수천 kW 크기에 이르기까지 제작되고 있다. [그림 10-1]은 중형(中型) 직류 발전기의 외관을 나타낸 사진이다.

　직류 발전기는 외관이나 구조면에서 볼 때 직류 전동기와 비슷하다. 이것들은 서로 동일한 형태의 전기자와 계자극을 가지고 있기 때문에 직류 발전기를 전동기로 전환한다든가 또는 전동기를 발전기로 전환하는 것이 매운 쉬운 일이다.

[그림 10-1] 직류 발전기

2 직류 발전기(Direct-current Generator)

1. 직류 발전기의 운전(operation of the D-C generator)

　[그림 10-2]처럼 자계 내에서 자력선을 자르도록 도체(conductor)를 이용하면 도체는 전압을 유기한다. 이때 도체의 단자에 전압계(volt-meter)를 연결하면 유도전압을 측정할 수 있다. 몇 개의 도체(한 개의 코일이 수회권으로 되어 있는 경우)를 직렬로 연결하면 전압계가 지시하는 전압값은 각 도체가 발생한 전압의 합과 같다. 발생전압(generated voltage)의 크기는 자계의 세기 및 도체가 자력선을 자르는 속도에 달려 있다. 자계의 세기가 강할수록 또는 자력선을 자르는 속도가 빠를수록 유기전압은 커진다.

　[그림 10-2]에서 도체가 밑으로 이동하면 유도전력은 도체 내를 화살표방향으로 흐른다.

도체를 위로 이동시키면 전류는 반대방향으로 흐른다. 이러한 현상에 의해서 전류의 방향은 도체의 운동방향에 달려있음을 알 수 있다. 또한 자력선의 방향이 변경되면 유도전류의 방향도 따라서 변화한다.

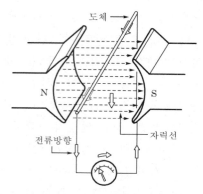

[그림 10-2] 도체가 자력선을 절단하면 도체 내에 기전력이 유기된다.

[그림 10-3]은 코일을 감은 후 양쪽 끝을 두 개의 정류자편과 연결하여 놓은 전기자 코일처럼 권선한 도체를 나타내고 있다. 전기자가 회전하면 도체는 자력선을 절단하므로 기전력을 유기한다. 따라서 정류자편과 접속한 브러시를 통해서 직류가 얻어진다. 그러므로 전기를 발생하려면 세 가지 요소가 필요하다. 이것들은 자력선(자속;magnetic lines of force(flux)), 도체(conductor), 도체에 의한 자력선 절단(cutting of the flux lines by the conductor) 3요소이다.

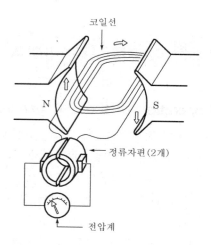

[그림 10-3] 도체로 사용된 코일선을 자계 내에서 회전시키면 기전력이 유기된다.
코일의 리드선은 직류전류를 생산하기 위하여 정류자편에 접속한다.

전기를 발생하는 데 필요한 자력선을 얻는 3가지 방법은 다음과 같은 방법 등이 있다.

(1) 자석 발전기(magnets)에서처럼 영구자석을 사용하는 방법

(2) 축전지 또는 소형 발전기에서 나오는 직류를 이용하여 발전기의 계자권 코일을 여자 하는 방법(타여자 ; seperate excitation)

(3) 전기자로부터의 전류에 의해서 계자권 코일을 여자하는 방법(자여자 ; self-excitation)

2. 타여자식 발전기(ther separately excited generator)

계자 코일을 다른 전원에 연결하였을 때 이것을 타여자식 발전기(separately excited generator)라 한다. [그림 10-4]는 2극 분권 발전기의 계자 코일을 축전지로 여자하는 것을 표시한다. 전기자가 자계 내에서 회전하게 되면 부하에 전류가 흐르게 된다.

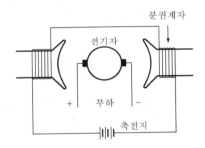

[그림 10-4] 타여식 분권 발전기

3. 자여자식 발전기(the self-excited generator)

대부분의 발전기는 계자에 대한 여자를 행하기 위하여 전기자에 발전된 전류를 사용한다. 이러한 발전기를 자여자식 발전기(self-excited generator)라고 한다. [그림 10-5]에서 분권계자권선은 전기자권선에 접속되어 있다. 그러나 정지하고 있을 때의 자계(magnetic field)는 계자철심의 잔류자기(residual magnetism)뿐이고 그 세기는 대단히 미약하다. 그러나 전기자를 돌리면 도체는 미약한 자계일지라도 절단하여 주며, 전기자권선에는 미약한 전압이 유기되므로 계자권선에 대한 여자를 강화하여 준다. 따라서 자력선이 증가하여 결과적으로 전압이 상승한다. 전압이 상승하면 계자전류는 다시 증가하게 되고 전압은 더욱 증가한다. 이와 같은 작용은 계자극이 자기적으로 포화점에 이를 때까지 계속된다. 이와 같은 발전기의 전압이 상승하는 과정을 전압확립과정(building-up process)이라 한다.

자여자 발전기는 직권 발전기(series generator), 분권 발전기(shunt generator), 복권 발전기(compound generator)의 세 가지로 나눌 수 있다.

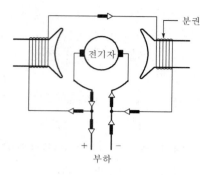

[그림 10-5] 자여자 분권 발전기

(1) 직권 발전기(series generator)

직권 발전기는 가로등에 전력을 공급하기 위하여 사용되었으나 현재는 거의 사용되지 않고 있다. 직권 발전기의 회로는 [그림 10-6]에 도시되어 있다.

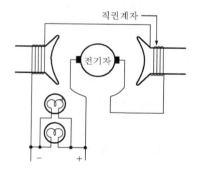

[그림 10-6] 자여자 직권 발전기

결선은 전원에 해당하는 곳을 부하로 대치한 직권 전동기의 결선과 같다. 전기자, 계자 및 부하는 모두 직렬로 접속되어 있다. 발전기의 단자에 부하를 접속하지 않으면 발전기의 회로는 개로되므로 결과적으로 계자권선에 전류가 흐를 수 없어 전압을 유기하지 못한다. 만약 램프와 같은 작은 부하를 걸면 발전기에는 적은 전류가 흐르게 된다. 따라서 계자권선에는 램프전류에 해당하는 적은 전류가 흘러 저전압을 발생한다. 좀 더 많은 부하를 걸면 더욱 많은 전류가 흘러 자력선은 전보다도 많이 발생하게 되고 전압도 상승한다. 따라서 직권 발전기는 부하가 증가하면 자력선이 증가하게 되므로 전압이 상승한다. 직권 발전기는 이와 같은 특성이 있으므로 무부하이면 전압은 0이고 전부하일 때는 최대 전압으로 증가시킨다.

(2) 분권 발전기(shunt generator)

분권 발전기의 계자 코일은 [그림 10-5]와 같이 전기자 단자에 병렬로 접속한다. 따라서 계자의 세기는 실질적으로 부하에 관계없이 일정하다. 그러나 부하가 증가함에 따라 전기 자에서의 전압강하도 증가하므로 단자전압은 떨어진다. 이러한 원인 때문에 분권 발전기 에 있어서 한 가지 특징은 부하가 증가하면 단자전압이 저하하는 현상이 일어난다는 점 이다. 무부하일 때는 전압이 최대가 되며 부하가 증가함에 따라 약간씩 감소한다.

(3) 복권 발전기(compound generator)

복권 발전기는 여러 종류가 있다. 가장 보편적인 것은 내분권 화동복권 발전기(short-shunt cummulative generator)이다. 이 발전기는 같은 이름의 직류 전동기처럼 분권계자권선을 전기자와 병렬로 접속한다. 분권계자권선에 흐르는 전류는 직권계자권선에 흐르는 전류방 향과 동일방향으로 흐른다. 이 발전기는 외분권(long shunt)식으로 결선할 수도 있다. 내분권식 화동복권 발전기의 결선은 [그림 10-7] 및 [그림 10-8]에 도시되어 있다. 이 발전기는 부하에 관계없이 보통은 정전압(constant voltage)을 공급하지만 직권계자권선 에서의 횟수를 조정한다든가 또는 직권계자권선에 흐르는 전류의 크기를 변경할 수 있도 록 직권계자권선과 병렬로 저항을 접속할 때는 전압변동률을 조정할 수 있다. 직권계자권 선에 병렬로 접속한 이러한 저항을 다이버터(diverter)라 한다. 일반적으로 복권 발전기 의 특성은 직권 발전기와 분권 발전기의 특성을 조합한 점이다.

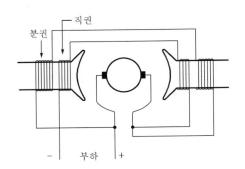

[그림 10-7] 내분권 화동복권 발전기

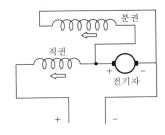

[그림 10-8] 내분권 복권 발전기의 결선도

직권계자권선의 횟수를 변경함으로써 세 가지 유형의 복권 발전기를 만들 수가 있다. 이 것은 과복권(過復捲) 발전기(over compounded generator), 평복권(平復捲) 발전기(flat compound generator), 부족복권 발전기(undercompounded generator)의 세 유형을 말한 다. 이와 같은 발전기는 직권권선 코일의 감김 수를 조절해서 아래와 같은 특성을 얻는다.

① 전부하가 걸린 상태에서의 단자전압이 무부하에서의 정격단자전압 이상이 되도록 직권 계자권선의 횟수를 증가하면 발전기는 과복권(overcompounded)상태가 된다. 이와 같은 과복권 발전기는 부하가 증가하면 발생전압도 상승한다.

무부하일 때는 정격전압이 달성되며, 전부하일 때 발생전압은 약 5% 상승한다. 이와 같은 상태는 발전기의 설치장소와 부하와의 거리가 상당히 떨어져 있을 경우에 바람직스러운 것이다. 발전된 전압이 상승하는 것으로 선로에서의 전압강하를 보상해준다.

② 직권계자권선의 횟수를 감소하면 평복권 발전기(flat-compounded generator)를 얻을 수 있다. 이 발전기는 전부하일 때의 발생전압이 무부하일 때의 전압과 동일하다. 평복권 발전기는 부하가 발전기 근처에 있을 경우, 즉 동일한 건물 내에 모두 함께 있을 때 사용된다.

③ 직권계자권선의 횟수를 더욱 감소하면 부족복권 발전기(undercompounded generator)가 된다. 이러한 형의 발전기에서는 무부하일 때 정격전압이 발생한다. 부하가 증가함에 따라 현저한 전압강하가 일어난다. 전부하에서는 정격전압보다 약 20% 정도 전압이 떨어진다. 이러한 특성으로 인해서 용접기와 같이 거의 단락상태에 이르는 부하에 사용된다.

4. 차동복권 발전기(differentially connected generators)

내분권 복권 발전기의 결선도는 [그림 10-9]에 도시되어 있다. 이 결선에서 유의할 점은 직권계자의 전류방향이 분권계자에 흐르는 전류의 방향과 반대로 되어 있는 점이다. 부하가 증가함에 따라 직권계자의 세기로 증가하지만, 분권계자권선에서의 자계와는 서로 반대방향이 되므로 합성자속(resultant flux)은 급속히 감소한다. 따라서 이 발전기의 특성은 무부하에서는 정격전압을 유지하며 부하가 증가함에 따라 전압은 급격히 감소한다는 점이다.

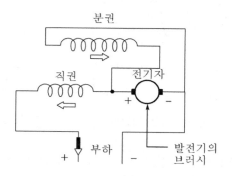

[그림 10-9] 내분권 차동복권 발전기

5. 보극(interpoles)

이상 언급한 모든 발전기에서는 일반적으로 보극(補極 ; interpole)이 사용된다. 이것은 직류전동기에서처럼 전기자권선과 직렬로 접속한다. 그러나 발전기일 때의 보극의 극성은 전동기일 때의 극성과 반대로 된다. 발전기에서 보극의 극성은 회전방향 쪽으로 보아 보극 앞에 놓인 주자극의 극성과 같도록 접속하여야 한다. 계자극의 검사는 직류 전동기와 마찬가지 방법으로 실시한다. 발전기로부터 뽑는 리드선은 5~6개 정도가 되도록 한다. [그림 10-10]은 보극을 가진 2극 발전기의 결선도이다.

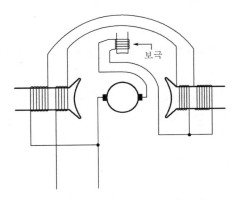

[그림 10-10] 보극이 달린 내분권 화동복권 발전기

6. 복권 전동기를 발전기로 변경하는 방법

복권 전동기는 일반적으로 외분권화동(long shunt cumulative)으로 접속한다. 이러한 전동기를 발전기로 전환하려면 외분권(long shunt)결선을 내분권(short shunt)으로 바꾸어 결선하면서 직권계자의 리드선 또한 서로 바꾸어 접속한다.

외분권을 내분권으로 바꾸는 문제는 결선상태를 조사하면 쉽게 식별할 수가 있으며, 반드시 검사해 주어야 할 필요까지는 없다. 직권계자권선에 대한 접속을 바꾸는 것은 다음과 같은 이유 때문이다. 즉, 발전기에는 전류자 전기자단자로부터 계자로 공급된다. 그러므로 [그림 10-11]에서 전동기의 직권계자 접속을 바꾸지 않으면 차동 복권 발전기로 운전하게 된다. 이 그림에서는 내분권 전동기일 경우를 도시한 것이다. 이와 같이 접속을 변경하였을 때 발전기의 회전방향은 전동기로 동작할 때와 동일하다.

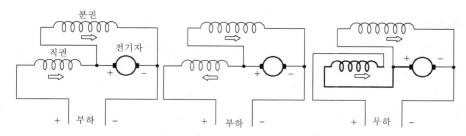

[그림 10-11] 좌측 그림은 복권 전동기일 때 두 계자에 흐르는 전류의 방향을 표시한 것이다. 이 전동기는 화동 전동기이지만 발전기로 사용하면 가운데 그림에서와 같이 차동식 발전기로 된다. 직권 계자 결선을 우측 그림과 같이 반대로 하여 주면 화동식 발전기로 전환된다.

7. 발생전압에 대한 조정(regulating the generated voltage)

발생전압을 제어하려면 [그림 10-12]와 같이 분권계자회로에 계자 조정기(field rheostat)를 삽입하면 된다. 계자전류를 조정하면 계자에서 발생하는 자력선의 수를 조정할 수 있다. 따라서 자계의 세기를 조정함으로써 유기전압을 조정한다. 계자권선에 전전류를 흘림으로써 최대의전압을 얻을 수 있으며 계자저항을 증가하면 발생전압을 감소한다.

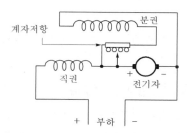

[그림 10-12] 전압을 조정하기 위하여 계자 저항기를 삽입한 내분권 화동복권 발전기

8. 발전기의 전압과 전류측정법(how to measure voltage and current of a generator)

전압과 전류를 측정하기 위해서는 각각 전압계와 전류계를 사용한다. [그림 10-13]에 도시된 것처럼 전압계는 항상 선 사이에 연결하고 전류계는 회로에 직렬로 접속한다. 전류계는 실질적으로 분류기(internal shunt)를 내장하고 있는 밀리볼트 전압계(millivoltmeter)이며 분류기의 양단에서 일어나고 있는 전압강하를 측정하게 되어 있다. 전압계는 계기상의 지시가 전류 값을 그대로 읽을 수 있도록 전류값으로 고정하여 놓는다. 계기 중에는 [그림 10-14]와 같이 분류기를 계기의 외부에 설치한 것이 있다. 전압계와 전류계를 전동기에 연결하려면 위에서 설명한 바와 같이 전압계는 선 사이에, 전류계는 선로에 직렬로 접속한다.

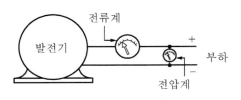

[그림 10-13] 전압계와 전류계를 발전기에
접속하는 올바른 방법

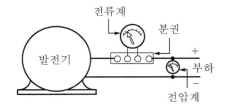

[그림 10-14] 발전기 회로에 연결한 전류계. 전류
계 외부에 분류기가 접속되어 있다.

9. 복권 발전기의 병렬운전(connecting compound generators in parallel)

발전기의 용량 이상으로 부하가 걸릴 때는 부하를 줄여 주든지 또는 다른 발전기를 처음 발전기와 행렬로 접속하고, 양 발전기 사이에 부하를 분배하여 주어야 한다. 발전기 두 대를 병렬로 결선하는 방법은 [그림 10-15]에 도시되어 있다.

두 대의 발전기를 병렬로 결선할 경우 각 발전기에 있어서 전압의 크기는 완전히 일치하여야 한다. 전압은 계자 저항기를 사용해서 조정할 수 있으며 그 크기는 전압계로 측정한다. 또한 동극성인 리드선끼리 함께 접속하여 주어야 하며, 두 발전기의 직권계자를 병렬로 접속하는 균압선을 설치하여야 한다. 이처럼 균압선의 접속을 필요로 하는 이유는 [그림 10-16]에서 발전기 1이 발전기 2보다 빠른 속도로 회전할 때 발전기 1의 출력은 발전기 2의 출력보다 많아진다. 따라서 발전기 1은 발전기 2보다 많은 부하를 분담하게 되고 발전기 2는 부하의 분담이 감소한다. 발전기 2의 부하가 감소하면 그만큼 발전기 1은 부하의 분담을 많이 하게 되고 나중에는 전부하를 분담하고 동시에 발전기 2는 전동기로서 동작하게 된다.

균압선을 설치하면 발전기 1의 과전류는 두 발전기의 직권계자에 분류되고 한쪽 발전기가 다른 쪽 발전기보다 더 많은 부하를 분담하는 것을 방지한다. 이러한 작용에 대해서는 [그림 10-16]에 설명되고 있다. 각 발전기는 균등한 자속을 가지게 되므로 크기가 같은 전압을 발생한다. [그림 10-16]에서는 도면을 간단히 하기 위해서 분권계자회로는 생략하였다.

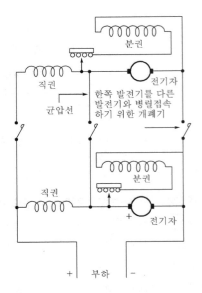

[그림 10-15] 병렬접속한 두 대의 복권 발전기

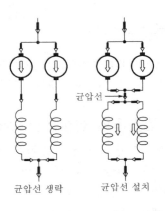

[그림 10-16] 두 발전기 사이에 부하를 균등하게 분배
하기 위하여 균압선을 사용하는 방법

10. 직류 발전기에 대한 고장검출과 수리

직류 발전기에 대한 고장의 검사방법은 직류 전동기에 대한 검사방법과 비슷하다. 아래에 설명한 것은 직류 전동기가 아니라 직류 발전기에 있어서 발생하기 쉬운 고장을 다룬 것이다.

(1) 발전이 되지 않을 경우의 고장원인

① 잔류자기의 상실(loss of residual magnetism)

계자극이 잔류자기를 상실하면 전기자는 자력선을 절단할 수 없으므로 전류를 발생할 수 없게 된다. 이것을 수리하려면 분권계자를 몇 초 동안 직류전원에 연결하여 주면된다.

② 계자회로의 저항과다(too much resistance in the field circuit)

발전기가 충분한 전압을 확립하도록 하려면 계자의 세기를 계속적으로 증가하여 주어야만 한다. 계자회로에 삽입된 저항이 고저항이면 계자회로에 충분한 전류가 흐를 수가 없게 되며, 그 결과 자속의 발생이 미약하게 되고 따라서 전압이 확립되지 못하게 된다. 계자회로가 고저항이 되는 원인은 계자 저항기의 단선, 계자권선의 단선, 리드선의 단선, 브러시의 접촉불량, 브러시상의 피그테일단선 등을 들 수 있다.

③ 계자회로의 결선착오(wrong field connection)

발전기에서 잔류자기가 생성하는 자력선은 N극에서 S극으로 향하고 있다. [그림 10-17]에서처럼 계자 코일의 전류방향이 잘못되면 자속이 상쇄되어 발전기 전압의 확립을 방해하게 된다. 이러한 고장은 분권계자의 결선을 반대로 하든가 또는 발전기의 회전방향을 반대로 하면 수리할 수 있다.

④ 회전방향의 부적당(wrong rotation)

발전기의 회전방향이 정상적인 회전방향과 반대로 되면 분권계자권선에 흐르는 전류 방향이 반대가 되므로 계자의 극성을 반대로 한 것과 비슷한 결과를 초래한다. 이러한 고장을 수리하려면 회전방향을 반대로 하거나 분권계자의 리드선의 접속을 바꾸어 주면 된다.

⑤ 전기자권선 또는 계자권선의 단락(shorted armature or field)

전기자 또는 계자권선이 단락사고를 일으키면 매우 낮은 전압만을 발생하게 된다. 완전히 단락되면 전압은 상승하지 못하고 전기자권선에서 연기가 발생하게 된다. 발전기에 대한 다른 고장원인을 모두 제거하였다면 직류 전동기편에서 다룬 방법으로 전기자와 계자에 대한 단락검사를 실시한다.

(2) 발전기에 부하를 걸 경우 전압이 현저하게 저하하는 고장원인

① 차동복권 결선

② 전기자 권선의 단락

③ 과부하

(3) 전압이 최대값까지 확립되지 못할 경우 그 고장원인

① 브러시의 위치부적당

제7장 직류 전동기편에서 설명한 것처럼 중성점의 위치를 조사하여 본다. 보극이 설치된 발전기의 경우는 중성점은 보극의 바로 밑에 오게 된다.

② 전기자 코일 또는 계자 코일의 단락

③ 계자회로의 과다한 저항

④ 발전기의 회전속도가 너무 저속일 경우

이상 열거한 여러 고장원인은 직류 전동기에서 흔히 볼 수 있는 고장의 종류 이외에 발전기에서 흔히 일어날 수 있는 각종 고장을 예시한 것에 불과하다. 예를 들어 발전기 브러시에서 발생하는 스파크는 직류 전동기에서 일어나는 스파크와 동일 원인에 의해서 일어날 수 있다. 그러므로 좀 더 자세한 것에 대해 알고자 하면 직류 전동기편을 참고하여야 할 것이다.

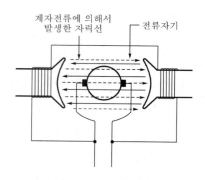

[그림 10-17] 분권계자를 잘못 접속한 발전기.
전류자기의 방향과 계자전류에 의한 자력선의 방향이 반대인 경우이며 이때는 전압이 확립되지 않게 된다.

3 동기 전동기, 동기 발전기 및 싱크로(Synchronous Motors and Generators ; Synchros)

Section

동기 전동기란 회전자가 고정자권선에 의해서 발생하는 회전자계(rotating magnetic field)와 동기화된 상태, 즉 동기속도로 회전하는 교류 전동기를 말한다. 이 말은 예를 들면 4극, 60사이클의 동기 전동기에서 회전자계는 1,800rpm의 속도로 회전하게 된다. 따라서 회전자도 그와 같은 속도로 회전한다.

일반적인 유도 전동기의 경우, 회전자는 회전자계의 속도보다 약간 낮은 속도로 회전한다. 그 이유는 회전자권선이 농형권선(squirrel-cage winding)을 절단해서 회전자에 유도전류를 흐르게 하려면, 회전자는 회전자계보다도 낮은 속도로 회전하여야 하기 때문이다. 슬립(slip)이란 회전자계의 속도와 회전자의 실제 속도와의 속도차이를 말하는 것이므로 동기 전동기의 슬립은 0이다.

동기 전동기의 외형은 [그림 10-18]에 도시되어 있다. 동기 전동기 약 20HP에서 수백 마력에 이르기까지 그 종류가 다양하며, 일정한 속도를 필요로 하는 곳, 또는 일정한 속도로 운전하기를 원하는 곳에 사용한다. 또한 이 전동기는 전력계통 또는 공장 등에서 역률(power factor) 개선용으로 많이 사용하기도 한다. 또 일부 소형 전동기는 대형과는 다른 구조로 만든 것도 있다. [그림10-18]에 도시된 전동기는 브러시가 없는 동기 전동기이다.

[그림 10-18] 일반적인 용도에 사용되는 동기 전동기(General Electric Co.)

1. 여자식 회전자를 가진 동기 전동기

동기 전동기 중에는 회전자를 직류로 여자 하는 것이 있는가하면 여자를 필요로 하지 않는 회전자를 가진 것도 있다. 전자는 고정자철심 위에 3상 유도 전동기의 고정자권선과 비슷한 권선을 가지고 있으며, 회전자는 [그림 10-19]처럼 직류 전동기의 계자극과 비슷한 돌출자극을 가지고 있다. 자극 위에 권선한 계자 코일은 극성이 교대로 발생하도록 직렬로 결선하여 축상에 취부한 슬립 링을 통해서 외부로 리드선을 뽑는다. 계자 코일은 소형 직류 발전기 또는 브러시가 없는 여자기(brushless exciter)에 의하여 공급되는 직류에 의하여 여자한다. 많은 동기 전동기의 경우 직류 발전기를 전동기의 축에 부착하여 회전자계를 여자시킨다.

동기 전동기는 스스로의 힘만으로는 기동할 수 없는 관계로 기동을 목적으로 농형권선(squirrel-cage winding) 또는 제동권선(amortisseur winding)을 시설한다. 농형권선은 유도 전동기에서처럼 회전자 주위에 설치되어 있다.

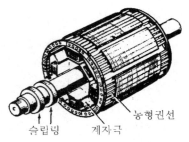

슬립링 계자극 농형권선

[그림 10-19] 동기 전동기의 회전자

2. 동기 전동기의 운전(operation of the cynchronous motor)

동기 전동기의 고정자권선에 대한 주개폐기를 닫으면 고정자권선에 전류가 흘러 전동기에 회전자계를 발생시킨다. 이 회전자계는 농형권선과 쇄교(鎖交 : cut across)하므로 회전자에 유도 전류가 흐르게 된다. 따라서 농형권선의 회전자상의 유도전류와 고정자상의 회전자계가 서로 작용해서 회전력을 발생하여 회전하게 된다.

전동기가 회전하기 시작하면 동기속도보다 약간 낮은 점에 이를 때까지 가속하게 된다. 동기속도보다 약간 갖은 속도에 이르렀을 때 직류에 의해서 회전자상의 계자권선을 여자하면 회전자상에는 고정자극(definite magnetic pole)이 발생한다. 회전자에 발생한 자극과 고정자에 발생한 회전 자극 사이에는 자기적인 인력이 작용해서 결합하게 되므로 회전자는 회전자계와 동일한 속도로 회전을 계속한다.

교류선로에 대한 역률(power factor) 개선용으로 사용할 때는 계자권선을 과여자상태로 하여 전동기에 많은 진상전류(leading current)가 흐르도록 조정한다. 전동기 대부분을 유도 전동기로 사용하는 공장에서는 많은 지연전류(遲延電流 : lagging current)가 흐르고 있으므로, 동기 전동기에 진상전류를 흘려서 역률을 개선한다. 동기 전동기의 진상전류는 유도 전동기의 지연전류를 보상하게 된다. 역률 개선용으로 동기 전동기를 사용할 때 이를 동기 진상기(synchronous condenser)라 한다.

3. 권선(winding)

동기 전동기의 고정자에 대한 권선은 3상 유도 전동기에서 권선한 것과 마찬가지의 요령으로 슬롯에 코일을 넣어 고정자에 권선한다. 이때 고정자는 일정수의 자극을 발생하도록 성형 결선 또는 델타결선을 한 후, 전원에 접속할 수 있도록 [그림 10-20]처럼 세 개의 리드선을 고정자로부터 뽑는다.

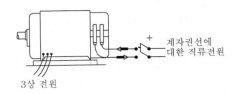

[그림 10-20] 동기 전동기의 결선

계자 코일에 대한 권선법은 직류 전동기에서의 경우와 동일한 요령에 의하여 권선한다. 즉, 계자극이 발생하는 자극수는 고정자상의 자극수와 동일하도록 권선하여야 한다. 제동권선은 계자철심상의 슬롯에 권선한 것이고, 그 양쪽 끝은 엔드 링(end ring)에 접속한다. 그리고 권선에 직류가 공급될 수 있도록 두 개의 리드선을 뽑아 [그림 10-20]과 [그림 10-21]처럼 두 개의 슬립 링에 연결한다.

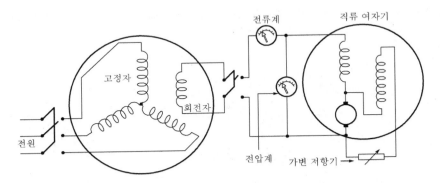

[그림 10-21] 소형 여자기와 동기 전동기와의 접속

4. 브러시 없는 동기 전동기(brushless cynchronous motor)

이러한 형의 전동기는 브러시, 슬립 링, 정류자 등이 없다. 전동기의 계자권선을 여자하기 위해서는 직류 여자기에 직류전류를 공급해 주어야 한다고 앞장에서 설명한 바 있다. 이것은 동기 전동기에서와 마찬가지로 여자기에 있어서 브러시와 정류자를 사용함을 뜻한다.

브러시 없는 동기 전동기의 경우, 직류여자과정이 필요하지만 이것은 교류 발전기에 의하여 달성되며, 실리콘 정류기(silicon rectifiers)를 사용하여 직류로 정류할 수 있다. 실리콘 정류기는 전류를 한쪽 방향으로만 흐르게 해서 정류작용을 한다. 이것은 또한 기계적 접촉자의 역할을 대치하기도 한다. 이러한 정류자들은 대개 솔리드 스테이트 다이오드(solid state diodes)로 알려져 있으며 3상 브리지를 접속한 장치에 많이 사용된다. 정류자 장치, 여자 회전자 및 전동기의 회전계자구조 등이 전동기의 축과 함께 회전하므로 브러시, 슬립링, 정류자 등이 필요 없게 된다. 솔리드 스테이트 정류기와 그 제어에 관해서는 제11장에서 상세히 설명하고 있다. 그러므로 본 항에서는 기본적인 도형만 제시하고 그 깊은 이론에 대해서는 다음 장에서 설명한다.

[그림 10-22]는 전동기 계자권선에 어떻게 직류전류가 생성되는가 하는 것을 보여주는 동기 전동기를 도시하고 있다. 그 작동과정은 다음과 같다. 여자기의 계자는 정류기를 통해서 직류를 공급받으며, 동시에 여자기의 회전자에 자계를 형성시킨다. 회전자는 자계 내에서 회전함에 따라 3상 전압을 발전한다. 여자기에서 나오는 전류는 3상 브리지 정류기에 접속되며, 직류로 전환되어 동기 전동기의 회전자계에 공급된다. 전동기의 고정자는 3상 전원에 접속된다. 여자기 계자와 전동기 고정자를 제외한 다른 부품들은 전동기의 축과 함께 회전한다. 동기 전동기는 회전자의 농형권선에 의해서 정격속도에 도달하며, 동기속도에 도달함에 따라 회전자 계자 코일은 정류전류에 의하여 여자되어 자극이 회전계자와 자기결합을 이루게 된다. 보조 솔리드 스테이트 부품들은 알맞은 속도를 유지하도록 여자시키는 구실과 전동기 계자를 기동 시에 단락시키는 역할을 한다. 여자기계자의 저항기는 여자기의 전압출력을 제어한다. 이 기능은 솔리드 스테이트 부품들로 달성할 수 있다.

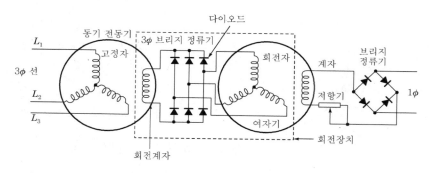

[그림 10-22] 브러시 없는 전동기의 결선

5. 비여자식 회전자를 가진 동기 전동기(synchronous motors with nonexcited motor)

회전자가 비여자식으로 된 동기 전동기는 단상용(single-phase)과 다상용(polyphase)이 있다. 고정자의 철심은 분상 전동기나 다상 유도 전동기에서 사용한 것과 비슷하나 회전자는 [그림 10-23]과 같이 판판하게 만든 후 농형권선을 하고 돌출극(salient pole)을 형성하게 한다.

농형권선은 필요한 기동 회전력을 발생하는 역할을 한다. 또한 회전자상의 돌출극은 계자전류의 주파수와 동기화된 상태로 전동기의 속도를 유지한다. 돌출극상의 자극수는 유도에 의하여 극성을 띠는 고정자상의 자극수와 동수가 되어야 한다. 동기속도까지 가속하고 나면 농형권선은 필요 없게 되며, 회전자와 고정자상의 자극은 서로 자기결합을 이루어 회전한다. 전동기 중에는 자석강(magnetized steel)을 회전자상의 자극으로 사용해서 항상 일정한 자력을 갖도록 한 것이 있다.

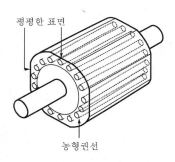

평평한 표면

농형권선

[그림 10-23] 자기동 비여자식 분상동기 전동기의 회전자.
표면이 납작하게 되어 있다.

6. 시계용 동기 전동기(cynchronous clock motors)

동기 전동기로서 가장 많이 사용되고 있는 것은 전기시계의 구용용 전동기이다. 이들 중 대부분은 자기동형이나 기동 회전력을 주기 위하여 수동으로 돌려주는 것이 있다. 자기동형은 셰이딩 코일 전동기처럼 셰이딩 코일을 설치해서 기동 회전력을 얻는다([그림 10-24]). 셰이딩 코일을 설치한 전동기는 대부분 두 개의 돌출계자극으로 만드는 것이 보통이고, 회전수는 3,600rpm이 된다. 그러나 회전자는 농형권선 외에 8~16극 정도의 돌출극을 갖도록 제작한다. [그림 10-25]는 12개의 돌출극을 가진 회전자를 도시하고 있다.

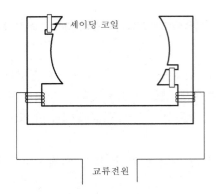

[그림 10-24] 전기 시계용 동기전동기의 셰이딩 코일이 부착된 고정자

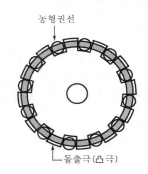

[그림 10-25] 자기동 동기 전동기의 회전자

시계의 플러그를 전원에 꽂으면 고정자상에 회전자계가 발생해서 농형권선과 쇄교하게 되므로 회전자는 회전력을 발생하여 돌기 시작한다. 회전자가 동기속도에 도달하게 되면 (12극 전동기의 경우에는 600rpm) 고정자상의 자극은 고정자 자계에 의해서 극성을 띠게 된 회전자상의 자극과 자기결합을 형성하여 동기속도로 회전한다.

위에서 다룬 것과 구조가 약간 다른 시계용 전동기로서는 [그림 10-26]과 같이 돌출극을 발생할 수 있도록 둘레를 절삭하여 성층한 회전자를 사용한 것이 있다.

고정자는 자계를 형성하기 위한 여자용 코일을 한 두개 권선한 후 2극 프레임으로 구성한다. 또한 자극편은 회전자의 자극편과 같은 크기로 절삭해서 돌출극으로 만든다.

이러한 전동기는 셰이딩 코일이 없으므로 자기동(自起動 ; self starting)이 되지 못한다. 시계를 전원에 접속하면 고정자 코일에 전류가 흘러 맥동자계(脈動磁界 ; pulsating magnetic field)를 발생하므로 회전자상의 자극이 자화되지만 회전력을 발생하지는 못한다.

그러나 손으로 회전자를 돌려주면 회전자상의 자극과 고정자상의 자극 사이에는 인력이 작용하게 된다. 고정자 코일에 흐르는 전류가 주기적으로 변화함에 따라 양 자극의 극성도 주기적으로 동시에 발전하므로 항상 양 자극 사이에는 인력이 작용해서 전동기는 동기속도로 회전을 계속한다. 회전자상의 돌출극수는 회전속도를 결정한다. 예를 들면 60Hz, 16극 기이면 450rpm, 32극기이면 225rpm으로 회전한다. [그림 10-26]은 32극으로 된 시계용 전동기의 한 예이다. 이외에도 여러 가지 형이 있지만 대체적으로 그 원리는 위에서 다룬 것과 대동소이하다.

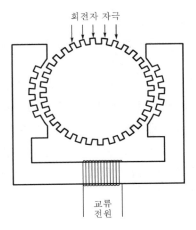

회전자 자극

교류
전원

[그림 10-26] 극수 32인 시계용 동기 전동기

참고

⊙ **시계용 동기 전동기의 고장**(troubles of synchronous clock motor)

시계용 동기 전동기의 고장은 대개 윤활유의 부족 또는 베어링의 낡음에서 오는 수가 많다. 주유하려면 시계가 가고 있을 때를 골라 회전자 베어링에 한두 방울씩 기름을 자주 치는 것이 좋다. 그러나 베어링이 낡았을 때는 이렇게 처리해도 일시적으로 작용할 뿐이므로, 시계수리점에서 새 베어링으로 바꾸어 줄 필요가 있다. 권선의 단선 또는 소손사고이면 새로운 코일로 바꾸어 끼운다. 코일을 다시 할 경우 경비 및 시간적인 면에서 어려움이 많다.

---

7. 동기 발전기(synchronous generators)

동기 발전기는 여자형 동기 전동기와 그 구조가 비슷하다. 즉, 3상 권선을 가진 고정자와 직류로 여자하는 돌출계자극이 달린 회전자로 구성되어 있다. 계자극상에 농형권선을 설치하는 문제는 발전기를 구동하여 주는 원동기의 특성에 따라 결정된다.

동기 발전기는 직류 발전기에서와 같이 전동기·증기기관 또는 디젤엔진 등에 의해서 운전한다. 고정자권선으로부터 세 개의 선이 뽑아내어져 성형결선을 이루고 있다. 정동부하를 접속하기 위해서 중성점을 이용하는 경우는 성형점으로부터 제4리드선을 뽑는다.

운전 시에는 먼저 발전기의 속도를 정격속도로 유지하고 나서 계자극을 서서히 직류로 여자한다. 자력선을 발생하는 계자극이 회전하면 자력선이 고정자권선을 절단하게 되므로 고정자에 전압이 유기된다. 고정자의 결선이 3상 전압을 얻게 된다. 단상전력을 필요로 할 때는 세 개의 리드선 중 두 개의 리드선만을 사용하고 성형결선이면 중성점과 리드선 하나만을 사용한다. 2상을 필요로 하면 3상을 2상 권선으로 전환하든가 아예 2상 발전기를 사용하든가 한다.

　[그림 10-27]은 교류 발전기(A-C generator : alternator)의 결선도를 표시한 것이다. 이 결선도는 [그림 10-21]의 동기 전동기의 회로와 비슷한 점을 유의해야 할 것이다. 교류 발전기의 주파수는 속도와 자극수에 의해서 결정되므로 여자전압을 변경하는 것과는 관계가 없다. 다만 고정자상의 유기전압만이 달라진다. 발전기의 단자전압은 부하에 따라 변동하므로 일정한 전압을 유지하려면 여자의 세기를 가감할 필요가 있으므로, 수동식 또는 자동식 전압 조정기를 사용한다.

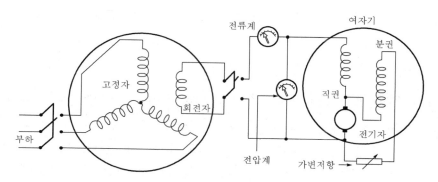

[그림 10-27] 동기 발전기의 결선

8. 브러시 없는 동기 발전기(brushless synchronous generator)

　브러시 없는 동기 발전기는 브러시 없는 전동기와 그 구조가 비슷하다. 발전기의 계자권선에 직류를 공급하는 회전요소들은 여자기, 회전자, 솔리드 스테이트 정류장치, 발전기 회전자상의 계자극권선 등이다. 이러한 요소들이 발전기의 축과 함께 회전하므로 슬립 링이나 브러시 및 정류자 등은 필요치 않게 된다. 여자기에 고정되어 있는 계자권선은 정류된 교류전원에 접속된다. [그림 10-28]은 브러시 없는 동기 발전기의 기본도이다. 작동을 할 때는 3상 여자기는 솔리드 스테이트 브리지 정류기에 의하여 직류로 전환된다. 이렇게 정류된 전류는 발전기의 회전계에 공급된다. 회전자가 회전함에 따라 자력선은 고정자권선을 자르게 되며 그 안으로 전류를 유도시킨다. 정류작용 이외에도 전압제어, 병렬운전을 위한 보상작용 등이 있게 된다. 발전기를 회전시키기 위하여 전동기, 디젤엔진 등이 사용되어야 하는 점을 잊지 말아야 한다.

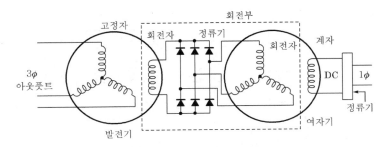

[그림 10-28] 브러시 없는 동기 발전기의 기본도

참고

⊙ 교류 발전기의 병렬운전(alternators in parallel)

교류 발전기를 병렬로 운전하려면 먼저 몇 가지 조건이 만족되어야 한다.
(1) 교류 발전기의 출력전압과 주파수는 각각 일치하여야 한다. 지금 두 대의 교류 발전기를 병렬운전하는 것으로 가정하면, 각 발전기의 전압은 계자회로 상의 계자 저항기의 조정에 의해서 이루어질 수 있다. 주파수는 각 발전기에 대한 원동기의 속도조정을 통해서 달성된다.
(2) 교류 발전기의 극성은 동기적이어야 한다. 이 말은 양 발전기의 위상은 완전히 일치한 상태에 있어야 함을 뜻한다. 위상의 일치 여부를 검출하려면 다음과 같은 방법에 의한다.
[그림 11-29]에서 발전기 A를 발전기 B에 병렬로 접속한다고 가정하면, 그림에서와 같이 램프를 해당상에 두 개씩 직렬로 여섯 개를 접속하고 양 발전기의 전압과 주파수를 일치시킨 후 램프의 소동 여부를 조사한다. 양 발전기의 전압과 주파수는 물론 위상이 완전히 일치하면 여섯 개의 램프는 동시에 점멸한다. 이것을 완전소등법(all dark method)이라고 한다. 모든 램프가 소등하면 3극 스위치는 개로한다. 그러나 램프의 점멸상태가 일치하지 않고 개별적으로 점멸이 계속되고 있으면 발전기의 상이 일치하지 않음을 뜻한다. 따라서 발전기의 리드선 중 임의의 두 개를 바꾸어 병렬 스위치에 다시 접촉하여 이를 수리한다.

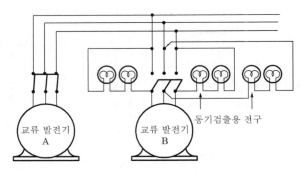

동기검출용 전구

교류 발전기 A

교류 발전기 B

[그림 10-29] 세 개의 전구 소등법에 의한 두 개의 교류 발전기의 동기화 검출

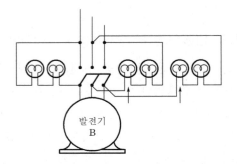

발전기 B

[그림 10-30] 두 개의 전구 점등, 한 개의 전구 소등법에 의한 동기화 검출

위상을 검출하는 다른 방법으로는 세 쌍의 램프를 [그림10-30]처럼 연결하는 방법이 있다. 이 방법은 한 개 소등, 두 개 점등법(one dark and two bright method)이라 하며, 완전소등법보다 더 좋은 방법으로 알려져 있다. 이 방법에서는 위상이 일치하였을 때 한 리드선에 대한 램프는 소등하고 나머지 두 개의 리드선에 대한 램프는 점등한다. 이때 스위치를 닫으면 회로는 폐로하게 된다.

4 싱크로(Cynchros)

Section

싱크로는 동기교류 발전기와 비슷한 회전기이다. 동기 전동기에서의 돌출 계자권선은 직류로 여자함에 비해 싱크로의 계자는 교류로 여자하며 3상 권선으로 되어 있다. 싱크로는 전동기로서 사용하는 것이 주목적이 아니므로 정격은 마력(horsepower)으로 표시하지 않고 회전력(inch-ounces;in.-oz.)으로 표시하는 것이 보통이다. 싱크로는 원격신호(remote signaling), 원격제어(remote control), 지시계통 등에 쓰이며 동일한 다른 싱크로 1~2개와 조합해서 사용하는 것이 원칙이다. 송신기(transmitter)인 때는 수신기(receiver)인 다른 한 대도 동일량 만큼 회전하도록 되어 있다. 예를 들면 송신기가 360°또는 1°회전하면 수신기도 그만큼 회전한다.

1. 싱크로의 구조(construction of the synchro)

싱크로에는 여러 가지 형이 있으며, 많이 쓰이고 있는 형은 [그림 10-31]처럼 분상 전동기 또는 다상유도 전동기의 고정자와 비슷한 고정자를 사용한다. 고정자의 슬롯에는 3상 성형결선으로 한 권선이 들어 있으며 다른 싱크로와 결선할 수 있도록 세 개의 리드선이 나와 있다. 회전자는 대개 [그림 10-32]와 같이 두 개의 돌출극을 설치한 철심으로 되어 있다. 회전자상에는 계자 코일이 두 개 있으며, 교번자극을 형성하도록 결선한다. 계자권선의 양쪽 끝은 두 개의 슬립링에 연결하고 브러시를 통해서 교류를 흘린다. 싱크로 중에는 회전자상에 3상 권선을 하고 고정자에 2극 분포권선을 한 것도 있다. 요축작용(endplay)을 제거하는 동시에 원활한 회전을 할 수 있도록 볼베어링을 사용한다.

[그림 10-31] 싱크로의 고정자

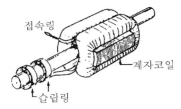

[그림 10-32] 싱크로의 회전자

2. 싱크로의 운전(operation of the synchro)

각 싱크로는 하나의 변압기로 볼 수 있다. 교류전원에 접속한 계자권선은 1차 권선과 같은 작용을 하며, 고정자상의 3상 권선과 같은 작용을 한다. 싱크로 고정자상에는 3상 권선이 있으므로 각 상에는 전압이 유기되지만 고정자에 대한 회전자의 상대적 위치에 따라 각 상에 유기되는 전압은 달라진다.

회전자를 서서히 손으로 돌리면 3상 권선에는 그 크기가 다른 전압이 유기된다. [그림 10-33]과 같은 싱크로의 결선에서 리드선 다섯 개 중에서 세 개 고정자권선, 두 개는 회전자권선으로부터 나온다. 회전자권선은 교류 120V에 의해 여자된다.

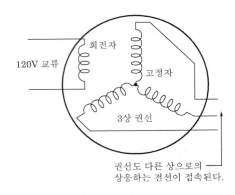

[그림 10-33] 고정자에는 3상권선이, 회전자에는 단상권선이 되어 있는 싱크로 결선도

두 대의 싱크로 중 한 대는 송신단(sending point)에 접속하며 나머지 한 대는 수신단 (receiving point)에 설치하고 수신기라 불리운다. 두 싱크로의 결선은 [그림 10-34]와 같이 접속한다. 3상 권선은 3상 권선끼리 접속하고 1차 권선은 동일 여자전원상에 병렬로 접속한다.

회전자의 위치가 송신기와 수신기상에서 동일하면 해당하는 상의 권선에서 유기하는 전압은 같다. 따라서 각 상의 접속점에서 볼 때 유기전압은 서로 반대 방향으로 작용하고 있으므로 전류는 흐르지 않는다.

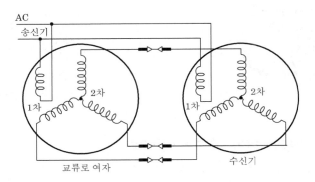

[그림 10-34] 동작상태로 접속했을 때의 두 대의 싱크로 수신기는 송신기가 회전할 때까지 정지상태에 놓여지게 된다.

송신기에서 회전자가 원위치로부터 이동하면 두 계기의 유기전압이 달라지므로 평형상태를 잃어 [그림 10-35]처럼 한 쪽 고정자로부터 다른 고정자를 향해서 전류가 흐른다. 이 전류로 인해서 회전자상에는 회전력이 발생하여 송신기의 회전자가 놓인 위치에 올 때까지 수신기의 회전자는 회전한다. 양 회전자 위치가 동일하여지면 더 이상 전류가 흐르지 못하므로 수신기의 회전자는 회전을 정지한다.

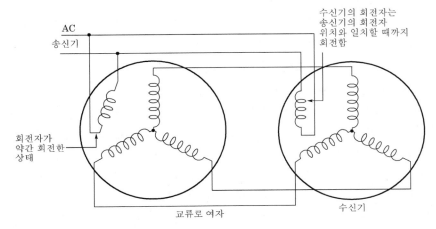

[그림 10-35] 송신기 회전자를 약간 회전하게 하면 수신기가 회전하게 된다.

수신기의 회전방향과 송신기의 회전방향이 반대이면 3상 권선 중 두 리드선의 접속을 바꾸어 회전방향이 일치하도록 해야 한다. 각 계기의 1차 권선은 동일 전원에 연결하여야 한다. 그렇지 않으면 위상이 달라지게 되므로 원활하게 작동하지 못하게 된다.

5 전자관을 사용한 전동기에 대한 전자제어장치(Electronic Control of Motors Using Electron Tubes)

Section

이 책의 앞 장에서 전동기를 제어하는 것이 필요하다는 설명을 한 바 있다. 즉, 전동기의 운전에서는 기동·정지·촌동·역전 등을 필요로 할 뿐만 아니라 운전속도를 일정 범위 내에서 정밀하게 제어할 수 있어야 한다.

직류 전동기일 때 이러한 여러 기능을 달성하려면 계자 또는 전기자회로에 흐르는 전류를 가감하든가 또는 전류방향을 변경하여야 한다.

제7장의 '직류 전동기 제어'에서 저항, 개폐기, 솔레노이드 등을 조합하여 이러한 제 기능을 다 할 수 있는 장치에 대하여 설명한 바 있다.

전동기에 대한 제어는 전기를 이용한 기계적 방식이나 전자력을 이용한 방식으로 할 수 있음은 물론이지만, 진공관(vacuum tubes) 또는 가스봉입관(gas-filled tubes) 등을 조합한 전자 장치를 사용하여 보다 정확하게 제어할 수도 있다.

전자장치를 이용하면 전동기의 제어에 필요한 각종 계전기를 동작하게 할 수 있으며 전동기 그 자체의 작동은 전동기의 회로에 흐르는 전류의 크기와 전류방향까지도 제어하기가 매우 쉽다. 이러한 기능은 전자장치 하나로 달성할 수 있다. 전자장치를 이용한 전동기의 제어 원리에 대해 공부하기 전에 각종 전자관에 대한 풍부한 지식을 가져야 한다.

1. 전자관 이론(theory of electron tube)

전자제어장치의 핵심부는 전자관(electron tube)이라고 볼 수 있다. 전자관은 라디오에 사용한 것처럼 유리 또는 금속으로 만든 관 속에 여러 개의 전극(electrodes)을 봉입해서 제작한다. 전자관 중에서 가장 간단한 것은 양극(anode or plate)과 음극(cathode)으로 구성된 2극관(diode)이다. 이 전자관의 기호는 [그림 10-36]과 같다.

[그림 10-36] 2극 진공관의 기호

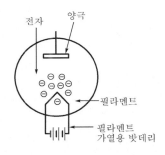

[그림 10-37] 필라멘트를 가열하면 전자를 방출한다.

2극관을 동작하게 하려면 음극에서 전자가 방출되어야 한다. 음극은 열을 받아 적당한 온도에 도달하면 [그림 10-37]처럼 음극으로부터 전자가 활발하게 방출된다. 음극 중에는 백열전구의 필라멘트와 같은 구조로 만든 후 필라멘트상에 엷은 산화바륨(barium exide) 피막을 하여 주는 수가 많다. 산화바륨 피막의 목적은 전자방출을 쉽게 하는데 있으나, 오랫동안 사용하면 이 피막이 증발하게 된다.

전자관 중에는 간접적으로 음극을 대하여 가열하도록 된 것이 있다. 이러한 형에서는 음극이 필라멘트 둘레를 둘러싼 형태로 되어 있으며, 이때 필라멘트는 히터의 역할을 한다. 이러한 형의 기호는 [그림 10-38]에 도시되어 있다. 음극에서 방출한 전자를 이용하려면 방출된 전자를 모아줄 필요가 있다. 적당한 방법으로 모아주지 않으면 음극 둘레로 방출된 전자는 공간으로 증발할거나 음극으로 다시 돌아오게 된다. 음극으로부터 방출된 전자는 [그림 10-39]와 같이 양극을 (+)로 대전하여 줄 때 양극에 흡인되므로 모을 수 있다. 양극을 축전지의 (+) 단자에 연결하면 전자는 양극에 흡인되고 양극과 음극 사이에는 전류가 흐르게 된다.

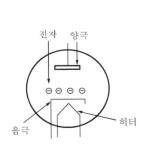

[그림 10-38] 방열형 2극관

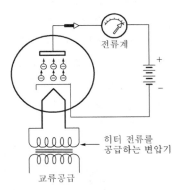

[그림 10-39] 양극이 (+) 전위로 되면 전자는 음극으로부터 양극을 향해서 흐른다.

이 회로의 동작원리는 다음과 같다. 변압기 2차 측으로부터 필라멘트에 전류를 흘려주면 음극이 가열되어 전자를 방출하게 된다. 양극은 축전지(+) 단자에 접속되어 있게 되기 때문에 전자는 양극에 흡인된다. 따라서 음극에서 방출된 전자는 양극 계기 축전지(+) 단자를 거쳐 전지 속으로 지난 후 음극으로 돌아오게 된다(이때 주의할 점은 전류는 (+)에서 (−) 쪽으로 흐르고 있는 데 비하여 전자류는 (−)에서 (+)쪽으로 흐르고 있는 점이다).

[그림 10-40]과 같이 전지의 극성이 반대가 되도록 접속하면, 즉 축전지의 (−)극이 양극에 접속되면 양극이 (−)로 대전되므로 전자는 양극으로부터 반발당하고 전류는 흐르지 못한다. 전자는 음극으로부터 나와 (+)로 대전한 양극을 향해서 단순히 흐른다.

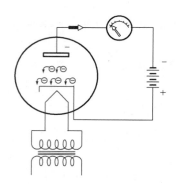

[그림 10-40] 양극이 (-) 전위로 되면 전자는 반발당한다.

2. 반파정류(half wave rectification)

2극관의 주요 이점으로는 교류를 맥동하는 직류로 변환하는 기능을 들 수 있다. 2극관에서 양극에 교류전압을 걸면 교류의 1주파 중 (+)로 대전하는 반 사이클 동안은 전류가 흐르고, (-)로 대전하는 나머지 반 사이클 동안은 전류가 흐르지 못한다. 2극관에 공급된 교류는 바로 이러한 작용을 하여 [그림 10-41]에 도시되어 있다.

[그림 10-41]은 앞 그림에서 축전지를 변압기의 2차 권선으로 대치한 것에 불과하며, 2극관은 한쪽 방향으로만 전류를 흐르게 하는 정류기(rectifier)로 작용한다. 즉, 교류를 직류로 변환하는 정류작용을 한다.

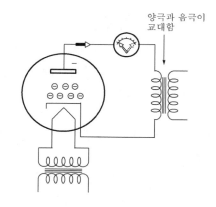

[그림 10-41] 이 전자관은 양극이 (+) 전위일 때만 전류를 흐르게 하여 정류관 역할을 한다.

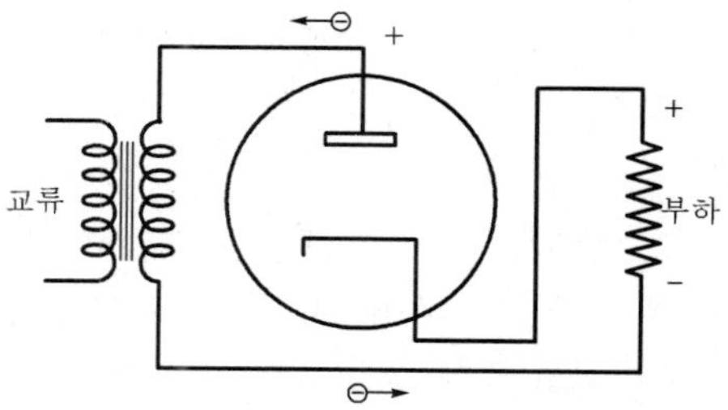

[그림 10-42] 반파 정류기의 회로

[그림 10-42]는 2극관이 직류를 발생하는 과정을 도시하고 있다(간단히 하기 위해서 그림에서 히터회로는 제외하고 있다). 양극이 (+)인 반 사이클 동안에는 전자는 양극에 흡인

당한다. 이 순간에 2차 코일의 다른 끝은 (－)이므로 음극 → 부하 → 변압기 코일 → 양극 → 음극의 순서로 회로를 구성한다.

나머지 반 사이클 동안에는 양극은 (－)로 대전하게 되므로 전자는 양극에서 반달당하고 전류는 흐르지 못한다. 따라서 이 진공관은 반 사이클인 정류전류를 흐르게 한다. 다시 말하면 반 사이클 동안만 전류가 흐르지 않고 나머지 반 사이클 동안만 전류가 한 방향으로 흐를 때 이를 맥류(pulsating current)라 하며 [그림 10-43]에 도시되어 있다.

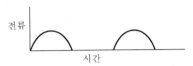

[그림 10-43] 반파 정류기에서 나온 맥류(pulsating current)

3. 전파정류(full-wave rectification)

맥류인 반파정류는 여러 가지 용도로 유용하게 쓰이고 있으나, 2극관 두 개를 사용해서 전파정류(全波整流 ; full-wave rectification)를 하면 맥동이 적게 할 수 있다. 전파 정류기의 회로는 [그림 10-44]에 도시되어 있다. 2극관 A와 B는 반파정류(半派整流 ; half wave rectification)이며, 관 A의 양극이 (＋)일 때 관 A의 양극은 (－)가 되도록 연결하여 주면, 1/2 사이클 동안은 관 A가 전류를 흘리고, 관 B는 나머지 1/2사이클 동안만 전류를 흘려준다. 따라서 부하 측에서 동일방향으로 항상 전류가 흐르고 있는 상태가 된다. 전파정류하였을 때의 출력은 [그림 10-45]와 같이 반파정류하였을 때보다 맥동이 적어진다. 반파정류관 두 개를 사용하는 대신 [그림 10-46]과 같이 두 개의 양극을 같은 관 속에 넣은 전파정류관을 사용할 수도 있다.

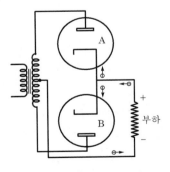

[그림 10-44] 전파정류회로

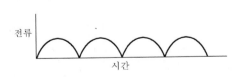

[그림 10-45] 전파 정류기에서 나온 맥류

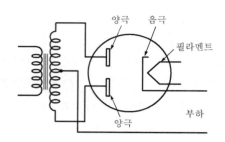

[그림 10-46] 봉입된 전파 정류관

4. 가스봉입관(gas filled tubes)

지금까지 설명한 것은 모두 진공관형에 대해서 다루었으나 비교적 소전류용인 것이었다. 대전류용으로 설계한 관은 아르곤(argon)·네온(neon) 또는 수은 증기(mercury vapor)와 같은 불활성 가스(inert gas)를 소량 봉입하는 것이 보통이다. 가스를 봉입한 관은 상당히 큰 전류를 다룰 수 있다. 가스 봉입관(vapor or gas tube)의 표시기호는 진공관과 같으나 [그림 10-47]과 같이 가스 봉입관임을 구별하기위해서 점「·」을 첨가해서 식별하고 있다.

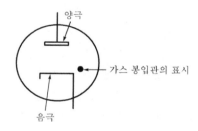

[그림 10-47] 가스 봉입 2극관의 기호

가스봉입관의 음극은 진공형보다도 많은 전자를 공급할 수 있도록 설계하기 때문에 두꺼운 금속을 사용한다. 따라서 가스봉입관을 이용한 장치는 열을 가하는데 약 1분 정도 걸린다. 가스봉입관은 음극이 적당한 온도에 도달하기 전에 양극에 전압이 걸리지 않도록 하는 완동회로(緩動回路 ; time-delay circuit)를 대개 설치한다.

소형 및 중형 가스봉입관은 축전지의 충전용 정류기로 사용되며 대형 수은정류관(mercury-vapor rectifier)은 전동기 운전용 직류전원을 공급하는 데 사용되고 있다. 가스봉입관의 장점은 대전류를 흘릴 수 있는 동시에 전압의 강하를 거의 일정값으로 유지할 수 있기 때문에 진공관형보다 전압변동률이 양호하다는 점 등이다.

가스봉입 2극관의 간단한 응용으로는 [그림 10-48]과 같이 접속해서 교류전원으로부터 직류기를 운전하는 것을 들 수 있다. 이 회로에서 교류는 전파정류에 의하여 직류로 전환된 후 직류 전동기에 공급된다. 전도기의 속도를 제어하기 위해서 계자조정기(field rheostat)를 사용한다. 이 결선을 이용하면 직류전원을 구할 수 없을 때 교류전원으로부터 직류전원을 얻어 변속도 특성을 가진 직류 전동기를 운전할 수 있다.

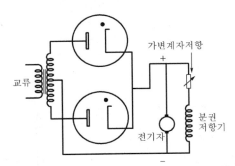

[그림 10-48] 전파 정류관을 사용해서 교류전원으로부터 직류 전동기를 운전할 수 있다.

5. 3극관(triode)

전자관을 흐르는 전류의 양을 제어하려면 그리드(grid)라 불리는 제3극 전극을 양극과 음극 사이에 삽입한다. 이러한 진공관은 전극 세 개를 보유하고 있으므로 3극관이라 부르며, [그림 10-49]와 같은 기호로 표시한다. 필라멘트가 단지 음극 가열용으로 사용되고 있을 때는 전극수에서 제외한다.

[그림 10-49] 세 가지 요소로 된 3극관 기호

그리드는 금속망(wire fence)으로 되어 있으며 음극을 둘러싸고 있으므로 음극과 양극 사이에 위치한다. 그리드는 그물모양으로 되어 있어서 음극으로 방출한 전자는 그물 구멍을 지나 양극에 쉽게 도달할 수 있도록 되어 있다. 그러나 그리드가 [그림 10-50]처럼 (-) 전위로 대전되어 있으면 음극으로부터 방출된 전자는 그리드에 의해서 반발당하게 되므로 전자는 양극에 전혀 도달하지 못하는 수도 있다. 즉, 양극이 (+) 전위일지라도 (-)로 대전한 그리드에 의해서 전자가 전부 반발당하기 때문에 양극에 도달하는 전자는 전혀 없게 된다. 양극전류를 완전히 0으로 차단하는 그리드 전압값은 양극전압의 크기에 좌우된다. 즉, 양극

전압이 클수록 전자의 흐름을 0으로 하는 데 필요한 그리드 전압은 증가하여야 한다.

소위 바이어스(bias)라고 불리는 그리드전압이 감소하면 양극에 도달하는 전자수는 증가하게 되어 양극전류는 증가한다. 그리드전압이 적으면 적을수록 양극을 흐르는 전류는 증가한다. 양극전류를 제어하는 회로는 [그림 10-51]과 같다. 그림에서 그리드에 접속한 전지의 양쪽 끝에 가변 저항기(potentiometer)를 접속한 후 섭동자(sliding contact)의 위치를 변경하여 양극전류를 가감한다.

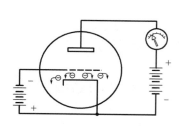

[그림 10-50] (−) 전압이 충전된 격자가 반발하는 관계로 전자는 양극에 도달하지 못한다.

이 퍼텐쇼미터를 사용함으로써 그리드에 전자가 충전된다.

[그림 10-51] 격자에 대한 (−) 충전이 감소하면 전자가 양극으로 흐른다.

3극관은 격자와 음극 사이에 걸어 준 비교적 작은 전압으로, 양극전류에 큰 전압을 걸어 준 것과 같은 효과를 얻을 수 있는 장점이 있다. 또, 3극관은 증폭기로서도 유용하게 쓸 수 있다.

6. 사이러트론(thyratron)

사이러트론은 가스를 봉입한 3극관으로 되어 있으며, 동작면에서는 3극 진공관과 현저한 차이가 있다. 앞서 설명한 바와 같이 가스봉입관은 진공관에 비해서 많은 전류를 흘릴 수 있다. 관 속에 가스를 완전히 충만하게 놓으면 음극으로부터 방출한 전자는 양극으로 향하는 과정에서 가스의 중성 원자와 충돌하게 되므로, 각 원자로부터 더 많은 전자를 방출하게 한다. 따라서 결과적으로 관 내에서의 전자류는 음극으로부터 방출된 전자와 가스원자에서 방출된 전자로 형성된다. 가스원자로부터 한 개 이상의 전자를 박탈하는 과정을 이온화(ionization)라고 부른다.

이온화가 일어나기 시작하면 전자를 방출한 원자는 (+)로 대전하게 되므로 음극에 의해서 흡인 당한다.(대전한 원자를 이온(ion)이라고 한다.) 음극 둘레에 존재하는 수백만 개의 공간전자(space charge electrons)는 (−)의 전기를 띠고 있으므로 양극을 향해서 이동하는 전자 운동을 방해한다. 그러나 공간전자는 (+) 이온 때문에 중성화하게 되므로 전자량은 훨씬 증가한다.

3극 진공관에서 그리드전압을 변화하면 비례적으로 양극전류가 증가한다. 그러나 사이러트론은 기동용 보조양극(starting anode)이라 불리우는 그리드에 적당한 바이어스 전압을 걸어주기 전에는 양극전류는 흐르지 못한다. 또한 그리드에 전압을 과다하게 걸어주면 전자는 반발당하게 되므로 전류가 흐를 수 없다. 양극에 적당한 전압을 걸고 양각의 부전압을 격자에 인가하면 전자는 양극에 도달하기 쉬운 상태로 되어 전류가 흐를 수 있다. 일단 전류가 흐르기 시작하면 가스는 이온화하게 됨으로 바이어스 전압의 크기에 관계없이 전류가 흐르게 된다. 반대로 전류가 흐르지 못하게 하려면 양극전압을 0으로 감소하든지, [그림 10-52]에서처럼 양극회로를 개방하여 주는 수밖에 없다. 이 점이 보통 진공관과 완전히 다른 점이고 이러한 특성 때문에 사이러트론을 트리거형관(trigger type tube)이라고 부른다.

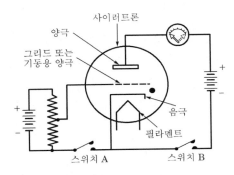

[그림 10-52] 양극전류를 차단하려면 스위치를 개방한다.

(1) 교류에서의 사이러트론(the thyratron on alternating current)

[그림 10-53]처럼 사이러트론 양극에 교류전압을 인가하면 전압이 부로되는 반 사이클 동안은 자동적으로 통전이 정지한다. 관이 통전을 정지하는 즉시 기동용 양극은 제어력을 다시 회복한다.

이 회로에서 사이러트론은 그리드전압이 적정값이 되기까지 통전할 수 없는 점을 제외한다면 반파정류기의 동작과 비슷한 점이 많다. 즉, 이것은 통전의 제어가 가능한 시간은 1/2사이클 이하임을 뜻한다.

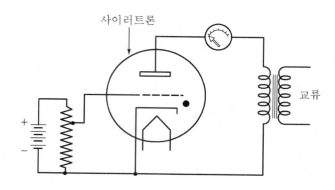

[그림 10-53] 양극이 (+)이고 또한 전압값이 적당할 때만 전류는 흐른다.
전류가 흐르는 기간은 1/2사이클 이내일 수도 있다.

[그림 10-54]는 동작할 때의 시간 대 전류의 변화를 나타내는 곡선이다.
기동용 보조양극을 이용하는 이 방식은 1/4사이클 이하의 짧은 시간동안에 전류를 흐르게 하는 것은 불가능하다. 그 이유는 양극에 걸린 전압이 최대값에 도달하기 전에 통전이 시작되지 못하면 전류가 전혀 흐를 수 없기 때문이다.

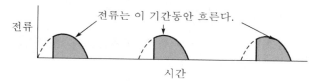

[그림 10-54] 반파일 경우 사이러트론에서의 전류파형

(2) 이상제어(phase-shift control)

기동용 보조양극에 교류전압을 가하면 사이러트론에 대한 동작을 제어하여 반파 기간 중에 필요한 임의의 시점에서 통전이 되도록 할 수 있다. 그러므로 관을 흐르는 전류는 [그림 10-53]의 회로에서 얻을 수 있었던 것보다 더욱 정밀한 제어를 할 수 있다. 이것을 이상제어(異相制御 ; phase shift control)라고 하며, 용접기의 동작과정에서 점호시점(點弧時點) 조정이나 직류전동기의 속도제어에 요긴하게 사용된다.

(3) 사이러트론을 이용한 교류전원에서의 직류 전동기의 운전(operating a D-C motor an alternating current, using thyratrons)

[그림 10-55]의 회로는 사이러트론을 사용하여 소형 직류 전동기를 운전하는 것을 나타내고 있다. 이 회로에 적당한 보조장치를 추가한다면 대형전동기도 운전할 수 있다. 회로

에서 스위치 S를 닫으면 저항 R_2에서 일어난 전압강하 중 일부가 그리드에 걸린다. 이때 그리드에 걸리는 전압은 정전압이므로 사이러트론은 점호(點弧)하고 통전한다. 저항 R_1은 스위치 S가 열린 상태에서 사이러트론이 통전하는 것을 방지한다. 또한 저항 R_1의 크기에 따라 S를 폐로할 때의 전동기 속도를 좌우한다. 사이러트론이 통전하고 있을 때 전동기의 전기자에 흐르는 전류는 맥류가 된다. 그리고 그림의 계자회로에는 전파정류관을 사용해서 여자된 것이 도시되어 있다.

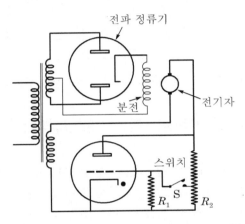

[그림 10-55] 사이러트론을 이용해서 교류전원으로 직류 전동기를 운전할 때의 회로

(4) 직류 전동기의 속도제어(speed control of D-C motor)

[그림 10-56]의 회로는 [그림 10-55]의 회로와 비슷하나 전동기의 속도를 제어하기 위하여 가변 인덕턴스(variable inductance)와 가변저항(variable resistance)을 삽입한 점이 다르다. 가변 인덕턴스는 사이러트론에 대한 통전기간을 제어할 수 있도록 사이러트론 격자전압의 위상을 변경하는 기능을 담당한다. 따라서 인덕턴스의 값을 변경하면 격자전압의 위상이 변경되어 교류파의 반파 중 어떤 기간에 한해서 통전이 가능하다. 사이러트론이 교류의 반파 중 극히 짧은 기간에 한해서 통전하고 있으면 전동기는 저속으로 운전된다. 반대로 반파 중 대부분의 기간에 걸쳐 통전하고 있으면 고속에서 운전된다. 사용되는 인덕턴스의 값에 따라 가변저항도 속도제어 범위를 변경하는 역할을 한다. 대형 전동기일 때는 여러 가지 유형의 제어방식과 전자관이 사용되고, 그 회로 역시 매우 복잡하다.

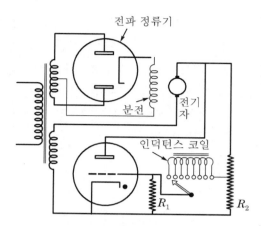

[그림 10-56] 사이러트론의 그리드회로에 삽입한 인덕턴스를 변경하여 속도를 조정할 수 있다.

(5) 두 개의 사이러트론을 사용하는 직류 전동기의 역전(reversing a D-C motor with two thyratrons)

두 개의 사이러트론을 사용할 경우 단극 쌍투개폐기를 사용하면 직류 전동기의 역전이 가능하다. 이에 대한 회로는 [그림 10-57]에 도시되어 있다. 이 회로를 위에서 다룬 회로와 비슷하지만 사이러트론 한 개를 추가한 점이 다르다. 스위치를 정방향(forward)쪽으로 투입하면 전동기는 시계방향으로 회전한다. 스위치를 역전(reverse)쪽으로 투입하면 다른 사이러트론이 통전되므로 전기자에 대한 전류방향이 반대가 되어 전동기는 역전한다. 스위치의 위치를 급속히 바꾸면 전동기는 급정지된다. 모든 사이러트론 회로에서 그리드회로를 개방하면 전동기는 정지하게 된다.

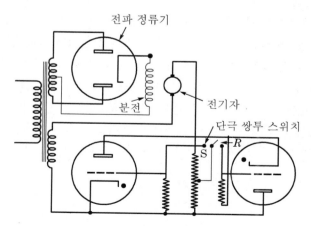

[그림 10-57] 사이러트론 두 개와 스위치 한 개를 조합해서 직류 전동기의 회전방향을 역전시킬 수 있다.

7. 광전관(phototube)

전자관을 이용하는 제어방식 중 기본이 되는 것은 광선에 의해서 동작하는 광전관을 응용한 것이다. 광전관은 [그림 10-58]에 도시되어 있듯이 일반 2극관처럼 양극과 음극으로 구성되어 있다. 광전관은 광원을 사용하여 음극을 조사할 때 양극이 음극보다 (+) 전위이면 전류가 흐르도록 되어 있다.

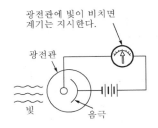

광전관에 빛이 비치면
계기는 지시한다.

광전관

빛   음극

[그림 10-58] 광전관의 기본회로

앞에서 설명한 정류관에서는 음극을 가열하면 음극으로부터 전자를 방출하였다. 광전관에서는 빛이 음극에 들어오면 음극에서 전자를 방출한다. 그러므로 광전관을 사용할 때는 두 가지 요소가 충족되어야 한다. 즉, 광전관을 동작시킬 때는 양극에 (+) 전압을 걸어주는 동시에 음극을 조사(照射)하는 빛이 있어야 한다. 음극에 도달하는 광선량이 많을수록 광전관에 흐르는 전류는 많아진다. 그러나 최적상태로 동작하고 있을 때도 그 전류는 약 $20\mu A$ 정도의 미소한 전류에 불과하므로 이러한 전류로 다른 기기를 직접 동작하게 하기는 매우 어렵다. 따라서 전동기를 기동 또는 정지할 수 있는 계전기를 개폐하려면 증폭작용을 가진 3극 진공관과 함께 사용하여야 한다.

[그림 10-59]는 광전관의 동작을 보여주는 간단한 계전기의 회로를 나타낸 것이다. 광전관에 입사하는 광선이 없으면 전류를 통하지 않는 상태이고, 축전지 C의 전전압은 진공관의 그리드 G에 걸리게 되므로 결과적으로 관을 양극과 음극 사이에는 전류가 흐르지 못한다. 따라서 양극과 음극회로에 접속한 계전기는 여자되지 않게 된다.

광선이 광전관의 음극에 입사하면 음극으로부터 전자가 방출되며, 축전지 C로부터 저항 R(저항가가 높음), 광전관을 지나 축전지 C로 돌아오는 전류가 흐른다. 이 전류는 대단히 적지만 저항 R은 고저항이므로 저항부에서 상당히 큰 전압 강하를 발생하여 점에 걸리는 전압이 감소한다. 그리드 G에 걸리는 (−)의 바이어스 전압이 약간 0쪽으로 가까워지면 진공관의 양극회로에 축전지 B로부터 전류가 흘러 계전기가 동작하게 된다. 계전기는 전동기를 기동 또는 정지 어느 쪽으로도 운전할 수 있도록 결선할 수 있다. [그림 10-59]의 광전관회로는 전지를 사용하여 동작시키고 있으나, 직류 대신에 교류를 사용하여도 같은 결과를 얻을 수 있다. 교류를 이용한 비슷한 회로는 [그림 10-60]에 도시되어 있다.

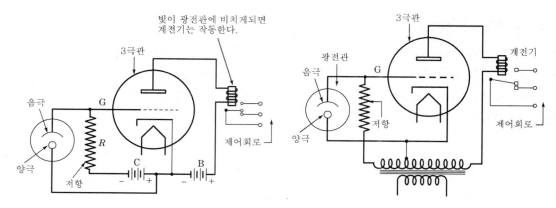

[그림 10-59] 광전관을 써서 계전기를 제어하는 회로   [그림 10-60] 교류전원을 사용하는 광전관회로

계전기상의 접촉자를 많이 사용하면 광전관의 기능을 다양화시킬 수 있다. [그림 10-61]
은 광전관을 응용한 회로의 보기이다. 광원과 광전관 사이를 사람 또는 물건이 지나감으로
써 광선이 차단되면 전동기는 기동한다. 그러므로 자동문 개폐장치, 자동계수장치, 자동음
료수 공급장치 등에 광전관을 응용할 수 있다.

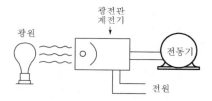

[그림 10-61] 광원이 차단될 때 전동기는 운전된다.

> 참고
>
> ⊙ **광전관을 이용한 대형 전동기의 운전**(phototube operation of a large
> motor)
>
> [그림 10-61]의 보기는 광전관이 계전기에 작용하여 개폐기를 폐로시키도
> 록 하였으며, 그 결과 소형 전동기가 작동하게 되는 것을 도시하고 있다. 이와
> 같은 원리를 이용해서 계전기와 전자 개폐기를 조합하면 대형 전동기도 운전
> 할 수 있다. [그림 10-62]는 이러한 장치의 회로도이다.

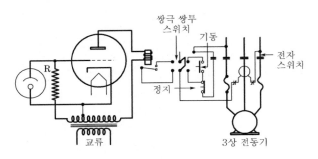

[그림 10-62] 스위치와 광전관을 함께 작동시킬 때의 회로

그림에서 쌍극 쌍투 개폐기는 광전관이나 푸시버튼 중 어느 하나로 전동기를 운전하기 위한 선택 개폐기의 역할을 한다. 광전관에 광선이 입사되면 저항 R의 양쪽 끝에서 일어나는 큰 전압강하 때문에 증폭작용을 가진 3극관의 격자전압이 0쪽으로 이동하여 진공관에 전류가 흘러 계전기 코일을 여자한다. 따라서 계전기의 접촉자를 폐로하고 전자 개폐기의 지지 코일을 여자하므로 주접촉자가 전동기 회로를 폐로시킨다.

광전관에 도달하는 광선이 없으면 3극관에는 전류가 흐르지 못하므로 계전기 개폐기는 열리고 전동기는 정지한다. 쌍극 쌍투 스위치를 푸시버튼 쪽으로 넣으면 전동기의 기동 및 정지는 푸시버튼에 의하여 수동으로만 조작할 수 있다. 지금까지 도시된 회로는 전동기의 전자제어에 사용하는 수많은 회로의 일부분에 불과하다. 대부분의 전자회로는 더욱 복잡하므로, 고장검출을 할 경우는 더욱 상세한 분석과 연구를 해야 할 것이다.

제11장 솔리드 스테이트 전동기 제어

1 서론(Introduction)

앞 장에서 전기 기계식이나 전기 전자식뿐만 아니라 진공관이나 가스충전관을 사용하여 전자식 전동기를 제어할 수 있다고 설명한 바 있다.

본 항에서는 반도체 부품, 정류기, 트랜지스터 및 실리콘 제어 정류기 등과 이러한 장치들이 진동기 제어에 어떤 연관을 가지고 있는가 하는 점, 즉 솔리드 스테이트 장치의 이론과 작동원리에 대하여 간략하게 설명하고자 한다.

위에서 열거한 장치들의 회로를 이해하려면 먼저 반도체(semiconductor)의 기본적인 성질을 잘 이해해야 한다.

2 반도체 이론(Theory of Semiconductor)

전기를 전달하는 전도성이라는 관점에서 볼 때 모든 물질은 절연체, 도체, 반도체로 분류할 수 있다. 물질의 구성요소에 대한 세부적 사항은 논외로 친다면 모든 물질이 가지고 있는 기능 중의 하나는 전류를 전달할 수 있는 능력일 것이다. 절연체는 전류의 통로에 강한 저항을 가지고 있는 물질이라고 할 수 있으며, 도체는 전류를 매우 신속히 흘려보낼 수 있는 물질이다. 그 반면 반도체는 절연체보다는 전기적 전도성이 강하나 도체보다는 약하다. 달리 말하면 반도체는 훌륭한 도체도 아니며 완벽한 절연체도 아니다.

반도체 물질은 대개 실리콘이나 게르마늄이라는 두 물질 중에서 어느 한 물질로 제조한다. SCR의 경우, 대개 실리콘으로 만드는데 그 이유는 실리콘이 게르마늄보다 여러 가지 장점이 있기 때문이다. 한 예를 든다면 실리콘은 결정구조에 아무런 손상을 입지 않고도 높은 열과 전압을 견뎌낼 수 있는 것이다. 이 두 물질은 구입하기가 쉽고 값이 저렴하며, 또 많은 전자 부품을 필요로 하는 전기적, 기계적인 특성을 가지고 있기 때문에 전자공학적 제품들에서 가장 많이 사용된다.

3 원자와 전자(Atoms and Electrons)

원자는 어느 물질의 특성을 그대로 간직하고 있는 상태의 것으로서 그 물질을 구성하는 단위 가운데 가장 작은 존재라는 것을 잘 알고 있다. 또 원자는 중심에 핵이 존재하고 그 주위를 전자라고 불리는 것이 한 개 이상의 궤도를 구성하며 매우 빠른 속도로 회전하고 있음을 알고 있다.

[그림 11-1]은 실리콘 원자를 나타내고 있다. 세 개의 궤도를 유의해보면 첫 번째 궤도에는 2개의 전자, 두 번째 궤도에는 8개, 세 번째 궤도에는 4개의 전자가 회전하고 있음을 알 수 있는 것이다. 핵은 양자와 중성자로 구성되어 있다. 양자는 양의 전하를 가지고 있으며, 서로 반발하는 성질을 가지고 있다.

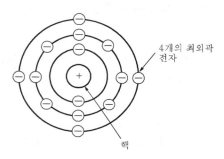

4개의 최외곽 전자

핵

[그림 11-1] 실리콘 원자. 최외곽 전자는 원자가 전자라고 불리워진다.

전자는 핵의 주위를 빙빙 돌고 있으며, 음의 전하를 가지고 있다. 이 전자 또한 서로 반발하는 성질을 가지고 있다. 중성자는 아무런 전하도 가지고 있지 않으며, 그 결과 상호간에 아무런 영향을 끼치지 않는다.

원자에 있어서 핵의 주의를 회전하고 있는 전자의 총수는 핵 안에 있는 양자의 총수와 언제나 동일하다. 그 결과 원자 자체는 아무런 전하, 즉 양의 전하나 음의 전하도 가지고 있지 않다. 그러나 만약 원자가 전자를 하나 잃게 되면 원자는 전자보다 더 많은 양자를 가지게 되므로 그 총전하는 양의 성질을 띠게 된다. 그러한 원자는 양 이온(positive ion)이라고 불리워지게 된다. 만약 원자가 전자를 하나 더 얻게 되면 그 총전하는 음이 되며 음이온(negative ion)이라고 불리워지게 된다. 원자가 어떻게 전자를 얻거나 잃게 되는가 하는 점은 나중에 설명되나, 한 가지 분명한 사실은 원자의 전하는 전자가 과도한가 또는 모자라는가 하는 사실에 달려 있다는 점이다.

전자는 그 물질을 구성하는 요소에 따라 한 개 이상의 궤도를 구성하며 핵 주변을 회전하고 있다고 설명한 바 있다. 이 통로를 셀 또는 궤도(shell or orbit)라고 한다. 그리고 바깥 궤도에 있는 전자를 원자가 전자(valence electrons)라고 한다. 전자 중에서 가장 속도가 빠르고 에너지가 큰 것은 이 원자가 전자이다. 또 이것은 핵에서 가장 멀리 떨어져 있으며, 그 결과 가장 쉽게 원자로부터 이탈된다. 훌륭한 도체는 최외각 전자를 원자로부터 손쉽게 분리할 수 있는 전자를 가진 물질이다. 다른 것들은 도체에 전압을 가함으로써 이동한다. 전자공학에서 중요시하는 것은 이러한 전자(자유전자 또는 이동전자)들이다. 전자가 원자로부터 쉽게 분리되지 않는 물질이 열등한 도체이다.

최외각 전자(원자가 전자)의 개수가 4개 미만인 원자는 좋은 전도체이며 원자가 전자의 개수가 4개인 원자는 반도체이며, 전도체로서 좋지도 나쁘지도 않다.

[그림 11-2]는 알루미늄과 인의 원자를 나타내고 있다. 실리콘은 네 개의 원자가 전자가 있으며, 순수한 상태에서 전류를 통할 때 저항이 매우 크다. 이 4개의 최외각 전자들은 핵에 의해 대단히 강하게 구속되어 있으며, 전하를 운반할 자유전자로 사용될 수 없다. 결과적으로 순수한 실리콘은 전도체라기보다는 부전도체이다.

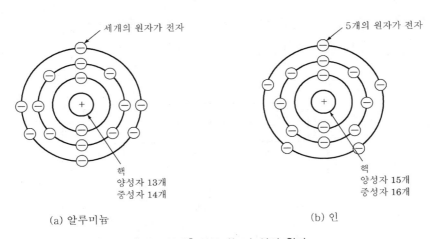

[그림 11-2] 알루미늄과 인의 원자

4 반도체(Semiconductor)

실리콘은 전도체로 이용하기 위해 소량의 불순물이 실리콘에 첨가되거나 합금되어야 한다. 이렇게 하면 전자수가 남거나 부족한 물질을 만들게 된다. 이러한 불순물의 첨가를 도핑(doping)이라고 한다. 그런데 이제 만일 최외곽 전자가 5개인 비소(arsenic)를 용해된 상태의 순수한 실리콘에 더한다면 잉여전자가 생기게 된다. 왜냐하면 5개의 전자 중 4개는 인접한 실리콘 원자와 결합하고 나머지 하나는 실리콘 결정에서 다른 위치들로 불규칙하게 움직이기 때문이다. 외부에서 전압이 실리콘 결정에 가해지는 경우에는 이러한 자유전자들은 전류 반송자가 된다. 불순물이 순수 실리콘이나 게르마늄에 첨가되어 많은 자유(잉여)전자를 낳을 때 이것을 N-형의 반도체라고 한다. 그 물질은 이제 반도체의 조작에 필요한 전기적인 특성을 나타내게 된다.

예컨대 N-형의 물질의 양단에 전압이 가해지면 반도체의 잉여전자는 [그림 11-3]에 나타난 바와 같이 전원의 음극 (-)에서 반발당하고 양극 (+)에서 인력이 작용하게 된다. 이러한 음극 쪽에서 양극 쪽으로의 전자의 운동은 전류의 흐름을 형성한다. 그러나 자유전자는 (-) 전류 반송자로 작용한다.

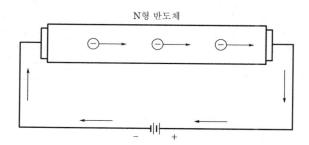

[그림 11-3] N형 반도체에서의 전자의 이동

결정 속의 인접한 원자들은 그들의 원자가 전자(valence electrons)를 공유하여 결합을 형성한다. 이것은 실리콘원자에 있는 4개의 원자가 전자 중 하나가 자신의 궤도뿐만 아니라 인접한 원자의 원자가궤도를 돌게 된다는 것을 의미한다. 따라서 최외곽 전자는 하나가 아니라 두 개의 원자들의 영향을 받는다. 이것이 공유결합(covalent bonding)이다.

또한 반도체 중에는 P-형의 반도체도 있다. 이것은 소량의 알루미늄(Al)을 순수한 실리콘에 더해서 얻어진다. 알루미늄은 최외곽 궤도에 단지 3개의 전자만을 가진다. 그러나 4개의 최외곽 전자를 가진 실리콘이나 게르마늄의 3개의 원자와 공유결합을 형성하여 하나의 결합이 불완전하게 된다. 이러한 전자의 결핍을 홀(hole)이라 한다. 이렇게 전자가 하나 부족하거나 홀(hole)을 가지고 있는 물질을 P-형 반도체라 한다.

축전지의 양단이 P-형 반도체에 연결되면, 전자는 음극 쪽에서 반도체를 거쳐 양극 쪽으로 흐른다. 반도체 안에서 움직이는 전자는 공유결합을 깨뜨리고 홀을 형성한다. 그러나 공유결합을 깨는데 있어, 전자는 다른 공유결합 전자에 의해 채워지는 홀을 남긴다. 비록 전자는 음극 쪽으로부터 P-형 반도체를 거쳐 움직이지만, 반도체의 홀(hole)은 반대방향으로 움직이게 된다. 정확히 말하면 홀(hole)의 이동은 전자의 이동방향과 반대이며, (+) 전류 발송자로 작용한다.

P형과 N형 반도체는 다음 설명에서 보듯이 대개 함께 사용되는 경우가 많다.

1. P-N 다이오드(the P-N diode)

다이오드(diode)는 P형과 N형 반도체가 P-N 단위로 결합될 때 형성된다. P-N 다이오드를 만드는데는 여러 방법이 사용되지만 일단 결합된 것은 결합방법에 관계없이 새로운 특성을 가진 유용한 전자부품이 생기게 된다. P부분과 N부분이 결합하는 지역을 '접합부(junction or barrier)'라 한다. P-N 반도체 다이오드는 [그림 11-4]와 같다. 두 가지 형의 반도체가 하나의 단위로 결합되면 아주 재미있는 현상이 생긴다. N부분으로부터 약간의 자유(또는 잉여) 전자들이 접합부를 확산하여 P부분에서의 홀(hole)과 결합한다.

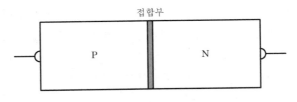

[그림 11-4] P-N 다이오드

그 결과로 접합부에서의 P부분은 전자를 얻었으므로 소량의 음의 전하를 얻고 접합부에서의 N부분은 전자를 잃었으므로 양의 전하를 얻는다. 접합부는 이제 같은 양의 반대극성을 띤 전하를 가지게 되며, 접합부에서 전위차가 존재한다. 이것은 전위장벽(potential barrier)이라 하며 더 많은 전자가 N에서 P로 흐르는 것을 막는다. 이것은 [그림 11-5]에 도시되어 있다. 접합부에서 P부분에서의 음극성은 N부분에서 들어오려는 잉여전자를 막게 된다. 실제로, N에서 P로의 완전한 확산을 막고 본래의 특성을 보존케 하는 것은 장벽(barrier)에서의 전위차이다. P와 N 반도체의 접합부에는 매우 작은 전압이 존재하게 된다.

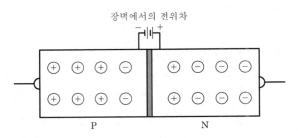

장벽에서의 전위차

P   N

[그림 11-5] P-N 접합부에서의 전위장벽이 전위하는 전자가 N에서 P로 더 이상 흐르지 못하게 방지한다.

2. 정방향과 역방향 바이어스(reverse and forward bias)

　[그림 11-6]에서와 같이 P-N 단위의 양단에 연결된 외부전원은 접합부 사이에 거의 전류를 흘리지 않는다. 회로를 점검해 보면 외부 전원의 음극 단자는 P부분에, 양극단자는 N부분에 접속된 것을 알 수 있다. 이 접속은 접합부에서의 전위장벽을 증가시켜 대단히 적은 전류(마이크로암페어 단위로 측정)를 흐르게 한다. 전원의 음극단자가 P부분에 양극단자를 부분에 연결했을 때 다이오드는 역바이어스(reversed biased)되었다고 한다. 만약 전원의 접속이 [그림 11-7]과 같이 바꾸어지면 장벽에서의 전위차는 크게 감소하여 전자의 흐름이 증가한다. 이것은 정방향 바이어스 접속이며, 전자는 정방향 바이어스가 공급되는 한 계속 흐른다. 접합부가 역방향 바이어스로 되어서 다이오드가 높은 저항을 가지게 되면, 역으로 정방향 바이어스가 된 다이오드는 적은 저항을 가지게 된다. 따라서 다이오드에서 전류를 한 방향으로 흐르게 하는 저항은 그 반대방향으로 전류를 흐르게 하는 저항보다 훨씬 크다. 달리 말하면 P-N 다이오드는 어느 일정한 한방향으로 전류를 보다 쉽게 유도하므로 규모를 직류로 바꾸는데 사용될 수 있다. [그림 11-8]은 다이오드(diode)에 대한 기초를 나타내고 있다. P부분, 즉 화살표는 양극이며 N부분은 음극으로 불리워진다.

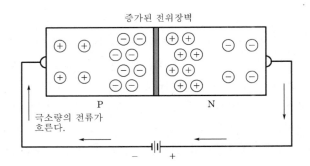

증가된 전위장벽

P   N

극소량의 전류가
흐른다.

[그림 11-6] 역바이어스 P-N 접합부. 이것은 접합부에서의 전위차를 증가시키며,
장벽을 더욱 강하게 한다. 이 다이오드는 유도작용을 하지 않는다.

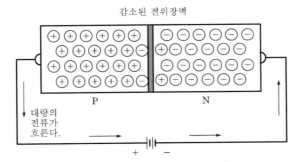

[그림 11-7] 정방향 바이어스 P-N 접합부. 이것은 장벽에서의 전위차를 감소시킨다.
다이오드는 유도작용을 한다.

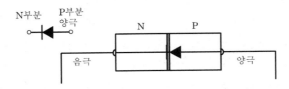

[그림 11-8] 다이오드의 기호. 전자류는 음극에서 양극으로 흐른다.

3. P-N 다이오드 정류기 ; 실리콘 또는 게르마늄(the P-N diode rectifier ; silicon or germanium)

정류기는 전류를 한방향으로만 흘리는 기구이다. 앞장에서 전자관(electron tube)을 사용하여 이것을 어떻게 실현하는가 하는 것을 설명하였다. P-N 다이오드는 정방향 바이어스일 때 비교적 많은 전류를 흘릴 수 있으며 교류를 맥류·직류로 바꾸는 데 사용할 수 있다. 다이오드는 [그림 11-9]처럼 전원의 음극이 다이오드의 N부분(음극)에, 전원의 양극이 다이오드의 P부분(양극)에 연결될 때 전류를 훨씬 더 잘 전도한다. 따라서 회로는 전원의 음극에서 다이오드의 음극 → 양극 → 부하 → 전원의 양극으로 형성된다(전자의 흐름이 종래의 양에서 음으로의 방향이 아니라 외부회로의 음에서 양으로의 방향임에 유의한다). 만약 전원의 극성이 [그림 11-10]과 같이 반대로 되면 전류는 흐르지 않는다.

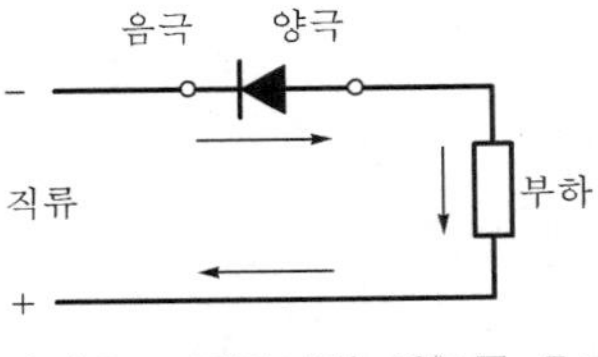

[그림 11-9] 다이오드 정류기와 회로를 흐르는 전류의 방향

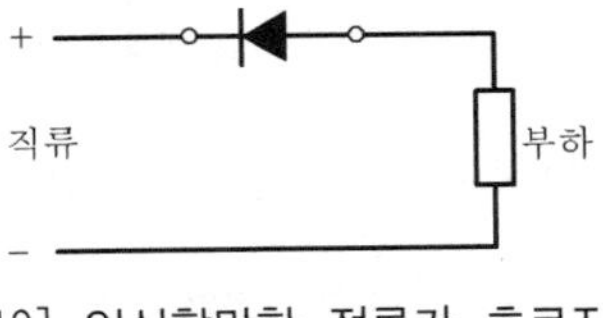

[그림 11-10] 인식할만한 전류가 흐르지 않는다.

만약 다이오드가 정방향 바이어스이면 전류를 유도하고 역방향 바이어스이면 전류를 흘리지 않는다. 다이오드가 정방향이면 회로에 흐르는 전류가 제한된 값 이하일 때 0.5V가량의 전압강하가 있게 된다. 따라서 이 장벽을 넘기 위해서는 0.5V 이상의 전압이 필요하다. 그러나 만약 부가전압이 전류한계치를 초과하면 다이오드는 지나친 내부 발생열이 지나치게 되어 돌이킬 수 없는 손상을 입게 된다. 대부분의 정류기는 전력손실에 따른 온도상승에 의해 결정되는 전류제한치(current rating)를 가지는데 특히 높은 전류가 흐를 때 그러하다. 이러한 이유로 높은 전류를 사용하는 정류기는 열을 제거하기 위해 열흡수기(heat sink)를 부착하고 있다. 저전류를 사용하는 정류기는 열흡수기를 필요로 하지 않으며 주변공기로 냉각된다.

[그림 11-11]은 정방향과 역방향 바이어스의 전압, 전류의 특성곡선을 나타내고 있다. 순방향전류는 밀리암페어, 역방향전류는 마이크로암페어로 부가되는데 다이오드는 전류의 흐름을 수 마이크로암페어로 한정한다. 그러나 만일 충분히 큰 역방향 바이어스가 부가되면 역방향전류는 급격히 증가한다(point x). 이것은 다이오드가 이 역방향전류를 지행하는 특성이 없다면 분명히 다이오드에 손상을 입힐 것이다. 그러한 다이오드 중의 하나가 제너 다이오드(zener diode)이다. 이것에 관해서는 이 장의 끝에서 다루고 있다. 다이오드는 이따금 부품의 양극에 양의 기호로 표시되거나 높은 저항의 방향을 표시하는 화살표의 기호로 표시된다. 화살표는 또한 종래의 양의 방향을 가리킨다. [그림 11-12]는 몇 가지 다이오드를 나타내고 있다.

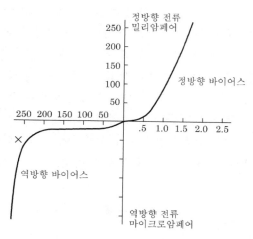

[그림 11-11] 다이오드의 특성곡선

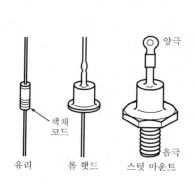

[그림 11-12] 여러 가지 종류의 실리콘 다이오드

4. 반파정류(half-wave rectification)

반도체 다이오드는 교류를 맥동하는 직류로 바꿀 수 있는 능력이 있다. 만약 양극이 반주기동안 음이고 그 다음 반주기동안 양이라면, 전류는 음극이 양극에 대해 음일 때만 흐르고 양극이 음극에 대해 음일 때는 흐름이 멈추게 된다.

다이오드에 부가된 교류는 바로 이러한 역할을 한다. 이것은 [그림 11-13]에 나타나 있다. 이 회로는 [그림 11-9]와 비슷하나 직류전원이 변압기의 2차 측에 의해 대치된 점만 다르다. 반도체 다이오드는 이제 정류기의 작용을 한다. 즉, 이것은 전류를 단지 한방향으로만 흐르게 한다. 이것은 교류를 정류하여 맥동하는 직류로 바꾸어 준다. [그림 11-14]는 정류 전의 교류를 나타내고 [그림 11-15]는 정류 후의 그것을 나타내고 있다. 양극이 음극에 대해 양인 때의 반주기동안의 회로는 [그림 11-13]처럼 전원단자의 음극에서 음극→양극→ 부하→전원의 양극의 순서로 완성된다. 부하는 양의 반주기동안 계속 걸리게 된다. 주기가 바뀌는 때(음의 반주기)양극은 음극에 대해 음이 되며 전류가 부하를 통해 흐르는 것을 막게 된다. 따라서 다이오드는 교류로부터 반파정류된 전류를 낳는 작용을 한다. 다시 말하면 전류는 반주기동안 흐르고 반주기동안 멈추게 된다. 이것은 맥동직류이며 [그림 11-15]에 나타나 있다.

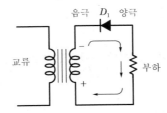

[그림 11-13] 정류 다이오드는 양의 반파기간 동안 전류가 부하를 통하여 단지 한쪽 방향으로만 흐르게 한다.

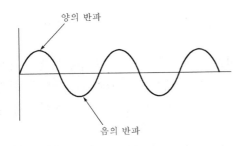

[그림 11-14] 교류의 정류하기 이전의 위상 교대

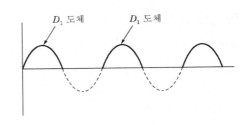

[그림 11-15] 성류 다이오드를 사용한 교류의 정류. 반파가 봉쇄되었을 때의 음의 파장을 유의하라. 이것은 맥동직류로 알려져 있다.

5. 여과된 직류(filtered direct current)

몇몇 장치에서는 정류 다이오드를 사용하여 얻어진 맥동직류는 전원으로써 적합치 못한 경우가 있다. 맥류 혹은 리플(ripple)은 [그림 11-16]처럼 부하양단에 커패시터를 접속함으로써 제거할 수 있다. 커패시터는 이 회로에서 여과기로 사용된다. 정류기가 양의 반주기동안 전도할 때, 전류는 선의 음극 → 부하 → 정류기 → 전원의 순서로 흐른다. 동시에 커패시터는 극대값으로 충전된다. 부가된 전압이 충전된 커패시터 전압 이하로 떨어지게 되면, 커패시터는 부하를 통해 방전한다. [그림 11-17]의 그래프에서 커패시터가 반주기보다 적은 범위에서 충전된 점에 유의하라. 이 시점에서 커패시터는 부하로 방전하여 부하에 항상 전류를 흐르게 한다.

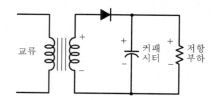

[그림 11-16] 반파정류 여과, 커패시터는 리플(ripple)을 제거한다.

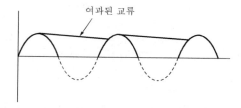

[그림 11-17] 커패시터를 사용하여 맥동현상을 감소시키는 것을 보여 주는 그래프

6. 전파정류(full ware rectification)

반파정류는 여러 장치에 유용하게 사용되기는 하지만 두 개의 다이오드 정류기를 사용하여 전파 정류기로 개선하여 사용할 수 있다. 이렇게 하는 데는 두 개의 다이오드를 가진 센터 탭(center-tap) 변압기, 4개의 다이오드를 사용한 브리지형(bridge-type) 정류기의 두 가지 방법을 사용할 수 있다.

센터 탭 변압기를 사용한 전파 정류기는 [그림 11-18]과 [그림 11-19]에 도시되어 있다. [그림 11-18]처럼 A가 C에 대해 양인 반주기동안에 전류는 C에서 부하 → D_1을 거쳐 A로 흐른다. 다이오드 D_2는 이 반주기동안에 전도하지 않는다. 그 다음 반주기동안에는 [그림

11-19]처럼, B는 C에 대해 양이고 전류는 C로부터 부하 → D_2를 거쳐 양극으로 흐른다. 물론 전류는 각각 반주기동안 연속적이므로, 주기에 따라 A또는 B에서 C로 흐른다. 이것은 변압기 2차 측에 인접한 화살표로 표시되어 있다. 양쪽 반주기동안에 부하를 통하는 전류는 동일한 방향임에 유의한다. [그림 11-20]은 리플전압을 줄이기 위해 부하양단에 연결된 여과 커패시터를 보여주고 있다. [그림 11-21]은 여과되지 않은 것과 여과된 것의 전파형을 나타내는 곡선이다.

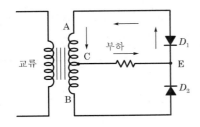

[그림 11-18] 센터 탭 정류기를 사용한 전파 정류기. A
점은 C점에 대해서 양이다.

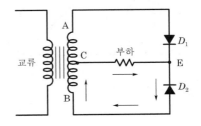

[그림 11-19] 전파정류. B점은 C점에 대해
양이다.

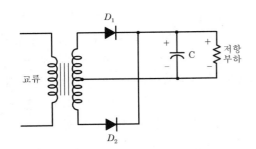

[그림 11-20] 커패시터 C를 사용한 전파여과 정류기

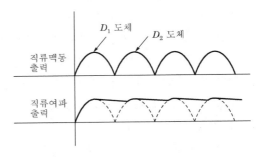

[그림 11-21] 여과된 것과 여과되지 않은 전파출력

전파 브리지 정류는 [그림 11-22] (a)와 (b)에 도시되어 있다. A가 양이고 B가 음인 반주기 동안에 전류는 B에서 D_2 → 부하 → D_3를 지나 A로 흐른다. 부하를 지나는 전류는 C에서 E로의 방향이다. 다음의 반주기동안에는 B가 A대해 양일 때 전류는 D_1으로부터 부하를 C에서 E로의 방향을 지나 D_4을 거쳐 변압기로 돌아온다. 이 양쪽 교류현상이 일어나는 동안에 부하를 흐르는 전류는 같은 방향임에 유의한다. 여과 커패시터는 점선으로 표시되어 있다. [그림 11-22]는 형태가 다른 종류의 브리지 정류기를 나타내고 있다. [그림 11-22]의 브리지 정류기는 [그림 11-20]의 전파 정류기보다 몇 가지 장점을 가지고 있다. 이것은 센터 탭형 변압기가 필요 없으며 같은 출력이라도 출력전압이 센터 탭을 가진 변압

기를 사용할 때 보다 두배가 된다. 이전파회로의 결점은 한 개가 아니라 두 개인 다이오드의 전압강하가 출력전압으로부터 추출되어야 한다는 점이다.

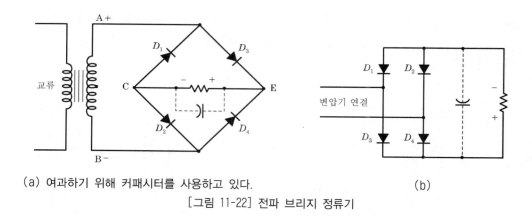

(a) 여과하기 위해 커패시터를 사용하고 있다.   (b)

[그림 11-22] 전파 브리지 정류기

7. 제너 다이오드(zener diode)

제너 다이오드를 나타내는 기호는 [그림 11-23]에 나타나 있다. 보통 다이오드는 정방향 바이어스로 되어 있을 때 전류를 흘린다. 역방향 바이어스일 때는 마이크로암페어 단위의 전류가 흐른다. 그러나 역바이어스 전압이 제너 항복점압이라고 불리는 한계치를 넘어서면 항복(降伏)이 일어나서 약간의 전압 증가에도 전류의 흐름이 급격히 증가하게 된다. 다시 말하면, 항복이 일어난 뒤에는 역방향 바이어스 된 다이오드의 전압이 약간만 변화해도 역방향 전류를 크게 변화시킬 것이다. [그림 11-24]의 그래프가 이것을 나타내고 있다. 이렇게 동작하도록 설계된 다이오드를 제너 다이오드라고 말하는데 전압조절을 하기 위해 종종 사용된다. 작은 전압변화에 따른 큰 전류의 변화는 전압을 허용치에 가깝게 조절할 수 있도록 해준다.

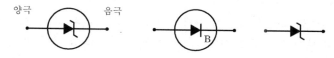

[그림 11-23] 제너 다이오드의 기호

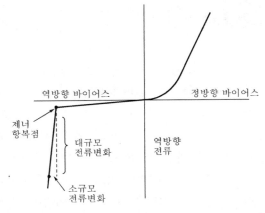

[그림 11-24] 제너 다이오드의 특성곡선. 전압이 적게 변화해도 전류가 얼마나 크게 변화하는지 유의하라. 사실 전압변화는 0에 가깝다.

　[그림 11-25]는 제너 다이오드를 사용하여 부하에 걸린 전압을 입력전압의 변화에도 불구하고 일정하게 유지하는 회로를 나타내고 있다. 제너 다이오드의 한가지 바람직한 특성은 제너지역에서 전압이 약간 상승하게 되며 제너를 통하여 전류가 매우 크게 증가하게 된다는 점이다. 제너 다이오가 항상 역바이어스 되어 있는 점도 기억해야 할 것이다. [그림 11-25]의 회로에서 제너 다이오드는 R_1과 직렬로 연결되어 만약 두 장치에 부가된 전압이 증가하면 전류도 증가할 것이다. D_1에서의 전류의 증가는 D_1에서의 전압을 어떤 영향을 미칠 정도로 변화시키지는 않을 것이다. 그러나 R_1에 걸린 전압은 증가할 것이다. 입력전압이 조금이라도 증가하면 D_1보다 R_1에 의해 변화하여 D_1을 일정한 전압으로 유지하고, 또 부하가 다이오드에 바로 연결되어 있으므로 부하도 만약 입력전압이 감소하면, R_1에 걸린 전압강하도 감소하여 D_1을 동일한 전압으로 유지한다. 제너 다이오드는 역바이어스로 되어 있으므로 전자는 양극에서 음극으로 흐르게 된다.

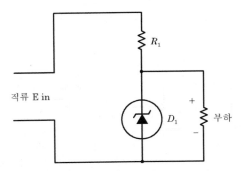

[그림 11-25] 전압제어를 위해 제너 다이오드를 사용한다.
제너는 R_1과 직렬로 접속한다. 출력전압은 R_1에서 지속적이다.

5 트랜지스터(Transistor)

여기까지 반도체 다이오드의 구성과 그 작용원리에 대해 설명하였다. 여기부터는 반도체 3극관, 즉 트랜지스터에 대해 설명한다. 트랜지스터는 [그림 11-26]에 도시되어 있다. 여기에서 유의할 점은 3개의 단자이다. 다이오드가 2개의 반도체물질로 구성된 것처럼 트랜지스터는 3개의 반도체물질로 구성되어 있다. 바깥층을 구성하는 물질과 중간층을 구성하는 물질은 다른 형식의 반도체이다. 만일 바깥층들이 N형의 실리콘이라면 중간층은 P형 실리콘으로 되어 있다. 이것이 NPN 트랜지스터이며, [그림 11-27]에 나타나 있다. [그림 11-28]은 N형 실리콘이 가운데 있는 다른 배열을 나타낸다. 이것은 PNP 트랜지스터이다. 가운데층은 다른 것에 비해 매우 얇은 층으로서 0.001인치의 두께이며 베이스(base)라고 불리워진다. 바깥층은 이미터(emitter)와 콜렉터(collector)라고 한다. 트랜지스터에 대한 기호는 [그림 11-29]에 도시되어 있다. 화살표를 가진 단자가 이미터이다. 만약 화살표가 베이스를 향하면 PNP 트랜지스터이며, 화살표가 베이스에서 밖을 향하면 NPN 트랜지스터이다.

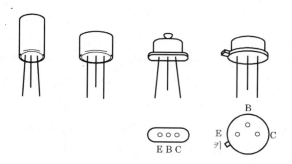

[그림 11-26] 전형적인 트랜지스터. 세 개의 단자선을 유의하라.

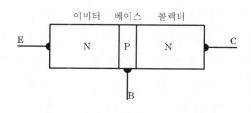

[그림 11-27] NPN 트랜지스터

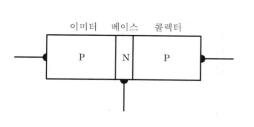

[그림 11-28] PNP 트랜지스터

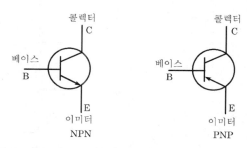

[그림 11-29] 트랜지스터의 기호

위에서 기술한 기본적인 트랜지스터는 [그림 11-30]에서와 같이 두 개의 다이오드가 서로 맞닿아 연결되어 있는 것과 같다. 각각의 다이오드가 접합부를 가지므로 기본 트랜지스터에는 2개의 접합부(장벽)가 있게 된다. 만약 [그림 11-31]과 같이 두 양단에 전원을 연결하면 전자가 정방향 바이어스로 된 A의 접합부를 쉽게 통과하는 것을 알 수 있을 것이다. 그러나 전자는 역바이어스로 되어 있는 접합부 B에서 봉쇄될 것이다. 만약 NPN의 3개 소자를 사용해도 같은 결과를 얻게 된다. [그림 11-32]를 보면 B접합부의 역바이어스 때문에 전류는 E에서 C로 거의 흐르지 않게 된다. 만약 [그림 11-33]처럼 전원이 하나 대신 두 개 사용된다면 B접합부가 역바이어스 되어 매우 적은 전류가 흐를 것이다. 만약 베이스선 B가 [그림 11-34]와 같이 전원에 연결되면 전류나 전자가 접합부A를 통해 흐를 길을 가지게 된다.

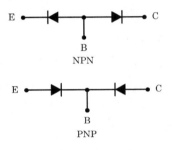

[그림 11-30] 트랜지스터는 서로 맞대어 연결한 PN 다이오드로 간주할 수 있다.

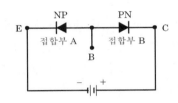

[그림 11-31] 접합부 A에서의 전자흐름은 순방향이나, 접합부 B에서는 역방향이 되어 봉쇄된다.

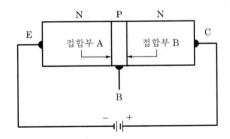

[그림 11-32] 그림 31과 같은 격자가 된다.

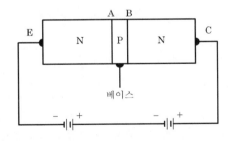

[그림 11-33] 이 회로에서의 두 개의 전원은 접합부 B가 역방향 바이어스로 되어 있기 때문에 전류가 흐르지 않는다.

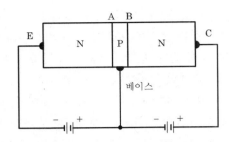

[그림 11-34] 베이스선이 그림과 같이 결선되면 E로부터 양접합부를 거쳐 C로 흐른다.

트랜지스터의 이미터－베이스 부분이 정방향 바이어스로 되어 있으므로 전류는 전원의 음의 단자에서 이미터 → 베이스 → 전원의 양의 단자로 흐르게 된다. 그러나 베이스는 두께가 매우 얇으므로 결과적으로 이미터에서 베이스로 흐르는 전자는 만약 콜렉터가 양의 전하를 나타내면 베이스를 통과하여 콜렉터로 흐르게 된다.

[그림 11-35]에서 콜렉터가 전원 2의 양극 쪽에 연결된다는 것을 알 수 있으며 이번에는 이것이 전원 1과 직렬로 연결되어 콜렉터에서 매우 높은 전하를 낳는다. 결과적으로 이미터에서 대부분의 전자는 매우 얇은 베이스를 통과하여 콜렉터를 지나 전원 2의 양극 쪽으로 흐르게 된다. 약 2%의 이미터 전류가 역방향의 접합부에 막히게 되는 반면 가운데 지역(베이스)에서 전원 1의 양극 쪽으로 흐르게 된다.

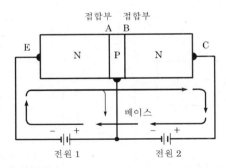

[그림 11-35] 접합부 A를 흐르는 전자는 접합부 B를 거쳐 축전지 2의 양극단자로 흐른다.

NPN 트랜지스터에서의 전류의 흐름은 [그림 11-36]과 같다. 이 회로는 공통 베이스 (common-base) 형태라고 불리워 진다. 정방향 바이어스 접합부의 거의 모든 전류가 매우 얇은 베이스지역을 지나 역바이어스 접합부를 통과해 지나가는 것에 유의한다. 역바이어스 접합부를 통과하지 않은 불과 몇 % 안되는 전류는 전원 1의 양극 쪽으로 흐른다.

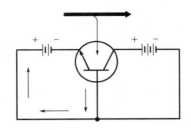

[그림 11-36] 공통 베이스 형태. 베이스가 양 전원에 공통적으로 사용되는 것을 유의하라.

　많은 양의 전류가 역바이어스가 접합부를 흐르는 것은 정방향으로 된 접합부를 통해 흐르는 적은 양의 전류 때문이다. 잘 아는바와 같이 콜렉터 전류는 베이스 전류보다 훨씬 크다. 사실상 콜렉터 전류는 베이스 전류에 의해 조절되며, 바로 그것이 비례한다. 베이스 접속이 없이는 사실 전류가 전혀 흐르지 않는다는 것을 앞에서 지적한 바 있다. 이제 아주 적은 양의 베이스 전류로 많은 양의 전류가 콜렉터로 흐른다. 다른 형태의 트랜지스터 회로 형태로 대개 높은 전력이 얻어질 수 있다. [그림 11-37]은 공통 이미터 형태의 트랜지스터 회로를 나타내고 있는데 그것은 솔리드 스테이트 제품에서 가장 흔히 쓰이는 것 중의 하나다.

　NPN 트랜지스터는 PNP 트랜지스터와 거의 비슷하다. NPN 대신 PNP를 쓸 경우 전원의 극성은 역전된다. 어느 쪽이건 이미터-베이스는 정방향 바이어스, 콜렉터 회로는 역방향 바이어스로 되어야 한다.

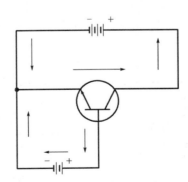

[그림 11-37] 공통 이미터 구조. 이미터는 양 전원에 공통적으로 사용되는 것을 유의하라.

　트랜지스터는 솔리드 스테이트 전동기 제어에서 매우 중요한 부품이므로 그 구조, 동작, 기능에 관한 몇 가지 중요한 사실을 요약하면 다음과 같다.

① 트랜지스터의 두 가지 기본 형태는 NPN과 PNP이다.
② 세 개의 단자는 이미터, 베이스, 콜렉터이다.

③ 이미터-베이스 접합부는 정방향 바이어스이고, 콜렉터-베이스 접합부는 역방향 바이어스이다.

④ 전자전류의 흐름은 이미터의 화살표 방향과 반대이다.

⑤ 처음과 두 번째 글자는 각각 이미터와 콜렉터의 극성을 표시한다.

⑥ NPN 트랜지스터에서 전자전류는 이미터에서 콜렉터로 흐르게 된다.

⑦ PNP 트랜지스터에서 전자전류는 콜렉터에서 이미터로 흐르게 된다.

⑧ 트랜지스터의 베이스 지역은 그 두께가 약 0.001인치로 매우 얇다.

⑨ 베이스 전류가 약간 변화하면 콜렉터 전류는 이에 비교하여 변화한다.

1. 삼극 진공관과 트랜지스터의 비교(comparison of a three-element tube and a transistor)

　트랜지스터는 10장에서 설명한 삼극 진공관, 즉 트리이오드와 비교할 수 있다. 트리이오드에서는 진공관 속의 플레이트(plate)가 전류를 집적한다. 트랜지스터의 경우에는 콜렉터가 이와 동일한 일을 한다. 따라서 이러한 부품들, 즉 금속판과 콜렉터는 동일한 기능을 수행하는 것이다. 진공관의 음극은 플레이트를 지나는 전자를 방출한다. 트랜지스터의 이미터는 콜렉터에 반송자(carriers)를 공급한다. 따라서 진공관의 음극과 트랜지스터의 이미터는 비슷한 기능을 가진다. 삼극 진공관에서 전류는 그리드를 통과하여 흐른다. 트랜지스터에서는 그것들을 베이스를 통해 흐른다. 그리드 베이스(grid base)는 진공관에서의 플레이트의 전류를 제어한다. 베이스와 이미터 사이의 바이어스 전압은 콜렉터에 흐르는 전류를 제어한다. 이처럼 삼극 진공관과 트랜지스터는 비슷한 기능을 가지는 점을 쉽게 알 수 있을 것이다. [그림 11-38]은 이 양자를 비교하여 나타내고 있다.

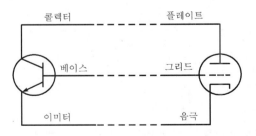

[그림 11-38] 3극 진공관과 트랜지스터의 비교

2. 트랜지스터의 회로(transistor circuit arrangements)

트랜지스터의 회로배열방식에는 다음 3가지가 있다.

(1) 공통 베이스 방식(common base)

(2) 공통 이미터 방식(common emitter)

(3) 공통 콜렉터 방식(common collector)

각각의 배열형태는 제 각기 장점을 가지고 있으며 전력이득, 전류이득 등 효율적으로 구동하는 데 필요한 특성을 가지고 있다. 이러한 모든 회로배열에서 콜렉터 전류는 이미터 전류에서 베이스 전류를 뺀 값과 같다. [그림 11-39] (a), (b), (c)는 NPN과 PNP 트랜지스터의 회로배열을 나타내고 있다. 이 모든 회로에서 저항 R_1은 이미터-베이스 전류를 제한하는 작용을 한다. 이것의 저항은 T_r의 특별한 목적에 따라 결정된다. RL은 부하저항이다. 증폭된 신호전압은 이 저항 양단에 나타난다. 공통 이미터 트랜지스터는 매우 높은 전압, 전류, 전력 이득을 가지고 있기 때문에 자주 증폭기로 사용된다.

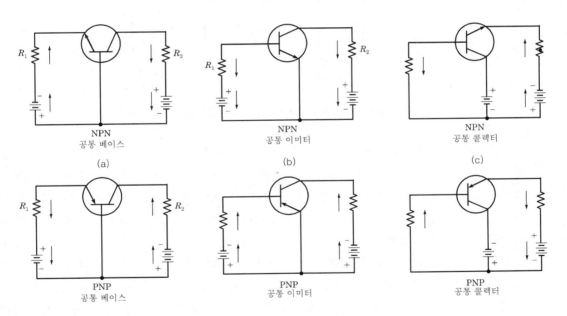

[그림 11-39] a, b, c각 형태의 트랜지스터 회로

3. 유니정크션 트랜지스터(unijunction transistor)

이 형태의 트랜지스터는 주로 실리콘 제어 정류기와 함께 사용된다. UJT는 양끝이 연결된 N-형 실리콘의 바(bar) 하나의 양끝의 바에서 절반 위치에 있는 지역으로 구성된다는 점에서 트랜지스터와 다르다. 이런 형태의 트랜지스터는 [그림 11-40]에 도시되어 있다. N 바의 양단은 베이스(base) 1과 2로 표시된다. P지역은 이미터라 불리워지며 바(bar)의 중간 가까이에 위치하며 단일 접합부(unijunction)로 되어 있다. 본질적으로 유니정크션 트랜지스터는 하나의 P부분과 이 중의 N부분으로 구성된 P-N 다이오드이다.

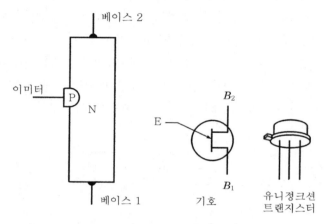

[그림 11-40] 유니정크션 트랜지스터의 일반적 표시기호

B_1과 B_2 사이에 [그림 11-41]처럼 위쪽은 (+), 아래쪽은 (-)로 전압이 인가된다면 N-형 실리콘 바는 화살표 방향으로 적은 전류가 흐르는 저항처럼 작용하게 된다. 전압은 N-bar 양단에서 분배되며 전원전압이 10이라면 P지역의 접합부에서의 바는 +6 정도가 된다. 이 단일 전압 트랜지스터가 작동하려면, 이미터에서의 전압은 +6 이상이 되어야 한다. 이것은 접합부를 정방향 바이어스로 만들며 이에 따라 전류는 접합부를 거쳐 흐르게 된다. 따라서 B_1에서 이미터까지의 부분이 정방향 바이어스라면 UJT는 전도할 것이고 B_1과 이미터 사이의 저항은 보다 많은 전류가 이것을 통하게 됨에 따라 점점 감소할 것이다. 우리가 앞에서 배운 것처럼, 다이오드가 정방향 바이어스면 그것의 저항은 매우 작아진다. 따라서 UJT가 전도하면 B_1과 이미터 사이의 저항은 매우 낮은 값이 된다.

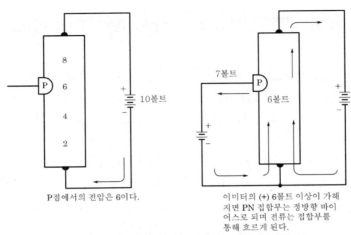

P점에서의 전압은 6이다.

이미터의 (+) 6볼트 이상이 가해
지면 PN 접합부는 정방향 바이
어스로 되며 전류는 접합부를
통해 흐르게 된다.

[그림 11-41] 유니정크션 트랜지스터의 전압분배

UJT는 많은 장치에 사용되고 있으며 특히 이것은 실리콘 제어 정류기를 작동시키는 데 많이 사용된다. 이러한 용도로 사용되는 예를 들면 [그림 11-42]와 같이 이완진동 (relaxation oscillator) 회로에서 많이 사용된다. 도면에서처럼 연결된 전원회로에서 스위치를 닫을 때 전류는 음의 단자에서 축전기 → R_1 → 양의 단자로 흐른다. 이와 동시에 UJT는 전원에 연결되어 일정한 값의 양의 전압이 접합부에 나타난다. 커패시터는 R_1에 의해 결정된 비율로 커패시터가 접합부의 N바에 있어서의 전압보다 다소 큰 이미터 전압이 얻어질 때까지 증가한다. 전압이 달성되는 순간, 접합부는 정방향 바이어스로 되며 충전된 커패시터는 점선으로 표시된 것처럼 $R_3 → B_1 → E$를 거쳐 방전하게 된다. 저항의 극성은 상부 끝쪽은 양이고 밑의 끝쪽은 음이다. 실리콘 제어 정류기를 트리거하는데 사용되는 것은 커패시터의 방전 때문에 생성되는 양의 펄스(positive pulse)이다. 일단 커패시터가 방전하면 UJT는 부전도하게 되며 주기는 반복된다.

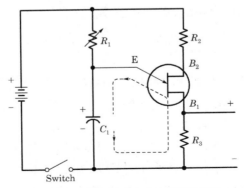

[그림 11-42] 유니정크션 이완진동회로

6 실리콘 제어 정류기(Silicon Controlled Rectifier) Section

실리콘 제어 정류기(SCR)는 P형, N형의 실리콘층이 교차되어 있는 솔리드 스테이트 스위치이며 교류를 적절한 직류로 바꿀 수 있다. 이것은 크기가 작고, 간편하고, 무게가 가벼우며, 충격에 잘 견디면서, 동작 시 소음이 발생하지 않는다. 또 이것은 전기전도성이 높고, 사이러트론 튜브(thyratron tube)같은 준비단계가 필요 없으며, 움직이는 부분이 없다. SCR의 여러 형태는 [그림 11-43]에 나타나 있다. [그림 11-43]의 (a)는 기호를 나타낸 것이고, [그림 11-43]의 (b)는 그 구조를, [그림 11-43]의 (c)는 PNPN층을 나타내고 있다. 이러한 도면에서처럼 SCR은 세 개의 단자를 가지고 있다. 이것은 양극(anode), 음극(cathode), 게이트(gate)라 한다. 이 이름이 의미하듯이 SCR은 정류기이며 한 방향으로만 전류를 유도한다.

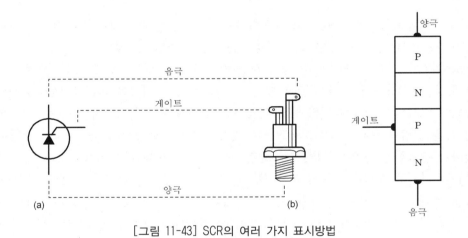

[그림 11-43] SCR의 여러 가지 표시방법

1. SCR의 특징(characteristics of the SCR)

정상적인 운전상태에서 SCR은 게이트 전압이 음극에 대해 양이고, 양극이 음극에 대해 양일 때만 전도한다.

SCR의 하나의 특징으로서 만약 게이트 전류가 0이면 정방향 양극 전압이 SCR에 작은 누설 전류만 흐르게 한다. 이것을 순방향 블로킹 전류(forward blocking current)라 하며 [그림 11-44] (a)에 도시되어 있다. 누설전류는 실제적으로 전압이 정방향 브레이크오버 전압(forward breakover voltage)이라고 하는 상태로 증가할 때까지 일정하게 남아 있다. 양극 전류는 이 지점에서 매우 급격히 증가한다. 전류가 일정한 수준에 도달하면, 스위치는 닫혀서, 지지전류(holding current)나 전류가 역전되는 지점 이하가 될 때까지 닫힌 상태를 유지한다. 교류에서는 이러한 과정이 자동적으로 진행된다. 양극 전류가 유지전류 수준 이하로 떨어지면 SCR에 다시 블로킹 상태로 바뀐다.

역의 전압이 SCR에 가해지면 약간의 역의 누설전류가 흐른다. 이것은 역의 블로킹 전류(reverse blocking current)라 한다. 만약 역의 전압이 역의 항복전압(reverse breakdown voltage)이라고 하는 점까지 증가하면 SCR에 흐르는 역의 전류는 급격히 증가하여 결정의 지나친 가열로 인하여 곧 SCR을 파괴하게 된다.

게이트 전류가 0인 점에서 항복전압보다 작은 순방향 전압으로 게이트가 음극보다 양이 되게 하여 SCR을 태울 수 있다.

[그림 11-44] (b)는 여러 가지의 게이트 전압에 대한 특징 곡선을 나타낸다. 만약 게이트 전류가 부가되면 정방향 방전개시 전압은 상당히 감소된다. 또 게이트 전류가 충분히 크면 실제적으로 전체 블로킹 지역은 제거되고 SCR은 일반적인 다이오드형의 정류기와 같은 작용을 한다. 정상적인 작동에서 SCR은 0게이트 전류에서의 방전개시 전압보다 훨씬 낮은 전압에서 동작한다. 또한 적절한 수준에서의 트리거링을 보장하기 위해 충분한 크기의 게이트 전류가 사용된다.

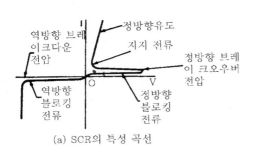

(a) SCR의 특성 곡선

(b) 다양한 게이트 전류를 가진 SCR곡선

[그림 11-44]

요약하면 만약 전압이 충분히 공급되면 SCR은 게이트 전류없이 트리거할 것이다. 또한 공급전압을 일정하게 유지하기 위해서는 충분한 크기의 게이트 전류가 필요하다. 마지막으로 게이트 전류가 일정하게 지속되면 SCR은 일정한 양극 전압하에서 트리거할 것이다. 정상적인 작동조건하에서는 게이트가 음극에 대해 양일때만 SCR은 전도할 것이다. 게이트 회로를 지나는 작은 전류(수밀리암페어)는 SCR을 트리거하여 전도하게 한다. 게이트 전류는 양극 전류가 형성될 수 있을 정도의 알맞은 시간이 필요하다. 이렇게 하는 데는 단지 수마이크로 세컨드 정도의 시간이 소요된다. SCR은 양극 전류가 소위 작은 지지전류(small holding current) 이하로 떨어지거나 양극 전압이 역전될 때까지 계속 전도한다. 어떤 교류

회로에서는 SCR은 각각의 음의 반주기 동안 열려 있고 게이트는 양의 반주기 동안 제어력을 회복한다. 따라서 밀리암페어 단위의 게이트 전류는 단지 수마이크로와트의 전류가 마이크로 세컨드 시간 안에 SCR을 통해 수백와트 정도를 조절할 수 있는 장치에서 제어력을 발휘한다. 따라서 회로구성면에서 볼 때, SCR은 교류의 각 반주기 동안에는 어느 특정한 시간에라도 점화하도록 만들 수 있다. 따라서 이것을 직류 전동기의 속도를 조절하는 데 적용할 수 있다. 만약 SCR이 반주기 동안 급속히 폐로되거나 점화하게 되면 전동기는 회전이 빨라지게 되며 또 SCR이 반주기 동안에 늦게 점화되면 전동기는 느리게 회전하게 된다. 그러므로 점화하는 시간을 변경하여 주면 실제적으로 전동기가 낼 수 있는 모든 속력을 다양하게 얻을 수 있다. [그림 11-45]는 여러 가지 다른 점화각을 나타내고 있다.

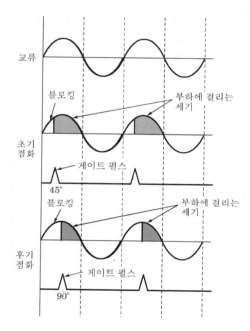

[그림 11-45] 반파회로에 있어서의 점화각

2. SCR의 작동(operation of the SCR)

앞에서 SCR은 PNPN의 교차하는 층으로 구성된 4개의 반도체 물질로 구성되어 있다는 것을 설명한 바 있다. 이 동작을 설명하려면 먼저 SCR이 [그림 11-46]에 나타난 것과 같이 PNP와 NPN의 두 개의 트랜지스터로 구성된 것을 알아야 한다. 양극, 음극, 게이터의 단자들은 [그림 11-47]에 나타난 바와 같이 접속되어 있다. NPN 트랜지스터가 전도하려면 이 트랜지스터의 베이스는 이미터에 대해 양이어야 한다. 만약 베이스에 전압 혹은 음의 전압이 존재하지 않으면 트랜지스터는 역바이어스 되어 있기 때문에 폐로될 수 없다. 결과적으로 SCR의 음극과 양극 사이에 전류가 흐르지 않는다.

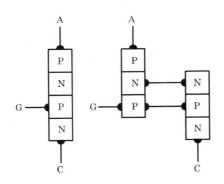

[그림 11-46] 두 개의 트랜지스터 PNP와 NPN으로 간주되는 4층의 SCR

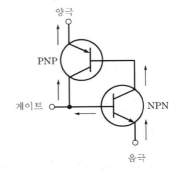

[그림 11-47] SCR의 작동원리를 보여 주는 2개의 트랜지스터

양극과 음극의 전이가 다음과 같고 양의 게이트 펄스가 NPN 트랜지스터의 베이스에 부가된다고 가정할 때 베이스와 이미터 바이어스가 정방향이면 NPN 트랜지스터는 폐로되고 콜렉터 전류는 상승한다. NPN 사이의 전압 강하는 NPN 트랜지스터가 폐로될 때 매우 낮아져서 콜렉터를 실제적으로 이미터만큼 음으로 한다.

이 콜렉터 전압은 NPN 트랜지스터의 베이스 전압이고 또 PNP의 이미터 전압이 양이므로 PNP 트랜지스터는 폐로한다. PNP가 폐로될 때 콜렉터 전압은 실제적으로 이미터 전압과 같게 된다. PNP의 콜렉터가 NPN의 베이스에 연결되어 있고 그것이 PNP 이미터와 같은 양의 전압이기 때문에 NPN의 베이스는 보다 양이 되어 이번에는 콜렉터 전류가 더욱 증가하도록 한다. 이것이 트랜지스터에서 콜렉터 전류의 증가는 다른 트랜지스터에서 콜렉터 전류를 증가시키기 때문에 재생 궤환작용(regenerative feedback action)이라고 한다. 전류 증가의 양은 한 외부 회로의 저항에 달려 있게 된다.

일단 PNP의 콜렉터로부터 NPN의 베이스에 궤환이 있으면 PNP 콜렉터에서 양의 전압이 NPN 베이스를 양으로 유지하기 때문에 양의 트리거 전압은 더 이상 필요 없다.

베이스를 양으로 하기 위해서는 트랜지스터를 흐르는 전류의 양 또한 한정되어 있어야 한다. 이 전류(유지전류)가 충분히 낮다면 SCR 혹은 PNPN 스위치는 개로된다.

다음 사항들은 기억해 두어야 한다.

(1) SCR을 트리거하기 위해서는 소량의 게이트에서 음극으로 흐르는 전류가 필요하다.
(2) 일단 정방향 전류가 흐르기 시작하면 작은 유지전류가 유지 최소값 이하로 감소하지 않는 한 무한정 계속된다.

(3) 양극 전류가 형성된 뒤에 게이트 전류를 제거하는 것은 SCR을 열지 않는다.

(4) SCR을 열기 위해(또는 전류의 방향을 바꾸기 위해) 양극 전류는 최소값의 유지전류 이하로 감소되어야 한다. SCR은 공급전압이 매 양의 반주기의 끝에서 SCR에 공급되기 때문이다.

(5) 시간은 SCR을 개로하는 데에 있어 중요한 요소이다. 만약 정방향 전압이 열린 뒤에 너무 빨리 부가되면 SCR은 너무 빨리 점화된다. SCR이 열기로 정방향 전압이 재부가될 동안에 시간적으로 약 10마이크로 세컨드가 경과해야만 한다.

(6) 만약 양극 전압이 너무 빨리 상승하면 충분한 누설 전류가 발달되어 SCR을 너무 빨리 점화시킨다.

3. SCR의 트리거링(triggering the SCR)

전술한 사항에서 알 수 있듯이 부전도체로부터 전도체 혹은 off 상태에서 on 상태로 변화시키는 SCR의 능력은 게이트 단자에서 부가하는 전류의 양에 달려 있다. 조절신호(control signal) 혹은 트리거 신호(trigger signal)라고 불리는 이 미소한 게이트 전류는 SCR을 트리거하여 전도시키는 펄스를 낳아 양극이 음극에 대해 양이 되도록 한다.

만약 양의 반주기 동안에 SCR이 동시에 트리거 될 수 있다면, 예컨대 90°의 전기각에서 단지 전체 전력 중 한정된 퍼센트만이 부하에 부가될 수 있기 때문에 전동기의 속도를 변화시킨다. 적절한 회로를 구성하면 게이트 펄스의 시간을 변화시킬 수 있으며 따라서 넓은 영역까지 조절할 수 있게 된다. 모든 SCR은 트리거를 필요로 하고, 또 이 과정을 조절하는 많은 방법이 있기 때문에 전동기 조절에 관련된 보다 중요한 내용에 대해 논의 해보자.

4. 반파위상제어(half wave phase control)

A-C전원이 [그림 11-48]처럼 SCR과 직렬로 전동기에 연결되었다고 가정하자, 만약 SCR이 [그림 11-49]에서처럼 각각의 양의 반주기의 초기에 트리거 된다면 전류는 각각 전체양의 반주기 동안에 SCR과 전동기를 통해 흐르게 된다.

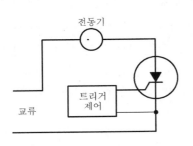

[그림 11-48] 반파제어

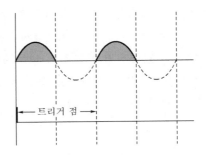

[그림 11-49] 0°에서의 트리거 펄스.
SCR은 각 양의 반파초기에 점화한다.

SCR이 양극이 양일 때 전도하고 양극이 음일 때 (음의 반주기) 부전도하기 때문에 출력은 반파직류전류이고, 결과적으로 전동기는 거의 반의 전력을 받게 된다. [그림 11-50]은 90°의 전기각에서 SCR을 점화하는 트리거 펄스를 나타내고 있다. 전류는 각각이 양의 반주기의 반동안만 흐르기 때문에 전동기에 전달되는 전력은 앞에서 예를 든 전력의 반이 된다. 전동기에 전달되는 전력은 SCR을 트리거하여 0°에서 180°까지의 어느 전기각으로도 조절될 수 있다. 이것이 소위 위상제어(phase-control)이다. 달리 말한다면 위상제어는 각 반주기의 일부분 동안에 부하에 걸리는 직류의 공급을 조절하는 것이다. 그러므로 직류 전동기에 공급되는 전력은 각 사이클을 부분적으로 제어하는 SCR을 펄스함으로써 조절할 수 있게 된다.

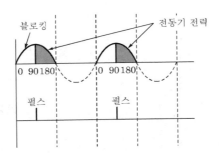

[그림 11-50] 90°에서의 트리거 펄스, SCR은 이점에서 점화한다.

5. 전파위상제어(full-wave phase control)

전파위상제어는 [그림 11-51]에 도시되어 있다. 이 회로는 [그림 11-48]의 반파회로와 비슷하며 다만 전파직류정류가 브리지 정류기를 사용하여 얻어진다는 점만 다르다. 60°에서의 트리거 펄스를 가정하면 회로는 다음과 같다. L_1으로부터 $D_3 \rightarrow$ SCR $\rightarrow$ 전동기 $M \rightarrow$

정류기 $D_2 \to L_2$로 전자는 흐르게 된다. 다음의 반주기 동안 전자의 흐름에서 시작하여 정류기 $D_4 \to \mathrm{SCR} \to$ 전동기 $\to M_1 \to$ 정류기 $D_1 \to L_1$로 이어지게 된다. 전동기를 흐르는 전자의 흐름은 교류전원의 각각의 변동 동안과 같은 방향이므로 이 회로가 교류부하에 적합하도록 한다. 이것은 매우 단순화된 회로이며 전동기의 효율적 조절에 필요한 정류작용이 필요치 않게 된다. [그림 11-52]는 이 회로에 대한 출력파형을 나타내고 있다.

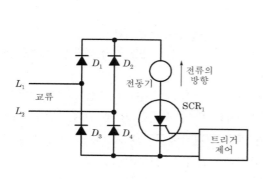

[그림 11-51] 전파직류제어

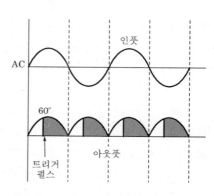

[그림 11-52] 전파용 출력파형

전술한 회로의 부하가 교류 전동기라면 전동기를 [그림 11-53] (a)에서처럼 교류전원과 직렬로 연결해 주어야 한다. [그림 11-53] (b)는 이 특별한 회로에 대한 파형을 도시한 것이다. 비록 이것은 전파제어이지만 출력은 직류가 제어된 것이다.

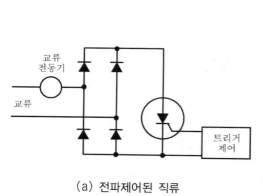

（a) 전파제어된 직류

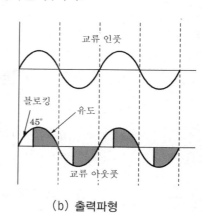

（b) 출력파형

[그림 11-53]

6. 트리거링 회로(triggering cicuits) - 저항 트리거링(resistance triggering)

교류를 전원으로 사용하는 SCL을 트리거링하는 간단한 방법은 [그림 11-54] (a)에 도시되어 있다. S_1이 닫혀 있는 양의 반주기 동안에 SCR의 양극은 음극에 대해 양이며, 게이트는 음극에 대해 양이 된다. 게이트를 흐르는 전류의 흐름은 SCR이 전도하도록 트리거하여, 비교적 큰 전류가 $L_1 \rightarrow$ SCR $\rightarrow$ 부하 $\rightarrow L_2$로 흐르게 한다. 게이트 전류원은 SCR의 전압이고 또 이 전압은 SCR이 전도하는 동안 상당히 감소하기 때문에 게이트 전류는 감소하게 된다. 음의 반주기의 초기에 SCR은 개로되어 부전도하게 된다. 결과적으로 부하는 단지 반 파맥동직류에서만 작동하게 된다. R_1은 게이트 전류의 극값을 제한하고 반면에 다이오드 D_1은 역전압이 음의 반주기 동안에 게이트와 음극 사이에 부가되는 것을 막아준다.

저항 R 역시 SCR이 점화하는 시간을 결정한다. [그림 11-54] (b)에서처럼 가변저항 R 이 사용되지 않을 때 회로 내에 있는 모든 다른 구성성분은 일정하다고 가정한다면, [그림 11-54] (a)의 회로에서 점화의 위상각은 각각의 양의 반주기 동안에 동일하며 변화하지 않는다. 이런 경우에 실제적으로 완전한 on에서 $90°$로의 위상지연은 저항을 변화시키면 달성된다. 게이트 제어는 공급전입과 게이트 전류를 공급하는 게이트 전압의 위상이 같기 때문에 이 회로에서 $90°$의 각도를 넘어설 수 없다. 따라서 [그림 11-54] (b)에 도시된 회로는 저항의 극대일 때 가변저항이 반 on 상태에서 극소로 되면 양 반주기 동안 내내 SCR을 점화할 가변 게이트 제어를 제공하게 된다. 극대 및 극소에 대한 파형은 [그림 11-54] (c)에 도시되어 있다.

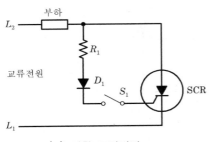

(a) 저항 트리거링

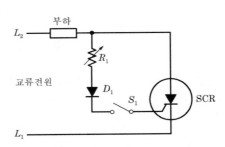

(b) 가변저항을 사용한 저항 트리거링

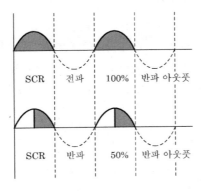

(c) 최대 최소 전력용 파행

[그림 11-54]

7. 저항 커패시터 트리거링(resistance capacitor triggering)

[그림 11-55]의 회로에서는 가변저항이 커패시터와 직렬로 연결되어 있다. 양의 반주기의 시작으로 커패시터는 가변저항을 통해 충전을 시작한다. 커패시터의 상측 끝은 양이고 밑은 음이다. 커패시터의 양의 부분이 SCR의 게이트에 연결된 것에 주의한다.

커패시터가 SCR을 트리거하기에 충분한 전압까지 충전하면 전도가 시작되어 비교적 큰 전류가 SCR과 부하를 통해 흐른다. SCR이 트리거하는 반주기의 시간은 RC 시정수(retime constant)에 달려 있다.

이 회로에서의 다이오드 D_1은 음의 반주기 동안에 커패시터를 충전시켜 커패시터의 끝을 음으로 한다. 이것은 커패시터가 다음의 양의 충전주기 동안에 리셋(reset)되어 있어야 되기 때문에 필요하다. 이 회로는 반주기 전체를 조절하게 하여 SCR이 0에서 180°의 전기각 중에 어느 시간에도 점화할 수 있게 되는데, 그 이유는 점화시간은 축전기가 요구된 전압을 충전하는 데 걸리는 시간의 길이에 달려 있기 때문이다.

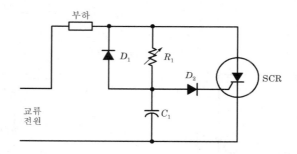

[그림 11-55] 저항 커패시터의 트리거링

8. RC 시정수(retime constant)

[그림 11-55]에서 도시된 저항 커패시터의 직렬연결에서 커패시터를 충전하거나 방전하는 데는 한 주기의 시간이 걸린다. 커패시터가 63.2%를 충전하거나 방전하는 데 드는 시간의 길이가 RC 시정수이다. 달리 말한다면 100V의 전원을 가정할 경우 커패시터를 63.2V로 충전하거나 36.8V로 방전하는 데 드는 시간의 길이가 1시정수이다. 1시정수에서 시간의 단위로 계사하는 공식은

$$T(\text{seconds}) = R(\text{ohms}) \times C(\text{farads})$$

가 된다. 이 공식으로부터 저항이 커질수록 커패시터가 충전하는 데 드는 시간은 길어지며 그 역도 성립한다. 이 회로를 통한 전류가 저항에 반비례하기 때문에 저항의 감소는 전류를 증가시키게 된다. 결과적으로 C_1이 충전하는 비율은 그것을 통한 전류의 흐름에 달려 있다. 이 전

류는 R_1에 의해 조절된다.

[그림 11-55]의 회로에서 SCR을 트리거할 능력을 게이트에 부여하는 것은 커패시터 전위의 전하이고 저항 R_1을 변화시킴으로써 이 충전의 시간을 변화시킬 수 있기 때문에 RC 회로가 전반주기를 0°에서 180°의 전기각까지 조절하는 데 사용될 수 있게 된다.

충전과 방전을 완료하는 데는 5의 시정수가 걸린다. 위의 보기에서 커패시터를 63.2V로 충전하는데 0.01초가 걸린다면 전하를 100V로 완전히 충전 하는 데는 0.05초가 걸릴 것이다.

9. 유니정크션 트리거링(unijunction triggering)

유니정크션 트랜지스터의 이론은 이 장의 초기에 설명한 바 있다. 이것의 회로구성은 [그림 11-42]에 도시되어 있다.

UJT는 여러 가지 용도에 사용된다. 그것의 주요한 용도 중의 하나는 커패시터를 이완진 동회로에서 SCR의 게이트로 방전하여 트리거 펄스를 낮게 하는 것이다.

[그림 11-56]과 [그림 11-57]은 반파와 전파의 유니정크션 트리거링을 사용한 전동기 조절에 대한 기초회로를 나타낸 것이다. 각각의 회로에서 커패시터 C_1은 저항 R_1을 통해 방전한다. 커패시터가 유니정크션 트랜지스터 Q_1을 폐로시켜 정도의 전압까지 방전할 때 이미터 E와 B_1 사이의 저항은 상당히 감소하고 C_1은 EB_1과 R를 통해 방전하며, R_2에 전압을 발생한다. R_2의 끝에서는 전압이 양이고 그 전압은 SCR의 트리거링을 발생시키는 게이트 전류를 공급한다. [그림 11-56]에서 반의 전력이 발생되고, [그림 11-57]에서는 전 전력이 발생한다. [그림 11-56]과 [그림 11-57]의 회로는 궤환조절 없이 셰이딩극(shaded-pole)과 유니버설 전동기의 조절에 적합하다. 이것에 관해서는 이 장의 끝에서 설명된다.

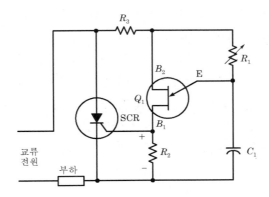

[그림 11-56] 유니정크션 트리거링을 할 때의 반파의 기본 회로도

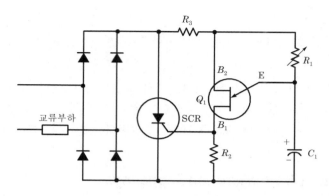

[그림 11-57] 유니정크션 트리거링을 할 때의 전파의 기본 회로도

보다 진보한 회로에서 트랜지스터는 가변저항을 대치하여 사용된다. 트랜지스터의 동작에 대한 앞 설명에서 작은 이미터 - 베이스 전류의 흐름으로 보다 훨씬 큰 이미터-콜렉터 전류의 흐름을 조절한다는 것을 말한 바 있다. 이미터-콜렉터 회로에 있어서 전류의 흐름은 이미터-베이스 전류의 흐름에 비례한다. 따라서 [그림 11-58]에서 보는 바처럼 커패시터 C_1을 통한 전류는 [그림 11-57]의 가변저항에 의한 조정 대신에 트랜지스터를 통한 이미터-베이스 전류에 의해 조절될 수 있다.

베이스-이미터 회로가 기준신호와 궤환신호에 의해 조절되는 점에 유의한다. 이에 대해서는 이 장의 뒤에 설명과 더불어 예증하고 있다. [그림 11-58]은 조절된 전파교류에서 직류부하에 적합한 직류회로의 변화를 나타내고 있다.

트랜지스터 Q_1을 흐르는 전류는 Q_2의 이미터가 부착된 UJT에서 나타나는 전압보다 약간 더 양으로 되는 전압까지 커패시터 C_1을 충전한다. 이것은 Q_2를 닫는다. C_1은 그때 베이스 1과 R_2를 통해 충전하여 R_2에 양의 펄스를 낳는다.

R_2의 상부 끝은 SCR의 게이트에 연결되어 그것을 점화한다. SCR을 트리거하게 되면 그자체를 전도하여 부하를 통해 회로를 완성하게 된다.

[그림 11-59]에서 제너 다이오드는 동작에 적합한 전압을 가진 단일 접합 트랜지스터를 공급하는 데에 사용된다. 트랜지스터 Q_1은 C_1을 충전하는 전류를 조절할 것이다. 만약 Q_1의 베이스-이미터 회로에 있어 기준치와 궤환신호가 비교적 큰 전류로 이미터-콜렉터 회로를 통해 흐른다면 큰 전류가 C_1을 충전하여 양의 펄스에 필요한 전위로 C_1을 급격히 충전하게 된다. 전에 서술한 것처럼 펄스의 시간과 전동기의 속도는 커패시터의 충전율에 달려 있는 것이다.

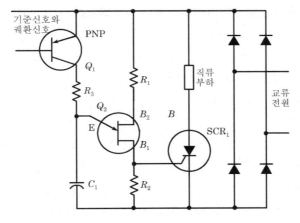

[그림 11-58] 점화회로에 접속된 PNP 트랜지스터와 유니정크션 트랜지스터

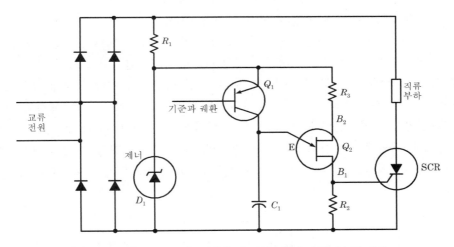

[그림 11-59] 제너전압을 사용할 유니정크션과 트랜지스터 제어

10. SCR 전동기 제어장치(SCR motor control applications)

교류와 직류 전동기 제어에 관한 장에서 설명할 것처럼, 전기 제어기는 여러 가지 기능을 갖는다. 보다 중요한 기능을 예로 들면 전동기를 시동하거나 멈추는 것, 회전방향을 바꾸는 것, 과부하를 보호하는 것, 제동하는 것, 기동전류를 제한하는 것, 속도를 조절하는 것 등이다.

SCR장치는 이러한 기능과 그 밖의 기능을 수행한다. 그러나 단상 전동기, 교류직류 전동기 및 직류 전동기에 대한 속도조절에만 집중하여 설명하기로 한다. SCR부품은 고도의 효율과 순탄한 속도조절, 최소한의 전력 등 여러 장점이 있다.

11. 기준신호와 궤환신호(reference and feedback signals)

만약 양극이 음극에 대해 양이면 작은 게이트 전류가 SCR을 트리거한다. 게이트 전압은 음극에 대해 양이어야 한다. 게이트 펄스의 시간은 사용되는 트리거링 회로의 형에 달려 있다. 위상이동, 교류신호, 혹은 커패시터와 유니정크션 트랜지스터를 사용한 양의 펄스 SCR을 점화하는 데는 그 밖에도 여러 방법이 있다.

SCR을 점화하는 데는 한정된 값의 양의 전압이 필요하고, 이 전압은 속도조절 퍼텐쇼미터(potentiometer)를 설정하는 것과 관련 있기 때문에 이 전압을 기준전압(reference voltage)이라고 한다. 기준신호전류는 이 기준전압으로부터 얻어진다. 전동기의 속도를 조절할 때는 이 기준전압을 전동기 자체에 의해 생긴 전압(역기전력)에 비교해볼 필요가 있다. 이 비교에 사용되는 전압을 궤환전압(feedback voltage)이라 하며 전류의 방향은 기준 전류의 방향과 반대이다. 궤환전압은 전동기에 의해 생긴 역기전력, 또는 기계적으로 전동기에 부착된 회전 속도 제너레이터(techometer generator)에 의해 생긴 전압이다. 궤환전압을 제공하는 데 사용되는 방법은 여러 가지가 있다.

[그림 11-60] (a)는 기준전압과 궤환전압이 게이트 회로에 대한 신호전류를 낮을 때의 회로를 비교한 것이다. 만약 기준전압과 궤환전압이 직렬연결되고 그들의 극성이 서로 반대이면 그들의 전압간의 차이가 전체전압이다. 예를 들면 기준전압이 양의 20V이고 역기전력이 15V라면 결과적으로 전압은 양의 5V가 된다. [그림 11-60] (b)에서의 합산된 전압은 기준전압에서 역기전력을 뺀 것과 같다. 따라서 이 전압은 30-25 즉 약의 5V이다. 또한 기준전압과 궤환신호는 반대 극성으로 병렬연결함으로써 비교할 수 있다. 이 경우에 전류도 비교할 수 있다. 전류간의 차이(오차전류 ; error current)는 점화회로에 공급된다.

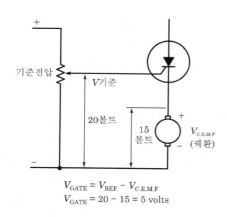

$$V_{GATE} = V_{REF} - V_{C.E.M.F}$$
$$V_{GATE} = 20 - 15 = 5 \text{ volts}$$

(a) 기준전압과 궤환전압의 비교

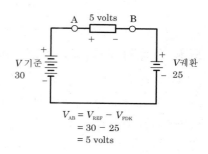

$$V_{AB} = V_{REF} - V_{FDK}$$
$$= 30 - 25$$
$$= 5 \text{ volts}$$

(b) 서로 반대인 두 전압의 결선. 결과전압은 양극 A에서 +5이다.

[그림 11-60]

7 교류직류 전동기 제어(Universal Motor Control)

위에서 설명한 바와 같이 궤환신호를 얻는 방법 중 하나는 전동기의 역기전력을 사용하는 것이다. 이것은 유니버설 전동기가 브러시형의 전동기이기 때문에 쉽게 얻을 수 있다. SCR이 열렸을 시간 동안에 전동기에 의해 발생되는 역기전력은 극의 잔류자기와 전동기 속도에 달려있다.

1. 궤환을 사용한 반파조절(half-wave control with feedback)

다음의 회로는 전동기의 잔류자계를 전기자에서의 역기전력이 속도에 비례하도록 유도하는데 이용된다. 이 전압은 속도궤환신호로 이용된다.

[그림 11-61] (a)는 Momberg와 Taylor에 의해 개선된 회로이다. 이 회로에서 전동기의 전기자와 그 계자에 대한 SCR의 위치는 변화하여 계자에 감긴 선과 전기자 사이에 연결된다. 전압 V_g는 선에 바로 연결된 퍼텐쇼미터에 tap off 되어 있고 따라서 막힌 상태에서 SCR의 전압과 같은 위상의 감소된 사인파(sine wave)이다. 전동기 전기자가 정지해 있을 때는 잔류자계에 의해 전기자에 아무런 전압도 유도되지 않으며 SCR은 주기에서 일찍 점화하여 충분한 전기자 전압이 발생하여 전동기를 가속하도록 한다. 전동기가 속력을 낼수록 잔류유도전압은 속도에 비례하여 증가한다. SCR을 점화하기 전의 전기자의 전압은 게이트 전류의 흐름을 급격히 증가시키고 전압 V_g가 SCR을 점화하기 전보다 높은 값에 도달하게 한다. 이것은 자동적으로 점화각을 지연시켜, 전동기가 안정된 평형속도에 도달하도록 한다.

만약 부하가 전동기에 부가되면 속력이 감소하는 경향이 있다. 이것은 전기자에 있어 잔류유도전압을 감소시키며 자동적으로 점화각을 앞서게 한다. 이것은 SCR이 주기에서 빨리 점화하도록 하고 증가된 부하를 조절하며 일정한 속도로 유지하기 위해 전동기의 회전력을 증가시킨다.

[그림 11-61] (b)는 V_g가 비교적 큰 진폭에 도달하는 높은 속도의 위치에서 퍼텐쇼미터 암을 가진 회로에 있어서의 파형을 나타낸다. 이것은 반주기에 있어 SCR을 일찍 점화한다. (c)부분의 저속도에서 V_g의 진폭은 낮고 SCR은 반주기에서 거의 중간지점에서 점화한다.

이 회로는 매우 간단한 것이나 $R_1 P_1$회로에서 상당한 양의 전력이 소비된다. SCR은 90° 전기각보다 큰 각에서 단속적으로 점화될 수 없다. 이것은 저속도에서 안정된 동작을 막는다. 이 회로는 90° 전기각의 점화각 주변에서 동작할 때 선의 변화를 추적하는 경향이 있으나, 실제 여러 장치에서 이것이 큰 제약을 주는 것은 아니다.

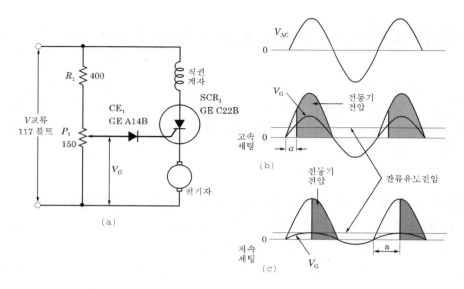

[그림 11-61] 궤환을 사용한 반파제어(General Electric Co.)

2. 반파제어-개량된 장치(half-wave control-improved performance)

만약 저속도로에서 안정된 동작이 요구되면 [그림 11-62] (a)의 회로를 사용한다. 이 회로는 속도궤환신호에 전동기 잔류계자를 이용하나 SCR에 매우 짧은 전도시간을 허용하므로 결과적으로 속도가 매우 느리다.

공급전압의 음의 반주기 동안에 극성을 띤 커패시터 C_1은 0으로 방전된다. 양의 반주기 동안에 일정한 전위(CR_3의 제너전압)로부터 $P_1 C_1$의 시정수에 달린 비율로 C_1은 방전한다. 만약 전동기 전기자가 멈춰 있으면 전류자계에 의해 전압이 유도되지 않으며 게이트 전류는 C_1에 걸린 전압인 V_c가 CR_1의 정방향 전압강하와 SCR의 게이트 강하를 초과할 때 SCR로 흐른다. 이것은 주기의 초기에 SCR을 점화하여 전동기를 구동시킬 수 있는 충분한 에너지로 공급한다. 전동기가 미리 설정한 속도에 도달하면 잔류유도전압이 전기자에 형성된다. 이것은 전기자의 끝 단자에서 양이고 V_c가 전기자 전압을 초과할 때까지 C_1으로부터 게이트 전류와 반대로 흐르게 된다. C_1에서 요구되는 높은 전압은 점화각을 지연시키고 전동기의 가속을 멈추게 한다.

일단 전동기가 정격속도에 도달하면 잔류유도자기는 자동속도 조절작용을 한다. 예를 들면 만약 무거운 부하가 전동기 속도를 끌어내리기 시작하면 유도전압이 감소하고 SCR은 주기에서보다 빨리 점화한다. 전동기에 공급된 부가 에너지는 증가된 부하를 다루는 데 필요한 회전력을 공급한다.

역으로 속도를 증가시키는 경향이 있는 가벼운 부하는 전동기의 잔류유도전압을 증가시켜 점화각을 지연시키므로 전동기의 전압을 감소시킨다.

P_1은 C_1의 충전율을 조절하여 바라는 속력으로 조절한다. 비교적 높은 속도가 요구되면 P_1을 낮은 값으로 조정한다. V_c는 빨리 형성되어 SCR을 주기에서 빨리 점화한다. 축전기 C_1에서의 V_c의 파형은 [그림 11-62] (b)에 있다. 이 설정에서의 역기전력은 높은 전동기 속도 때문에 비교적 높을 것이다. 이 저항에 많은 부분을 포함하도록 되면 V_c는 천천히 형성되어 [그림 11-62] (c)에서처럼 주기에서 늦게 점화한다. 따라서 전동기 속도는 느려지게 된다. [그림 11-62] (d)에서의 그래프를 유의해 보라. 각가의 양의 반주기는 제너 다이오드에 의해 장악되어 있으므로 제너 다이오드에 걸린 전압은 각각의 양의 반주기 동안 일정하다. C_2와 저항 $1K$는 게이트로부터 음극으로 연결되어 SCR을 빨리 점화하는 정류자편과 두드러진 신호속도를 만들어 회로를 안정시킨다.

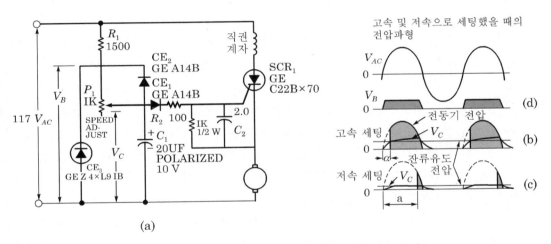

(a)

[그림 11-62] 개선된 장치에서의 반파(Generl Electric Co.)

[그림 11-61] (a)와 [그림 11-62] (a)의 두 회로가 궤환신호를 사용하지만 계자와 전기자에 대해 별도로 연결해주어야 하는 단점이 있다. 다음의 회로에서는 이 결점이 제거된다. [그림 11-63] (a)의 회로는 바로 앞의 2개의 회로처럼 전기자의 잔류역기전력을 이용하여 거의 일정한 회전력을 유지하기 위하여 궤환신호로 사용한다. 부하가 증가되면 전동기 속도는 감소하는 경향이 있다. 이때에 더 많은 전류가 전기자로 흘려 속도가 현저히 감소하는 것을 방지한다. 전동기가 부하의 감소로 속력을 내게 되면 그 반대의 현상이 일어난다.

만약 전동기가 느려지면 SCR은 양의 반주기에서 더 빨리 점화된다. 이것은 전동기에 전달되는 전류를 증가시켜 전동기의 속도를 높인다. 그 반대의 현상도 성립하며 어느 경우이든 전동기는 거의 일정한 속도로 유지한다.

교류전원이 CR_2의 음극을 양극에 대해 음으로 할 때 반파정류로 된 전류는 R_1P_1과 CR_2의 직렬회로를 통해 흐른다. 이것은 P_1의 암(arm)으로부터 조절할 수 있는 기준전압을 제공한다. 커패시터 C_1은 사인파(sine wave)에서 양의 반주기에서 90° 전기각을 넘는 연장된 위상조절을 가능하게 하는 코사인 램프(ramp)전압을 낳는다. 이상적인 파형은 [그림 11-63] (b)에서처럼 극소값이 0이고 극대값이 180° 전기각인 신호를 얻는 것이다. 그러나 C_1에서의 램프전압이 완전한 코사인파(cosine wave)가 아니므로 SCR이 반주기 동안에 얼마나 빨리 또는 늦게 점화될 수 있느냐에 대해서는 제한이 있게 된다.

[그림 11-63] (c)에서처럼 SCR은 반주기에서 점 Z보다 늦게 점화될 수 없는데 그 이유는 코사인파가 이 점을 지나면 왜곡되기 때문이다. C_1의 낮은 충전용량은 낮은 속도동작을 얻기 위한 주기에서는 SCR의 늦은 점화를 얻을 수 있을 정도의 위상이동을 가져오지 않기 때문에 증가된 충전용량값이 저속도에서 불안정한 동작을 유발시킬 수도 있다는 사실에 유의해야 할 것이다.

운전 시에 전동기의 역기전력은 SCR의 게이트를 통해 다이오드 CR_1으로부터의 기준전압과 비교된다. 게이트를 통한 비교와 결과에 따라 SCR은 양의 반주기에서 빨리 혹은 늦게 점화한다. 전동기가 구동되기 시작하면 전기자에는 역기전력이 없으므로 게이트 전류는 P_1의 암에 있는 전압은 CR_1의 정방향 강하와 SCR의 게이트와 음극 사이의 강하를 초과하면 곧 통전하기 시작한다. 이것은 반주기에서 SCR을 빨리 점화하여 전동기에 충분한 에너지를 전달한다. 역기전력은 전동기가 속력을 냄에 따라 증가한다. 커패시터의 전압을 SCR의 정반향 전압보다 커지게 되고 역기전력이 생긴다. C_1에서의 높은 전압요구는 점화각을 지연시키고 전동기의 가속을 멈추게 한다.

전동기의 불안정한 동작을 피하기 위해 퍼텐쇼미터 P_1은 극소의 상태로 작동하며, 저항은 전동기의 최소 속력을 안정되게 설정해 주기 위해 P_1과 CR_2 사이에 직렬연결된다. 커패시터 C_1은 P_1의 암에서 CR_2까지 결속되어 있게 된다. 게이트에서 음극까지의 R_2-C_2의 병렬회로는 정류자편의 측로를 만들고 게이트에 도달하는 것을 막는다.

다른 부하에서는 소자와 같이 변화해야 한다는 점에 유의한다. 이것은 [그림 11-63] (d)의 표에 도시되어 있다.

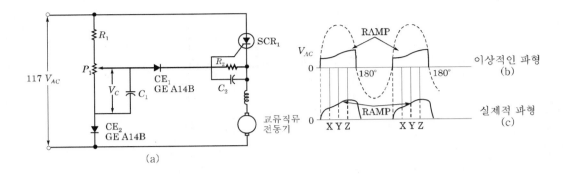

[그림 11-63] 궤환을 사용한 교류직류 전동기 제어

3. 넓은 속도범위(wider speed range)

앞에서 설명한 회로를 사용할 경우 수백 rpm으로부터 전속도에 이르기까지 다양한 속도를 낼 수 있다. 낮은 속도에서 사용할 경우 이 회로는 불안정하게 된다. 높은 속력뿐만 아니라 저속력에서도 잘 동작하는 회로는 [그림 11-64]에 도시되어 있다. 이 회로는 P_1의 기준전압과 SCR의 게이트 사이에 중간의 증폭단계를 필요로 한다. 이것은 몇 가지 방법으로 달성될 수 있으며 그 중 하나는 실리콘 일방 스위치(silicon unilateral switch)이다.

이 회로는 SUC가 사용되었다는 점을 제외하고는 전의 회로와 매우 유사하다. SUS는 본질적으로 대개의 음극 게이트 대신에 양극 게이트를 가지며 또한 게이트와 음극 사이에 내장 저전압 애벌란시 다이오드(avalanche diode)를 가지고 있는 SCR의 축소판이다. 이것은 펄스를 낳는 UJT와 비슷하게 사용되나 SUS는 UJT에서처럼 다른 전압의 부분에서 보다 일정한 전압에서 스위치 작용을 한다는 점에서 다르다. [그림 11-64]에서 SCR의 트리거링은 CR_1을 통한 게이트로의 연속적인 전류에 의해서보다 SUS_1은 본질적으로 기준전압과 SCR의 게이트 사이의 증폭단계로 행동한다. SUS의 기호에 유의한다.

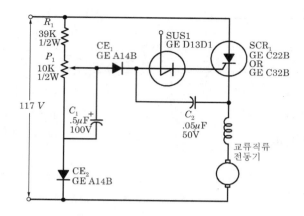

[그림 11-64] 궤환을 가진, SUS 트리거된 교류직류 전동기의 속도제어

4. 궤환의 전파교류제어(full-waved D-C control with feedback)

[그림 11-65]는 궤환을 가진 전파직렬 전동기의 속도조절회로이며, 궤환은 전동기 전기자 및 계자와 별도의 연결이 가능하다. 전 파형 브리지는 전동기 계자, SCR, 전기자, R_1, P_1의 직렬회로에 전력을 공급한다. 이 회로는 전기자의 역기전력을 궤환신호를 이용하는 점에서 [그림 11-61] (a)의 회로와 그 동작원리가 동일하다. 전동기가 운전을 시작하면 P_1의 암에 걸린 기준전압이 CR_1의 정방향 강하와 게이트-음극의 강하를 초과하게 되고, 그 순간 SCR은 점화한다. 이때 전동기는 속력을 내게 되고, 역기전력이 증가함에 따라 [그림 11-61] (a)의 회로와 같은 방식으로 전동기의 속도는 설정된 값에 의해 조절된다. CR_6는 계자에서 전류의 흐름을 유지하는 데 사용되는 프리휠링(free-wheeling) 다이오드이다.

이 회로의 결점의 하나는 저속도에서 역기전력의 감소 때문에 SCR의 양극-음극 전압이 SCR이 열릴 수 있을 정도로 충분한 시간이 흐르기 전에는 음이 아닐 수도 있다는 점이다. 이렇게 되면 전동기는 연소되는 반주기 동안 전 전력을 받으며 불안정해지기 시작한다. 더구나 [그림 11-61] (a)의 회로에서처럼 이 회로는 SCR이 90°의 전기각보다 후에 단속적으로 점화될 수 없다는 사실 때문에 제한을 받는다.

P_1의 암에 있는 커패시터는 전파정류 충전작용에 의하여 기준치에서 위상차가 없기 때문에 교정되지 않는다.

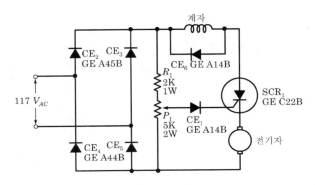

[그림 11-65] 궤환을 사용한 전파직류제어(General Electric Co.)

5. 궤환이 없는 전파(full wave without feedback)

[그림 11-66]의 회로에서는 다이아크(diac)가 트리거 요소로 사용되고 트라이아크 (triac)가 SCR 대신 사용된다. 이들 부품에 대한 기호에 주의한다. 다이아크는 두 개의 실리콘 단자로 된 쌍방향 트리거 다이오드(bidirectional trigger diode)이며 트라이아크나 SCR을 트리거하는데 사용될 수 있다. 트라이아크란 SCR과 같은 방식으로 게이트 신호에 의해 전도체로 트리거하는 단자 세 개의 반도체 스위치이다. 이것은 양이나 음의 게이트 신호에 반응하여 양쪽 방향으로 전류를 흘릴 수 있다는 점에서 SCR과 다르며, 매 반주기마다 방향이 바뀌는 전류를 사용하는 부품에 유용하게 사용된다. 회로에서 R_1, P_1, C_1으로 구성되는 직렬회로를 통한 전류흐름에 의해 충전된다. 커패시터 C_1에 걸린 전압이 다이아크의 방전개시전압에 도달하면 다이아크를 점화시켜 트라이아크를 점화시키는 펄스를 낳는다. 이 과정은 교류의 양과 음의 반주기 양쪽에서 일어난다. 이 회로는 궤환조절이 없으므로 저속도에서 낮은 기동 회전력을 가지며 속도 조절기능이 미흡하다. 트라이아크와 병렬로 접속된 $R_2 - C_2$의 직렬회로는 전압 상승률을 0의 전류에서 즉시 열리게 하므로 트라이아크에서의 전압 상승률을 일정하게 유지시킬 목적으로 사용된다. 이것은 triac 시간이 정류하도록, 즉 열리도록 하여 다음에 따르는 반주기 동안에 적절한 각에서 점화되도록 한다. 전압이 너무 빨리 상승하면 트라이아크가 열리지 못하게 될 수도 있다는 점은 이미 설명한 바 있다.

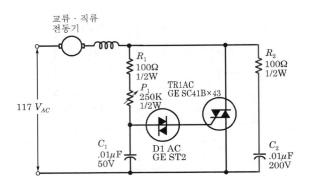

[그림 11-66] 궤환이 없는 전파교류제어(General Electric Co.)

6. 동기화에 의한 전파제어(full wave control with cynchronization)

SCR을 트리거하는 시간펄스가 각 반주기 동안에 동일한 전기에서 일어나도록 하기위해 C_1의 충전을 교류전원과 동기화할 필요가 있다. 점화펄스가 각 반주기 동안의 입력주파수와 같은 관계를 가져야 하므로 회로를 정확히 작동시키는데 매우 중요한 작용을 한다. 각 반주기 동안에 많은 점화펄스가 있겠으나 각 교번의 시작과 고정된 관계를 가져야 하는 것은 첫 번째 펄스이다. [그림 11-67]에서 UJT는 B_2의 전압이 0으로 떨어지는 각 반주기의 끝에서 트리거한다. 브리지 정류기로부터 전파정류전압은 부하의 트리거 회로에 전력을 공급한다. 제너 CR은 맥동하는 직류의 극값을 일정하게 조절하는 데 사용된다. 회로의 다른 부분에서의 파형에 주의한다.

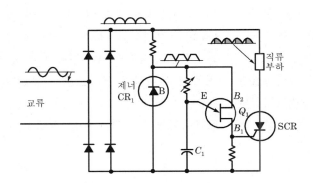

[그림 11-67] 동기화에 의한 전파제어

7. 궤환없는 분권 전동기 제어(shunt motor control without feedback)

지금까지 서술된 대부분의 회로와 제어는 교류직류 전동기의 속도를 제어하도록 설계된 것이었다. 다음에 설명하는 회로는 분권 또는 복권 전동기의 제어에 사용되는 것이다. 이것들의 기본도들이며, 설명상의 편의를 위해 제시한 것이다. 분권 전동기는 정속도 특성을 갖는 전동기이다. 이 전동기의 속도를 변화시키려면 계자에 대한 여자를 일정하게 유지하면서 전기자에 부가된 전압을 제어해야 한다. 분권 전동기의 반파제어를 보여주는 간단한 도식이 [그림 11-68]에 도시되어 있다.

양의 반주기 동안 R_1, P_1, C_1의 RC 회로망에서의 커패시터 C_1은 이번에는 차례를 바꾸어 SCR이 전도하도록 점화해주는 트리거 부품에 위상이동신호를 충전하고 공급한다. 위상이동 신호의 시간은 페텐쇼미터(potentiometer) P_1의 설정값을 변화하여 얻어진다. 이것은 각 반주기의 전도점을 결정하여 전동기의 속도를 조정한다. 트리거 부품은 다이아크, SUS, 네온전구 등일 수 있다.

분권계자에는 L_1이 L_2에 대해 음인 기간 동안에 다이오드 D_2를 통해 반파전류가 공급된다([그림 11-68]의 굵은 화살표를 참조). 다음의 반주기에, L_2가 L_1에 대해 음이고 다이오드 D_2가 역바이어스되어 부전도할 때 분권계자의 전류는 감소하는 경향이 있다. 그러나 분권계자가 유도되면 인덕턴스는 전류의 형태로 에너지는 D_1 주위를 회전하고(점선 화살표), 연속된 단일방향전류를 계자에 공급한다. 이 회로에서 D_1은 역정류기 또는 프리휠링(free wheeling)정류기라고 한다.

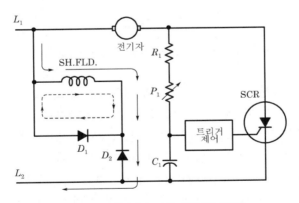

[그림 11-68] 분권 전동기용 반파제어

8. 분권 전동기 제어(square D)

SCR을 사용할 때는 역방향에서 한정된 항복전압을 가지므로 조심해서 다루어야 한다.

항복 전압에 도달할 때까지의 전류흐름은 무시할 만하나, 일단 전압이 발생하면 SCR은 파괴될 수도 있다. [그림 11-69]처럼 SCR을 보호하기위해 Square D Company는 재래의 실리콘 다이오드를 SCR과 직렬, 병렬로 연결한다. 3REC로 표시된 병렬 정류기는 SCR에 반대방향으로 연결된다. 그것은 on으로 바이어스되거나 전도하며 반면에 SCR은 그것에 걸쳐 역전위를 가진다. 이 장치는 결과적으로 부가된 단일위상 교류파의 음의 반주기에서 SCR을 단락시킨다. 2REC인 직렬 정류기는 공급전원의 음의 반을 막는다. 음의 반주기 동안 SCR에는 이 회로 때문에 어떤 역전압도 가해지지 않는다. 퓨즈 1FU가 부가된 다이오드 회로와 서지 프로텍터 1SP는 이 원소를 파괴할지 모를 높은 전류나 극의 역전압으로부터 1SCR을 보호한다. 1REC는 전기자에 대한 정류 다이오드이다. 이 다이오드는 전기자에서 유도 에너지에 대한 방전로를 제공한다.

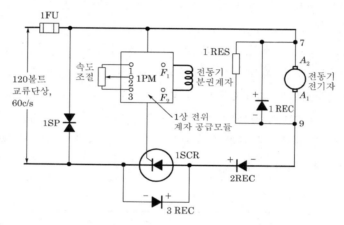

[그림 11-69] 다이오드, 퓨즈, 보호장치 등을 사용하여 SCR을 보호한다.(Sguare D Co.)

[그림 11-70]은 스퀘어 D 회사에 제품의 전형적인 기초 도식으로서 Class 8835형 SFG 14 직류 구동은 전동기 전기자 제어(일정 회전력 범위)에 의해 기본속도로부터 1/20 기본속도까지 직류분권 전동기의 속도를 제어하도록 설계되어 있다. 이 도식은 [그림 11-69]에서 도시한 몇몇 요소들을 포함하고 있다. 단일 실리콘 제어 정류기인 1SCR은 20 : 1의 범위로 조정할 수 있는 반파정류 교류전력을 전동기 전기자에 제공한다. 1REC는 전기자에 접속된 1정류 또는 방전 정류기이다. 2REC는 교번하는 음의 반주기에서 역전압을 막는 실리콘 정류기로서 SCR을 보호한다. 이 구동은 캡슐로 된 모듈(1PM)을 포함하는데 저항, 커패시터 게이트에서 음극 전압으로 15CR을 위상이동시키는 유니정크션 트랜지스터로 구성되어 직류분권 전동기의 전기자에 조정 가능한 전압출력을 제공한다.

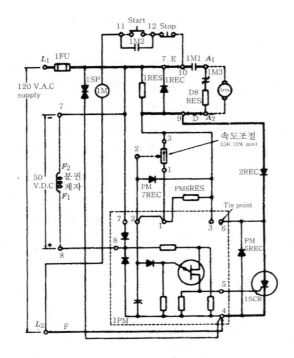

[그림 11-70] 분권 전동기의 제어를 나타내는 기본도(Square D Co.)

분권계자에는 2개의 실리콘 정류기가 1PM 이상 위상이동 모듈로 캡슐화되어 있다. 이들은 [그림 11-68]처럼 연결되며 분권계자에 일정전압을 공급한다. 분권계자에 연결된 프리휠링 다이오드에 유의한다. 몇몇 장치는 분권계자에 전원을 공급하는 회로와 전 브리지 회로가 통합된 것이 있다.

일정 회전력 범위에서의 속도제어는 분권계자에 대한 전력이 공급되는 동안 전동기 전기자 전압을 조정하여 얻어진다.

조절할 수 있는 전기자 전압은 SCR의 전도 정도를 가지고 이를 조절하여 얻어진다. SCR의 제어는 SCR의 게이트-음극전압(E_gK)을 입력선전압에 대해 위상역전시킴으로써 달성된다. 이 위상이동회로는 속도 퍼텐쇼미터(speed potentiometer)와 모듈로 구성된다.

속도제어전압은 속도 퍼텐쇼미터를 설정함으로써 선택된다. 전동기의 기본속도에 상응하는 높은 속도설정은 교류입력전압의 양의 반주기 동안에 완벽할 정도의 SCR의 전도를 허용한다. 이것은 [그림 11-71] (a)에 도시되어 있다. 거기에 게이트 음극전압 E_gK는 거의 120볼트 교류공급과 같은 위상이다. 점 X는 게이트가 음극에 대해 양이 될 때, 그리고 SCR이 전도하기 시작할 때의 점화점을 나타낸 것이다. 전동기의 역기전력은 [그림 11-71] (a)의 굵은 선으로 표시되어 있다.

여기에 역기전력은 거의 90V이며, 이것은 전동기의 기본속도에 상응할 정도이다. 전기자 전류는 이 속도설정에서 불연속적이다.

[그림 11-71] (b)에서 속도계는 전동기의 속도의 1/20에 상응하는 0°에 놓여 있다. 점화점 X는 입력 120V 공급에 대해 거의 135° 위상역전이 되어 있다. 여기에 역기전력은 거의 5V이며 전동기 기본속도의 1/20에 해당한다.

[그림 11-71]의 (a)와 (b)에서 역기전력은 Y점까지 하강한다. 이것은 전동기 전기자 유도가 전동기의 역기전력에 반대되는 전압을 설정함으로써 유발된다. 전기자에 연결된 정류 다이오드 1REC는 [그림 11-70]에서처럼 전동기에 유도 에너지가 계자전압에 장전할 통로를 제공한다. 낮은 속도에서 이 유도전압은 연속 전기자 전류를 설정하여 결과적으로 보다 나은 기능을 구비하게 되는 것이므로 소형 전동기에 잘 선택된다. IMI용 기동·정지 장치와 다이내믹 브레이킹 저항과 평상시 폐로된 DB는 1M3와 접촉한다.

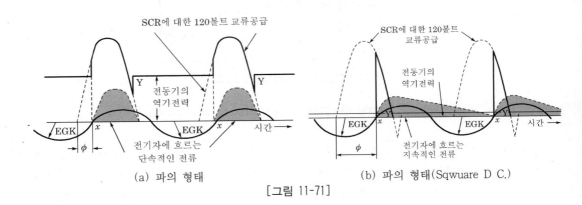

(a) 파의 형태   (b) 파의 형태(Sqwuare D C.)

[그림 11-71]

9. 분권 전동기에 대한 전파속도제어(full wave speed control for a shunt motor)

분수마력, 분권, 직류 전동기에 대한 속도제어 회로도의 또 다른 한 예가 [그림 11-72]에 도시되어 있다. 이 회로에서는 브리지 정류기가 교류의 전파정류를 공급하는데 사용된다. 계자 권선은 직류전원의 브리지 정류기에 연결된다. 전기자 전압은 SCR을 통해서 공급되고 각 반주기에 여러 점에서 SCR을 돌려서 조절하게 된다. SCR의 연립은 각 반주기의 끝에서만 달성된다. 정류기 D_3는 SCR의 열리는 때에 전기자에서의 인덕턴스에 저장된 에너지의 회전류의 통로를 제공하여, 정류기 D_3이 없을 경우, 전류는 SCR이 열리는 것을 막는다.

각 반주기의 시작점에서 SCR은 열린 상태이고 C_1은 전기자 → 정류기 D_2 → 가변저항 R_2를 통한 전류흐름의 방전을 시작한다. C_1에 걸린 전압이 다이아크 트리거 다이오드의 항복점압에 도달하면 펄스가 SCR의 게이트에 적용되어 SCR을 닫게 하고 그 반주기의 나머지 동안에 전기자에 전력을 공급한다. 각 반주기의 끝에 C_1은 정류기 D_1 → 저항 R

→ 계자권선을 통한 전류에 의해 방전한다. C_1이 다이아크의 항복점압에 도달하는 데 걸리는 시간은 SCR이 닫히고 SCR에 걸리는 전압과 저항 R_2의 크기에 의해 조절되는 위상각을 지배한다. SCR에 걸리는 전압은 브리지 정류기의 출력에서 전기자에 걸리는 역기전력을 뺀 것이기 때문에 C_1의 충전은 역기전력에 부분적으로 의존하며, 따라서 전동기의 속력에 의존하게 된다. 전동기가 더 늦은 속도로 회전하면 역기전력은 더욱 낮아지고 충전회로에 걸린 전압은 더욱 높아진다. 이것은 SCR을 트리거하는 데 걸리는 시간을 감소시켜 전기자에 공급된 전압을 증가시키고 결과적으로 전동기의 부하를 보상하게 된다.

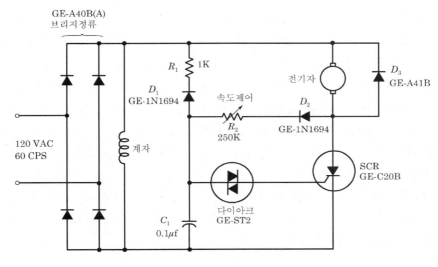

[그림 11-72] 분권권선 직류 전동기의 속도제어

전기자 인덕턴스에 저장된 에너지는 각 반주기의 초기 짧은 동안에 정류기 D_3을 흐르는 전류의 흐름을 발생시킨다. 이 시간 동안에 전기자의 역기전력은 나타날 수 없다. 그래서 SCR에 걸린 전압은 브리지 정류기의 출력전압과 같다. 이 전류가 사라지고 역기전력이 전기자에 나타나는 데 걸리는 시간의 길이는 속도와 전기자 전류에 의해 결정된다. 보다 낮은 속도와 보다 높은 전기자 전류에서 정류기 D_3는 각 반주기 초기에 보다 긴 기간 동안 전도된 상태로 있게 된다. 이 작용은 커패시터 C_1의 충전을 보다 빠르게 하여 전기자 전류와 전동기 속도에 민감한 보상효과를 제공한다.

저항 R_1은 C_1에 방전전류를 계자권선보다 낮은 값으로 제한하도록 선택된다. 만약 이 방전전류가 계자전류보다 높으면 초과분은 SCR을 통해 전환되고 각 반주기의 끝에 SCR이 열리는 것과 같은 실패를 초래할 수도 있다. 반면에 R_1이 너무 크면 커패시터 C_1에 걸린 전압은 각 반주기 끝에서 리셋되지 않을 수도 있으며 낮은 속도설정에서 비롯한 불규칙한 작동이 나타나기도 한다.

이 회로는 속도조절 제어장치에 광범위하게 사용된다. 전기자 전류로부터 파생된 궤환신호는 전동기의 본래의 특징에 속도조절기능까지 갖추게 한다.

10. 분권 전동기에 대한 반파제어(half wave control for a shunt motor)

분권 전동기는 전의 회로에서 보여 진 것과 같은 전파정류보다 반파 정류된 120V 공급을 위해 설계된 것이 많다. [그림 11-73]은 이와 같은 분권권선 전동기의 반파조절을 위해 설계된 회로를 나타낸다. 계자전류는 정류기 D_1에 의해 공급되며, 프리휠링 정류기 D_3는 계자전류파형을 완곡시키는 회전전류의 통로를 제공한다. 전기자는 SCR을 통한 전류에 의해 전류를 공급받으며 또한 프리휠링 정류기 D_5를 가지고 있다. 조절회로를 위한 전압은 앞의 회로에서처럼 SCR을 통한 전압으로부터 파생된다. 각 양의 반주기 끝의 계전압은 0으로 떨어지고 제어 커패시터 C_1은 다이오드 D_2를 통해 방전된다. 이 작용은 커패시터 C_1에 전압이 각 양의 반주기 처음에는 항상 양이며(동기화), 속도조절저항 R_1의 설정과는 관계가 없다. 이 반파조절회로의 동작은 전술한 전파회로와 본질적으로 같다. 이 회로에서 전동기에 걸린 프리휠링 다이오드 D_5는 생략될 수 있으나 저속도에서 유용한 회전력이 크게 감소하게 된다. DCR의 요구전압률이 저항부하를 사용한 것보다 2배이기 때문에 높은 속도에서 전기자의 역기전력은 음의 반주기 동안에 전원공급전압이 더해져서 SCR에 걸려 나타나는 역기전력을 거의 2배로 하기 때문이다. 이 전압은 다이오드 D_1에 역시 나타나게 되는데 이것 또한 400V로 평가되어져야 한다.

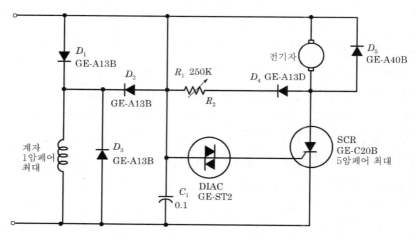

[그림 11-73] 분권 전동기용 반파제어

8 기타 전력회로(Miscellaneous Power-control Circuits)

분권 전동기와 복권 전동기에 대한 속도제어는 산업적 및 상업적인 일을 하는 많은 장치들에 응용이 된다. 대부분의 이들 솔리드 스테이드 전동기 제어는 계자전압이 일정할 때 전지자전압을 변화시켜 제어할 수 있다는 점에서 서로 유사하다. 다음에 제시된 대부분의 회로들는 매우 기본적인 것들이며, 여러 제어장치에서 사용되는 부품의 기능을 설명하는데 도움이 되기 때문에 기술했다.

[그림 11-74] (a)는 분권 전동기의 솔리드 스테이드 제어를 위한 전력회로를 나타내고 있다. 이 회로에서 전기자는 SCR을 통해 연결되는데 다이오드 D_2와 D_3의 한 쌍은 분권계자에 자극을 주기 위해 반파와 역정류기 체계를 형성한다. [그림 11-74] (b)는 어떻게 계자극이 형성되는가 하는 것을 나타내고 있다. L_1이 음일 때 전류는 D_2계자를 지나 L_2로 다시 흐르게 된다. L_2가 음일 때 D_2는 역바이어스되고 계자의 유도 에너지는 D_3를 통해 흘러 계자의 자극을 일정하게 한다.

[그림 11-74] (a)의 기동버튼을 누르면 평상시 개로된 접촉자 M을 닫고 폐로된 다이내믹 브레이킹(역상제동) 접촉자 M을 연다. L_2가 L_1에 대해 음인 양의 반주기 동안에 SCR이 트리거되어 전도하게 되면 회로는 L_2로부터 전기자 → SCR → 다이오드 → D_0 → 퓨즈 F를 거쳐 완성된다. 음의 반주기 동안 SCR은 전도치 않는다. 그러나 이 반주기 동안 회로는 L_1에서 D_2계자를 거쳐 완성된다. 계자를 흐르는 전류는 프리휠링 다이오드 D_3과 자기 유도계자에 의하여 다음 반주기 동안에도 계속하여 흐르게 되며, 계자 내에 비교적 일정한 단일방향의 전류를 흐르게 한다.

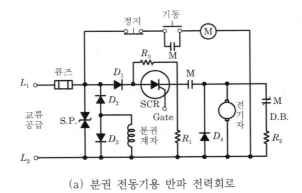

(a) 분권 전동기용 반파 전력회로

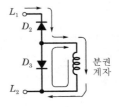

(b) 분권계자에 대한 여자

[그림 11-74]

SP 는 파동방지기(surge protector)이다. 이것은 원소를 파괴할 수 있는 높은 절유와 극역전압으로부터 SCR을 보호하기 위한 셀렌 정류기(selenium rectifier)로 되어 있다. R_3는 높은 극역전압을 다이오드 D_1에 바이패스하여 SCR을 보호하는 분권 저항기이다. 많은 장치들에서 그 장치 자체를 보호하기 위한 부가저항이 D_1에 분권된다. D_1은 역방향전압이 SCR을 손상시키는 것을 막기 위해 사용된다. R_1은 SCR을 위한 전류유지저항이다. 이것은 유도부하(이 경우 전기자)와 병렬로 연결되며 부하의 인덕턴스에 기인한 SCR에서 래깅(lagging)전류에 반대되는 같은 위상의 유지전류를 허용한다. 달리 말한다면 유지전류가 도달함으로써 발생하는 래깅전류로 인해 SCR은 역전시키기 전에 트리거할 수도 있다. 저항은 SCR을 트리거한 때로부터 전도상태로 남아 있게 된다. D_4는 정류 또는 프리휠링 다이오드이다. 이 정류기는 전기자가 유도 에너지를 방전하도록 하여 낮은 속도에서 연속적인 전기자 전류를 형성하고 완만한 동작을 하게 한다.

1. 전파제어(full-wave control)

[그림 11-75] (a)에서 분권 전동기는 계자전압이 일정하게 유지되는 동안 전기자 전압을 변화시켜 속도를 조절한다. 점화회로는 도시되지 않았다. 전파회로는 전력을 공급하는데 사용된다. 단일 위상의 교변전류는 다이오드 D_1과 D_2, 그리고 SCR$_1$과 SCR$_2$로 구성되는 전파 브리지 전류기에 의해 직류로 바뀌게 된다. 역일시 전압이 SCR을 파괴시키는 것을 막기 위해 다이오드 D_3과 D_4, 저항 R_1, R_2가 사용된다. 저항 R_3, 커패시터 C_1, R_4와 R_2의 회로는 SCR이 전원전압의 불안정에 기인한 부기전압이 너무 빨리 상승하여 트리거링을 그릇되게 하는 것을 보호하기 위해서이다.

L_1이 L_2에 대해 양인 반주기 동안 전류는 L_2로부터 $F_2 \rightarrow$ SCR$_2 \rightarrow D_4 \rightarrow R_5 \rightarrow$전기자 $A_1 \rightarrow A_2 \rightarrow D_1 \rightarrow F_1 \rightarrow L_1$까지 흐른다. 전기자에서 전류가 흐르는 방향은 A_1에서 A_2이다. 다음 반주기 동안 전자전류는 L_1에서 $F_1 \rightarrow D_2 \rightarrow R_5 \rightarrow$전기자 $A_1 \rightarrow A_2 \rightarrow$ SCR$_1 \rightarrow D_3 \rightarrow F_2$를 거쳐 L_2까지 흐르게 된다. 전기자 전류가 흐르는 방향은 단일방향임에 주의한다.

이 회로에서 D_1과 D_2는 전기자의 유도전류를 위한 프리휠링 통로로 사용된다. [그림 11-75] (b)에서처럼 두 개 대신 하나의 SCR이 사용되면 전기자에 걸린 역정류 다이오드가 필요하게 된다. 역정류기가 사용되지 않으면 전기자의 유도 에너지는 SCR이 계속 전도하도록 한다. 그 결과 SCR은 열릴 수 없으며 각 반주기 동안 블로킹 능력을 다시 회복하게 된다. 정류기는 유도 에너지에 대한 통로를 제공하여 SCR이 각 반주기 후에 열리도록 한다. R_5는 전기자와 직렬연결된 저항이다. 이 저항에 걸린 전압은 부하조절에 사용된다. R_6는 유지전류 저항이다. 분권계자는 다이오드 D_5로 구성된 브리지 회로로부터 전파정류직류가 공급된다.

[그림 11-75] (a)의 전동기 출력은 SCR$_1$과 SCR$_2$로 조정된다. SCR이 반주기에서 늦게 점화하면 작은 출력이 얻어지며, SCR이 반주기에서 일찍 점화하면 큰 출력이 얻어진다. 단지 각 반주기에서 하나의 SCR이 점화된다. 점화하는 SCR은 음극에 대해서 양인 양극을 가진 SCR이다.

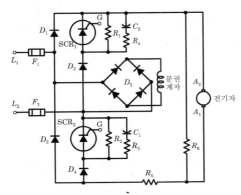

(a) 분권 전동기용 전파전력회로

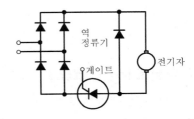

(b) 이 회로에서는 역정류기가 필요하다.

[그림 11-75]

앞의 것과 어느 정도 비슷한 분권 전동기는 [그림 11-76] (a)에 도시되어 있다. 이제까지 설명한 다른 회로에서처럼 전자전류의 흐르는 방향을 추적함에 의하여 회로 또는 추적하게 된다. 전파 브리지 회로는 SCR$_1$, SCR$_2$, D_1, D_2에 의해 구성된다. SCR$_2$가 전도에 의해 트리거 된다고 하면 전류는 L_2에서 $F_2 \rightarrow D_1 \rightarrow$ 암 $\rightarrow$ SCR$_2$ $\rightarrow$ F를 거쳐 L_1까지 흐른다. SCR$_1$이 트리거되면 전류는 L_1에서 $F \rightarrow D_2 \rightarrow$ 암 $\rightarrow$ SCR$_1$ $\rightarrow$ F_2를 거쳐 L_2까지 흐른다. 전류는 교류전원의 각 교번마다 전기자를 같은 방향으로 흐른다.

R_2, R_3, R_4, R_5는 역일시 전압에서 손상을 방지하기 위해 정류기에 연결되어 있다. R_1은 [그림 11-74] (a)에 기술된 것처럼 SCR의 유지전류를 유지하기 위해 사용된다.

D_3는 정류 다이오드이고 전기자의 유도 에너지를 방전하는 데 사용되며 결과적으로 SCR이 각 반주기 끝에서 열리도록 한다. 그리고 이것은 저속도로 전기자에서 전류를 연속적으로 흐르도록하며, 보다 능률적인 동작을 하도록한다. 저항 커패시터 회로는 너무 이르게 트리거링을 전압의 상승을 막기 위해 브리지 정류기에 접속된다. 커패시터는 SCR을 열 수 있는 게이트 신호를 여과하기 위한 양 SCR에서의 음극에서 양극으로 연결될 수 있다. 전동기 계자가 반파회로에서 다이오드 D_1을 통해 연결되지만 계자는 L_2가 양인 반주기 동안에 프리휠링 다이오드 D_2를 통한 유도방전 때문에 일정한 자극이 주어진다. 이것은 [그림 11-76] (b)에 도시되어 있다.

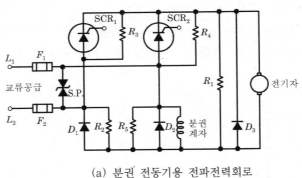

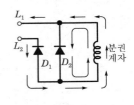

(a) 분권 전동기용 전파전력회로   (b) 그림11-76 (a)의 계자여자

[그림 11-76]

2. 점화회로(firing circuits)

마지막 몇몇 그림은 소형 전동기의 정전구동을 위한 전기자 회로와 계자회로를 나타내고 있다. 이 전동기들의 속도를 제거하기 위해서는 SCR이 점화되는 각 전도 반주기 동안에 시간을 조절할 수 있어야 한다. 점화하는 방법은 제각기 다르다. 다음의 회로에서 점화는 양의 펄스에 의해 달성되며 유니정크션 트랜지스터를 이러한 용도에 사용한다. 많은 점화 회로에서 변압기 T_1이 기준신호에 전력을 공급하는데 사용된다.

[그림 11-77]은 양의 펄스가 유니정크션 트랜지스터 Q와 저항 R_3를 통해 커패시터 C_2를 방전함으로써 공급된다. 펄스 변압기는 점화회로에서 SCR 회로로부터 직류전압을 고립시키기 위해서 저항 R_3로 대치해도 된다. D_1은 반파정류를 제공하는데 사용되고 C_1은 맥동전류를 부근의 R_4를 통하여 일정직류로 여과시킨다. 커패시터의 전압이 방출된 접합부에서 존재전압 이상으로 상승하면 유니정크션 트랜지스터는 정방향이고 커패시터는 B_1과 R_3를 통해 방전하여 R_3에 걸린 양의 펄스 전압을 낮는다.

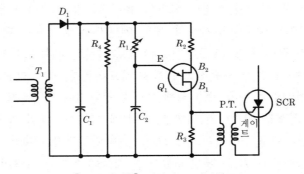

[그림 11-77] 점화펄스 기본회로

커패시터가 방전한 후 UJT는 off 상태로 돌아가며 새 주기가 시작된다. 펄스의 시간은 RC 시정수에 달려있고 커패시터가 방전하는 비율은 R_1의 설정에 달려있으므로 결과적으로 C_2를 지나는 전류의 흐름에 달려있게 된다.

C_2의 충전을 선전압교번과 동기화하는 것이 중요하다. 이것을 실현하는데는 여러 가지 방법이 사용되는데 그 중 하나가 [그림 11-78]에 도시된 것이다. 이 회로에서 다이오드 D_2 는 음의 반주기를 전도하고 이것이 C_2에 연결되어 있으므로 커패시터에서의 전압을 약 0.5V로 구속하게 된다. 다음의 반주기에 C_2는 충전하기 쉬우며 충전율은 퍼텐쇼미터 설정에 달려 있다.

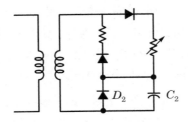

[그림 11-78] 전원교대에 의한 C_2의 동기화

퍼텐쇼미터를 사용하여 전류충전 C_2를 변화시키는 대신 트랜지스터가 종종 사용된다. 이것의 기능은 트랜지스터의 베이스에 부가된 오차신호(기준궤환)를 증폭하여 이미터에서 콜렉터로 흐르는 훨씬 큰 전류의 흐름을 제어하는 것이다. 이번에는 이것이 C_2가 충전되는 비율을 결정한다.

[그림 11-79]의 트랜지스터 Q는 PNP형이다. 이 트랜지스터를 on시키기 위해서는 이미 터가 베이스에 대해 정방향으로 바이어스되어야 한다. 정류된 전원을 지나는 페텐쇼미터는 기준전압을 제어하는데 사용된다. 페텐쇼미터의 암은 트랜지스터의 베이스 측에 연결하고 전기자로부터 궤환이 없으면 이미터 측에 대해 음의 값을 가져야 한다. Q_2를 지나는 궤환 전류는 C_2의 충전율을 줄이는 방향으로 흐르는데 이는 전동기의 속도를 줄이게 된다.

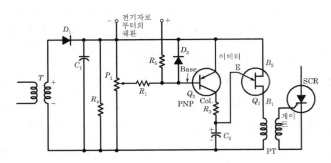

[그림 11-79] 오차신호를 증폭하기 위하여 트랜지스터 Q_2를 사용한 점화회로

전기자의 궤환전압을 사용하여 매우 능률적으로 속도조절을 할 수 있다. 이 궤환전압은 페텐쇼미터의 기준전압과 비교할 수 있고 궤환전류의 방향이 속도기준 신호전류와 반대이므로 잔류전류가 생기며 증폭기 Q_2의 베이스 측에 나타난다. 궤환전류는 C_2의 충전율을 줄이는 방향으로 흐른다. 만일 Q_2가 커패시터에 큰 전류를 흐르게 하면 C_2는 펄스에 필요한 전압을 가질 수 있도록 신속히 충전된다. 또 만일 적은 양의 전류가 흐르면 C_2는 천천히 충전된다. 앞에서 본 바와 같이 전동기의 속도는 커패시터의 충전율과 관계가 있다.

그 작동과정은 다음과 같다. 만일 전동기가 페텐쇼미터에 미리 설정한 속도로 회전할 때 궤환전압은 기준전압보다 약간 적게 된다. 그러나 과부하에 의해 속도가 떨어지면 궤환전압은 기준전압보다 현격히 떨어져 매우 큰 베이스-이미터 전류가 흐르게 된다. 이는 커패시터 C_2가 매우 빨리 충전되어 이미터-콜렉터 전류가 전동기의 속도를 증가시키는 요인이 된다.

[그림 11-80]은 센터 탭이 설치된 변압기가 C_1에 의해 어떻게 전파정류전류를 발생시키는가 하는 것을 보여준다. 이 전원은 [그림 11-79]의 반파전원으로 대치할 수 있다.

위의 부품들은 부하의 변화에 의한 전기자의 IR의 하강을 고려하지 않은 것이다. 실제로 IR 하강의 보상장치는 전동기의 운전을 원활히 조정하기 위해 회로 속에 설계되어 있다. 그러나 이 장에서는 운전의 기초적 사실을 알기 쉽게 기술하기 위해 IR 하강보상과 선형가속은 제외했다.

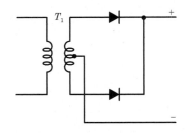

[그림 11-80] 전파 기준공급전압

9 트랜지스터를 사용한 동기화

전원전압을 교대하는 방식을 사용하여 C_2의 전하를 동기화하는 여러 가지 방법을 이미 기술했다. [그림 11-81]에서 교대시키는데 펄스의 시간을 동기화시키기 위하여 트랜지스터가 필요함을 알 수 있다. Q_3 콜렉터-이미터 회로는 C_2에 직접 연결되어 있다. 매 반주기의 처음에 Q_3를 전도시키도록 하면 C_2는 Q_3를 통해 방전한다. 그러므로 C_2가 방전된 이후 매 반주기의 나머지 동안 Q_3는 부전도상태로 스위치의 위치가 고정되어야 한다.

PNP 트랜지스터 Q_3를 on시키기 위하여 베이스는 이미터에 대해 양의 값을 가져야 한다. 이는 Q_3가 on된 방향으로 R_4를 통해 전파직류를 보내주면 된다. 동시에 Q_3를 통해 흐르게 된다. 이 두 회로에서 잔여전류는 Q_3를 반주기 동안에는 off시킨다. 이렇게 해서 C_2가 R_1을 통해 충전되도록 한다. 이 회로는 솔리드 스테이트 회로에서 트랜지스터의 다양한 용도를 보여주기 위해 삽입한 것이다.

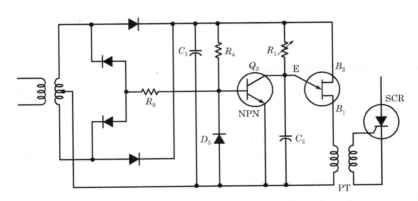

[그림 11-81] 트랜지스터를 사용한 동기화 R_1은 그림 11-79에서처럼 트랜지스터로 대치해도 된다.

1. 단상 전동기(single-phase motor)

분상 전동기와 커패시터 기동전동기는 정격속도의 75%가 되면 원심력 스위치가 기동권선으로부터 단락된다. 원심력 스위치에서의 아크현상이나 퓨즈의 용단을 피하고자 할 때는 기계적 스위치 대신에 이 책에서 설명한 전류 또는 전압 스위치를 사용하거나 솔리드 스테이트 스위치를 사용할 수 있다. [그림 11-82]에서 회로는 전원으로부터 전류가 전달되자마자 쌍방향 솔리드 스테이트 스위치를 트리거시키기 위해 전류 변압기를 사용한다. 전동기가 정격속도에 도달함에 따라 권선을 흐르는 전류는 감소하고 스위치는 기동권선을 회로에서부터 분리하면서 점화를 멈춘다. 변압기에 있는 1차 측 단자는 전원선과 직렬로 연결되며 기동 시의 높은 전류가 흐를 때 유도된 2차 측 단자는 스위치를 트리거하며 기동권선을 회로에 접속하게 된다. 전동기의 속도가 빨라질수록 전류는 적게 흐르게 되고 회로 내의 운전권선에만 흐르며 더 이상 스위치를 점화시키지 않는다.

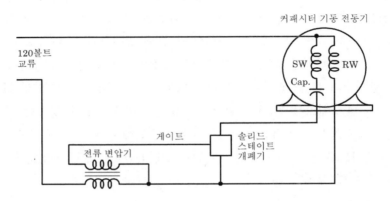

[그림 11-82] 커패시터 기동 전동기 또는 분상 전동기에서 원심력 스위치를
대신하여 솔리드 스테이트 스위치를 사용한다.

2. 3상 구동(three phase drives)

　　3상 구동은 주로 적분마력 전동기에 쓰인다. 여러 가지 중에서 가장 많이 사용되는 것은 전자식 구동(magnetic drives), 전동기-발전기 세트(motor-generator sets), 정전구동(static drive)이다. 전자식 구동은 기본적으로 정속도 유도 전동기와 전자식 클러치로 이루어져 있다. 전자식 클러치는 기본적으로 3부분으로 되어 있다. 이것은 기계의 본체에 볼트로 부착된 받침대 위에 설치된 고정부 계자, 전동기의 축에 설치된 드럼장치-드럼의 안표면이 계자장치를 둘러싸고 전동기의 회전속도와 같기 위하여 계자장치와 동일한 중심을 가지고 있다. 제어에 의해 결정되는 회전속도로 회전하며, 출력속도 제어장치와 맞추어질 수 있는 아웃풋 상에 설치되어 있다. 위에서 설명한 것처럼 두 개의 회전자와 한 개의 고정자가 있다. 전류가 흐르지 않는다고 가정하면 전동기 축상에 설치된 드럼은 자유로이 회전하며, 아웃풋 축에 설치된 아웃풋장치도 회전한다. 그러나 계자장치들은 정지해야 된다. [그림 11-83]을 참조하라. 3상 유도 전동기가 회전하고 있는 동안 직류가 고정부 계자 코일에 접속되면 자력선이 계자주위에 생성되며, 전류는 드럼과 아웃풋 자극으로 흐르게 된다. 실제적으로 전자기 회전력은 드럼이 회전할 때 드럼의 와류(渦流 : eddy current)와 자계의 상호작용에 의하여 발생하게 된다. 계자 코일에서의 여자전류의 양은 자계의 세기를 결정하고 따라서 출력 회전력과 속도를 지배한다. 이 속도는 전동기의 기본속도나 최대출력 회전력을 초과할 수 없다.

계자의 세기는 계자 코일에 직렬로 연결된 SCR의 점화점에 의해서 결정된다. 점화점은 기준신호와 회전계용 발전기로부터의 궤환신호에 응답하는 제어기에서 얻어진다. 이 장치의 점화회로는 앞에서 예시한 것과 대개 비슷하다. [그림 11-84]는 전자식 구동의 기본 회로도이다. 3상 전동기는 기본적인 기동-정치 푸시버튼장치와 함께 운전하는 점을 유의해야 한다. 계자코일회로는 브리지 정류기를 통해 여과되지 않은 직류로 바뀐 교류전원으로 이루어져 있는데 SCR은 반주기마다 한번씩 점화된다. 앞 도면에서처럼 기준회로와 궤환회로(도시되지 않음)는 SCR을 점화하기 위한 펄스를 획득하기 위해 사용된 것이다.

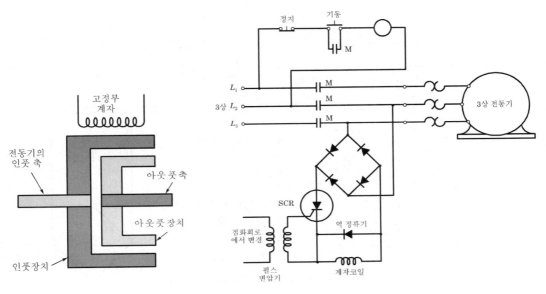

[그림 11-83] 전자식 클러치 장치　　　[그림 11-84] 전자식 구동의 전력회로

3. 전동기-발전기 구동(motor-generator drives)

이러한 형의 구동은 근본적으로 전동기-발전기 세트, 직류구동 전동기, 제어기 등으로 구성된다. 전동기-발전기 세트는 3상 교류 전동기가 직류 발전기에 기계적으로 연결된 상태이다. 그러므로 교류전류는 전력이 교류 전동기에 공급될 때 직류전류로 바뀐다. 발전기에서 나온 직류전류는 직류구동 전동기의 전원으로 사용된다. 직류 발전기에서 발생되는 전압은 속도가 일정하다면 발전기의 계자의 세기를 변경함으로써 직류 전동기의 전기자에 공급되는 전압을 조절할 수 있다. 따라서 전동기의 계자에 대한 여자를 일정하게 하기 위하여 변경해 주어야 하는 것은 대개 구동 전동기의 전기자 전압이다. 이것은 발전기 계자를 약하게 하거나 강하게 하여 주면 달성된다. [그림 11-85]는 이러한 형의 구동의 기본구조를 나타내고 있다. 그 작동과정은 다음과 같다. 3상 전동기는 기동버튼이 눌러지면 회전하기 시

작한다. 이와 동시에 직류 발전기도 회전한다. 발전기의 계자는 전파 브리지 정류기와 SCR 에 의해 여자되기 때문에 직류전압이 A_1과 A_2에 생성된다. 발전된 전압값은 SCR의 게이트에 걸린 펄스의 시간에 의해 결정된다. A_1과 A_2는 구동전동기의 전기자에 직접 연결된다. 그리고 전동기의 계자는 전파 브리지 회로로부터 직류전류를 받는다. 전동기의 속도는 전동기의 전기자에 걸린 전압에 좌우된다. 발전기 계자에 대한 점화회로는 몇몇 측면에서 볼 때 이제까지 설명한 점화회로와 비슷하다. 이 회로에 대해 이 책에서 언급은 하고 있으나, 상세히 다루지는 않았다.

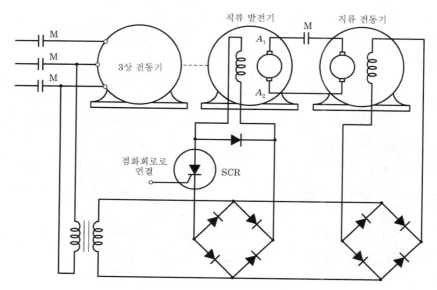

[그림 11-85] 전동기-발전기 구동의 기본도

4. 3상 정전구동(three-phase static drive)

3상 정전구동을 위한 전력회로는 [그림 11-86]에 도시되어 있다. 이 회로의 작동과정은 다음과 같다. 3상은 전파 정류회로에 의해 직류로 전환한다. SCR_1이 점화되었다고 가정할 때 전류는 L_1에서 $SCR_1 \to D_1 \to$ 전기자 $A_1 \to D_5$를 거쳐 L_2까지 흐른다. L_1은 SCR_1이 점화되려면 L_2, L_3에 대해 음이어야 한다. 마찬가지로 L_2는 SCR_2가 점화하려면 L_1, L_3에 대해 음이어야 한다. 전기자를 흐르는 전류가 어느 방향의 선을 음으로 잡든지 같은 방향임을 유의해야 할 것이다.

정류기 D_7은 전기자에 대해서 프리휠링 정류기이다. 전동기의 계자는 D_6에 직접 연결되어 있는데 이것 역시 계자에 대해 프리휠링 다이오드로 작용한다. D_1, D_2, D_3, R_1, R_2, R_3은 역 일시 전압으로부터 SCR을 보호하기 위한 회로에 연결되어 있다. 접촉자 M은 이 접촉자를 동작하기 위해 전원에 병렬로 연결된 기동기의 기동버튼이 눌러질 때 폐로된다. 함께 포함되어 있는 점화회로는 전술한 것과 같은 원칙을 사용한다. 대개 각 SCR은 자신의 점화회로를 가지고 있다. 이 장에서는 도시한 회로는 솔리드 스테이트 구동에 사용되는 수많은 회로 중 단지 일부분만을 제시한 것이다. 대부분의 구동은 보다 복잡하고 자세한 분석과 연구를 필요로 한다. 그러나 이러한 장치를 제작하는 업체들은 수리공들이 구동기를 수리할 수 있도록 자세한 계획과 고장검출패도를 가지고 있다. 이 장에 있는 대부분의 회로는 기초적인 것이며 솔리드 스테이트 제어를 보다 잘 이해할 수 있는 기본적인 지식을 제공할 것이다.

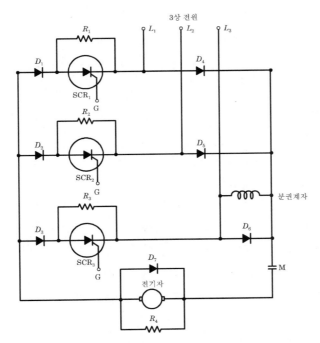

[그림 11-86] 3상 정전구동 전력회로의 기본도

제12장 부록

MOTOR REPAIR
MOTOR REPAIR
MOTOR REPAIR

참고표

⊙ 동선 식별방법

몇 가지 사항만 유념하면 이 동선표는 쉽게 기억할 수 있다.

1. 사이즈가 다른 것보다 세 개가 적은 선은 큰 선보다 에어리어가 반이 된다. 예를 들어 20번 AWG선은 17번 AWG선보다 에어리어가 반이 된다. 그러므로 20번 선을 두겹으로 하면 17번 선과 그 굵기가 같아진다.
2. 다른 선보다 사이즈가 3이 적은 선은 굵은 선보다 저항이 두 배가 된다.
3. 다른 선보다 사이즈가 3이 적은 선은 굵은 선보다 무게가 반이 된다.
4. 10번 AWG선은 그 직경이 약 0.10인치이다. 그것은 약 10,000서어큘러밀이며, 매 1,000 피트당 저항이 1옴이다. 전동기를 새로 권선할 때는 원래 사용했던 것과 같은 사이즈의 선을 사용하는 것이 가장 좋으나 때에 따라서는 다른 것으로 대치해야 할 때도 있다. 표 2는 등가의 사이즈를 나타내고 있다.

⊙ [표 1] 동선의 크기

AWG	Diameter, Inches	Circular Mils	Pounds per 1,000ft	Ohms at 68° F. per 1,000ft	AWG	Diameter, Inches	Circular Mils	Pounds per 1000 ft	Ohms at 68° F. per 1000 ft
0000	0.4600	211,600.0	640.5	0.0490	19	0.03589	1,288.0	3.899	8.051
000	0.4069	167,800.0	507.9	0.0618	20	0.03196	1,022.0	3.092	10.15
00	0.3648	133,100.0	402.8	0.0779	21	0.02846	810.1	2.452	12.80
0	0.3249	105,500.0	319.5	0.0982	22	0.02535	642.4	1.945	16.14
1	0.2893	83,694.0	253.3	0.124	23	0.02257	509.5	1.542	20.36
2	0.2576	66,370.0	200.9	0.156	24	0.02010	404.0	1.223	25.67
3	0.2294	52,630.0	159.3	0.197	25	0.01790	320.4	0.9699	32.37
4	0.2043	41,740.0	126.4	0.248	26	0.01594	245.1	0.7692	40.81
5	0.1819	33,100.0	100.2	0.313	27	0.01420	201.5	0.6100	51.47
6	0.1620	26,250.0	79.46	0.395	28	0.01264	159.8	0.4837	64.90
7	0.1443	20,820.0	63.02	0.498	29	0.01126	126.7	0.3836	81.83
8	0.1285	16,510.0	49.98	0.628	30	0.01003	100.5	0.3042	103.2

9	0.1144	13,090.0	39.63	0.792	31	0.00892	79.70	0.2413	130.1
10	0.1019	10,380.0	31.43	0.998	32	0.00795	63.21	0.1913	164.1
11	0.09074	8,230.0	24.92	1.260	33	0.00708	50.13	0.1517	206.9
12	0.08081	6,530.0	19.77	1.588	34	0.00630	39.75	0.1203	260.9
13	0.07196	5,170.0	15.68	2.003	35	0.00561	31.52	0.09542	329.0
14	0.06408	4,107.0	12.43	2.525	36	0.00500	25.00	0.07568	414.8
15	0.05707	3,257.0	9.858	3.184	37	0.00445	19.83	0.0601	523.1
16	0.05082	2,583.0	7.818	4.016	38	0.00396	15.72	0.04759	659.6
17	0.04526	2,048.0	6.200	5.064	39	0.00353	12.47	0.03774	831.8
18	0.04030	1,624.0	4.917	6.385	40	0.00314	9.888	0.02990	1,049.0

⊙ [표 2] 등가동선

Wires Not Available	Use	Wires Not Available	Use	Wires Not Available	Use
No. 10	Two No. 13	No. 17	Two No. 20	Two No. 25	One No. 22
No. 11	Two No. 14	No. 18	Two No. 21	Two No. 24	One No. 21
No. 12	Two No. 15	No. 19	Two No. 22	Two No. 23	One No. 20
No. 13	Two No. 16	No. 20	Two No. 23	Two No. 22	One No. 19
No. 14	Two No. 17	Two No. 28	One No. 25	Two No. 21	One No. 18
No. 15	Two No. 18	Two No. 27	One No. 24	Two No. 20	One No. 17
No. 16	Two No. 19	Two No. 26	One No. 23	Two No. 19	One No. 16

⊙ [표 3] 암페어로 표시한 전부하전류 직류 전동기

HP	120V	240V
1/4	2.9	1.5
1/3	3.6	1.8
1/2	5.2	2.6
3/4	7.4	3.7
1	9.4	4.7

$1\frac{1}{2}$	13.2	6.6
2	17	8.5
3	25	12.2
5	40	20
$7\frac{1}{2}$	58	29
10	76	38
15		55
20		72
25	-	89
30		106
40		140
50		173
60	-	206
75		255
100		341
125		425
150	-	506
200		675

위에 기재한 전부하전류의 값은 기본속도로 운전할 경우의 전동기를 대상으로 한 것이다.
아래에 기재한 전부하전류값은 정상속도로 운전하는 전동기와 정상적인 기동 회전력 특성을 가진 전동기를 대상으로 한 것이다. 낮은 속도와 높은 회전력을 얻기 위해 특별히 제조된 전동기는 더 높은 전부하전류를 가질 경우도 있으며, 다단속도 전동기의 경우는 속도에 따라 다른 전부하 전류를 가지게 된다. 그러한 경우에는 명판상에 기재된 전류값을 참고해야 할 것이다.

208볼트와 200볼트 전동기의 전부하전류를 얻기 위해서는 230볼트 전동기의 전부하 전류값을 각각 10%, 15% 정도 상응되게 올려 주어야 할 것이다.

기재된 전압은 전동기 전압률이다. 상응하는 전압은 110에서 120 및 200에서 240까지 이다.

⊙ [표 4] 암페어로 표시한 전부 하전류 단상 교류전동기

HP	230V	115V
1/6	2.2	4.4
1/4	2.9	5.8
1/3	3.6	7.2
1/2	4.9	9.8
3/4	6.9	13.8
1	8	16
$1\frac{1}{2}$	10	20
2	12	24
3	17	34
5	28	56
$7\frac{1}{2}$	40	80
10	50	100

다음에 기재된 전부하전류값은 벨트에 연결된 전동기나, 정상적 회전력 특성을 가진 전동기용이다. 낮은 속도와 높은 회전력의 특성을 가진 전동기는 더욱 많은 운전전류를 필요로 할 것이며, 다단속도 전동기는 속도에 따라 전부하가 변화할 것이다. 그러한 경우에는 명판상에 기재된 것을 사용해야 한다. 2상 3선식의 일반적인 컨덕터의 전류는 기재된 값의 1.4배이다.

기재된 전압은 전동기의 전압률이다. 상응하는 전압은 110에서 120, 220에서 240, 440에서 480, 550에서 600까지이다.

⊙ [표 5] 전부하전류 2상 교류 전동기(4선식)

HP	Induction Type Squirrel-cage and Wound Rotor Amperes					Synchronous Type Unity Power Factor Amperes			
	115V	230V	460V	575V	2,300V	220V	440V	550V	2300V
1/2	4	2	1	0.8	-	-	-	-	-
3/4	4.8	2.4	1.2	1.0					
1	6.4	3.2	1.6	1.3					
$1\frac{1}{2}$	9	4.5	2.3	1.8	-	-	-	-	-
2	11.8	5.9	3	2.4					
3		8.3	4.2	3.3					
5		13.2	6.6	5.3	-	-	-	-	-
$7\frac{1}{2}$	-	19	9	8					
10		24	12	10					
15		36	18	14	-				-
20	-	47	23	19					
25		59	29	24		47	24	19	
30		69	35	28	-	56	29	23	-
40	-	90	45	36		75	37	31	
50		113	56	45		94	47	33	
60		133	67	53	14	111	56	44	11
75	-	166	83	66	18	140	70	57	13
100		218	87	87	23	182	93	74	17
125		270	135	108	28	228	114	93	22
150	-	312	156	125	32		137	110	26
200		416	208	167	43		182	145	35

※ 80%와 90%의 P.F를 얻으려면 위의 숫자에 각각 1.1과 1.25를 곱해 주어야 한다.

⊙ [표 6] 전부하전류 3상 교류 전동기

HP	Induction Type Squirrel-cage and Wound Rotor Amperes					Synchronous Type Unity Power Factor Amperes			
	115V	230V	460V	575V	2,300V	220V	440V	550V	2,300V
1/2	4	2	1	0.8					
3/4	5.6	2.8	1.4	1.1	–	–	–	–	–
1	7.2	3.6	1.8	1.4					
$1\frac{1}{2}$	10.4	5.2	2.6	2.1					
2	13.6	6.8	3.4	2.7	–	–	–	–	–
3		9.6	4.8	3.9					
5		15.2	7.6	6.1					
$7\frac{1}{2}$	–	22	11	9	–	–	–	–	–
10		28	14	11					
15		42	21	17					
20	–	54	27	22	–				–
25		68	34	27		54	27	22	
30		80	40	32		65	33	26	
40	–	104	52	41	–	86	43	35	–
50		130	65	52		108	54	44	
60		154	77	62	16	128	64	51	12
75	–	192	96	77	20	161	81	65	15
100		248	124	99	26	211	106	85	20
125		312	156	125	31	264	132	106	25
150	–	360	180	144	37		158	127	30
200		480	240	192	49		210	168	40

※ 80%와 90%의 P.F.를 얻기 위해서는 위의 숫자에 각각 1.1과 1.25를 곱해주어야 한다.
기재된 전압은 전동기 전압률이다. 상응하는 전압은 110에서 120, 220에서 240, 440에서 480, 600 까지이다.

208볼트와 200볼트 전동기용 전부하 전류는 230볼트 전동기의 전부하 전류에 각각 10%와 15%를 증가시켜 주면된다.

이 전부하전류값은 벨트에 연결한 전동기나 정상적 회전력을 가진 전동기용이다. 특별히 낮은 속도나 높은 회전력을 필요로 하는 전동기는 더 많은 운전전류를 필요로 한다. 그리고 다단속도 전동기는 속도에 따라 전부하전류가 변화한다. 이 경우에는 명판상에 기재된 값을 사용해야 한다.

⊙ [표 7] 가능한 동기화 속도

Poles	60 Cycles	50 Cycles	40 Cycles	25 Cycles
2	3,600	3,000	2,400	1,500
4	1,800	1,500	1,200	750
6	1,200	1,000	800	500
8	900	750	600	375
10	720	600	480	300
12	600	500	400	250
14	514.2	428.6	343	214.3
16	450	375	300	187.5
18	400	333.3	266.6	166.6
20	360	300	240	150
22	327.2	272.7	218.1	136.3
24	300	250	200	125
26	277	230.8	184.5	115.4
28	257.1	214.2	171.5	107.1
30	240	200	160	100
32	225	187.5	150	93.7
34	212	176.5	141.1	88.2
36	200	166.6	133.3	83.3

38	189.5	157.9	126.3	78.9
40	180	150	120	75
42	171.5	142.8	114.2	71.4
44	163.5	136.3	109	-
46	156.6	130.5	104.3	-
48	150	125	100	-
50	144	120	96	-
52	138.5	115.4	92.3	-
54	133.3	111.1	88.9	-

⊙ [표 8] 매극당 슬롯에 대한 코드 팩터

Span	Slots/Pole								
	6	7	8	9	10	11	12	13	14
1-3	0.50	0.43	0.38	0.34	-	-	-	-	-
1-4	0.71	0.62	0.57	0.50	-	-	-	-	-
1-5	0.87	0.78	0.71	0.64	0.59	-	-	-	-
1-6	0.98	0.90	0.83	0.77	0.71	0.66	0.61	-	-
1-7	1.00	0.98	0.92	0.87	0.81	0.76	0.71	0.66	0.62
1-8	-	1.00	0.98	0.94	0.89	0.84	0.79	0.75	0.71
1-9	-	-	1.00	0.98	0.95	0.91	0.87	0.83	0.78
1-10	-	-	-	1.00	0.98	0.96	0.92	0.88	0.85
1-11	-	-	-	-	1.00	0.98	0.97	0.94	0.90
1-12	-	-	-	-	-	1.00	0.99	0.97	0.94
1-13	-	-	-	-	-	-	1.00	0.99	0.97
1-14	-	-	-	-	-	-	-	1.00	0.99
1-15	-	-	-	-	-	-	-	-	1.00

연습문제

1. 서론

이 항은 이 책의 각 장에 대한 연습문제이다. 문항은 책에 설명한 내용에 따라 기재되어 있다. 올바른 대답을 하기 위해서는 완벽한 설명과 도면들을 제시해야 할 것이다.

선생이 없이 혼자 공부해야 하는 사람에게는 이 문제들은 매우 중요한 역할을 할 것이다. 첫째, 자기가 대답한 것을 일일이 책을 참고하여 확인해 볼 수 있으므로 이 책을 공부하면서 얼마나 지식을 획득했는가 하는 것을 검사해 볼 수 있다.

둘째, 이 물음들은 학생들이 책에서 습득한 지식을 실제 작업에서 어떻게 적용하는가 하는 것을 시험해 볼 수 있다.

셋째, 물음에 대해 성공적으로 대답을 할 수 있게 되면, 학생들은 이와 유사한 질문에 대해서도 대답할 능력을 기를 수 있게 된다.

넷째, 이 질문에 올바르게 대답함으로써 학생들은 전동기 수리작업에서 좀더 어려운 문제들에 부닥치더라도 이에 대처할 수 있다는 자신감을 가지게 될 것이다.

이 책을 가르치는 선생의 입장에서 볼 때는 매 학기 동안 연습문제를 토론의 논제로 삼을 수 있을 것이다. 학생이 이 책의 내용을 습득하고 이해하고 있는지를 주별로 테스트를 할 수도 있을 것이며, 일별 또는 주별 숙제로 이용해도 될 것이다.

수리공이나, 조력자, 또는 수련생 등 전동기 수리에 관심이 있는 사람에게는 자기 자신들이 이 분야에 얼마만한 지식을 가지고 있는지를 알아볼 수 있는 지침서로서 이 문제들이 아주 유용한 것임을 알게 될 것이다.

제1장 분상 전동기

1. (a) 분상 전동기란 무엇인가?
   (b) 그 특성은 무엇인가?
   (c) 이 전동기가 사용되는 용도의 예는?
2. 분상 전동기의 주요 부품을 열거하고 그 기능을 설명하라.
3. (a) 농형권선이란 무엇인가?
   (b) 농형권선의 두 가지 형을 열거하라.
   (c) 회전자의 각 부품을 도시하고 설명하라.
4. (a) 원심력 스위치란 무엇인가?
   (b) 그 스위치는 어디에 위치하고 있는가?
   (c) 이 스위치의 동작원리를 나타내는 결선도를 그려라.
5. 분상 전동기에서 사용되는 베어링의 종류를 열거하고 이를 설명하라.
6. (a) 분상 전동기에 사용하는 권선의 종류는?
   (b) 각 권선을 간략하게 도시하고 이를 설명하라.
7. 분상 전동기의 작동원리를 설명하라.
8. (a) 전동기의 고장을 분석하는 과정을 설명하라.
   (b) 이 고장을 분석하는 과정은 왜 정확해야 하는가?
9. 분상 전동기를 수리하는 과정에서 밟아야 하는 7가지 단계를 설명하라.
10. (a) 수리를 위해서 전동기를 해체하기 전에 엔드 플레이트와 프레임에는 어떻게 표시를 해야 하는가?
    (b) 그렇게 하는 이유는 무엇인가?
11. (a) 분상 전동기를 재권선하기 위하여 작성하는 데이터를 항목별로 열거하라.
    (b) 데이터를 잘못 작성하면 어떻게 되는가?
    (c) 분상 전동기의 명판에 기재된 사항들 중에서 필수 불가결한 최소한의 사항을 열거하여라. 또 이를 설명하라.
12. (a) 코일 피치란 무엇을 뜻하는가?
    (b) 그것은 어떻게 기록하는가? 이를 도시하라.
13. (a) 분상 전동기의 결선회로를 도시하라.
    (b) 이 도형을 설명하라.
14. 36개의 슬롯을 가진 분상 전동기의 권선 및 다른 여러 정보를 기록하는 기록표를 작성하라.

15. (a) 분상 전동기가 정지하고 있을 때와 운전하고 있을 때의 권선의 결선도를 그려라.

  (b) 그 각각의 권선의 도형의 차이점은 무엇인가?

16. (a) 권선의 극이란 무엇인가?

  (b) 피치가 1과 3, 1과 5, 1과 7, 그리고 1과 9인 네 개의 극을 가진 운전권선의 한 극에 대한 코일 결선도를 그려라.

17. 분상 전동기의 고정자의 권선을 제거하는 방법을 설명하라.

18. 전기적 각도와 기계적 각도란 무엇을 의미하는가? 이 차이를 예를 들어 설명하라.

19. (a) 분상 전동기의 운전권선과 가동권선은 얼마의 전기적 각도로 벌어져 있는가?

  (b) 또 기계적 각도는 얼마로 벌어져 있는가?

20. (a) 선경은 어떠한 측정하는가?

  (b) 코일선 표면에 대한 절연종류를 열거하라.

  (c) 원래의 코일과 다른 선경의 코일을 사용할 경우 어떤 일이 일어나는가?

  (d) 그 이유는 무엇인가?

21. (a) 슬롯에 절연조치를 하는 이유는 무엇인가?

  (b) 슬롯절연의 종류를 열거하라.

  (c) 절연조치를 하기 전에 예비조치는 어떤 것이 있는가?

22. 분상 전동기의 권선에 있어서 그 종류, 방법, 도형 등을 기술하라. 한 개의 극을 예로 들어 상세히 설명하라.

23. 타래감기 코일의 타래의 크기를 측정하는 방법을 기술하라.

24. 손감기 권선을 타래감기 권선으로 바꾸는 방법을 기술하라.

25. (a) 고정자의 슬롯에 코일을 넣을 때 어떤 예비조치를 해야 하는가?

  (b) 이때 작업을 소홀히 하면 어떤 결과가 발생하는가?

26. 틀감기에 사용되는 틀을 스케치 형태로 그려라. 틀의 형태는 어떻게 결정하는가?

27. 분상 전동기의 자극은 어떤 극성을 나타내도록 결선되어야 하는가?

28. 운전권선, 기동권선 및 원심력 스위치를 나타내는 4극 직렬 분상 전동기의 직선도를 그려라. 회로를 표시하고 설명하라.

29. 물음 28에서 언급한 전동기의 원형도를 그려라. 전류의 흐름을 나타내는 화살표를 각 극에 표시하라.

30. 2병렬 또는 2회로 결선이란 무엇인가? 왜 그것이 사용되는가?

31. (a) 2회로 결선인 6극 분상 전동기의 회로도를 그려라.

  (b) 3회로 결선일 경우도 그 회로도를 그려라.

  (c) 전동기의 극이 옳게 결선되었는지를 알아보기 위하여 사용하는 방법은 어떤 것이 있는가?

32. (a) 분상 전동기의 회전방향은 어떻게 역전되는가?

    (b) 이것을 달성하는 회로도를 시계방향, 반시계방향의 두 개의 그림으로 나타내어라.

33. 권선을 제거하기 전 및 제거하는 과정에서 고정자 결선에 대한 처리방법을 상세히 설명하라.

34. 권선을 새로하여 바니시 함침을 하는 방법을 기술하라.

35. 이중전압 분상 전동기란 무엇을 말하는가?

36. 6극 이중전압 분상 전동기란 무엇을 말하는가?

37. 분상 전동기에서 사용하는 과부하 보호기를 설명하고 도시하라.

38. (a) 분상 전동기의 회로에 과부하 보호기가 결선된 것을 도시하라.

    (b) 이 장치에서 일어날 수 있는 고장은 어떤 것이 있으며, 그 수리는 어떻게 하는가?

39. 분상 전동기의 단자기호를 도시하라.

40. (a) 분상 전동기의 속도를 제어하는 것은 무엇인가?

    (b) 위의 속도를 제어하는 요소 중 어느 것이 실제 그 속도 제어역할을 담당하는가?

41. 분상 전동기의 속도를 변경하는 세 가지 방법을 말하라.

42. (a) 한 개의 기동권선과 두 개의 운전권선을 가진 2단 속도 분상 전동기의 계통도와 직선
       도를 그려라.

    (b) 이 전동기의 작동과정을 상세히 설명하라.

    (c) 이 전동기에 사용되는 원심력 스위치를 설명하라.

43. (a) 동극성 권선과 결선이란 무엇을 의미하는가?

    (b) 그것을 사용하는 용도와 이유는 무엇인가?

44. (a) 단일 또는 2단 속도 전동기에서 전동기가 작동중일 때 기동권선을 회로에 남겨둔다면
       어떤 고장이 발생하는가?

    (b) 그러한 결론에 도달한 이유를 설명하라.

45. 분상 전동기에서 전압을 바꾸기 위하여 어떻게 권선을 다시 하는지 예를 들어 설명하라.

46. 분상 전동기에서 전압을 바꾸기 위하여 어떻게 결선을 바꾸는가?

47. 코일을 효과적으로 감는다는 것은 무엇을 뜻하는가?

48. 분상 전동기에서 속도를 변경하기 위해서 권선을 어떻게 다시 하는가?

49. (a) 분상 전동기의 고장을 검출하기 위하여 어떤 테스트를 실시하는가?

    (b) 이 검사는 왜 실시하며, 언제 하는가?

50. 접지사고를 나타내는 도형을 두 개 이상 그려라.

51. (a) 전동기가 접지되었는지를 알아보는 방법은 어떤 것이 권장할 만한가?

    (b) 어떤 개소에서, 어떻게 접지사고가 일어나며, 이를 방지하기 위해서는 어떤 예방 조
       치를 하여야 하는가?

52. 분상 전동기의 기동권선회로에 단선사고가 일어났다고 가정할 때 단선 개소를 검출하는 과정을 설명하고, 그 고장을 수리할 조치들을 설명하라.

53. (a) 전동기의 단락사고란 무엇인가?
    (b) 단락사고는 어떻게 해서 발생하는가?
    (c) 주로 사고가 일어나는 곳은 어디인가?

54. (a) 전동기에서 단락된 회로가 있을 때 어떤 증상이 나타나는가?
    (b) 단락된 회로의 검사는 어떻게 하는가?

55. 그라울러란 무엇인가? 그 구조와 사용법을 설명하라.

56. 극성이 옳게 되었는지를 검사하는 방법을 열거하라. 또 이를 도형으로 나타내라.

57. 분상 전동기가 기동에 실패하는 이유를 열거하라. 그 각각의 이유를 설명하라.

58. 기동권선에 단선된 회로가 있는지를 검사하는 방법을 열거하라.

59. (a) 엔드 플레이란 무엇을 말하는가?
    (b) 그러한 현상이 일어나는 이유는 무엇인가? 또 어떻게 수리하는가?
    (c) 분상 전동기에는 어느 정도의 엔드 플레이(end play)가 허용되는가?

60. (a) 베어링 사고는 어떻게 검사하는가?
    (b) 베어링과 슬리브는 어떻게 제거하며, 새로운 것은 어떻게 끼워 넣는가?

61. (a) 전동기에서 마멸된 베어링은 어떤 사고를 일으킬 염려가 있는가?
    (b) 이러한 사고가 베어링의 마멸 때문에 발생한 것이라고 결론 내린 이유는 무엇인가?

62. 리머(reamer)란 무엇인가? 여러 종류를 들고 그 각각의 용도를 설명하라.

63. 정격속도보다 늦게 회전하는 이유를 예로 들어 설명하라.

64. (a) 전동기의 회전자 봉이 느슨하게 된 것을 검출하는 방법을 설명하라.
    (b) 이러한 결점이 있는 전동기는 어떻게 작동하는가?

65. 전동기가 크게 소음을 발생하며 작동할 때, 그러한 상태를 야기하는 이유와 그 대책을 설명하라.

66. 네 개의 리드선이 전동기에서 나와 있을 때 어느 두 개의 리드선이 운전권선에 속하고, 어느 두 개의 리드선이 기동권선에 속하는지 어떻게 식별하는가?

67. 분상 전동기의 권선상의 결점으로 인해서 정격속도보다 늦게 전동기가 회전하거나, 전혀 회전하지 않을 때, 이를 검출하는 방법과 수리하는 요령을 상세히 설명하라.

68. 스냅-어라운드 전류 전압계의 용도를 설명하라.

제2장 커패시터 전동기

1. (a) 커패시터 전동기를 개괄적으로 설명하라.
   (b) 이 전동기의 특색과 용도는 무엇인가?
   (c) 이 전동기는 분상 전동기와 어떻게 다른가?
2. (a) 오일-함침 커패시터와 전해 커패시터의 구조에 대하여 설명하라.
   (b) 이 전동기들의 다른 점은 무엇이며, 그 각각의 용도는 무엇인가?
3. (a) 커패시터에 대한 용량표시는 어떻게 하는가?
   (b) 각각의 커패시터를 사용하기 전에 주의해야 할 점은 무엇인가?
   (c) 새로운 커패시터를 구입할 때는 어떤 점을 명시해야 하는가?
4. (a) 커패시터-기동 전동기의 주요 부품을 들고, 그 기능을 설명하라.
   (b) 각 부품의 구조를 나타내는 도형을 그려라
5. 커패시터 기동 전동기의 작동원리를 설명하라.
6. 전동기의 고장을 분석하는 과정을 단계적으로 설명하라.
7. 권선이 손상된 커패시터 전동기를 수리하고 재권선하는 과정을 설명하라.
8. (a) 커패시터-기동 전동기에는 대개 어떤 유형의 커패시터가 사용되는가?
   (b) 원래의 것이 아닌 다른 종류의 커패시터를 사용했을 때 어떤 곤란한 점이 있게 되는가?
9. 4극 커패시터-기동 전동기의 직선도와 원형도를 그려라. 전류가 흐르는 방향을 표시하기 위하여 화살표로 표시하라.
10. (a) 6극, 2회로 커패시터-기동 전동기의 회로도를 도시하라.
    (b) 주파수가 60c/s 또는 50c/s일 때 이 전동기의 속도는 얼마쯤 될 것인가?
11. (a) 회로에 과부하 보호기가 달린 커패시터 기동 전동기의 결선도를 그려라.
    (b) 이 회로의 작동원리를 설명하라.
12. (a) 과부하 보호기가 고장을 일으켰을 때 커패시터-기동 전동기에는 어떤 사고가 발생하는가?
    (b) 고장원인을 정확히 알아내기 위해서는 어떠한 과정에 따라 검사해야 하는가?
13. (a) 커패시터 기동 전동기의 기동-권선 회로를 개방하기 위하여 사용되는 전류 계전기의 작동과정을 도시하라.
    (b) 원심력 스위치 대신에 이것을 사용하는 이유는 무엇인가?
14. 커패시터 기동 전동기의 기동권선을 개방하기 위하여 사용되는 전압 계전기의 작동과정을 도시하고 설명하라.

15. (a) 이중전압 커패시터 전동기를 제조하는 이유는 무엇인가?

    (b) 이 전동기가 단일 전압 전동기보다 유리한 점은 무엇인가?

16. (a) 이중전압 전동기의 구조를 권선설명에 치중하여 설명하라.

    (b) 주권선을 단권 변압기로 사용하는 방법을 설명하라.

17. 이중전압 커패시터 기동 전동기의 권선방법을 열거하라.

18. (a) 이중전압 커패시터 기동 전동기에서 높은 전압으로 운전하기 위해서는 주권선을 어떻게 결선하는가?

    (b) 저전압으로 운전하게 하려면 기동권선을 어떻게 결선하는가?

19. (a) 이중전압 커패시터 기동 전동기를 고전압 및 저전압으로 운전할 때의 상태를 간략하게 도시하라.

    (b) 고전압 전원에 저전압 결선을 사용하거나 또는 그 반대의 경우 그 결과는 어떻게 될 것인가?

20. 4극, 이중전압 전동기를 저전압으로 작동하라도록 결선할 경우에 그 회로도를 그려라.

21. (a) 이중전압 전동기의 회전방향은 어떻게 역전되는지 설명하라.

    (b) 이중전압, 가역, 커패시터 전동기는 리드선을 몇 개 뽑아 내는가? 또 비가역 이중전압 커패시터 전동기의 경우는 어떠한지 설명하라.

22. (a) 때로는 스위치를 사용하여 커패시터 기동 전동기의 회전방향을 전환시킬 경우도 있다. 3극 쌍투형 나이프 스위치를 사용할 경우에 이에 대한 결선도를 그려라.

    (b) 스위치를 어느 한 위치에서 다른 위치로 신속히 투입할 때 어떤 일이 일어날 것인지 설명하라.

23. (a) 순시가역 전동기의 작동원칙은 무엇인가?

    (b) 이 전동기와 3극 쌍투형 스위치의 결선도를 그려라.

    (c) 이 스위치의 위치를 급히 전환할 때 어떠한 일이 발생할 것인가?

24. (a) 두 쌍의 주권선을 가진 이중전압 커패시터 기동 전동기의 결선도를 그려라.

    (b) 이 전동기와 앞에서 제시한 이중전압 전동기와는 어떠한 차이가 있는가?

25. 리드선에 아무런 표시가 없을 때 기동권선 리드선은 어떻게 결정하는가?

26. 커패시터 기동 전동기를 역전시키기기 위해서는 전동기 밖으로 네 개의 리드선을 뽑아 내어야 한다. 리드선이 세 개일 경우에는 이것을 어떻게 달성하는가?

27. 리드선 세 개의 가역 전동기의 간략도를 그리고, 그 회로를 설명하라.

28. (a) 두 개의 주권선과 한 개의 기동권선을 가진 2단 속도 커패시터 기동 전동기의 결선도를 그려라.

    (b) 그 작동원리를 설명하라.

29. (a) 주파수가 일정할 경우에 커패시터 기동전동기의 속도는 어떠한 요소에 지배되는가?

   (b) 2단 속도 커패시터 전동기의 경우에 이 요소는 어떻게 제어되는가?

30. 영구(permanent-split) 커패시터 전동기란 무엇인가?

31. (a) 영구 커패시터 전동기의 간략도를 도시하라.

   (b) 이 전동기의 특징과 이 전동기를 사용하는 기계장치들을 예를 들어 설명하라.

   (c) 이 전동기에는 어떠한 형의 커패시터를 사용하는가?

32. (a) 전동기에서 슬립이란 무엇을 뜻하는가?

   (b) 슬립은 무엇에 의하여 좌우되며, 어떻게 제어되는가?

33. (a) 커패시터 전동기의 속도를 변경시키기 위하여 슬립은 어떻게 사용하는가?

   (b) 2단 속도, 단일 전압 커패시터 전동기의 간략도를 그리고, 그 작동원리를 설명하라.

34. 2단 속도, 6극 영구 커패시터 전동기를 고속 운전상태로 결선했을 때의 결선도를 그리고 그 회로를 설명하라.

35. (a) 속도제어를 위해서 슬립의 조정원리를 채택하고 있는 3단 속도, 영구 커패시터 전동기의 계통도를 그려라.

   (b) 이 전동기는 물음 34의 전동기와 어떤 점이 유사한가?

36. (a) 이중전압 커패시터-런 전동기란 무엇인가?

   (b) 그 특징은 무엇이며, 어떠한 용도에 사용되는가?

   (c) 이것은 단일 전압 전동기와 어떤 점이 다른가?

37. 이중 커패시터-런 전동기에서 이중의 용량을 얻는 방법이 있으면 설명하라.

38. (a) 커패시터 두 개를 사용하는 이중 커패시터-런 전동기의 커패시터에 대하여 설명하라.

   (b) 어떠한 형의 이중 커패시터 전동기를 사용하는 것이 유리한가? 그 이유는 무엇인가?

39. (a) 두 개의 커패시터를 사용하는 이중 커패시터-런 전동기의 결선도를 그리고, 그 회로와 작동원리를 설명하라.

   (b) 전해 커패시터에 고장이 발생하면 어떻게 될 것인가? 또 페이퍼 커패시터의 경우에는 어떻게 될 것인가?

40. (a) 커패시터 변압기와 두 개의 커패시터를 사용한 이중전압, 이중 커패시터-런 전동기의 간략도를 그려라.

   (b) 전동기 외부에서 회전방향을 전환시키고자 할 때 몇 개의 리드선을 뽑아내어야 하는가?

41. 전압 계전기와 과부하보호기를 사용하고 있는 단일 전압 이중 커패시터 전동기의 결선도를 그려라.

42. 커패시터 전동기에서 전압을 변경하기 위하여 설치하는 계산 및 여러 작업 단계를 설명하라.

43. (a) 커패시터의 단락검사는 어떻게 실시하는가?

    (b) 커패시터가 단락된 상태에서 전동기를 기동시키면 어떻게 되는가?

    (c) 그 이유를 설명하라.

44. (a) μf 단위로 커패시터의 용량을 측정하는 방법을 설명하라.

    (b) 커패시터의 용량이 부족할 경우 커패시터 전동기의 기동과 운전에 어떤 영향을 미칠 것인가?

45. (a) 이중 커패시터-런 전동기를 커패시터-기동 전동기로 전환하는 것을 도시하라.

    (b) 이렇게 전환하는 이유는 무엇인가?

46. (a) 운전권선의 극이 단락되었을 때의 전동기의 작동상태를 기술하라.

    (b) 원심력 스위치의 접촉자가 오손되었을 때의 전동기의 작동상태를 기술하라.

    (c) 2회로 커패시터 전동기의 어느 한 회로가 단선되었을 때의 전동기의 작동 상태를 기술하라.

47. 커패시터 전동기에서 발열현상이 일어나는 이유는 무엇인가? 그 원인을 설명하라.

제3장 반발형 전동기

question

1. 반발 전동기의 종류를 들고 그 종류별 특징과 용도를 설명하라.
2. (a) 각 유형별 반발형 전동기에서 가장 보편적인 구조는 어떤 것인가?
   (b) 반발 전동기에서 사용되는 정류자는 어떤 형의 것이 있는가?
3. (a) 반발 기동 유도 전동기의 주요 부품의 이름을 들고 이를 설명하라.
   (b) 이 전동기가 그런 이름을 가진 이유는 무엇인가?
4. 반발 기동 유도 전동기의 작동원리를 상세히 설명하라.
5. (a) 반발 기동 유도 전동기에 사용되는 두 개의 원심력 단락장치의 구조와 동작원리를 설명하라.
   (b) 전동기에 따라 왜 다른 형의 장치를 사용하는가?
6. (a) 반발 기동 전동기의 단락장치의 기능은 무엇인가?
   (b) 만약 이 장치가 작동하지 않으면 전동기의 운전에 어떤 영향을 미치게 되는가?
7. (a) 브러시 인상형 원심력 장치의 여러 가지 다른 부품을 예로 들고, 전기자상에서 이것을 조립하는 순서를 알기 쉽도록 도면으로 표시하라.
   (b) 거버너 스프링의 기능은 무엇인가?
   (c) 스프링의 압력을 조정하려면 어떻게 하는가?
8. (a) 단락용 네크레이스(necklace)가 오손된 관계로 정류자와 접촉이 잘 안될 때 어떤 결과를 초래할 염려가 있는가?
   (b) 브러시가 정류자를 인상시키지 못할 때 어떤 결과를 초래할 염려가 있는가?
9. (a) 반발 기동 유도 전동기에는 몇 개의 브러시가 필요한가?
   (b) 한 개의 브러시가 파손되어 정류자를 접촉시키지 않을 때 어떤 결과가 초래되는가?
10. (a) 반발 기동 유도 전동기의 고정자 철심과 고정자 권선을 자세하게 설명하라.
    (b) 이것들은 분산 전동기의 것들과는 어떻게 다른가?
11. (a) 6극 반발 기동 전동기용 고정자 결선을 도시하라.
    (b) 내부결선에 있어서 극성이 옳게 되어 있는지 확신하는 방법은 무엇인가?
    (c) 대부분의 반발 전동기에서 네 개의 리드선을 뽑아내는 이유는 무엇인가?
12. (a) 24개의 코일을 가진 4극 전동기의 고정자권선을 스케치하라.
    (b) 고정자 권선에 있어서 왜 각 극은 원래의 권선과 동일한 횟수로 감겨야 하는가?
13. (a) 반발-기동 전동기의 고정자 권선에 대해 데이터를 기록하는 방법을 설명하라.
    (b) 데이터 기록표의 예를 들라.

(c) 물음 12의 전동기의 어느 한 자극을 권선하는 경우를 상세하게 설명하라.

14. (a) 반발 전동기상에 설치된 정류자를 교체할 경우 주의해야 할 점은 무엇인가?

　　(b) 새로운 정류자를 주문할 경우 잊지 말아야 할 점은 무엇인가?

15. (a) 중권권선과 파권권선의 차이점을 설명하고, 각 권선을 간단한 도면으로 도시하라.

　　(b) 각 권선의 다른 권선에 대한 장점은 무엇인가?

16. 고정자를 다시 권선한 후에 검사하는 방법을 기술하라.

17. (a) 반발 기동 전동기의 전기자의 권선을 제거하는 과정에서 작성하는 데이터는 어떤 것이 있는가?

　　(b) 데이터 기록표를 예로 들어서 작성해 보라.

　　(c) 명판상의 데이터를 기록하여야 할 필요성은 무엇 때문에 있는가?

18. (a) 반발 기동 전동기의 전기자의 권선과정을 한 단계씩 설명하라.

　　(b) 권선과정에서 각 코일에 대한 권선이 끝날 때마다 정류자편에 하층 리드선을 넣어 놓는 것이, 단선이 전부 끝난 후 넣는 것보다 유리한 점은 무엇인가?

19. (a) 슬롯당 한 개의 코일 슬롯당 두 개의 코일, 슬롯당 세 개의 코일이 있는 전기자 권선에 있어서 각각의 차이점을 설명하고 도면으로 나타내라.

　　(b) 이러한 다른 권선에 있어서 정류자 봉의 수와 슬롯 수는 어떻게 비교하는가?

20. (a) 슬롯당 코일이 두 개인 중권권선 전기자의 6개의 코일을 정류자에 연결한 결선도를 그려라.

　　(b) 파권권선에 전기자의 경우에도 이를 도시하라.

21. (a) 균압환 접속이란 무엇을 말하는가?

　　(b) 이러한 것은 어떠한 용도에 사용하는가?

　　(c) 균압환 접속을 제거하면 전동기의 작동에 어떤 영향을 미치게 되는가?

22. (a) 슬롯당 코일이 두 개인 중권권선 전기자의 6개의 코일을 정류자에 연결한 결선도를 그려라.

　　(b) 이것을 파권권선으로 하였을 경우도 도시하라.

23. (a) 교차결선한 전기자의 단락검사는 어떻게 실시하는가?

　　(b) 그라울러를 이용하여 단락검사를 실시하지 않는 이유를 설명하라.

　　(c) 이 전기자에서 단락사고는 어디에서 발생할 가능성이 가장 많으며, 수리는 어떻게 하는가?

24. (a) 파권권선 전기자에서 정류자 피치를 결정하는 공식을 설명하라.

　　(b) 피치수를 알아내는 방법을 예를 들어 설명하라.

　　(c) 파권권선 전기자는 교차결선이 아닌 이유가 무엇인가?

25. (a) 반발 기동 전동기의 회전방향은 브러시를 이동시켜 줌으로써 전환되는 이유를 도면을 이용하여 설명하라.

(b) 필요한 정도의 브러시의 이동값은 어떻게 결정되는가?

26. 반발 전동기에 사용되는 카본 브러시의 구조를 설명하라.

27. (a) 반발 기동 전동기에 있어서 중성점이란 무엇을 말하는가?

    (b) 이 점은 어떻게 찾아야 하는가?

    (c) 중성점의 위치를 정확히 검출해야 하는 이유는 무엇인가?

    (d) 중성점은 몇 개이며, 또 어느 것이 올바른 중성점인지는 어떻게 검출하는가?

28. (a) 브러시 접속에 단선사고가 발생하면 어떤 일이 발생하는가?

    (b) 반발 기동 전동기의 브러시 지지기에서 접지사고가 발생하면 전동기의 운전에 어떤 영향을 미치게 되는가? 그 이유는 무엇인가?

29. (a) 반발 전동기는 반발 기동 유도 전동기와 어떻게 다른가?

    (b) 육안으로 그 차이점을 어떻게 구별하는가?

30. (a) 보상권선이란 무엇이며, 그것은 회로에 어떻게 연결이 되는가?

    (b) 일부 반발 전동기에 보상권선을 설치한 이유는 무엇인가?

31. (a) 4극 보상형 반발 전동기를 도시하라. 2극 및 6극 전동기의 경우도 도시하라.

    (b) 이러한 전동기들의 속도를 제어하는 요소는 무엇인가?

32. (a) 반발 유도 전동기는 다른 형의 반발 전동기와 어떻게 구별하는가?

    (b) 그러한 구별은 육안으로 가능한가? 그 이유는 무엇인가?

33. 전기적 가역 반발 전동기의 작동원리를 설명하라.

34. 전압을 변경시키기 위한 반발 전동기와 고정자의 재권선 방법을 예를 들어 상세히 설명하라.

35. (a) 스위치를 폐로하였음에도 반발 전동기가 기동하지 않는 이유는 무엇 때문인가?

    (b) 브러시가 전원에 접속되지 않았을 때에 전동기에 전류는 어떻게 흐르는가?

36. (a) 반발 전동기에 사용되는 전원선은 몇 개인가?

    (b) 단상전동기에는 몇 개의 전원선이 사용되는가?

37. (a) 브러시 지지기가 잘못 위치하게 되면 반발형 전동기의 기동에 지장이 있게 되는 이유는 무엇인가?

    (b) 브러시의 올바른 위치는 어떻게 알아내는가?

    (c) 브러시가 정상적으로 작동하지 않으면 어떤 일이 발생할 것인가?

38. (a) 베어링이 마멸하면 반발형 전동기에 어떤 영향을 미치게 되는가?

    (b) 마멸된 베어링은 어떻게 검출하는가?

    (c) 베어링은 어떻게 제거하고 교체하는지를 설명하라.

39. (a) 정류자가 오손되었을 경우 이것은 반발 기동 유도 런 전동기에 어떤 영향을 미치는가?

    (b) 또 이것은 다른 형의 반발 전동기에는 어떤 영향을 미치는가?

40. (a) 거버너 스프링이 불량할 경우 반발 기동 유도 전동기의 작동상태를 설명하라.

(b) 스프링 장력의 적정 여부는 어떻게 결정하는가?

41. 이제까지 설명한 단상 전동기 중에서 가장 기동 회전력이 높은 것은 어느 것인가? 또 가장 낮은 것은 어느 것인가?

42. (a) 스위치를 투입했을 때 반발형 전동기가 기동하지 않는다면 일어날 수 있는 고장은 어떤 것인가?

(b) 스위치를 투입했을 때 퓨즈가 용단한다면 그 이유는 무엇인가?

43. (a) 반발 기동 유도 전동기에서 정류자에 스파크 불꽃을 일으키는 원인을 열거하라.

(b) 스파크 현상을 일으키는 원인을 조사하는 과정은 어떻게 진행하는가?

44. (a) 반발 유도 전동기의 이중전압 8극 고정자를 도시하라. 각 전압에서의 결선을 도시하라.

(b) 전동기에서 뽑아내어진 네 개의 리드선을 옳게 결선하는 방법은 무엇인가?

45. 운전을 중단한 반발 기동 유도 전동기를 수리한다면, 어떠한 단계를 거치는가?

제4장 다상 전동기

1. (a) 다상 전동기란 무엇을 말하는가?
   (b) 다상 전동기의 일반적인 구조를 설명하라. 그 주요 부품을 열거하고 도시하라.
2. (a) 3상 전동기의 특성과 용도를 설명하라.
   (b) 이 전동기가 분상 전동기보다 유리한 점은 무엇인가?
3. (a) 3상 전동기의 작동원리를 간단히 설명하라.
   (b) 이 전동기는 몇 개의 권선을 가지고 있는가?
   (c) 이 권선의 결선관계를 표시하는 도면을 그려라.
4. (a) 3상 전동기를 재권선하는 과정을 최소한 8개의 단계에 따라 설명하라.
   (b) 전동기를 새로 권선하여 주어야 한다는 사실은 어떻게 하는가?
5. (a) 재권선을 위한 데이터를 작성할 때 필요한 것은 무엇인가?
   (b) 다상 전동기용 데이터 기록표를 작성하라.
6. (a) 3상 전동기의 고정자부에 대한 슬롯과 권선과의 관계를 표시하는 그림을 그려라.
   (b) 각 슬롯마다 몇 개의 코일변이 들어가 있는가를 설명하라.
7. (a) 고정자부에 있는 서로 다른 형의 슬롯을 도시하라.
   (b) 어느 것이 어떠한 장점을 가지고 있는가?
   (c) 유리한 것은 어떤 것이며, 그 이유는 무엇인가?
8. (a) 3상 고정자의 슬롯절연방법을 설명하라.
   (b) 절연지의 끝에 날개를 접는 이유는 무엇인가?
   (c) 전동기마다 서로 다른 급과 두께를 가진 절연지를 사용하는 이유는 무엇인가?
9. (a) 조감기란 무엇인가?
   (b) 왜 이 권선을 사용하는가?
   (c) 코일 네 개의 조감기 권선을 도시하라.
10. (a) 다이아몬드 코일이란 무엇인가?
    (b) 이 코일을 도시하고, 왜 대부분의 중형 다상 전동기에는 이러한 형의 코일을 사용하는
       지 설명하라.
11. (a) 코일에 테이프를 감는 법을 설명하라.
    (b) 전동기에 따라서는 코일에 테이프를 감아 주는 것이 있는데 그 이유는 무엇인가?
    (c) 테이핑에서 반겹침(half lap)과 전겹침(full lap)이란 무엇을 뜻하는가?

12. (a) 3상 전동기에서 두 가지 형의 권선방법은 어떤 것인가?

(b) 이러한 권선들은 어떻게 결선하는가를 설명하고, 그 각각의 경우를 간단히 도시하라.

13. (a) 각 극의 코일 수는 어떻게 알아내는가?

(b) 슬롯 수 24, 2극 전동기의 각 극의 코일수를 계산하라. 또 슬롯 수 36인 4극 전동기, 슬롯수 48인 6극 전동기의 경우도 마찬가지로 계산하라.

14. (a) 극, 상, 군이란 무엇을 뜻하는가?

(b) 4코일 군을 도시하라.

(c) 상·군 절연은 왜 필요한가?

15. (a) 3상 전동기의 군의 수는 어떻게 결정하는가?

(b) 3상 6극 전동기에는 몇 개의 군이 있는가?

(c) 3상 8극 전동기, 2상 2극 전동기에는 몇 개의 군이 있는가?

16. (a) 3상 전동기의 한 개의 군에는 몇 개의 코일이 있는지를 찾아내는 방법을 설명하라.

(b) 3상 4극 코일 수 48인 전동기, 3상 6극 코일 수 36인 전동기, 2상 4극 코일 수 48인 전동 기의 매 군당 코일수를 계산하라.

17. (a) 3상 성형 결선 전동기의 내부 결선과정을 개괄적으로 설명하라.

(b) 슬롯 수 24인 단일회로 4극 전동기에서 군의 수, 매 군당 코일 수 , 매 상당 코일 수, 매 극당 코일 수를 계산하라.

18. 2극 단일회로 성형 전동기에서 군만을 표시하는 직선도를 그려라. 각 상에서 전류가 흐르는 방향을 도시하라.

19. (a) 단일회로 6극 성형결선 전동기 회로도를 그려라.

(b) 도면을 보고 그것이 옳게 결선된 것이라는 것을 어떻게 알아내는가?

20. (a) 델타결선 3상 전동기의 각 상을 결선하는 과정을 설명하라.

(b) 이것을 성형결선 전동기와는 어떻게 다른가?

21. 6극 단일회로 델타 전동기의 결선도를 그려라.

22. (a) 4극 직렬·델타 전동기의 회로도를 그려라.

(b) 각 상의 회로는 어떻게 추적하는지 설명하라.

23. 다음 것의 결선도를 그려라.(2극, 4극, 6극 직렬성형결선 : 2극, 4극, 6극 직렬델타결선)

24. 2병렬 또는 2회로 결선이란 무엇을 의미하는지를 설명하고 이것과 직렬결선과의 차이점을 계통도로 표시하라.

25. (a) 4극 2회로 성형 전동기의 회로도를 그려라.

(b) 6극 4회로 델타 전동기의 회로도를 그려라.

(c) 8극 2회로 성형 전동기의 회로도를 그려라.

(d) 4극 4회로 델타 전동기의 회로도를 그려라.

(e) 왜 어떤 전동기는 단일회로에 결선하고, 어떤 전동기는 두 개 또는 그 이상의 회로에 결선하는가?

26. (a) 3상 전동기의 결선방식을 결정하기 위하여 어떤 과정을 거치는가?

   (b) 결선방식을 결정하기 위하여 각 상의 회로를 추적하는 것은 잘못된 것인가?

27. 3상 전동기의 권선을 제거하기 전에 병렬·성형 결선인지 또는 병렬·델타결선인지를 알아내는 방법을 예를 들어 설명하라.

28. (a) 3상 전동기의 극의 수를 결정하는 방법은 무엇인가?

   (b) 이러한 여러 방법을 따로따로 설명하라.

   (c) 데이터를 작성할 때 이러한 사항과 물음 28의 사항을 알 필요가 왜 있는가?

29. (a) 대부분의 전동기를 이중전압으로 결선할 수 있도록 제작하는 이유는 무엇인가?

   (b) 이중전압 전동기란 무엇을 뜻하는가?

   (c) 전동기가 단일 전압 전동기인지, 이중전압 전동기인지 식별하는 방법은 무엇인가?

30. 4극 이중전압 성형결선 전동기의 직선도를 그려라. 고전압 및 저전압으로 결선할 때의 각각의 리드선의 수를 적고, 이를 도면으로 나타내라.

31. 이중전압 3상 전동기에서 9개의 리드선이 뽑아내어져 있다고 가정한다면 각각의 전압으로 어느 것을 어느 것과 연결하여야 하는지 어떻게 아는가? 설명하라.

32. (a) 긴 연결선과 짧은 연결선의 차이를 설명하라.

   (b) 이것을 도면으로 나타내라.

   (c) 그 각각의 다른 것에 대한 장점은 무엇이며, 이러한 결선을 다른 이름으로는 어떻게 부르는가?

33. 3상 전동기의 명판상에 기재된 항목을 최소한 7개 들어라. 그리고 그 용어의 정의를 설명하라.

34. (a) 부분 권선·기동 전동기란 무엇을 말하는가?

   (b) 성형 및 델타 부분권선 기동 전동기의 계통도를 도시하라.

35. 3상 이중전압 전동기의 9개의 리드선을 식별하는 방법을 말하라.

36. (a) 3상 전동기의 속도를 제어하는 요소는 무엇인가?

   (b) 유도 전동기의 속도를 결정하는 공식을 써라.

   (c) 이 공식을 사용하여 계산하는 예를 여러 개 들라.

37. (a) 동극성 결선이란 무엇을 뜻하는가?

   (b) 이 결선의 원리를 설명하라.

   (c) 동극성 자극이 어떻게 형성되는지 도시하라.

38. (a) 4극 및 8극 정속도 회전력 전동기의 직선도를 그려라.

(b) 이 전동기에는 몇 개의 리드선이 뽑아내어져 있는지를 도시하고, 고속도로 운전할 때의 외부결선을 표시하고 회로를 나타내어라. 각 군의 밑에 회로방향을 나타내는 화살표를 그려라.

39. 물음 38의 것을 일정 출력 전동기에도 그대로 적용하여 설명하라.

40. (a) 홀수군이란 무엇을 말하는가?
   (b) 일부 전동기가 홀수군을 가지고 있는 이유는 무엇인가?
   (c) 전동기에서 홀수군 결선을 할 때 군당 코일 수를 결정하는 방법은 무엇인가?
   (d) 3상 8극 코일 수 36인 전동기를 홀수군 결선을 할 때, 그 군배치를 도시하라.

41. (a) 2상 전동기가 3상 전동기와 다른 점은 무엇인가?
   (b) 그 각각의 전동기가 다른 것보다 우수한 점은 무엇인가?
   (c) 2상 전동기의 구조를 설명하라.
   (d) 4극 단일 회로 2상 전동기의 계통도를 도시하라.

42. (a) 2상 전동기에서 군의 수를 결정하는 방법은 무엇인가?
   (b) 매 군당 코일 수는 어떻게 알아내는가?
   (c) 2상, 6극, 코일 수 36인 전동기를 예로 들어 이를 설명하라.

43. (a) 6극, 2상, 단일 회로 전동기의 회로도를 그려라.
   (b) 2상 전동기의 각 군을 흐르는 전류의 방향을 도시하라.
   (c) 각 군의 화살표를 표기하는 규칙은 무엇인가?

44. (a) 2상 전동기를 3상 전동기로 전환하는 방법을 기술하고 그 각 방법을 자세히 설명하라.
   (b) 많은 2상 전동기를 3상 전동기로 전환하는 이유는 무엇인가?

45. (a) 2상 전동기를 3상 성형결선 전동기로 재결선하는 것을 상세히 기술하고 도면으로 나타내어라.
   (b) 이렇게 재결선할 때 회로에서 몇 개의 코일을 제거하지 않는다면 어떤 일이 발생할 것인가?

46. (a) 2상 전동기를 3상 회로에서 원활하게 작동시키기 위한 재권선과정을 상세히 설명하라.
   (b) 선경과 감는 횟수는 어떻게 결정하는가?

47. (a) 3상 전동기를 성형결선에서 델타결선으로 전환했을 때 이 전동기는 어떤 전압에서 작동하는가?(230볼트 성형 전동기라고 가정한다.)
   (b) 얼마의 전압이라고 결론지은 근거는 무엇인가?

48. 3상 전동기를 다른 전압으로 작동시키고자 할 때 반드시 바꾸어 주어야 할 것은 무엇인가? 전동기는 3상 단일회로 성형결선 230볼트, 코일 수 36인 전동기로서 마그네트 와이어 18번선을 30회 감고 있다고 가정한다. 이것을 460볼트로 작동하고자 할 때 모든 필요사항을 작성하라.

49. (a) 3상 전동기의 속도를 권선을 다시 결선하여 변경시키는 방법을 상세히 설명하라. 이 과정을 한 단계씩 설명하라.

    (b) 이러한 방법으로 속도를 변경하는 것이 언제나 가능한 것이 아닌 이유를 설명하라.

50. (a) 3상 전동기의 속도를 권선을 다시 하여 변경하는 방법을 설명하라.

    (b) 새로 권선하는 선의 선경과 감는 횟수는 어떻게 결정하는가?

51. (a) 2상 및 3상 전동기의 회전방향을 어떻게 역전시키는지 도면을 가지고 설명하라.

    (b) 리드선 3개의 2상 전동기의 회전방향은 어떻게 역전시키는가?

52. (a) 3상 전동기의 접지사고는 어떻게 검출하는지 설명하고 이를 도시하라.

    (b) 어느 개소에서 접지사고가 가장 많이 발생하는가?

    (c) 권선이 접지되는 이유를 예를 들 어 설명하라.

53. (a) 3상 전동기에서 단선사고가 일어나는 개소를 열거하라.

    (b) 이러한 단선사고가 일어나는 원인은 무엇인가?

54. (a) 3상 전동기의 단선사고가 발생한 개소를 검출하는 방법은 무엇인가?

    (b) 단선된 코일 때문에 폐로되지 않을 때는 어떠한 조치를 취할 것인가?

55. (a) 한 개의 상이 단선되었을 때 전동기가 기동하지 않는 이유는 무엇인가?

    (b) 전동기가 작동하고 있을 때 어느 한 상에 단선사고가 발생하면 어떤 일이 벌어지게 되는가?

56. (a) 3상 전동기에서 회로의 단락사고는 어떻게 검출하는가?

    (b) 3상 전동기가 단락사고를 일으켰다는 것은 어떻게 알 수 있는가?

    (c) 어느 한 코일이 단락되었음을 알았을 때 그것을 어떻게 수리할 것인가?

57. (a) 다상 전동기에서 스위치를 투입해도 기동하지 않을 때는 그 고장원인은 무엇이라고 생각되는가?

    (b) 그 각각의 고장을 설명하라.

58. (a) 베어링이 마멸하면 다상 전동기의 작동에 어떤 영향을 미치게 되는가?

    (b) 베어링의 마멸 여부를 검사하는 요령을 기술하라.

59. (a) 단상운전이란 무엇인가?

    (b) 어떠한 상태일 때 3상 전동기가 단상운전을 하고 있다고 말할 수 있는가?

    (c) 만약 3상 전동기를 이러한 방식으로 계속 운전한다면 전동기에 어떤 나쁜 영향을 미치게 되는가?

60. (a) 다상 전동기가 과열된 상태에서 운전하게 되는 원인을 열거하고 이를 설명하라.

    (b) 이러한 열은 권선에 어떤 영향을 미칠 것인가?

제5장 교류 전동기 제어

question

1. (a) 기동기 또는 제어기의 기능은 무엇인가?

   (b) 대부분의 전동기 시설에서 기동기는 왜 필요한가?

   (c) 교류 전동기에 사용되는 기동기의 주된 형을 말하라.

2. (a) 전전압 기동기란 무엇을 뜻하는가를 설명하라.

   (b) 전전압 기동기를 사용하는 전동기는 어떤 특징을 가지고 있는 것인가?

3. (a) 일부 전동기에서는 저전압 기동기를 사용해야 하는 이유를 설명하라.

   (b) 이러한 형의 기동기를 필요로 하는 특정한 기계를 예로 들어 보라.

4. (a) 푸시버튼 스위치를 사용한 기동기의 간단한 결선도를 그리고 그 작동과정을 설명하라.

   (b) 대개 어느 정도 크기의 전동기에 이 기동기가 사용되고 있으며, 그 이유는 무엇인가?

5. (a) 합금용융형 과부하 계전기의 작동원리를 설명하라.

   (b) 바이메탈형 과부하 계전기의 작동원리를 설명하라.

   (c) trip free란 무슨 뜻인가?

6. 3상 전전압 기동기에는 몇 개의 과부하 계전기가 사용되는가?

7. (a) 전자식 전전압 기동기에 사용되는 지지 코일의 구조를 설명하라.

   (b) 셰이딩 코일(shading coil)은 왜 필요한가?

8. (a) 전자식 전전압 기동기가 수동식 전전압 기동기보다 나은 점은 무엇인가?

   (b) 그 이점은 왜 중요한가?

9. (a) 간단한 기동·정지용 푸시버튼 장치의 구조를 설명하라.

   (b) 네 개의 접촉자를 가진 장치의 동작원리를 설명하라.

10. (a) 기동·정지 푸시버튼 장치를 전자식 스위치에 어떻게 연결하는지 설명하라.

    (b) 이것을 결선도로 나타내라.

    (c) 이 장치와 기동기 사이에는 몇 개의 권선이 있게 되는가?

11. (a) 3상 전동기를 제어하기 위하여 기동·정지 장치를 전자식 스위치에 연결하는 경우 이의 결선도를 도시하라.

    (c) 그 동작원리를 설명하고 회로를 표시하라.

12. 제어회로에 강압 변압기를 설치한 3상 전압 기동기의 권선도를 도시하라.

13. 기동버튼을 눌렀을 때 보조 접촉자가 폐로되지 않는다면 기동기가 어떻게 반응하는가를 설명하라.

14. (a) 3상 전자식 스위치를 제어하기 위하여 두 개의 기동·정지 장치는 어떻게 연결하는가?

    (b) 보조 접촉자는 어떻게 결선하는가?

    (c) 정지버튼은 어떻게 결선하는가?

    (d) 기동버튼은 어떻게 결선하는가?

15. (a) 전동기에서 촌동이란 무엇을 말하는가?

    (b) 촌동운전을 하는 기계장치를 몇 개의 예로 들라.

16. (a) 3상 전자식 기동기에 촌동버튼을 가진 장치를 연결한 것을 도시하라.

    (b) 촌동버튼을 눌렀을 때 기동기의 작동과정을 설명하라.

17. 촌동 계전기를 설명하고 이를 도시하라.

18. (a) 기동·정지 장치에 설치된 표시등의 용도는 무엇인가?

    (b) 표시등이 어떻게 회로에 연결되는지 도시하라.

19. (a) 가역 전자 기동기란 무엇을 말하는 것인가?

    (b) 이러한 형의 기동기가 사용되는 기계장치를 예를 들라.

20. (a) 가역 전자식 기동기의 구조와 작동원리를 설명하라.

    (b) 이 기동기의 권선도를 그리고, 모든 부품을 표시하고 그 기능을 설명하라.

21. (a) 전자식, 가역, 3상 기동기를 정방향·가역·정지 장치에 연결할 때의 결선도를 그리고 각 버튼을 눌렀을 때의 회로를 설명하라.

    (b) 정방향 접촉자가 폐로되어 있는 동안에 가역 버튼이 눌려진다면 어떤 일이 일어날 것인가?

22. (a) 가역 기동기에 사용하는 기계적 연동장치란 무엇을 말하는가?

    (b) 정방향 접촉자와 역방향 접촉자가 동시에 작동하는 것을 방지하기 위하여 기계적 연동장치를 어떻게 사용하는가? 그 특정한 예를 들어 설명하라.

23. (a) 가역 전자식 기동기를 전자식 연동장치를 가진 정방향 가역·정지 장치에 연결했을 때의 결선도를 그려라.

    (b) 각 회로를 표시하고 그 연동장치가 어떻게 작동하는지 설명하라.

24. (a) 교류 전동기 중의 어떤 것은 왜 저전압으로 기동해야만 하는가?

    (b) 전동기를 저전압으로 기동시키는 기동기의 이름을 여러 개 예를 들라.

25. (a) 1차 측 저항 기동기란 무엇인가?

    (b) 수동식 1차 측 저항 기동기의 구조와 작동원리를 설명하라.

    (c) 이러한 형의 기동기를 3상 전동기에 연결한 것을 도시하라.

26. (a) 전자식 1차 저항 기동기의 구조와 작동원리를 설명하라.

    (b) 이 기동기를 3상 전동기에 연결하고, 기동버튼을 눌렀을 때의 회로를 설명하라.

27. (a) 전자식 1차 저항 기동기에 사용되는 한시장치의 용도는 무엇인가?
    (b) 그것은 어떻게 작동하는가?
    (c) 이 장치에서 동작시간은 어떻게 조정하는가?

28. (a) 2차 측 저항 기동기의 결선도를 그리고 각 부품의 명칭을 설명하라.
    (b) 그 동작원리를 설명하라.

29. (a) 2차 저항 기동기를 3상 슬립 링(slip ring) 전동기에 연결하는 결선도를 완성하라.
    (b) 1 회로와 작동원리를 설명하라.
    (c) 3상 슬립 링 전동기의 구조와 그 작동원리를 설명하라.

30. (a) 전자식 2차 저항 기동기와 3상 슬립 링 전동기를 접속한 결선도를 도시하라.
    (b) 한시장치가 어떻게 작동하는지를 설명하라.

31. (a) 3상 단권 변압기형 기동기란 무엇인가?
    (b) 이 기동기가 저항 기동기보다 나은 점은 무엇인가?

32. (a) 3상 보상기의 구조를 도시하고 작동원리를 설명하라.
    (b) 왜 세 개의 변압기를 사용하는가?

33. (a) 3상 전동기에 연결한 3상 보상기의 결선도를 그려라.
    (b) 작동과정을 설명하라.
    (c) 전동기를 작동시키면서 한 개의 변압기를 개방하면 어떻게 되는가?

34. (a) 전자식 보상기를 간단하게 설명하고, 수동식보다 유리한 점을 말하라.
    (b) 폐로전이란 무엇인가?

35. (a) 저전압 기동 시의 성형 · 델타결선방법을 설명하라.
    (b) 이러한 방법으로 기동할 때의 전동기에는 몇 개의 권선을 뽑아내는가?
    (c) 전동기 내부에서 이 권선들은 어떻게 결선되는가?

36. (a) 성형으로 기동하여 델타결선으로 운전하도록 3상 전동기를 결선하라. 이때 3극 쌍투 스위치를 사용한다.
    (c) 회로를 도시하고 그 작동과정을 설명하라.

37. (a) 자동식 성형 · 델타 기동기의 계통도를 도시하라.
    (b) 그 작동과정을 설명하라.
    (c) 이런 종류의 기동기가 사용되는 곳은 어디인가?

38. (a) 부분권선 기동기란 무엇인가?
    (b) 부분권선 기동기를 리드선 9개의 와이결선 전동기에 접속할 결선도를 도시하라.
    (c) 그 작동과정을 기술하라.

39. (a) 3상 전동기와 커패시터 전동기, 분상 전동기에 사용하는 소형 드럼 스위치의 작동과정을 도시하라.

   (b) 이 드럼 스위치가 사용되는 용도는 어디인가?

40. (a) 대개 일반적으로 사용되는 2단 속도 기동기는 어떠한 유형의 것인가?

   (b) 3상 전동기의 2단 속도 기동기를 어떤 구조가 각각 다른 속도로 작동하도록 하는가?

41. (a) 두 쌍의 권선을 가진 3상 전동기에 접속한 단속도 기동기의 결선도를 그려라.

   (b) 그 작동과정을 상세히 설명하라.

42. (a) 동극성 권선을 가진 3상 전동기에 접속한 2단 속도 기동기의 결선도를 그려라.

   (b) 이것은 물음 41의 (a) 보다 그 작동이 더욱 효율적인가? 그렇다면 그 이유는 무엇인가?

43. (a) 3상 전동기를 촌동운전한다는 것은 무슨 뜻인가?

   (b) 촌동운전하려면 어떻게 하면 되는가?

   (c) 일부 전동기에서 촌동운전을 해야만 하는 필요성은 어디에 있는가?

44. (a) 촌동 계전기를 사용하는 기동기의 권선도를 그려라.

   (b) 계전기의 작동과정을 설명하고 그 전체 회로를 도시하라.

45. (a) 전전압 기동기의 주 접촉자를 폐로했을 경우에도 전동기가 기동하지 않는다면 고장 개소를 검출하기 위하여 어떠한 과정을 거치는가?

46. (a) 기동버튼을 눌렀을 때 전자식 기동기의 주 접촉자가 폐로하지 않는다면 고장원인은 무엇인가?

   (b) 각 고장을 어떠한 방법으로 고칠 것인지 설명하라.

47. 기동버튼을 눌렀을 때 퓨즈가 용단하거나 과부하 계전기가 작동한다면 어떠한 고장이 있는가?

48. (a) 자동식 기동기에서 발생하는 다른 고장의 예를 들어라.

   (b) 이러한 고장은 어떻게 수리할 것인가?

제6장 직류 전기자 권선

1. (a) 직류기의 전기자 구조도를 그리고, 각 부품명을 써라.
   (b) 정류자와 철심은 어떻게 축 위에 고정하는가?
2. (a) 전기자의 권선과정에서 실시하여야 할 기본적인 요소작업을 열거하라.
   (b) 이러한 요소작업 중에서 어느 것이 가장 중요한 작업인가?
3. (a) 전기자의 코일을 어떻게 정류자에 연결하는지 간단한 계통도로 표시하라.
   (b) 코일 수가 9인 전기자는 몇 개의 정류자편이 필요한가? 또 그 이유는 무엇인가?
4. (a) 전기자를 권선하기 전에 절연조치를 하여 주어야 하는 이유는 무엇인가?
   (b) 절연지는 어떤 곳에 삽입하는가?
   (c) 절연지를 어떻게 절단하면 절연을 잘 할 수 있는가?
5. (a) 코일 피치란 무엇인가? 루프 권선이란 무엇인가?
   (b) 코일 스로우(coil throw)란 무엇인가?
   (c) 이것을 각각 도면상에 도시하라.
6. 슬롯 수 7개인 소형 전기자의 권선을 제거하고 이를 다시 재권선하는 과정을 설명하라. 전기자의 슬롯에 코일을 넣은 것을 도시하라.
7. (a) 리드 스윙(lead swing)이란 무엇인가?
   (b) 리드선이 접속되는 정류자의 위치를 결정하는 방법을 설명하라.
   (c) 리드선을 올바른 정류자편에 넣어야 하는 이유는 무엇 때문인가?
   (d) 리드선의 위치 이동(lead swing)이 잘못되면 전동기의 작동에 어떤 영향을 미치게 되는가?
8. (a) 전기자를 권선한 다음에 슬롯에 쐐기를 넣는 이유는 무엇 때문인가?
   (b) 쐐기 넣는 방법을 도형으로 도시하라.
   (c) 슬롯에 쐐기를 넣지 않으면 어떤 일이 발생하는가?
9. (a) 슬롯당 코일 두 개의 권선이란 무엇을 뜻하는가?
   (b) 이러한 형의 전기자에서 정류자편 수가 18일 때 슬롯 수는 얼마인가? 또 정류자편 수가 30일 때는 얼마인가?
   (c) 전기자가 11개의 슬롯을 가질 때 정류자는 몇 개의 정류자편을 가지는가?
10. (a) 슬롯 수 9, 슬롯당 코일 수가 2인 전기자의 권선방법을 설명하고 이를 도시하라.
    (b) 이 권선은 몇 개의 루프를 가지는가?

11. (a) 전기자 권선에서 가장 많이 사용되는 두 가지 권선방식의 이름을 말하라.

    (b) 이 두 가지 방식의 차이점은 무엇인가?

12. (a) 단중중권이란 무엇인가? 이를 간략하게 도시하라.

    (b) 도시된 그림을 설명하라.

13. (a) 단중중권과 이중중권 및 삼중중권은 어떻게 다른가?

    (b) 이 권선들을 설명하라.

    (c) 이 권선들 중에서 어떤 것들이 소형 전동기에서 가장 많이 사용되는 것인가? 또 그 이유는 무엇인가?

14. (a) 슬롯당 두 개의 코일을 그린 권선에서 인접한 루프를 식별하는 방법은 무엇인가?

    (b) 리드선에 표시를 하는 이유는 무엇인가?

15. 루프가 없는 단중중권권선에서 코일 몇 개를 도시하고 이 리드선이 정류자편과 접속하는 방식을 설명하라.

16. 리드선이 정류자편과 올바르게 접속되어 있는지를 검사하는 방식을 설명하라.

17. (a) 중권권선과 파권권선의 차이점은 무엇인가? 그 각각의 것을 도시하라. 어떤 전기자 는 중권으로 권선되고 어떤 것은 파권으로 권선되는 이유는 무엇인가?

    (b) 파권권선 전기자를 중권으로 바꾸어 권선할 때 전동기의 작동에 어떤 영향을 미치게 되는가?

18. 슬롯 수 23, 피치 1과 7, 슬롯당 코일 수 하나인 파권에 대한 회로도를 그리고, 반정도의 코일에는 그 전류방향을 도시하라.

19. (a) 코일권선(coil winding)과 손감기 권선(hand winding)의 차이점은 무엇인가?

    (b) 이 두 종류의 권선이 사용되는 이유는 무엇인가?

    (c) 모든 전기자는 손감기 권선을 실시할 수 있는가? 그 이유를 설명하라.

20. (a) 정류자 피치란 무엇인가?

    (b) 파권권선 전기자에서 정류자 피치를 계산하는 공식을 말하라.

    (c) 정류자수 59, 극수 4인 전기자의 정류자 피치를 구하라.

21. (a) 전진권과 후진권의 차이점은 무엇인가?

    (b) 그 각각의 것은 전동기의 작동에 어떤 영향을 미치는가?

22. (a) 균압환결선이란 무엇인가? 왜 모든 전동기에 이 결선이 사용되지 않는가?

    (b) 균압환결선의 폭은 어떻게 결정하는가?

23. (a) 선경을 측정하기 위해서 사용하는 기구는 어떤 것이 있는가?

    (b) 선경은 어떻게 기록하는가?

    (c) 마그네트 와이어에 사용하는 절연종류는 어떤 것인가?

24. (a) 전기자를 다시 권선하기 전에 어떤 사항들을 기록하여야만 하는가?

    (b) 데이터 기록표의 예를 들라.

25. (a) 정류자의 리드선의 위치를 결정하기 위하여 정류자와 전기자의 슬롯에 어떻게 표시하는지를 설명하라.

    (b) 이것을 루프권선, 중권권선, 파권권선에 대해서 각각 도면으로 도시하라.

26. (a) 전기자의 권선을 제거할 때 어떤 예비조치를 취하여야 하는가?

    (b) 코일권선 전기자에서 코일을 제거할 때 최소한 한 개의 코일을 보존해야 하는 이유는 무엇인가?

27. (a) 정류자편과 리드선의 접속을 분리하는 방법을 설명하라.

    (b) 정류자편 후면으로 납이 흘러내리는 것을 방지하려면 어떤 예비조치를 취하여야 하는가?

28. (a) 정류자에 대한 노끈 밴드와 강철선 밴드 및 테이프 밴드의 목적은 무엇인가?

    (b) 전기자에 대한 노끈 밴드, 강철선 밴드, 테이프 밴드의 설치방법을 말하라.

29. (a) 정류자의 단락이란 무엇을 말하는가?

    (b) 정류자에 대한 단락회로를 검사하는 방법을 설명하여라. 또, 이를 도시하라.

    (c) 권선과정에서는 정류자에 대한 단락검사를 어떤 개소에 실시해야 하는가?

30. (a) 권선에서 접지사고가 일어나는 원인은 무엇인가?

    (b) 대개 접지사고가 일어나는 개소는 어디인가?

    (c) 접지사고에 대한 검사방법을 도면으로 설명하라.

31. (a) 그라울러란 무엇인가?

    (b) 그라울러를 사용하여 접지사고를 검출하는 방법을 설명하라.

    (c) 그라울러의 구조와 작동원리를 설명하여라.

32. (a) 계기를 사용하여 정류자편을 하나하나 검사하는 과정을 설명하라.

    (b) 이 검사를 실시할 때 권선과 전원선과의 접속도를 도시하라.

    (c) 권선을 흐르는 전류는 어떻게 조절하는가?

33. (a) 루프권선, 중권권선, 파권권선 전기자에서 접지된 코일이 있을 때 이를 제거하는 것을 도형으로 그리고 설명하라.

    (b) 이러한 회로로부터 접지된 코일을 제거하여야 할 필요성은 무엇인가?

    (c) 이러한 작업은 언제나 가능한가?

    (d) 그렇지 않을 경우에는 어떠한 조치를 해주어야 하는가?

34. (a) 전기자의 균형은 왜 잡아주어야만 하는가?

    (b) 이것은 어떻게 실시하는가?

35. (a) 전기자에 대한 바니시 함침작업과 건조작업의 목적은 무엇인가?

    (b) 이 작업은 언제, 어떻게 실시하는가?

36. (a) 그라울러와 쇠톱날을 이용한 전기자 권선에 대한 단락을 검출하는 방법을 도시하고 이를 설명하라.

    (b) 균압환결선을 한 전기자에는 왜 이 검사를 실시할 수 없는가?

37. (a) 정류자편 하나하나에 대한 계기검사법으로 단락 코일을 검출하는 방법을 그림으로 도시하라.

    (b) 그라울러와 계기를 사용하여 전기자 권선의 단락을 검출하는 방법을 설명하라.

    (c) 이 검사에서 주의할 점은 무엇인가?

38. (a) 어떤 상태일 때 단락 코일을 전기자 회로로부터 제거할 수 있는가?

    (b) 단락 코일을 제거하는 것이 바람직하지 못한 것은 어떠한 경우인가?

    (c) 단락 코일을 제거하는 것이 경우에 따라서는 불가능한 이유는 무엇인가?

39. (a) 전기자 권선에서 단락된 코일이 있을 때 전동기 운전에 어떤 현상이 나타나는가?

    (b) 코일이 단락되었을 경우에 전동기를 장시간 운전할 수 없는 이유는 무엇인가?

40. (a) 전기자의 단락검사에 있어서 단락사고가 발생한 개소가 코일인지 정류자인지 어떻게 구별하는가?

    (b) 단락 개소가 1개소 이상일 경우 이는 어떻게 아는가?

41. (a) 정류자편 하나하나에 대한 계기검사법으로 전기자 권선의 단선 여부를 검출하는 방법을 설명하라.

    (b) 이 방법을 사용할 때 계기에 대하여 특별하게 주의해야 할 점은 무엇인가?

42. (a) 그라울러를 사용하여 단선된 코일을 찾는 방법은 어떻게 하는가?

    (b) 이 검사법은 물음 41의 검사법과 어떤 점이 다른가?

43. (a) 중권 및 파권권선에서 단선된 코일을 뛰어 넘는 방법을 도형으로 설명하라.

    (b) 6극 파권권선에서 단선된 코일을 뛰어넘는 방법을 설명하라.

44. (a) 정류자편 하나하나에 대한 검사법으로 루프권선상의 결선이 반대로 된 코일을 검출하는 요령을 설명하라.

    (b) 그라울러를 사용하여 이것을 어떻게 검출하는가?

45. (a) 중권권선 및 파권권선에서 역전된 코일을 검출하는 방법을 설명하라.

    (b) 이러한 것을 검출하였을 경우 이것은 어떻게 수리하는가?

    (c) 역전된 코일은 전동기의 작동에 어떤 영향을 미치는가?

46. (a) 정류자의 각 부품을 열거하라.

    (b) 그 부품의 도형을 그리고 설명하라.

47. (a) 정류자의 구조와 기능을 설명하라.
    (b) 정류자편은 어떤 재료로 만드는가?
    (c) 정류자편을 운모환으로부터 절연시키는 이유는 무엇인가?

48. (a) 정류자편에 대한 절연을 다시 하기 위해서 정류자를 해체하는 방법을 설명하라.
    (b) 정류자를 해체할 때 유의할 점은 무엇이며, 그 이유는 무엇인가?

49. (a) 운모 V환(mica V ring)이란 무엇인가?
    (b) 이 환을 만드는 세 가지 방법을 설명하라.
    (c) 이 환을 만들기 위해 열(heat)을 사용하는 이유는 무엇인가?
    (d) 운모에 열을 가하지 않고도 성형할 수 있는가?

50. (a) 정류자편 사이의 운모가 탄화되어 단락사고가 발생했을 때 이는 어떻게 제거하는가?
    (b) 운모를 많이 긁어내어야 할 경우 어떤 조치를 해주어야 하는가?

51. (a) 두 개의 정류자편이 단락되었을 경우 정류자 전체를 해체하지 않고 다시 절연하려면
        어떻게 하는가?
    (b) 정류자편을 다시 절연할 수 없을 때의 긴급 수리법은 무엇인가?

52. 정류자 전체를 다시 절연한다고 가정할 때 정류자의 상태가 양호한 권선에 연결되어 있을
    때는 어떻게 하는가?

53. (a) 정류자 돌출이란 무엇인가? 또 낮은 정류자편은 무엇인가?
    (b) 그 원인은 무엇이고 어떻게 수리하는가?

54. (a) 정류자 지석(commutator stone)이란 무엇인가?
    (b) 그것은 언제 사용되는가?
    (c) 그것을 사용할 때 어떤 조치를 미리 취해야 하는가?
    (d) 이것 대신에 샌드 페이터는 왜 사용하지 못하는가?

55. (a) 운모편 돌출(high mica)이란 무엇인가?
    (b) 이것은 전동기의 작동에 어떤 영향을 미치는가?

56. (a) 언더커팅(undercutting)이란 무엇인가?
    (b) 그것은 어떻게 실시하는가?
    (c) 정류자에 따라서는 왜 이것을 반드시 실시해야 하는가?

제7장 직류 전동기

1. (a) 직류 전동기의 주요 부품명을 말하라.
   (b) 각 부품에 대한 구조를 설명하고, 그에 대한 기능을 설명하라.
   (c) 전기자를 그림으로 그리고 각 부품명을 들라.

2. (a) 슬리브 베어링과 오일링을 도면으로 그리고 설명하라.
   (b) 오일링의 목적은 무엇인가?
   (c) 기름은 베어링 내의 축에 전달되는가?

3. (a) 볼베어링의 구조를 그림으로 표시하고 이를 설명하라.
   (b) 볼베어링과 슬리브 베어링의 각각 다른 전동기에 사용되는 이유는 무엇인가?
   (c) 위의 두베어링에서 각각 서로에 대한 장단점을 비교하라.

4. (a) 브러시 고정장치(brush rigging)란 무엇인가?
   (b) 전동기에 따라서는 브러시 고정장치를 이동할 수 있는 것도 있고, 이동할 수 없는 것도 있다. 그 이유는 무엇인가?
   (c) 브러시를 엔드 플레이트로부터 절연하는 이유는 무엇인가?

5. (a) 직권 전동기의 구조·특성 및 용도를 말하라.
   (b) 이 전동기의 간략한 결선도를 그려라.

6. (a) 분권 전동기에 관한 구조·특성 및 용도를 말하여라.
   (b) 이 전동기의 결선도를 그리고 회로에 대하여 설명하라.
   (c) 분권 전동기와 직권 전동기의 차이점을 말하라.

7. (a) 복권 전동기가 구조·특성 및 용도면에서 분권 전동기 또는 직권 전동기와 다른 점은 무엇인가?
   (b) 복권 전동기의 결선도를 그려라.

8. (a) 직권계자 코일에 대한 권선법을 설명하라.
   (b) 직권계자 코일의 일반적인 구조를 말하라.
   (c) 직권 코일에 대한 권선틀(winding form)의 구조를 표시하라.

9. (a) 복권계자 코일의 권선법을 자세히 설명하라.
   (b) 이 코일의 구조를 표시하라.
   (c) 복권계자권선을 권선할 때 주의할 점을 들어라.

10. (a) 보극 계자란 무엇인가?
    (b) 이것은 어떻게 권선하는가?
    (c) 이 권선에서는 왜 다른 권선보다 굵은 선을 사용하는가?

11. (a) 계자극이 올바른 극성을 가지도록 결선하는 원칙은 무엇인가?

    (b) 극성이 올바르지 못하면 전동기의 작동에 어떤 영향을 미치는가? 올바른 극성을 가진 2극 전동기의 계자 코일 결선도를 그려라.

12. (a) 코일이 올바른 극성을 가지고 있는지를 검사하는 방법 세 가지를 들고 설명하라.

    (b) 이러한 방법 중 어느 것을 바람직한 방법으로 보는가? 그 이유는 무엇인가?

13. 전동기의 조립과정에서 계자 코일에 대한 극성을 조사하는 방법을 설명하라.

14. (a) 직권 전동기의 내부 결선도를 세 가지 그려라.

    (b) 그 회로를 표시하고 설명하라.

    (c) 어떤 특성 때문에 이 전동기를 무부하로 운전하는 것이 위험한가?

15. (a) 분권 전동기의 몇몇 유형을 그려라.

    (b) 그 회로와 결선을 설명하라.

16. (a) 2극 복권 전동기에 대한 내부 결선도를 그려라.

    (b) 위에서 그린 그림상에서 각 권선의 전류방향을 화살표로 표시하라.

17. (a) 복권 전동기 중 흔히 사용되는 유형 네 가지를 들라.

    (b) 산업분야에서 흔히 사용되고 있는 유형은 어느 것인가? 또한 그 이유는 무엇인가?

18. 다음을 설명하라.

    (a) 화동복권

    (b) 차동복권

    (c) 내분권

    (d) 외분권

19. 다음 전동기에 대한 내부 결선도를 그려라.

    (a) 2극 외분권 화동복권 전동기

    (b) 2극 내분권 차동복권 전동기

    (c) 2극 내분권 화동복권 전동기

    (d) 2극 외분권 차동복권 전동기

20. (a) 보극이란 무엇인가?

    (b) 보극의 목적은 무엇인가?

    (c) 4극 전동기에서 보극의 수는 몇 개인가?

21. (a) 보극의 극성을 결정하는 원칙은 무엇인가?

    (b) 보극의 극성을 지배하는 두 가지 원칙은 무엇인가?

22. 보극을 가진 2극 전동기에서 전동기 내의 각 극의 극성을 표시하라. (단, 전동기 주자극의 극성은 각자 임의로 설정하고, 반시계 방향으로 회전하고 있는 것으로 가정한다.)

23. 보극의 전동기에 대한 결선법을 알기 쉽게 간단한 도면으로 표시하라.

24. 물음 23과 같은 도면을 보극을 가진 4극 전동기에 대해서 그려라.

25. (a) 보극이 달린 2극 화동복권 전동기에 대해서 주자극의 극성을 임의로 설정하고 전동기는 시계방향으로 회전한다고 가정한다. 각 자극의 결선 과정을 그림으로 표시하라.

    (b) 각 계자 코일에 대한 전류방향을 화살표로 표시하라.

26. (a) 임의의 직류 전동기의 회전방향은 어떻게 변경하는가?

    (b) 직권 전동기의 회전방향은 어떻게 변경하는가?

    (c) 직권 전동기의 회전방향을 바꾸는 방법을 도면으로 표시하라.

27. (a) 보극이 달린 직류 전동기를 역전하게 하는 방법을 결선도를 그리고 설명하라.

    (b) 보극이 달린 전동기를 역전시킬 경우 주의할 점을 말하라.

28. 보극이 달린 6극 복권 전동기에서 각 자극의 극성을 표시하는 결선도를 그린 후 역전하게 하는 방법을 표시하라.

29. (a) 전동기를 설치하기 전에 실시하여야 할 검사사항을 열거하라.

    (b) 이러한 시험 중 어느 것이 가장 중요한 시험이며, 또한 그 이유는 무엇인가?

30. (a) 전동기에 대한 접지검출과정을 표시하고 설명하라.

    (b) 접지란 무엇인가?

31. 분권 전동기의 회전방향을 변경하는 과정을 표시하고 설명하라.

32. (a) 계자 코일에서 접지사고가 가장 일어나기 쉬운 곳을 그림으로 표시하라.

    (b) 8극의 계자권선에서 접지가 발생하였다고 가정하고 접지된 코일이 어느 코일인지를 검출하는 방법을 설명하라.

    (c) 복권 전동기의 직권계자와 분권계자가 접지사고를 일으키면 어떻게 되는가?

33. (a) 전동기에서 회로의 단선이란 무엇인가?

    (b) 직권 전동기의 회로에서 단선사고를 검사하는 방법을 도형으로 설명하라.

    (c) 이 전동기에서 회로의 단선을 일으키는 원인은 무엇인가?

34. (a) 분권 전동기의 회로에서 단선 여부를 어떻게 검출하는가? 또한 단선이 일어나기 쉬운 곳은 어느 곳인가?

    (b) 전동기 운전 중 계자권선이 단선하면 어떻게 될 것인가? 또 전동기가 기동할 때 그러한 사고가 일어나면 어떻게 될 것인가?

35. (a) 복권 전동기의 단자 리드선을 식별하는 단자기호를 표시하라.

    (b) 이러한 단자표시가 필요한 이유는 무엇인가?

36. (a) 복권 전동기에서 단자 리드선에 대한 표시가 없어졌을 때 여섯 개의 리드선을 식별하는 방법을 설명하라.

    (b) 단자식별 검사과정을 열거하라

37. (a) 복권 전동기로부터 다섯 개의 리드선만 나와 있을 때의 그 식별법을 말하라.

(b) 리드선을 식별하기 위해서 결선을 풀 필요가 있는가? 있다면 그 이유는 무엇인가?

38. (a) 복권 전동기가 화동결선인지 차동결선인지를 식별하는 검사과정을 순서대로 열거하라.

   (b) 화동결선 시와 차동결선 시의 전동기 운전과정에서 일어나는 차이점을 들라.

39. (a) 보극의 극성이 올바른지 검사하는 실제적 방법을 말하라.

   (b) 보극의 극성이 올바르지 못하면 전동기의 운전 중 그 증상이 어떻게 나타나는가?

40. (a) 보극이 달린 전동기와 보극이 없는 전동기에 대해서 브러시 지지기가 정확한 중성점
      상에 있는지의 여부를 검출하는 방법 하나씩을 들고 설명하라.

   (b) 브러시의 위치가 부적당하면 스파크를 일으키는 이유는 무엇인가?

41. (a) 브러시를 중성점상에 고정하는 방법 세 가지를 들고 설명하라.

   (b) 이러한 방법 중 어느 방법을 사용할 것인가? 그 이유는 무엇인가?

42. (a) 정류자에 대한 카본 브러시의 압력은 어느 정도로 하는가?

   (b) 이 브러시 압력은 어떻게 측정하는가?

   (c) 브러시 압력이 적당하지 못하면 전동기 운영상에 어떠한 영향을 미치는가?

43. (a) 브러시면을 정류자 커브에 맞도록 가공하는 방법을 설명하라.

   (b) 전동기에 따라서 브러시의 급(grade)이 다른 것을 사용하는 이유는 무엇인가?

44. (a) 직류기에서 전기자회로 단선사고를 일으키는 여러 원인을 들라.

   (b) 단선 개소를 검출하는 방법을 설명하라.

45. (a) 전동기 운전에서 "무구속 속도(running away)"란 무엇인가?

   (b) 무구속 속도가 되는 원인을 설명하고, 이것을 예방하려면 어떻게 하는가?

46. (a) 전기자가 단락되었을 때 전동기 운전상에서 일어나는 증상은 어떤 것이 있는가?

   (b) 전기자 단락상태에서 전동기를 계속 운전한다면 어떠한 결과를 초래할 것인가?

47. (a) 전동기에서 1~2개의 코일이 단락하였을 때 시급히 운전을 계속하려면 어떠한 조치를
      취할 것인가?

   (b) 정류자편 두 개 이상이 단락되어 있을 때 우선 운전을 계속하려면 어떠한 임시조치를
      취할 것인가?

48. (a) 전기자 코일이 단선하면 전동기 운전 중 어떠한 증상이 나타나는가?

   (b) 정류자의 단선 개소를 육안으로 검출하는 방법을 설명하라.

49. (a) 전기자 단선을 일으킬지도 모를 여러 가지 원인을 열거하고 수리과정에서 취하여야
      할 방법을 설명하라.

   (b) 단선 개소가 수리되었음은 어떠한 방법에 의하여 판단하는가?

50. 전동기 명판 기재사항이 내포하는 중요성을 설명하라.

51. 역기전력(counter electromotive force)이란 무엇인가?

52. 분권 전동기에서 분권계자회로가 단선하면 전동기가 위험한 속도로 작동하는 이유를 설명

하라.

53. 직권 전동기는 항상 부하가 걸린 상태에서 운전하여야 하는 이유를 설명하라.

54. (a) 정류자에서 스파크가 발생하는 여러 가지 원인은 무엇인가?

　　(b) 그 이유를 설명하고, 또 그 수리방법을 설명하라.

55. (a) 리드선의 위치이동(lead swing)이 부적당하며 브러시에서 스파크를 발생하는 원인을 설명하라.

　　(b) 이러한 상황에서 스파크의 발생 이외에 전동기 운전에 미치는 영향은 어떤 것이 있는가?

56. (a) 보극의 극성이 올바르지 못하면 전동기의 운전 중 어떤 증상이 나타나는가?

　　(b) 보극의 극성이 올바르지 못하기 때문에 이런 증상이 나타난다고 판단하는 근거는 무엇인가?

57. (a) 정류자편 돌출과 저하란 무엇을 말하는가?

　　(b) 이러한 현상이 발생하는 원인은 무엇인가? 또 이것은 어떻게 수리하는가?

58. 전동기가 운전 중 소음을 발생하는 것은 어떠한 고장 때문인가?

59. (a) 전동기의 베어링 불량은 어떻게 검출하는가?

　　(b) 슬리브 베어링과 볼베어링을 뽑는 방법과 다시 고정하는 방법에 대하여 설명하라.

제8장 직류 전동기 제어

1. (a) 기동기 및 제어기의 기능은 무엇인가?
   (b) 양자 사이의 차이점은 무엇인가?
   (c) 이러한 장치를 사용하는 이유는 무엇인가?
2. 대형 전동기는 전압을 낮추어 기동하는데 비하여, 소형 전동기는 전전압을 걸고 기동을 할 수 있다. 그 이유는 무엇인가?
3. (a) 3단자 기동기의 동작원리를 설명하라.
   (b) 내부 결선도를 그리고 각 부품명을 기입하라.
   (c) 3단자 기동기라 부르는 이유를 써라.
4. (a) 3단자 기동기에서 지지 코일을 무여자 개방기(no field release)라고 부르는 이유는 무엇인가?
   (b) 지지 코일의 기능은 무엇인가?
   (c) 기동기의 단자기호는 어떻게 표시하는가?
5. (a) 3단자 기동기를 복권 전동기에 접속했을 때의 결선도를 그려라.
   (b) 이 회로에 대해서 설명하라.
6. (a) 4단자 기동기의 구조와 원리를 설명하라.
   (b) 이 기동기에 대한 내부 결선도를 그리고 각 부품명을 기입하라.
7. (a) 물음 6의 기동기를 4단자 기동기라고 부르는 이유는 무엇인가?
   (b) 3단자 기동기와 4단자 기동기 사이의 근본적인 차이점은 무엇인가?
   (c) 전동기에 따라 3단자 기동기를 사용하기도 하고 4단자 기동기를 사용하기도 하는 이유는 무엇인가?
8. (a) 4단자 기동기에서 지지 코일의 기능은 무엇인가?
   (b) 이 코일을 무전압 개방 코일이라 부르는 이유는 무엇인가?
9. (a) 4단자 기동기를 복권 전동기에 연결한 경우와 분권 전동기에 연결한 경우의 결선도를 그려라.
   (b) 회로상에서 전류방향을 화살표로 표시하고 동작원리를 설명하라.
10. (a) 속도제어 저항기란 무엇인가?
    (b) 이 기동기의 결선도를 그려라.
    (c) 그 동작원리를 설명하라.
    (d) 이러한 종류의 기동기는 어떠한 곳에 시설하겠는가?

11. (a) 속도제어용 저항기를 구비한 4단자 기동기란 무엇인가?

　　(b) 이 기구에 대한 내부 결선도를 그리고 동작원리를 설명하라. 각 부품명을 도면상에 기입하고 그 기능을 설명하라.

12. 물음 11의 장치들을 복권 전동기에 결선하여 모든 회로를 상세히 설명하라.

13. (a) 직류 전동기의 회전방향은 어떠한 변화되는가?

　　(b) 전동기를 주기적으로 역전시키는 여러 장치의 이름을 예로 들라.

14. (a) 분권 전동기의 전기자회로에 쌍극 쌍투 스위치를 연결한 회로와 분권 전동기의 계자회로에 쌍극 쌍투 스위치를 결선한 회로를 그려라.

　　(b) 위의 두 경우에 대한 회로에 관해서 설명하라.

15. (a) 보극이 달린 2극 복권 전동기에서 전기자회로에 쌍극 쌍투 개폐기를 접속하여 역전용으로 사용할 수 있도록 회로를 구성하라.

　　(b) 이러한 전동기를 역전하게 할 때 취하여야 할 주의사항은 무엇인가? 또한 그 이유는 무엇인가?

16. 쌍극 쌍투 스위치를 사용해서 3단자 기동기와 접속한 분권 전동기를 역전할 경우 이 전동기를 기동 또는 정지하는 운전과정을 설명하라.

17. (a) 쌍극 쌍투 스위치를 사용해서 4단자 기동기와 접속한 분권 전동기를 역전하게 할 수 있는 회로도를 완성하라.

　　(b) 위 물음에서 복권 전동기일 때 그 회로도를 완성하라.

18. (a) 소형 드럼 스위치에 대한 외관과 내부 구조를 간단한 스케치 도면으로 표시하라.

　　(b) 모든 접촉자를 표시한 후 각 부품명을 기입하고 동작과정을 설명하라.

　　(c) 이 스위치의 용도는 무엇인가?

19. (a) 직권 전동기를 드럼 스위치에 결선한 것과 정방향회전을 위해 결선한 것을 도시하라.

　　(b) 역전 시의 경우를 도시하라.

20. (a) 과부하 계전기란 무엇인가?

　　(b) 과부하로부터 전동기를 보호할 수 있는 기구의 결선도를 그려라.

　　(c) 전동기가 과부하상태에 있다는 것은 어떠한 상태를 말하는가?

21. 전자 개폐기의 결선도를 그리고 그 구조와 동작원리를 설명하라.

22. (a) 열동식 계전기의 구조와 동작원리를 도형으로 설명하라.

　　(b) 열동식 계전기와 과부하 계전기 사이의 차이점은 무엇인가?

　　(c) 열동식 계전기에서 발생하는 고장은 어떤 것이 있는가?

23. (a) 푸시버튼장치란 무엇인가? 기동·정지 버튼이 설치된 푸시버튼장치의 외형을 스케치하라.

　　(b) 푸시버튼장치를 사용하는 이유는 무엇인가?

24. (a) 기동·정지 푸시 버튼 장치에 결선된 전자 개폐기와 소형 직류 전동기를 도시하라.

    (b) 결선도의 전류방향을 화살표로 표시하고 그 원리를 충분히 설명하라.

    (c) 이 결선의 기본 회로도를 그려라.

25. (a) 물음 24에 기동·정지 장치를 두 개 사용할 경우 이를 도시하라.

    (b) 세 개의 장치를 사용할 경우도 도시하라.

    (c) 정지버튼은 항상 어떻게 결선되어야만 하는가?

26. (a) 기동버튼을 누른 다음에도 전자 개폐기가 작동하지 않으면 그 고장원인은 무엇이라고 생각하는가?

    (b) 이에 대해서 상세히 설명하라.

27. 기동버튼으로부터 손을 떼었을 때 주접촉자가 개로한다면 그 고장원인은 무엇인가?

28. 전자 개폐기 한 개를 동작하게 하는데 두 개 이상의 기동·정지 버튼을 사용하는 이유는?

29. (a) 푸시버튼장치에서 조그 또는 인치 버튼(jog or inch button)을 설치하는 이유는 무엇인가?

    (b) 기동·조그·정지 버튼을 구비한 푸시버튼장치의 접촉자를 모두 도시하라.

30. (a) 소형 전동기를 운전하기 위해서 기동·촌동·정지 버튼 장치와 전자 개폐기를 사용할 때의 결선도를 도시하라.

    (b) 각 버튼을 누를 때 회로를 설명하라.

    (c) 이 결선에 대한 기본 회로도를 그려라.

31. (a) 조그버튼을 누를 때 전자 개폐기가 동작하지 않는다면 그 고장원인은 무엇인가?

32. (a) 중형 또는 대형 전동기를 기동할 때 전동기 회로에 저항을 삽입하는 이유는 무엇인가?

    (b) 저항을 삽입하지 않고 기동하면 어떠한 결과를 초래할 것인가? 그 이유는 무엇인가?

33. 중형 및 대형 직류 전동기의 제어에 사용되는 자동식 제어기의 종류를 다섯 개 예로 들라.

34. (a) 역기전력식 제어기의 원리를 설명하라.

    (b) 이 제어기에 대한 용도를 들어라.

35. (a) 역기전력식 제어기를 1단 저항기와 복권 전동기에 결선한 접속도를 도시하라.

    (b) 이 회로의 동작원리를 설명하라.

36. (a) 폐쇄 제어기(lockout controller)란 무엇인가?

    (b) 이렇게 불리워지는 이유는 무엇인가?

    (c) 이 제어기가 한류형 기동기로 알려져 있는 이유는 무엇인가?

    (d) 이 제어기를 사용하는 곳은 어떤 곳인가?

37. (a) 저항이 1단으로 된 2코일 폐쇄 제어기를 복권 전동기에 결선하라.

    (b) 이 회로의 동작원리를 설명하라.

38. 저항이 2단으로 된 2코일 폐쇄 제어기를 복권 전동기에 연결한 결선도를 그려라.

39. (a) 단일 코일 폐쇄 접촉자의 도면을 그려라.

    (b) 이 접촉자의 작동원리를 설명하라.

    (c) 단일 코일 폐쇄접촉과 2코일 폐쇄 접촉자의 차이점은 무엇인가?

40. (a) 저항이 1단으로 된 단일 코일 폐쇄 접촉자를 복권 전동기와 접속할 때의 결선도를 완성하라.

    (b) 작동원리를 설명하라.

41. (a) 한 시형 전지 제어기(definite magnetic time controller)란 무엇인가?

    (b) 이 제어기의 동작원리를 설명하라.

    (c) 이 형에 속하는 제어기 하나를 예로 들어 그 결선도를 그리고 각 부품명을 기입하라.

42. (a) 한 시형 전자개폐기를 복권전동기에 접속한 결선도를 그려라.

    (b) 이 기동기에 대한 기본도를 그려라.

43. (a) 한시형 전자 기동기를 폐쇄형 기동기와 비교해 볼 때 어떤 장점이 있는가?

    (b) 이러한 장점의 이유는 무엇인가?

44. (a) 2단 저항을 가진 한시형 전자식 기동기의 간략도를 그려라.

    (b) 이 기동기가 쓰이는 용도는 어떤 기계장치들인가?

45. (a) 발전제동이 무엇인지 결선도를 설명하라.

    (b) 발전제동을 필요로 하는 이유는 무엇인가?

    (c) 발전제동을 필요로 하는 경우를 몇 개 예로 들라.

46. 발전제동이 가능한 한시형 전자 제어기의 결선도를 그려라.

47. (a) 한시형 전자기동의 동작을 부정확하게 만들 수 있는 여러 고장원인을 열거하고 설명하라.

    (b) 이 기동기에서 시한요소는 어떻게 조정하는가?

48. 한시형 전자식 기동기와 한시형 기계식 기동기 사이의 차이점은 무엇인가?

49. (a) 대시포트 가속장치를 사용한 한시형 기계식 제어기의 결선도를 그리고 동작원리를 설명하라.

    (b) 대시포트의 동작원리를 설명하라.

50. (a) 물음 49의 제어기에서 일어날 수 있는 고장으로는 어떤 것이 있는가?

    (b) 위에 열거한 각 고장원인과 수리하는 방법을 설명하라.

51. 간단한 드럼 제어기의 내부 회로도를 그리고 핸들이 가속 접촉자 제1단에 올 때의 회로에 대해서 설명하라. (단, 이 제어기는 복권 전동기에 접속되어 있는 것으로 가정하라.)

52. 한시 가속기를 설치한 감압 기동기의 직선도를 그리고 그 작동원리를 설명하라.

53. 계자가속 계전기를 시설한 가변속도 기동기의 직선도를 그려라. 계자가속 계전기의 작동원리를 설명하라.

제9장 교류직류 전동기 셰이딩 코일 전동기, 팬 전동기

question

1. 교류직류 전동기란 무엇인가? 그 특성과 용도를 설명하라.

2. (a) 교류직류 전동기의 주요 부품명을 들고 설명하라.

   (b) 각 부품에 대한 간단한 스케치를 하라.

   (c) 교류직류 전동기를 수리할 경우 그 분해과정을 열거하라.

3. (a) 교류직류 전동기의 동작원리를 설명하라.

   (b) 구조상으로 볼 때 교류나 직류에서 운전을 가능하게 하는 것은 어떤 특징 때문인가?

4. (a) 교류직류 전동기의 계자 코일을 다시 권선할 때 필요한 권선과정은 무엇인가?

   (b) 권선에 사용할 코일의 선경은 어떻게 결정하는가?

   (c) 재권선을 한 경우 각 계자권선의 횟수를 하나하나 셀 것인가? 또는 무게를 측정할 것
       인가? 이 답에 대한 이유는 무엇인가?

5. (a) 계자 코일용 권선틀을 제작하는 방법을 그림을 그려 설명하라.

   (b) 틀의 크기를 어떻게 결정하는가?

   (c) 틀의 크기가 너무 작거나 클 때 어떤 결과를 초래할 것인가?

6. (a) 계자 코일은 어떻게 결선하며, 그 극성에 대한 검사는 어떻게 실시하는지 그림을 그려
       설명하라.

   (b) 2극 전동기의 양계자가 동일한 극성을 가지도록 결선되었을 경우 전동기는 왜 작동하
       지 않는가?

7. (a) 2극 교류직류 전동기에서 계자 코일과 전기자는 어떻게 결선하는가? 이를 도시하라.

   (b) 결선하는 방법은 한 가지 뿐인가? 설명하라.

8. (a) 교류직류 전동기의 회전방향을 바꾸는 방법을 도면으로 표시하라.

   (b) 전동기를 역전하게 할 때마다 반드시 해체할 필요가 있는가에 대해서 설명하라.

9. (a) 교류직류 전동기 중에는 회전방향을 반대로 할 때 일반적으로 심한 스파크를 발생하는
       전동기가 있는데 그 이유가 무엇인가?

   (b) 스파크를 제거하려면 어떻게 하는가?

10. 모든 교류직류 전동기에 공통적인 점을 들고 설명하라.

11. (a) 전기자에 대한 권선을 다시 하기 전에 어떤 데이터를 기록하여야만 하는가?

    (b) 데이터 기록표에 양식을 작성하라.

    (c) 데이터 기록에 착오가 있다면 어떤 결과를 초래할 것인가?

12. (a) 소형 전기자에서 정확한 리드선 위치를 찾는 방법(lead throw)을 자세히 기술하라.
    (b) 리드선 위치찾기가 잘못된 상태로 권선하였다면 어떤 결과가 일어날 것이며 그 이유는 무엇인지 설명하라.

13. (a) 그라울러를 이용해서 정확한 리드선 위치를 결정하는 방법을 설명하라.
    (b) 그라울러의 다른 기능은 어떤 것이 있는가?

14. (a) 전기자를 다시 권선하기 전에 어떤 예비조치를 취하여야 하는가?
    (b) 교류직류 전동기의 전기자를 재권선하는 방법을 간략하게 설명하라.

15. (a) 교류직류 전동기의 전기자를 권선하는 방법들의 차이점은 무엇인가?
    (b) 이러한 차이점들을 스케치하라.
    (c) 이러한 차이점들은 전동기의 운전에 어떤 영향을 미치는가?

16. (a) 정류자상의 리드선 위치에 대해서 조심하여야 할 점을 열거하라.
    (b) 리드선이 원래의 정류자편으로부터 1개 이상 떨어져서 들어가면 어떤 결과를 초래 하게 되는가?

17. (a) 보상권선이 달린 교류직류 전동기란 무엇인가?
    (b) 교류직류 전동기 중 단일계자 보상 전동기에 대해서 설명하라.

18. (a) 2계자 보상 전동기를 설명하라.
    (b) 이 전동기에서 보상계자권선의 기능은 무엇인가?

19. (a) 보상권선이 달린 교류직류 전동기의 고정자권선을 제거할 때 취하여야 할 주의사항은 무엇인가?
    (b) 이때 기록하여야 할 데이터를 전부 열거하라.

20. 보상권선이 달린 교류직류 전동기의 고정자권선법을 간략히 설명하라.
    (b) 보상권선을 주권선으로부터 전기각도를 90° 띄워 배치하는 이유는 무엇인가?

21. (a) 교류직류 전동기의 속도를 제어하거나 변경하는 방법을 아는 대로 열거하고, 이를 설명 하라.
    (b) 이 전동기에서 속도를 변경하기 위하여 사용하는 장치들은 어떤 것이 있는가?

22. 보상권선이 달린 극수 4, 슬롯 수 24인 2계자 교류직류 전동기에 대한 코일 배치도를 그리고 이를 설명하라.

23. 전동기 회로에 가변 저항기를 사용해서 교류직류 전동기의 속도를 제어하는 회로도를 그려라.

24. (a) 교류직류 전동기상의 한 계자에 탭을 설치해서 몇 단까지 속도를 변경할 수 있는가?
    (b) 이러한 형의 속도제어의 작동원리를 설명하라.

25. (a) 원심력 스위치를 이용해서 속도를 제어하는 방법을 설명하라.
    (b) 회로도를 그리고 설명하라.

26. (a) 교류직류 전동기가 심한 스파크를 발생하는 원인은 어떤 것이 있는가?

  (b) 각 고장에 대한 수리방법을 설명하라.

27. 교류직류 전동기를 운전할 때 과열하거나 연기가 발생하거나 회전력이 부족할 경우 이러한 여러 고장을 일으키는 원인을 열거하라.

28. 정격속도보다 훨씬 낮은 속도로 교류직류 전동기가 회전할 경우 그것은 전동기에 불량 개소가 있음을 뜻한다. 이러한 경우 고장을 검출하는 방법과 수리방법은 무엇인가?

29. (a) 셰이딩 코일 전동기를 간략하게 정의하라.

  (b) 그 특징과 사용되는 용도를 열거하라.

30. 셰이딩 코일 전동기의 주요 부품의 이름을 열거하고 그 각 기능을 그림과 함께 설명하라.

31. (a) 셰이딩 코일 전동기의 동작원리를 설명하라.

  (b) 셰이딩 코일의 목적은 무엇인가? 또 셰이딩 코일이 단선하면 전동기 운전에 어떤 영향을 미칠 것인가?

32. (a) 극수 6인 셰이딩 코일 전동기의 내부결선도를 그려라.

  (b) 올바른 극성은 어떻게 검사하는가?

  (c) 셰이딩 코일을 접지로부터 절연하지 않아도 되는 이유는 무엇인가?

33. (a) 셰이딩 코일 전동기의 계자 코일을 권선할 때 주의해야 할 점은 무엇인가?

  (b) 셰이딩 코일 전동기 중에는 자극편 사이에 철편(ironbridge)을 끼워 놓는 것이 있다. 이 철면의 역할은 무엇인가?

34. (a) 셰이딩 코일 전동기를 역전하게 하는 방법을 그림으로 표시하라.

  (b) 셰이딩 코일 전동기의 고정자를 보고 회전방향을 알아내는 요령을 말한다.

35. (a) 외부 리드선을 사용하여 회전방향을 역전시킬 수 있는 셰이딩 코일 전동기의 결선도를 그리고 설명하라.

  (b) 이 전동기의 작동원리를 설명하라.

36. (a) 주권선 2개, 셰이딩 권선 한 개를 가진 가역 셰이딩 코일 전동기의 결선도를 그리고 설명하라.

  (b) 이 전동기에서는 리드선이 몇 개 뽑아내어져 있는가?

37. (a) 이 전동기가 기동불능에 빠지는 원인은 어떤 것이 있는가?

  (b) 이 전동기의 베어링은 상태가 좋은 것을 사용해야만 하는 이유는 무엇인가?

38. (a) 셰이딩 코일 전동기에 대한 정지·단락 및 단선을 검사하는 방법을 설명하라.

  (b) 이러한 고장을 검출하는 방법과 수리법을 말하라.

39. 셰이딩 코일 전동기에서 운전 중 과열하는 경우와 기동 회전력이 부족할 경우 각각 그 고장원인을 열거하라.

40. (a) 운전권선 2개, 기동권선 1개인 2단 속도 부상형 팬 전동기의 결선도를 그려라.

    (b) 이 전동기로부터 인출되는 리드선의 수는 몇 개인가?

    (c) 각 리드선을 접속할 때 올바르게 식별하는 방법은 무엇인가?

41. (a) 운전권선, 기동권선, 보조권선을 각각 한 개씩 가진 3단 속도 분상 팬 전동기의 결선도를 그리고 이를 설명하라.

    (b) 이 전동기의 속도제어의 원리는 무엇인가?

42. (a) 운전권선과 기동권선이 각각 한 개인 2단 속도 부상형 전동기의 결선도를 그려라.

    (b) 이 전동기로 2단 속도를 얻는 방법을 설명하라.

    (c) 동극성 결선의 원리를 설명하라.

43. (a) 교류직류 전동기는 속도를 어떻게 제어하는가?

    (b) 이 전동기가 운전을 계속하는 중에 계자 코일이 단선되면 어떤 일이 발생하게 되는가?

44. 분상형 팬 전동기의 베이스 속에 변압기를 내장하여 속도를 조정하는 수가 많다. 전동기와 변압기 사이의 결선을 그림으로 표시하라.

45. 많은 선풍기들은 커패시터 전동기에 의해 작동되며, 그 속도는 물음 44처럼 변압기에 의해 조절된다. 이 전동기에서 결선을 어떻게 하면 세 가지 다른 속도가 얻어지는가?

46. (a) 유닛 히터에 사용되는 팬 전동기에서 다른 속도를 얻기 위해서 어떻게 결선하는가?

    (b) 이러한 결선들의 작동원리를 설명하라.

47. 셰이딩 코일 전동기의 속도 변경에 대한 결선도를 그리고 설명하라.

48. (a) 바스켓 권선이란 무엇인가?

    (b) 이 권선을 그림으로 도시하라.

제10장 직류 발전기, 동기 전동기와 동기 발전기, 싱크로, 전자관을 사용한 전자제어 전동기

1. (a) 발전기와 전동기의 차이점은 무엇인가?
   (b) 외관상 별로 차이가 없는데 발전기와 전동기를 어떻게 식별하는가?
2. (a) 직류 발전기의 정격은 어떻게 표시하는가?
   (b) 발전기의 명판상에 나타나는 내용을 열거하라.
3. (a) 직류 발전기의 구조를 설명하라.
   (b) 직류 전동기의 구조와 다른 점은 무엇인가?
4. (a) 전기자 도체가 자력선을 자를 때 기전력이 유도되는 현상을 간단한 그림으로 그리고 설명하라.
   (b) 전자유도의 원리를 설명하라.
5. 직류 발전기에 유도되는 전압값에 영향을 미치는 요소를 들라. 그 이유는 무엇인가?
6. (a) 발생전압의 방향은 어떻게 변화되는가?
   (b) 그 이유를 설명하라.
7. (a) 전압발생에 필요한 세 가지 요소는 무엇인가?
   (b) 이러한 세 가지 요소가 필요한 이유를 설명하라.
8. (a) 전기를 발생하는 데 필요한 자속을 발생시키는 방법을 열거하라.
   (b) 이 자속방향을 어떻게 하면 변경할 수 있는가?
9. (a) 타여자 발전기란 무엇인가? 자여자 발전기란 무엇인가?
   (b) 위의 각 발전기의 결선도를 그려라.
10. (a) 자여자식 발전기의 작동과정을 상세히 설명하라.
    (b) 전압확립과정(building up process)이란 무엇인가?
11. (a) 자여자식 직권 발전기의 결선도를 그리고 동작원리를 설명하라.
    (b) 부하를 걸거나 제거하였을 때 발생전압을 어떠한 영향을 받는가?
12. (a) 자여자식 분권 발전기의 결선도를 그리고 동작원리를 설명하라.
    (b) 이 발전기의 특성은 무엇인가?
13. (a) 복권 발전기의 가장 전형적인 형태를 도시하라.
    (b) 이 발전기 하나하나에 대해서 동작원리를 설명하라.
14. (a) 과복권 발전기, 평복권 발전기 및 부속복권 발전기란 무엇인가?
    (b) 위 각 발전기의 특성을 설명하고 각각 그 용도를 설명하라.
15. (a) 직류 발전기의 극성을 배치하는 법칙은 직류 전동기의 그것과 어떻게 다른가?
    (b) 그 각각의 것을 간단한 도면으로 표시하라.

16. 보극이 달린 4극 복권 발전기의 결선도를 그리고 모든 결선을 상세히 설명하라.

17. 보극의 극성이 바뀌어 지면 그 보극을 설치한 발전기의 운전에 어떤 영향을 미치는가?

18. 회전방향은 직류 발전기 운전에 어떠한 영향을 줄 것인가?

19. 복권 전동기 복권 발전기로 전환해야 할 경우가 가끔 있다. 결선도를 그려 이의 달성과정을 설명하라.

20. (a) 발전된 전압을 조정하려면 어떠한 장치를 사용하는가?

    (b) 회로에 어떻게 연결할 것인가? 회로에서 어떻게 사용되는지 설명하라.

21. (a) 전류계란 무엇인가? 전압계란 무엇인가?

    (b) 이 두 개의 계기를 발전기 회로에 어떻게 연결하는지 그림으로 설명하라.

    (c) 분류기란 무엇인가?

22. 발전기의 병렬운전이란 무엇인가? 또 병렬운전은 무엇 때문에 실시하는가?

23. 두 대의 복권 발전기를 병렬운전하고자 한다. 여기에 필요한 세 가지 조건은 무엇인가? 그 이유는 무엇인가?

24. (a) 균압선결선은 무엇인가?

    (b) 두 개의 발전기를 병렬결선할 때 균압선결선을 필요로 하는 이유는 무엇인가?

    (c) 결선도와 함께 설명하라.

25. (a) 2대의 복권 발전기를 병렬로 운전하는 결선도를 그려라.

    (b) 모든 결선을 설명하라.

26. (a) 발전기에서 전압이 확립되지 않을 때 고장원인은 무엇인가?

    (b) 그것을 어떻게 수리하는가?

27. 계자극의 결선이 잘못되면 전압확립이 되지 못하는 이유는 무엇인가?

28. (a) 발전기에 부하가 걸릴 때 전압강하가 일어나는 원인은 무엇인가?

    (b) 그 원인으로 든 내용과 이유를 설명하라.

29. (a) 전압이 완전히 확립되지 못할 경우 그 고장원인은 어떤 것들인가?

    (b) 그 고장은 어떻게 검출하는가?

30. (a) 보극이 달린 복권 발전기에서 브러시를 고정할 중성점 위치는 어떻게 결정하는가?

    (b) 정확한 중성점 위치를 어떻게 알 수 있는가?

31. (a) 발전기 운전 중 전기자로부터 스파크가 발생하는 원인은 무엇인가?

    (b) 각 원인에 대한 수리법을 설명하라.

32. 동기 전동기의 개념을 정의하라.

33. 동기 전동기의 특성과 용도는 무엇인가?

34. (a) 동기 전동기의 구조도를 그리고 설명하라.

    (b) 여자방법은 어떤 것이 있는가?

35. (a) 제동권선이란 무엇인가?

    (b) 제동권선의 목적은 무엇인가?

    (c) 어떠한 전동기에 제동권선이 사용되는가?

36. (a) 동기 전동기를 기동하는 방법을 설명하라.

    (b) 전동기의 전자극은 회전하고 있는 자계와 어떻게 통전하는가?

37. 동기 전동기의 고정자와 회전자에 대한 결선방법을 설명하라.

38. 외부 전원에 의하여 여자하여 주는 동기 전동기의 완전한 결선도를 그려라.

39. (a) 외부로부터 여자하여 주지 않는 회전자를 구비한 동기 전동기의 구조에 대해서 설명하라.

    (b) 동작원리에 대해서 설명하라.

    (c) 회전자상의 계자를 과여자하거나 또는 부족여자로하면 어떤 일이 발생하게 되는가?

40. (a) 브러시 없는 동기 전동기의 내부 결선도를 그려라.

    (b) 그 작동원리를 설명하라.

41. (a) 전기시계는 어떤 형의 전동기를 사용하는가?

    (b) 이러한 형에 속하는 전동기 두 가지를 들고 그 동작원리를 설명하라.

42. 전기시계에 사용되는 전동기에서 일어나기 쉬운 고장을 들고 수리방법을 설명하라.

43. (a) 동기 발전기는 동기 전동기와 어떤 점이 다른가?

    (b) 동기 발전기를 운전하는 방법은 어떤 것이 있는가?

44. 동기 발전기의 내부 결선도를 완성하고 동작원리를 설명하라.

45. 여자전류를 가감할 경우 이것은 동기 발전기에 어떤 영향을 미치는가?

46. 교류 발전기를 병렬 운전할 때 어떤 조건들이 충족되어야 하는지 이를 열거하고 설명하라.

47. 두 대의 교류 발전기를 동기화시켜 병렬운전할 때 동기검출법으로 사용하는 '완전 소등법'과 '1개 소등 2개 점등법'의 결선도를 그리고 설명하라.

48. '완전 소등법'에 의하여 동기화상태 여부를 검출할 경우에 만약 세 개의 램프가 완전히 소등되지 않은 상태하에서 병렬결선의 주개폐기를 투입하였다면 어떠한 결과가 발생하게 되는가?

49. (a) 싱크로 전동기란 무엇인가?

    (b) 이 전동기의 용도와 특성을 설명하라.

50. (a) 싱크로 전동기와 동기 발전기는 어떤 점이 서로 비슷한가?

    (b) 틀린 점은 무엇인가?

    (c) 싱크로 전동기의 구조를 설명하고 간략한 결선도를 그려라.

51. 브러시 없는 동기 발전기의 기본도를 그리고 그 원리를 설명하라.

52. (a) 싱크로 전동기의 동작원리를 설명하라.

    (b) 2대의 싱크로 전동기 중 1대를 송신기, 1대를 수신기로 사용하는 경우의 결선도를 그

려라.

(c) 수신기 및 송신기 각각에 대해서 결선도를 그리고, 그 기능을 상세히 설명하라.

53. 싱크로 전동기에서 3상 권선의 리드선 중 2개를 바꾸어 결선하면 전동기에 어떤 영향을 미치게 되는가?

54. 전자 제어는 '양극'과 '음극'을 가진 진공관을 사용한다. 양극과 음극의 개념을 설명하라. 이들의 진공관 내에서의 기능은 무엇인가?

55. (a) 2극 진공관을 설명하고, 동작원리를 설명하라.

(b) 이 진공관의 간략도를 그려라.

56. (a) 방열형 음극이란 무엇인가?

(b) 이러한 형의 진공관을 도시하라.

57. (a) 전자가 흐르도록 결선된 2극관을 도시하라.

(b) 도시된 그림을 설명하라. 또 축전지의 (-)극이 양극에 결선되었을 때 어떤 일이 발생하는지 도면과 함께 설명하라.

58. (a) 2극관의 주요 기능은 무엇인가?

(b) 2극관 양극에 교류전압을 걸었을 때 정류가 행하여지는 것을 도면으로 표시하라.

(c) 이러한 정류작용은 무엇으로 불리워지는가?

59. (a) 반파정류와 전파정류의 차이점은 무엇인가?

(b) 양자 중 어느 것이 더 바람직한가?

60. (a) 2극관 두 개를 사용한 전파정류 회로도를 도시하고 이를 상세하게 설명하라.

(b) 전파 정류기의 출력곡선을 그리고 반파 정류기의 출력곡선과 다른 점은 무엇인지 설명하라.

61. (a) 전파 정류기를 이용하여 교류 전원으로부터 소형 직류 전동기를 운전하는 것이 어떻게 가능한지 결선도를 그려 설명하라.

(b) 그 회로를 설명하라.

62. (a) 진공관에서 격자란 무엇인가?

(b) 3극관에서 격자의 기능을 설명하라.

(c) 격자의 기호를 표시하라.

63. 3극관에서 전자가 양극으로 흐르는 것을 격자가 어떻게 제어하는가에 대해서 그림을 그려 설명하라.

64. 이온화, 공간전하, 충전, 기동용 양극, 바이어스, 트리거형 진공관, 위상제어를 각각 설명하라.

65. (a) 사이러트론을 사용하여 소형 직류 전동기를 교류 전원으로부터 운전할 경우, 그 방법을 도시하라.

(b) 그 회로를 설명하라.

66. 광전관의 구조와 동작원리를 설명하라.

67. (a) 광전관을 이용하여 계전기를 동작하게 하는 회로도를 도시하라.

(b) 이 회로의 동작과정을 상세히 설명하라.

제11장 솔리드 스테이트 전동기 제어

question

1. 전기적 전도성이란 관점에서 모든 물질은 어떻게 분류되는가?

2. (a) 반도체 제조에는 대개 어떤 물질이 사용되는가?

   (b) 그 물질들은 각각 어떤 장점이 있는가?

3. (a) 원자를 설명하라.

   (b) 원자의 작은 한 부분은 어떤 전하를 띠는가?

4. 핵을 둘러싸고 있는 전자의 통로로서 궤도란 무엇을 의미하는지 그림을 그려 설명하라.

5. 원자가 전자란 무엇인가?

6. (a) 실리콘 원자를 도시하라.

   (b) 실리콘 원자는 몇 개의 원자와 전자가 있는가?

7. (a) 순수한 실리콘이나 게르마늄에 불순물을 첨가하는 이유는 무엇인가?

   (b) 도핑(doping)이란 무엇인가?

8. (a) 공유결합이란 무엇인가?

   (b) P형, N형 반도체를 정의하라.

9. 반도체의 결정구조에 적용되는 홀(hole)이란 무엇인가?

10. (a) P-N 다이오드를 그림을 그려서 설명하라.

    (b) 각 부분을 정의하고 장벽(barrier)이라는 용어를 설명하라.

11. 역방향 및 정방향 바이어스란 무엇인가?

12. 다이오드의 기호를 도시하고 각 부품명을 들어라.

13. (a) 다이오드 정류기를 설명하고, 그 다이오드 정류기가 직류전원에 접속되었을 때 전류의 흐르는 방향을 도시하라.

14. 특성곡선을 이용하여 다이오드의 운전과정을 설명하라.

15. (a) 정류용으로 다이오드 반도체를 사용하여 어떻게 교류를 맥동직류로 전환하는지 그림을 그려 설명하라.

    (b) 반파정류를 설명하라.

16. (a) 여과된 직류란 무엇인가?

    (b) 여과목적으로 커패시터를 사용할 경우 이를 도시하라.

17. (a) 전파정류는 반파정류와 어떻게 다른가?

    (b) 센터탭 변압기를 사용하는 전파 정류기를 도시하라.

    (c) 브리지 정류기를 사용하는 전파 정류기를 도시하라.

    (d) 이 회로는 어떻게 여과하는가?

18. (a) 제너 다이오드란 무엇인가?

    (b) 이 다이오드의 기호를 도시하고 그 특성곡선을 그려라.

19. 제너 다이오드를 사용하여 전압을 제어하는 회로를 도시하라.

20. 반도체 트라이오드오 트랜지스터의 구조와 작동원리를 상세히 설명하라.

21. NPN 트랜지스터와 PNP 트랜지스터를 도시하고 그 각 부분의 명칭을 기재하라.

22. (a) 트랜지스터스의 각 부품의 기능은 무엇인가?

    (b) 이미터 베이스회로는 왜 정방향 바이어스로 되어 있는가?

    (c) 콜렉터 회로는 왜 역방향 바이어스로 되어 있는가?

23. 트랜지스터와 삼극 진공관은 어떤 점에서 유사한가?

24. 일반적인 이미터 형태의 회로를 도시하고 이를 설명하라.

25. (a) 유니정크션 트랜지스터의 구조와 작동원리를 설명하라.

    (b) UJT의 기호를 그리고 각 부분의 명칭을 들어라.

26. 이완진동회로에 사용되는 UJT의 배열을 도시하고 그 회로를 추적하라.

27. (a) SCR이란 무엇인가?

    (b) SCR의 기호를 도시하고 각 단자의 명칭을 기재하라.

    (c) 그 구조와 기능을 설명하라.

28. (a) SCR의 특성을 곡선을 이용하여 나타내라.

    (b) 지지전류, 블로킹 전류, 정방향 브레이크오버전압, 역방향 항복전압이란 무엇인가? 그 각각의 개념을 정의하라.

29. SCR을 두 개의 트랜지스터 PNP, NPN으로 가정하고 그 작동원리를 설명하라. 이를 도시 하라.

30. SCR의 작동에 있어 중요한 6개의 요소를 기술하라.

31. 제어 또는 트리거 신호란 무엇인가?

32. (a) 위상제어의 뜻을 설명하라.

    (b) 반파위상제어를 도시하라.

33. 전파위상제어를 그림을 그려 설명하라.

34. (a) 저항 트리거링이란 용어를 설명하라.

    (b) 이러한 형의 트리거링이 저속저항 또는 가변저항과 어떻게 사용되는지 도시하라.

35. 커패시터와 가변저항을 사용하여 SCR을 트리거하는 방법을 도시하고 이를 설명하라.

36. (a) RC 시정수란 무엇인가?

    (b) 시정수는 어떻게 추적하는가? 예를 들어 설명하라.

37. 트리거하기 위하여 유니정크션 트랜지스터를 사용하는 반파 또는 전파 회로의 작동원리를 그림을 그려 설명하라.

38. 커패시터를 충전하기 위하여 가변 저항 대신에 트랜지스터를 사용하는 방법을 그림을 그려 설명하라.

39. (a) 기준신호와 궤환신호를 정의하라.

(b) 기준전압과 궤환전압을 설명하는 회로를 도시하라.

40. (a) counter-electromotive force란 무엇인가?

(b) 역기전력은 어떻게 궤환신호로 사용되는가?

41. (a) 반파제어를 위해 궤환과 접속된 교류직류 전동기의 기본도를 그리고, 그 작동원리를 설명하라.

(b) 이 회로의 단점은 무엇인가?

42. SCR에 유도시간을 짧게 한다면 물음 41의 회로는 어떻게 개선되는가? 도형을 그려 설명하라.

43. 전위를 지속적으로 유지하기 위하여 제어 다이오드를 사용하는 궤환의 반파 제어회로를 도시하라.

44. 계자와 전기자가 분리접속되지 않은 반파 교류직류 전동기 제어를 도시하라. 그 작동원리를 설명하고, 어떤 점에 있어서 이 회로가 물음 41의 회로보다 유리한지 설명하라.

45. (a) 단일방향 실리콘 스위치란 무엇인가?

(b) 반파회로에서 이것을 사용하는 방법을 설명하라.

46. (a) 전계자와 전기자가 각각 분리되어 접속된 전파 정류제어 회로를 도시하라.

(b) 반파회로와 비교해 볼 때 이것은 어떤 개선된 점을 가지고 있는가?

47. (a) 다이아크란 무엇인가? 트라이아크란 무엇인가?

(b) 이러한 부품들을 사용하는 회로를 도시하고 그 작동원리를 설명하라.

48. (a) 솔리드 스테이트 회로를 동기화한다는 것은 무슨 뜻인가?

(b) UJT를 사용하여 어떻게 동기화를 달성하는지 설명하라.

49. (a) 분권전동기의 반파제어를 기본도를 그려 설명하라.

(b) 분권계자에 어떻게 단일 방향전류를 공급하는가.

50. SCR은 역방향 전압으로부터 어떻게 보호되어 있는가?

51. (a) commutating diode란 무엇인가?

(b) 이 다이오드의 기능은 무엇인가?

52. 전파에 의하여 속도가 제어된 분권권선 직류 전동기를 도시하라. 각 부품의 명칭을 들고 그 기능을 설명하라.

53. 물음 52의 내용을 반파제어로 결선했을 때 이를 도시하라. 각 부품의 기능을 설명하라.

54. [그림 11-56] (a)의 작동원리를 설명하고 모든 다이오드의 기능을 설명하라.

(b) surge suppressor란 무엇인가?

55. [그림 11-75] (a)와 [그림 11-76]에 도시된 전력회로의 작동원리를 설명하라.

56. (a) 펄스 변압기란 무엇인가?

　　(b) 이 장치가 사용되는 회로를 도시하라.

57. (a) 'error signal'을 정의하라.

58. [그림 11-60] (a)의 회로의 작동원리를 설명하라.

59. NPN 트랜지스터를 사용하여 동기화를 달성하는 회로도를 그려라. 이것의 작동과정을 설명하라.

60. (a) 분상 전동기나 커패시터 전동기의 원심력 스위치를 어떻게 솔리드 스테이트 스위치로 교체하는가?

　　(b) 그 회로는 어떻게 작동하는지 설명하라.

61. (a) 3상 공급을 위해 사용되는 여러 가지 구동의 명칭을 들라.

　　(b) 그 각각의 것을 간단히 설명하라.

62. 전자식 구동의 기본적인 전력 회로도를 그리고 그 원리를 설명하라.

Hello
www.hellot.net

매체파워 1위
FA전문지

월간 자동화기술은 1985년에 창간돼 공장 공정 자동화의 구성 메커니즘을 비롯해 기계 IT화와 미래형 토털 시스템 구축까지 자동 전 분야를 다루는 국내 대표 기술 정보지입니다.

첨단 융합화로 최근 자동화는 친환경·소형화·지능화 3가지 형태로 빠르게 구현되고 있습니다. 월간 자동화기술은 이러한 핵심 기술이 가져올 미래 제조 환경을 예측하고 이슈와 응용기술, 풍부한 현장 적용 사례를 통해 스마 오토메이션 시대에 적극 대응할 수 있도록 엄선된 기사민 제공하고 있습니다.

自動化技術 www.hellot.net
aimex

자동화기술 11
AUTOMATION SYSTEMS
2014

특집 IoT 구현 위한 스마트 센서 개발과 적용

서호전기 주식회사
www.seoho.com

강력한 토크! 경제적인 가격!
Sensorless Vector Inverter
1.5KW ~ 2.2KW / 400V

SEOHO ELECTRIC

스마트 매거진
i매거진 서비스
OPEN!

금형기술 11
DIE & MOLD TECHNOLOGY

전자기술
전기기술
autobase
SCADA & Touch Panel

금형산업의 신경쟁력 제공

IT 이머징 테크놀로지 분석

그린 테크놀로지 집중 해부

자동인식·보안 11

표면실장기술 11

신제품 신기술 2014 11

깊이 있는 AIDC 시장·기술 분석

미래에 대응하는 SMT 기술 소개

국내 유일 스페셜 매거진

• 공장 자동화를 위한 센서, 제어, 로봇, 메카트로닉 기술
• 측정 및 계측기기 활용 기술
• IT 융합 기반 자동화 응용 사례
• 각종 FA 구성 요소기기 및 신소재
• 산업 자동화 소프트웨어 운용 기술
• 자동화 시스템 설계 이론과 응용 기술

BM 주식회사 첨단
Chomdan Inc.

본사 : 서울시 마포구 양화로 127 첨단빌딩 6층 (우)121-838   TEL (02)3142-4151   FAX (02)338-3453
부산 지사 : TEL (051)811-1557~8   대전 지사 : TEL (042)636-8394~5   경남·대구 지사 : TEL (053)353-0345

www.hellot.net

명품기사가 가득한
국내 최고의
금형 전문지

1988년에 창간된 월간 금형기술은 지난 25년간 우리나라 금형산업의 기술 선진화를 위해 발빠른 정보 제공에 앞장서며 국내 금형산업과 맥을 같이 해 왔습니다.

월간 금형기술은 금형의 설계·가공 기술을 비롯하여 프레스 가공, 금형 공구류, 금형 측정기, 플라스틱 등에 관한 기술 정보를 제공하는 금형기술 종합 전문지로서, 중소업체의 생산성 향상과 경쟁력 강화를 위한 새로운 현장실무이론의 제시와 시장 동향, 기업 소식 등 금형 종사자들이 필요로 하는 모든 정보를 담고 있습니다.

| 국내외 자동화 산업별 이슈 추적 | IT 이머징 테크놀로지 분석 | 그린 테크놀로지 집중 해부 |

| 깊이 있는 AIDC 시장·기술 분석 | 미래에 대응하는 SMT 기술 소개 | 국내 유일 스페셜 메거진 |

- 프레스, 사출, 다이캐스팅 등의 금형 설계 및 가공 기술
- 각종 금형 재료 및 신소재
- 금형 제작 전용기 및 가공기의 운영 기술
- 정밀 계측 및 측정장비의 활용 기술
- 금형 제작 공정의 자동화 기술
- 금형 제작을 위한 CAD/CAM 기술

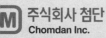 주식회사 첨단
Chomdan Inc.

본사 : 서울시 마포구 양화로 127 첨단빌딩 6층 (우)121-838) TEL (02)3142-4151 FAX (02)338-3453
부산 지사 : TEL (051)811-1557~8 대전 지사 : TEL (042)636-8394~5 경남·대구 지사 : TEL (053)353-0345

www.hellot.net

열독률 1위
대한민국
AIDC 대표 전문지

월간 자동인식보안은 1996년 창간돼 AIDC 업계 테크니컬 리더들의 교과서라는 정평을 받을 만큼 열독률이 뛰어난 국내 유일의 자동인식과 보안 분야 기술 전문지입니다.

RFID, 바코드, 생체인식 중심의 국내외 자동인식(AIDC) 산업은 스마트 테크놀로지 등 ICT 기술을 비롯해 동종 또는 이종 분야 기술과 융복합하며 빠르게 진화하고 있습니다. 월간 자동인식보안은 이러한 변화가 불러올 미래 AIDC 산업 예측과 핵심 기술에 대한 심층분석을 통해 독자 여러분께 성공적인 미래 대응전략을 수립할 수 있도록 알짜배기 기사만을 제공합니다.

| 금형산업의
신경쟁력 제공 | IT 이머징
테크놀로지 분석 | 그린 테크놀로지
집중 해부 |

| 국내외 자동화
산업별 이슈 추적 | 미래에 대응하는
SMT 기술 소개 | 국내 유일
스페셜 매거진 |

• 다양한 분야

바코드, RFID, NFC, IC카드, 바이오메트릭스, 물류, 보안 등

• 앞선 기술을 담다

스마트 AIDC 테크놀로지 미래 전망

• 앞선 기업을 담다

RFID, 바코드, 생체인식, 보안 업계 롤모델 집중분석

• 앞선 제품을 담다

NFC, 모바일 RFID 등 뉴프로덕트 심층 분석

BM 주식회사 첨단
Chomdan Inc.

본사 : 서울시 마포구 양화로 127 첨단빌딩 6층 (우121-838) TEL (02)3142-4151 FAX (02)338-3453
부산 지사 : TEL (051)811-1557~8 대전 지사 : TEL (042)636-8394~5 경남 · 대구 지사 : TEL (053)353-0345

전문가가 먼저 찾는
국내 대표
SMT 전문지

2000년 9월에 처음 선보인 월간 표면실장기술은 SMT/PCB 분야를 집중적으로 다루는 기술 잡지로, 국내외 실장 분야의 시장 현황과 중요 기술들을 생생하게 전달합니다.

박형·소형화·고집적 기술의 한계를 뛰어넘으려는 스마트 제품과 테블릿 제품의 혁신 강화로 전자 분야에서 표면실장기술의 입지는 더욱 강건해지고 있습니다. 이에 따라 월간 표면실장기술은 이러한 기술적 수요가 불러올 전자제품 시장의 흐름과 기술적 발전을 신속히 전달해, 독자들이 새로운 기술적 변화에 적절히 대응할 수 있도록 디딤돌 역할을 하고 있습니다.

| 국내외 자동화 산업별 이슈 추적 | IT 이머징 테크놀로지 분석 | 그린 테크놀로지 집중 해부 |

| 깊이 있는 AIDC 시장·기술 분석 | 금형산업의 신경쟁력 제공 | 국내 유일 스페셜 메거진 |

SMT · PCB, 반도체 업계의 최신 기술과 동향

칩마운터, 디스펜싱 등을 활용한 PCB 프린팅 기술

각종 솔더링 작업에 필요한 재료 및 신소재

정밀 검사 및 측정 장비 활용 기술

실장 공정을 위한 자동화 기술

고밀도 · 고효율성을 위한 인터커넥트 기술

Ⓜ 주식회사 첨단
Chomdan Inc.

본사 : 서울시 마포구 양화로 127 첨단빌딩 6층 (우)121-838 TEL (02)3142-4151 FAX (02)338-3453
부산 지사 : TEL (051)811-1557~8 대전 지사 : TEL (042)636-8394~5 경남 · 대구 지사 : TEL (053)353-0345

실무
모터수리

1986. 10. 30. 초   판 1쇄 발행
2012.   6. 15. 1차 개정증보 1판 1쇄 발행
2016.   3. 10. 1차 개정증보 1판 2쇄 발행

지은이 | 로버트 로젠버그
옮긴이 | 월간 전기기술편집부
펴낸이 | 이종춘
펴낸곳 | **BM** 주식회사 **성안당**
주소 | 04032 서울시 마포구 양화로 127 첨단빌딩 5층(출판기획 R&D 센터)
     | 10881 경기도 파주시 문발로 112(제작 및 물류)
전화 | 02) 3142-0036
     | 031) 950-6300
팩스 | 031) 955-0510
등록 | 1973.2.1 제406-2005-000046호
출판사 홈페이지 | **www.cyber.co.kr**
ISBN | 978-89-315-2397-3 (13560)
정가 | 30,000원

이 책을 만든 사람들
교정·교열 | 이태원
전산편집 | 이지연
표지 디자인 | 박원석
홍보 | 전지혜
국제부 | 이선민, 조혜란, 김해영, 김필호
마케팅 | 구본철, 차정욱, 나진호, 이동후, 강호묵
제작 | 김유석

이 책의 어느 부분도 저작권자나 **BM** 주식회사 **성안당** 발행인의 승인 문서 없이 일부 또는 전부를 사진 복사나
디스크 복사 및 기타 정보 재생 시스템을 비롯하여 현재 알려지거나 향후 발명될 어떤 전기적, 기계적 또는
다른 수단을 통해 복사하거나 재생하거나 이용할 수 없음.

※ 잘못된 책은 바꾸어 드립니다.